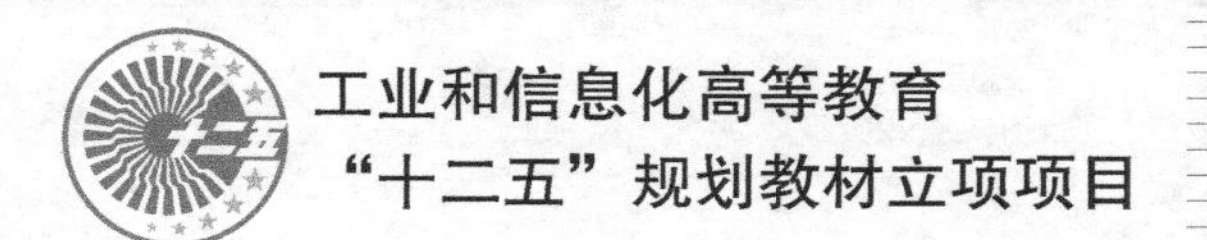

工业和信息化高等教育
“十二五”规划教材立项项目

高等教育
机电类专业规划教材

UG NX 8.0
实例教程（第2版）

UG NX 8.0
Tutorial Examples (2nd Edition)

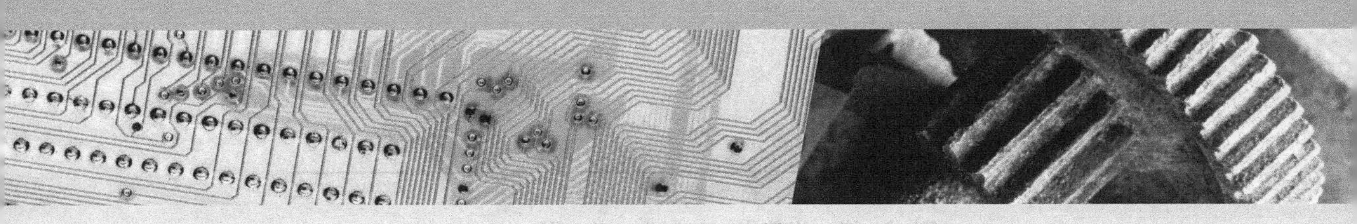

◎ 钟奇 李俊文 主编
◎ 肖善华 韩立兮 王军 副主编

人 民 邮 电 出 版 社
北 京

精品系列

图书在版编目（CIP）数据

UG NX 8.0实例教程 / 钟奇，李俊文主编. -- 2版
. -- 北京 : 人民邮电出版社，2014.4（2021.1重印）
高等教育机电类专业规划教材
ISBN 978-7-115-33382-7

Ⅰ. ①U… Ⅱ. ①钟… ②李… Ⅲ. ①工业产品—产品设计—计算机辅助设计—应用软件—高等学校—教材 Ⅳ. ①TB472-39

中国版本图书馆CIP数据核字(2013)第294087号

内容提要

本书通过大量实例，对UG8.0环境下机械产品设计与制造技术进行了全面、系统的介绍。本着实用、够用、好用的原则，将多年教学实践提炼出来，很多关于UG的使用与操作独特方法与经验汇集，为读者学习UG技术提供一个优秀的平台。

全书分为8章，分别介绍UG基本知识、建模基础知识、非曲面建模知识、曲面建模知识、装配及工程图、模具设计及机械产品加工编程等内容，涵盖了机械产品设计与加工、模具设计与制造以及工业设计所需要的UG操作的基本知识。各章实例丰富，内容由浅入深，层次分明，重点突出，条理清晰。

本书可作为机械类及相关专业的本科院校、高职高专院校、相关培训学校教材，也可作为工程技术人员、UG爱好者学习与参考用书。

◆ 主　　编　钟　奇　李俊文
副 主 编　肖善华　韩立兮　王　军
责任编辑　李育民
执行编辑　王丽美
责任印制　杨林杰

◆ 人民邮电出版社出版发行　　北京市丰台区成寿寺路11号
邮编　100164　　电子邮件　315@ptpress.com.cn
网址　http://www.ptpress.com.cn
北京盛通印刷股份有限公司印刷

◆ 开本：787×1092　1/16
印张：18.25　　　　2014年4月第2版
字数：296千字　　　2021年1月北京第8次印刷

定价：46.00元（附光盘）

读者服务热线：(010)81055256　印装质量热线：(010)81055316
反盗版热线：(010)81055315

前　言

现代产品为实现快速开发，从快速设计到快速加工环节，使用计算机辅助操作是必不可少的，相应的工程软件就显得尤为重要。UG 是目前在国内外高端设计与制造市场上广泛应用的工程软件，能够使企业通过新一代数字化产品开发系统，实现向产品全生命周期管理转型的目标，是产品设计开发及产品制造加工不可或缺的高级工具。

本书内容的编写采用 UG 8.0 版本，是对原《UG NX 4 实例教程》的升级，与以前的 UG 版本相比，UG 8.0 版本界面更加美观、简练，功能更加强大，使用更方便快捷，产品设计更加高效，数据利用更加充分。

学习工程软件 UG 要达到学以致用的目的，否则就不能很好地解决工程技术问题。本书作者总结了多年来使用 UG 进行产品设计与开发的切身体会，结合实际工作中的大量工程应用，编写了这本突出实用性的教材，帮助读者获得较好的学习效果，让 UG 真正成为读者工作中的一个重要而有力的工具。

本书有如下特点。

（1）明确提出学习的重点难点和操作技巧。

（2）面向应用，服务应用，知识点与实际工程应用相结合。

（3）多样的实例，让读者在理解命令的同时，掌握如何使用所学命令进行实际应用。为此，教材采取先讲解后应用或者讲解与应用并行的方式。力促读者学得快，用得上。

（4）涉及知识面广，可同时满足机电产品设计、机械设计与制造、工业设计、模具、数控、汽车、玩具设计、航空航天、船泊等专业的需求。

（5）配套光盘包含大量学习录像，是专门为本教材录制的，可供读者自学。除此之外，本书配有电子教案、教学大纲、部分习题答案，供教师教学参考使用。如果教师在使用教材时存在疑惑，可以通过 QQ（495385186）与作者直接联系，进行探讨。

本书共分 8 章，分别介绍了 UG 基础知识、三维建模、产品装配与设计、工程制图、模具设计及加工编程等。各章根据学习规律安排知识结构的顺序，让读者可以轻松地学习。

建议学习本书的总课时：专科 110 学时，本科 90 学时。学习本教材时，第 7 章、第 8 章应该根据各专业特点进行删减。学习的课时量也可以根据学习情况适当进行调整，学习时不要贪多求全，否则欲速则不达。

本书由广东技术师范学院天河学院钟奇、李俊文任主编，四川宜宾职业技术学院肖善华、湖南环境生物学院韩立兮和无锡机电高等职业技术学校王军任副主编。郑州大学博士生导师黄士涛教授对本书进行了全面审核，在此，对黄士涛教授及其他对本书有帮助的学者一并致谢。

本书获得 2012 年广东省教育厅质量工程项目“机械设计制造及其自动化专业综合改革试点”经费支持。

由于作者水平有限，加之时间仓促，不足之处在所难免，敬请从事 UG 软件应用和研究的人士及广大读者批评指正。

编者

2013 年 12 月

前言

现代产品为实现快速开发，从快速设计到快速加工环节，使用计算机辅助操作是必不可少的，相应的工程软件就显得尤为重要。UG 是目前在国内外高端设计与制造市场上广泛应用的工程软件，能够使企业通过新一代数字化产品开发系统，实现向产品全生命周期管理转型的目标，是产品设计开发及产品制造加工不可或缺的高级工具。

本书内容的编写采用 UG 8.0 版本，是对原《UG NX 4 实例教程》的升级，与以前的 UG 版本相比，UG 8.0 版本界面更加美观、简洁，功能更加强大，使用更方便快捷，产品设计更加高效，数据利用更加充分。

学习工程软件 UG 要达到学以致用的目的，否则就不能很好地解决工程技术问题。本书作者总结了多年来使用 UG 进行产品设计与开发的切身体会，结合实际工作中的大量工程应用，编写了这本突出实用的教材，帮助读者获得较好的学习效果，让 UG 真正成为读者工作中的一个重要而有力的工具。

本书有如下特点。

（1）明确提出学习的重点难点和操作技巧。

（2）面向应用，服务应用，知识点与实际工程应用相结合。

（3）丰富的实例，让读者在理解命令的同时，掌握如何使用所学命令进行实际应用。为此，教材采取先讲解后应用或者讲解与应用并行的方式，从而使读者学得快，用得上。

（4）涉及知识面广，可同时满足机电产品设计、机械设计与制造、工业设计、模具、数控、汽车、玩具设计、航空航天、船舶等专业的需求。

（5）配套光盘包含大量学习录像，是专门为本教材录制的，可供读者自学。除此之外，本书还有电子教案、教学大纲、部分习题答案，供教师教学参考使用。如果教师在使用教材时有任何疑惑，可以通过 QQ（495385186）与作者直接联系，进行探讨。

本书共分 8 章，分别介绍了 UG 基础知识、三维建模、产品装配与设计、工程制图、模具设计及加工编程等，各章根据学习规律安排知识结构的顺序，让读者可以轻松地学习。

建议学习本书的总课时：专科 110 学时，本科 90 学时。学习本教材时，第 2 章～第 8 章应该根据各专业特点进行删减，学习的课时量也可以根据学习情况适当进行调整。学习时不要贪多求全，否则欲速则不达。

本书由广东技术师范学院天河学院钟奇、李俊文任主编，四川宜宾职业技术学院肖善华、湖南环境生物职业技术学院[illegible]和[illegible]、[illegible]职业技术学院[illegible]任副主编。郑州大学博士生导师黄士涛教授对本书进行了全面审核。在此，对黄士涛教授及其他对本书有帮助的学者一并致谢。

本书获得 2012 年广东省教育厅质量工程项目“机械设计制造及其自动化专业综合改革试点”经费支持。

由于作者水平有限，加之时间仓促，不足之处在所难免，敬请从事 UG 软件应用和研究的人士及广大读者批评指正。

编者

2013 年 12 月

目录

第1章 UG NX 8.0简介

早期的UG是EDS公司推出的集成开发系统，公司于2007年被西门子收购，并更名为UGS，次年发布UG（Unigraphics NX）6.0，这是Siemens PLM Software公司出品的一个产品工程解决方案。它为用户的产品设计及加工过程提供了数字化造型和验证手段，集CAD（计算机辅助设计）、CAM（计算机辅助制造）、CAE（计算机辅助工程分析）于一身；UG与I-DEAS、Pro/ENGINEER和CATIA被称为全球最具影响力的四大工程软件；其中的NX表示EDS公司新一代MCAD软件的总称。目前UG已经发展到8.0版本，该软件功能强大，功能模块多，适合多种不同行业，应用十分广泛。随着我国对UG软件需求的不断加大，将有越来越多的行业使用该软件从事设计与生产工作。

1.1 认识UG

UG启动后，将进入UG界面。单击“文件”→“新建”命令或单击工具条中的“新建”图标，打开“新建部件文件”对话框，输入适当的文件名后，进入到UG的基本应用环境中，如图1-1所示。

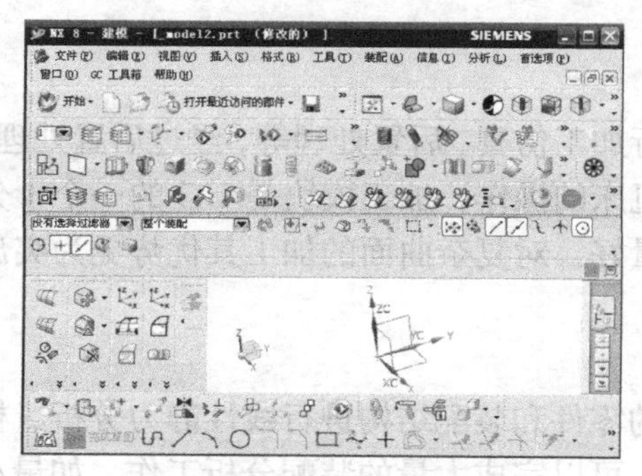

图1-1 UG NX 8.0的界面

注意　UG 到 8.0 版为止不支持中文文件名，因此在给文件或文件夹取名时不能使用中文字符，否则，操作将不能成功。

在如图 1-1 所示的界面中，“应用模块”工具条上列出了 UG 的主要功能图标，这些主要功能也可以从“开始”菜单中启动。部分“应用模块”工具条如图 1-2 所示。将鼠标指针在某一图标上停留一会儿，可以显示该图标的功能标签，与其上的文字说明是一致的，从而了解该项的功能，这个工具条上列出了 UG 的常用功能。

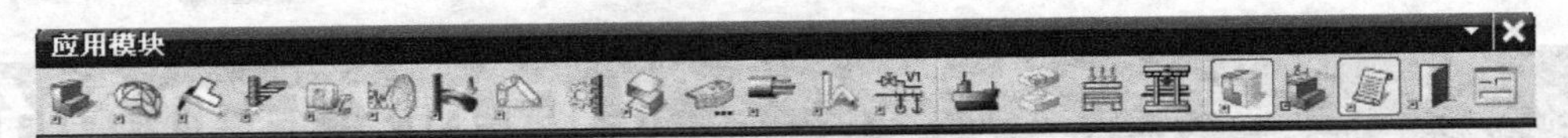

图 1-2　部分“应用模块”工具条

下面对几个常用模块进行说明。

1. 建模模块

建模功能是 UG 用来建立三维模型的工作环境，在此环境中，可以通过实体建模、特征建模、自由曲面建模，以及 UG/WAVE 等方法建立各种实体模型。

其中，利用二维、三维的非参数化或参数化模型快速实现实体与曲面的建立，属于实体建模；利用系统提供的标准特征，如长方体、柱体、圆台等通过组合来建立实体，属于特征建模；利用 UG 的自由曲面功能进行造型，是自由曲面建模；系统还提供了直接建模功能；WAVE 技术可对产品设计进行定义、控制和评估，通过定义几何形体框架和关键设计变量，表达产品的概念设计，通过参数化的编辑来控制结构，使不同的设计概念可以被迅速地分析和评估。

实体建模可以有多种分类方法，为了简便起见，本书将建模简单地分为非曲面造型、曲面造型，前者表示不使用曲面与自由成形曲面两个工具条中的命令进行建模，后者则要用到这两个工具条中的命令才能完成建模，不过也会用到前面的其他命令。详细内容参见第 3 章与第 4 章的介绍。

2. 制图模块

使用该功能可以方便地将三维实体模型投影成工程上用的三视图，即工程图，用来进行加工与装配或其他操作。UG 支持多种制图标准，如 ANSI/ASME、DIN、ISO、JSIS 及我国的 GB 制图标准，可以快速地产生包括主视图、俯视图等视图以及剖视图，局部放大视图等工程视图。本书第 6 章将介绍制作符合我国制图标准的工程图的方法。

3. 加工模块

使用加工功能可以进行加工仿真、后置处理等，经过后置处理产生的加工程序适合于车、铣、加工中心、线切割等机床的操作。加工模块是 UG 的一个十分强大的功能模块，其生成的刀路与程序效率高、质量好，对复杂曲面的加工其优势更为突出。

4. 分析模块

分析模块可以对 UG 的零件和装配结构进行线性静力分析、模态分析和稳定分析，可对设计的产品尺寸进行优化。可以完成大量的装配分析工作，如最小距离、干涉检查、轨迹包络等，允许同时控制5个运动副，用图形表示各构件的位移、速度、加速度的相互关系等。

5. 装配模块

提供并行的自上至下和自下至上的产品装配设计方法，可快速地增加零件与定位零件，可对零件进行编辑、装配，并可新建零件。

当进入基本入口环境后，可以单击标准工具条中的“开始”按钮旁的图标，弹出下拉菜单，其中也列出了UG的各种功能模块，如图1-3所示。

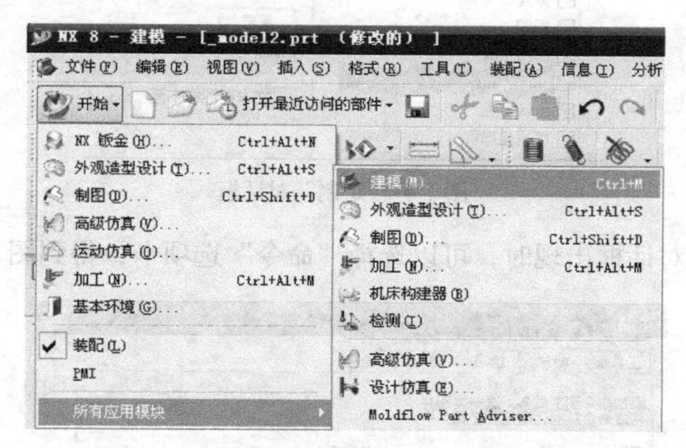

图1-3 进入到各功能模块的“开始”菜单

UG的功能模块较多，上面仅对其中的几个模块做了简介。

1.2 UG的界面调整

当进行操作时，一个良好的工作环境可以让自己事半功倍，UG向用户提供了可以根据需要随意调整界面的强大功能。因此，学会调整操作界面，使其符合自己的习惯与要求是必要的。下面介绍进行界面调整的方法。

在前面的操作中，单击“开始”→“建模”命令或单击“应用模块”工具条中的“建模”命令图标，便进入建模环境中，此时的界面会发生改变，系统会自动增加或减少菜单与工具条，以适应建模环境的工作需要。这里，暂时不介绍这些菜单栏与工具条中每一个命令的作用，只看一下如何调整这个界面，以方便后面的工作。

1. 调整工具条

在上面的环境中可以看到，工具条上的图标都有文字说明，这一点对初学者很方便，但当熟悉了UG的各个命令后，就希望将图标变小些，或者增加与减少某些图标，以便有更多的作图空间及存放工具条的空间。为此可以进行如下操作。在图标上右击，在弹出的快捷菜单中单击“定制”命令，弹出图1-4所示的“定制”对话框。

在图1-4所示的界面中，在工具条的某选项前打勾，即可增加显示该工具条；去掉前面的勾，则可减少工具条的显示。另外，当选择了某工具条选项后，单击对话框右侧的“文本在图标下面”前的复选框，去掉前面的勾，则工具条中的文字说明就不会显示，同时工具条会自动变小一些。这适合于熟悉 UG 命令的用户，便于增加更多工具条。

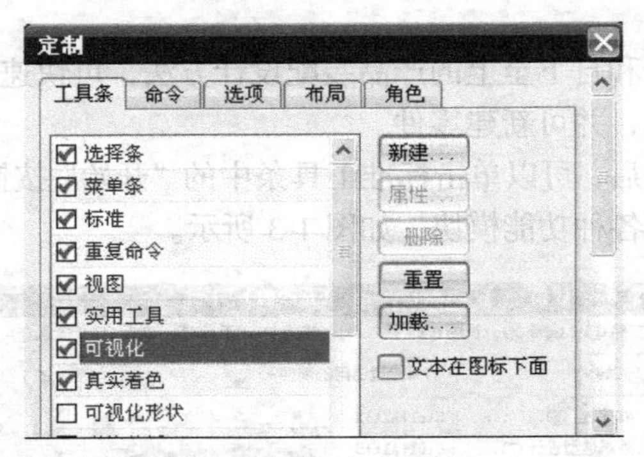

图 1-4 “定制”对话框

当图 1-4 所示的对话框出现时，可以选择“命令”选项卡，得到图 1-5 所示的效果。

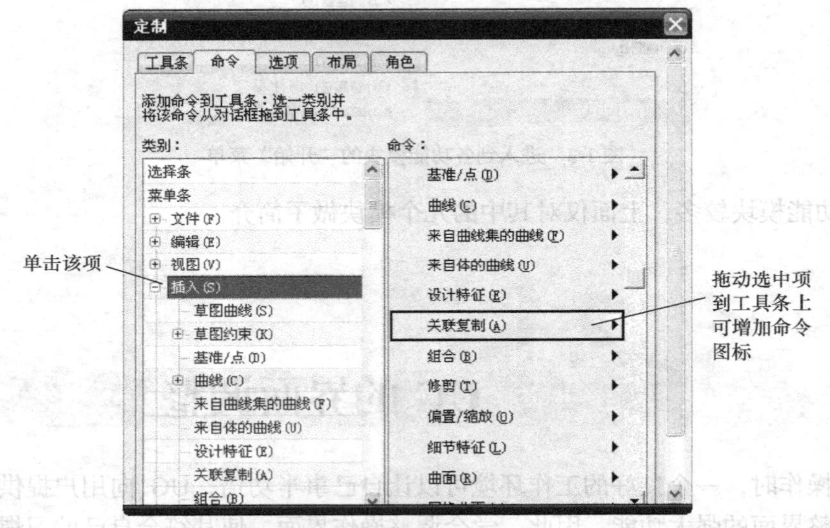

图 1-5 “定制”对话框中的“命令”选项卡

选中左边“类别”列表框中的某个类别，再选中右边的一个命令项目，按住鼠标拖动到其中一个工具条中的适当位置后松开，可将此项目添加到当前的工具条中；同样，只要上面的对话框出现时，也可以将工具条中的某图标拖出，以取消此图标在该工具条中的显示。

另外，在默认状态下，工具条都是横排的，有时按照个人习惯，可能要竖排，用户只要将鼠标移到工具条的最左（上）边处，当鼠标变成双十字箭头✢符号时，按住鼠标拖动到适当位置后松开，即可将工具条移动到相应的位置，可以横、竖或任意放置工具条。

另一种调整工具条的显示与否的方法是，在工具条上右击鼠标，在弹出的快捷菜单中有许多工具条选项，如图 1-6 所示，单击某个选项，其前面将出现“√”，表明该项有效，再次单击，则该项失效，前面的“√”也将消失。通过这种方式，可以增加或减少工具条。用鼠标可以拖动工具条到自己习惯的位置。

单击工具条底部的▾符号，或单击“添加或移除”按钮，弹出一个子菜单，选择其中的一个菜单，可以看到很多工具命令项，勾选即可增加工具条上的按钮，如图 1-7 所示。

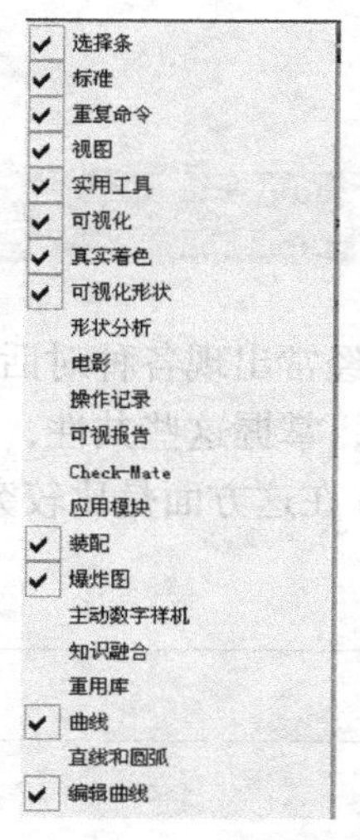

图 1-6 部分快捷菜单

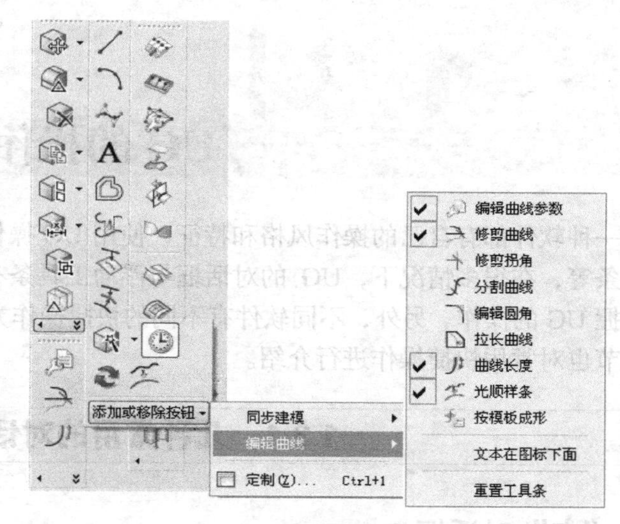

图 1-7 工具按钮的增减

操作时，并不是所有的工具条都要显示，要根据操作需要而定，如用特征建模，则曲面及其编辑工具条可以不显示。显示太多的工具条将妨碍操作。

2. 修改用户默认设置

UG 中提供了用户默认设置这一工具，可以让用户方便地按照自己的需要设置操作时的各项参数，有的参数要求符合国家标准，有的则是符合个人习惯，其操作过程如下。

（1）启动 UG 后，单击“文件”→“实用工具”→“用户默认设置”命令，打开“用户默认设置”对话框，如图 1-8 所示。

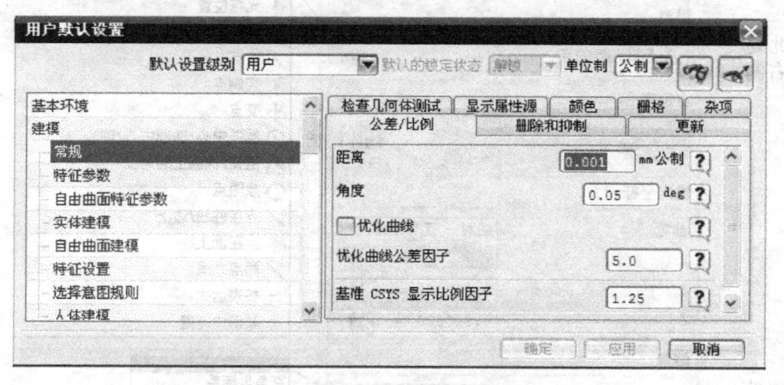

图 1-8 “用户默认设置”对话框

（2）在左侧列表框中选择“基本环境”→“常规”选项，则右边将显示为与之相关的选项卡。如图 1-8 所示，选择“公差/比例”选项卡，可以对“距离”和“角度”等内容进行修改。

（3）完成后单击右下角的“应用”按钮，完成修改操作。

（4）以同样的方法，对自己需要的内容进行修改，以便工作时得心应手。

（5）关闭 UG，重新启动 UG，使刚才的设置生效。

上面仅介绍了用户默认设置的修改方法，在后续的学习中，会介绍对多种用户默认操作进行具体修改。

1.3 UG 的操作特征

每一种软件都有自己的操作风格和特征，使用 UG 操作时，将经常出现各种对话框、浮动工具条等，在很多情况下，UG 的对话框与浮动工具条有些共性，掌握这些共性，有利于快速掌握 UG 的操作。另外，不同软件有不同的快捷操作方式，UG 在这方面是比较突出的，为此本节也对常用快捷操作进行介绍。

1.3.1 几种常用的对话框

1. “点”对话框

在作图时，经常要作点，如作直线就要作起点与终点，此时就要用到点构造器，单击“曲线”工具条上的“直线”图标，出现“直线”对话框，此时，在 UG 的“选择条”工具条上“捕捉点”的按钮有效，如图 1-9 所示，单击“直线”对话框上“点构造器”图标，可以弹出“点”对话框，如图 1-10 所示。

图 1-9 “选择条”工具条

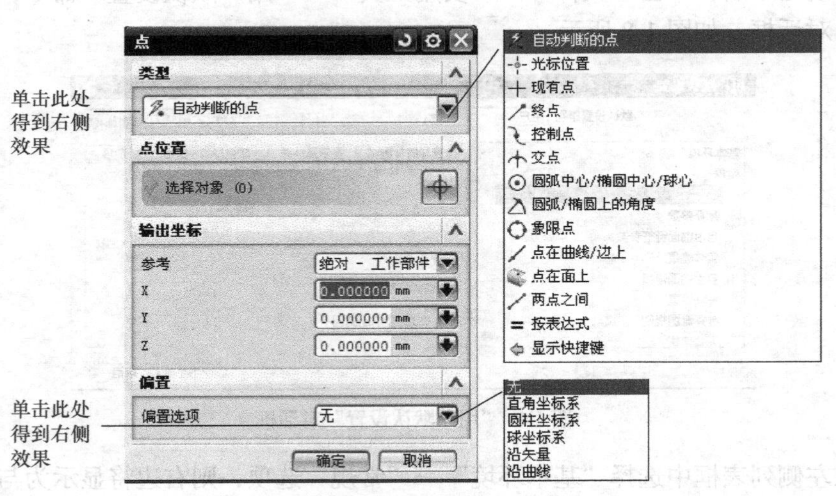

图 1-10 “点”对话框

在“点”对话框中，单击“类型”下面的编辑框，会弹出右侧不同类型，有 13 种捕捉方式，在不同情况下使用不同的捕捉方式，可以方便地作出点。“点位置”一栏的“选择对象”是通过鼠标来选择点的一种作点方式；“输出坐标”则是通过用户自行输入 X、Y、Z 坐标来建立点的一种方式；“偏置”这部分是建立点的又一种方式，可以让前面“点位置”或“输出坐标”两种方式所建立的点沿某方向偏移一定距离，偏置有几种方式，包括“直角坐标系”“圆柱坐标系”“球坐标系”“沿矢量”“沿曲线”及“无”。最后有“确定”和“取消”按钮。

建立点的操作方法如下。

（1）“捕捉方式”建立点。单击“插入”→“基准/点”→“点”命令，弹出图 1-10 所示的“点”对话框，单击“光标位置”图标，然后在 UG 工作区中的任意处单击，则在该处得到一个点。

同样，如果在“类型”处选择“终点”图标，就可以在工作区中现有的直线或其他图形中捕捉到直线的端点，在此端点上作出一个点；如果单击“点在曲线/边上”图标，就可在现有图形的某直线上任意处作出一个点。其他捕捉方法这里不一一介绍，读者可自行练习。

（2）“输出坐标方式”建立点。当出现“点”对话框时，在“输出坐标”一栏内输入 *X* 坐标为 10，再按 Tab 键，输入 *Y* 坐标 15，再按 Tab 键，输入 *Z* 坐标 20，则在坐标位置（10，15，20）处建立了一个点。

（3）“偏置方式”建立点。当出现“点”对话框时，先用前面两种方法之一建立一个点，如输入 *X*=10、*Y*=15、*Z*=20，得到坐标（10，15，20），然后在“偏置选项”处选择“直角坐标系”选项，会在“偏置”下增加“*X* 增量”“*Y* 增量”及“*Z* 增量”几个编辑框，然后分别在这 3 个编辑框中输入偏置的数据（10，10，10），则新点就建立在（20，25，30）坐标处。也就是说，新点是在原来的坐标点（10，15，20）基础上，在 *X*、*Y*、*Z* 3 个方向分别增加了（10，10，10）这个增量值。

2. “矢量”对话框

“矢量”对话框的作用是确定矢量的方向。在许多操作中，需要对矢量确定方向，如建立圆锥体，在确定圆锥体的中线的方向时，就会弹出“矢量”对话框，如图 1-11 所示。

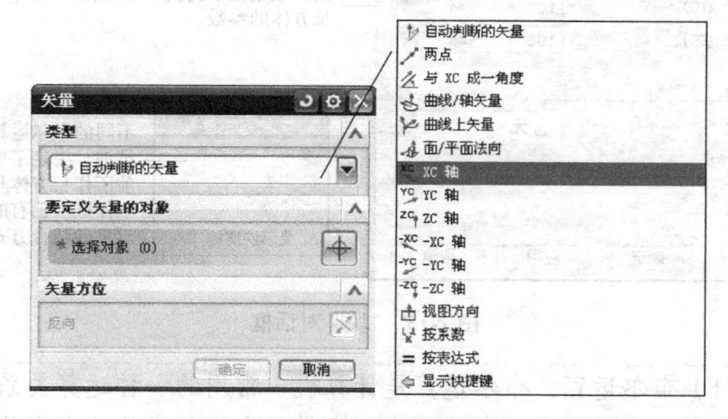

图 1-11 “矢量”对话框

在该对话框中，“类型”选项中有 15 种构造矢量的方法，当选择不同的选项时，中部“要定义矢量的对象”这一项的内容会变化成不同效果，是根据不同的选项进行相关操作的，如单击“两点”图标，中部内容变成了“指定点”，有不同的作点方法，而下部“矢量方位”一栏则是改变矢量方向为相反方向的一个工具。

如要建立一个圆锥体，单击“插入”→“设计特征”→“圆锥”命令，弹出“圆锥”对话框，在“轴”一项下，单击“矢量对话框”图标，弹出图 1-11 所示的“矢量”对话框，在“类型”一项选择“*YC*”轴，则矢量确定为 *Y* 轴的正方向，如果要反向，

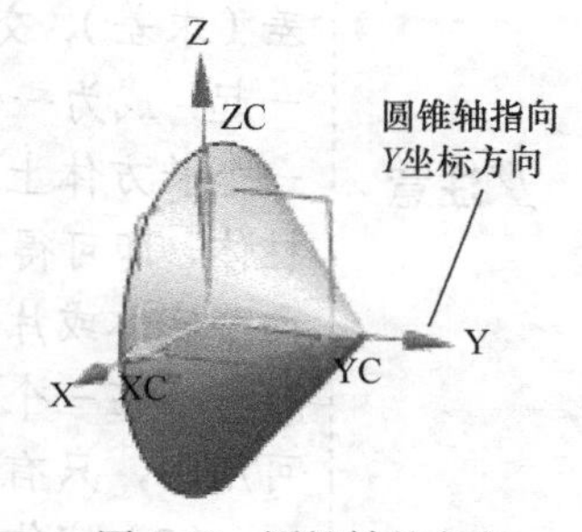

图 1-12 圆锥轴的方向

可单击“反向”图标，可以看到工作区中的箭头方向会相应改变，当方向确定后，单击鼠标中键，回到“圆锥”对话框处，再次单击鼠标中键，就完成了一个默认数据的圆锥的制作，可以看到，圆锥的轴是指向 Y 方向的，如图 1-12 所示。

3. 创建对象时的对话框

创建对象时出现的对话框形式往往有创建方法或类型、步骤、参数及其他选项，不同的对象操作，对话框将不同，但有共同点。现以创建一个长方体为例，说明这种类型的对话框的形式及操作方法。图 1-13 所示为创建一个长方体时的“块”对话框。

单击“插入”→“设计特征”→“长方体”命令，出现“块”对话框，在“类型”处，选择创建长方体的不同方法，选不同的类型，其操作步骤将不同，与之相应，图 1-13 所示的形式会自动变化；然后输入相应参数；修改布尔运算选项；最后单击“确定”按钮即生成长方体。

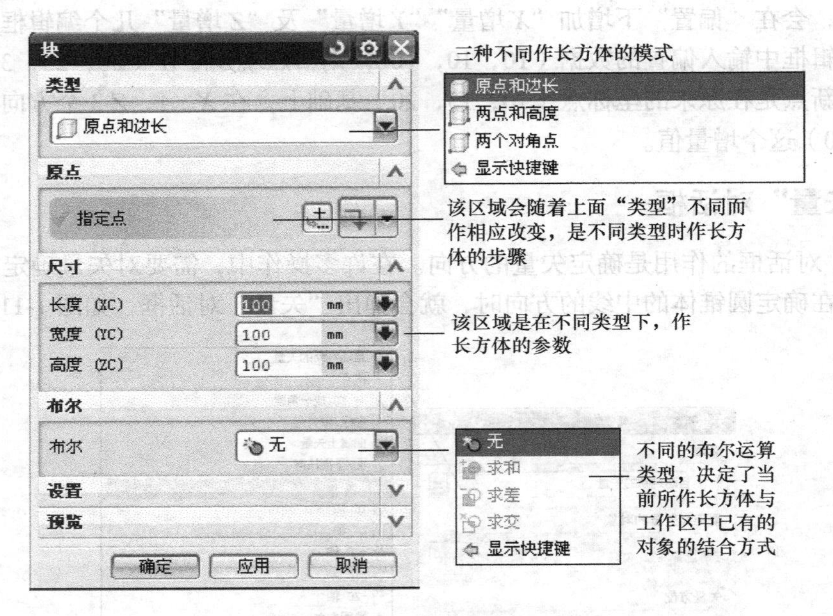

图 1-13 “块”对话框

注意

(1) 布尔运算。布尔运算是计算机中常用的一种运算关系，在不同的环境中，其意义有所不同。在 UG 中，它是两个实体或片体存在的一种操作，进行布尔运算时两个实体或片体间应该有重叠部分。常用的布尔运算有并（求和）、差（求差）、交（求交）。“并”就是一个实体或片体与另一个实体或片体合并在一起，成为一个整体；“差”就是一个实体或片体减裁掉另一实体或片体，如在一个长方体上打个孔，可以先作长方体，再作圆柱体，然后用长方体“差”圆柱体，即可得到一个带圆柱孔的长方体，同时圆柱体将不显示；“交”就是获得两个实体或片体的共同部分。

当在一个模型中还没有创建实体或片体时，布尔运算中的并、差、交是不可用的，只有“无”图标是可用的，因为布尔运算需要两个实体或片体。

(2) 实体。创建的实心体，如长方体、圆柱体、拉伸体等。

（3）片体。厚度为零的实体，相当于面，在 UG 中称为片体。在其他软件中，片体与面是有区别的，UG 中则没有严格区分。片体可以通过“片体加厚”命令转换成实体；由多个片体组成的封闭的模型，可以通过“缝合”命令转换成实体。在 UG 中进行造型时，一个自身封闭的片体将自动转换为实体而不需要“缝合”。在其他软件中不一定是这样。

1.3.2 快捷操作

在 UG 中，主要是利用鼠标操作，但有时也需要键盘的配合，如果长期使用 UG 工作，还需要掌握快捷键，这样可以使操作更方便快捷。

首先启动 UG，进入到建模环境中，然后任画一些图形，以便实践下面的操作。

1. 鼠标操作

在 UG 中，规定用 MB1 表示鼠标的左键，MB2 表示鼠标的中键，MB3 表示鼠标的右键。UG 的鼠标操作很方便，功能也非常强大，主要操作如下。

（1）单双击，不拖动。在对象上单击左键（MB1）来选择对象；双击左键（MB1）可以对对象进行修改或显示属性对话框；单击中键（MB2）相当于单击对话框中的“确定”按钮，在有些情况下如果没有“确定”按钮，可以单击鼠标中键来代替；单击右键（MB3）可以显示快捷菜单，其上的常用命令可以方便读者显示、移动或缩放模型。

另外，将鼠标放在要选择的模型对象上不动，约几秒钟后，鼠标光标左下角出现一个省略号图标，此时单击鼠标左键，弹出“快速拾取”对话框，读者可以从中选择合适的内容与对象，如图 1-14 所示。

图 1-14 “快速拾取”对话框

（2）拖动。按住鼠标左键（MB1）拖动可以框选对象；按住中键（MB2）拖动可以旋转视图；按住右键（MB3）拖动可以显示图标菜单，如图 1-15（a）所示，内容是视图工具条中的几个常用项，如艺术外观、带边着色等，可以将鼠标拖动到适当图标上松开，即可执行该图标的操作功能。

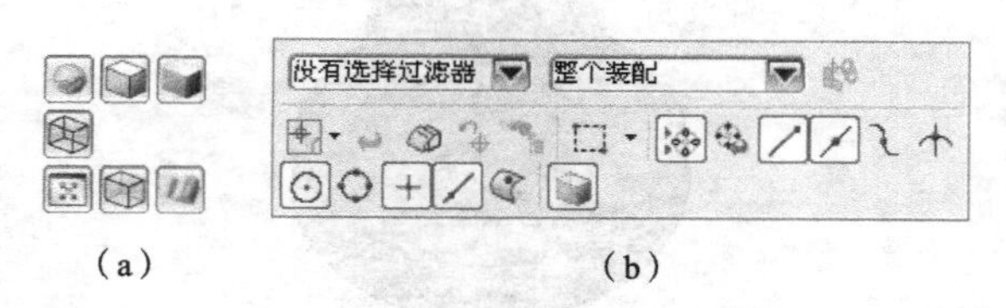

图 1-15 图标菜单和过滤选项

单击鼠标右键，可以显示快捷菜单和过滤选项工具栏，如图 1-15（b）所示，通过修改不同的过滤器，从而方便在工作区中选择不同类型的图形元素。

同时按住鼠标 MB1 与 MB2 拖动，可以缩放视图，操作时可以先同时按住两鼠标键，然后再拖动；同时按住鼠标 MB2 与 MB3 拖动，可以平移视图。

（3）滚动。滚动鼠标中键可以放大或缩小视窗图形，作用类似于同时按住鼠标 MB1、MB2 拖动。

（4）其他。

“Alt”+MB2：取消。

"Ctrl" +MB1：重复选择列表式设定窗口中内容。

"Shift" +MB1：取消选择。

"Ctrl" + "Shift" +MB1：取消当前的选择并可进入到下一个对象的选择。

2. 键盘操作

键盘操作主要是输入数据，用来辅助的键有 Tab 键，可以切换光标位置，如输入数据时，要使光标从一个文本框转换到另一个框中可以按此键；使用方向键也可移动光标，Enter 键相当于确定；其他键与一般软件中的作用相同，不做过多介绍。

1.4 简单造型实例

为了能让读者很好地掌握上面所介绍的内容，下面给出一个简单的造型实例，以便加深印象。操作结果如图 1-16 所示，下面介绍其过程。

（1）启动 UG 后，单击"新建"图标，弹出"新建"对话框，在"模型"一栏选中模板类型为"模型"，并输入新"文件名"，修改保存文件的路径，单击鼠标中键，进入建模环境。单击"插入"→"设计特征"→"圆柱体"命令，打开图 1-17 所示的"圆柱"对话框。

图 1-16　练习用的简单造型实体

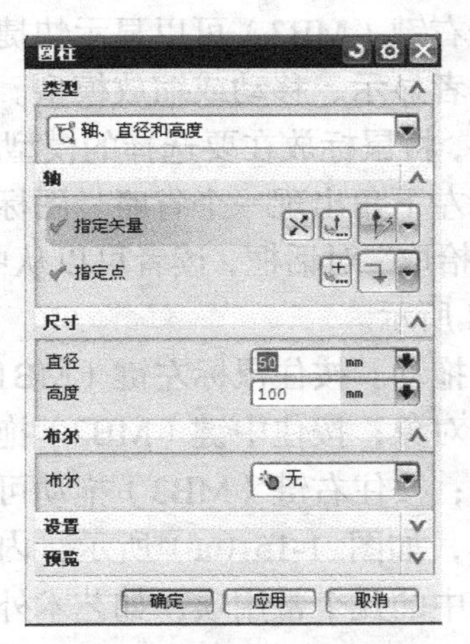

图 1-17　"圆柱"对话框

（2）"类型"一栏给出了两种制作圆柱体的方法，即"轴、直径和高度"法和"圆弧和高度"法。单击第一种，在"轴"一栏单击"指定矢量"右侧的"矢量对话框"图标，弹出图 1-11 所示的"矢量"对话框，将该对话框中的"类型"修改为"*ZC*"，表示圆柱体中心轴的方向是和 *Z* 轴平行的，单击鼠标中键，回到图 1-17 所示"圆柱"对话框。

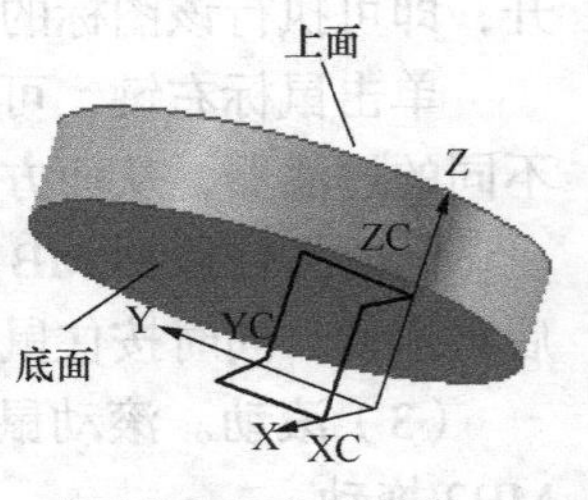

图 1-18　完成的圆柱体

（3）单击"轴"一栏中的"指定点"右侧的"点对话框"图标，弹出图 1-10 所示的"点"对话框，在该对话框中输入 *X*、*Y*、*Z* 坐标分别为10、10、10，则确定了要建立的圆柱体的底部端面圆心坐标为该坐标点（10，10，10）。单击鼠标中键，再次回到图1-17所示对话框中。

（4）在“尺寸”一栏中，输入圆柱直径为50，高度为10，单击“确定”按钮，就制作出了个底面圆心坐标在（10，10，10）处，轴线平行*Z*轴的圆柱体。如图1-18所示。

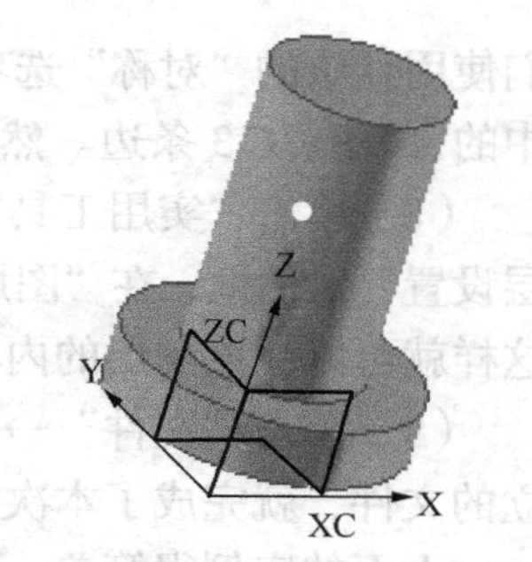

图1-19 制作出来的两个圆柱体

（5）用同样的方法，再建立一个圆柱体，“矢量”仍使用“*ZC*”，但在完成上面的步骤（2）后，单击“圆柱”对话框中“轴”一栏中的“指定点”，此时会看到该区域变红色，然后用鼠标选中图1-18所示圆柱体的上面圆的圆心（将鼠标指针移到图1-18中上面边缘时，会出现⊙图标，说明已经选中了该面的圆心），单击鼠标中键，再在“尺寸”一栏中，输入圆柱直径为30，高度为50，将“布尔”一栏修改为“求和”，再单击“确定”按钮，就完成了另一个圆柱体的制作，并且，因为刚才使用了“求和”操作，前面两个圆柱体变成了一个整体。结果如图1-19所示。

（6）单击“特征”工具条中的“孔”图标，弹出“孔”对话框，如图1-20所示。

由于该对话框太长，将其截断，分为左右两部分，右边部分是接在左边部分后面的。在本书的其他对话框中，也常用这种方法来截断对话框，以便节省空间，希望读者注意。

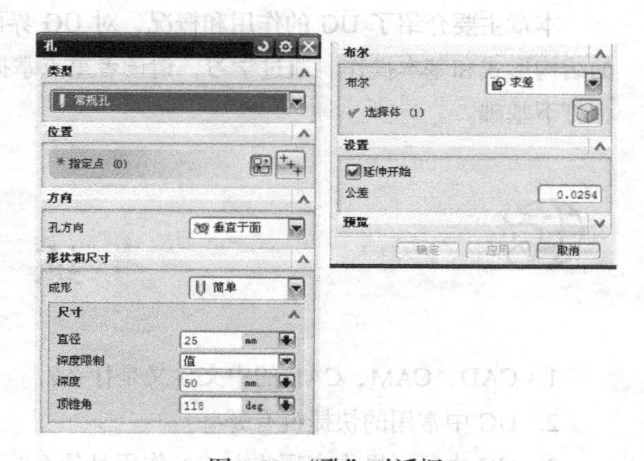

图1-20 “孔”对话框

在该对话框中，“类型”处给出了“常规孔”“钻形孔”“螺纹孔”“螺钉间隙孔”及“孔系”5种选项，我们选择“常规孔”，在“孔”对话框的“位置”一栏单击，使其变红色时，用前面的方法捕捉图1-18所示的圆柱体底面的圆心，再将“形状和尺寸”一栏中的“直径”修改为20，“深度”修改为110，“布尔”修改为“求差”，单击鼠标中键，完成孔的制作，结果如图1-21所示。

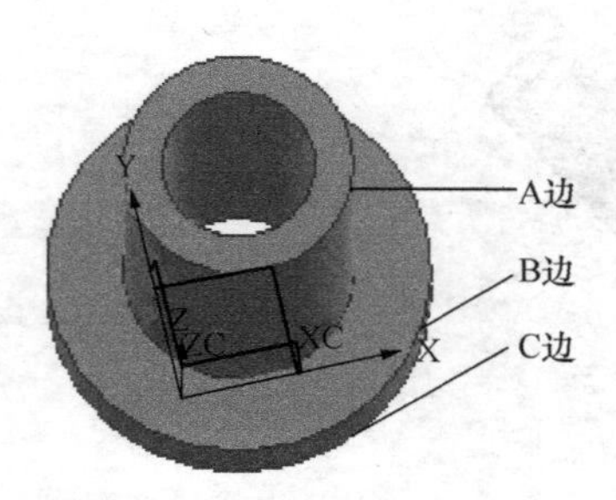

图1-21 制作了“孔”的效果

图1-22 “倒斜角”对话框

（7）单击“特征”工具条中的“倒斜角”图标，弹出的“倒斜角”对话框如图1-22所示。在该对话框中的“横截面”处，有“对称”“非对称”及“偏置和角度”3种选项，我们使用默认的“对称”选项，在“距离”处输入2，按Enter键，然后用鼠标依次选择图1-21中的*A*、*B*、*C* 3条边。然后单击鼠标中键，完成操作，结果得到图1-16所示的效果。

（8）单击“实用工具”工具条中的“图层的设置”图标或按Ctrl+L快捷键，弹出“图层设置”对话框，在“图层”一栏中，单击数字“61”前面复选框中的框，使其中的勾去掉，这样就可以让该图层的内容不可见，然后单击鼠标中键，完成操作。

（9）单击“文件”→“保存”或单击“标准”工具条上的“保存”图标，保存刚才建立的文件，就完成了本次操作。

上面的实例很简单，主要是让读者明白各种对话框的结构形式及基本操作，如果对操作还不太熟悉，还可通过后面较多的实例加以练习。

小结

本章主要介绍了UG的作用和概况，对UG界面进行了简单的介绍，并重点讲解了UG中对话框的结构形式和基本操作。通过学习，请读者重点掌握UG的界面调整及基本操作，为今后进行复杂造型打下基础。

练习

1. CAD、CAM、CAE的中文含义是什么？
2. UG中常用的快捷键有哪些？
3. UG中鼠标操作有哪些方式？作用是什么？
4. 本章介绍了UG中几种常用的对话框形式，它们各有何操作特点？
5. 试着作图1-23所示的实体，已知3个圆柱体直径均为10mm，长为30mm。提示：上面两个圆柱体垂直，它们分别平行于*X*、*Y*轴的正向，下面的圆柱体的矢量方向为*I*=−1，*J*=−1，*K*=0，操作时注意用“求和”将3个圆柱体合并。

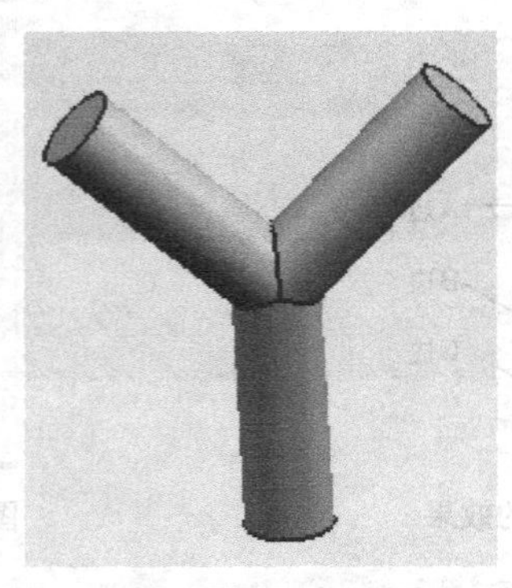

图1-23 练习题用图

第2章 建模基础

建模也称为实体建模（Solid Modeling）或造型，它使用计算机以数学方法来描述物体或物体与物体之间的空间关系。例如，使用方程式在屏幕上生成直线、圆或其他形状，并依据它们相互之间所在的二维或三维空间的关系精确定位与放置。UG 建模的作用是，通过计算机将设计内容变成三维工程模型，以便于分析、加工、制造等后续处理。

实体造型有不同的分类方法，如果根据造型中使用的元素对象的不同，可分为云点造型（由云点组合成片体再变为体，逆向造型常用此法）、线架造型、片体造型、实心体造型；如果按造型时模型与产品出现顺序的不同，可分为正向造型与逆向造型，即反求工程（Reverse Engineering）。当然还有其他分类方法，在本书中，为操作方便，根据造型时是否使用“曲面”及“自由曲面成形”两个工具条中的命令，将造型分为曲面实体造型与非曲面实体造型两大类。

所谓非曲面实体造型，就是指在造型时没有使用 UG 造型中的“曲面”及“编辑曲面”两个工具条中的命令而进行的造型。这种造型有很大的应用范围，机械类零件多用这种方法造型。但有些复杂的形体，必须用到曲面命令方可完成造型，因此，称这种造型为曲面实体造型。当然，曲面实体造型也要用到前面的命令，因此，曲面造型的复杂程度大于非曲面实体造型。这样分类主要是可以为不同行业的学习者提供难度不同的学习模块，因为对于一般机械类零件，只要学会非曲面实体造型就可以适应大部分零件的造型工作，但模具类、玩具类、工业设计类、汽车类专业则需要较复杂的曲面造型功能。

不论是曲面还是非曲面造型，都可以根据其造型的过程不同，分为叠加法、缝合法、综合法。利用叠加法可以制作出非常复杂的三维模型，包括曲面实体模型或非曲面实体模型；叠加法的难点是从众多的叠加效果中分离出每个叠加细节，从而逆向造型。缝合法则需要给出复杂的外形，可以用来制作形状特殊的产品。综合法是二者的综合。

2.1 曲面实体造型的造型方法

下面逐一举例介绍叠加法、缝合法和综合法。

2.1.1 叠加法

叠加法是应用最广的一种方法，所谓叠加法，就是在作出一个基本体的基础上，像“砌墙”时不断加砖那样不断增加新图素，从而使一个简单的模型变成一个复杂的三维模型。

叠加法在“增加”图素时可能是增加材料，从而使模型材料越来越多；也可能是去除材料，从而使模型中的部分材料减少；或者是二者兼而有之。下面举个实例来说明。

图 2-1 所示即是使用“叠加法”作图的效果。

操作过程如下。先单击“插入”→“曲线”→“多边形”命令，在弹出的对话框中输入边数为 6，单击鼠标中键后，单击“内切圆半径”按钮，在新的对话框中输入内切圆半径为 20，方位角为 0，再单击鼠标中键后，出现“点”对话框，分别输入内切圆中心点坐标 *X*、*Y*、*Z* 均为 0，单击“确定”按钮，完成一个正六边形的制作。单击“特征”工具条中的“拉伸”命令图标，将其拉伸到 12mm，结果如图 2-2 所示，这就是得到的基本实体。

单击“插入”→“曲线”→“基本曲线”命令图标，弹出“基本曲线”对话框，单击其中的“圆”图标，单击“点方式”右侧的，选择“点构造器”选项，弹出“点”对话框，使对话框中的 *X*、*Y*、*Z* 均为 0，表示要作的圆的圆心在（0，0，0）处，然后单击“确定”按钮，“点”对话框没有消失，这时系统要求输入圆周上的一点来确定圆的大小，将“点”对话框中的 *XC*、*YC*、*ZC* 分别设置为 12、0、0，确定后，得到一个圆，单击“点”对话框中的“取消”按钮，完成操作。结果得到一个新的圆，如图 2-3 所示。

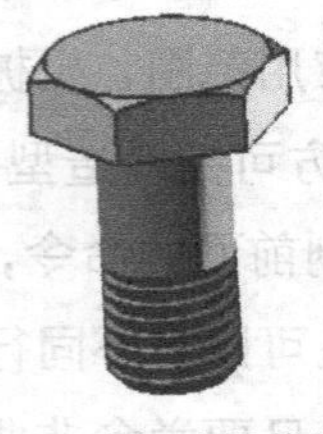

图 2-1　叠加法操作效果

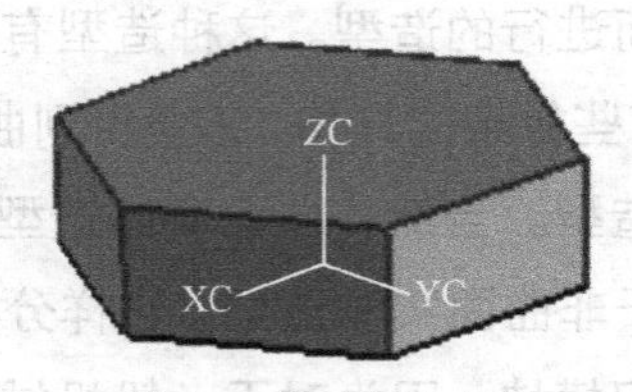

图 2-2　作出的六棱柱

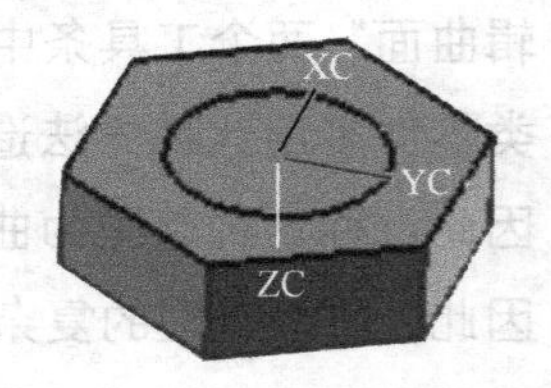

图 2-3　作出圆

以拉伸命令对圆进行拉伸，长为 50mm，布尔操作选择“求和”，结果如图 2-4 所示。这就是叠加法的加材料。在原有实体基础上增加一个实体——圆柱体。

继续叠加，仍以上面方法画圆，操作方法如下。单击“插入”→“曲线”→“基本曲线”命令图标，弹出“基本曲线”对话框，单击其中的“圆”图标，单击“点方式”右侧的，选择“点构造器”选项，弹出“点”对话框，使对话框中的 *X*、*Y*、*Z* 分别为 0、0、12，表示要作的圆的圆心在（0，0，12）处，然后单击“确定”按钮，“点”对话框没有消失，这时系统要求输入圆周上的一点来确定圆的大小，单击“点”对话框中的“自动判断的点”图标，然后将鼠标指针移到图 2-4 中正六棱柱下边一条边的中点上，当出现中点图标时，表示鼠标捕捉到了边的中点，此时单击鼠标左键，得到一个圆，如图 2-5 所示。

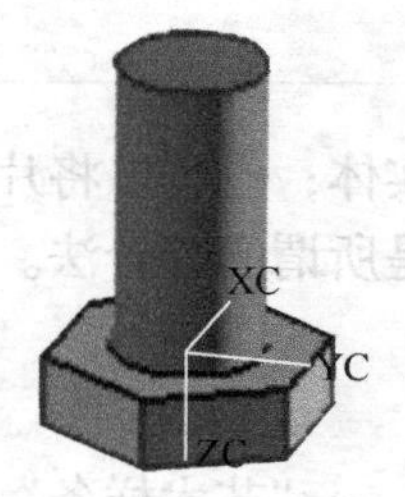

图 2-4　新增圆柱体

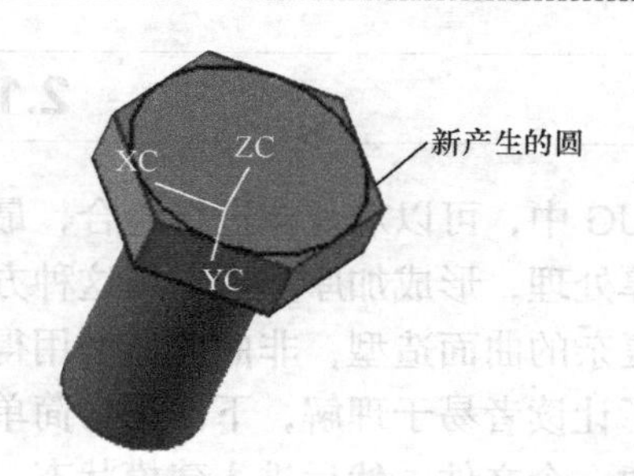

图 2-5　作出新的圆

使用“特征”工具条中的拉伸命令，对刚才所作的圆进行拉伸，并将“拉伸”对话框中的“拔模”处的“无”修改为“从起始限制”，在角度文本框中输入−60，并单击“反向”按钮，然后将布尔运算修改为“求交”，参数设置结果如图 2-6 所示。

图 2-6　参数设置

单击“确定”按钮，完成一次叠加操作，但这次是求交，切除了部分材料，得到了螺帽的边，如图 2-7 所示。

单击“特征”工具条中的“倒斜角”图标，将弹出“倒斜角”对话框，将对话框中的偏置设置为 2.5，表示倒角大小为 2.5mm，然后选中图 2-7 所示圆柱体下底面的圆边，单击鼠标中键，完成另一次叠加减材料操作。结果如图 2-8 所示。

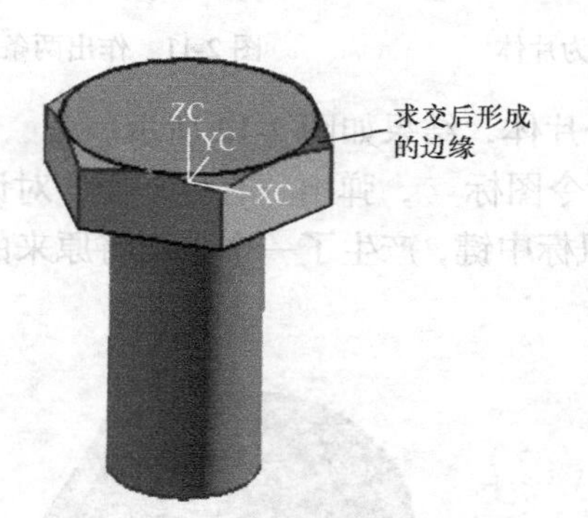

图 2-7　求交结果

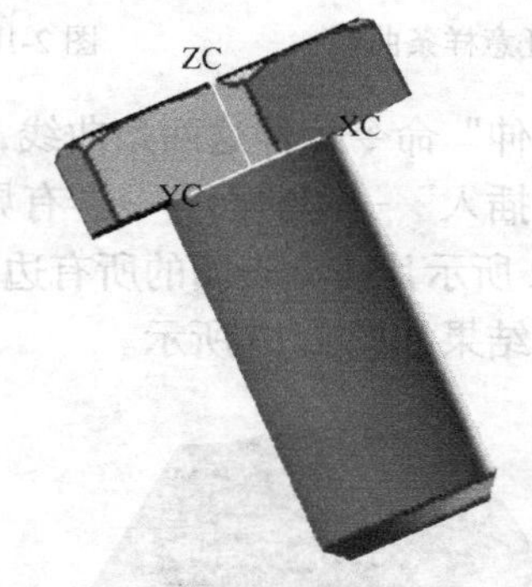

图 2-8　倒角后的效果

单击“特征”工具条中的“螺纹”命令图标，将弹出“螺纹”对话框，选中对话框中的“详细”单选按钮，然后单击圆柱体，再单击“选择起始”按钮，将打开新对话框，然后单击图 2-8 中倒了角的圆柱体的下端面平面，看到有一个箭头，其方向应是斜向上，如果不对，就单击“螺纹轴反向”按钮，然后单击“确定”按钮，此时回到前面的对话框中，将长度修改为“25”，然后单击“确定”按钮，出现了螺纹，也是减材料的叠加操作。最后效果如图 2-1 所示。

上面仅以一个简单的实例说明了叠加法的作图过程。其实，许多复杂的图形均是用此法制作而成的。

从上面的操作可以看出，在最初作图时，首先要明确哪个图元作为基本形体，在此基础上进行怎样的叠加，然后再按步骤进行操作即可。简单的模型不需制订作图步骤，如果模型特别复杂，可以先制订作图步骤，这样操作起来更方便。

2.1.2 缝合法

在 UG 中，可以对片体进行缝合，最终将这些片体缝合成为实体；也可以将片体缝合后进行加厚处理，形成加厚实体，用这种方法完成的造型过程，就是所谓的缝合法。这种方法适合较复杂的曲面造型，非曲面造型用得较少。

为了让读者易于理解，下面举个简单实例来说明。

新建一个文件，然后进入建模状态，单击“插入”→“曲线”→“艺术样条”命令图标，然后在工作区任意作一条曲线，如图 2-9 所示。

单击“特征”工具条中的“拉伸”命令图标，将刚才的曲线拉伸长 50，结果如图 2-10 所示。

再单击“插入”→“曲线”→“直线”命令，任作两条直线，使其与原来的样条曲线组成封闭形式，结果如图 2-11 所示。

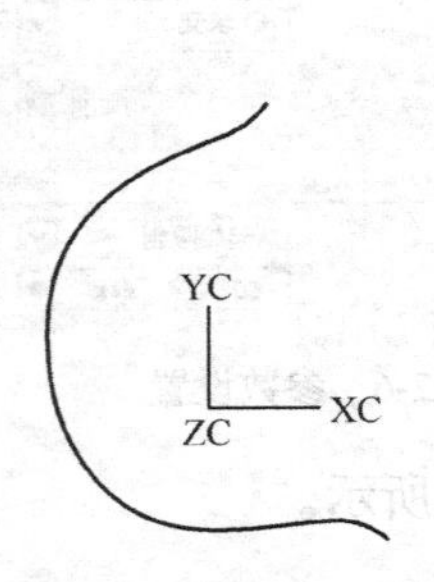

图 2-9　任意样条曲线

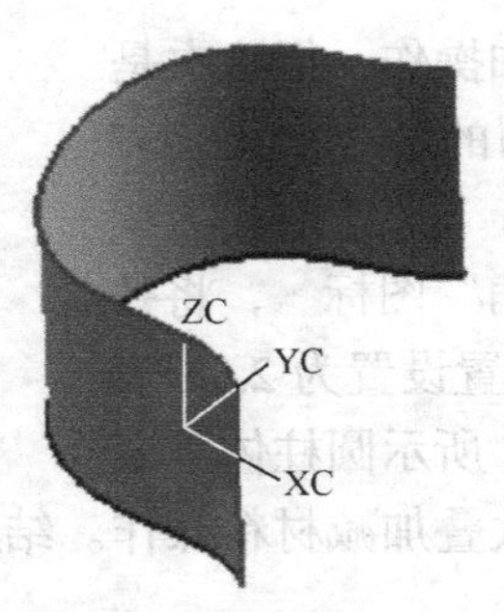

图 2-10　拉伸后成为片体

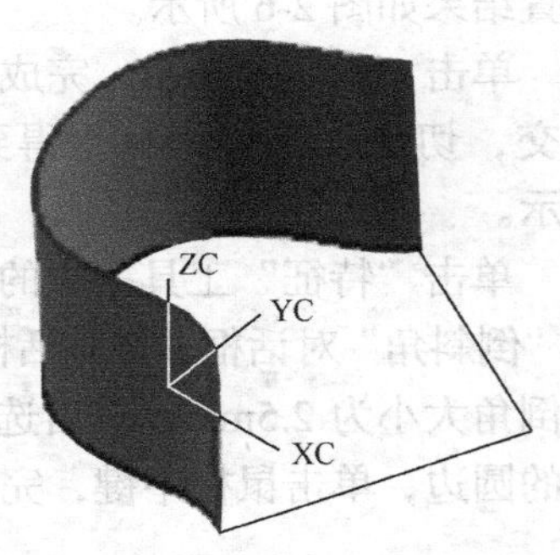

图 2-11　作出两条直线

以“拉伸”命令拉伸这两条曲线，得到一个片体，结果如图 2-12 所示。

单击“插入”→“曲面”→“有界平面”命令图标，弹出“有界平面”对话框，然后单击图 2-12 所示片体上表面的所有边，再单击鼠标中键，产生了一个平面将原来的图形的上表面封闭，结果如图 2-13 所示。

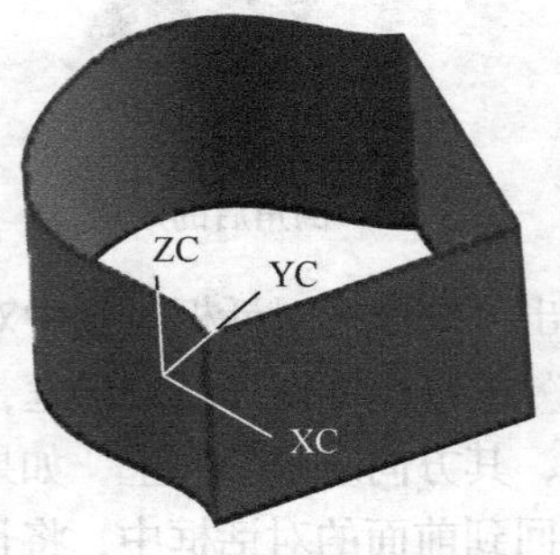

图 2-12　拉伸后的另一片体

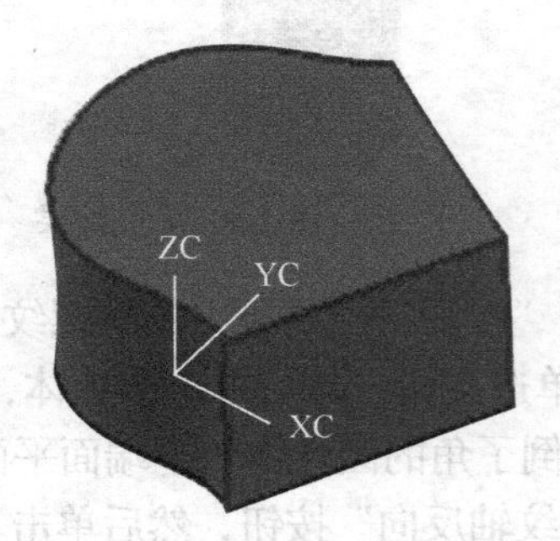

图 2-13　生成有界平面

按住鼠标中键旋转图形，然后用同样的方法将另一个面也用有界平面封闭起来。结果如图 2-14 所示。

要注意的是，上面的造型看上去是实体，但实际上不是实体，它只是由几个片体合在一起的效果，要使它变成实体，还要用到缝合命令。单击“特征”工具条中的“缝合”命令图标，单击刚才作的片体中的任意一片，然后用框选的方式选择其他所有片体，单击鼠标中键，完成缝合操作。虽然操作完成后造型看上去没有发生变化，其实经缝合后，原来封闭的片体已经变成了实体，这点要特别注意！

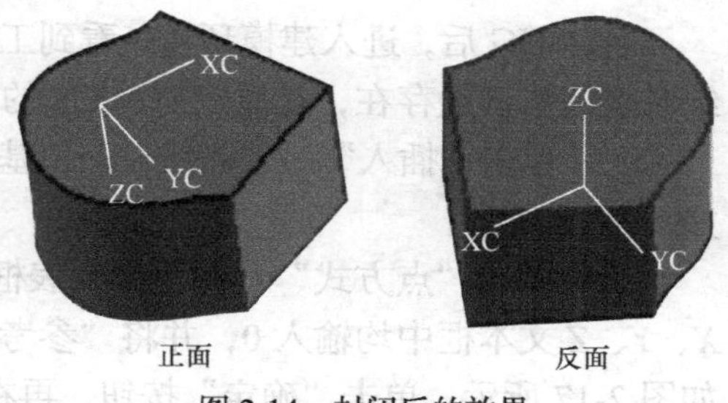

图 2-14　封闭后的效果

这种先作片体，然后再缝合成实体的造型方法，就是所说的缝合法。值得注意的是，作完的片体如果不是封闭的，可以通过加厚命令来变成实体，这种情况被视为缝合法的一种特殊情况。缝合命令可以将封闭的片体转换为实体，也可将不封闭的片体合并成一个更大的片体。

缝合法在曲面造型中常用，可以制作复杂的实体。

2.1.3　综合法

所谓综合法，就是在造型时，既要用到叠加法，又要用到缝合法，两种造型法用于一体。在后面的实例操作中，将有多个这样的实例，如第 4 章中的显示器外壳、青蛙的制作就是这样。

2.2 重要概念与工具

2.2.1　坐标系概念

UG 坐标系分为 3 种，即用户坐标系、绝对坐标系与工作坐标系（WCS）。其中，用户坐标在模具设计中常用，将在模具设计中介绍；而绝对坐标系与工作坐标系（WCS）则是经常出现的。在进入 UG 的建模环境后，系统就确定了唯一的一个绝对坐标系，它作为整个造型过程的总参照，不可见、不可改变原点的位置及坐标轴的方向，但它确实存在，它是其他坐标系的参照。

在造型过程中，经常需要同时引入另一个参照，这就是工作坐标系（WCS），通过它可以灵活地进行造型操作，WCS 是可以改变方向与原点位置的，在启动 UG 后，系统就给出了一个 WCS，此时的 WCS 与绝对坐标系的原点是重合的，但在改变了 WCS 后，WCS 就不一定和绝对坐标系同原点了，方向也可以改变。

工作坐标系（WCS）可以显示或隐藏，单击“实用工具”工具条上的“显示 WCS”命令图标或单击“格式”→WCS→“显示”命令，可以显示 WCS；重复上述操作，则可以隐藏 WCS。

1. 感知绝对坐标与 WCS

初学者往往不容易理解绝对坐标系与 WCS，这对后续学习是不利的，下面就通过一个简单的操作让读者来感知二者的存在与关系。

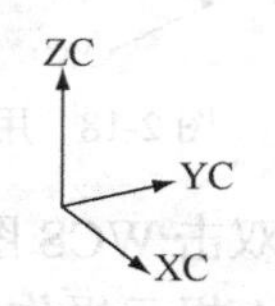

图 2-15　WCS 与绝对坐标系重合

启动 UG 后，进入建模环境，看到工作区的中心有一个坐标系，这就是 WCS，但此时的绝对坐标系已经存在，且原点与 WCS 的原点是一致的，只不过不易发觉，如图 2-15 所示。

（1）单击“插入”→“曲线”→“基本曲线”命令图标，将弹出“基本曲线”对话框，如图 2-16 所示。

（2）单击“点方式”右侧下拉列表框中的“点构造器”图标，弹出“点”对话框，在 X、Y、Z 文本框中均输入 0，并将“参考”修改成“绝对工作部件”，表示使用绝对坐标系，如图 2-17 所示，单击“确定”按钮，再在工作区任一点单击，得到图 2-18 所示的一条直线，再单击“确定”按钮直线就完成了，注意该直线左边的端点是“绝对坐标”的 O 点。

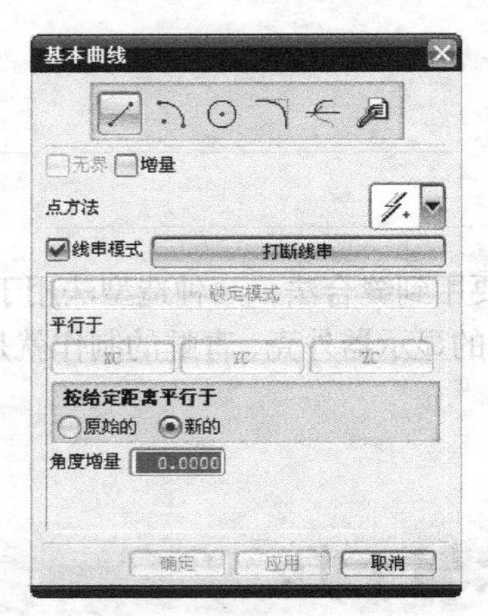

图 2-16 “基本曲线”对话框

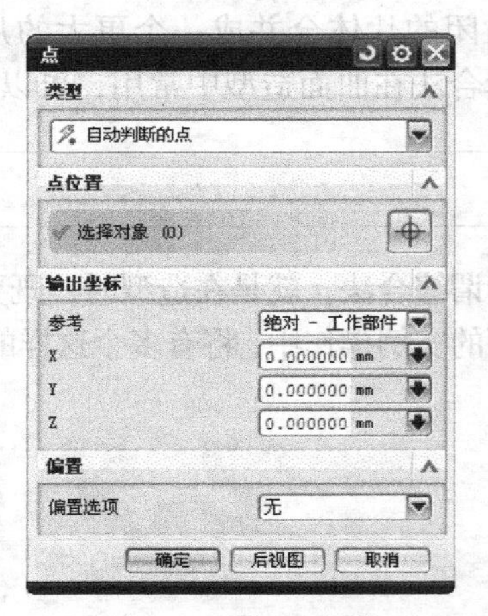

图 2-17 “点”对话框

（3）用与上面同样的方法作直线，只是在图 2-17 中选择“输出坐标”时选 WCS，其余的都和前面一样，作另一条直线，注意使其尾部方向和前面作的直线的方向不完全相同，以便区别。但要注意，这两条线的起点值相同，只是一个是用绝对坐标系作的，另一个是用 WCS 作的。结果如图 2-19 所示。这两条线的起点相同，可见，在 UG 启动后，绝对坐标系与工作坐标系（WCS）是共原点的。

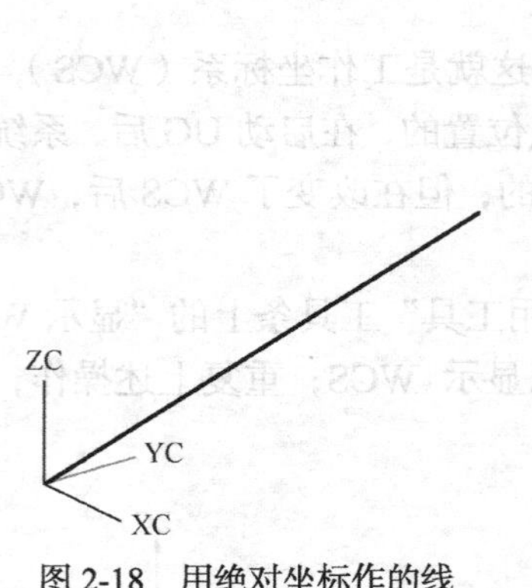

图 2-18 用绝对坐标作的线

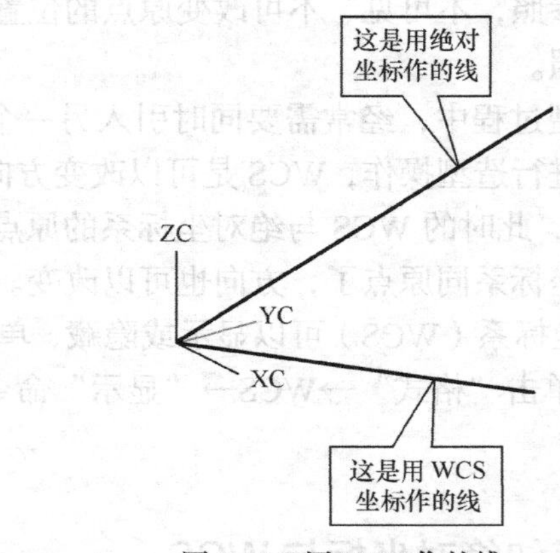

图 2-19 用 WCS 作的线

（4）双击 WCS 图标，可以看到 WCS 上出现转动球与平移箭头，如图 2-20 所示，读者可以按图上提示操作，来平移或旋转坐标，也可用鼠标在适当位置单击，从而平移坐标。

（5）将鼠标在工作区的非坐标原点处单击，以便将原点移到另一处，结果如图 2-21 所示。

（6）单击鼠标中键（MB2），则坐标移动完成，再按步骤（1）~（3）重作两条线，一条以WCS原点作线，一条以绝对坐标系原点作线，结果如图2-22所示。

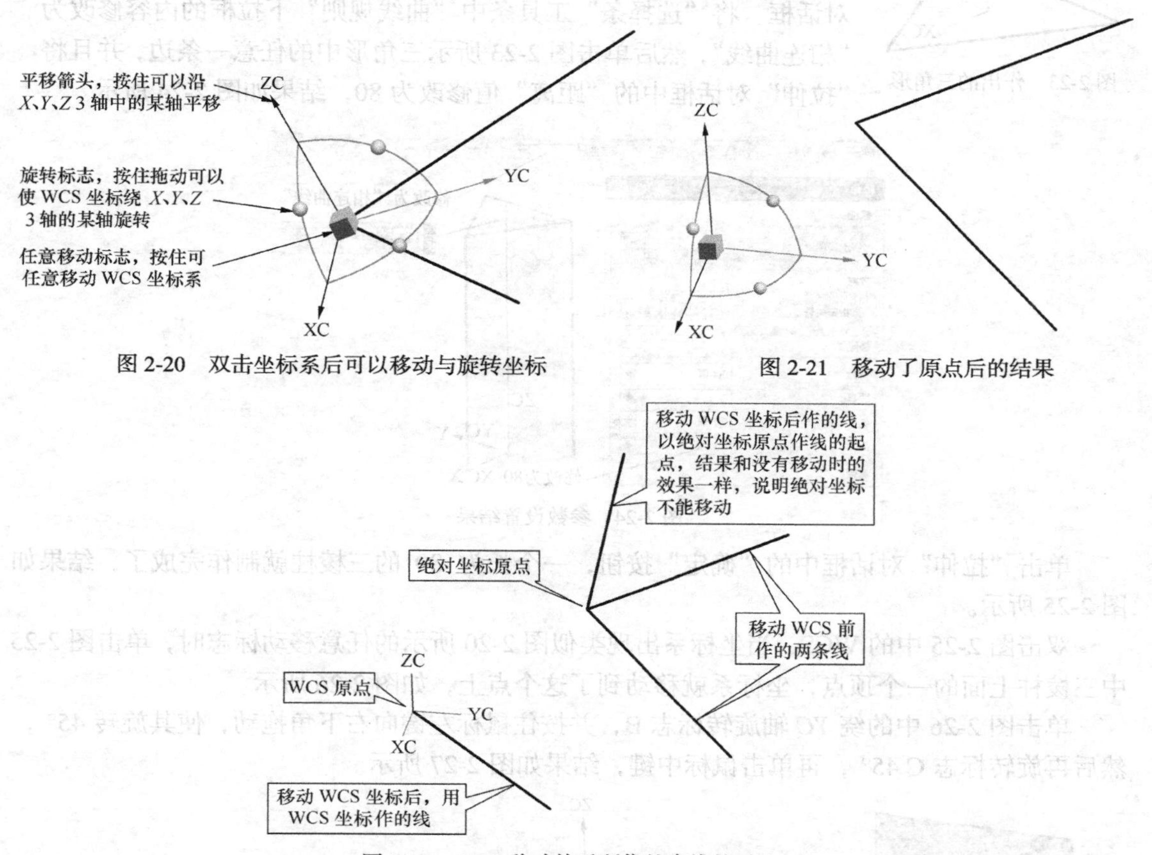

图 2-20　双击坐标系后可以移动与旋转坐标

图 2-21　移动了原点后的结果

图 2-22　WCS 移动前后所作的直线的对比

从上面作图过程可以看出，WCS 移动前后所作的直线的起点都是以坐标原点为起点，WCS 移动前，WCS 与绝对坐标系的原点重合；但 WCS 移动后，绝对坐标系的原点不改变，还在原来的位置，而 WCS 的原点则移动了。通过这个操作可以看出这两种坐标系的存在及二者的区别。

2. 坐标系操作实例

为了让读者对坐标系有较深的理解，下面作一个简单的造型来说明。

单击“插入”→“曲线”→“基本曲线”→“多边形”命令⊙，弹出“多边形”对话框，在其中的边数处输入3，单击“确定”按钮或单击鼠标中键，弹出另一个“多边形”对话框，它上面有3种用来制作多边形的方法，单击“外接半径”按钮，再次出现新的对话框，在其中的内接半径处输入20，表示外接半径为20mm，单击“确定”按钮后，弹出“点”对话框，可以看到对话框中 *XC*、*YC*、*ZC* 3个坐标值均为0，表示3个坐标均为0，且使用的是WCS。单击“确定”按钮，结果在工作区中出现了一个三角形，并且“点”对话框没有消失，此时，如果还想作三角形，只需要改变上面的 *XC*、*YC*、*ZC* 坐标，然后单击“确定”按钮，就可以在另一个坐标位置作一个新的三角形了；如果不作了，单击“取消”按钮即可。这里只要一

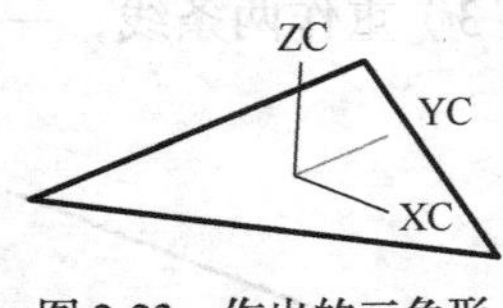

图 2-23　作出的三角形

个三角形，因此单击“取消”按钮完成作图。结果如图 2-23 所示。

单击“特征”工具条中的“拉伸”命令图标，弹出“拉伸”对话框。将“选择条”工具条中“曲线规则”下拉框的内容修改为“相连曲线”，然后单击图 2-23 所示三角形中的任意一条边，并且将“拉伸”对话框中的“距离”值修改为 80，结果如图 2-24 所示。

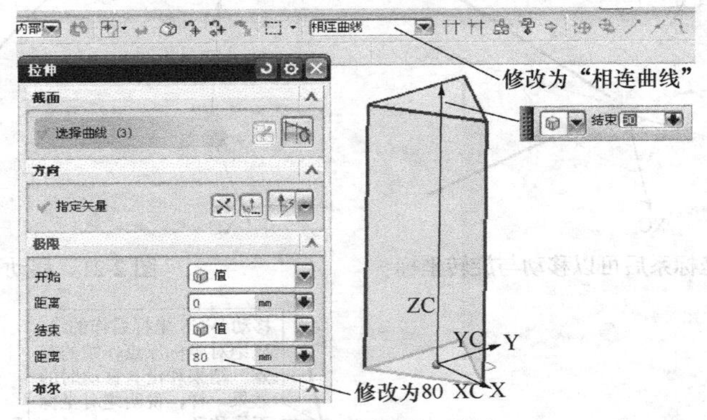

图 2-24　参数设置结果

单击“拉伸”对话框中的“确定”按钮，一个长为 80 的三棱柱就制作完成了，结果如图 2-25 所示。

双击图 2-25 中的 WCS，当坐标系出现类似图 2-20 所示的任意移动标志时，单击图 2-25 中三棱柱上面的一个顶点，坐标系就移动到了这个点上，如图 2-26 所示。

单击图 2-26 中的绕 *YC* 轴旋转标志 B，并按住鼠标左键向右下角拖动，使其旋转 45°，然后再旋转标志 C 45°，再单击鼠标中键，结果如图 2-27 所示。

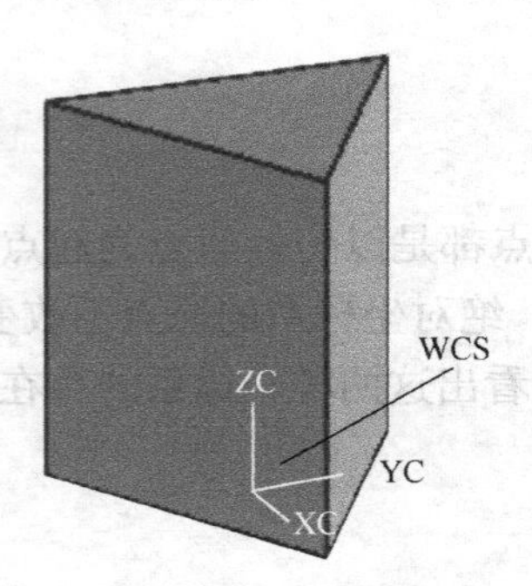

图 2-25　作出的三棱柱

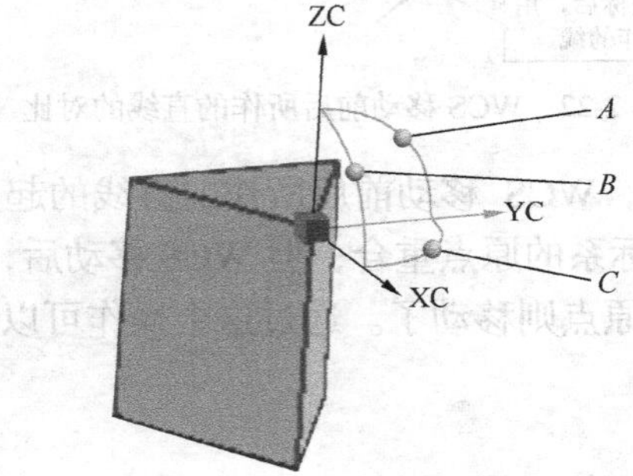

图 2-26　移动后的 WCS

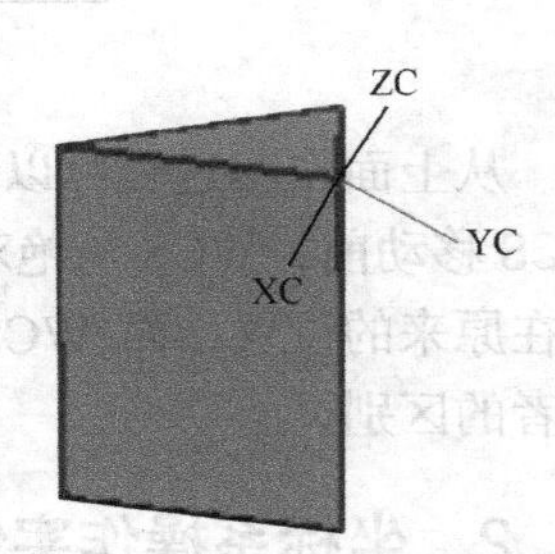

图 2-27　旋转后的 WCS

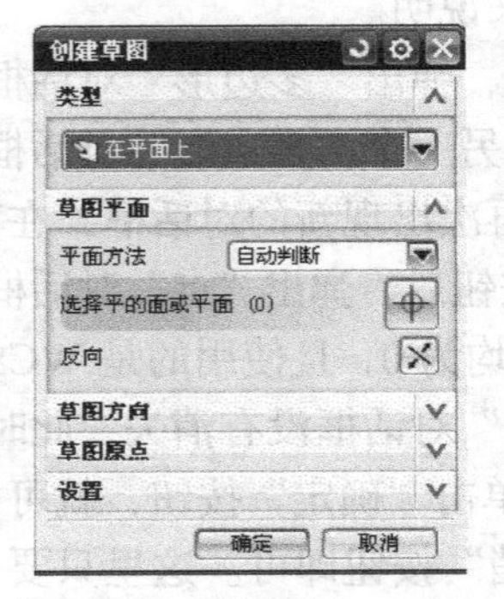

图 2-28　“创建草图”对话框

再次单击“特征”工具条中的“拉伸”命令图标，弹出“拉伸”对话框。单击“拉伸”对话框中的“草图剖面”图标，弹出“创建草图”对话框，如图 2-28 所示，将“类型”修改为“在平面上”，“平面方法”使用默认的“自动判断”。

单击鼠标中键或单击对话框中的“确定”按钮，进入 UG 的草图环境，然后单击“草图曲线”工具条中的“矩形”命令图标，先在左上角单击，然后在右下角单击，作出图 2-29 所示的矩形。注意矩形要适当大一点，且矩形中心要基本接近 WCS 原点，但不一定重合。

单击屏幕左上角处的“完成草图”图标 完成草图，回到刚才的作图环境中，此时出现了一个拉伸的长方体，如图 2-30 所示。

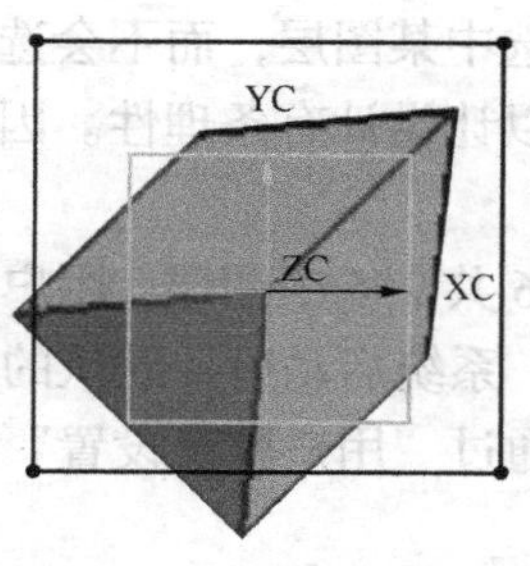

图 2-29　作出矩形

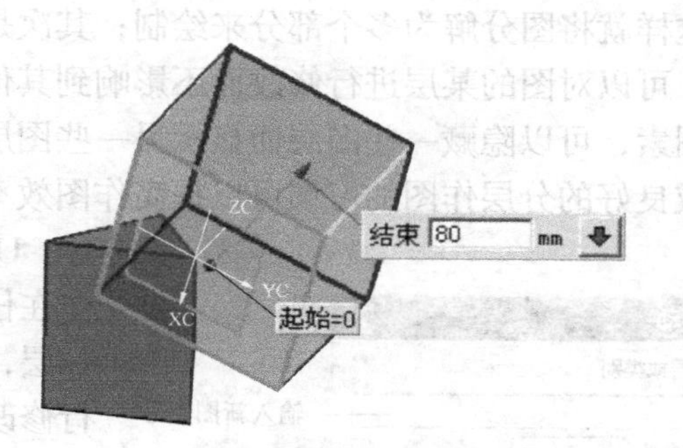

图 2-30　返回后的效果

接下来在“创建草图”对话框中单击“反向”按钮，并将“拉伸”对话框上的数据设置为图 2-31 所示。其中将“结束”处数值设置为 15。

上面的操作完成后，单击鼠标中键，如图 2-32 所示，在原来的三棱柱上去掉了一个斜角。

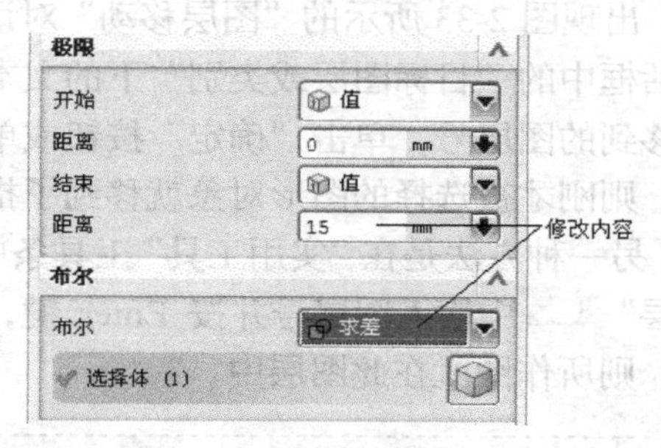

图 2-31　“拉伸”对话框设置

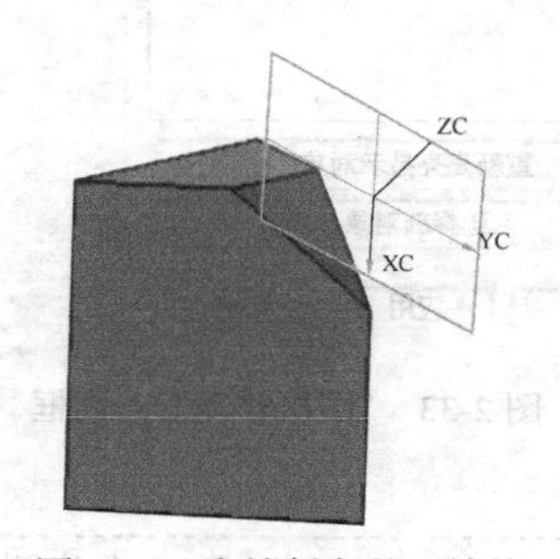

图 2-32　去掉斜角的三棱柱

上面的操作说明了使用 WCS 进行操作的一般方法，以及如何利用坐标系的变换，得到所需要的坐标效果。读者从中可体会到坐标系在作图中的重要作用及操作方法。

2.2.2　其他概念

在进行建模学习之前，要理解一些有关的概念，否则，在后面的操作过程中将遇到困难。

特征：是一种特殊对象。特征包括实体、片体、体素及某些线框等对象；特征有父特征与子特征，父子特征互相关联，修改了一个对象，则其相关子特征会自动更新；父特征可以是几何对象或表达式，其子特征就是所谓的参数化模型。

体：包含实体与片体的一类对象。

实体：由面与边围成的立体，如长方体、圆柱体、拉伸体等。

片体：厚度为零的实体，类似面，但不同于面。

面：由边围成的体的外表区域。

2.2.3　图层

大多数作图软件都有图层的概念。可以将图层理解为很多透明的纸，一个图层理解为一张透明的纸，我们就是在这些纸上作图，在不同纸（即不同图层）上作出图形的不同部分，然后将所有图形的图层合在一起所形成的图就是一个复杂而完整的图。

图层的好处显而易见。首先可以使复杂图变得简单，因为可以在不同层上作出图的一部分，这样就将图分解为多个部分来绘制；其次是使所作的图形层次分明，易于修改与管理，例如，可以对图的某层进行修改而不影响到其他图层；可以选中某图层，而不会选中其他层上的图素，可以隐藏一些图层而显示另一些图层；另外还可以让设计有条理性。因此，作图时养成良好的分层作图的习惯可以提高作图效率。

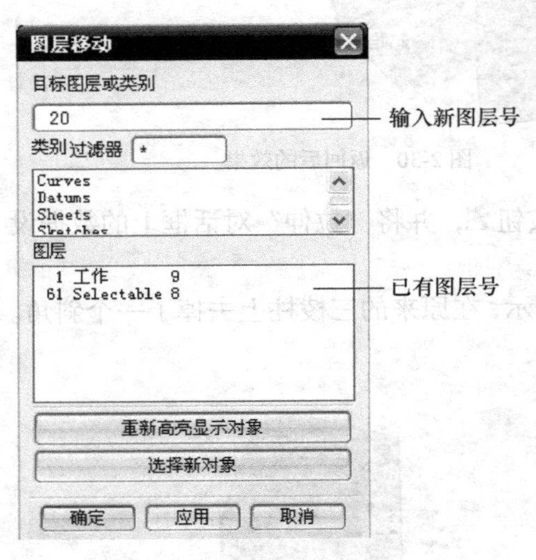

图 2-33 “图层移动”对话框

UG 有从 1 ~ 256 共 256 个图层，用户可以将图作在任意的图层上，系统启动后，默认的图层是第 1 层，但用户可以通过“用户默认设置”对话框进行修改。

用户要将自己的图放在某一层，可以有两种方法。第一种方法是先作图，然后单击“格式”→“移动至图层”命令，这时将在工作区左上角弹出“类选择”对话框，选择完要移动的对象后，单击鼠标中键，出现图 2-33 所示的“图层移动”对话框。在此对话框中的“目标图层或类别”下的文本框中输入要移到的图层号，单击“确定”按钮或单击鼠标中键，则刚才被选择的图形对象就移到了指定的图层中。另一种方法是在“实用工具”工具条中的“工作图层”中输入图层号并按 Enter 键，然后再作图，则所作图就在此图层中。

注意 UG 第一次启动后可能没有“工作图层”图标，可以在“实用工具”工具条右侧单击按钮，再在弹出的“添加或移除按钮”上单击，将弹出下拉菜单，选择“实用工具”选项，然后单击“工作图层”，使其前面打上钩，则可以显示工作图层图标。操作过程如图 2-34 所示。

对工作图层的操作如下。

（1）单击“格式”→“图层的设置”命令，弹出图 2-35 所示的对话框。

在该对话框中，选中其中一个或多个图层（选多个时可按住 Ctrl 或 Shift 键），可以修改此图层的属性，这些属性有“工作”“不可见”及“仅可见”。其中，“工作”表示该图层上的

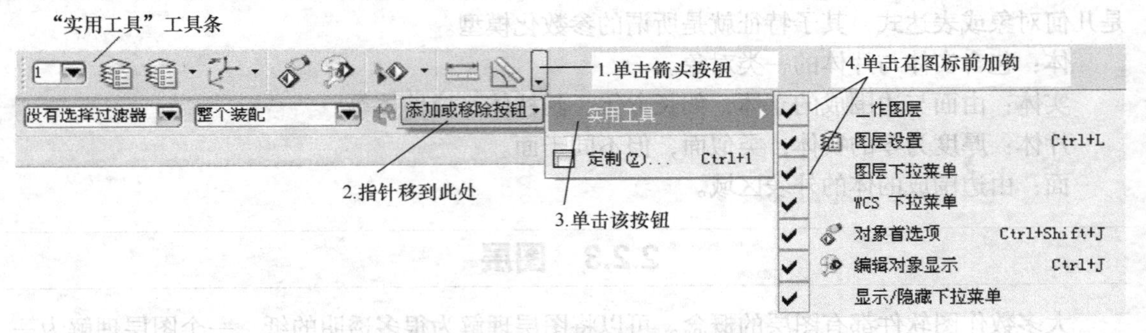

图 2-34 显示“工作图层”图标的过程

图素是可见可修改的，是当前层的意思，即如果现在画图，图将加在这一层中，因此称为工作层；“不可见”就是此层上的图不显示，当然无法选择与修改，要使图层不可见，只要将图层前面的复选框内的钩去掉就行；“仅可见”表示此层上的图可以看见，但不能选择与修改。选择完成后，单击“确定”按钮或鼠标中键，完成属性设置。

当然，在“图层设置”对话框中还可以对图层进行类别显示。图层类别可以让图层具有某些共性，如可以被同时选择、操作等，图层类别有“曲线”“实体”、“片体”等选项，单击对话框中“类别显示”左边的复选框，让其打上钩，就可以看到图层前面的类别了。

UG 中由于图层多，用户可以将不同的图素放在不同的图层中，这样，在复杂产品设计时比较方便，单击“标准化图层类别”命令图标，可以弹出图 2-36 所示的“创建层分类”对话框，单击“应用”按钮，完成操作，可以将所有图层标准化，便于操作与管理。

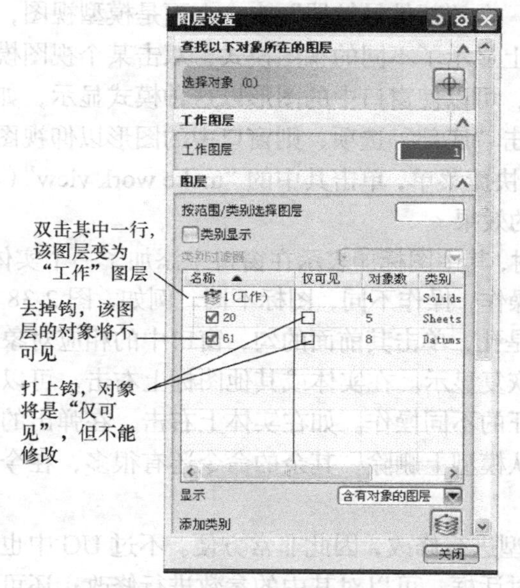

图 2-35 “图层设置”对话框

图 2-36 “创建层分类”对话框

与图层操作相关的命令还有“标准化图层状况”命令（其图标），该命令可以方便设置图层标准化是在主模型中进行还是在装配中进行。

统一图层设置可以更高效地完成系统设计与管理。建议按如下方式设置。

实体：1～20 层。

曲线与草图：21～40 层。

片体：41～60 层。

基准：61～80 层。

其他：101～256 层。

用户也可以根据习惯进行设置，或者参考 UG 中“创建层分类”命令中的图层模式。

（2）在“格式”菜单中还提供“移动至图层”以及“复制至图层”两个命令。读者可以根据前面的讲解进行类似操作。

2.2.4 部件导航器

部件导航器是 UG 对部件进行管理的工具，它以树状结构直观地显示了工作部件间的父

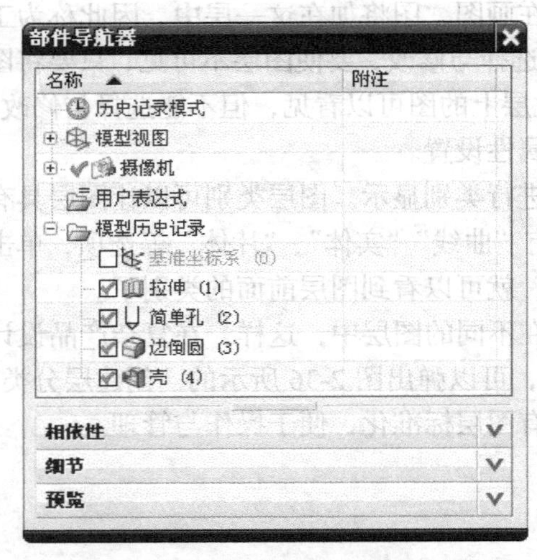

图 2-37 “部件导航器”以对话框形式显示

子特征关系，并可通过这个导航器对特征进行诸如复制、删除、调整顺序等多种编辑操作。

在 UG 界面的右侧有一竖排按钮，单击其中的“部件导航器”按钮，可以看到导航器向左侧展开，如果单击“部件导航器”右上角的图标，此图标可以改变为，此时，部件导航器是固定的；否则，当鼠标离开部件导航器后，部件导航器就会收拢还原；双击“部件导航器”按钮，则导航器以对话框的形式显示，如图 2-37 所示。

在“部件导航器”中，上面是模型视图，其上显示了不同的视图模式，双击某个视图模式，可以使窗口中的图形以这种模式显示，如双击“底部”选项，则窗口中的图形以仰视图的形式显示；也可以在某视图模式上右击，弹出快捷菜单，单击其中的“make work view”（使其成为工作视图）选项，可以实现在其上双击的效果。

“部件导航器”的下面是模型树，展开模型树，其中图标表示在窗口中添加了一个实体，在实体下面的图标表示对这个实体进行了某种操作，操作不同，图标不同。例如，图 2-38 中图标表示添加的是圆台；图标表示添加的是孔，单击其前面的勾，窗口中的相应对象或操作将隐藏起来，再次单击项目前的勾，则可恢复显示。在实体或其他图标上右击，可以显示不同的快捷菜单，菜单上的命令是对不同特征的不同操作。如在实体上右击，在弹出的快捷菜单中单击“删除”命令，可以将这个实体从模型上删除，其余的命令还有很多，在今后的操作中将碰到，在此不一一介绍。

利用“部件导航器”，可以对自己设计的模型进行修改，因此非常方便。不过 UG 中也允许直接对模型进行双击，从而显示其编辑参数对话框，可以对其中的参数进行修改；还可以在选中了特征后右击，在弹出的快捷菜单中找合适的命令进行操作。因此，“部件导航器”只是 UG 对部件操作的一种途径，但它能很好地对部件进行管理。

单击“部件导航器”右上角的“关闭”按钮，可以使“部件导航器”还原成右侧的“部件导航器”按钮，从而取消图 2-37 所示的对话框显示方式。

除了“部件导航器”外，还有其他如“装配导航器”“系统材料”等，都是 UG 中常用的重要工具，读者自己可试着对它们进行操作。这在今后的操作中也会用到。

2.2.5 几个常用的工具条

在操作时，经常用到几个工具条中的部分命令，读者在进行操作前要认识并学会使用，这会加快工作速度。

1. “选择条”工具条

“选择条”工具条是一个综合的工具条，其作用是方便我们在操作过程中对图素进行选择，该工具条在不同的操作时内容会有所变化，主要内容如图 2-38 所示。

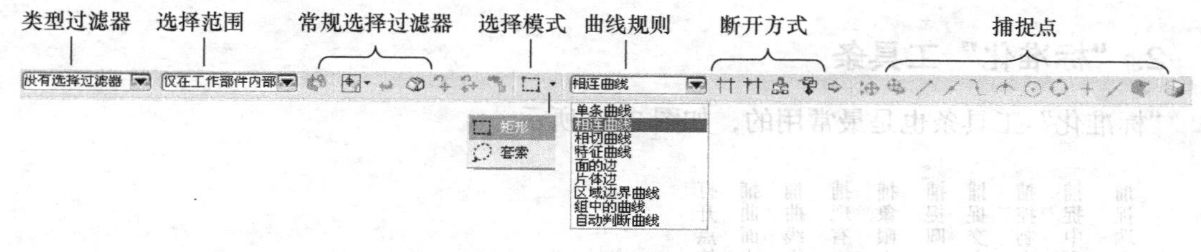

图 2-38 “选择条”工具条

在绘制完许多图素后，可能因为某种需要来选择某些线条、点、面等，如果一个一个地选择，将非常浪费时间，有了“选择条”工具条后，就会方便许多。图 2-39 所示为“选择条”工具条中的“选择类型过滤器”及“选择范围”组。

在图 2-38 中，单击“选择条”工具条中的“常规选择过滤器”命令图标，会弹出下拉菜单，其中包括“细节过滤器”“颜色过滤器”及“图层过滤器”3 项，单击“细节过滤器”会弹出“细节过滤”对话框，从中可以选择一项或多项，被选中的内容颜色加深，表示可以用鼠标在工作区中框选这些类型的图素；单击“颜色过滤器”则弹出“颜色”对话框，当选择某种颜色后，再用鼠标到工作区中框选，则可以选择这种颜色的图素；同样，将图层修改为某层，比如第 5 层，然后用鼠标在工作区中框选，则只能选中该层的图素。

在“常规选择过滤器”中，还有“允许选择隐藏线框”图标及其他命令图标。

在图 2-38 中，“选择模式”给出了“矩形”与“套索”两种，这类似于 Windows 中画图工具中的功能，“矩形”就是框选模式，用鼠标在工作区中拖出一个方框，则这个方框中的内容被选中；“套索”也是按鼠标拖动，会形成一个封闭的不规则区域，在该区域内的图素会被选中。

“曲线规则”可以提供选择相关图素的能力，如图 2-39 所示，如将该项设置为“相连曲线”，则当你选择几根相连曲线中的任意一条时，所有这些相连的曲线就会被选中。这部分内容是在执行相应命令时才会显示，如进行“拉伸”时，才会出现“曲线规则”下拉框，下面的“断开方式”也是这样。

“断开方式”提供了一种选择部分对象的方法，如有一条直线，只想选择其中的一部分，就可以使用该模式。图 2-40 中有多根曲线，如果不进行“断开方式”的设置，直接单击图中 *BC* 段曲线，则将会选中 *ABCD* 这条完整曲线。如果单击“在相交处停止”的断开方式图标后，再单击图 2-40 中的 *BC* 段，则只会选中 *ABCD* 曲线中的 *BC* 段。

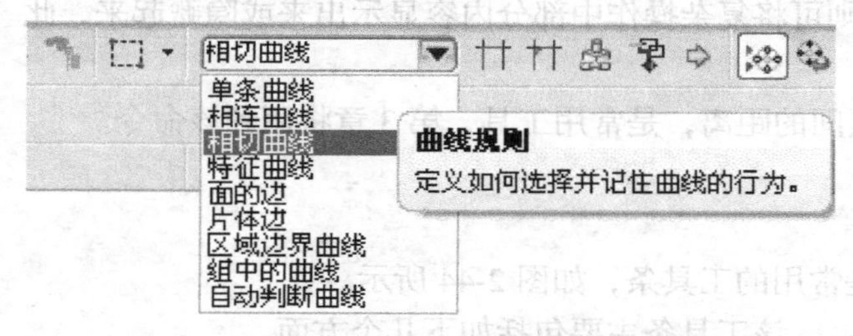

图 2-39 “选择条”工具条中的“选择类型过滤器”

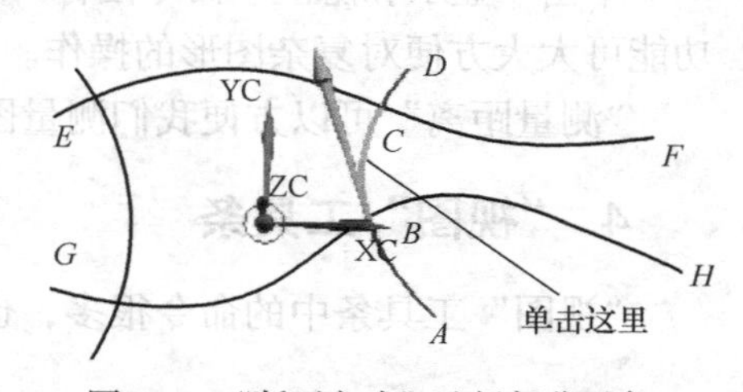

图 2-40 “断开方式”选择部分对象

“捕捉点”是在操作时选择点的模式，其功能类似 CAD 中的“对象捕捉”，方便我们选择需要的点。具体图标的作用如图 2-41 所示。

2. “标准化”工具条

“标准化”工具条也是最常用的，如图 2-42 所示。

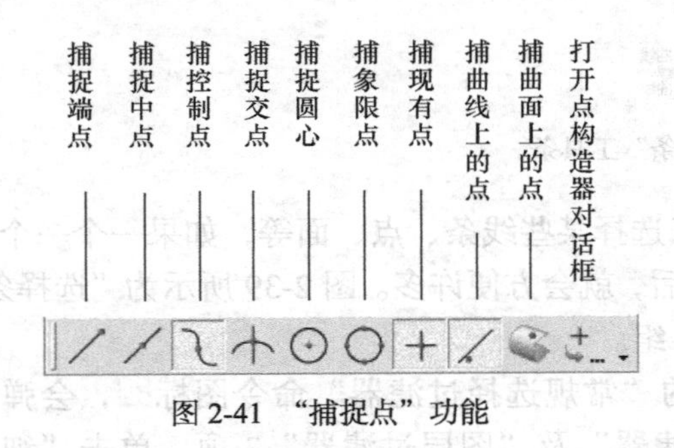

图 2-41 “捕捉点”功能

图 2-42 “标准化”工具条

该工具条提供的命令中，前 3 个图标是标准化引用集、图层工具，可以使一个复杂的产品设计中用到的图层与引用集标准化；接着是属性工具；后面几个是检查器之类的工具，用来检查如模型的性能、建模操作功能等，如建模是否完全约束、操作是否有效等。

3. “实用工具”工具条

“实用工具”工具条如图 2-43 所示。

如果工具条和图 2-43 所示的不一样，可单击工具条右侧的按钮，弹出下拉菜单，依次单击“添加或移除按钮”和“实用工具”选项后，再点选“工作图层”“图层设置”和“移动至图层”选项，就得到图 2-43 所示效果。

图 2-43 “实用工具”工具条

“工作图层”有两种作用。一是将某层设置为当前层，在图 2-43 中因其显示的数字是 1，说明当前图层是第 1 层；另一个作用是在工作图层中输入数字，如输入 5，然后单击 Enter 键，再作图，则新的图及操作就在这个层中。

单击“设置图层”命令图标可弹出“图层设置”对话框，其具体操作及作用见前面的介绍。

单击“移动至图层”图标，可以将图素移动至需要的图层，操作见前面的介绍。

在该工具条中，常用的命令还有“编辑对象显示”，可以修改对象的颜色、图层、线型、透明度等功能，是常用的工具，具体操作在后面会有介绍。

单击“显示和隐匿”命令图标，则可将复杂操作中部分内容显示出来或隐藏起来，此功能可大大方便对复杂图形的操作。

“测量距离”可以方便我们测量图素间的距离，是常用工具，第 3 章将用到该命令。

4. “视图”工具条

“视图”工具条中的命令很多，也是常用的工具条，如图 2-44 所示。

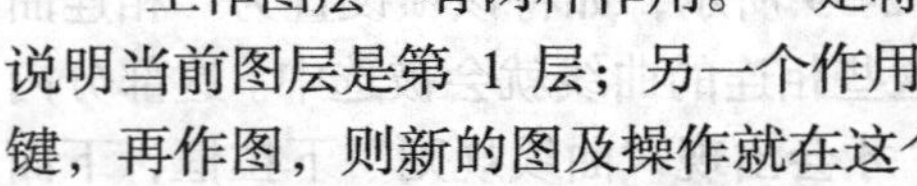

图 2-44 “视图”工具条

该工具条主要包括如下几个方面。

（1）视图调整：如适合窗口、缩放、移动等功能，均是对视图进行大小及位置调整的命令。具体命令可在图标右侧单击按钮，在弹出的菜单中包含这些命令。

（2）定位工作视图：如轴测图模式、视图模式等。

（3）着色模式：这些模式有 8 种，如带边着色、静态线框等模式。

（4）透视效果：如线框对照、全部通透显示等。

（5）背景效果：渐变浅灰色背景、浅色背景、深色背景等。

（6）剖面操作：显示或取消显示剖面效果及编辑工作截面等。

5. “重复命令”工具条

这个工具条是在 UG 8.0 中新增加的功能，主要是为了方便用户操作。该工具条在启动 UG 时是空白的，其上没有命令，但当我们进行操作时，用过的命令就会自动添加到该工具条中，且总是保存有最近用过的 10 条命令，因此，可以大大方便我们重复使用部分常用命令。建议将此工具条放在最方便位置，以便提高工作效率。

2.3 草图

草图是进行复杂三维造型不可或缺的重要工具，一个三维模型越复杂，其草图可能也越复杂。如果没有学好草图操作，又想快速作出复杂的三维模型，那是非常困难的。因此，读者有必要花较多的时间与精力来学会快速操作草图。

草图就是以某个指定的二维平面为作图基准平面，在其上作出二维平面轮廓，并以此轮廓图作为三维建模基础，这种特殊的平面图就是所谓的草图。通过草图，可以建立各种复杂的造型。但是，不是所有的三维模型均需要草图。有些简单的或者是较规范的图形可以通过其他途径获得造型，如通过基本形体，如长方体、圆柱体等来造型。由此可见，草图是复杂造型常用的一种工具，它可以加快造型速度，但不是所有的造型都需要用草图。

2.3.1 使用草图造型

当启动 UG 后，新建 gou-ch.prt 文件，然后单击“建模”命令图标，便可进入建模的基本环境。此时，就可以利用系统提供的各种工具条上的工具进行建模了。对于简单的模型，可以直接使用工具条中的命令完成建模，但对于复杂的模型，可能就要用草图来完成。

这里先讨论使用草图进行建模。

在 UG 新版本中，有两种不同的建立草图的环境，一种是“任务环境中的草图”命令（图标为），这是 UG 的传统草图命令，该命令在“特征”工具条中，刚安装 UG 时没有这个按钮，需要自行添加该按钮；另一种是在当前应用模块中创建草图，也叫直接草图，该命令是“直接草图”工具条中的“草图”图标。这两种草图本质上是一样的，只是进入的环境不同，如果在当前环境中建立草图，由于某种需要，又想进入到任务环境中去绘制这个草图，可以单击“直接草图”工具条中的“在草图任务环境中打开”图标，进入到草图任务环境中。现在，我们以任务环境中的草图为例来介绍草图操作。

1. 进入草图环境

启动 UG，单击“新建”命令图标，在弹出的对话框中输入适当的文件名后，单击“建模”命令图标，进入建模环境，单击“特征”工具条中的“任务环境中的草图”命令图标，在工作区弹出“创建草图”对话框，如图 2-45 所示。

在这个对话框中，“类型”有两种：“在平面上”和“基于路径”，下面提供两种制作草图的方法。当选择“在平面上”这种方法时，如图 2-45 所示，其中“自动判断”就是当用户将鼠标指针移动到适当对象上后，由系统自动选择一个平面，如果用户确定，系统就用该平面作为草图平面；“现有平面”就是由用户选择绘图区中已经完成的平面作为草图平面；“创建平面”就是创建一个新平面来作草图平面；“创建基准坐标系”就是创建一个新的坐标系，而不是以现在的坐标系为作图对象，再以新坐标系为参考创建草图平面。作图时读者可以根据实际情况按方便程度选择适当方式。对话框中的“草图方向”选项可以修改草图方向与参考方向，“草图原点”选项能修改草图坐标的原点。

如果选择“基于路径”，则对话框变化为图 2-46 所示。这种模式主要是用于在曲线的适当位置来建立草图，如要在曲线的中间位置建立一个草图，则可以使用这种子模式。因此，对话框中有“位置”选项，“弧长”是说明草图作在曲线弧长的多少毫米处，如一曲线总弧长为 100mm，现将草图作在弧长 25mm 处，可以用这种方式；“弧长百分比”则是指将草图作在弧长百分之几的位置；“通过点”则是指将草图原点作在弧长上某个点位置处，如果选择这项，会出现“点对话框”按钮。

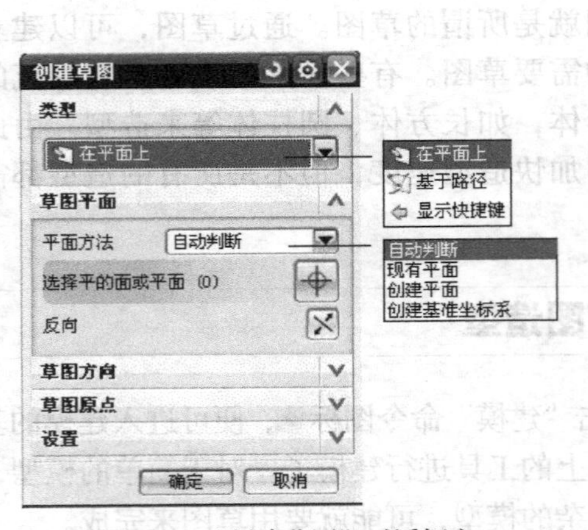

图 2-45 “创建草图”对话框之一

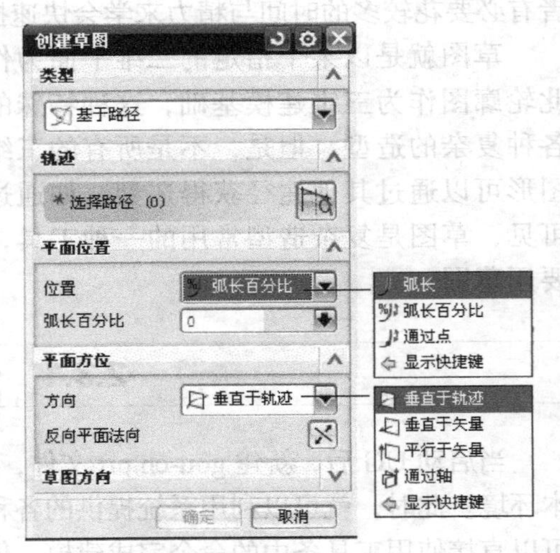

图 2-46 “创建草图”对话框之二

这两种建立草图平面的方法要根据实际情况来选用，方便操作即可。

这里就用默认的第一种方法，直接单击鼠标中键，进入草图环境。其中，“草图工具”工具条是该环境中的重要工具。现在就可以利用这些工具条开始二维草图的操作了。

下面用 UG 作草图的方法绘制图 2-47（b）所示的一个草图。这个草图就是图 2-47（a）中的钩子的草图，不过制作一个完整的钩子需要用到多个草图，下面只作图 2-47（b）的草图，不完成整个钩子的制作，这是因为钩子制作要用到曲面命令，这在后面讲曲面时再介绍。

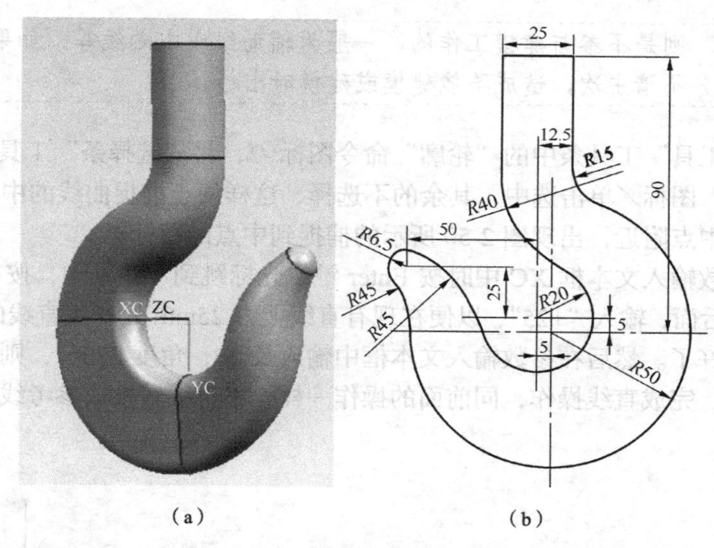

（a）　　　　　　　　　　（b）

图 2-47　要绘制的草图图形

2. 作一组中心线

单击“草图工具”工具条中的“轮廓”命令图标，在左上角的工作区中出现一个“轮廓”浮动工具条，如图 2-48 所示。

在此工具条中有直线、圆弧、坐标模式与参数模式几个图标，系统默认用“直线”和“坐标模式”，要画圆弧只需单击“圆弧”图标或按住鼠标左键拖动一下就可以转换为圆弧模式，同样也可以由圆弧模式转换为直线模式。在作图区任意点处单击，得直线的一个点，并显示了一段直线，同时系统自动转换为参数模式，并出现参数输入文本框，如图 2-49 所示。

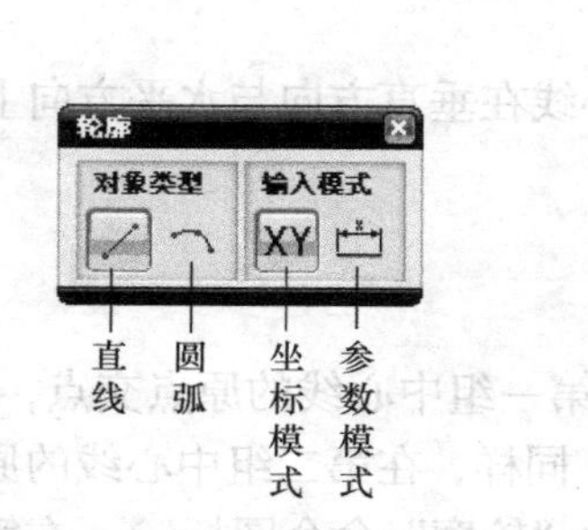

图 2-48　“轮廓”浮动工具条

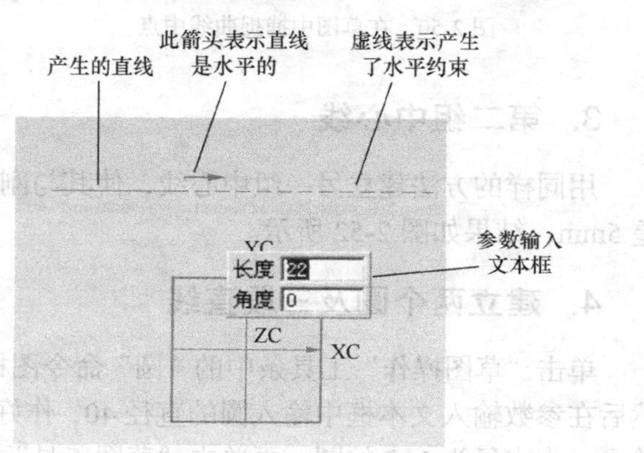

图 2-49　绘制直线

在上述参数输入文本框中输入长度 50，角度为 0°，按 Enter 键后，一条水平线就绘制好了，然后单击鼠标中键，结束直线制作，单击“转换至/自参考曲线”命令图标，选中该直线，单击“确定”按钮，将直线转换为参考曲线。

注意　为什么要将直线转换为参考线？在 UG 中，曲线有“当前的”和“参考的”两类，“当前的”即正在使用的，一般是建模的主曲线，参与建模工作；而“参考的”则是不参与建模工作的，一般为辅助线或中心线等。如果不转换，系统将会分不清主次，造成不能建模或建模时出错。

单击“草图工具”工具条中的“轮廓”命令图标，将“选择条”工具条中“捕捉点”区域中的“中点”图标单击选中，其余的不选择，这样便于捕捉曲线的中点；将鼠标移到刚才作的水平线中点附近，出现图 2-50 所示的捕捉到中点的图标。

当光标在参数输入文本框 XC 中时按 Enter 键，光标跳到 YC 框中，按 End 键，光标移到 YC 处数字的后面，输入“+25”，以便在现有直线上方 25mm 处产生直线的起点，按 Enter 键，起点就绘制好了。然后在参数输入文本框中输入长 50，角度 270°，则竖直线完成，然后单击鼠标中键，完成直线操作，同前面的操作一样，将直线转换成参考线。操作结果如图 2-51 所示。

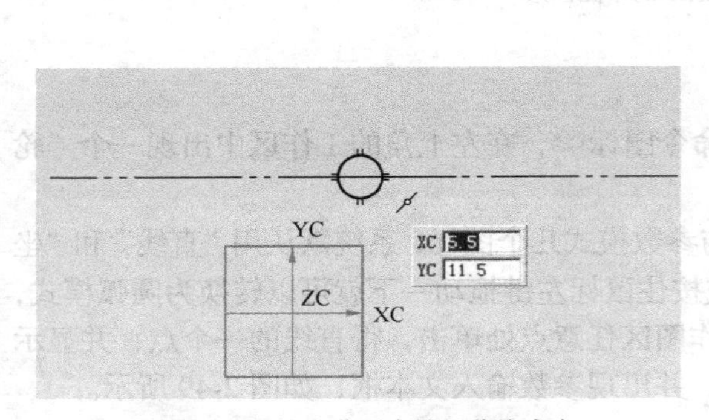

图 2-50　在草图中捕捉曲线中点

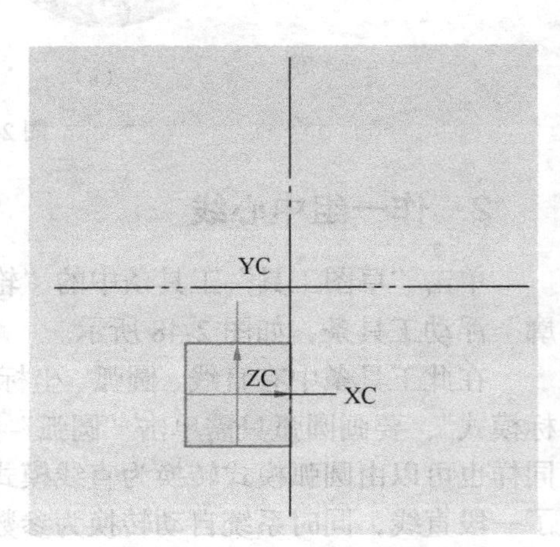

图 2-51　在草图中建立的中心线

3. 第二组中心线

用同样的方法建立另一组中心线，使其与刚才作的中心线在垂直方向与水平方向上都相差 5mm，结果如图 2-52 所示。

4. 建立两个圆及三段直线

单击“草图操作”工具条中的“圆”命令图标，捕捉第一组中心线的原点交点，单击，然后在参数输入文本框中输入圆的直径 40，作好第一个圆；同样，在第二组中心线的原点处单击，作直径为 100 的圆；再单击“草图工具”工具条中的“轮廓”命令图标，在第一组中心线的左侧从下向上作一条垂直线，不断开，继续作一条水平线，再作一条折回来的垂直线，这些线长度任意，不要求准确，后面将对其进行限制，结果如图 2-53 所示。

5. 几何约束与尺寸约束

在图 2-53 中作出的直线的位置是不准确的，下面先进行几何约束，单击“草图工具”工具条中的“约束”图标，分别选中两组中心线上的 4 条线，在草图绘图区的左上角弹出约束浮动工具条，如图 2-54 所示。

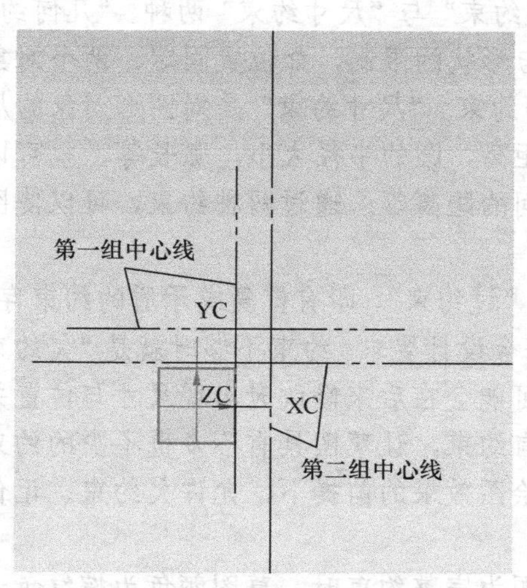

图 2-52 建立好的两组中心线

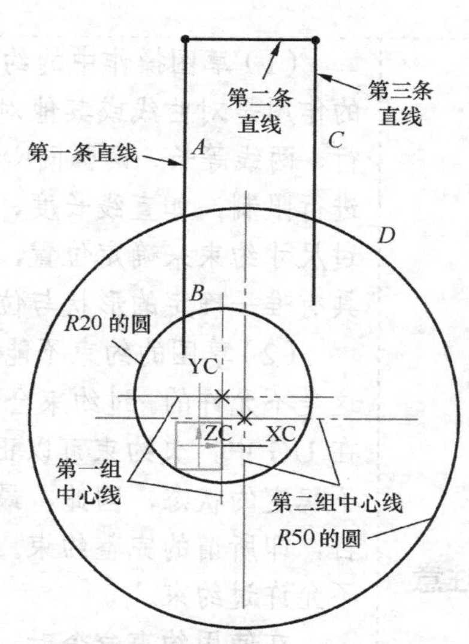

图 2-53 作出的圆与直线

单击“固定”图标，将 4 条中心线固定不动；再进行尺寸约束，单击“约束”工具条中的“自动判断的尺寸”图标进行尺寸约束，分别单击图 2-53 中的第一条直线与第一组中心线的垂直线，然后在图 2-53 中的第二条直线上方单击，则弹出一个标注尺寸的文本输入框，在其中输入“12.5”后按 Enter 键，得到一个标出的尺寸，这就是尺寸约束，同样标注其他尺寸，结果如图 2-55 所示。

在上面的约束操作完成后，还要作如下约束。首先，将 *R*20 的圆的圆心约束在第一组中心线的原点上，约束过程是单击几何“约束”图标，先单击第一组中心线的垂直线，然后单击 *R*20 的圆的圆心，注意不是圆的边缘，此时会出现约束浮动工具条，单击其上的“点在曲线上”图标，就将此圆心约束在第一组中心线的垂线上了，同样，使圆心约束在第一组中心线的水平线上，这样就将圆心作在第一组中心线的原点上了。同样，将 *R*50 的圆心约束在第二组中心线的原点上。再作 *R*20、*R*50 两个圆的半径的尺寸约束。

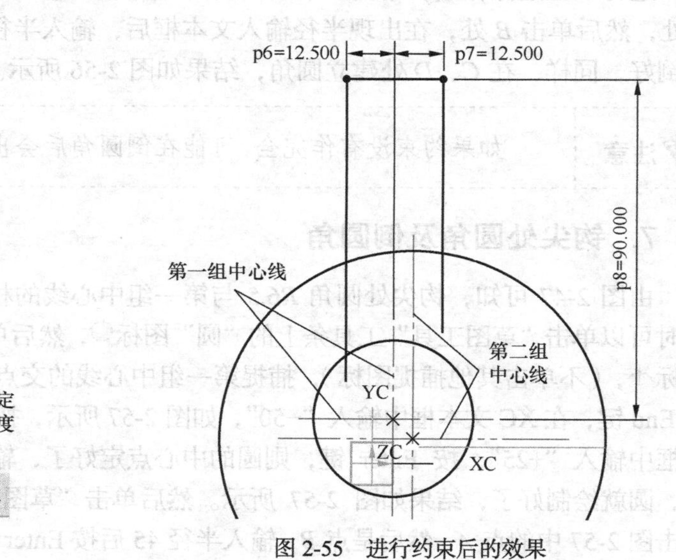

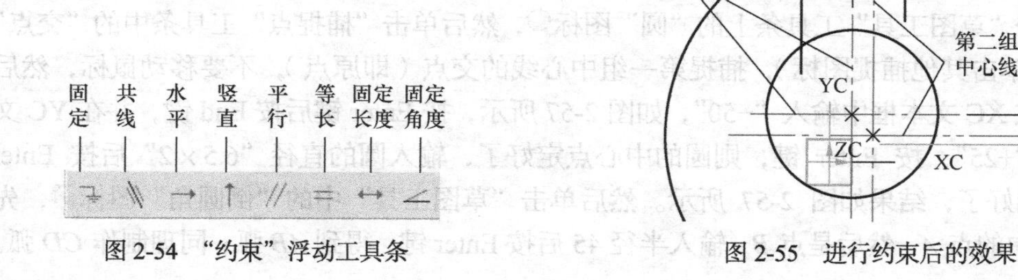

图 2-54 “约束”浮动工具条

图 2-55 进行约束后的效果

注意

（1）草图操作中的约束包括“几何约束”与“尺寸约束”两种。“几何约束”的作用是对曲线或其他对象进行位置与形状的限制，如位置固定、两个对象平行、两线等长、两弧同心、直线共线等约束；“尺寸约束”是对图形对象的尺寸进行限制，如直线长度、两对象间的距离、圆的半径大小，弧长等，也可以通过尺寸约束来确定位置，如确定两孔间的距离等。通过两种约束，可以使图形具有唯一确定的形状与位置。

（2）草图的约束不能多，多了就是“过约束”，即有重复或矛盾的约束存在，这是不允许的。过约束会使图形不能符合设计要求。约束不够时就是“欠约束”，在UG中，欠约束可以正常作图，但可能会在后来修改时出现尺寸与位置关系不稳定的状态，因此，最好是作出所有约束，让草图具有不多也不少的约束数目，即所谓的完整约束。但在不影响绘图效果的前提下，允许欠约束。记住：不允许过约束。

在使用约束命令时，如果一个草图为完整约束时，草图颜色为棕红色；当为欠约束时是绿色；当为过约束时是橙色，此时，必须删除部分约束以消除过约束。

（3）在单击“约束”命令后，UG会在提示栏的第二栏中显示当前草图需要的约束数目，可以依此来增加约束；有过约束时，可以用“显示/移除约束”命令来删除多余的约束。

（4）几何约束可以减少操作的失误性，作尺寸约束时要先固定尺寸基准。在许多情况下尺寸约束与几何约束可以交差进行，或边作图边约束。

（5）对初学者来说，约束是很麻烦的事，但它是作图的基本操作，为让读者容易掌握，可以参看本书光盘中的视频。

6. 倒圆角

进行了上述操作后，单击“草图工具”工具条中的“圆角”图标，先单击图2-53中的*A*处，然后单击*B*处，在出现半径输入文本框后，输入半径值为40，按Enter键，则一个圆角倒好，同样，在*C*、*D*处建立圆角，结果如图2-56所示。

注意

如果约束没有作完全，可能在倒圆角后会出现图形变形或移位及其他故障。

7. 钩尖处圆角及倒圆角

由图2-47可知，钩尖处圆角*R*6.5与第一组中心线的相对距离是（−50，25），因此，操作时可以单击“草图工具”工具条上的“圆”图标，然后单击“捕捉点”工具条中的“交点”图标，（不单击其他捕捉图标），捕捉第一组中心线的交点（即原点），不要移动鼠标，然后按End键，在XC文本框中输入“−50”，如图2-57所示，按Enter键后按End键，并在YC文本框中输入“+25”，按Enter键，则圆的中心点定好了，输入圆的直径“6.5×2”后按Enter键，圆就绘制好了，结果如图2-57所示。然后单击“草图工具”中的“倒圆角”图标，先单击图2-57中的点*A*，然后是点*B*，输入半径45后按Enter键，得到*AB*弧；同理制作*CD*弧。

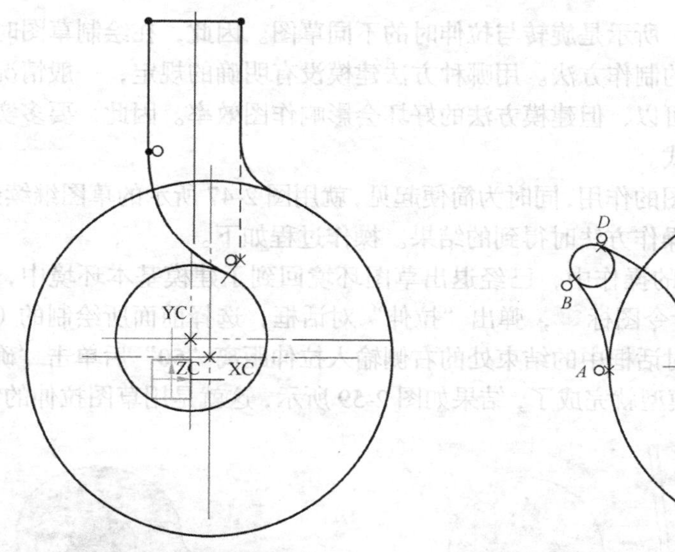

图 2-56 倒出圆角后的效果

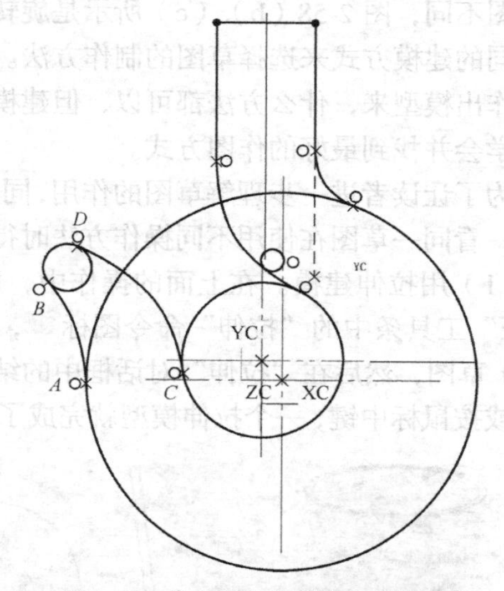

图 2-57 作出圆角及倒圆角后的效果

注意 在倒圆角时，一般是有方向之分的，如上面要作 *AB* 弧，一定要先单击 *A*，然后是 *B*，否则作出来的效果就不一样了，因为 UG 中倒圆角是以圆心为旋转中心，逆时针方向为正的。在作 *CD* 弧时，注意鼠标要在 *C* 点右下侧单击，在 *D* 点的左上角单击才能得到这样的效果，初学者应多加练习。

8. 修剪

通过上面的操作，图形已经基本完成，现在对图 2-57 进行修剪，单击“草图工具”工具条上的“快速修剪”图标，将图 2-57 所示图形中的多余曲线修剪掉，即可得到图 2-47 所示的草图效果。单击“草图生成器”工具条上的“完成草图”图标 完成草图，退出草图操作。

经过上面的操作，完成了一个草图建立的全过程。但是，复杂的图形可能不止一个草图，这在作图时是常见的，例如，要由图 2-47 作成一个左侧的铁钩，则还需要建立几个草图，由于绘制铁钩需要更多的知识支持，暂不作，留待后面介绍曲面操作时再讲。

以下 6 点是对草图的进一步理解。

（1）草图是二维平面图，是为绘制三维图形打基础的，可能是三维模型的某个方向上的投影或视图。

（2）一个复杂的产品可能要很多个草图。

（3）同一个产品，建模方法不同，草图可以不同。

（4）不要草图也可以建模，但复杂模型没有草图时，建模很困难或者不可能完成，有草图就方便多了。

（5）草图除了作出基本图形外，还要进行约束。

（6）进行草图操作时要注意细节，细节操作没有掌握好，会给草图操作带来许多困难，初学者不要怕麻烦，应多作草图练习，本章后面的习题有多个，要认真练习。

草图完成后要进行二维图形的制作，这个二维图形应是建立三维图形的基础，不能随意作，应有针对性，当使用的建模方法不同时，草图的建立过程也是不同的。如制作一个图 2-58（a）所示的茶杯，可以用多种方法建模，如用回转、拉伸加抽壳等方法，方法不同则草图不同，图 2-58（b)、(c）所示是旋转与拉伸时的不同草图。因此，在绘制草图时要根据不同的建模方式来选择草图的制作方法。用哪种方法建模没有明确的规定，一般情况是只要能作出模型来，什么方法都可以，但建模方法的好坏会影响作图效率。因此，要多实践，才能学会并找到最好的作图方式。

为了让读者进一步理解草图的作用，同时为简便起见，就用图 2-47 所示的草图继续建模，来看一看同一草图在使用不同操作方法时得到的结果。操作过程如下。

（1）用拉伸建模。在上面的操作中，已经退出草图环境回到了建模基本环境中，单击“特征”工具条中的“拉伸”命令图标，弹出“拉伸”对话框，选择前面所绘制的（见图 2-47）草图，然后在“拉伸”对话框中的结束处的右侧输入拉伸距离“50”后单击“确定”按钮或按鼠标中键，一个拉伸模型就完成了，结果如图 2-59 所示，这就是用草图拉伸的结果。

（a）作出的杯子

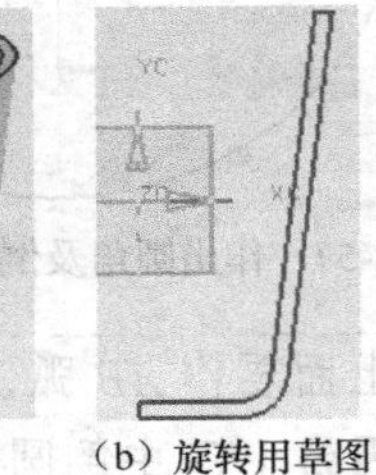
（b）旋转用草图

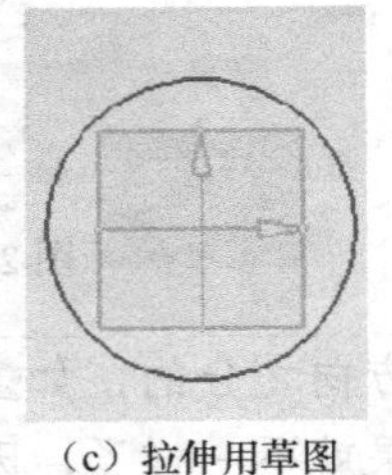
（c）拉伸用草图

图 2-58　茶杯及建模草图

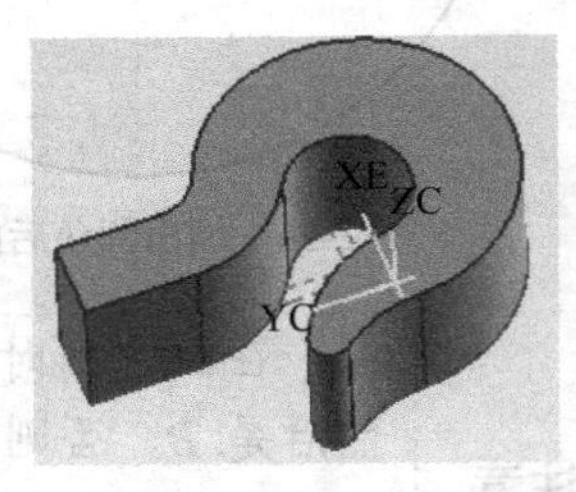

图 2-59　对钩的拉伸结果

注意　使用拉伸命令可以将一个草图沿一定方向拉长成为实体或片体，当拉伸的草图封闭时拉伸成实体，否则拉伸成片体。当然，要拉伸成片体或实体也可以通过“拉伸”对话框中的“体类型”组来修改并确定。拉伸的步骤有 4 步。第一步是选择剖面图标（现有的已经作好了的草图或实体表面），或使用“草图剖面”图标（当选择一个平面时系统会自动使用草图剖面，也可单击“草图剖面”图标）。第二步是选择拉伸方向，系统默认沿剖面的垂直方向，即法向，但可以通过选择方向图标右侧的向下箭头来进行修改，可以沿 X，Y，Z 及其他方向。第三步是单击合并模式图标，有创建、求和、求差及求交几种方式，当第一次建模时系统自动使用创建方式，但如果现在已经存在一个实体或片体，则可以在创建、求和、求差及求交几种方式中选择，求和就是将新建对象与原对象合并，创建就是新对象与原对象各自不相关，都是独立体，求差就是原对象减去新对象，求交是将新旧两对象的共同部分作为最终结果。第四步是确定“体类型”，可以单击“拉伸”对话框中的“更多选项”图标，修改“体类型”为片体或实体。另外，拉伸方向不对时可以通过单击“反向”图标来改变拉伸方向。

（2）用回转建模。单击“标准”工具条中的“撤销”图标或按 Ctrl+Z 快捷键，撤销刚才作的拉伸效果。

注意　不要多次按“撤销”命令，否则会将作好的草图撤销掉而不能恢复，因为 UG 恢复功能，只允许较少次数的操作。

回到图 2-47 所示的草图状态。单击“特征”工具条中的“任务环境中的草图”命令图标，进入草图环境，直接单击“确定”按钮，在原草图的第一组中心线的右侧 60mm 处建立一条参考线（称之为旋转中心参考线），然后退出草图环境，单击“特征”工具条中的“回转”命令图标，弹出“旋转”对话框，选择前面作的图 2-57 所示的草图，单击鼠标中键，选择刚才作的旋转中心参考线，双击鼠标中键，则得到一个旋转效果的模型，效果如图 2-60 所示。这是相同的草图使用“旋转”命令作出的效果。

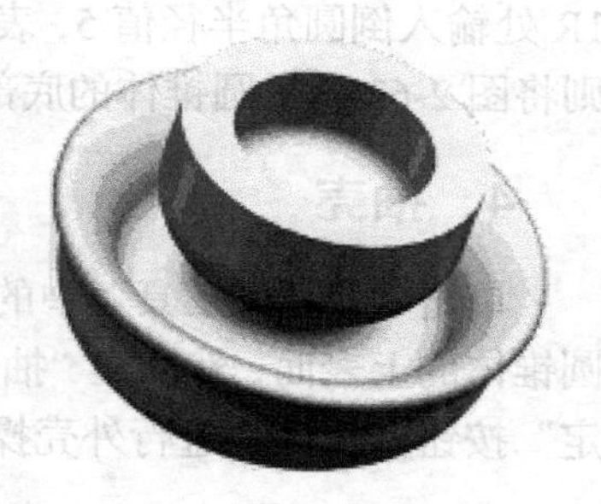

图 2-60 回转效果

从上面的操作可以看出，同一草图使用不同的建模方法，效果不同。

2.3.2 不用草图建模

不用草图可以建立简单的模型，第 1 章中的图 1-12 就是一个简单的不要草图的建模操作实例，下面再举两例。

实例 1 制作茶杯

图 2-58 所示的茶杯可以用多种方法建模，上面讲了用草图的方法，下面看一看不用草图来建模，操作方法如下。

1. 作圆柱体

单击“文件”→“新建”命令，输入文件名 BEI2，建立一个新的文件，进入建模环境，单击“插入”→“设计特征”→“圆柱体”图标，在弹出的对话框中选择“类型”为“轴、直径和高度”，在“圆柱”对话框中设置直径为 50，高度为 70，单击鼠标中键，得到一个圆柱体，如图 2-61 所示。

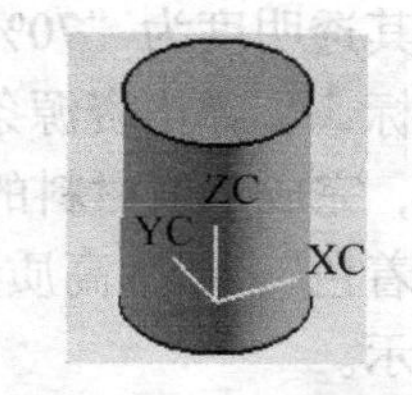

图 2-61 生成圆柱体

2. 作出锥度

单击“特征”工具条中的“拔模角”命令图标，弹出“拔模角”对话框，在“类型”处直接选择第一种类型，即从“固定面拔模”，在选择步骤框中单击“自动判断的矢量”图标旁边的按钮，在弹出的选项中选择 ZC 作为拔模方向；单击鼠标中键，进入第二步，选择圆柱体的底部作为固定平面（即拔模的参考面）；系统自动进入第三步，选择圆柱体的圆柱面（不选择上下底）。此时应该可以看到预览的效果，如果看不到，就单击“拔模角”对话框中的“反向”图标，在 Set1 A 文本框中输入 8，即拔模角为 8°，然后确定，则圆柱体成为了圆锥体，如图 2-62 所示。

注意　此处的拔模角可以通过在“拉伸”对话框中选择“拔模角”复选框，然后在下面的角度处给出角度值，本例所以这样做是让初学者多掌握一种命令的操作方法。

3. 倒圆角

单击“特征”工具条中的“倒圆角”图标，选择图 2-62 所示圆锥体的底边圆，在设置

1R 处输入倒圆角半径值 5，表示此圆边半径为 5mm，然后单击鼠标中键或单击“确定”按钮，则将图 2-62 所示圆锥体的底部倒出一个 5mm 的圆角边。

4. 抽壳

单击“特征”工具条中的“抽壳”图标，当出现“抽壳”对话框后，单击图 2-62 所示圆锥体的上表面，然后在“抽壳”对话框中的“厚度”处输入“3”作为外壳的厚度。单击“确定”按钮后就得到进行外壳操作后的效果，如图 2-63 所示。

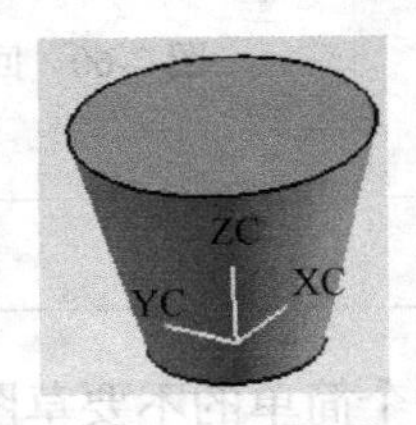

图 2-62　进行拔模角操作后的效果

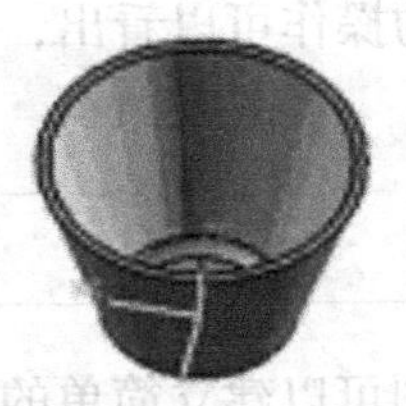
图 2-63　进行倒圆角及外壳操作后的效果

5. 渲染处理

单击“编辑”→“对象显示”命令，在工作区的左上角弹出选择对象浮动工具条，选择刚才作的对象后，单击鼠标中键，弹出“编辑对象显示”对话框，拖动透明度下面的移动条，使其透明度为“70%”，此时杯子有透明感，然后在工作区右侧的资源条处单击“系统材料”图标，弹出资源条，选择其中的 Ceramic_glass 下面的 Percelaim 球，然后将此球拖到杯子上，完成赋值材料的操作，然后单击“视图”→“可视化”→“高质量图像”命令，单击“开始着色”，产生高质量图片，可以单击对话框中的“保存”按钮，保存此图片，结果如图 2-58 所示。

经过上面的操作，读者应基本掌握草图、建模等概念及作用，为后面的学习做好铺垫。

实例 2　制作麻将骰子

麻将骰子效果如图 2-64 所示。

制作过程如下。

（1）启动 UG，并新建 2-mj.prt 文件，然后进入建模基本环境。

（2）单击“特征”工具条中的“长方体”图标，弹出“长方体”对话框，直接单击“确定”按钮，完成长方体的建立。

（3）单击“插入”→“曲线”→“基本曲线”中的“直线”图标，捕捉长方体的一个顶点，单击，完成直线的第一点的选取，然后捕捉同一面上的对角点并单击，得到图 2-65 所示的效果。

图 2-64　骰子效果图

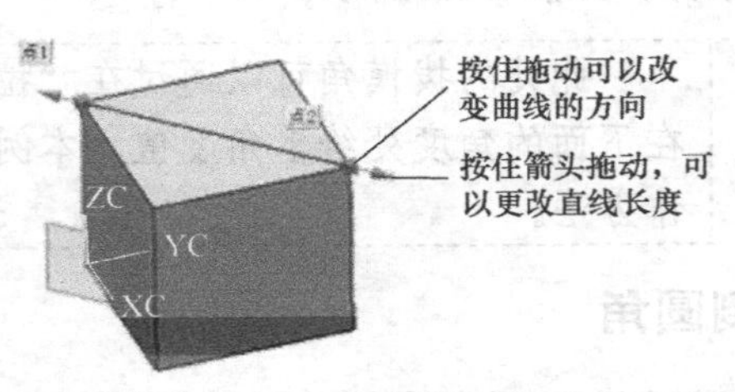

图 2-65　未完成的直线

（4）直接双击鼠标中键，直线完成。然后单击“插入”→“设计特征”→“球”命令图标，弹出“球”对话框，在对话框中输入直径值20，然后单击“确定”按钮，弹出“点”对话框，捕捉到图2-65中直线的中点，将“布尔”修改为“求差”，单击鼠标中键完成操作，则一个孔眼就作成了，如图2-66所示。

（5）在另一面作一根直线，并单击“编辑”→“曲线”→“分割”命令，弹出“分割曲线”对话框，如图2-67所示，使用“等分段”，并将“段数”设置为3，然后选中刚才作的直线，表示要将该直线等分，单击鼠标中键完成操作。

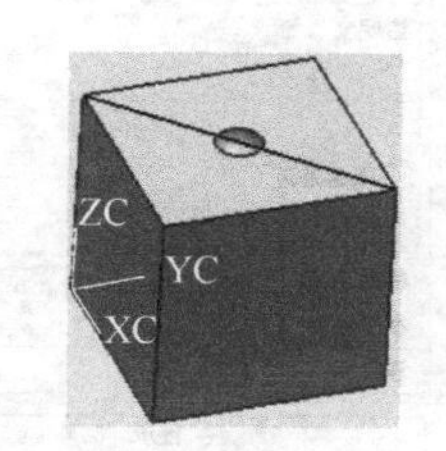

图2-66 作成一个孔眼

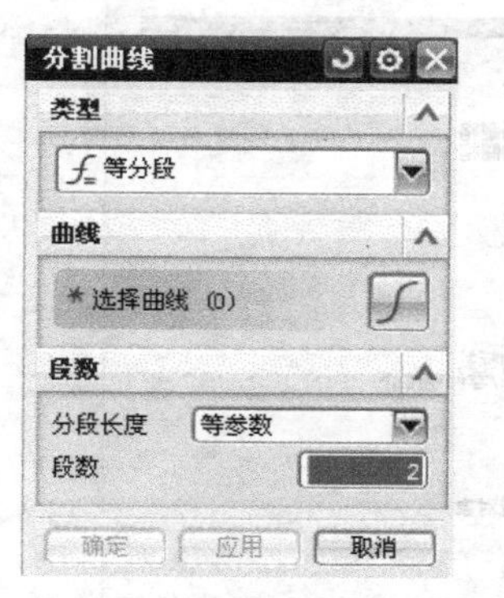

图2-67 “分割曲线”对话框

（6）单击“球”图标，在等分的直线的中间段的首尾各建立一个球，并使用求差操作，则得到图2-68所示效果。

（7）用同样的方法作出其他面的孔眼，结果如图2-69所示。

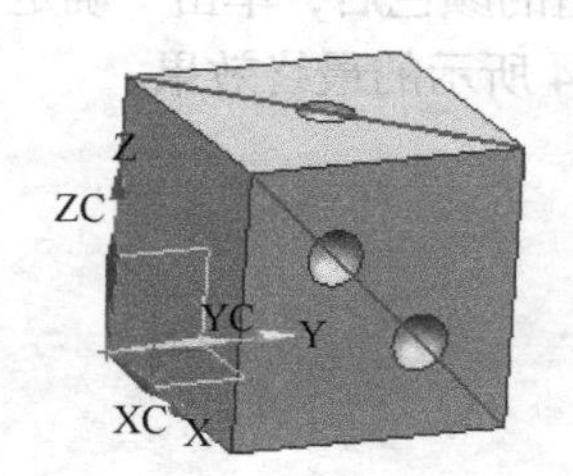

图2-68 分段后作出两个孔

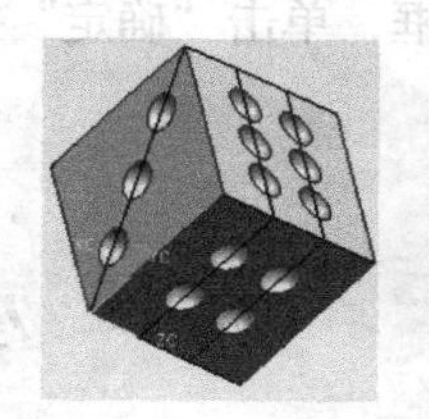
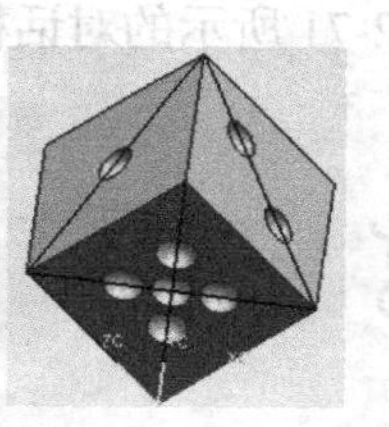

图2-69 作出所有6个面的孔眼后的结果

（8）单击“特征”工具条中的“边倒圆”图标，弹出“边倒圆”对话框及选择意图对话框，直接选中长方体的各条边，然后在“边倒圆”对话框中设置倒圆半径为“10”，然后单击“确定”按钮，则所有边均倒了圆角。

> **注意** 作图时要注意作图顺序，如上面作图时，先作直线，再作各球并求差得到骰子半边孔，而不是先对骰子的棱边倒圆，这样做较为方便，如果顺序错了，将会增加操作的麻烦程序，这些细节要读者在操作过程中多加注意与思考。

（9）单击“格式”→“移动至图层”命令，弹出“类选择”对话框，选择骰子并单击，然后单击鼠标中键，弹出“图层移动”对话框，在“目标图层或类别”下输入2，并确定，则将骰子移动到了第二层，骰子暂时不可见；然后单击“实用工具”工具条上的“设置图层”图标，弹出“图层设置”对话框，将第二层作为工作层，第一层设置为不可见，并确定，则原来所作的直线被隐藏起来。

（10）单击“编辑”→“对象显示”命令，在工作区弹出“类选择”对话框。

（11）单击对话框中的“类型过滤器”图标，弹出“根据类型选择”对话框，如图2-70所示，单击对话框中的“面”。其余的不选择，确定后，用鼠标逐一选中骰子上的所有孔眼的面，单击“确定”按钮后，弹出“编辑对象显示”对话框，如图2-71所示。

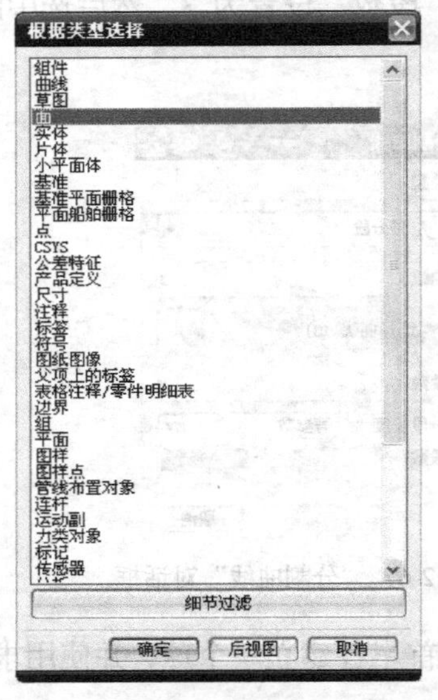

图2-70 “根据类型选择”对话框

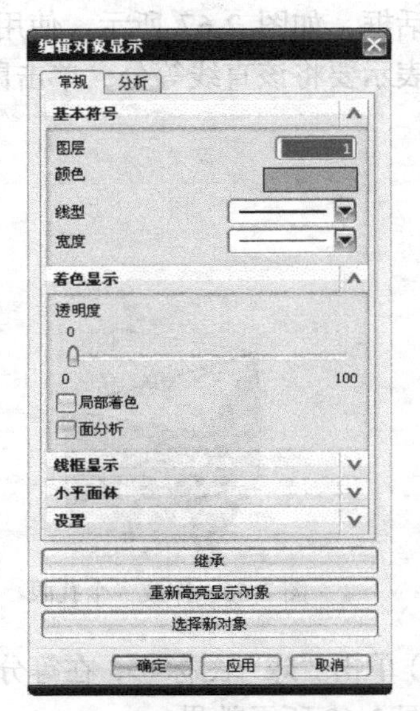

图2-71 “编辑对象显示”对话框

（12）在“颜色”处单击，弹出“颜色”对话框，选择合适的颜色后，单击“确定”按钮，回到图2-71所示的对话框，单击“确定”按钮，则得到图2-64所示的最终效果。

小 结

本章首先介绍UG中的坐标系与图层等基础概念，然后讲解建模与草图的概念，从本章的学习可以知道，草图是建立复杂模型的基础；没有草图可以建立简单的模型；一个草图可以有多种建模效果；同一模型可以用不同的方法建模，所以草图也不同。

练 习

完成下面的制图练习，并从中体会建模与草图间的关系，掌握本章学过的命令的使用。

1. 作图2-72所示的草图，并进行拉伸25mm长的操作。

2. 作图2-73所示的草图，并将草图中最右侧的垂直线与*YC*轴共线，最下面的水平线与*XC*轴共线，作完草图后，以*YC*轴为轴心作旋转建模。

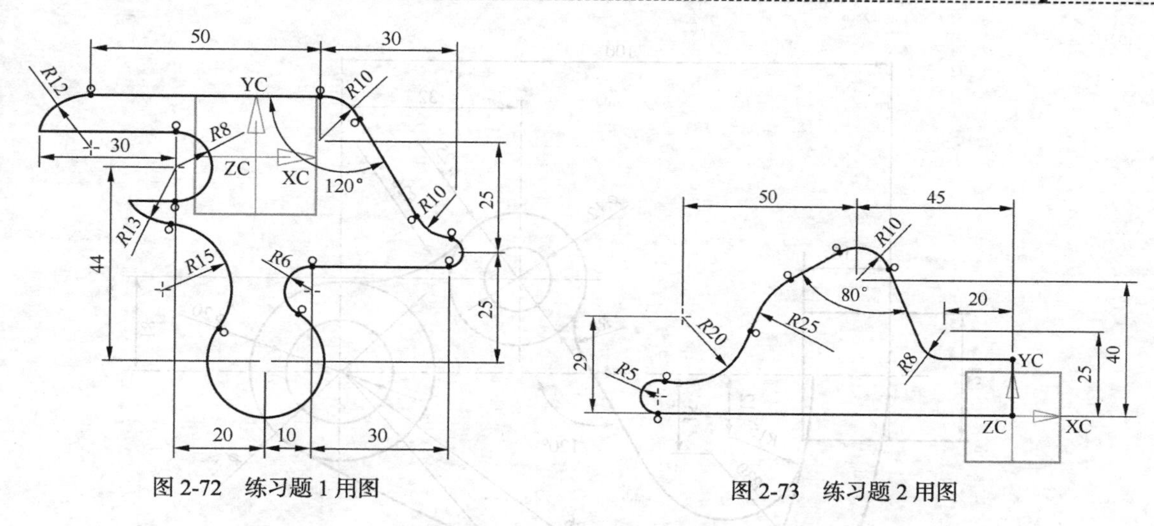

图 2-72　练习题 1 用图　　　　图 2-73　练习题 2 用图

3. 作图 2-74 所示的草图，并拉伸 50mm 长，取拔模锥角为 5°。

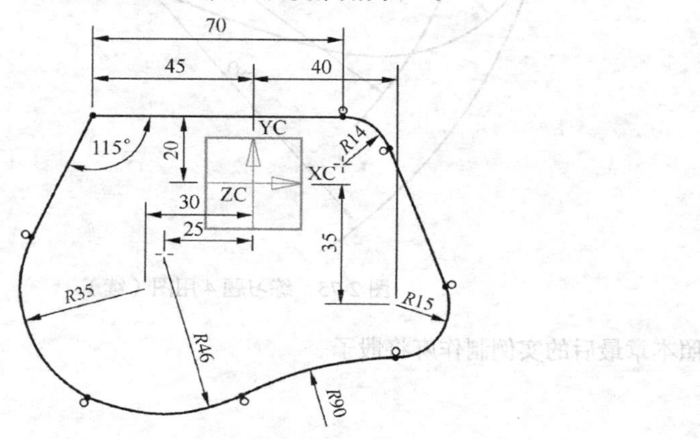

图 2-74　练习题 3 用图

4. 完成图 2-75 各草图的绘制。

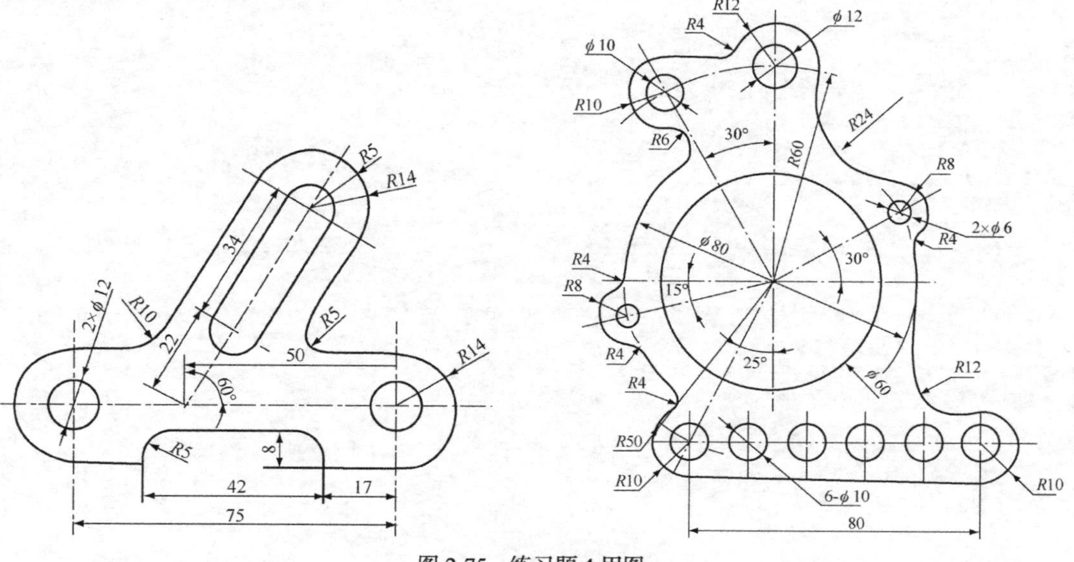

图 2-75　练习题 4 用图

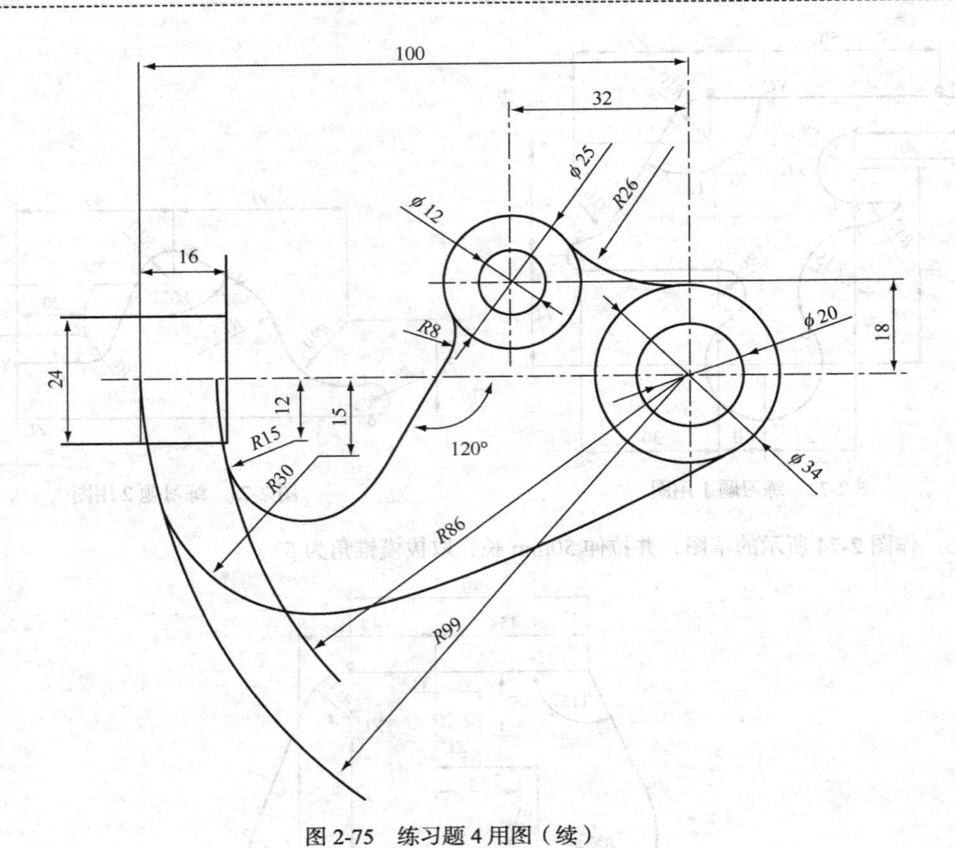

图 2-75　练习题 4 用图（续）

5. 依照本章最后的实例制作麻将骰子。

第3章 非曲面建模实例

前面讲解了建模的概念，但要想很好地利用 UG 来建模，要在熟练掌握 UG 的建模命令的基础上反复练习，才能真正掌握这些命令的精髓，进而实现熟练建模的目的。

本章将讲解多个实例，以便读者轻松掌握建模的基本命令及操作技巧。这些例题采取从易到难、综合性渐强的布局方式；为了让图形在印刷时更清晰，下面先将 UG 的背景修改为白色。具体操作过程如下。

启动 UG，单击“文件”→“实用工具”→“用户默认设置”命令，弹出“用户默认设置”对话框，单击该对话框左侧列表框中的“基本环境”目录树下的“可视化”选项，在右侧选择“背景色”选项卡，在“着色视图”组下将各颜色值全改为 255，如图 3-1 所示。然后单击“应用”按钮，这样在重新启动 UG 后，工作区的背景就改为白色，便于看图与打印，在以后启动 UG 时，其颜色也不会改变，除非重新设置背景色。

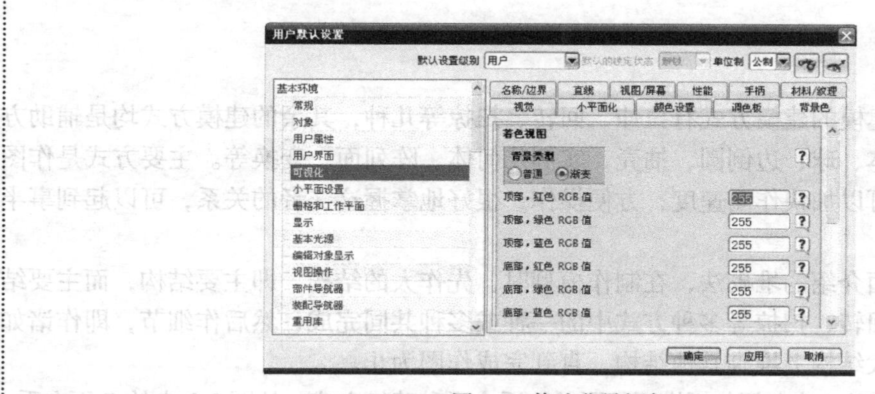

图 3-1　修改背景颜色

要真正掌握建模，做到看到什么就能制作什么，就要理解建模方法，没有一定的方法，只能是别人教一个学一个。UG 建模分为非曲面实体建模与曲面实体建模。其中，非曲面实体建模采取先主体，后从体，先大后小的作图模式，以前面讲的叠加法建立各结构。将一个复杂模型先分为几部分，其中最关键的部分作为主体，先作完，然后在主体上增加细节部分。实际上，一个复杂模型都是由许多部分组成的，只要善于分解，富于想象力，就可以用多种方法来完成复杂模型的制作。

至于曲面实体建模，则要学会建立线框，建立产品的轮廓，然后将轮廓化成面和实体；同时，曲面实体建模也要使用非曲面建模中的叠加思想。详细介绍见第4章曲面造型方法部分。

3.1 话筒的制作

本实例是制作一个电话机的话筒，主要讲解拉伸及其技巧，话筒制作完成后的效果如图3-2所示。

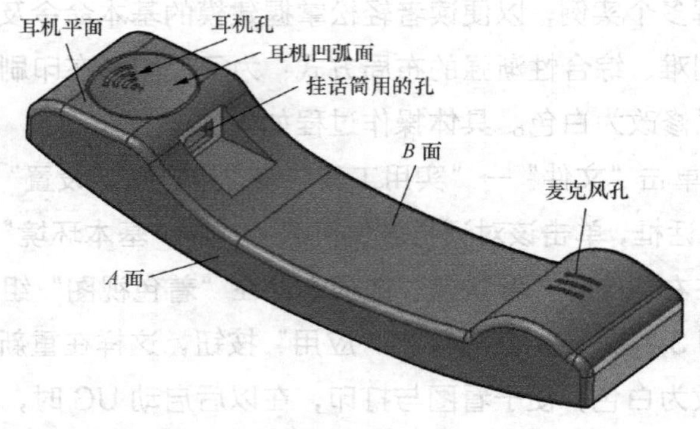

图3-2　话筒效果

1. 制图分析

通常，非曲面建模的建模方式有拉伸、回转、扫掠等几种，其余的建模方式均是辅助方式，包括孔、长方体、球、边倒圆、抽壳、实例几何体、阵列面、变换等。主要方式是作图的关键，辅助方式可以加快作图速度，方便操作，很好地掌握这二者的关系，可以起到事半功倍的效果。

另外，根据前面介绍的堆砌法，在制作模型时，先作大的结构，即主要结构，而主要结构又可能由拉伸、回转、扫掠等多种方式中的一种或多种共同完成；然后作细节，即作诸如孔、边倒圆等，在大结构上堆砌其他结构，直到完成作图为止。

要作出本例的模型，首先须分析模型的形状、适合哪种建模方式。从图3-2中的*B*面上看，此模型是个矩形，用哪种方法都不能作出主体结构；从*A*面上看，则可以表达清楚此模型的主要形状，通过拉伸，即可作出其主体结构，因此以*A*面为参考，作一个*A*面的外形，然后通过拉伸来完成建模是合理的，但此时细节不能表达清楚，这可以用辅助方式通过堆砌法来完成。

因此，本模型的制作顺序是，在不考虑耳机凹弧面、耳机孔、挂话筒用的孔、麦克风孔以及边倒圆等情况下，以*A*面外形轮廓为参考作一个草图，然后拉伸此草图，使其与话筒形状相符，然后使用叠加法作各处的细节。

2. 绘制第一个草图

启动 UG，新建一个名为 3_ht.prt（其中“3_”代表第 3 章，ht 代表话筒，以后取名均用这样的方式）的文件，然后单击“特征”工具条中的“任务环境中的草图”图标，选 *XC-YC* 平面为草图平面进入草图环境，单击“草图工具”工具条中的“轮廓”图标，作图 3-3 所示的草图。

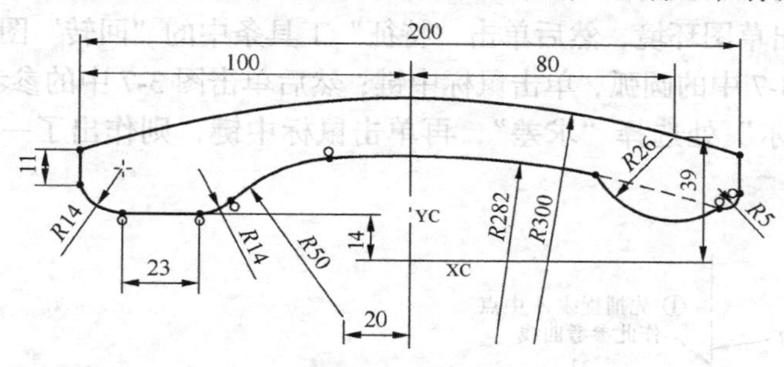

图 3-3 话筒草图

在作草图时要注意，圆弧 *R*282 与 *R*300 的圆心同心且在 *YC* 轴上，*R*5 圆弧与 *R*282 圆弧相切，*R*26 圆弧的圆心不在 *R*300 圆弧曲线上，草图左端 *R*14 圆弧与相邻的长度为 11 的直线并不相切。

操作完成后，单击“草图”工具条上的“完成草图”图标退出草图环境。

3. 拉伸成型

完成草图后，单击“特征”工具条中的“拉伸”图标，当弹出“拉伸”对话框时，选中刚才作的草图，在“拉伸”对话框中输入“结束”长度为 45，“开始”长度为 0，然后单击鼠标中键，则生成了话筒的初步模型，结果如图 3-4 所示。

图 3-4 拉伸后的效果

4. 生成其他孔

单击“任务环境中的草图”图标，弹出“创建草图”对话框，在“平面方法”处选择“现有平面”，然后单击图 3-4 中的耳机平面，选择此面作为草图平面，单击鼠标中键进入草图环境，单击“视图”工具条中“带有隐藏边的线框”图标，让草图变为线框模式，然后捕捉到上下两线的中点作参考直线，如图 3-5 所示。

绘制完成后退出草图环境，然后单击“特征”工具条上“基准/点下拉菜单”中的“基准平面”图标，先将“选择条”工具条中的“捕捉点”图标全部取消，然后单击刚才作的参考线，再单击耳机平面，如图 3-6 所示。

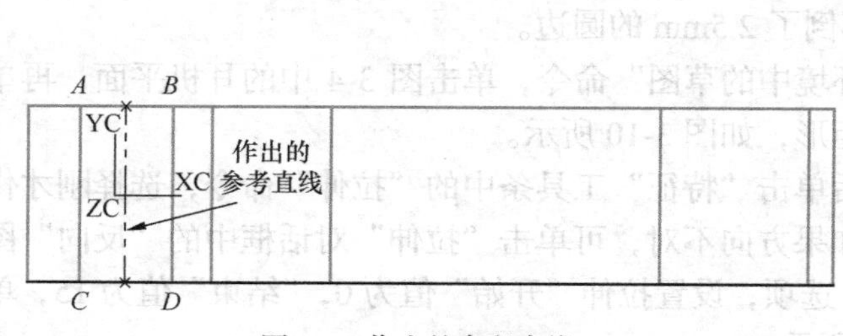

图 3-5 作出的参考直线

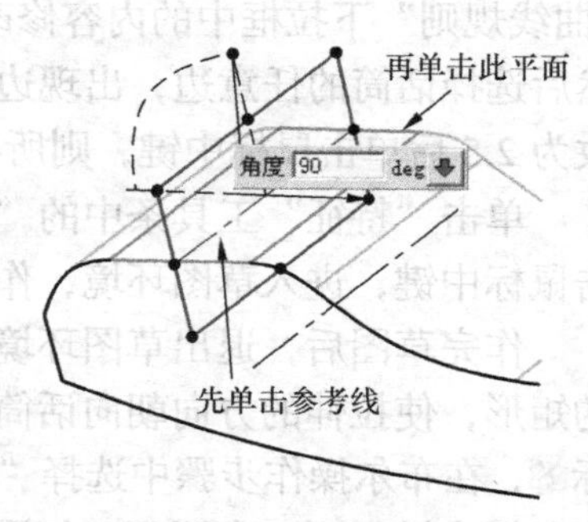

图 3-6 建立参考面的过程

单击鼠标中键，则作好了一个参考平面，将用此参考平面来完成一个新的草图。

单击“视图”工具条中的“静态线框”图标，将视图显示模式更改为线框模式。单击“特征”工具条中的“任务环境中的草图”图标，选择刚才作的基准平面，单击鼠标中键进入草图环境，单击“草图工具”工具条中的“直线”图标，捕捉图3-6中的参考曲线的中点，作一条竖直线，并将其转换为参考线，然后作一段圆弧，具体尺寸如图3-7所示。

绘制完后，退出草图环境，然后单击“特征”工具条中的“回转”图标，弹出“回转”对话框，先单击图3-7中的圆弧，单击鼠标中键；然后单击图3-7中的参考线*B*，最后在“回转”对话框中“布尔”处选择“求差”，再单击鼠标中键，则作出了一个耳机小凹面，如图3-8所示。

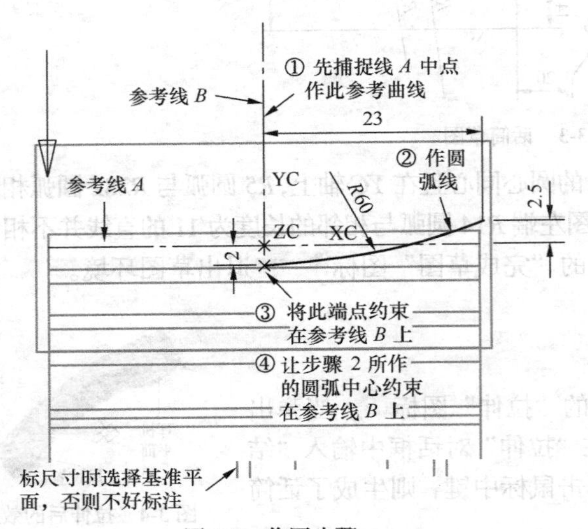

图3-7 作图步骤

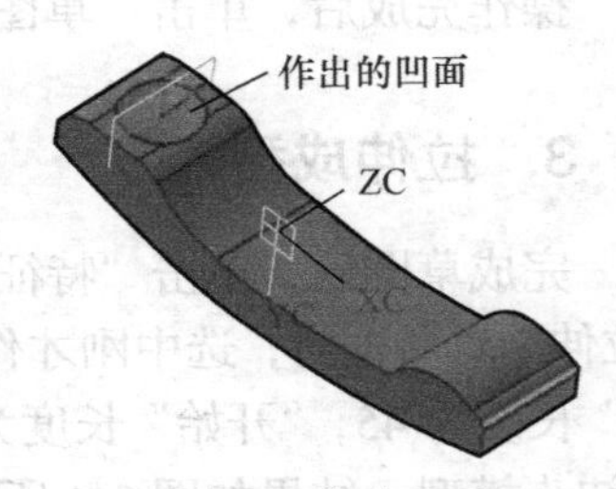

图3-8 作出凹面

注意：上面的操作产生的凹面，其实可以直接用球进行差运算得到，这里用草图操作是为了让读者先掌握好草图的操作技能。

5. 倒圆边、作挂话筒用的凹台，抽壳

单击“特征”工具条中的“边倒圆”图标，出现“边倒圆”对话框，同时在“选择条”工具条出现“曲线规则”下拉框，将“曲线规则”下拉框中的内容修改为“体的边”，如图3-9所示，然后选择话筒的任意边，出现边倒圆的预览效果，在“边倒圆”对话框中将“半径 1”的值改为2.5后单击鼠标中键，则所有边都倒了2.5mm的圆边。

图3-9 “曲线规则”下拉框

单击“特征”工具条中的“任务环境中的草图”命令，单击图3-4中的耳机平面，再单击鼠标中键，进入草图环境，作一个矩形，如图3-10所示。

作完草图后，退出草图环境，然后单击“特征”工具条中的“拉伸”命令，选择刚才作的矩形，使拉伸的方向朝向话筒体，如果方向不对，可单击“拉伸”对话框中的“反向”图标，在布尔操作步骤中选择“求差”选项，设置拉伸“开始”值为0，“结束”值为15，单击鼠标中键得到一个凹面，如图3-11所示。

单击“特征”工具条中的“抽壳”图标，出现“抽壳”对话框，在此对话框中的“类型”处选择“对所有面抽壳”选项，然后选择话筒，在“抽壳”对话框中的“厚度”处输入厚度值为 2，单击鼠标中键完成操作，则整个话筒被抽壳了，即原来话筒内部是实心的，现在变成了空心的，壁厚为 2，但看上去没有变化，如果进入线框模式，可以看到抽空的效果。

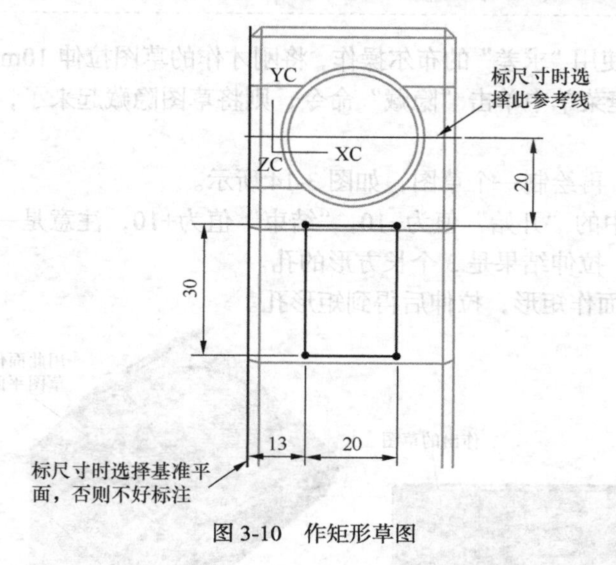

图 3-10　作矩形草图

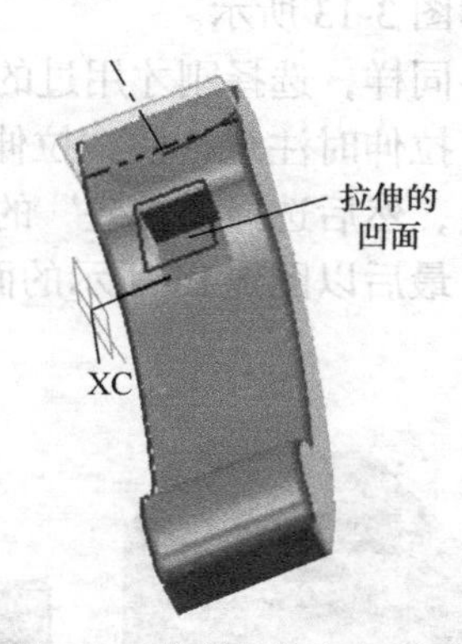

图 3-11　拉伸操作产生凹面

注意　如果在上面的操作中选择“抽壳”对话框中的第二步，则可以移除某些面。

6. 打孔与最后成型

下面制作话筒上的一些孔，如用来通话的透气孔、挂话筒用的孔等。

为了使操作更清楚，现将部分内容隐藏。单击菜单“格式”→“移动至图层”命令或单击“实用工具”工具条中“图层下拉菜单”下的“移动至图层”图标，选中话筒后单击鼠标中键，弹出“图层移动”对话框，在该对话框中的“目标图层或类别”下输入 2 后回车，就将话筒移到了第 2 层。此时工作区中内容没什么变化，单击“实用工具”工具条中的“图层设置”图标，弹出“图层设置”对话框，去掉图层 2 前面的红色勾，此时只看见原来作的草图内容，话筒不见了，这是因为将第 2 层的内容设置为不可见，在“图层设置”对话框中“工作图层”处输入 2，然后回车，就将第 2 层作为工作图层；去掉图层 1 前面的红色勾，则可以看到工作区中的内容变了，原来的草图不见了，只显示了话筒。

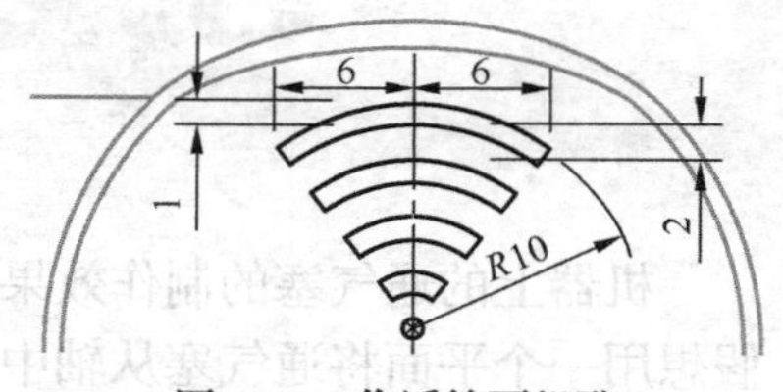

图 3-12　作话筒耳机孔

单击“特征”工具条上的“任务环境中的草图”命令，选择图 3-4 中的耳机平面作草图平面，进入草图环境，使用线框显示模式，然后绘制图 3-12 所示的草图。

注意　制作草图时，先作一段直线，此直线的下端应捕捉到耳机平面上的凹面的中心点处，然后将此线约束为固定；再作外面的圆弧，该圆弧半径为 10，中心点约束在参考线的下端点上，并作尺寸约束使其左右对称，如图 3-12 所示；然后单击“草图工具”工具条中的“偏置曲线”图标，出现“偏置曲线”对话框，在“距离”处输入1，然后选择第一段弧（最外面的最长的圆弧），出现偏置方向箭头，如果方向不对，单击对话框中的“反向”按钮，单击“应用”按钮后就得到第二段弧，然后改变偏置距离为1.5作第三段弧，如此作出其余的弧，然后作半径为1的小圆，最后用“草图工具”工具条中的“直线”命令将弧间连接起来即可。

退出草图后，用“拉伸”命令，并使用“求差”的布尔操作，将刚才作的草图拉伸10mm；然后选择该草图，右击，在弹出的快捷菜单中单击“隐藏”命令，则将草图隐藏起来了，结果如图3-13所示。

同样，选择刚才用过的草图平面，再绘制一个草图，如图3-14所示。

拉伸时注意，使“拉伸”对话框中的“开始”值为−10，“结束”值为+10，注意是一正一负，然后选择“求差”的布尔操作，拉伸结果是3个长方形的孔。

最后以图3-15所示的面为草图平面作矩形，拉伸后得到矩形孔。

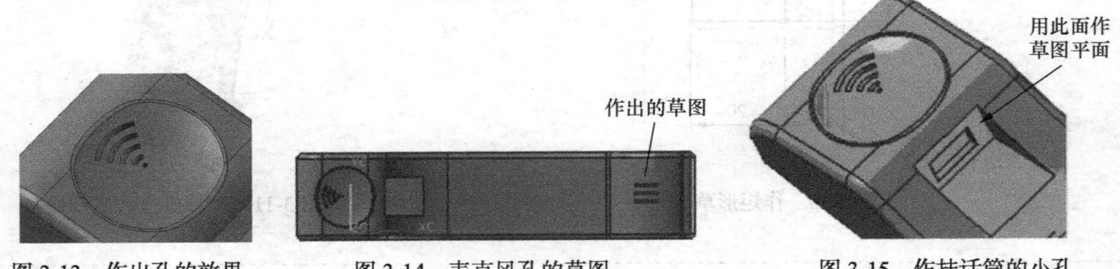

图3-13　作出孔的效果　　图3-14　麦克风孔的草图　　图3-15　作挂话筒的小孔

经过以上操作，话筒绘制完成，最后选中各草图，按右键，隐藏所有草图，结果如图3-2所示。

经过上述操作，所遇到的新命令或是加深学习的命令有拉伸、回转、边倒圆、草图中的偏置曲线等；同时讲到了作图的技巧，希望读者认真领会。

3.2 通气塞的制作

机器上的通气塞的制作效果如图3-16所示。从图中可以看到通气塞的形状是轴对称的，假想用一个平面将通气塞从轴中心将此零件剖切开来，则效果如图3-17（a）所示。

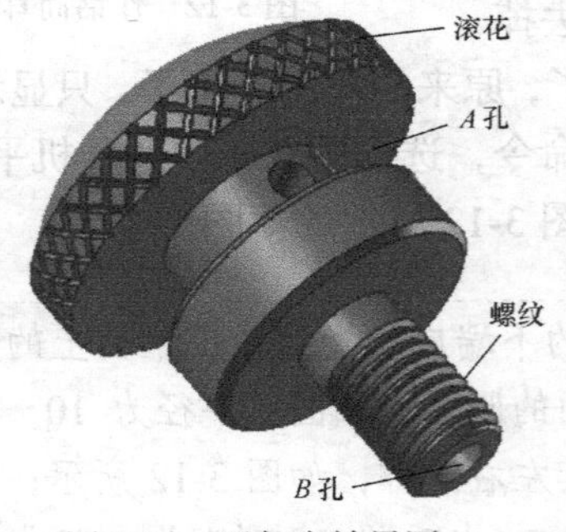

图3-16　通气塞效果图

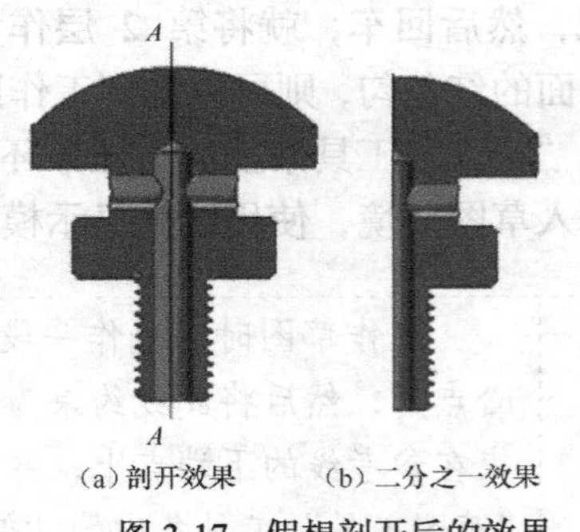

图3-17　假想剖开后的效果

不考虑细节结构，如 *A* 孔、*B* 孔、螺纹与滚花，然后以图 3-17（a）所示的 *A-A* 线作为分界线，取右半边的轮廓作为草图模型，即图 3-17（b）所示的外围线轮廓作为草图，并将此草图旋转 360°，则可得到通气塞的主体结构；然后再来作 *A* 孔、*B* 孔、螺纹与滚花，这就是作此模型的思路。凡是轴对称的零件均可以使用这种作图思路。下面就来完成此模型的制作。

1. 旋转成型操作

启动 UG，并新建文件，取文件名为 3-tqs.prt，然后进入建模环境，并进入草图环境中，作图 3-18 所示的草图。

> **注意** 作完草图，将线 *A* 与 *YC* 轴共线（作几何约束），线 *B* 与 *XC* 轴共线，*R*30 的圆弧中心在 *YC* 轴上（此约束极为重要，否则顶部将不平滑）。

退出草图后，单击“特征”工具条上的“回转”按钮，先选中刚才作的草图，然后单击鼠标中键，在“指定矢量”处选择 *YC* 轴，单击鼠标中键，在“指定点”处单击选择原点，单击鼠标中键，则旋转后的主体结构就完成了，效果如图 3-19 所示。

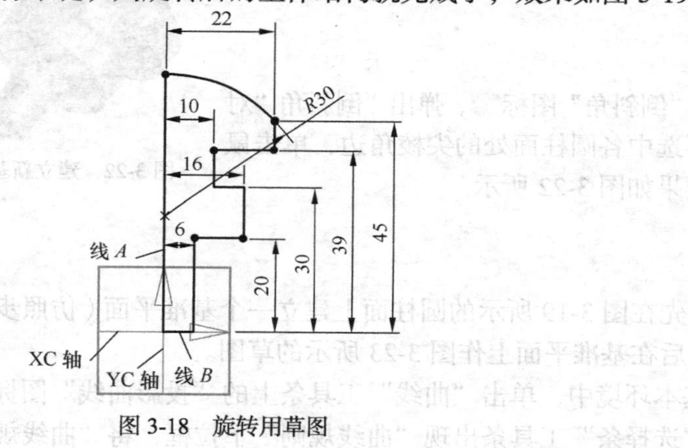

图 3-18 旋转用草图

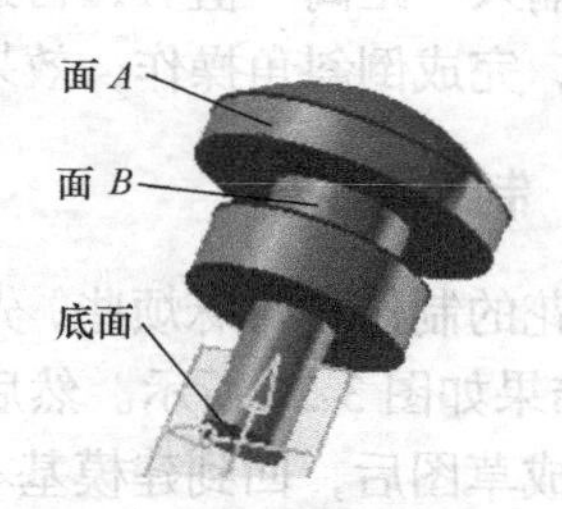

图 3-19 旋转效果

2. 作 *A*、*B* 孔

在作孔之前，先单击“特征”工具条上“基准/点下拉菜单”中的“基准平面”图标□，弹出对话框后，单击图 3-19 中的面 *B*，即圆柱面表面，然后按鼠标中键，得到图 3-20 所示的基准平面。

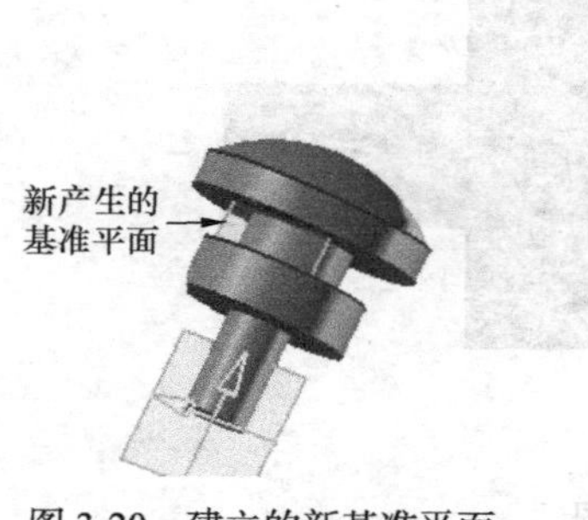

图 3-20 建立的新基准平面

图 3-21 “点”对话框

作基准平面的目的是为了作图 3-16 中的 *A* 孔，下面单击“特征”工具条上的“孔”按钮，先单击刚才作的基准平面，出现“创建草图”对话框，直接按鼠标中键进入草图环境，出现“草图点”对话框，单击“草图点”对话框中的“点对话框”按钮，弹出图 3-21 所示的“点”对话框，分别输入“*X*”值-10，“*Y*”值 34.5，即将点建立在基准平面的中心，完成并退出草图环境后，在“孔”对话框中输入“直径”值 5，“深度”值 30，“顶锥角”值 120°，并使用“求差”的布尔操作，单击鼠标中键，一个通孔就作好了。

同样，在图 3-19 的底面处作一个孔，直径为 6，长 40，其余不变。单击“特征”工具条上的“孔”图标，出现“孔”对话框，直接单击底面圆弧中心，在“孔”对话框中输入“直径”值 6，“深度”值 40，“顶锥角”值 120°，直接按“确定”按钮或按鼠标中键，则底面的孔就作好了。

上面的孔操作命令对第一次使用者来说很不方便，主要是不易搞清楚基准平面中心所在的坐标位置。可根据图 3-18 中的数值，结合坐标系，就可以确定基准平面中心的坐标位置，当这个草图点确定之后，系统会自动作出孔来。

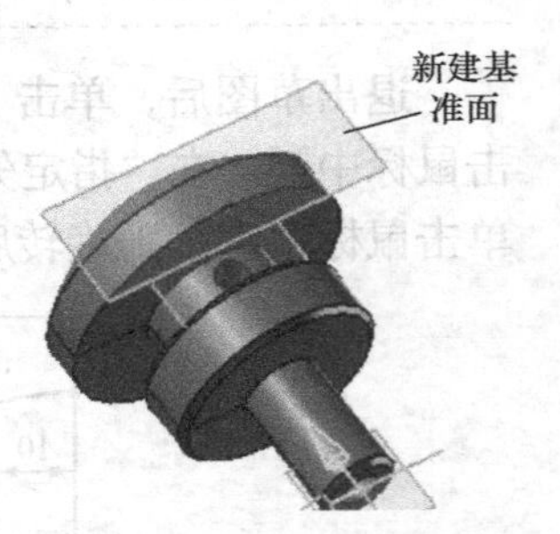

图 3-22　建立新基准平面

3. 倒斜角

单击“特征”工具条上的“倒斜角”图标，弹出“倒斜角“对话框，输入“距离”值 1，再选中各圆柱面处的尖棱角边，单击鼠标中键，完成倒斜角操作，效果如图 3-22 所示。

4. 制作滚花

滚花的制作相对麻烦些，先在图 3-19 所示的圆柱面上建立一个基准平面（仿照步骤 2 操作），结果如图 3-22 所示。然后在基准平面上作图 3-23 所示的草图。

完成草图后，回到建模基本环境中，单击“曲线”工具条上的“投影曲线”图标，弹出“投影曲线”对话框并在“选择条”工具条出现“曲线规则”下拉框，将“曲线规则”下拉框内容修改为“单条曲线”，选择图 3-23 中的直线 *A* 与直线 *B*，单击鼠标中键，然后选中图 3-19 中的面 *A*，再次单击鼠标中键，完成投影；右击图 3-23 中的直线 *A* 或直线 *B*，在弹出的快捷菜单中单击“隐藏”命令，将草图隐藏起来，同理，隐藏不必要的基准平面。结果是在零件表面上有两条投影得到的曲线，效果如图 3-24 所示。

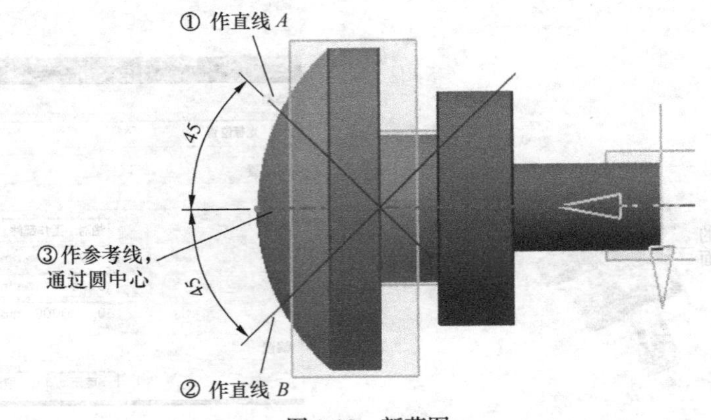

图 3-23　新草图

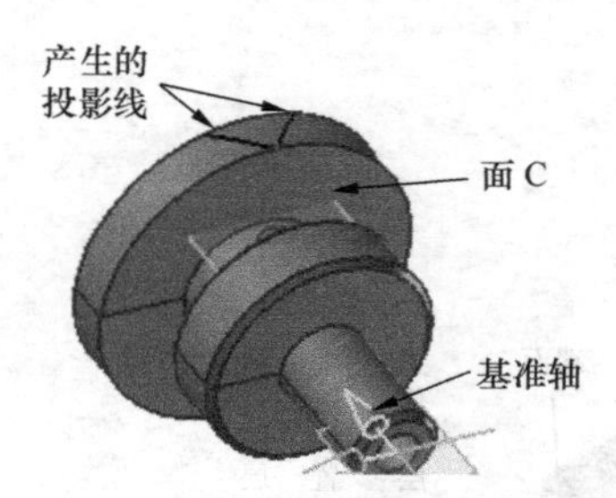

图 3-24　生成投影线

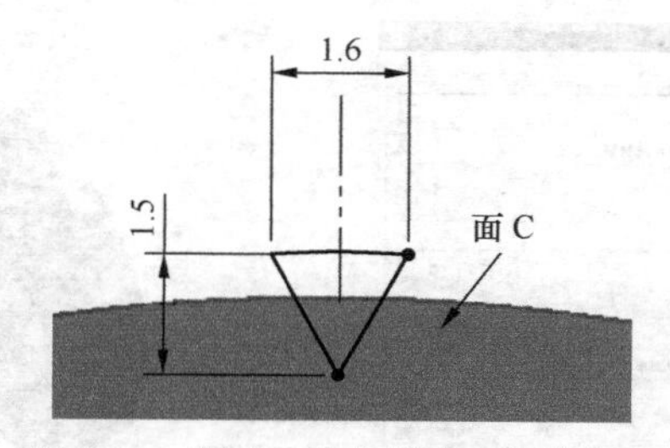

图 3-25　在面 *C* 上作的小三角形草图

单击“任务环境中的草图”图标，以图 3-24 中的“面 *C* ”为草图平面，在图 3-24 中两投影线的交点处建立一个小三角形的草图，如图 3-25 所示。

作完草图后退回到建模环境中，结果如图 3-26 所示。

隐藏面 *C* 处的基准平面后，单击菜单“格式”→“扫掠”→“沿引导线扫掠”命令或单击“曲面”工具条中“扫掠下拉菜单”命令下的“沿引导线扫掠”图标，弹出“沿引导线扫掠”对话框并在“选择条”工具条出现“曲线规则”下拉框，将“曲线规则”下拉框修改为“相连曲线”，然后选中图 3-26 中的小三角形，单击鼠标中键，将“曲线规则”下拉框修改为“单条曲线”，选中图 3-26 中两投影线中左侧的那条，单击鼠标中键完成操作，在面 *A* 上形成了一个扫掠实体；同理，选择右边的那条投影线，也作出一个扫掠实体，结果得到两个扫掠后的实体。隐藏所有草图，结果如图 3-27 所示。

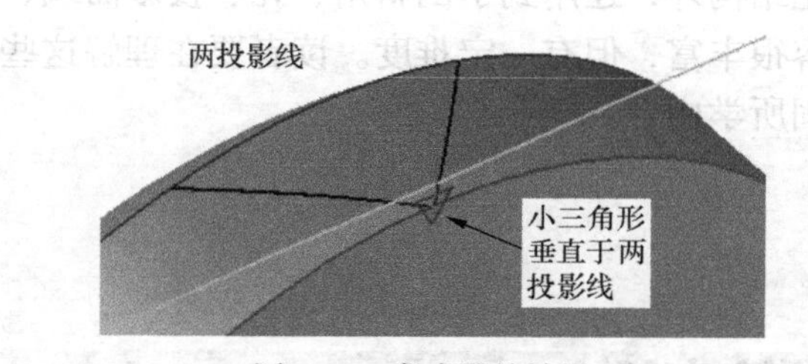

图 3-26　完成后的效果

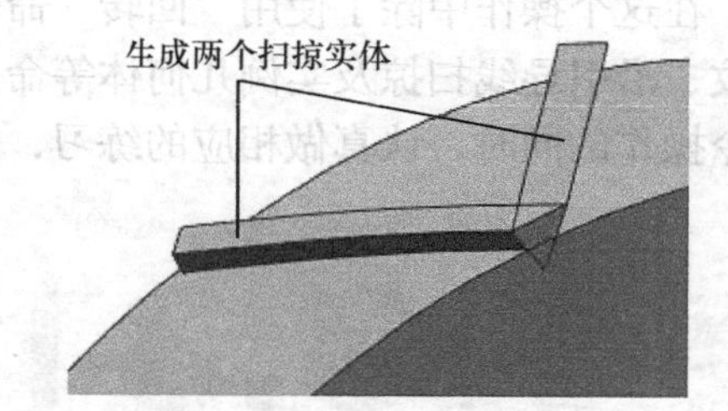

图 3-27　生成两个扫掠实体

单击菜单“插入”→“关联复制”→“生成实例几何特征”命令或者单击“特征”工具条中的“实例几何体”图标，弹出“实例几何体”对话框，在“类型”处选择“旋转”，然后选择图 3-27 所示的两个扫掠实体，直接单击鼠标中键，指定矢量选择 YC 轴，指定点选取图 3-24 中的“面 *C*”的圆弧中心，在“实例几何体”对话框中输入“角度”值 10，“副本数”值 35，如图 3-28 所示，单击“确定”按钮后，各生成了 35 个实体，最后单击“特征”工具条中“组合下拉菜单”下的“求差”图标，弹出“求差”对话框，选择图 3-24 所示的实体作为目标体，用鼠标框选 72 个扫掠实体作为工具体，单击鼠标中键完成操作，得到图 3-29 所示的滚花效果。

5. 收尾操作

通过上面的操作已经完成了模型的制作，单击“格式”→“移动至图层”命令，弹出浮动工具条后，选中刚才绘制好的模型，单击鼠标中键，在弹出的“图层移动”对话框中的“目标图层或类别”下面输入“2”后按 Enter 键，此时模型不见了，单击“实用工具”工具条上的“工作图层”下拉框，如图 3-30 所示。

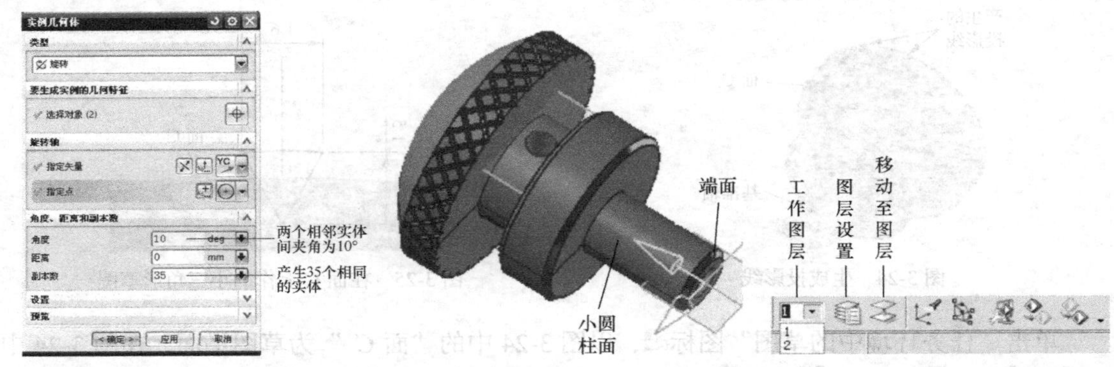

图 3-28 “实例几何体”对话框　　图 3-29 阵列后的效果　　图 3-30 “实用工具”工具条

选择 2 选项，模型显示出来，然后单击“图层设置”图标，去掉图层 1 前面的红色钩，然后单击“关闭”按钮，则将模型外的内容隐藏起来。

最后，单击“特征”工具条上的“螺纹”图标，弹出“螺纹”对话框，选中“详细”单选按钮，然后选中图 3-29 中最前面的小圆柱面，再选中小圆面最前面的端面，此时有一个箭头出现，同时弹出一个选取螺纹轴方向的对话框，如果箭头方向指向图 3-29 中模型的大端，则直接单击鼠标中键，否则，单击对话框中的“螺纹轴反向”，此时应该能看到箭头反向，然后在新出现的对话框中将“长度”值改为 15，单击鼠标中键，则生成螺纹。适当调整模型位置与方向，最后效果如图 3-16 所示。

在这个操作中除了使用“回转”命令作出主结构外，还用到了倒斜角、孔、投影曲线、螺纹、沿引导线扫掠及实例几何体等命令，内容很丰富，但有一定难度。读者要在理解这些命令操作的同时，认真做相应的练习，以便巩固所学内容。

3.3 弹簧的制作

本例是制作弹簧，目的是让读者掌握沿曲线扫掠命令及螺旋线命令的使用。制作效果如图 3-31 所示。

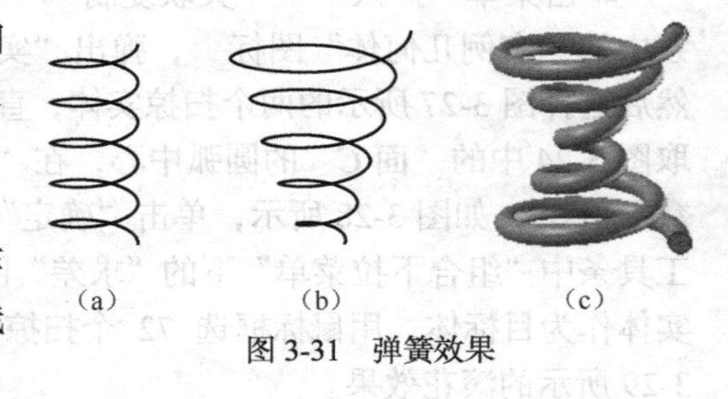

图 3-31 弹簧效果

不同的三维软件，制作弹簧的方法是不同的，使用 UG 制作弹簧有其特殊的制作方法。要制作图 3-31 所示的弹簧，可能先要作一条所谓的脊线（根据情况而定），然后作螺旋线，再作弹簧截面线，然后扫描。

脊线是作曲线或曲面时可能要用到的一个概念。它是一条特殊曲线，用来作曲线或曲面沿某一规律弯曲时拐弯的样板线，它可以决定曲面的弯曲样式。对于一个曲面来说，如果沿着脊线方向，在脊线的每一点处作一个垂直于该点切线的平面（称为截平面），则这些平面就会和曲面产生一系列的交线（称为截交线），曲面就可以看成是这些交线（截交线）的集合。脊线可以看作曲面的截交线在拐弯处各点的切线的包络线。

先启动 UG，并新建 3-tanhuang.prt 文件，然后进入建模环境。下面来说明弹簧的制作过程。

图 3-31（a）所示的弹簧的制作过程简单，单击菜单“格式”→“曲线”→“螺旋线”命令或单击“曲线”工具条中“曲线下拉菜单”下的“螺旋线”命令图标，弹出“螺旋线”对话框，如图 3-32 所示。

在这个对话框中，“半径方法”是极为重要的，它是用来改变弹簧的半径样式的，半径可以是恒定的，也可以是变化的，“输入半径”选项是恒定半径，而“使用规律曲线”选项是变半径的。系统默认方式是“输入半径”，这种方法操作简单，只要输入螺旋线圈数、螺距、半径、旋向，如果需要，还可改变螺旋线轴线方向及起点位置，然后单击鼠标中键即可。

但选择“使用规律曲线”选项时，会弹出图 3-33 所示的“规律函数”对话框。

“规律函数”对话框在多种情况下都会出现，如在执行某些曲面命令、规律曲线命令等时，“恒定的”即半径不变；“线性的”即半径均匀地由小变大或由大变小，呈直线规则；“三次”则指曲线按三次曲线变化；“沿脊线”即是沿脊线方式变化；“根据方程”是指可以根据输入的方程来变化；“根据规律曲线”即根据现有曲线来变化。

本例是使用系统默认的“输入半径”的半径方式，输入“圈数”为 5，“螺距”为 10，“半径”为 10，然后单击图 3-32 中的“应用”按钮，即可得到图 3-31（a）所示的弹簧。

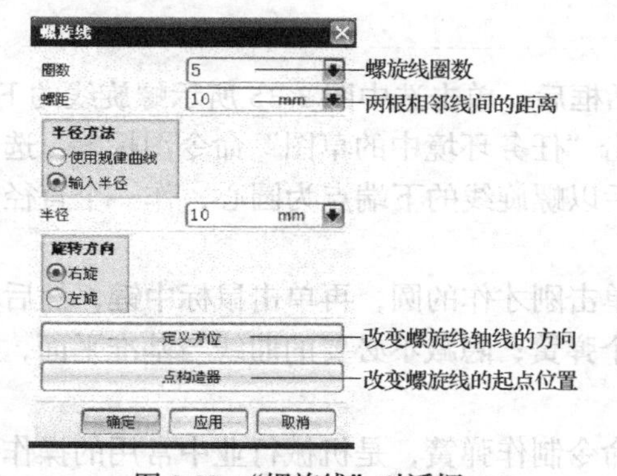

图 3-32 “螺旋线”对话框

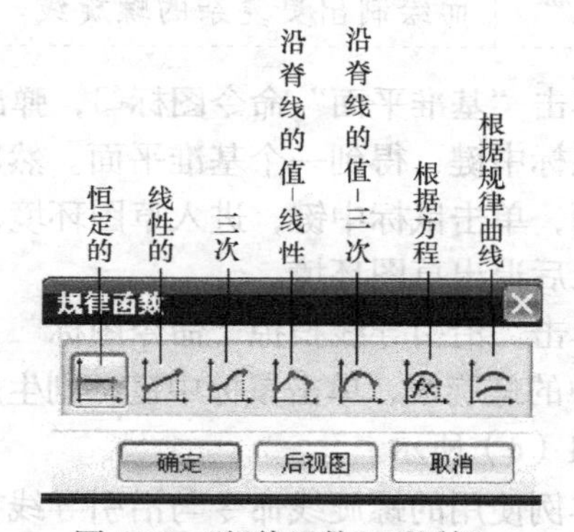

图 3-33 “规律函数”对话框

同理，当出现图 3-32 所示的对话框时，单击“点构造器”按钮，弹出“点”对话框，在该对话框中将“*XC*”值设置为 50，“*YC*”和“*ZC*”的值设置为 0，单击鼠标中键，回到图 3-32 所示的对话框中，选中“半径方法”中的“使用规律曲线”单选项，在弹出图 3-33 所示的对话框时单击“线性的”图标，打开“规律控制”对话框，在该对话框中的“起始值”处输入 5，“终止值”处输入 20，单击鼠标中键，又回到图 3-32 所示的对话框中，再单击鼠标中键，则得到图 3-31（b）所示的弹簧线。

现在作图 3-31（c）所示的弹簧，操作过程如下。

单击“任务环境中的草图”命令图标，使用 *YC-ZC* 平面作草图平面，然后作图 3-34 所示的一段圆弧。该弧半径大小随意，弧的起点与终点组成的直线平行 *ZC* 轴。这条线是用来确定螺旋线外形的脊线。

单击“螺旋线”命令图标，在弹出图 3-32 所示的对话框后，单击“点构造器”按钮，在弹出的“点构造器”对话框中，将“*XC*”值改为 100，“*YC*”和“*ZC*”改为 0，单击鼠标中键，回到图 3-32 所示的对话框中，选中“使用规律曲线”单选项，在弹出图 3-33 所示的对话框后，单击“沿脊线的值—三次”图标，弹出一个无名对话框。此时，单击图 3-34 中的弧线后，单击鼠标中键，弹出“规律控制”对话框，单击“点构造器”按钮，则弹出“点构造器”对话框，选中脊线的上端点，然后在弹出的“规律控制”对话框中输入“规律值”为 20，这样就决定了刚才选中的端点处螺旋线的半径为 20。单击鼠标中键，回到“点构造器”对话框中。同理，选中脊线的中点输入“规律值”为 5，选中脊线的下端点输入“规律值”为 20，当再次回到“点构造器”对话框中时，单击“后视图”按钮，返回到前面的“规律控制”对话框，单击鼠标中键，返回到“螺旋线”对话框，再单击鼠标中键，则生成了一条螺旋线，如图 3-35 所示。

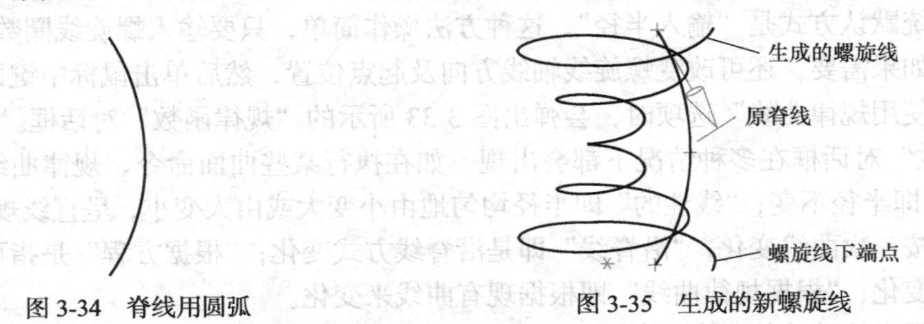

图 3-34　脊线用圆弧　　　　图 3-35　生成的新螺旋线

> **注意**　在上面的操作中，只在脊线上选了 3 个点，其实读者可以选更多的点，从而绘制出更复杂的螺旋线。

单击“基准平面”命令图标□，弹出对话框后，单击选中图 3-35 所示螺旋线的下端点，单击鼠标中键，得到一个基准平面。然后单击“任务环境中的草图”命令图标，选中该基准平面，单击鼠标中键，进入草图环境，然后以螺旋线的下端点为圆心，作一个直径为 5 的圆，之后退出草图环境。

单击“沿引导线扫掠”命令图标，先单击刚才作的圆，再单击鼠标中键，然后单击图 3-35 中的螺旋线，单击鼠标中键，则生成一个弹簧；隐藏不必要的曲线与基准平面，效果如图 3-31（c）所示。

本例使用的螺旋线命令与沿引导线扫掠命令制作弹簧，是机械行业中常用的操作手段，其他操作方式读者可以自行练习，也可参考本章中使用规律曲线作齿轮这个实例（3.10）。

思考：作一个方形弹簧，制作过程与上面的操作类似，且没有错误操作，结果作出了图 3-36（a）所示扭曲的弹簧，如何能作成图 3-36（a）所示不扭曲的效果？

解释：在 UG 中，提供了“沿引导线扫掠”与“扫掠”两个命令，使用前者因为无法修改“定位方法”的方向而不能作出图 3-36（a）所示效果，但使用“扫掠”命令则可以修改“定位方法”的方向，将“定位方法”的方向设置为强制朝螺旋线生长方向即可。

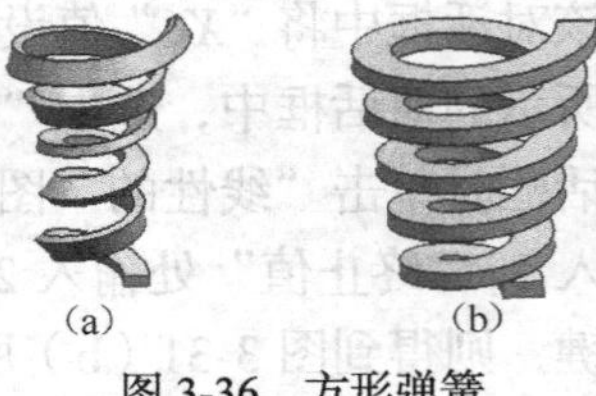

(a)　(b)

图 3-36　方形弹簧

3.4 套筒扳手套筒头的制作

套筒扳手套筒头的效果如图 3-37 所示。

启动 UG，新建文件，命名为 BST.prt，进入建模环境。单击“任务环境中的草图”命令图标，直接单击鼠标中键，进入草图环境，单击“草图工具”工具条中的“多边形”命令图标，弹出“多边形”对话框，单击原点以确定多边形中心，然后输入“边数”为6，在“大小”处选择“内切圆半径”，并输入“半径”值为20，按Enter键，“旋转”角度值为0°，按Enter键，最后单击“关闭“按钮，完成一个六边形的创建，如图3-38所示。

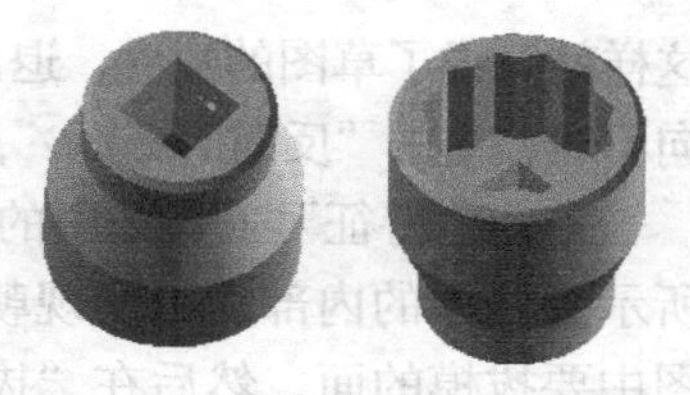

图3-37　套筒扳手套筒头效果图

同理，其他操作与设置不变，输入“旋转”角度值为30°，按Enter键后完成另外一个六边形的创建，最终效果如图3-39所示。

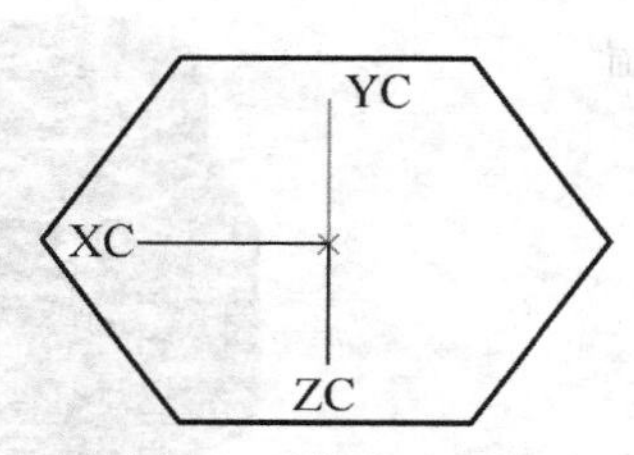

图3-38　作出正六边形

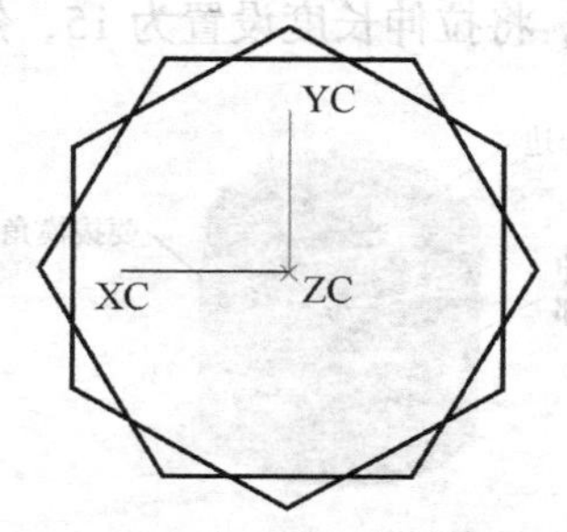

图3-39　两个六边形叠加后的效果

单击“草图工具”工具条中的“快速修剪”图标，将各六边形的边进行修剪，得到图3-40所示的草图。

单击“草图工具”工具条中的“圆”图标，然后在随鼠标移动的对话框中输入XC和YC均为0，每输入一次按一次按Enter键，最后输入“直径”为60，单击鼠标中键，得到图3-41所示的草图，单击“完成草图”按钮退出草图环境。

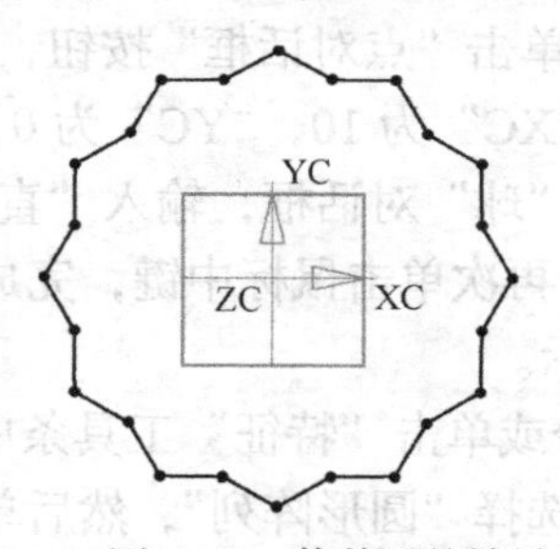

图 3-40　修剪后的效果

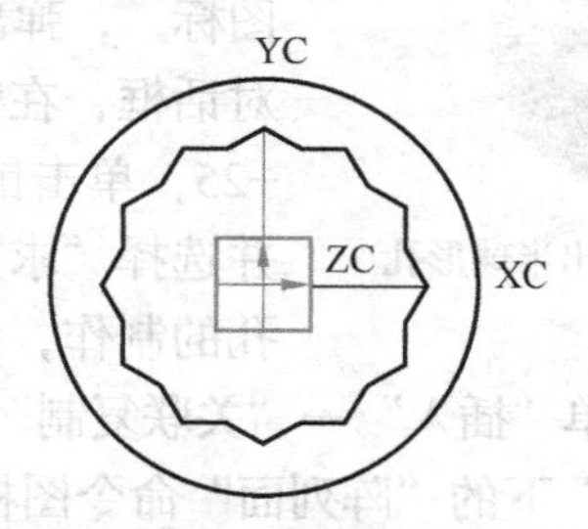

图3-41　完成的草图

单击“特征”工具条中的“拉伸”命令图标，弹出“拉伸”对话框，用鼠标单击选择图3-41所示的草图曲线。然后在“拉伸”对话框中设置拉伸“长度”为30，单击“确定”按钮，完成拉伸，得到图3-42所示的效果。

单击“拉伸”命令图标，弹出“拉伸”对话框，单击“截面”一栏下的“绘制截面”按钮，弹出“创建草图”对话框，以XY平面作为草图平面，直接按鼠标中键，系统自动进入草图环境，单击“草图工具”中的“矩形”命令图标，然后在随鼠标移动的对话框中输入XC为-10，并按Enter键；YC为10，并按Enter键，然后输入“宽度”值20并回车，输入“高度”值20并回车，再单击鼠标左键，完成一个矩形的制作。

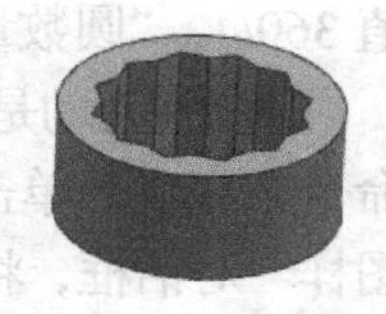

图3-42　拉伸效果

单击“草图工具”工具条中的“圆”命令图标，在随鼠标移动的对话框中输入XC和YC均为0，每输入一次按一次按Enter键。然后输入“直径”为60，按Enter键后，得到一个圆。

这样就完成了草图的建立，退出草图环境，回到“拉伸”对话框，输入“结束”值 20，如果方向不对，单击“反向”图标，再单击“确定”按钮，完成拉伸，得到图 3-43（a）所示的效果。

单击“特征”工具条中的“拔模”命令图标，弹出“拔模”对话框，先单击图 3-43（a）所示圆柱体的内部边，出现朝上的箭头，然后单击图 3-43（a）的新拉伸体底部面，再单击图中要拔模的面，然后在“拔模”对话框中的“角度 1”的右侧输入拔模角度为 20°，再单击对话框中的“确定”按钮，完成拔模操作，结果如图 3-43（b）所示的效果。

单击“拉伸”命令图标，弹出“拉伸”对话框，并且在“选择条”工具条上出现“曲线规则”下拉框，将下拉框中的“自动判断曲线”修改为“面的边”，然后选中图 3-43（b）图的顶面。将拉伸长度设置为 15，然后单击鼠标中键，完成拉伸，如图 3-44 所示。

图 3-43　拉伸与拔模后的效果　　图 3-44　再次拉伸的效果

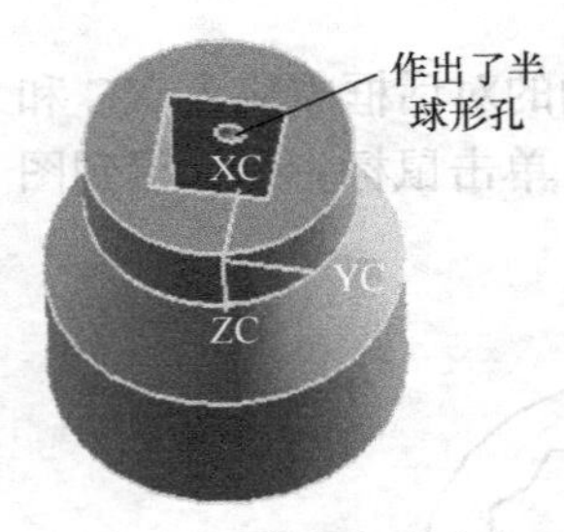

图 3-45　作出半球形孔

单击“特征”工具条中的“求和”命令图标，先单击图 3-44 所示的其中一个实体，然后选中另外一个实体，单击鼠标中键后，完成求和操作，使刚才作的两个实体变成一个整体。

单击“特征”工具条中的“设计特征下拉菜单”下的“球”图标，弹出“球”对话框，单击“点对话框”按钮，弹出“点”对话框，在该对话框中输入“XC”为 10，“YC”为 0，“ZC”为 −25，单击鼠标中键，返回到“球”对话框，输入“直径”为 5，并选择“求差”的布尔操作，再次单击鼠标中键，完成一个半球孔的制作，结果如图 3-45 所示。

单击菜单“插入”→“关联复制”→“阵列面”命令或单击“特征”工具条中的“关联复制下拉菜单”下的“阵列面”命令图标，在“类型”选择“圆形阵列”，然后单击选取半球面，单击鼠标中键，接着指定矢量选择 ZC 轴，指定点 *XC*、*YC*、*ZC* 均为 0，并输入“角度”值 360/4，“圆数量”为 4，单击“确定”按钮，完成阵列面操作，得到 4 个半球孔。

值得注意的是，此处 4 个半球孔的制作也可通过“特征”工具条上的“对特征形成图样”命令来完成。单击“特征”工具条上的“对特征形成图样”命令图标，弹出“对特征形成图样”对话框，将“阵列定义”一栏下的“布局”右侧下拉框修改为“圆形”，然后单击选取半球面，按鼠标中键，接着指定矢量选择 ZC 轴，指定点 XC、YC、ZC 均为 0，并输入“数量”值 4，节距角为 360/4，单击“确定”按钮完成操作，得到 4 个半球孔。

单击“特征”工具条中的“倒斜角”命令图标，弹出“倒斜角”对话框，将“偏置”距离值设置为 2，单击图 3-45 中的最上与最下两条圆边，单击鼠标中键，完成倒斜角操作。

单击“实用工具”工具条中的“移动至图层”命令图标，弹出“类选择”对话框，单击“过滤器”下的“类型过滤器”按钮，弹出“根据类型选择”对话框，按住 Ctrl 键不放单击“实体”选项；松开 Ctrl 键，然后单击鼠标中键，回到“类选择”对话框，框选所有工作区中所有内容，然后单击鼠标中键，弹出“图层移动”对话框，在“目标图层或类别”处输入 20，表示要将刚才选中的内容移动到 20 层，单击鼠标中键，完成移动操作；最后使用“实用工具”工具条中的“图层设置”命令，将第 20 层的内容设置为不可见，最终效果如图 3-37 所示。

3.5 轴类零件的制作

作如图 3-46 所示的轴。

轴类零件可以通过使用“凸台”命令或草图回转来制作，不论哪种方法，轴的制作都很简单，但从中可以学到几个特殊命令的使用，分别是：键槽，拆分体，拔模。下面就使用“凸台”来制作轴。

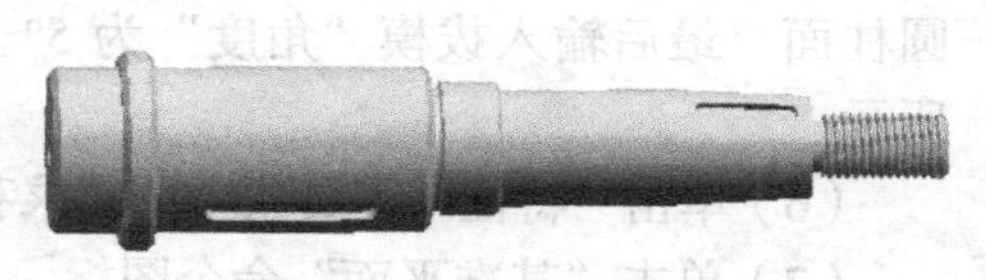

图 3-46　轴的效果图

（1）启动 UG，并新建 3-zhou.prt 文件，然后进入到建模环境中，单击“特征”工具条中“设计下拉菜单”下的“圆柱”图标，在原点建立一个高度 20mm、直径 50mm 的圆柱体，如图 3-47 所示。

（2）单击“特征”工具条中的“凸台”图标，弹出“凸台”对话框，在其中输入直径 70，高度 10，锥角 0，并单击图 3-47 所示圆柱体的上表面，单击鼠标中键，在弹出的“定位”对话框中单击“点落在点上”按钮，然后选中图 3-47 所示圆柱体的上表面的边圆，在弹出的“设置圆弧的位置”对话框中单击“圆弧中心”按钮，完成凸台的添加。

（3）使用第二步的方法，依次建立直径 60mm，高度 50mm；直径 50mm，高度 20mm；直径 40mm，高度 100mm；直径 24mm，高度 40mm 的 4 个凸台，结果作成的轴效果如图 3-48 所示。

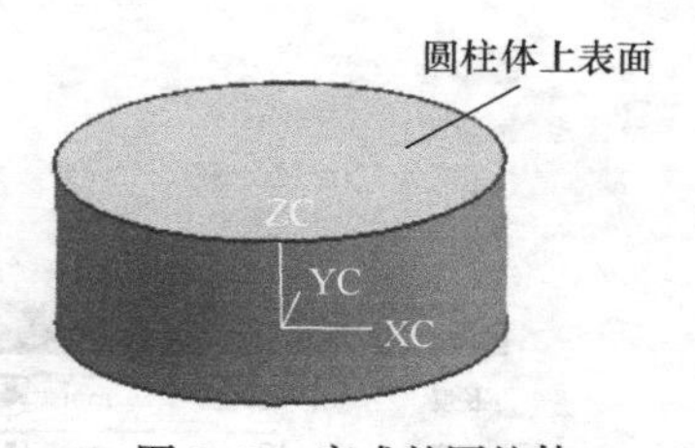

图 3-47　完成的圆柱体

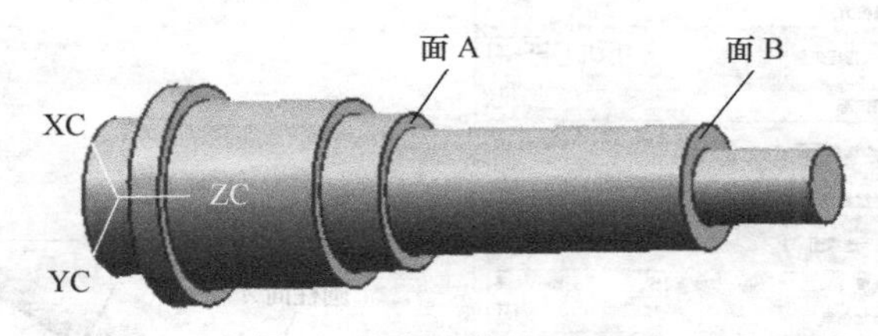

图 3-48　初步作成的轴

（4）单击“特征”工具条中“修剪下拉菜单”下的“拆分体”图标，弹出“拆分体”对话框，如图 3-49 所示，选取轴后单击鼠标中键，然后单击“工具选项”右侧下拉框选择“新建平面”，单击“指定平面”右侧下拉按钮选择“二等分”，最后分别选择图 3-48 所示的面 A 和面 B，单击鼠标中键，完成体的分割。此时可以明显地看到轴被分成了两部分，结果如图 3-50 所示。

图 3-49 “拆分体”对话框

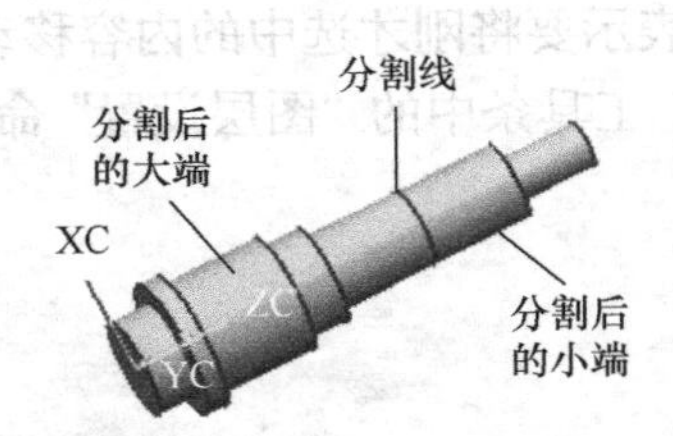

图 3-50 分割后的轴

（5）单击“特征”工具条中的“拔模”命令图标，弹出“拔模”对话框，如图 3-51 所示。“类型”处选择“从平面”，“指定矢量”右侧下拉图标选取“ZC 轴”，单击图 3-50 中的分割线，即以此分割线的相切面作为固定面，再选中图 3-50 中分割后的小端一侧的圆柱面，最后输入拔模“角度”为 5°，按“确定”按钮，完成拔模操作，结果如图 3-52 所示。

（6）单击“特征”工具条中的“求和”命令图标，将图中的两部分合并成为一个整体。

（7）单击“基准平面”命令图标，选中图 3-52 中的圆柱面 *A*，并按鼠标中键确定，则生成一个基准平面，此基准平面相切于圆柱面 *A*，这是为下面作键槽做准备的。

（8）单击“特征”工具条中的“键槽”命令图标，弹出“键槽”对话框，直接单击鼠标中键，默认是矩形槽，然后选择刚才作的基准平面，在弹出的对话框中选中“接受默认边”按钮，然后选中图 3-52 中的圆柱面 *A*，系统弹出“矩形键槽”对话框，如图 3-53 所示，输入“长度”值 40，“宽度”值 8，“深度”值 5，设置完成后单击鼠标中键，弹出“定位”对话框，直接单击鼠标中键，则完成键槽的创建。

同样，可在图 3-52 所示的拔模后得到的面上建立相应的基准平面，再使用“键槽”命令建立一个矩形键槽。

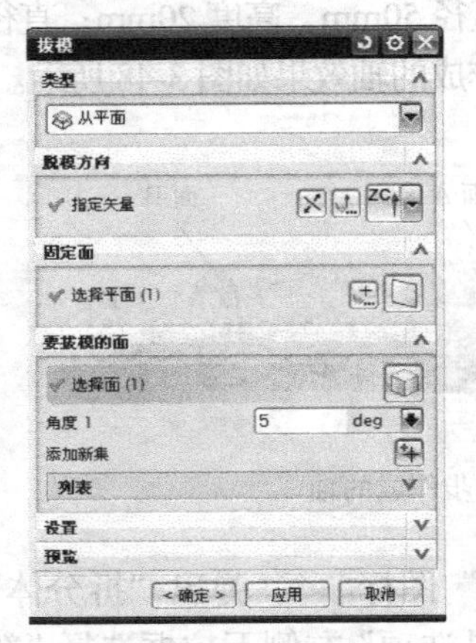

图 3-51 “拔模”对话框

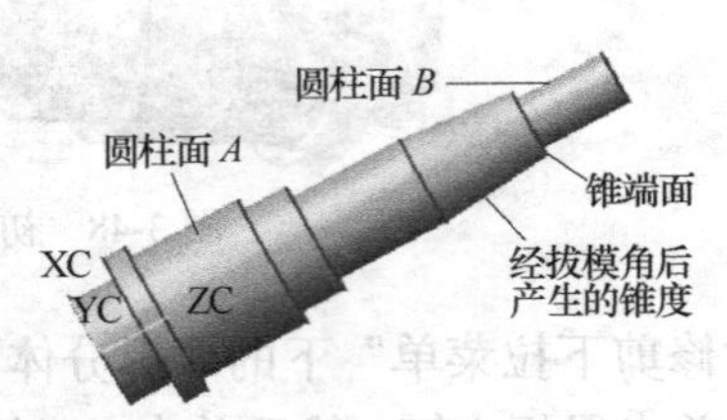

图 3-52 产生锥度

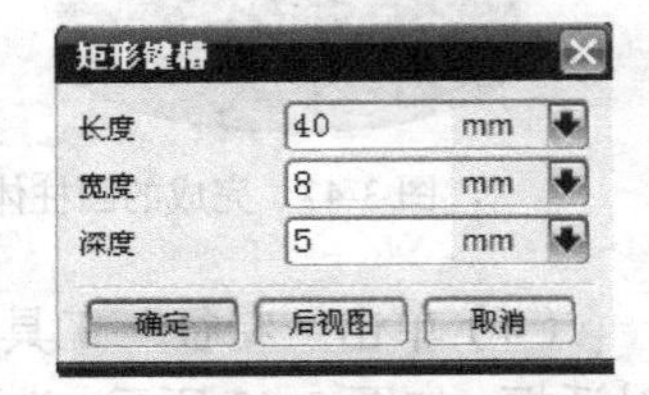

图 3-53 “矩形键槽”对话框

（9）单击“特征”工具条中的“开槽”命令图标，弹出“槽”对话框，有 3 种类型的开槽，这里单击“矩形”按钮，则弹出“矩形槽”对话框，单击图 3-52 中的圆柱面 *B*，打开另外的“矩形槽”对话框，输入“槽直径”为 20，“宽度”为 2.5，如图 3-54 所示，单击鼠标中键，出现“定位槽”对话框，并有一个大的开槽定位环出现，如图 3-55 所示，先单击图 3-55 中的锥端面边缘，然后单击定位环左侧面侧边，系统弹出“创建表达式”对话框，在文本框中输入 0（表示锥端面与定位环左侧面相距为 0），单击鼠标中键，开槽生成，同时定位环消失，单击“取消”按钮，完成开槽的制作。

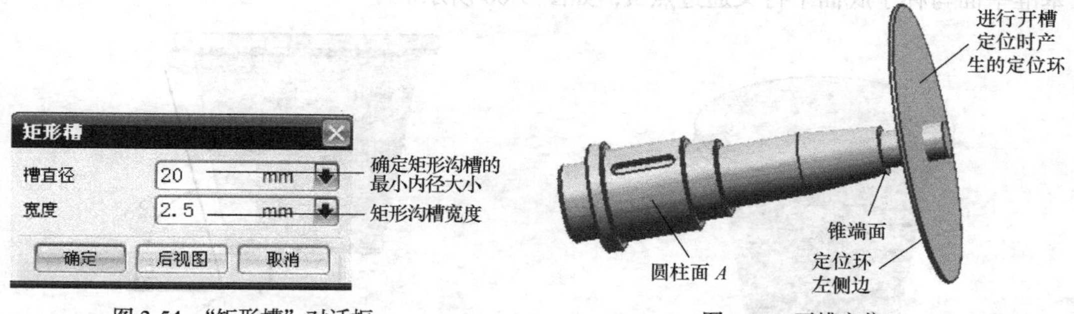

图 3-54 “矩形槽”对话框　　图 3-55 开槽定位

（10）同样，在图 3-55 中圆柱面 *A* 的右侧作一个“槽直径”为 45，“宽度”为 2.5 的退刀槽。

（11）单击“螺纹”命令图标，在弹出的“螺纹”对话框中的“类型”选项组中选中“详细”单选项，然后选中直径为 24 的小圆柱面，单击鼠标中键就形成了螺纹。

（12）对边进行倒斜角操作，并单击“着色”命令图标，着色后隐藏不必要的内容，得到图 3-46 所示的效果。

3.6 雪糕杯的制作

雪糕杯的效果如图 3-56 所示。

本例可以先通过旋转操作来完成主体设计，然后再对细节进行操作。下面详述操作步骤。

（1）启动 UG，并新建 3-xgb.prt 文件，然后以 XC-YC 平面为草图平面，绘制图 3-57 所示的草图。

图 3-56 雪糕杯效果

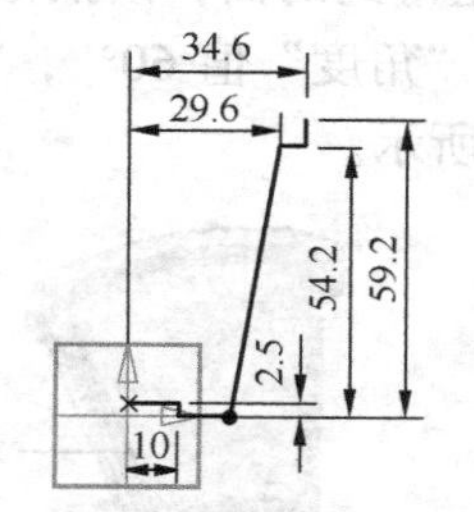

图 3-57 雪糕杯草图

（2）对上面草图进行“回转”操作。单击“特征”工具条上的“回转”命令图标，先选中草图，然后单击鼠标中键，在“指定矢量”处选择 YC 轴，单击鼠标中键，在“指定点”处单击选择图 3-57 所示草图的左端点，单击鼠标中键，则形成了回转体，如图 3-58 所示。

（3）以 XC-YC 平面为草图平面作另一草图，为扫掠做准备，如图 3-59 所示。

（4）作一个基准平面。单击“特征”工具条中的“基准平面”命令图标□，弹出“基准平面”对话框，在“类型”处选择“点和方向”，单击图 3-59 中的起点 *A*，单击鼠标中键，然后在“指定矢量”处选择 YC 轴，按“确定”按钮，则在起点 *A* 处产生一个基准平面，这个基准平面与杯子底面平行又通过点 *A*，如图 3-60 所示。

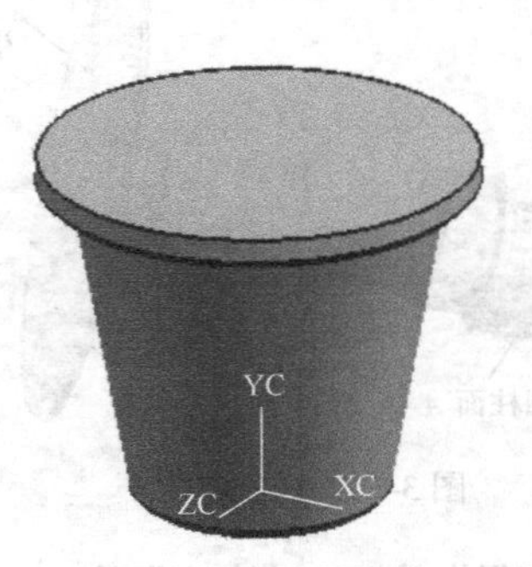

图 3-58　回转的效果

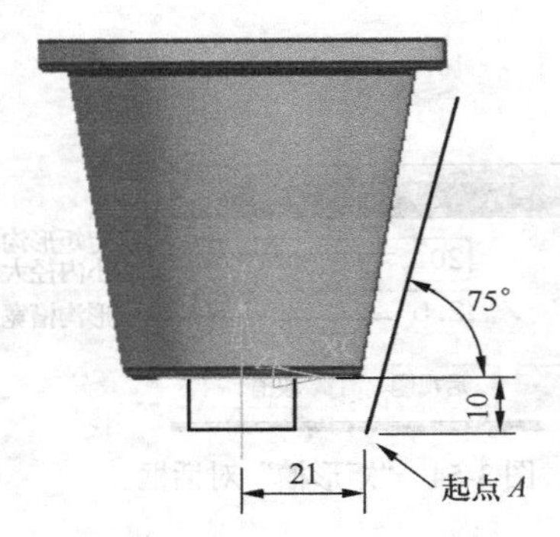

图 3-59　扫掠用草图

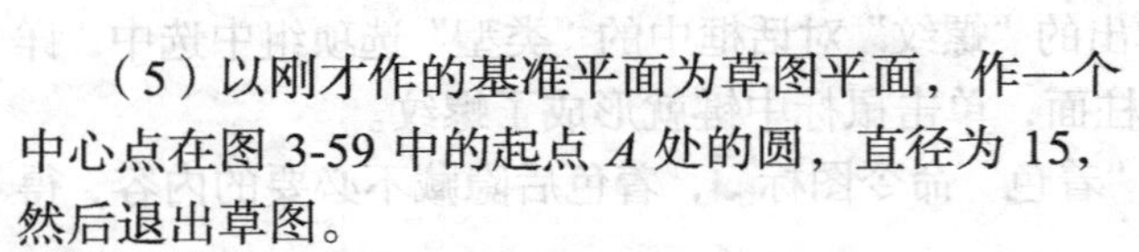

（5）以刚才作的基准平面为草图平面，作一个中心点在图 3-59 中的起点 *A* 处的圆，直径为 15，然后退出草图。

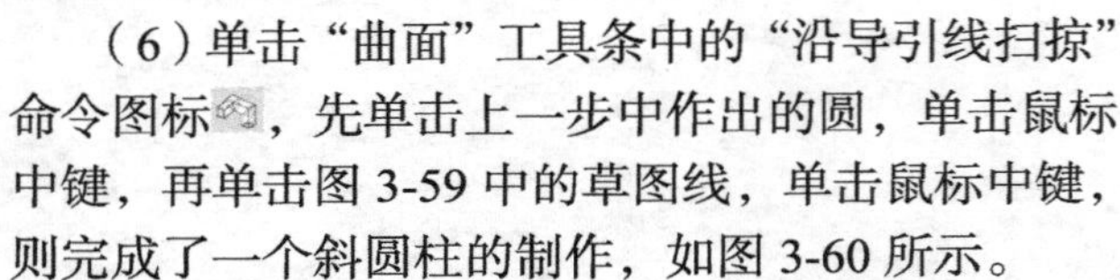

（6）单击“曲面”工具条中的“沿导引线扫掠”命令图标，先单击上一步中作出的圆，单击鼠标中键，再单击图 3-59 中的草图线，单击鼠标中键，则完成了一个斜圆柱的制作，如图 3-60 所示。

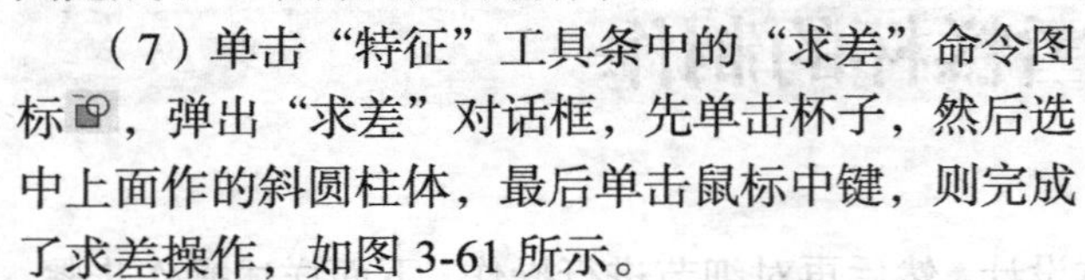

（7）单击“特征”工具条中的“求差”命令图标，弹出“求差”对话框，先单击杯子，然后选中上面作的斜圆柱体，最后单击鼠标中键，则完成了求差操作，如图 3-61 所示。

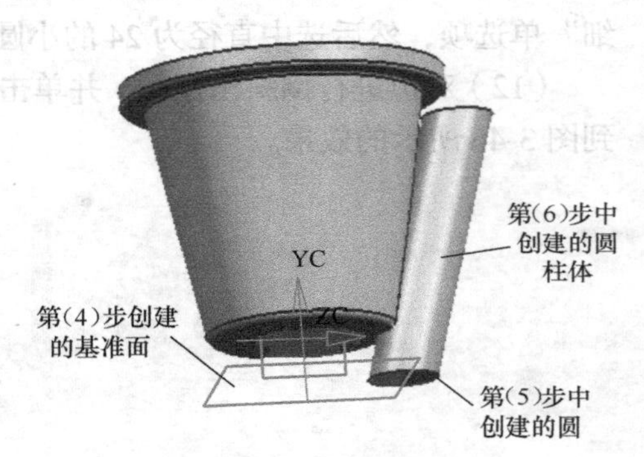

图 3-60　创建的斜圆柱体

（8）单击菜单“插入”→“关联复制”→“阵列面”命令或单击“特征”工具条中的“关联复制下拉菜单”下的“阵列面”命令图标，在“类型”选择“圆形阵列”，然后选中刚才求差得到的面，按鼠标中键，接着指定矢量选择 *YC* 轴，指定点 *XC*、*YC*、*ZC* 均为 0，并输入“角度”值 60°，“圆数量”为 6，单击“确定”按钮，完成阵列面操作，效果如图 3-62 所示。

图 3-61　求差后的效果

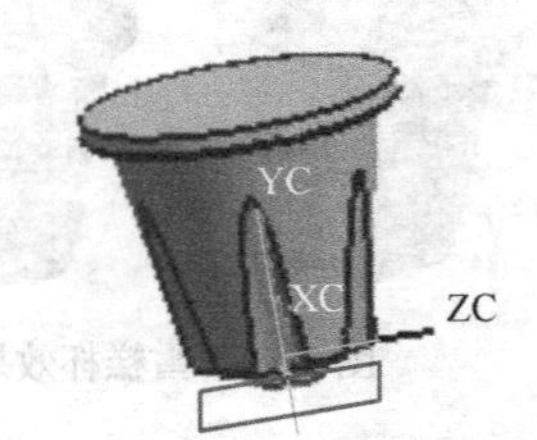

图 3-62　完成环形阵列后的效果

（9）对图 3-62 所示的图进行“边倒圆”操作。单击“特征”工具条中的“边倒圆”命令图标，出现“边倒圆”对话框，如图 3-63 所示，单击图 3-62 中 6 条如图 3-61 所标注的“求差后的边缘线”，并将“半径 1”的值改为 1，单击鼠标中键，则所有边都倒了 1mm 的圆边，效果如图 3-64 所示。

> **注意** 先将第（7）步求差得到的面进行边倒圆操作，然后再对求差得到的面和边倒圆得到的面同时进行阵列面操作，同样可实现图 3-64 所示的效果，而且更为方便。

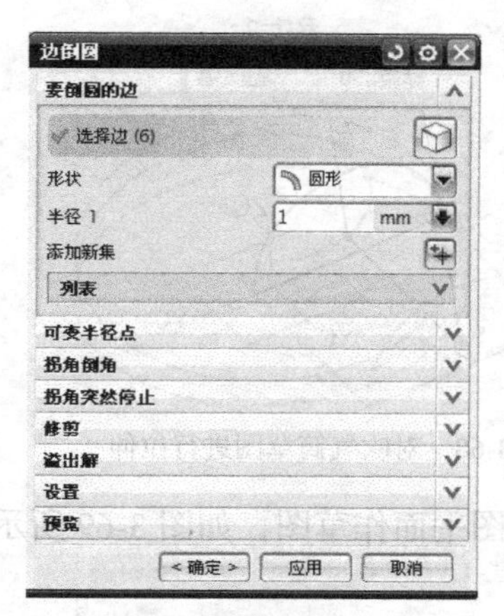

图 3-63 “边倒圆”对话框

图 3-64 对阵列对象倒圆

（10）单击“特征”工具条中的“抽壳”命令图标，弹出“抽壳”对话框，直接单击杯子的顶面，然后在“厚度”处输入 1，单击鼠标中键，完成抽壳操作。

（11）隐藏不必要的内容，用“带边着色”模式显示，最终效果如图 3-56 所示。

3.7 电吹风外壳的制作

电吹风外壳的效果图如图 3-65 所示。

如果把电吹风外壳看作一个整体来绘制，则比较复杂，但是三维模型可能是多体组合，从这方面来考虑，制作起来就相对简单，因此分解模型是最佳方案。

制作图 3-65 所示的电吹风外壳可以这样来思考，由于左右形状差别不大，左侧有开关孔，而右侧没有，其余形状类似，因此可以只作右侧部分，再镜像出左侧，然后开孔；对于右侧，可分解为 3 部分，即图 3-65 中的吹气筒、风机室、手柄，这 3 个部分是典型的叠加。下面讲述其制作过程。

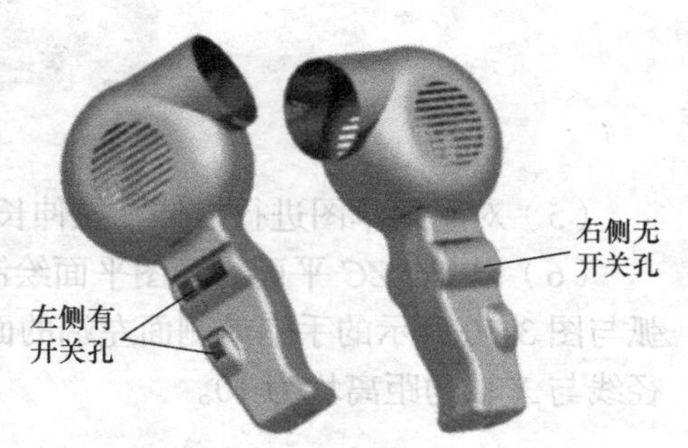

图 3-65 电吹风外壳效果

（1）启动 UG 后新建 3-dcfyk-3d.prt 文件，以 *XC-YC* 平面作草图平面，作一圆心在原点且直径为 90 的圆作为草图。

（2）拉伸此圆，拉伸长度为 27，在“拉伸”对话

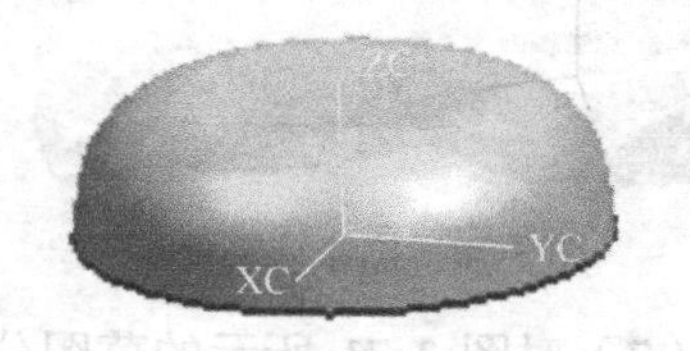

图 3-66 拉伸、边倒圆后的效果

框中“拔模”处右侧下拉框选择“从起始限制”，并输入拔模“角度”为5°，方向指向内，即使上端较小，下端为直径90，然后对小端进行边倒圆，圆角半径为20，效果如图3-66所示。

（3）以*YC-ZC*平面为草图平面，作图3-67所示的草图。提示：*R*25圆弧的圆心在底部直线上，该圆心与*Y*轴的距离为20，底部直线（圆弧直径线）与前面的拉伸体底部同面（即约束底部直线与*X*轴共线）。对草图进行拉伸，拉伸长度为50，效果如图3-68所示。

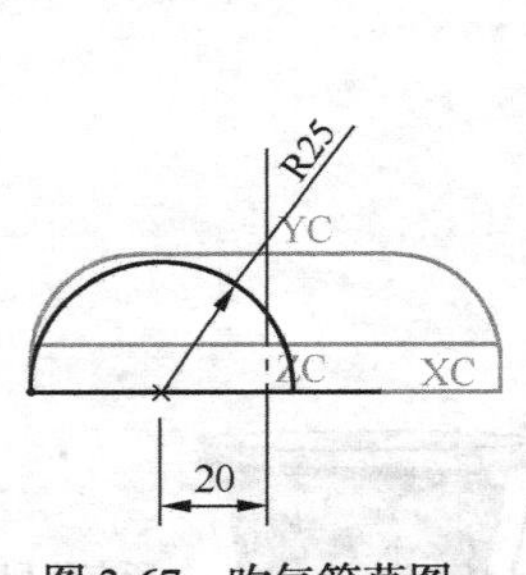

图3-67 吹气筒草图

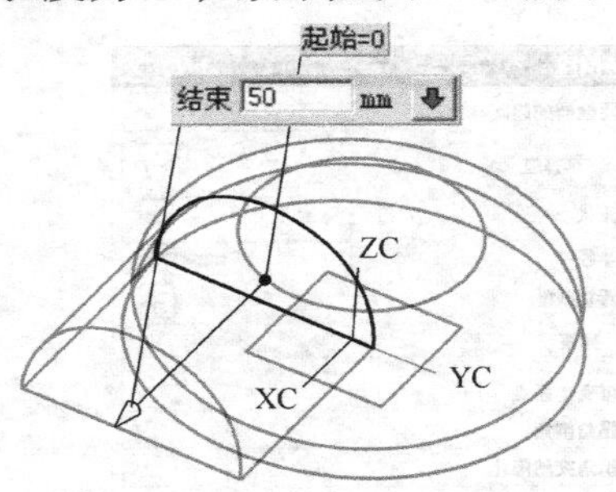

图3-68 对吹气筒草图进行拉伸

（4）作手柄部分的草图，还是以*XC-YC*平面为草图平面作草图，如图3-69所示。

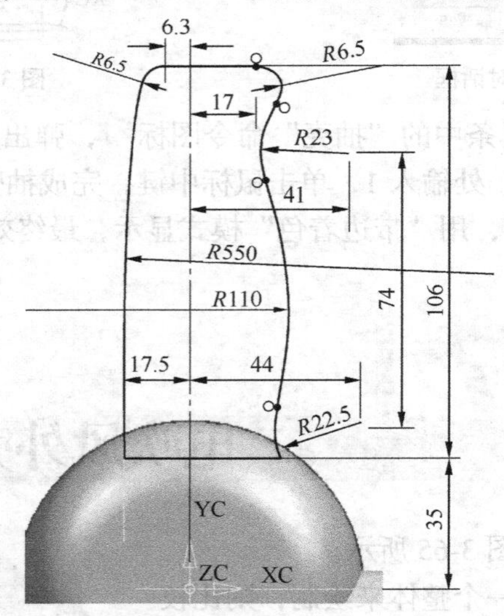

图3-69 手柄草图

（5）对手柄草图进行拉伸，拉伸长度为15，拔模角度为5°，效果如图3-70所示。

（6）以*YC-ZC*平面为草图平面绘制图3-71所示的草图。注意此草图的特点是左边半圆弧与图3-70所示的手柄前侧面左端的面边缘线相切，*R*15两圆弧圆心的距离为33，两圆弧直径线与*X*轴的距离均为10。

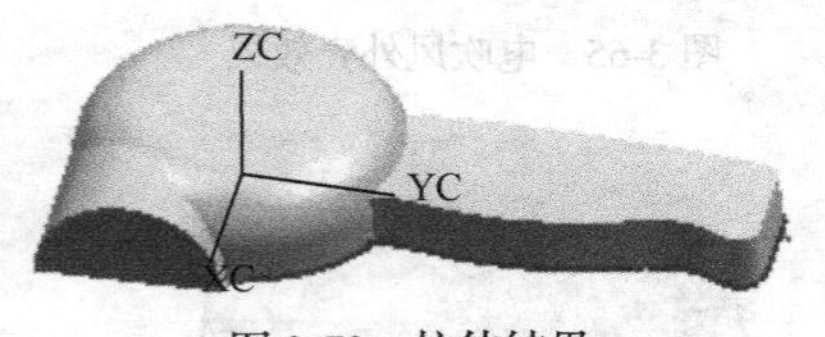

图3-70 拉伸结果

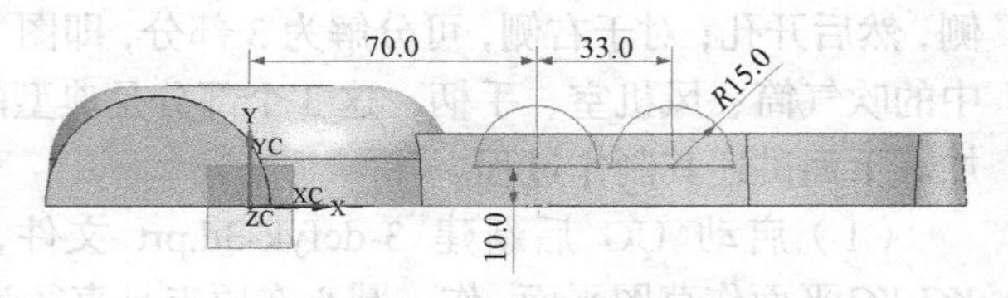

图3-71 手柄上凸台草图

（7）对图3-71所示的草图分两步进行拉伸。先拉伸左半部分圆弧，拉伸时，“选择条”

工具条上“曲线规则”下拉框选择“相连曲线”，然后单击选择左半部分圆弧曲线，在“开始”和“结束”右侧下拉框都选择“直至延伸部分”，使其延伸到手柄前后两个面；再拉伸右半部分圆弧，拉伸时“开始”值为−1，“结束”值为延伸至手柄的后侧面上，效果如图 3-72 所示。

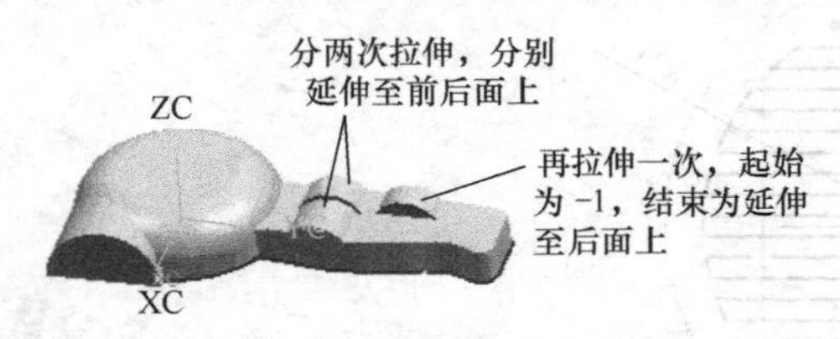

图 3-72　拉伸次序与效果

（8）使用“特征”工具条中的“求和”命令，将上面的所有实体求和，然后对手柄进行边倒圆。单击“特征”工具条中的“边倒圆”图标，在“选择条”工具条上的“曲线规则”下拉框选择“面的边”，然后选取手柄上侧 4 个表面，并在“边倒圆”对话框中输入“半径 1”的值为 2，单击鼠标中键，则手柄上侧都倒了 2mm 的圆边，效果如图 3-73 所示。

（9）使用“抽壳”命令对上面的实体抽壳，抽壳过程中选择图 3-73 所示的底面和吹风筒前侧面，厚度为 1，结果如图 3-74 所示。

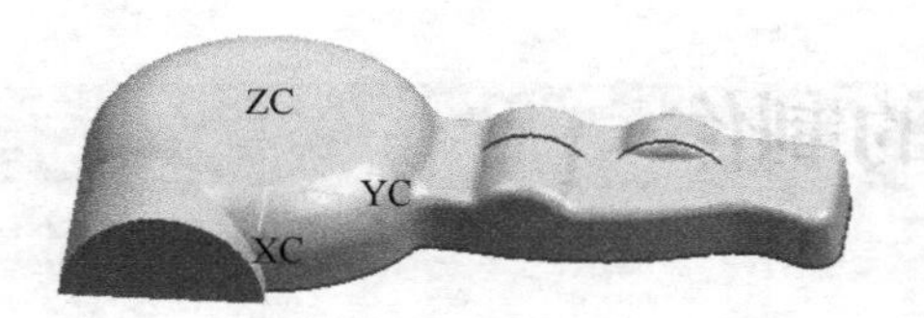

图 3-73　手柄处都倒圆了

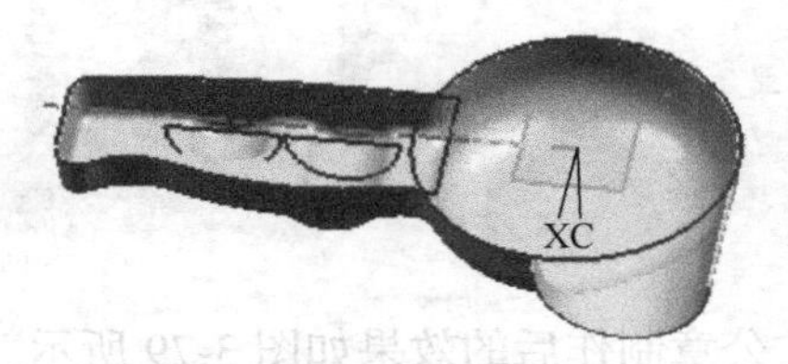

图 3-74　抽壳后的效果

（10）先作尾部电源插座孔，使用拉伸求差即可，结果如图 3-75 所示。

（11）使用“实例几何体”命令中的镜像功能，镜像出另一半。单击“特征”工具条中的“实例几何体”图标，弹出“实例几何体”对话框，在“类型”处选择“镜像”，然后选择图 3-74 所示的实体，单击鼠标中键，然后选取 *XC-YC* 平面作为镜像平面，单击鼠标中键完成操作，结果如图 3-76 所示。

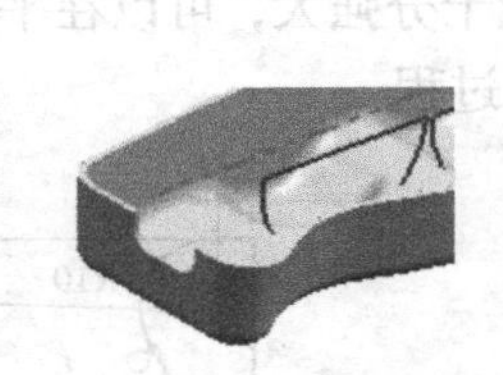

图 3-75　作出电源插座孔

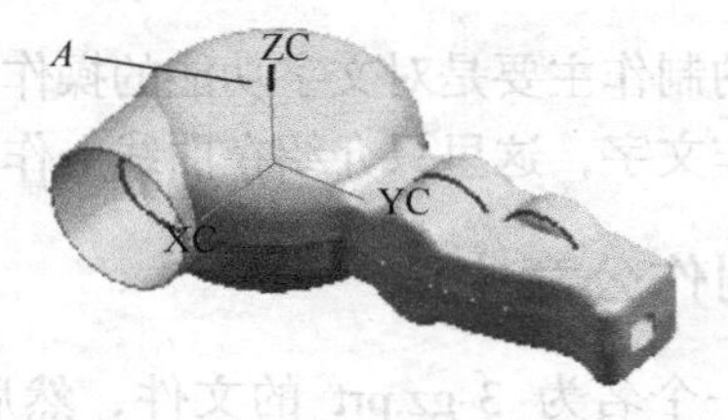

图 3-76　镜像后的结果

也可使用“变换”命令镜像出另一半。单击“标准”工具条上的“变换”图标，弹出“变换”对话框，单击鼠标中键，在弹出的对话框中单击“通过一平面镜像”按钮，弹出“平面”对话框，选取 *XC-YC* 平面作为镜像平面，单击鼠标中键，在弹出的对话框中单击“复制”按钮，最后单击“取消”按钮，完成镜像操作。

还可使用“镜像体”命令进行镜像操作。单击“特征”工具条中的“镜像体”图标，弹出“镜像体”对话框，单击选择图 3-74 所示的实体，单击鼠标中键，然后选取 *XC-YC* 平面作为镜像平面，最后直接单击鼠标中键完成镜像操作。

（12）以图 3-76 中的 *A* 面绘制图 3-77 所示的草图，然后使用“拉伸”命令作出透气孔。

（13）以上一步的类似方法作出开关按钮孔，结果如图 3-78 所示。

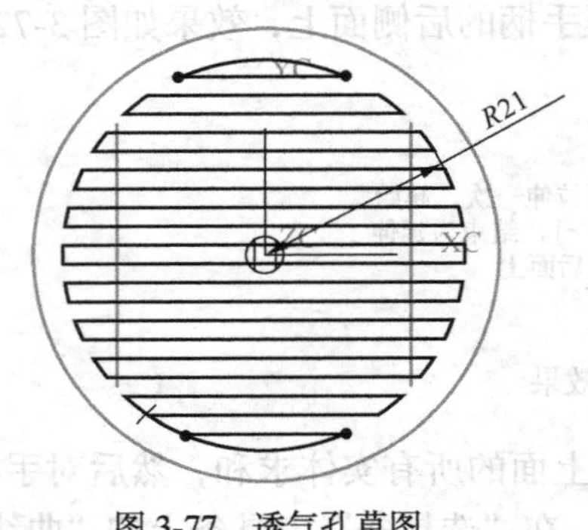

图 3-77　透气孔草图

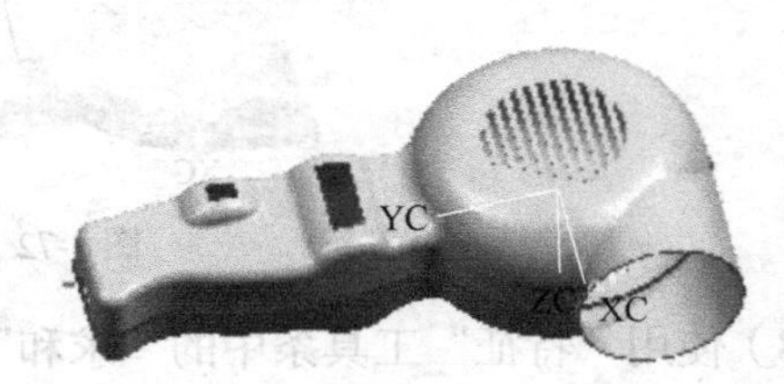

图 3-78　作出开关按钮孔（只有一面有孔）

（14）最后进行隐藏与渲染操作，结果如图 3-65 所示。

本例告诉读者可将复杂模型分解成几个部分制作。

3.8 公章的制作

公章制作后的效果如图 3-79 所示。

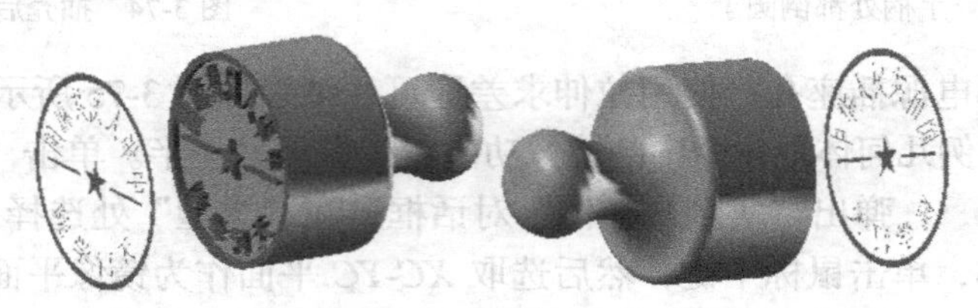

图 3-79　公章效果

公章的制作主要是对文字功能的操作，UG 8.0 的文字功能十分强大，可以在平面、曲线或曲面上作文字，这里只介绍在曲线上作文字。下面详述制作过程。

1. 制作公章主体

新建一个名为 3-gz.prt 的文件，然后进入草图环境，作图 3-80 所示的草图。使用“回转”命令绕 *YC* 轴旋转 360°，即可得到公章的主体形状，如图 3-81 所示。

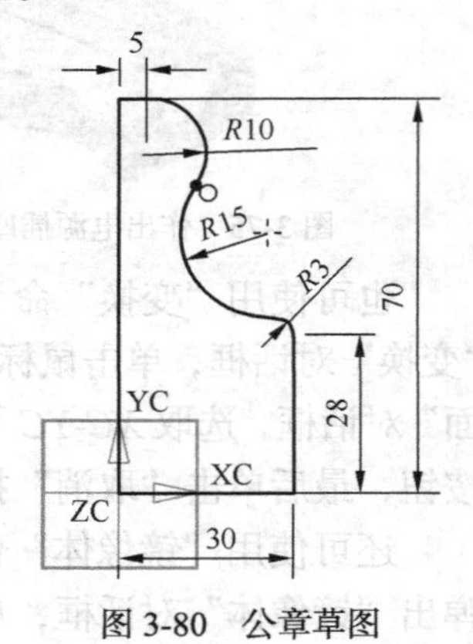

图 3-80　公章草图

以公章底部为草图平面，作两个同心圆的草图，外圆用“草图工具”工具条上的“投影曲线”命令将公章底部边缘线投影得到，内圆用“草图工具”工具条上的“来自曲线集的曲线下拉菜单”中的“偏置曲线”命令将外圆向内偏置 2mm 得到，结果如图 3-82 所示。

然后以此草图进行拉伸，拉伸长 2mm，结果如图 3-83 所示。

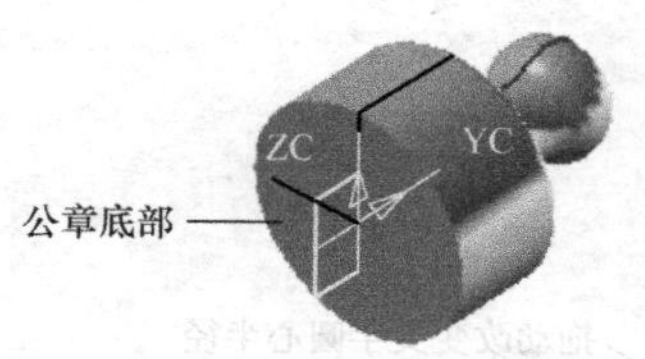

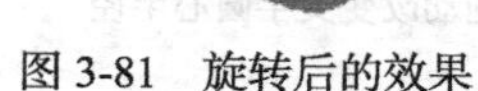
图 3-81 旋转后的效果

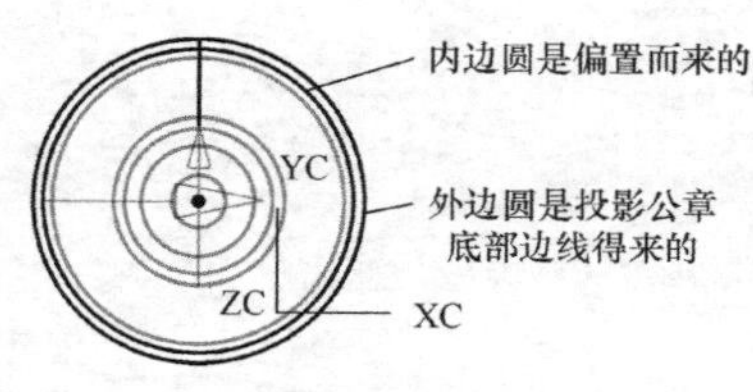

图 3-82 公章边缘草图

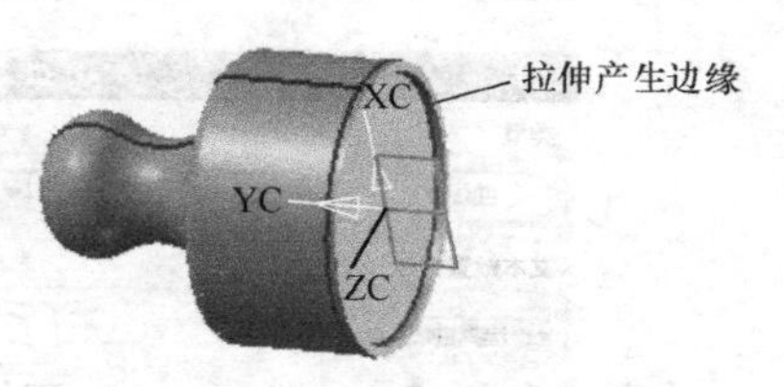

图 3-83 拉伸产生边缘

2. 制作公章中间的五角星图案

现在以公章底部为草图平面，绘制图 3-84 所示的草图。提示：先作一个内切圆半径为 8 的正五边形，约束其中一个端点在 *Y* 轴上，然后连接正五边形的对角线，最后裁剪多余曲线，得到五角星图案。

将此草图拉伸后得到公章中的五角星图案。

3. 制作公章中的文字

为了作出公章用的文字，可以先作一条圆弧，然后以此曲线为参考作曲线上的文字，再进行文字调整，得到合适的文字。具体操作过程如下。

以公章底部为草图平面作一个 *R*18 的半圆弧草图，完成草图后将参考平面移动到 20 层，结果如图 3-85 所示。

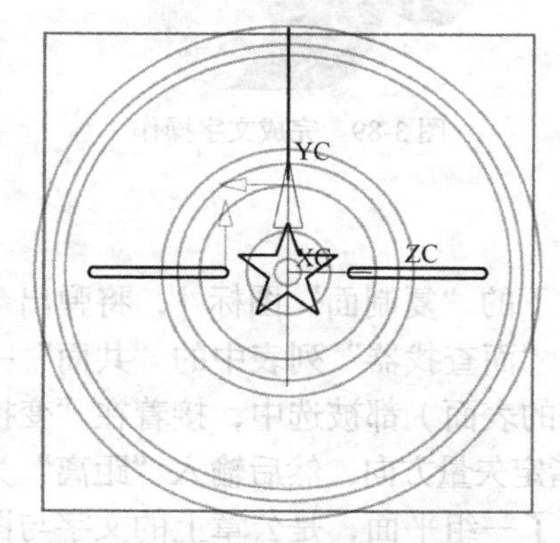

图 3-84 作出公章图案草图

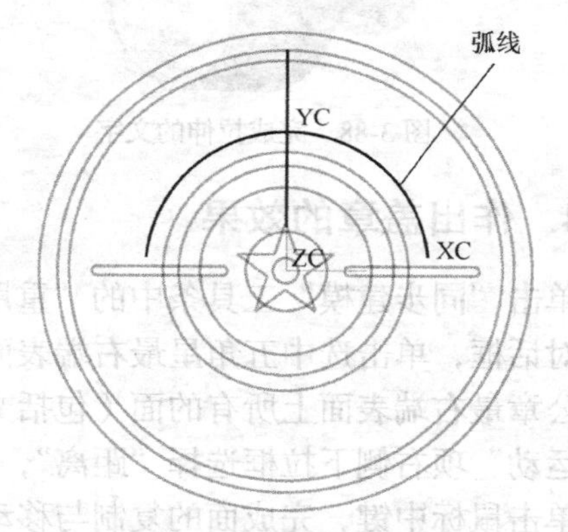

图 3-85 作出半圆形参考线

在工作区右击，单击弹出的快捷菜单中的“定向视图”→“前视图”命令，结果显示内容如图 3-85 所示。

单击“曲线”工具条中的“文本”图标**A**，弹出“文本”对话框，如图 3-86 所示，在“类型”处选择“曲线上”，在“文本属性”下方输入“中华人民共和国”，字体可改为“宋体”等，然后单击图 3-85 中的半圆弧曲线的右端（注：单击左端的文字起始位置将不同），就可以看到文字的编辑效果，如图 3-87 所示，通过标记箭头或者标记点将文字大小、方位等调整好后，就可以单击鼠标中键，完成文字的建立。

使用“拉伸”命令对文字进行拉伸，拉伸长为 2mm，结果如图 3-88 所示。

以同样方法作出公章下方的文字，并拉伸 2mm，然后将不要的内容移到 20 层，结果如图 3-89 所示。

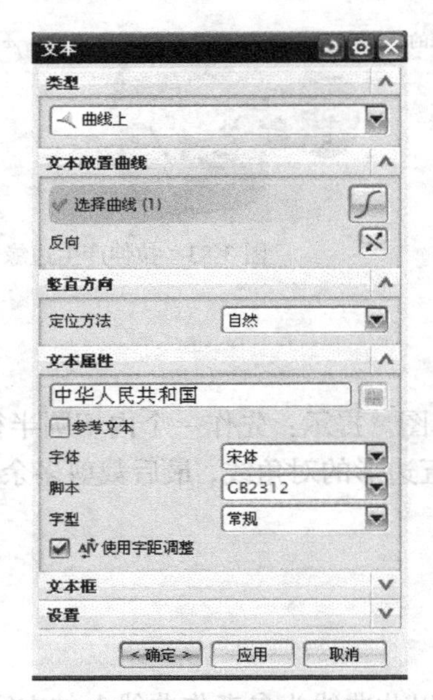

图 3-86 “文本”对话框

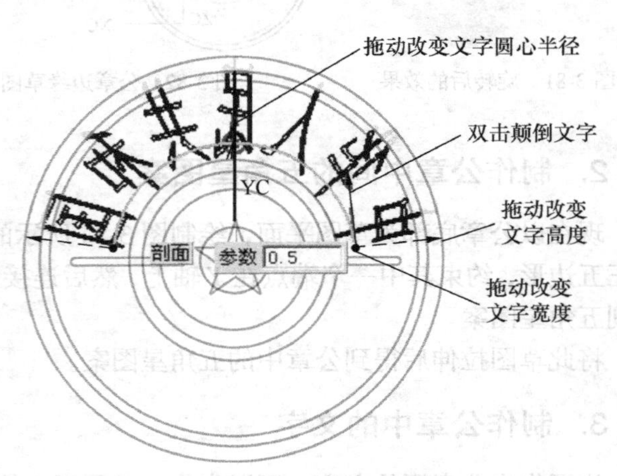

图 3-87 文字编辑效果

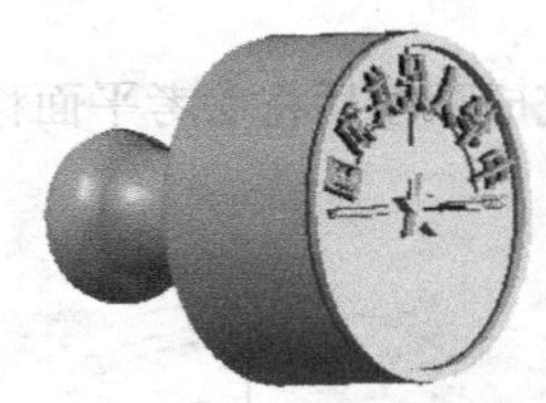

图 3-88 完成拉伸的文字

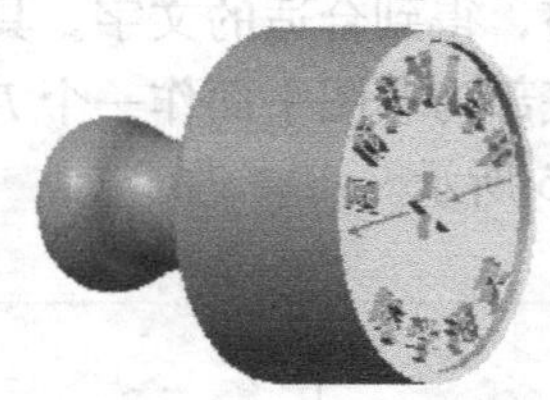

图 3-89 完成文字操作

4. 作出盖章的效果

单击“同步建模”工具条中的“重用下拉菜单”下的“复制面”图标，将弹出“复制面”对话框，单击选中五角星最右端表面，然后勾选“面查找器”列表中的“共面”一项，此时公章最右端表面上所有的面（包括文字与图案等的表面）都被选中，接着在“变换”栏下“运动”项右侧下拉框选择“距离”，以-*YC*轴为指定矢量方向，然后输入“距离”为40，最后单击鼠标中键，完成面的复制与移动，结果得到了一组平面，是公章上的文字与图案，效果如图3-90所示。

也可以使用“抽取体”命令和“实例几何体”命令进行面的复制与移动。单击“特征”工具条中的“抽取体”图标，将弹出“抽取体”对话框，默认“类型”为“面”，“面选项”右侧选择“单个面”，逐个选中公章最右端表面上所有的面（包括文字与图案等的表面），然后单击鼠标中键，完成面的抽取（即表面复制）。再使用“实例几何体”命令中的平移功能，复制上一步所抽取的所有面。单击“实例几何体”图标，弹出“实例几何体”对话框，在“类型”处选择“平移”，在“选择条”工具条上的“类型过滤器”下拉框选择“片体”，然后用鼠标框选所有抽取得到的面，单击鼠标中键，再以-*YC*轴为指定矢量方向，输入“距离”为40，“副本数”为1，直接单击鼠标中键完成面的复制与移动，结果得到了一组平面，是公章上的文字与图案，效果如图3-90所示。

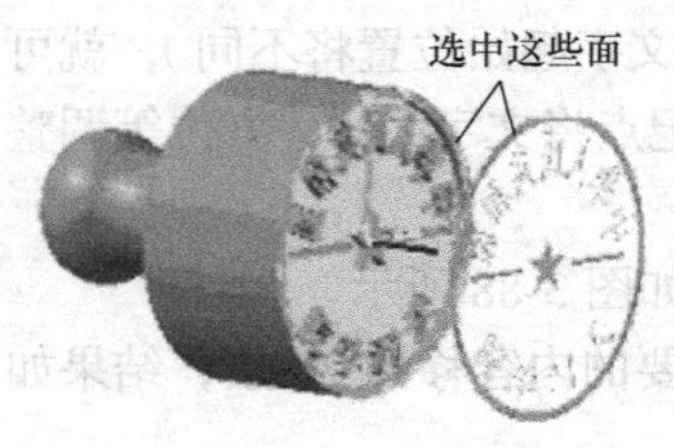

图 3-90 复制后的表面

使用“格式”→“移动至图层”命令，将公章表面上抽取的面移动至40层，然后单击菜单“编辑”→“对象显示”命令，过滤器类型选择“面”，然后选中公章最外侧表面及刚才复制的面，参见图3-90，单击鼠标中键后，将弹出“编辑对象显示”对话框，单击该对话框中的“颜色”右侧的按钮，将弹出“颜色”对话框，单击“红色”选项，然后单击“确定”按钮，完成文字颜色的修改。最后的结果如图3-79所示。

3.9 减速箱箱体的制作

箱体是机械产品制作中较复杂的零件，在UG环境下制作箱体类零件，主要使用“拉伸”命令，下面详细说明制作过程。箱体的效果如图3-91所示。

（1）制作箱体底部。单击“拉伸”图标，弹出“拉伸”对话框，单击鼠标中键，以默认的*XC-YC*平面作为草图平面进入草图环境，单击“矩形”图标，弹出“矩形”浮动工具条，单击其中的“从中心”图标，然后捕捉坐标原点并单击左键，出现随鼠标移动而改变长度与方向的直线段，同时有随鼠标移动而移动的输入文本框，在其中输入“宽度”为300，“高度”为120，“角度”为0°，输入完成后按Enter键，则完成了一个矩形的制作。然后单击“圆角”图标，在随鼠标移动的文本输入框“半径”为10并按Enter键。对矩形的四角倒圆角，结果如图3-92（a）所示。

完成草图后，拉伸10mm，结果如图3-92（b）所示。

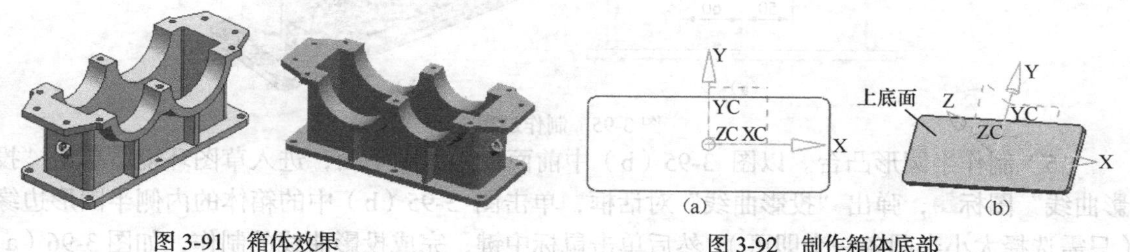

图3-91 箱体效果　　图3-92 制作箱体底部

（2）制作箱体主体。单击“拉伸”图标，以图3-92（b）所示的上底面作为草图平面，进入草图环境，先以步骤（1）中的方法制作一个宽260，高80，四周圆角为10的草图，然后单击“偏置曲线”图标，将弹出的“偏置曲线”对话框中的“距离”修改为8，然后选中刚才作的矩形，朝内偏置8mm，完成草图后，拉伸高度为100，“布尔”修改为“求和”，单击鼠标中键，完成拉伸，结果如图3-93（a）所示。

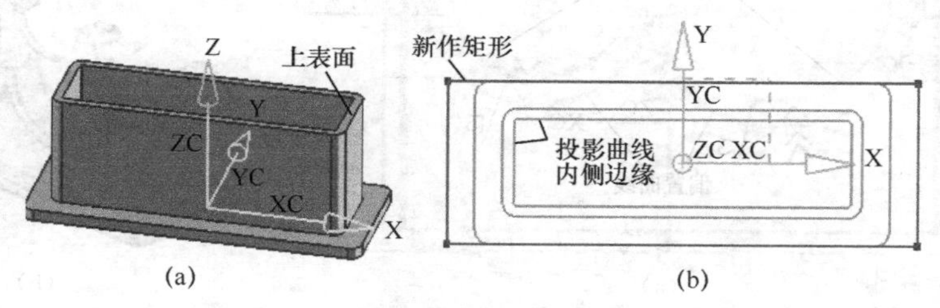

图3-93 制作过程1

（3）制作箱体上表面。与步骤（2）一样，使用图3-93（a）所示的上表面作为草图平面，进入草图环境，然后单击“投影曲线”图标，当出现“投影曲线”对话框时，单击选中上一步操作得到的拉伸体的内侧边缘，单击鼠标中键，完成曲线投影操作，得到一条草图曲线，使用“矩形”命令制作一个中心在原点，宽度340，高度120的长方形，结果如图3-93（b）所示。然后对图3-93（b）中新作的矩形四角进行修剪，结果如图3-94（a）所示。

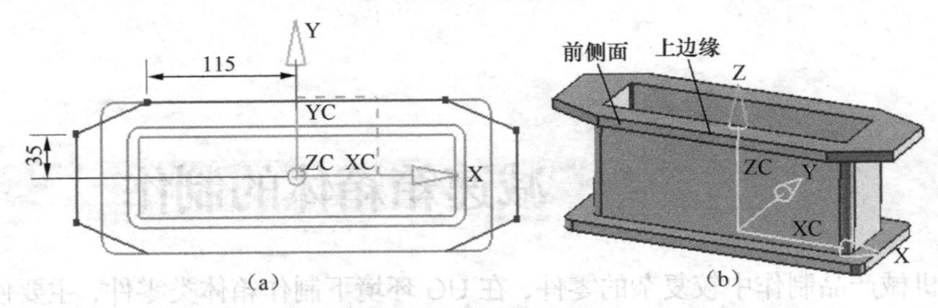

图3-94 制作过程2

完成草图后，修改拉伸高度为10，“布尔”为“求和”，结果如图3-94（b）所示。

（4）制作半圆拉伸。以图3-94（b）中的前侧面作为草图平面，进入草图环境，然后作图3-95（a）所示的两个圆作为草图，完成草图后，将拉伸设置为“结束”设置为“贯通”，“布尔”设置为“求差”，然后单击鼠标中键，完成拉伸，结果如图3-95（b）所示。

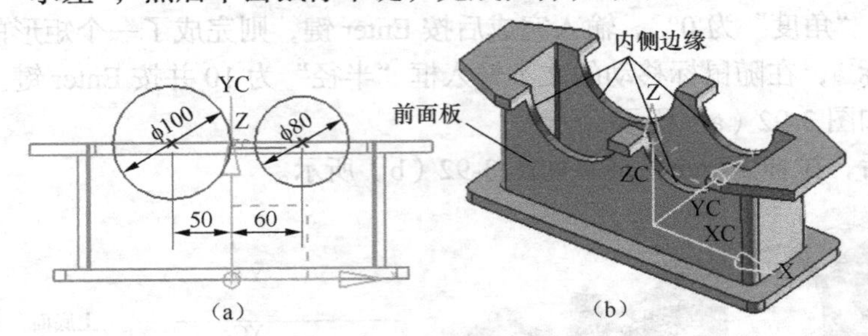

图3-95 制作过程3

（5）制作半圆形凸台。以图3-95（b）中前面板为草图平面，进入草图环境。单击“投影曲线”图标，弹出“投影曲线”对话框，单击图3-95（b）中的箱体的内侧半圆形边缘（只需选择大小半圆各一个即可），然后单击鼠标中键，完成投影曲线的制作，如图3-96（a）所示。然后，以刚才投影得到的曲线为偏置曲线偏置12mm，然后进行修剪，并用直线将刚才的修剪结果封闭，得到图3-96（a）所示的草图曲线。完成草图后，将“拉伸”对话框中的“布尔”修改为“求和”，将拉伸设置为“结束”设置为“直到被延伸”，并单击图3-94（b）中的前侧面，然后单击鼠标中键，完成拉伸，效果如图3-96（a）所示。

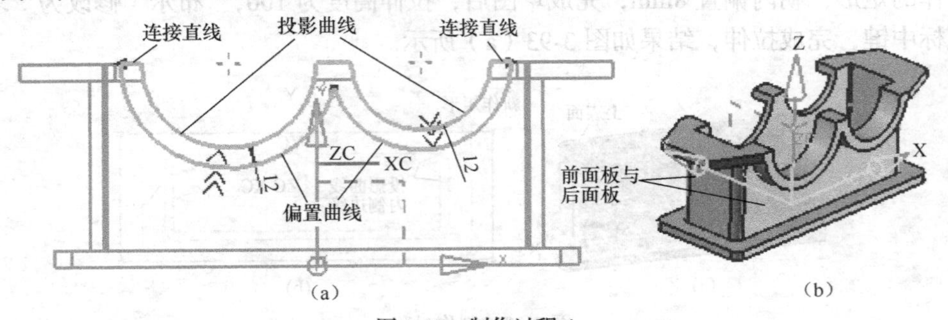

图3-96 制作过程4

（6）制作对称的半圆形凸台。单击“插入”→“关联复制”→“镜像特征”命令，弹出“镜像特征”对话框，单击刚才制作的半圆形凸台，将“镜像特征”对话框中的“平面”处的“现有平面”修改为“新平面”，然后分别单击图 3-96 中前面板与后面板，可以看到产生了一个新的中间平面，此时，单击鼠标中键，完成镜像过程。效果如图 3-97（a）所示。

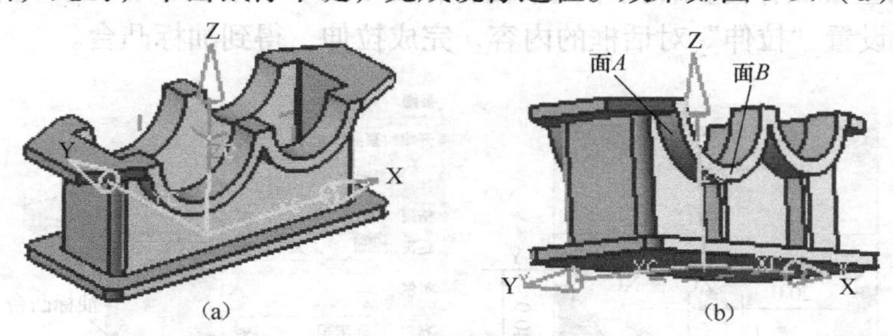

图 3-97　制作过程 5

（7）以图 3-95 中所示的前面板为拉伸平面，拉伸出加强筋，并使用“镜像特征”进行镜像，结果如图 3-97（b）所示。

（8）制作拔模效果。单击“特征”工具条中的“拔模”图标，弹出“拔模”对话框，先单击图 3-97（b）中的面 *B*，就有一个矢量朝外，再次单击面 *B*，以便使用该面作为固定面，然后单击面 *A*，即要拔模的面，然后在“拔模”对话框中的“角度 1”处输入 15° 并按 Enter 键，可以看到出现了拔模效果，单击鼠标中键，完成拔模，同样，对其他 3 处作同样操作。效果如图 3-98（a）所示。

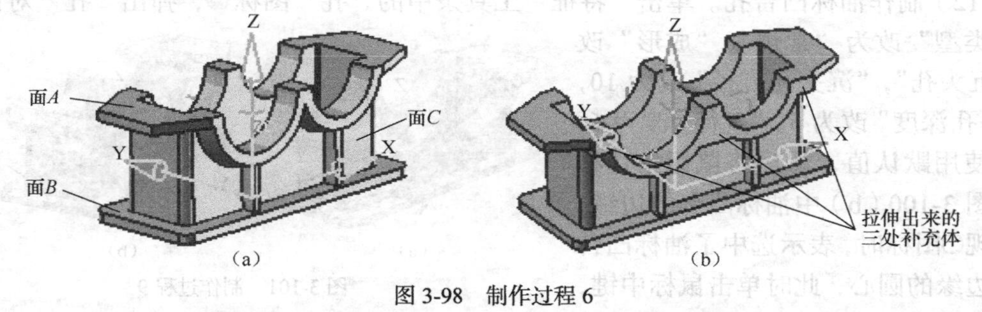

图 3-98　制作过程 6

（9）制作补充凸台。使用“拉伸”命令，以图 3-98（a）中的面 *C* 为草图平面，制作拉伸体，得到一个补充拉伸凸台，并进行镜像。结果如图 3-98（b）所示。

（10）制作螺孔。使用“拉伸”命令，分别以图 3-98（a）中的面 *A* 及面 *B* 作为草图平面，制作若干螺孔，结果如图 3-99（a）所示。

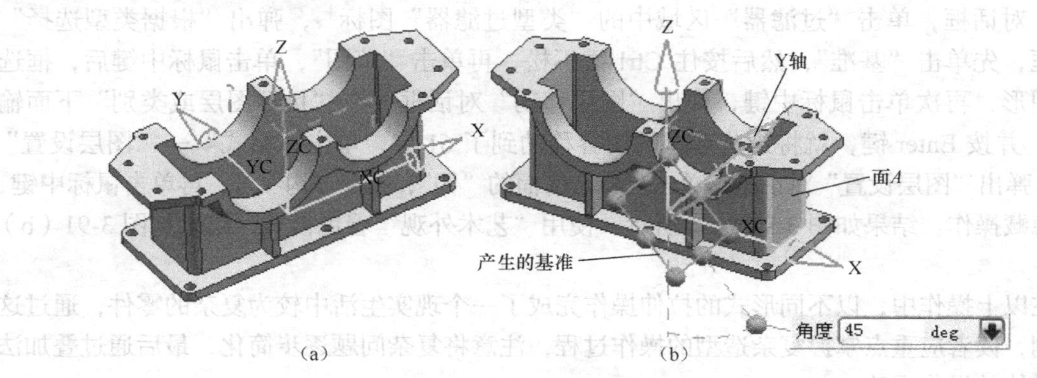

图 3-99　制作过程 7

（11）制作油标凸台。单击“特征”工具条中的“基准平面”图标，弹出“基准平面”对话框，将“类型”修改为“成一角度”，然后单击图3-99（b）中的面A，再单击Y轴，在“角度”处输入45°，单击鼠标中键，完成基准面建立。如图3-99（b）所示。

以该新建的基准面作为拉伸的草图平面，作图3-100（a）所示草图。完成草图后，按图3-100（b）中的设置“拉伸”对话框的内容，完成拉伸，得到油标凸台。

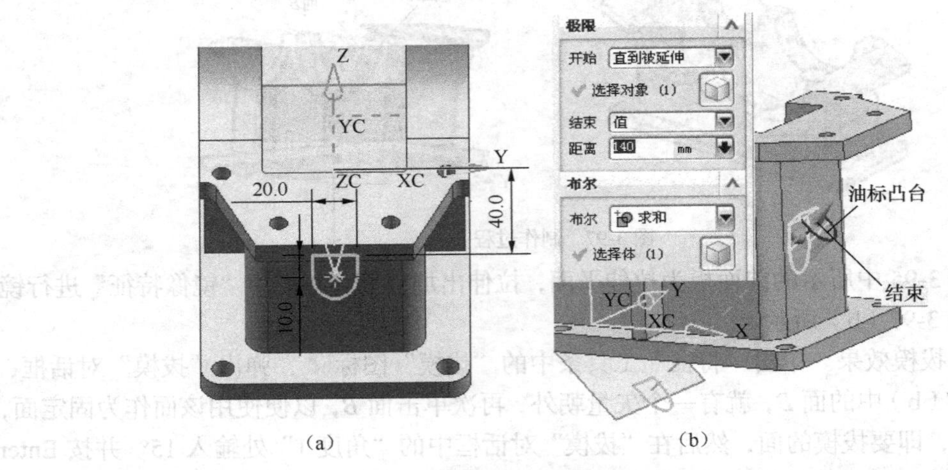

（a）（b）

图3-100　制作过程8

（12）制作油标凸台孔。单击“特征”工具条中的“孔”图标，弹出“孔”对话框，将“类型”改为“常规”，“成形”改为“沉头孔”，“沉头孔直径”改为10，“沉头孔深度”改为5，“直径”改为6，其余使用默认值，然后将鼠标指针移动到图3-100（b）中油标凸台的边缘，当出现图标时，表示选中了油标凸台的上边缘的圆心，此时单击鼠标中键，完成孔的制作。结果如图3-101（a）所示。

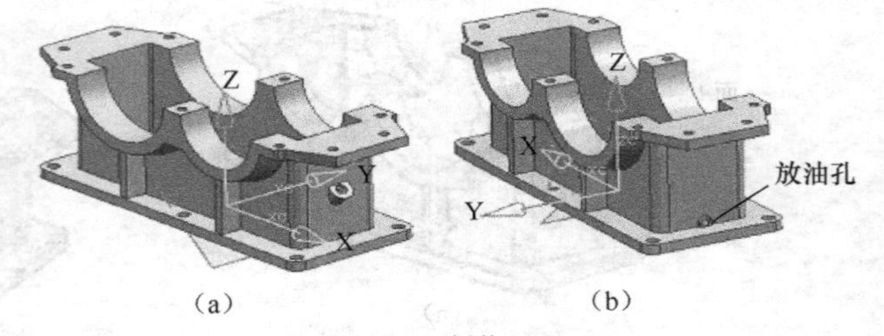

（a）（b）

图3-101　制作过程9

（13）制作放油孔。类似地，使用“拉伸”命令完成放油孔，如图3-101（b）所示。

（14）将不必要的内容隐藏起来。单击菜单“格式”→“移动至图层”命令，弹出“类选择”对话框，单击“过滤器”区域中的“类型过滤器”图标，弹出“根据类型选择”对话框，先单击“基准”，然后按住Ctrl键不松，再单击“草图”，单击鼠标中键后，框选整个图形，再次单击鼠标中键，弹出“图层移动”对话框，在“目标图层或类别”下面输入61，并按Enter键，就将这些选择的内容移动到了61层，单击“格式”→“图层设置”命令，弹出“图层设置”对话框，单击“61”前面的“钩”，去掉“钩”号，再单击鼠标中键，完成隐藏操作。结果如图3-91（a）所示。使用“艺术外观”着色模式，结果如图3-91（b）所示。

在以上操作中，以不同形式的拉伸操作完成了一个现实生活中较为复杂的零件，通过这个实例，读者应重点掌握复杂造型的操作过程，注意将复杂问题逐步简化，最后通过叠加法合成整体的操作手法。

3.10 规律曲线及应用——标准渐开线齿轮的制作

在 UG 中，有时需要用规律曲线作出各种特殊曲线，以便得到精确的设计效果，例如，作齿轮时用到的渐开线。下面介绍规律曲线的制作方法。

在 UG 中，系统默认 *t* 为参数方程的参数，其值是从 0 变化到 1，是自动变化的，另外，*A*、*B* 用来表示角度，*xt*，*yt*，*zt* 分别表示 *X*、*Y*、*Z* 3 个参数方程的函数名，如果需要作多个函数，也可以使用其他函数名；定义规律曲线时要对 *X*、*Y*、*Z* 3 个参数方程分别进行定义，因此，要定义 3 次，然后输入参考点，即可输出曲线。

下面以建立几个常用的函数为例说明规律曲线的制作过程。

1. 作正弦函数曲线

（1）设置公式。要作正弦函数曲线的图形，必须给出 *X*、*Y*、*Z* 3 个参数方程。先启动 UG，进入建模模式，单击菜单"工具"→"表达式"命令或单击"标准"工具条上的"表达式"图标 = ，打开"表达式"对话框，如图 3-102 所示。

在"名称"右侧的编辑框中输入 *t*，在"公式"右侧输入数据 0，将右侧下拉框中由"长度"改为"恒定"，然后单击✔按钮，则 *t*=0 这个公式就加好了，如图 3-103 所示。

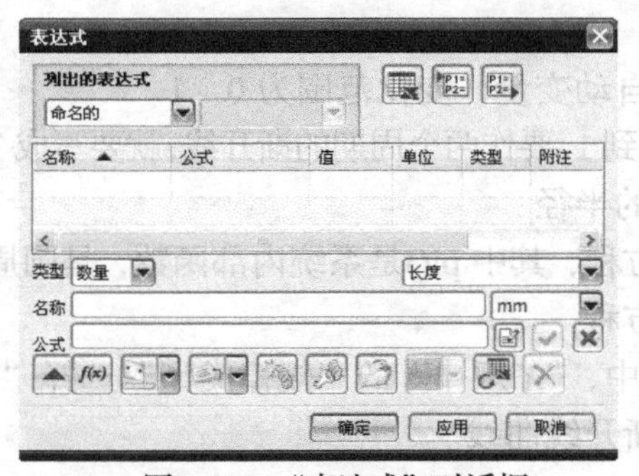

图 3-102 "表达式"对话框

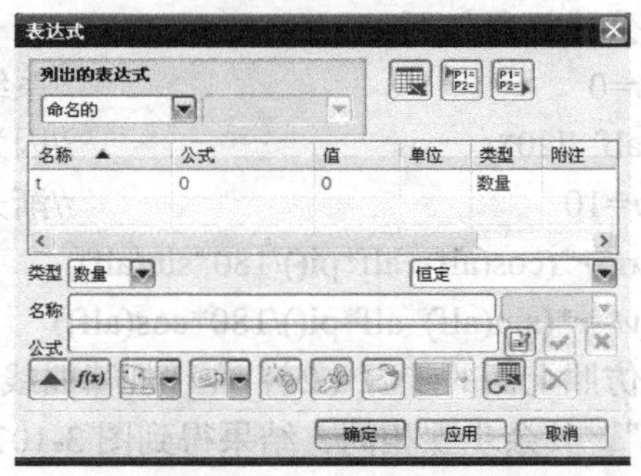

图 3-103 加入一个公式后的结果

以同样的方法，加入如下公式。

yt=10*sin(360**t*)

然后关闭"表达式"对话框，即可进入下一步。

（2）定义 *X*、*Y*、*Z* 规律，并输出曲线。单击菜单"插入"→"曲线"→"规律曲线"命令或单击"曲线"工具条中"曲线下拉菜单"的"规律曲线"按钮，打开图 3-104 所示的"规律曲线"对话框，其上面有 7 种规律类型，每一种规律均可用来定义 *X*、*Y*、*Z* 3 个参数方程中的某个方程的规律。

在图 3-104 中定义 *X*、*Y*、*Z* 3 个参数方程。因为正弦函数的 *X* 方程是直线增长的，因此，"*X* 规律"的"规律类型"选择"线性"，输入"起点"值 0，"终点"值 100，也就是将来的正弦函数在 *X* 轴上将从 0~100 均布；"*Y* 规律"的"规律类型"选择"根据方程"；"*Z* 规律"

的“规律类型”选择“恒定”，输入“值”0，最后单击鼠标中键（表示函数曲线将从坐标原点起始），即可输出正弦函数曲线，如图 3-105 所示。

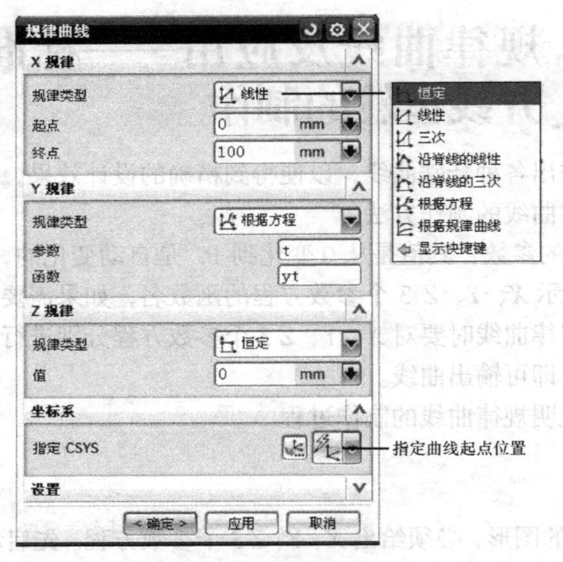

图 3-104 “规律曲线”对话框

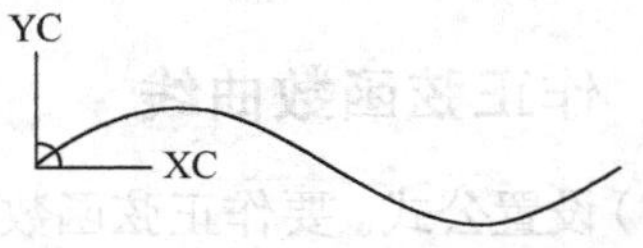

图 3-105 输出的正弦函数曲线

2. 作渐开线

与上面的操作类似，先在表达式对话框中输入图 3-106 所示的公式。

公式解释如下。

t=0 //系统默认的自动变量，变化范围为 0 ~ 1

alf=720**t* //因为 *t* 从 0 变到 1，要作两个周期的渐开线，就要写成 720**t*

r=10 //渐开线基圆的半径

xt=*r**(cos(alf)+alf*pi()/180*sin(alf)) //*X* 参数方程，其中 pi()是系统内部函数，是圆周率π

yt=*r**(sin(alf)−alf*pi()/180*cos(alf)) //*Y* 参数方程

仿照上面的步骤（2），在“规律曲线”对话框中，“*X* 规律”的“规律类型”选择“根据方程”，其余步骤相同，结果得到图 3-107 所示的渐开线曲线。

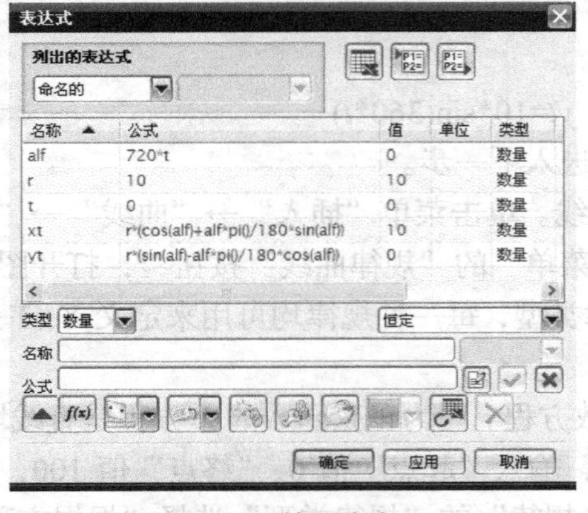

图 3-106 输入公式

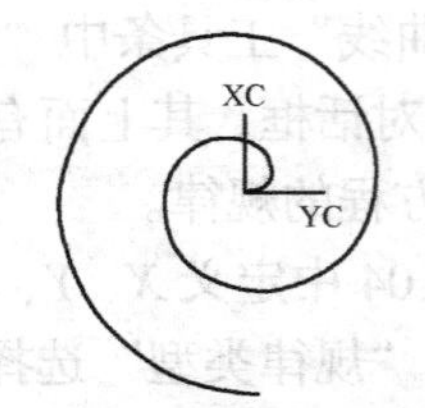

图 3-107 输出的渐开线曲线

3. 渐开线齿轮的制作

在作此题时，先要说明一个问题，在UG6及以前版本中，UG是没有齿轮专用设计命令的，但到了UG7后，系统增加了“齿轮建模-GC工具箱”工具条和“GC工具箱”菜单，如图3-108（a）所示。利用该工具条提供的齿轮设计工具，可以制作出各种齿轮，操作很方便。单击菜单“GC工具箱”→“齿轮建模”→“圆柱齿轮”命令或单击“齿轮建模-GC工具箱”工具条上的“圆柱齿轮建模”图标，弹出“渐开线圆柱齿轮建模”对话框，选择要操作的项，单击确定后，选择齿轮类型及加工方法，单击鼠标中键后进入“渐开线圆柱齿轮参数”对话框中设置参数，完成后，弹出“矢量”对话框来确定齿轮轴的方向，选择方向后，单击确定，出现“点”对话框，用来确定齿轮轴心位置，最后单击鼠标中键完成操作，就可以得到所建齿轮，图3-108（b）所示是建立好的几种不同类型齿轮效果。

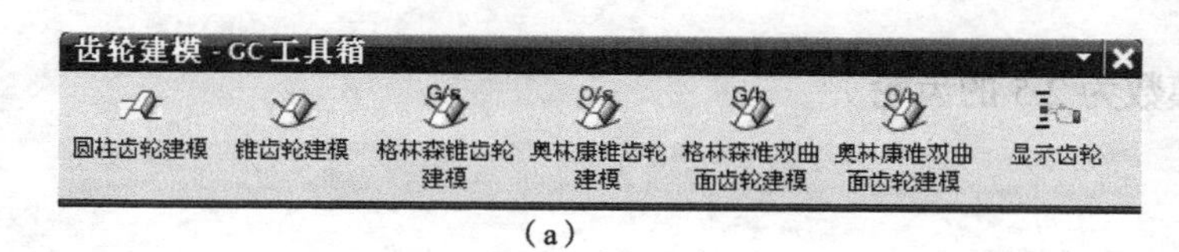

（a）

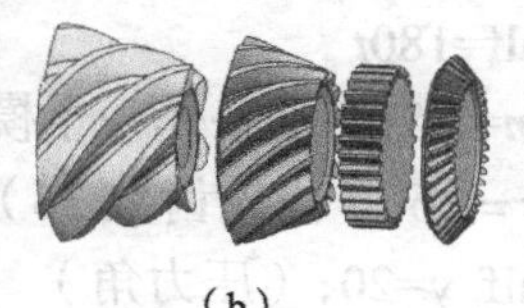
（b）

图3-108 “齿轮建模-GC工具箱”建立齿轮

本实例中，通过传统模式来建立齿轮模型，目的是让读者能掌握复杂的造型技术，掌握UG参数化建模操作。利用前面所学的知识可以作任何类型的参数曲线，而这些参数曲线又可以作较复杂的实际产品，如利用渐开线操作，可以作齿轮，因此，本例作为“规律曲线”的一个应用，可以让读者了解复杂曲线的建模基础。图3-109所示为作好的渐开线齿轮，在此例中只作图3-109（a）所示的直齿轮。下面说明操作过程。

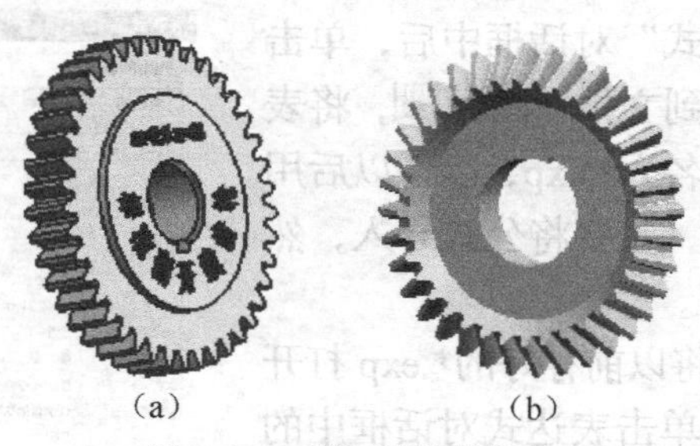
（a）（b）

图3-109 渐开线齿轮效果

要作一个渐开线齿轮，必须清楚渐开线齿轮的基本参数。下面简要回顾一下渐开线齿轮的基本参数。

模数：m，根据受力情况与齿轮结构决定，按国家标准选取。

压力角：α，选标准值，常用α=20°，在下面的公式中用alf_y表示α。

齿轮齿数：z。

分度圆直径：$d=m\times z$。

齿顶高：$h_a=h^*_a\times m$，其中，h^*_a对正常齿轮为1。

基圆直径：$d_b=d\times\cos\alpha$。

齿顶圆直径：$d_a=(z+2\times h^*_a)\times m$。

齿根圆直径：$d_f=(z-2h^*_a-2c^*)m$，其中，c^*为顶隙系数，正常齿轮为0.25。

齿距：$p=\pi m$。

基圆齿距：$pb=\pi m\cos\alpha$。

槽宽：$e=\pi m/2$，两齿间轮廓在分度圆上弧长距离。

齿厚：$s=\pi m/2$，两齿间轮廓在分度圆上弧长距离。

由上面的参数可知，由于在齿轮的分度圆上 $e=s$，即在齿轮的分度圆上槽宽与齿厚相同，根据这一点易推出，作出第一条渐开线后，只需将其镜像，并复制移动一个角度

$$\beta=360*e/l=360*(\pi m/2)/(\pi d)=360*(\pi m/2)/(\pi d\ mz)=180/z$$

即可，这个角度即 180° 除以齿数。这个式子是后面进行旋转时要用的，要记住。

上面仅是部分主要参数，这些参数对作齿轮极为重要。首先，根据上面的公式，推出几个新的在操作中要用的公式关系。其中，在 UG“工具”→“表达式”中输入如下公式。

t=0

alf=180t

m=2.5；（准备作一个模数为 2.5 的齿轮）

z = 36；（齿轮齿数 36）

alf_y=20；（压力角）

d=m*z；（分度圆直径）

d_b=d*cos(alf_y)；（基圆直径，作渐开线用）

x_t=d_b*(cos(alf)+alf*pi()/180*sin(alf))/2；（渐开线 X 向方程）

y_t=d_b*(sin(alf)−alf*pi()/180*cos(alf))/2；（渐开线 Y 向方程）

d_a=(z+2)*m；（此公式是为了让计算机算出齿顶圆直径，避免人工算错）

d_f = (z−2.5)*m；（此公式是为了让计算机算出齿根圆直径，避免人工算错）

公式输入后的结果如图 3-110 所示。

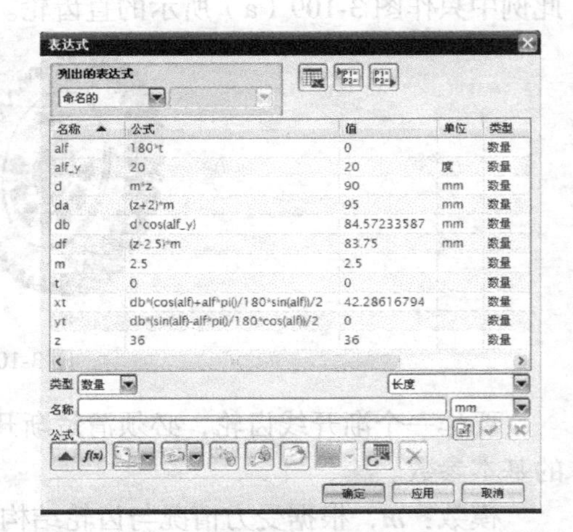

图 3-110　输入齿轮参数后的“表达式”对话框

将以上公式输入“表达式”对话框中后，单击对话框上方的“导出表达式到文件”图标，将表达式存到磁盘上，文件扩展名为*.exp，以备以后用于其他齿轮。今后作齿轮时，只要将公式导入，然后修改 m 与 z 的值就可以了。

顺便说明一下，如果要将以前存好的*.exp 打开用在别的齿轮制作上，只要单击表达式对话框中的“从文件导入表达式”图标即可将原来的公式导入当前文件中，不用重复输入公式。

将公式输入完成后，关闭公式对话框，然后制作渐开线，操作过程同上面的相同，不重复。

作出的渐开线如图 3-111 所示。

使用默认的 *XC-YC* 平面作为草图平面，进入草图环境，使用“投影曲线”命令去掉“关联”功能后，将渐开线投影到草图中。以坐标原点为圆心，作从大到小的齿顶圆、分度圆及齿根圆 3 个圆，标注 3 个圆的直径分别等于 d_a、d、d_f（如标注齿顶圆，当进行尺寸约束时，单击文本框右侧的向下箭头，弹出下拉菜单，选取“公式”，在弹出的“表达式”对话框中输入公式 d_a，然后单击鼠标中键即可），最后用“转换至/自参考对象”命令将分度圆转换成

参考曲线。

作出圆后的效果如图 3-112 所示。

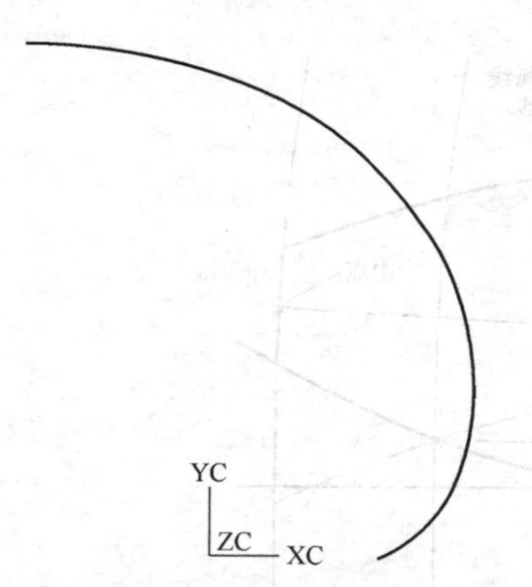

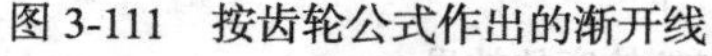

图 3-111　按齿轮公式作出的渐开线

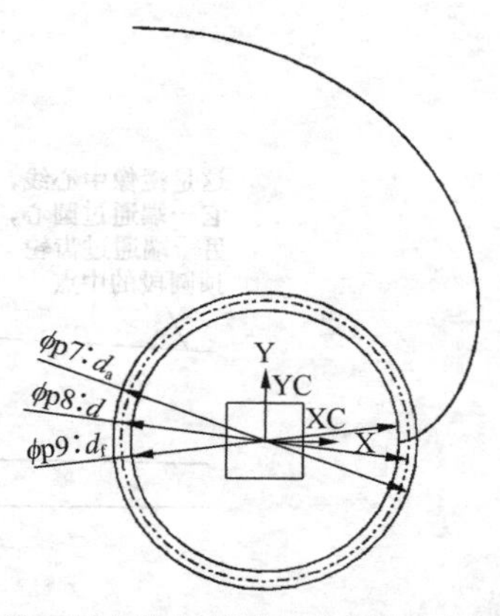

图 3-112　从大到小的齿顶圆、分度圆及齿根圆 3 个圆

将投影得到的渐开线进行修剪，并作一条通过坐标原点与渐开线和分度圆的交点的直线，并以此直线为镜像中心线，使用“草图工具”工具条上的“来自曲线集的曲线下拉菜单”中“镜像曲线”图标作修剪后的渐开线的镜像曲线，得到图 3-113 所示的效果。

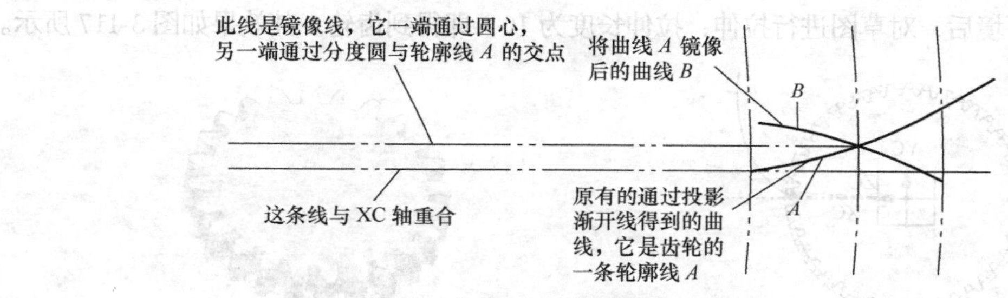

图 3-113　镜像后有两段线

通过镜像后得到两段线，它们是作为齿轮的轮廓的曲线，使用“草图工具”工具条上的“来自曲线集的曲线下拉菜单”中“阵列曲线”图标，将镜像后得到的曲线绕分度圆的圆心进行阵列，“间距”选择“数量和节距”，输入数量为 36，节距角为 $180/z$（z=36）即可得到图 3-114 所示的效果。

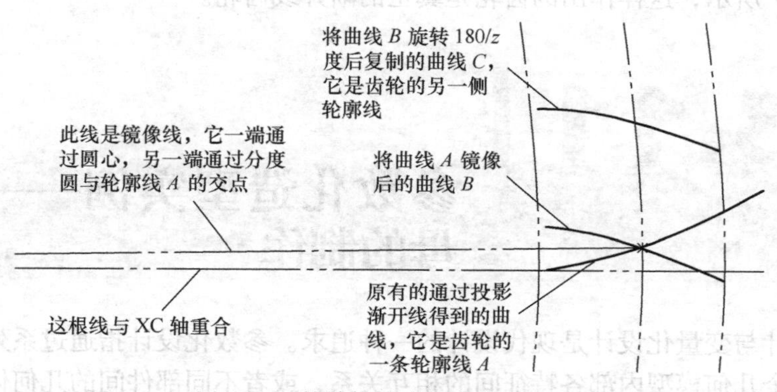

图 3-114　旋转复制后得到了新的曲线

使用“圆角”命令，在曲线 A 和曲线 C 的左端点处分别作一段圆弧过渡，并用修剪命令修剪曲线，同时将不用的曲线转换为参考线，结果如图 3-115 所示。

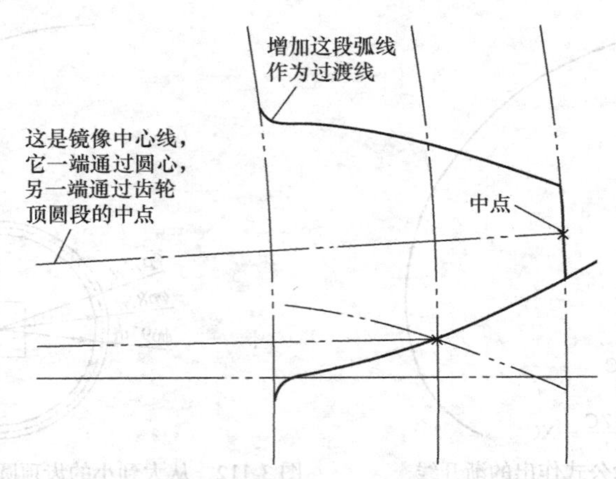

图 3-115　添加过渡圆弧后，形成齿轮轮廓的效果

经过上述操作后，使用“阵列曲线”命令，以修剪过的齿轮轮廓作为阵列对象（即图 3-115 中的所有实线），以渐开线圆心作为旋转点，输入数量为 36，节距角为 360/z，进行曲线的阵列。然后对多余的线进行修剪，得到图 3-116 所示完成的草图效果。

退出草图环境后，对草图进行拉伸，拉伸长度为 10，即得到齿轮。其效果如图 3-117 所示。

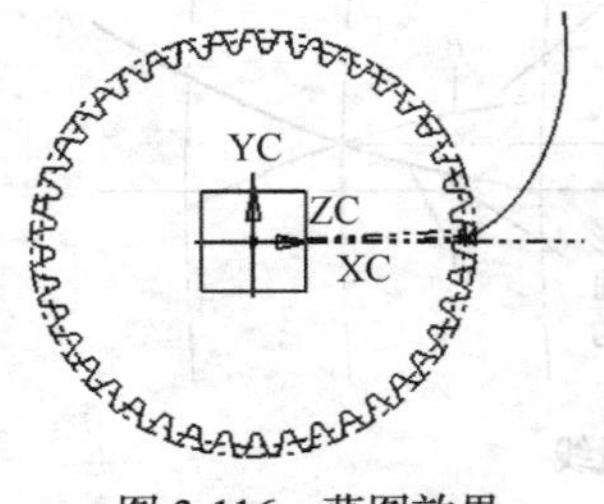

图 3-116　草图效果

图 3-117　作出的齿轮效果

最后，给齿轮增加凸台、打孔、边倒圆、印字等，即可得到完整的齿轮效果，如图 3-109（a）所示。

经过以上操作，完成了齿轮的制作。与此类似，读者可以制作斜齿轮、锥齿轮等，效果如图 3-109（b）所示，这样作出的齿轮是真正的渐开线齿轮。

3.11 参数化造型实例——标准螺母的制作

参数化设计与变量化设计是现代设计的一种追求。参数化设计指通过系列参数化定义，能表达清楚一个几何模型内部各特征间的相互关系，或者不同部件间的几何体的相关关系；

并能通过修改参数更改整个模型。变量化设计指对某些固定的特征值指定变量，通过变量驱动整体模型；对一个完整的三维数字产品从几何造型、设计过程、特征，到设计约束，都可以进行实时的操作。

UG提供参数化设计。通俗地讲，所谓参数化就是让作图的每一个步骤的每一个特征都有一个表达式，且各表达式间可能还存在关联，从而当一个零件制作完成后，可以通过修改表达式中的参数，来对零件进行修改与维护，也可以通过修改参数来形成零件系列。当然，这种操作还可以用在零件与零件之间。

在作此例之前，先要说明一个问题，由于UG8提供了国家标准件库，因此，可以直接到标准件库中选用GB/T 41—2000的系列标准螺母。下面介绍标准件库的使用方法，单击"导航器"中的"重用库"图标，展开"重用库"导航器，结果如图3-118所示的导航栏。

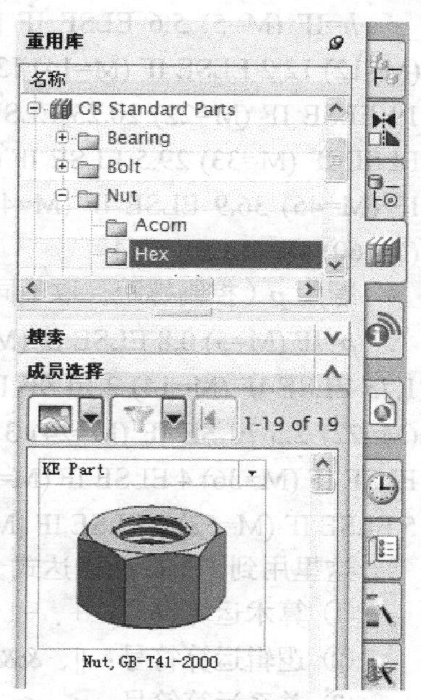

图3-118 标准件库

单击"GB Standard Parts"库中"Nut"文件夹下的"Hex"文件夹，在下面的"成员选择"区可以看到多种类型的螺母，选中其中的"Nut，GB—T41—2000"型螺母后，右击该图标后单击"添加到装配"或将该图标直接拖动至绘图区，弹出"添加可重用组件"对话框，通过修改主参数的大小，确定后在工作区可以得到GB/T 41—2000的系列标准螺母。应特别注意：将对话框中"名称"下"OS_PART_NAME"右侧名字内容选中后复制到剪贴板上，以备后面保存标准件时使用（保存时选"另存为"方式）。

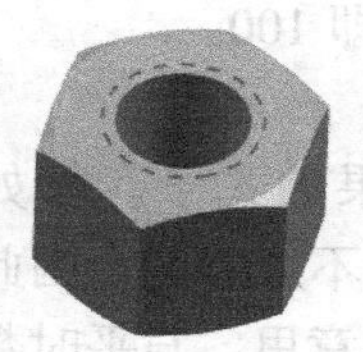
图3-119 参数化的螺母

本实例通过参数化模式来建立GB/T 41—2000的系列标准螺母，目的是让读者掌握参数化建模的思路与操作。下面以符合GB/T 41—2000的系列标准螺母为例说明参数化模型的制作过程。参数化的螺母的效果如图3-119所示。

（1）启动UG，新建一个文件，然后单击菜单"工具"→"表达式"命令，弹出"表达式"对话框，右侧下拉框中由"长度"改为"恒定"，在对话框中输入公式M=5，M表示螺母的公称直径，由于螺母是标准件，因此其尺寸不能随意给出，而要符合国家标准，这里是以国标GB/T 41—2000为基础的，其M的大小系列为：5、6、8、10、12、（14）、16、（18）、20、（22）、24、（27）、30、（33）、36、（39）、42、（45）、48、（52）、56、（60）、64，带括号的是非优选。注意，M只能取其中的一个值。

另外，分别输入如下公式。

螺母内切圆公称直径*s*（控制螺母的内切圆尺寸，取不同M值时对应一个不同的内切圆直径*s*）。

s=IF (M=5) 8 ELSE IF (M=6) 10 ELSE IF (M=8) 13 ELSE IF (M=10) 16 ELSE IF (M=12) 18 ELSE IF (M=14) 21 ELSE IF (M=16) 24 ELSE IF (M=18) 27 ELSE IF (M=20) 30 ELSE IF (M=22) 34 ELSE IF (M=24) 36 ELSE IF (M=27) 41 ELSE IF (M=30) 46 ELSE IF (M=33) 50 ELSE IF (M=36) 55 ELSE IF (M=39) 60 ELSE IF (M=42) 65 ELSE IF (M=45) 70 ELSE IF (M=48) 75 ELSE IF (M=52) 80 ELSE IF (M=56) 85 ELSE IF (M=60) 90 ELSE 95

螺母厚度最大值*h*（控制螺母厚度，取不同M值时对应一个不同的螺母厚度*h*）。

h=IF (M=5) 5.6 ELSE IF (M=6) 6.4 ELSE IF (M=8) 7.9 ELSE IF (M=10) 9.5 ELSE IF (M=12) 12.2 ELSE IF (M=14) 13.9 ELSE IF (M=16) 15.9 ELSE IF (M=18) 16.9 ELSE IF (M=20) 19 ELSE IF (M=22) 20.23 ELSE IF (M=24) 22.3 ELSE IF (M=27) 24.7 ELSE IF (M=30) 26.4 ELSE IF (M=33) 29.5 ELSE IF (M=36) 31.9 ELSE IF (M=39) 34.3 ELSE IF (M=42) 34.9 ELSE IF (M=45) 36.9 ELSE IF (M=48) 38.9 ELSE IF (M=52) 42.9 ELSE IF (M=56) 45.9 ELSE IF (M=60) 48.9 ELSE 52.4

螺距 *p*（控制螺距，取不同 M 值时对应一个不同的螺距 *p*）。

p=IF (M=5) 0.8 ELSE IF (M=6) 1 ELSE IF (M=8) 1.25 ELSE IF (M=10) 1.5 ELSE IF (M=12) 1.75 ELSE IF (M=14) 2 ELSE IF (M=16) 2 ELSE IF (M=18) 2.5 ELSE IF (M=20) 2.5 ELSE IF (M=22) 2.5 ELSE IF (M=24) 3 ELSE IF (M=27) 3 ELSE IF (M=30) 3.5 ELSE IF (M=33) 3.5 ELSE IF (M=36) 4 ELSE IF (M=39) 4 ELSE IF (M=42) 4.5 ELSE IF (M=45) 4.5 ELSE IF (M=48) 5 ELSE IF (M=52) 5 ELSE IF (M=56) 5.5 ELSE IF (M=60) 5.5 ELSE 6

这里用到了 UG 的表达式，UG 提供了类似 C 语言的表达式模式，规则如下。

① 算术运算符号：+、−、*、/、^分别代表加、减、乘、除、乘方。

② 逻辑运算符号：||、&&、!分别代表或、与、非。

③ 关系运算符号：<、<=、>、>=、= =、!=分别代表小于、小于等于、大于、大于等于、等于、不等于。

④“如果”表达式，格式为：IF 条件 结果 1 ELSE 结果 2。

这个表达式的意思是如果“条件”成立，表达式的值为“结果 1”，否则，表达式的值为“结果 2”。

例如，Y=IF (3>5) 2*50 ELSE 3+3^2，因为式中的条件（3>5）是不成立的，实际上是 3 比 5 小，所以，表达式结果为 ELSE 后面的 3+3^2 即 12，答案不是 2*50 即 100。

值得注意的是：ELSE 后面还可以接 IF 语句。

⑤ 表达式是指由诸多运算符号及常量、变量组成的具有唯一结果的式子。例如，X=3>2^3，这个表达式后面的意思是 3 大于 2 的 3 次方，由于这个结果是不成立的，因此，X 的值为 0，即计算机中的假。又如，X=40==5（注意：这里的=是等于的意思，与平时数学中的等号含义相同，而==是比较运算符号，是比较左右两个数大小的意思），这个表达式的意思是 40 等于 5，显然 40 不等于 5，因此结果也为假。再如，X =50+（20<30），意思是 50 加上括号 20 小于 30，按照 UG 运算的优先顺序，先算 20 小于 30，结果为真，真在计算机中用 1 表示，因此，相当于 X =50+1，因此，最后 X 等于 51。这些例子就是计算机中的运算规则，可参考计算机编程语言 C 语言的语法规则方面的教材，这里不多介绍。

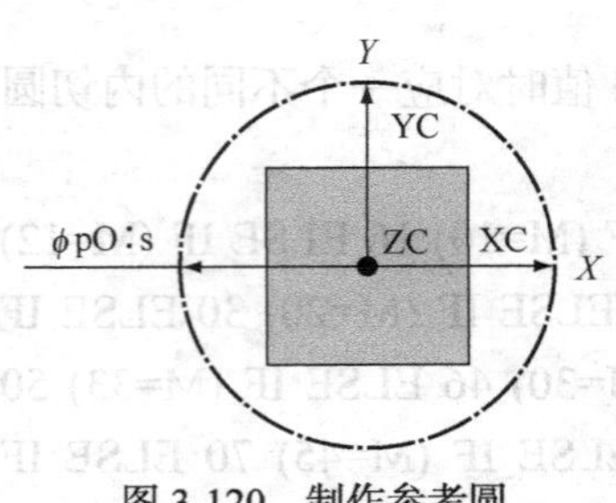

图 3-120 制作参考圆

理解了这些知识，就不难理解上面表达式的意思，例如，*s*= IF (M=5) 8 ELSE IF (M=6) 10 ELSE IF (M=8) 13 …表示如果 M=5，那么 *s* 就等于 8；否则，如果 M=6，则 *s* 就等于 10；否则，如果 M=8，那么，*s* 就等于 13，依此类推。

然后进入草图环境中，绘制一个参考圆，圆的圆心在 WCS 坐标的原点上，直径值等于 *s*（当进行尺寸约束时，单击文本框右侧的向下箭头，弹出下拉菜单，选取“公式”，在弹出的“表达式”对话框中输入公式 *s*，单击☑按钮，然后单击鼠标中键即可，再转化为参考圆，效果如图 3-120 所示）。

注意　s 就是前面输入的公式名，而这里的 pO 则是系统分配给刚才作的圆直径尺寸名称，在操作时，可能是其他符号。

绘制完参考圆后，现在绘制一个中心在原点且以参考圆为内切圆的正六边形。进行约束时，选择相邻的三条边约束与参考圆相切，且约束其中一条边与 Y 轴的夹角为 60°，结果如图 3-121 所示。

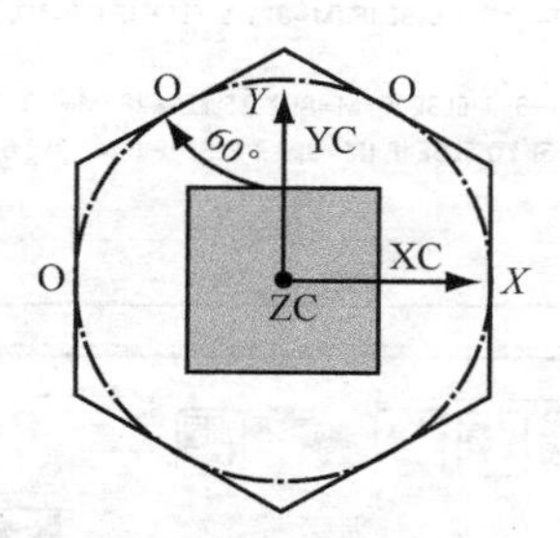

图 3-121　作出与参考圆相切的正六边形

（2）完成草图后，对正六边形进行拉伸，在“拉伸”对话框中，拉伸长度为 h，完成拉伸后，得到图 3-122 所示的螺母坯。

现在以螺母的底面作草图平面，作一个圆心在原点，直径为 s 的圆，然后以此圆为拉伸对象，在“拉伸”对话框中，拉伸长度为 h，“布尔”操作选取“求交”，“拔模”右侧下拉框选取“从起始限制”，并输入角度值为−60°，如果方向不对，选取反向，直接单击鼠标中键，结果如图 3-123 所示，给毛坯倒了圆角。

同理，以螺母的另外一个底面为草图平面，给另一端倒圆角。

（3）单击“特征”工具条中的“孔”图标，在弹出的“孔”对话框中，将“类型”选择为“常规孔”，位置指定点选取螺母底面圆弧中心，直径为 M-p，深度为 h（即和螺母一样高），顶锥角设置为 120°，“布尔”操作选取“求差”，然后单击鼠标中键，就完成了孔的建立，结果如图 3-124 所示。

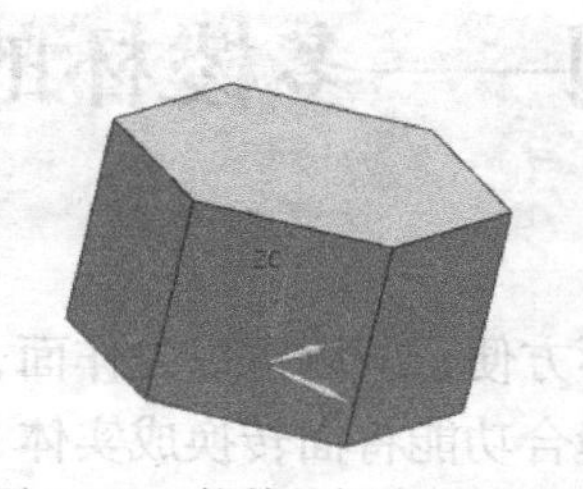

图 3-122　拉伸的螺母毛坯图

图 3-123　倒斜角后的毛坯

图 3-124　生成孔的效果

（4）绘制螺纹。单击“特征”工具条中的“螺纹”图标，弹出“螺纹”对话框，默认选中“符号”单选按钮，首先将“Form”右侧下拉框修改为“GB193”，单击图 3-124 中的内孔表面，然后单击“选择起始”按钮，弹出新对话框，单击螺母底面作为起始面，如果方向不对，在弹出的新对话框中选取“螺纹轴反向”，单击鼠标中键返回初始对话框，设置“大径”为 M，“螺距”为 p，删除“标注”右侧文本框的内容，“螺纹钻尺寸”为 M-p，勾选“完整螺纹”，最后单击鼠标中键，完成螺纹的制作。

作出的螺母的效果如图 3-119 所示。

完成这些操作后，一个完全参数化的螺母就绘制好了，作完后的“表达式”对话框中有这些公式，如图 3-125 所示。

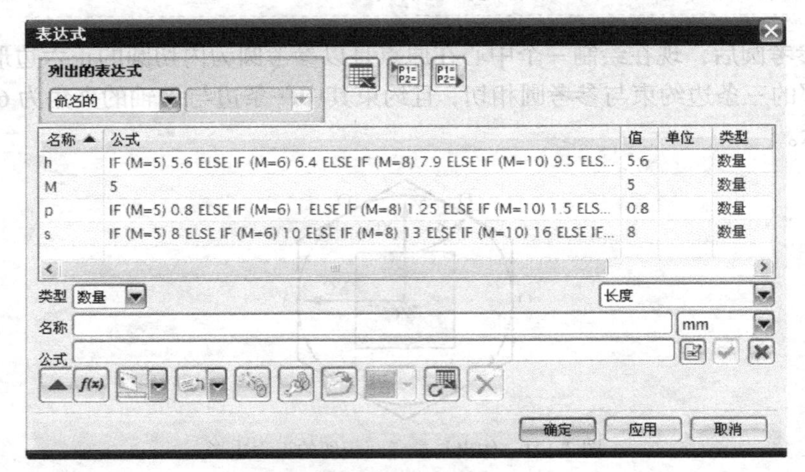

图 3-125　用户定义的表达式

（5）测试。单击图 3-125 中的 M，将其值修改为 12，然后单击对话框中的“应用”按钮，这时会发现螺母的大小自动改变了；再将 M 修改为 36，再单击“应用”按钮，又发现螺母变大了。由此可以知道，只要修改 M，则螺母自动进行尺寸调整，因此，作完了这个螺母，就可以通过修改 M 的数据而得到一系列的螺母。

这就是所谓参数化建模的简单实例，在实际工作中，当要作系列产品时，用这种方法是十分好的；另外，如果产品间结构相似，也可以用此法作出后进行修改，达到加快速度、提高工作效率及减少错误的目的。

3.12　缝合造型实例——多棱杯的制作

图 3-126　多棱杯的效果

有些实例，如果直接用实体造型可能不方便，所以可以先作面，将所有的面都作出来，然后利用 UG 中的缝合功能将面转换成实体，再进行其他操作，这样更方便些。这就要用到缝合造型了。这样的例子很多，在下一章中还会多次用到，这里仅举个简单的实例——多棱杯的制作。

图 3-126 所示的是多棱杯的效果图。

其实，要作出多棱杯，可以有多种方法，但使用缝合法最方便，下面说明其制作过程。

新建一个名为 3-dlb.prt 的文件，然后进入草图环境，直接使用“多边形”命令，建立一个边长 40 的正八边形，结果如图 3-127 所示。

使用“拉伸”命令，分别对每一条边拉伸 80，并在拉伸时使用“拔模”，让“角度”值为 15° 或-15° ，拉伸结果如图 3-128 所示。

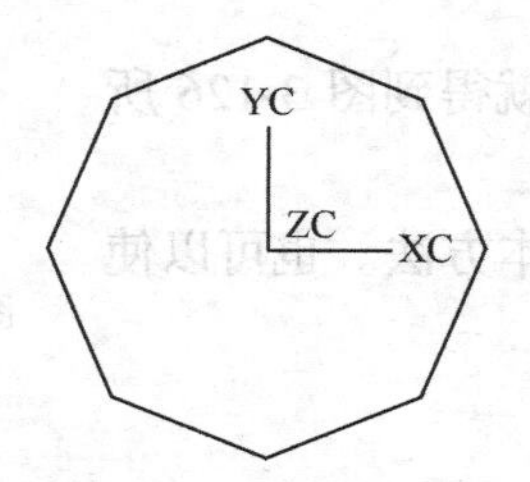

图 3-127　作出正八边形

图 3-128　拉伸结果

单击“曲线”工具条中的“直线”图标，在其中相邻的两个片体间作条直线，如图 3-129 所示。

单击菜单“插入”→“曲面”→“有界平面”命令，将弹出“有界平面”对话框，此时将“曲线规则”下拉框修改为“单条曲线”，然后选中图 3-129 中的 *A*、*B*、*C* 3 条直线（其中，*B*、*C* 为片体的边缘线），最后单击鼠标中键，就生成了一个三角形的片体，如图 3-130 所示。

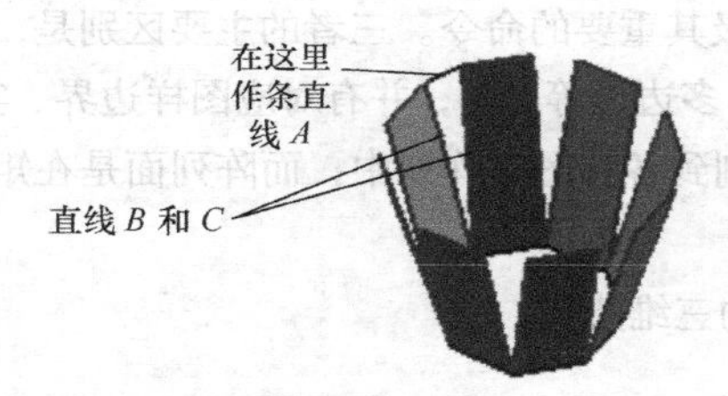

图 3-129　作出的直线 *A*

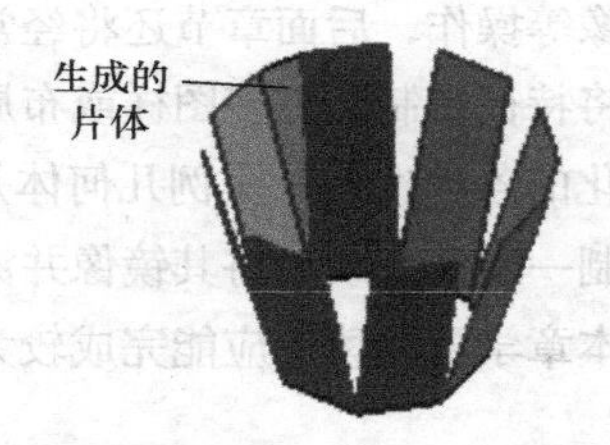

图 3-130　生成了一个三角形片体

单击“特征”工具条中的“关联复制下拉菜单”下的“实例几何体”命令，在弹出的“实例几何体”对话框中，将“类型”修改为“旋转”，然后单击选中图 3-130 中的三角形片体，单击鼠标中键，接着指定矢量选择 *ZC* 轴，指定点 *XC*、*YC*、*ZC* 均为 0，即坐标原点，并输入“角度”值 360/8，副本数为 7，单击“确定”按钮，完成面的复制，结果得到了其他 7 个三角形片体，如图 3-131 所示。

同样，分别以上表面及下表面的所有边线为有界平面边，使用“有界平面”命令作出有界平面。可以将上下表面封闭，如图 3-132 所示。

图 3-131　复制后的片体

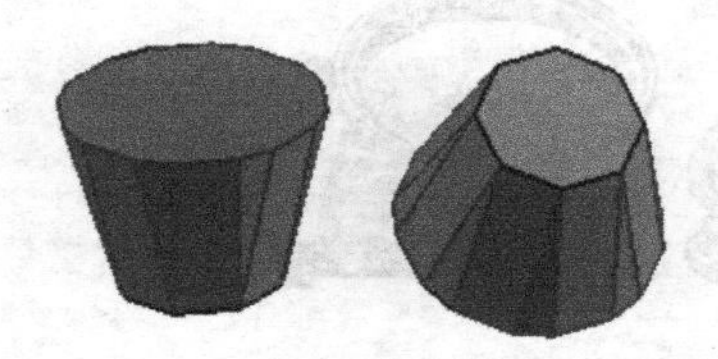

图 3-132　上下均用“有界平面”封闭

单击“特征”工具条上的“缝合”图标，选择其中一个片体作为目标片体，然后框选其余片体作为工具片体，单击鼠标中键，将所有面缝合在一起。虽然表面上看没有变化，实际上原来所有的面围成了一个实体。然后，单击“特征”工具条中的“抽壳”图标，在弹出“抽壳”对话框后，单击选中图 3-132 中杯子的大端表面，并将“抽壳”对话框中的“厚度”设置为 1，然后单击鼠标中键，得到抽壳后的效果，如图 3-133 所示。

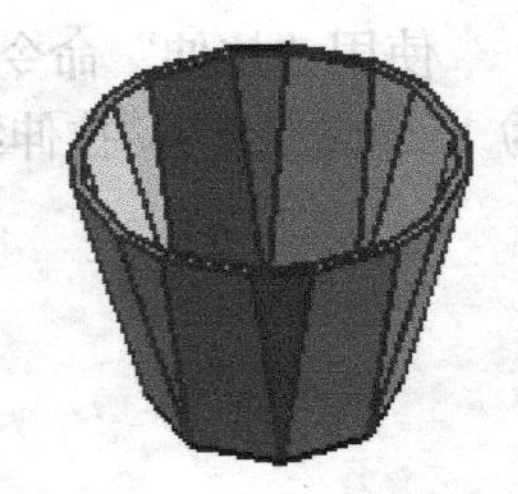
图 3-133　抽壳后的效果

最后，对底部进行半径为 1 的边倒圆操作，就得到图 3-126 所示的最终效果。

通过这个实例，读者可以学会缝合造型的基本方法。也可以使用其他方法来完成此例。

小　结

本章通过大量实例讲解了 UG 建模环境中“特征”等工具条中的常用命令，主要介绍的命令有任务环境中的草图、拉伸、回转、沿引导线扫掠、凸台、割槽、基准平面、布尔操作、拔模、边倒圆、抽壳、螺纹、拆分体、对特征形成图样、阵列面及实例几何体等。读者要认真巩固这些常用的命令。

应特别注意的是，对特征形成图样、实例几何体、阵列面适合于多种情况下的复制，包括平移、旋转、镜像等操作，后面章节还将经常用到，是 3 个极其重要的命令。三者的主要区别是，对特征形成图样是将特征复制到许多图样或布局（线性、圆形、多边形等）中，并有对应图样边界、实例方位、旋转和变化的各种选项；实例几何体是将几何特征复制到各种图样阵列中；而阵列面是在矩形或圆形阵列中复制一组面，或者将其镜像并添加到实体中。

通过本章学习，读者应能完成较为复杂的非曲面的三维造型。

练　习

说明　本章练习不要求尺寸准确，只要求外形相似，步骤正确即可。

1. 制作图 3-134 所示的外壳零件。
2. 制作图 3-135 所示的曲轴三维模型。

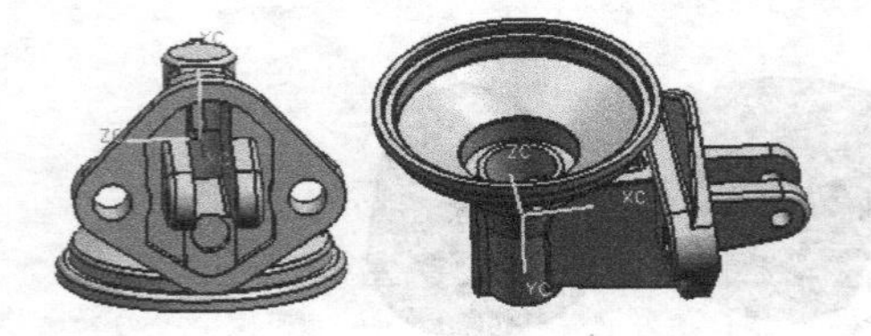
图 3-134　外壳零件

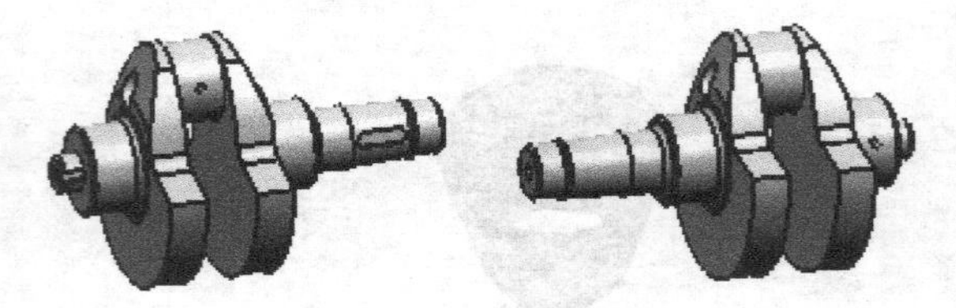
图 3-135　曲轴

3. 制作图 3-136 所示的箱体零件。
4. 制作图 3-137 所示的汽车座位。

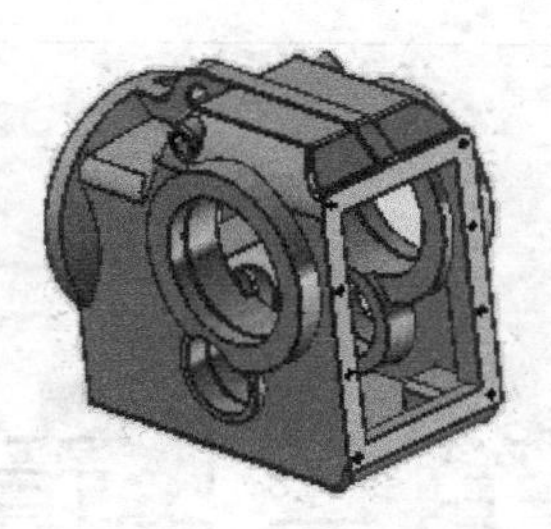

图 3-136　变速器箱体

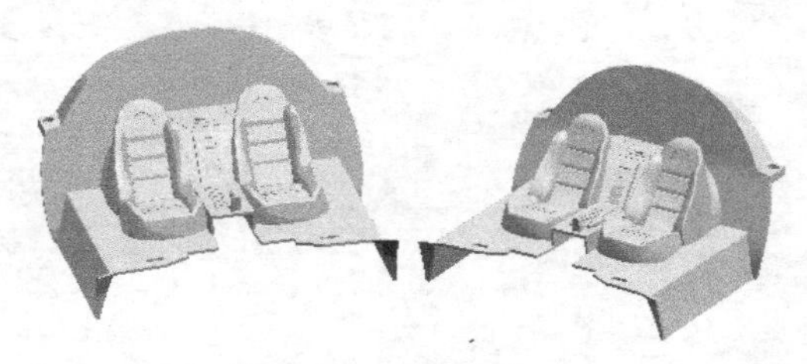

图 3-137　汽车座位

5. 自行寻找身边的复杂造型，并完成这种造型的制作，如图 3-138 所示的打印机支架。
6. 制作图 3-139 所示的收集器。

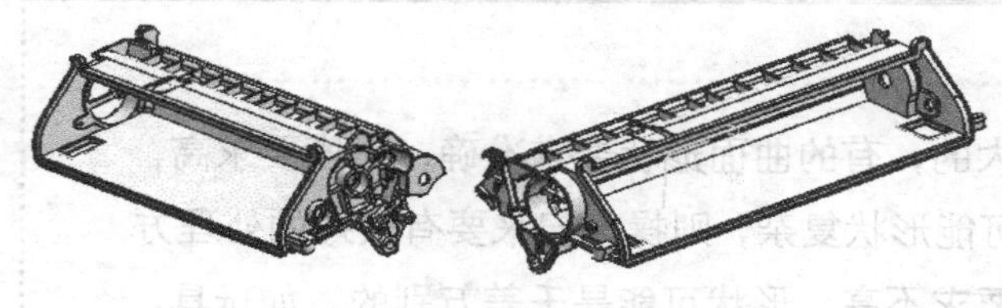

图 3-138　打印机支架

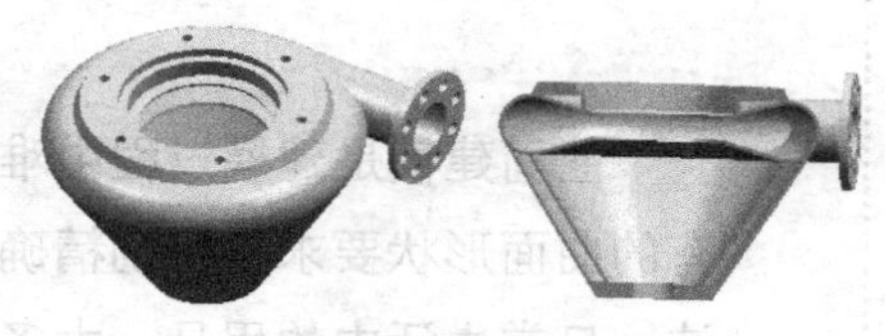

图 3-139　收集器

7. 制作垫片的参数化模型。
8. 制作普通螺栓的参数化模型。
9. 完成如图 3-140 所示的造型制作。

图 3-140　练习题 9 图

第4章 曲面建模实例

曲面建模是建模过程中难度最大的，有的曲面形状要求准确，精度要求高；有的曲面形状要求不特别精确，但可能形状复杂，则操作起来要有较好的处理方法。日常生活中的用品，大多精度要求不高，形状可能是千差万别的，如玩具、生活器皿等；工业中的产品可能有较高的精度要求，其形体可能也是复杂的，这就要进行精确建模。不论哪种建模，都是高难度的，因此，找到一个合适的方法是至关重要的。本章就曲面建模提供多个实例，说明曲面建模的一些基本方法与技巧，希望能给读者带来一些新鲜感。需要注意的是，通过前面的练习，读者对基本命令的使用应该较为熟悉了，因此，在本章的讲解过程中，对基本操作将不再作太详细的解释。

4.1 曲面建模基本知识

4.1.1 建模方法

曲面建模可以有多种方法，在 UG 中，目前应用较多的有以下几种。

1. 截面法

这种造型方法的特点是通过对要造型的对象用多个平行的假想面，从一个方向或多个垂直方向进行剖切，得到一系列的剖切线，然后将这些剖切线通过适当的曲面命令，如直纹、通过曲线网格等，连接成曲面，然后得到实体。

2. 投影法

基本思想是找出曲面的两向或三向最大外轮廓的投影或曲面特征曲线，然后用这些投影合成曲线，再由线连接成面，由面组合成体，这种造型方法就是所谓的投影法。投影法需要多个视图方向的投影曲线，而这些投影曲线可以通过视图操作的方法得到，也可以使用规律曲线等方法获得，在实际操作中，用得较多的是UG中的“组合投影”和“投影曲线”等命令。

3. 逆向造型法

逆向造型，是从实物样件获取产品数学模型的技术。在UG中，使用云点进行逆向造型或使用模板进行逆向造型是两种常用的逆向造型方法。使用云点的方法是先用某种方法，如三坐标测量机读出已知物体的不同位置的点的三维坐标，然后将这些点输入到计算机中，再将这些点连成线、由线连成面或者直接由点使用UG中提供的云点命令变换成面，最终获得反应实物形状的造型，这就是云点逆向造型法；当然，也可以使用三维物体的不同视图的3个投影图，然后以这些投影作为模板来画出模型的三维曲线，这种造型可以反应实物形状，但尺寸可能不准确，故可用于不要求尺寸特别精确的逆向造型。

4. 编辑曲面法

UG 提供了专用的“编辑曲面”工具条，其造型思路是根据要造型的物体的特征，作出一个初步的曲面形状，然后再通过多种编辑曲面的手段，如X成形、使曲面变形、变换曲面、光顺极点等，将曲面编辑成需要的形状。这种造型方法有极大的随意性；与投影法比，更适合作尺寸要求不高的艺术形体，如玩具类产品。编辑曲面法得到的曲面一般是非参数化的曲面，而投影法得到的可以是参数化的曲面。

不管使用哪种方法，要作出曲面形体首先要作出线框模型，也就是线架，只有作出了线架，才能作出相应的形体。本章列举了多个实例，将对截面法与投影法做重点介绍，逆向造型法及编辑曲面法则只做少量讲解。

4.1.2 “通过曲线网格”命令及其用法

只要仔细研究一下建模过程就会发现，不论多么复杂的模型，都是首先要建立框架，然后再建成实体或片体。而在所有曲面命令中，“通过曲线网格”命令是应用最多的命令之一。为了完成复杂曲面的建立，要掌握好此命令的用法。

单击“曲面”工具条上的“通过曲线网格”图标，弹出“通过曲线网格”对话框，如图4-1所示。

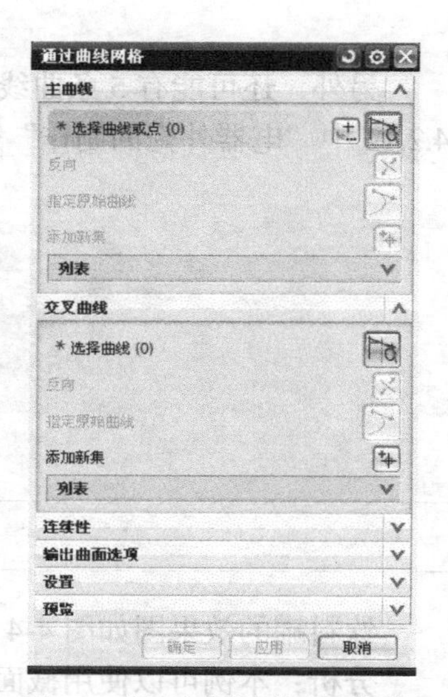

图 4-1 “通过曲线网格”对话框

在此对话框中，有上下两个列表框，第一个是主曲线列表框，第二个是交叉曲线列表框，当每选择一条曲线，并单击鼠标中键确定后，就会在其中的一个列表框中增加一行显示。

在正常情况下，“通过曲线网格”命令是由 M 条主曲线和 N 条交叉曲线组成的，其中，M、N 均为大于或等于2的自然数。操作时，先依次选择 M 条主曲线，每选择一条主曲线就要单击鼠标中键确定一次，主曲线选择完成后，在开始选择交叉曲线前，要再单击鼠标中键一次，表示主曲线已经选择完成；然后依次选择 N 条交叉曲线，也是每选择一条交叉曲线，单击鼠标中键一次，当交叉曲线也选择完成后，再单击鼠标中键一次，就可以完成面的制作。

但是，此命令在选择主曲线时，允许最多选择两个点作为主曲线，这两个点的选择也有规定，只能在第一条和最后一条主曲线时选择点；如果选择一个点作主曲线，则这个点可以作第一条主曲线，也可作最后的主曲线。

实际作图时，会遇到主曲线数加交叉曲线数总数为 3 条、4 条、5 条或更多的情况，不同情况，其作曲面的方法不同，下面分别介绍。

如图 4-2 所示，在正常情况下，主曲线大于或等于 2 条，交叉曲线大于或等于 2 条，在总线串数大于或等于 4 条，并且各曲线要求基本平行，使用“通过曲线网格”命令作图时使用的框架结构如图 4-2（a）所示。在此框架中，用 *M*1～*M*3 表示主曲线，*C*1～*C*4 表示交叉曲线。作出的曲面如图 4-2（b）所示。

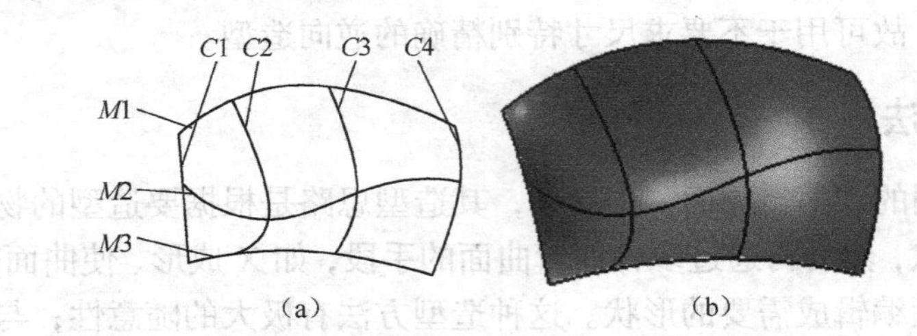

图 4-2 “通过曲线网格”命令用框架及曲面

如果框架只有 3 条曲线，则可以按图 4-3 所示制作。

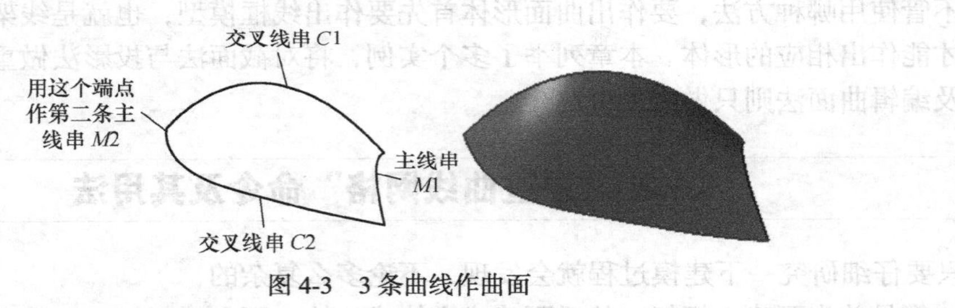

图 4-3 3 条曲线作曲面

另外，还可能有 5 条曲线的情况，这时作成曲面需要进行特殊处理，读者可以参照本章 4.2.12 中“电器外壳的制作”来进行操作。

4.2 曲面建模实例

4.2.1 饮料罐的制作

饮料罐的效果图如图 4-4 所示。

分析：本例可以使用截面法来制作，将饮料罐剖切成若干个截面，然后利用曲面命令完成建模。下面详述其操作步骤。

1. 绘制罐嘴草图

首先制作罐嘴的草图，这是第一个截面形状，以 *XC-YC* 平面绘制图 4-5 所示的草图。

图 4-4　饮料罐的效果图

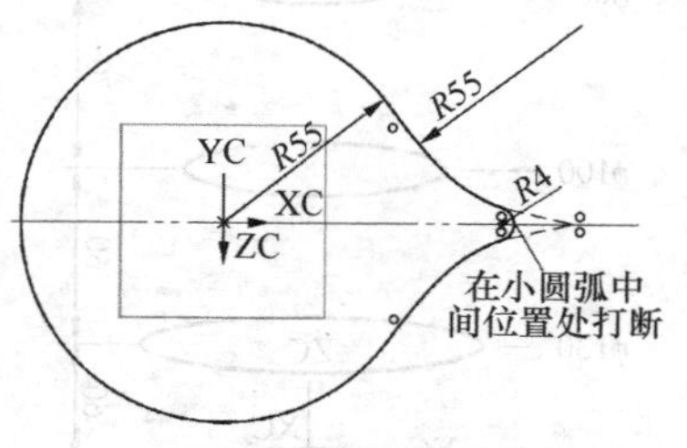

图 4-5　罐嘴的草图

在作上面的草图时要注意以下两点。

（1）图形对 *XC* 轴是对称的，可先作出上半部分草图，然后镜像出另外一半。

（2）左侧 *R*55 圆弧圆心在原点，*R*4 圆弧圆心在 *XC* 轴上，两相邻的圆弧相切，右侧 *R*55 圆弧与 *XC* 轴相切。

如果不是用上述方法作草图，必须要将 *R*4 处的小圆弧从中间打断，这是为后面的制作曲面作准备，后面的草图也是这样，如果不打断，在作曲面时可能遇到困难。打断的原则是在 *XC* 或 *YC* 方向打断，且后面所有草图的打断方向应一致，不然以后在作曲面时可能产生扭曲。

2. 作其他草图

作完上面的草图后，按图 4-6 所示的尺寸作出其余 5 个草图，即其他不同位置的截面，各草图间的距离及圆的直径已经注明在图中。作图时注意按图 4-5 所示的 *XC* 方向打断草图，可使用“草图工具”工具条上“编辑曲线下拉菜单”中的“分割曲线”命令，这个命令如果处于隐藏状态，可通过“命令查找器”命令搜索并显示出来。

3. 作罐嘴曲面

作完截面后，就可以将线连接成面了。单击菜单“插入”→“网格曲面”→“直纹”命令或单击“曲面”工具条中的“网格曲面下拉菜单”下的“直纹”图标，弹出“直纹”对话框并在“选择条”工具条上出现“曲线规则”下拉框。先将“曲线规则”下拉框内容改为“相切曲线”，然后在图 4-5 中小圆弧 *R*4 的断点处单击，单击鼠标中键，然后在图 4-6 中的 ϕ75 的草图曲线断点处单击（注意选择两个草图曲线要遵循起点同侧且方向相同的原则，即起点同侧同向），此时这两个草图都被选中，并有方向箭头出现，注意方向应相同，如图 4-7 所示。选择曲线时要注意靠近断点处选择，否则，可能效果不同。如果不能达到上述效果，可能是打断的方向不一致，应重新按正确的方向打断。当得到上面的效果后，将“直纹”对话框中“设置”一栏下的“保留形状”前的“钩”去掉，然后将“对齐”右侧下拉框的内容由“参数”改为“弧长”。单击“确定”按钮，则完成了罐嘴的制作。

> **注意**　可以将对齐方式改为其他方式，如“参数”“根据点”和“距离”等情况进行实验，以理解其效果与作用。

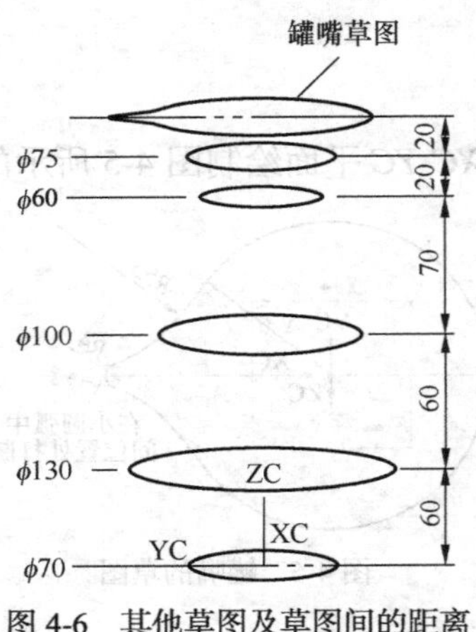

图 4-6　其他草图及草图间的距离

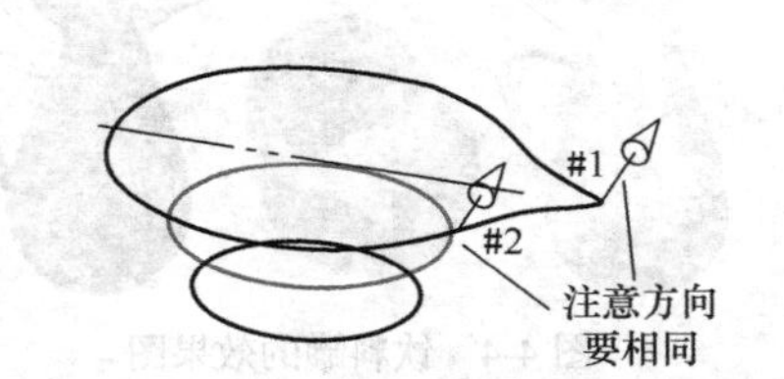

图 4-7　建立直纹曲面时选择曲线效果

4. 制作罐身曲面

（1）按上述类似的方法，使用“曲面”工具条中的“通过曲线组”命令来选择图 4-6 中除罐嘴顶面圆以外的其余 5 个圆，每选中一个截面线就单击鼠标中键确定一次（选择每一个截面线要遵循起点同侧同向原则），并且在对话框中的列表框中增加一行显示，如图 4-8 所示第一步；全部选择完成后，将对话框中的“连续性”一栏下的“第一截面”右侧下拉框的内容改变为 G1，如图 4-8 所示第二步；接着单击选中上一步作出的曲面，这样形成的曲面将与原曲面相切，如图 4-8 所示第三步；然后去掉“保留形状”前面的“钩”，并将“对齐”方式改为“弧长”，如图 4-8 所示第四和第五步，操作完成后，单击对话框中的“确定”按钮，完成曲面的建立。

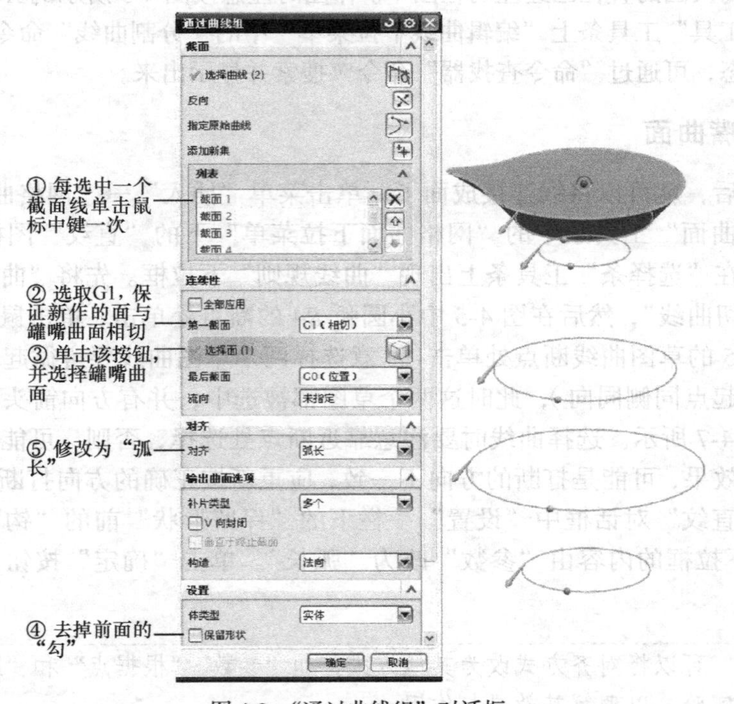

图 4-8　“通过曲线组”对话框

注意

如果在操作过程中选择的曲线方向与前面选择的曲线方向不同，可以在对话框中“列表”一栏下选中截面线，然后单击右侧的“移除”按钮删除后重新选择，利用此对话框，还可以修改截面线间的先后位置关系（用和），或添加新的截面线，然后改变其位置关系即可。

UG 中用到 G0、G1、G2 几个连续性符号，表示曲面或曲线实际连续的程度。其数值越大，说明连续性越好。G0 表示两个面相连，面与面间没有缝隙，但两个面不相切，即所谓的点连续；G1 表示两个面相连且相切，连接的曲面光滑过渡，但曲率半径不同，称为相切连续；G2 表示连接的两个面不但相切，且其曲率相同，称为曲率连续。其实还可以有 G3、G4、G5 等，不过曲面作到 G2 连续就不容易。实际产品中可能要求 G2 或更高的连续，但设计时有难度，要根据具体情况进行具体操作。另外，在这里利用 G1 连续来使曲面产生一种特殊的凸起效果，可以说是一种操作技巧。

（2）完成上面的曲面制作后，使用“特征”工具条中的“求和”命令将上面的两个部分合并为一个整体。

（3）单击“特征”工具条中的“抽壳”图标，当弹出“抽壳”对话框后，单击选中罐嘴的上表面，然后输入“厚度”值 1.5，单击“确定”按钮完成操作，结果如图 4-9 所示。

5. 绘制罐柄

（1）在完成上面操作后，以 *XC-ZC* 平面作为草图平面，作图 4-10 所示的草图（注意和图 4-9 中坐标系的比较）。

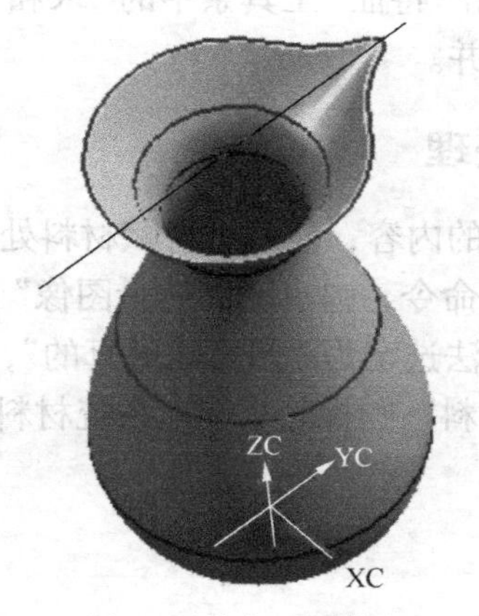

图 4-9　抽壳后的罐体

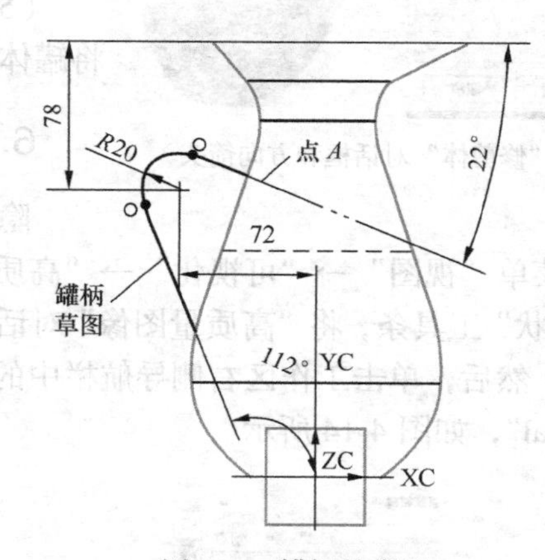

图 4-10　罐柄的草图

（2）作完上面的草图后，回到建模环境中，切换到“静态线框”模式下。

单击“特征”工具条中的“基准平面”图标，弹出“基准平面”对话框，在“类型”处选择“曲线和点”，然后选中图 4-10 中的点 *A*，再单击点 *A* 上的曲线，单击鼠标中键，则在点 *A* 处产生一个基准平面。

以上面作的基准平面为草图平面，作一个以点 *A* 为中心、大半径为 8、小半径为 5 的椭圆，然后退出草图，结果如图 4-11 所示。

（3）单击“曲面”工具条中的“沿引导线扫掠”图标，然后单击图4-11中的椭圆，单击鼠标中键，再单击图4-10中的罐柄草图曲线，单击鼠标中键，则完成罐柄的制作。但此时看到罐柄伸出一部分，如图4-12所示，这个多出的部分应删除。

图4-11　作椭圆草图

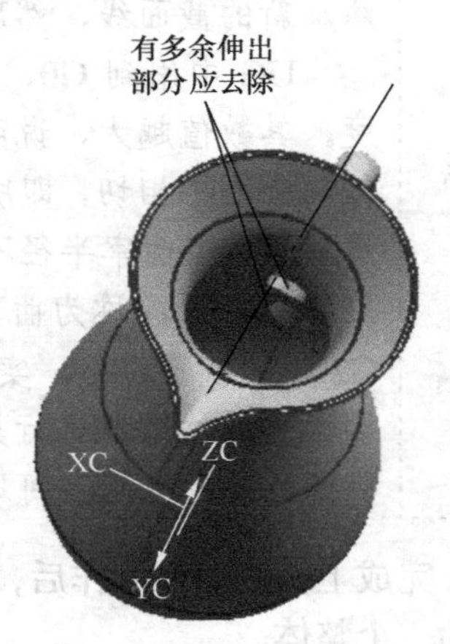

图4-12　作出的罐柄有伸出部分

图4-13　“修剪体”对话框和方向箭头

（4）单击“特征”工具条中的“修剪体”图标，弹出“修剪体”对话框，如图4-13所示，单击罐柄后单击鼠标中键，然后单击罐身的外表面，此时看到方向箭头，如果该箭头指向内，则单击“确定”按钮，如果箭头指向外，则单击“反向”按钮，使箭头指向内，再单击“确定”按钮，即可修剪多余的部分。

（5）最后单击“特征”工具条中的“求和”图标，将罐体与罐柄合并。

6. 后续处理

隐藏不必要的内容，然后进行赋材料处理。

单击菜单“视图”→“可视化”→“高质量图像”命令，弹出“高质量图像”对话框及“可视化形状”工具条，将“高质量图像”对话框中的方法选定为“照片般逼真的”，单击“确定”按钮。然后，单击工作区右侧导航栏中的“系统材料”图标，弹出系统材料资源条，展开“metal”，如图4-14所示。

图4-14　系统材料资源条

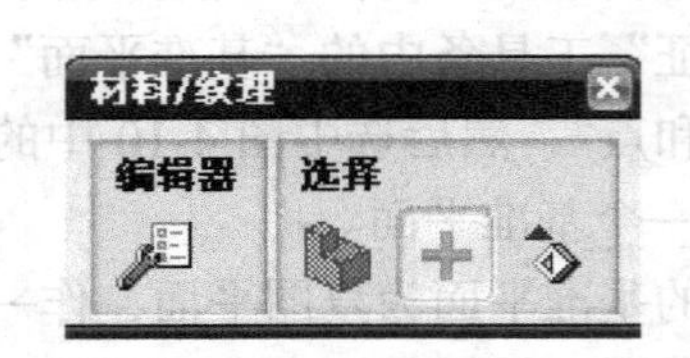

图4-15　“材料/纹理”浮动工具条

按住鼠标左键选中 brass cartridge（黄铜材质）球并将其拖至饮料罐上，这样就给饮料罐赋予了这种材料。然后单击“可视化形状”工具条中的“材料/纹理”图标，弹出“材料/纹理”浮动工具条，如图 4-15 所示，同时在资源条中增加了一个“部件中的材料”图标，单击这个图标，看到其中有两个项目：None 和 brass cartridge，单击 brass cartridge 图标。

单击“材料/纹理”工具条中的“编辑器”图标，弹出“材料编辑器”对话框，如图 4-16 所示。

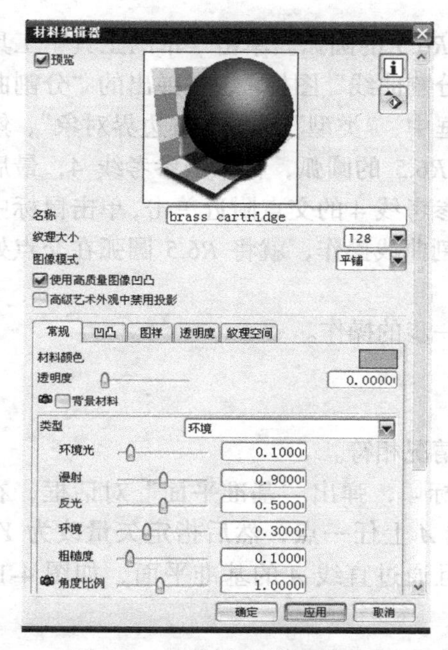

图 4-16 “材料编辑器”对话框

这个对话框中的内容较多，有“常规”“凹凸”“图样”“透明度”及“纹理空间”5 个选项卡，每个选项卡上有多个项目，均是用来对材料实现不同效果的渲染方式，读者可以逐一修改，然后渲染自己的作品。下面开始操作。

在“常规”选项卡中，将“类型”选择为“环境”，这一项目是用来衬托材料反光效果的。

将“漫射”设置为 0.8～0.95，这样可以使图片较清晰，其他为默认值。

在“图样”选项卡中，将“类型”选择为“简单贴花”，然后单击“图像”按钮，在自己的计算机中选择一幅合适的画，如在图 4-16 中预览到的图形。

在“纹理空间”中，“类型”选择“自动定义 WCS 轴”，并将“比例”设置为“50”。

其余选项均使用默认值，按“确定”按钮后，单击“可视化形状”工具条中的“开始着色”按钮，系统开始渲染。

单击菜单“视图”→“可视化”→“高质量图像”命令，弹出“高质量图像”对话框，单击“保存”按钮，将渲染结果以图片格式保存在工作目录中，然后打开图片，就可以看到图 4-4 所示的效果。

4.2.2 铁钩的制作

铁钩的最终效果如图 4-17 所示。

在第 2 章中“使用草图造型”这一节里制作了一个铁钩的草图，现在就利用此草图来完成一个完整铁钩的制作过程。

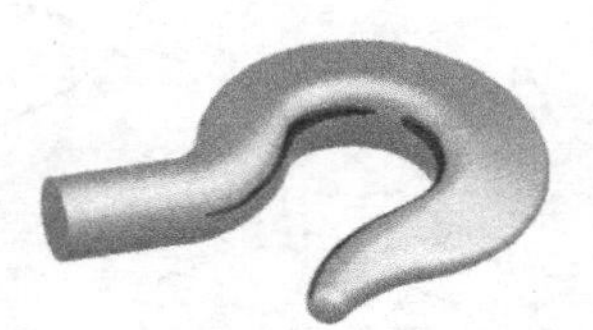

图 4-17 铁钩的效果

分析：本例还是利用截面法来制作，先作出钩的不同位置处的截面形状，然后用适当的曲面命令来完成作图。值得注意的是，本例当作出截面框架后，可以用“扫掠”和“通过曲线网格”等命令来完成作图，因此，作曲面的方法可以有多种。

1. 建立主轮廓草图

打开草图文件 gou-ch.prt，将其另存为 gou-3d.prt 文件，进入建模环境，并右键单击草图

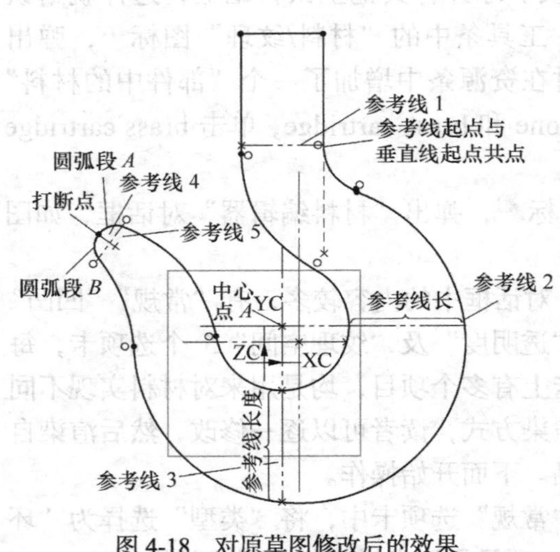

图 4-18 对原草图修改后的效果

选择“可回滚编辑”，进入草图环境，然后对原草图进行修改，修改的效果如图 4-18 所示的说明部分。这是作出了俯视图方向的截面草图。

在上面的修改中，参考线 1、2 均为水平线，参考线 3 与原来的中心线重合，参考线 5 的两个端点分别是 *R*6.5 圆弧的两个端点，而参考线 4 则是参考线 5 中点处的垂直线，与原来 *R*6.5 圆弧相交。

打断 *R*6.5 的圆弧。单击“草图工具”工具条中的“分割曲线”图标，在弹出的“分割曲线”对话框中，“类型”选择“按边界对象”，然后先单击 *R*6.5 的圆弧，再单击参考线 4，最后在圆弧与参考线 4 的交点附近单击，单击鼠标中键完成分割曲线操作，就将 *R*6.5 圆弧在交点处打断。

完成上面的草图修改后，退出草图环境，进入下一步的操作。

2. 建立各截面草图

截面草图的数量越多，则成形后的效果越和实际情况相符。

（1）单击“特征”工具条中的“基准平面”图标，弹出“基准平面”对话框，在“类型”处选择“点和方向”，单击图 4-19 中的直线 *A* 上任一点，然后指定矢量改为 *YC* 轴，单击鼠标中键，则建立了一个与 *XY* 平面垂直且通过直线 *A* 的基准平面，如图 4-19 所示。

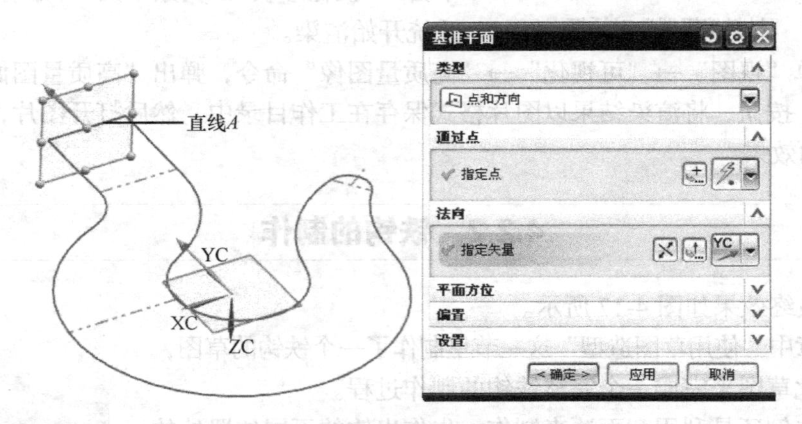

图 4-19 选择草图基准平面的操作过程

（2）完成以上操作，以刚才作的基准平面为草图平面进入草图环境，以图 4-19 中的直线 *A* 的中点为圆心，作一个直径等于直线 *A* 长度的圆，并将其以直线 *A* 为边界进行打断，即分成上下两半圆弧，然后退出草图，结果如图 4-20 所示。

（3）依照上面的操作过程，完成在图 4-18 中参考线 1 和参考线 5 处的两个圆，并将这两个圆打断，打断方式与前面一致，结果如图 4-21 所示。

注意 作参考线 5 处的基准平面时，在“基准平面”对话框中，“类型”处选择“点和方向”，然后单击参考线 5 上任一点，接着将“指定矢量”右侧下拉框修改为“自动判断矢量”，然后单击参考线 4，单击鼠标中键，即可完成参考线 5 处基准平面的创建。

（4）在图 4-18 中的参考线 2 处，仿照前面的步骤，作图 4-22 所示的草图。

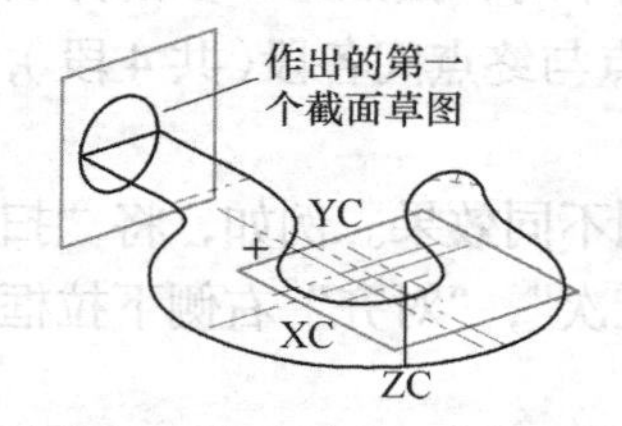

图 4-20 作出的第一个截面草图

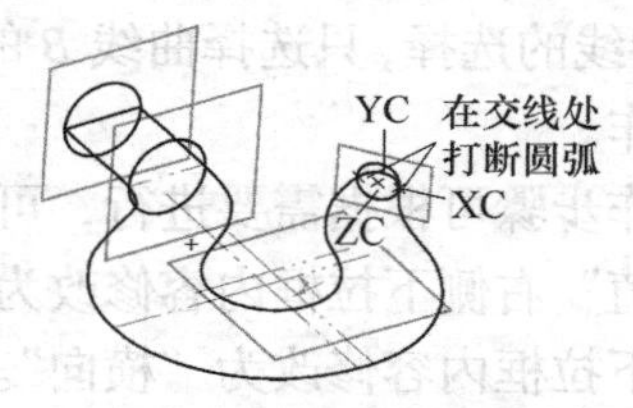

图 4-21 作出两个草图

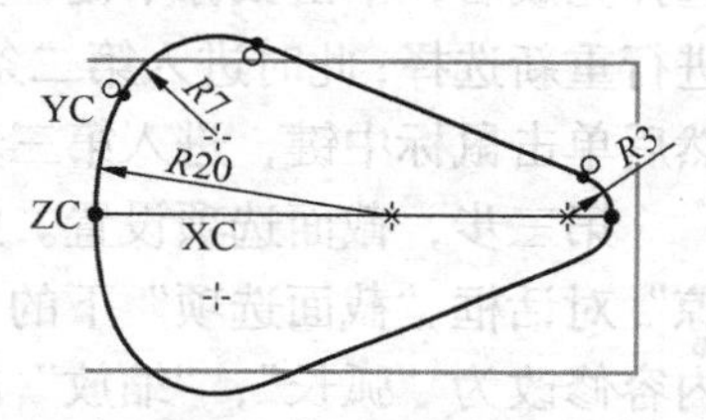

图 4-22 第 4 个截面草图

注意 作此草图时将左右端点分别定在参考线 2 的两个端点上；*R*20 与 *R*3 的两段圆弧的圆心要约束在参考线 2 上；使用“镜像曲线”命令来完成上下对称操作。

（5）作完上面的草图后，退出草图返回建模环境。单击“特征”工具条中的“实例几何体”按钮，弹出“实例几何体”对话框，在“类型”处选择“旋转”，将“选择条”工具条上的“曲线规则”下拉框的内容修改为“相连曲线”，然后单击选中图 4-22 中所作的草图曲线，直接单击鼠标中键，指定矢量选择 *ZC* 轴，指定点选取图 4-18 所示的中心点 *A*（即 *R*20 圆弧的圆心），输入“角度”值-90°、“副本数”值 1，单击“确定”按钮后，得到旋转 90°后的一个新草图，如图 4-23 所示。

3. 作曲面

为了操作的方便，使用“移动至图层”命令将前面所作的基准平面都隐藏起来。

在进行曲面操作时，可参考如图 4-24 所示的提示。

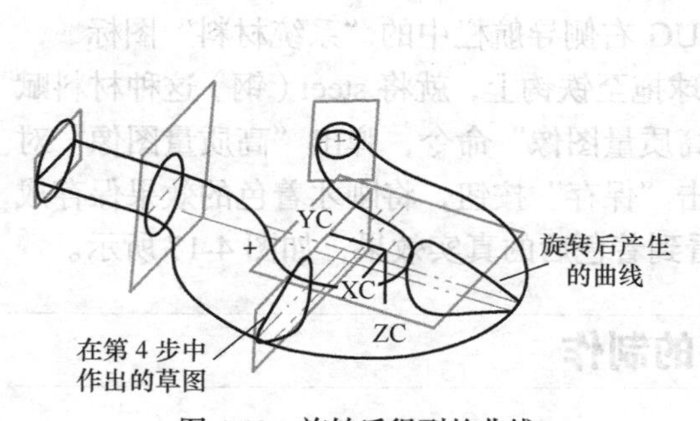

图 4-23 旋转后得到的曲线

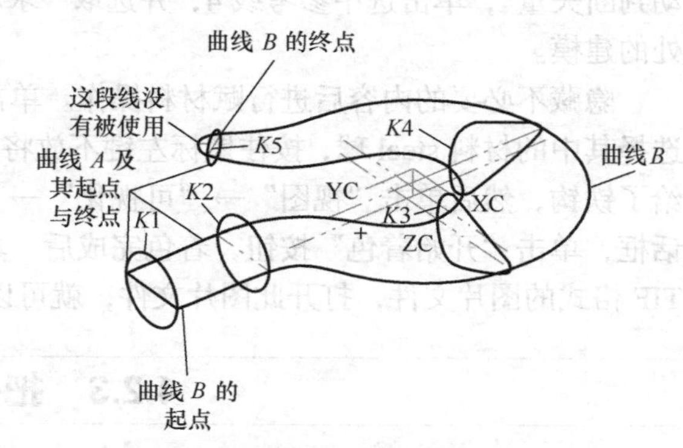

图 4-24 选择参考

（1）作钩身主体部分曲面。单击“曲面”工具条中的“扫掠”图标，弹出“扫掠”对话框，分为以下 3 个步骤。

第一步，截面线选择。单击图 4-24 中 *K*1 后单击鼠标中键确定，会出现一个方向箭头，注意后面选择截面线的方向箭头要与此箭头方向相同，且在同一侧（即保持起点一致且同侧同向）；同理，单击 *K*2 后单击鼠标中键确定，也有方向箭头出现，看其方向是否与前面的箭头方向相同，如果方向不同，可以在对话框中“列表”一栏下选中截面线，然后单击右侧的“移除”按钮删除后重新选择；同理，完成 $K3$、$K4$、$K5$ 的选择，注意完成 $K5$ 的选择后单击鼠标中键两次，以进行第二步操作。

第二步，引导线选择。首先将“选择条”工具条上的“曲线规则”下拉框的内容修改为“单条曲线”，然后按图 4-24 选择曲线 A 的各段（共 4 段），注意只选择从起点到终点之间的各段，选择完成后，单击鼠标中键，完成第一条引导线的选择，如果方向不对，按照第一步的方法进行重新选择；此时进入第二条引导线的选择，只选择曲线 B 的起点与终点间各段（共 4 段），然后单击鼠标中键，进入第三步操作。

第三步，截面选项设置。此操作步骤可根据需要进行，可得到不同效果。例如，将“扫掠”对话框“截面选项”下的“插值”右侧下拉框内容修改为“三次”，“对齐”右侧下拉框内容修改为“弧长”，“缩放”右侧下拉框内容修改为“横向”。

完成选择后的效果如图 4-25 所示。注意各箭头的方向与位置，另外注意其中有两段线未使用，其颜色不同。完成上述 3 步，直接单击鼠标中键，得到曲面，效果如图 4-26 所示。

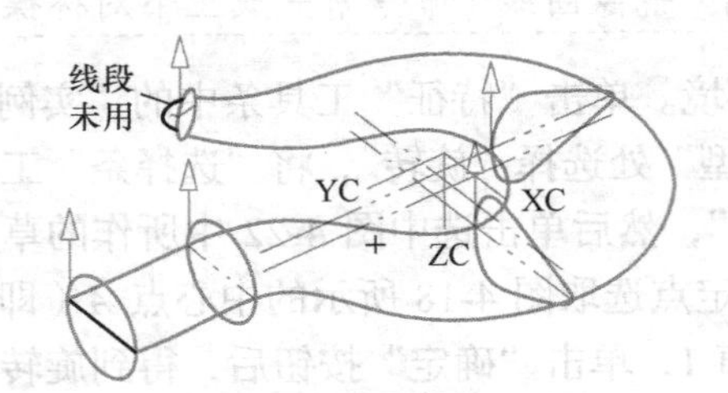

图 4-25　选择完成后的效果

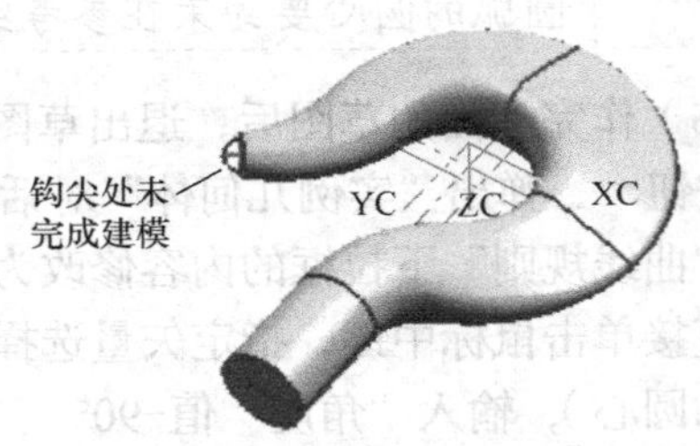

图 4-26　完成的部分曲面

（2）绘制钩尖处曲面。完成上面操作后，单击“特征”工具条中的“回转”按钮，弹出“回转”对话框，将“选择条”工具条上的“曲线规则”下拉框的内容修改为“单条曲线”，然后单击图 4-18 中的圆弧段 A 或 B，单击鼠标中键，再将“指定矢量”右侧下拉框修改为“自动判断矢量”，单击选中参考线 4，并选取“求和”布尔操作，直接单击鼠标中键，完成钩尖处的建模。

隐藏不必要的内容后进行赋材料操作。单击 UG 右侧导航栏中的“系统材料”图标，选择其中的材料 steel 球，按住鼠标左键不放将此球拖至铁钩上，就将 steel（钢）这种材料赋给了铁钩，然后单击“视图”→“可视化”→“高质量图像”命令，弹出“高质量图像”对话框，单击“开始着色”按钮，着色完成后，单击“保存”按钮，将刚才着色的效果保存成 TIF 格式的图片文件，打开此图片文件，就可以看到着色后的真实效果，如图 4-17 所示。

4.2.3　把手的制作

把手的制作效果如图 4-27 所示。

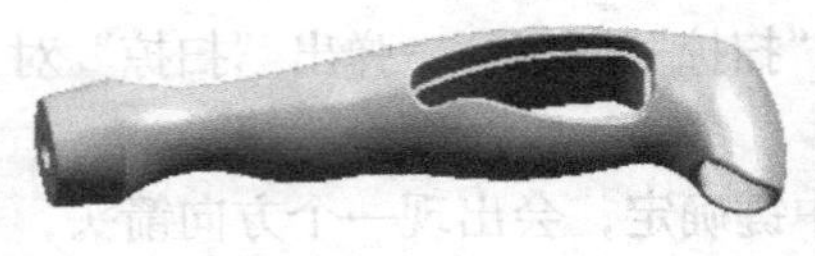
图 4-27　把手的效果

分析：本例与前面实例 2 中铁钩的制作类似，也使用截面法。作把手可以利用“扫掠”命令来完成，因此，主要任务是先作引导线与截面线串，而这两种线串正好是两个垂直方向的截面，作出这些截面线，然后由线框变成面与实体。基本制作过程如下。

1. 作俯视图草图

启动 UG，并新建 sb00.prt 文件，然后进入草图模式，建立图 4-28 所示的草图（即俯视图方向的草图曲线）。

此草图是作为引导线的，其上下两条弧线要求准确地反应把手的外形，图中标注的线串 *A* 与线串 *B* 是后面作扫掠的引导线。

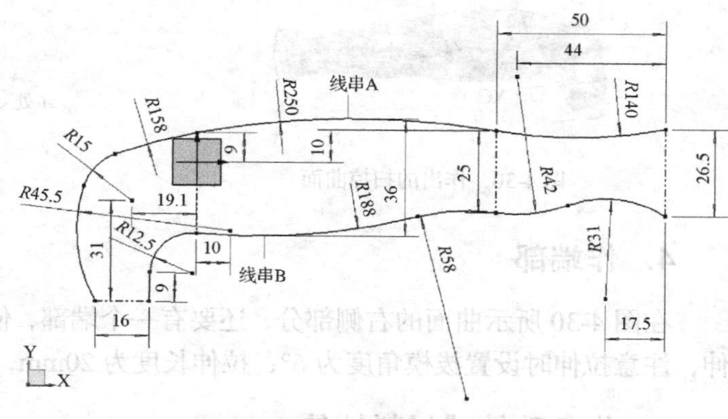

图 4-28 作出的俯视图草图

2. 作各截面草图

在图 4-28 所示的位置 *A*、*B*、*C*、*D* 分别作出 4 个截面草图，这 4 个草图分别反应这 4 个位置的截面形状（即垂直于俯视图方向的截面线），如图 4-29 所示。

完成这些草图是进一步作图的关键，作图时要注意各草图均要与图 4-28 中的草图在对应的点上共点或共线，否则在作曲面时可能会碰到困难，每个草图的制作都可采用“镜像曲线”命令镜像出另外一半。

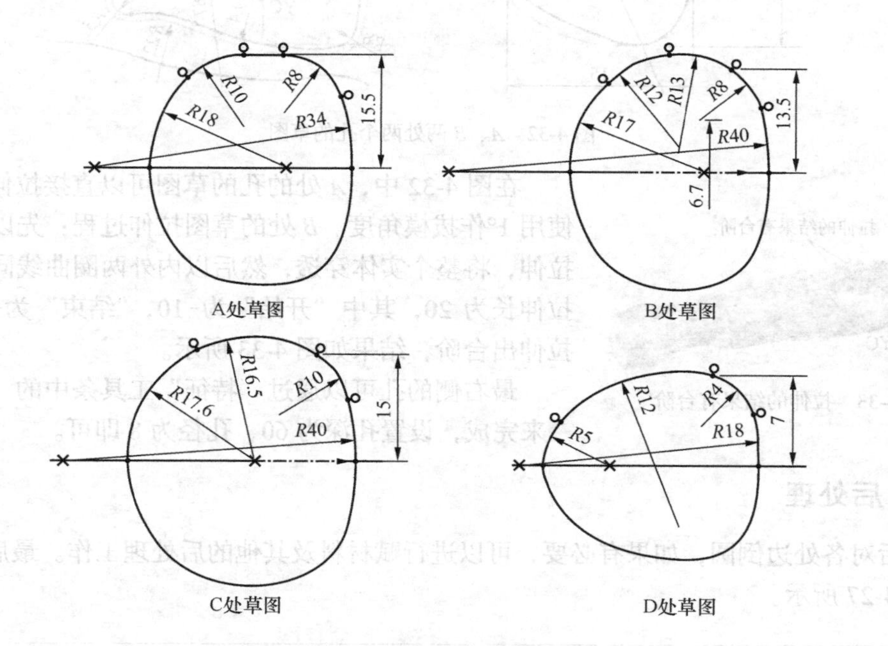

图 4-29 A～D 各处草图

3. 用“扫掠”命令作曲面

单击“曲面”工具条中的“扫掠”图标，以图 4-29 中 *A*～*D* 处的草图曲线为截面线，然后以图 4-28 中的线串 *A* 和线串 *B* 为引导线作“扫掠”曲面，在作曲面过程中，注意将“插值”方式修改为“根据点”，“对齐”方式修改为“弧长”，其余均采用系统默认方式，即可作出图 4-30 所示的扫掠曲面。

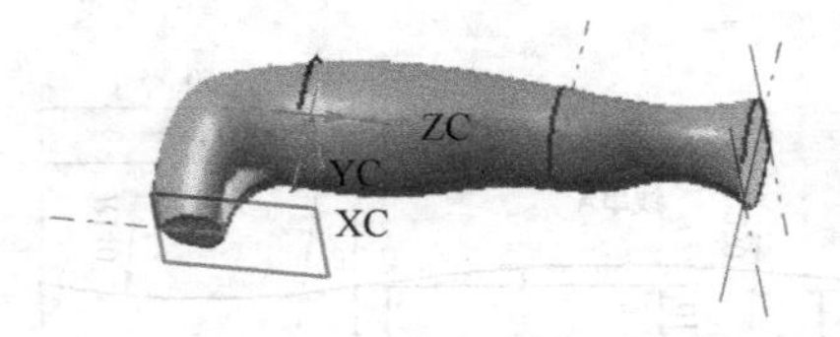

图 4-30　作出的扫掠曲面

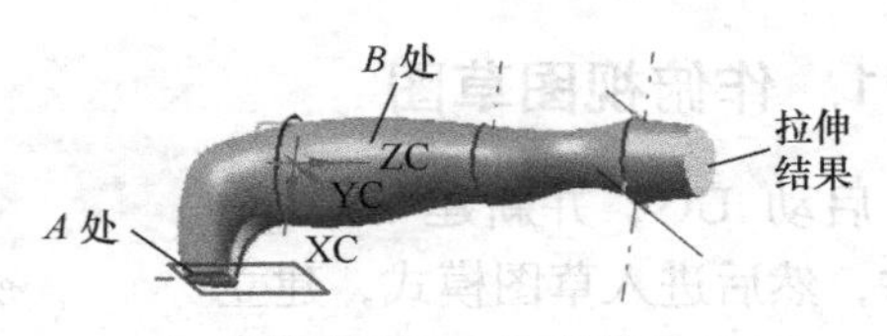

图 4-31　拉伸结果

4. 作端部

在图 4-30 所示曲面的右侧部分，还要有一个端部，使用“拉伸”命令对端部草图进行拉伸，注意拉伸时设置拔模角度为 6°，拉伸长度为 20mm，结果如图 4-31 所示。

5. 作各孔的减材料拉伸

完成上面的操作后，可以对 3 个孔进行拉伸减材料操作，其中图 4-31 中的 *A* 处与 *B* 处的两个孔需要作草图，分别如图 4-32 所示。

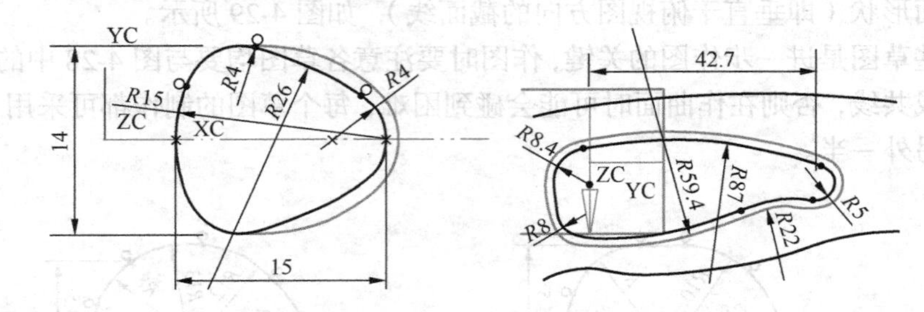

图 4-32　*A*、*B* 两处两个孔的草图

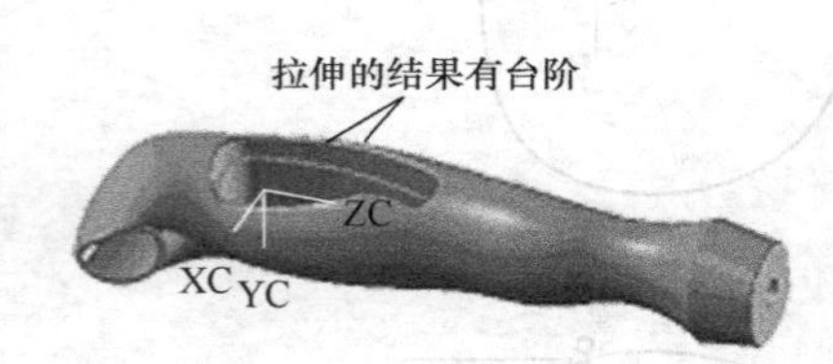

图 4-33　拉伸的结果有台阶

在图 4-32 中，*A* 处的孔的草图可以直接拉伸，拉伸时使用 1°作拔模角度。*B* 处的草图拉伸过程：先以外圈曲线拉伸，将整个实体穿透，然后以内外两圈曲线同时拉伸，拉伸长为 20，其中“开始”为-10，“结束”为+10，从而拉伸出台阶，结果如图 4-33 所示。

最右侧的孔可以通过“特征”工具条中的“孔”命令来完成，设置孔深为 60、孔径为 8 即可。

6. 后处理

最后对各处边倒圆，如果有必要，可以进行赋材料及其他的后处理工作。最后制作的效果如图 4-27 所示。

4.2.4 汤匙的制作

汤匙的效果如图 4-34 所示。

分析：本例形状复杂，可以使用投影法来作图，其基本思想是先作出在俯视图方向的外形轮廓投影，再作出主视图方向的外形轮廓投影，然后用这两个方向的投影进行合成，生成汤匙的实体轮廓，再用“扫掠”命令合成曲面，最后转换成体。

汤匙的制作过程如下。

1. 建立汤匙俯视图草图

建立汤匙的半边俯视图的草图，先启动 UG，并新建一个名为 tx.prt 的文件，然后以 *XC-YC* 平面为草图平面，进入草图环境，先建一个长半轴为 30、短半轴为 20 的椭圆，然后建立一根直线与椭圆相交，将交点处倒圆角 *R*6，如图 4-35 所示。

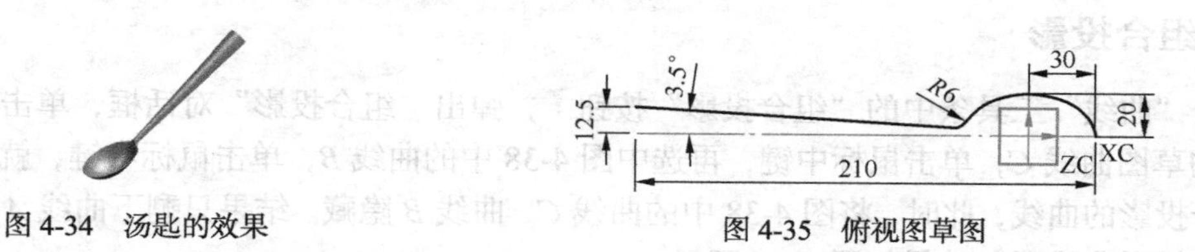

图 4-34　汤匙的效果　　　　图 4-35　俯视图草图

2. 建立主视图草图

建立完上述草图后，再以 *XC-ZC* 平面为草图平面建立主视图草图，如图 4-36 所示，图中上部用方框框住的部分实际上就是图 4-35 中的草图，下部未被框住的草图才是新作的草图，之所以将二者合在一起显示是为了说明下部分的草图与前面的草图间几个对应点的对应关系，读者在作图时是不能将这两个图这样平放的，它们之间其实是垂直关系。如图 4-38 所示的所有草图作完后的效果图。

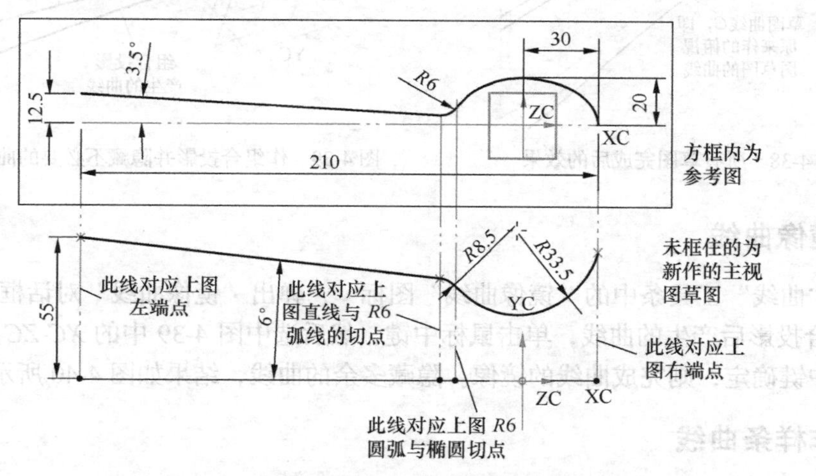

图 4-36　主视图草图（下面未被框住部分）

在作完上面的主视图草图后，还要以 *XC-ZC* 平面为草图平面，作一个用来描绘汤匙侧面外形的草图，它与主视图右端点是共点的，结果与尺寸如图 4-37 所示。

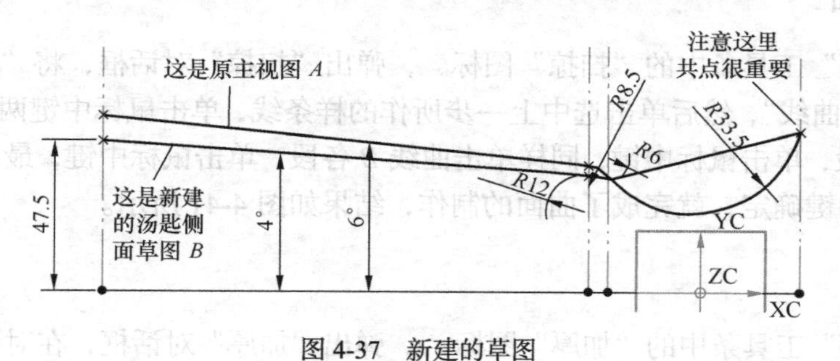

图 4-37　新建的草图

注意：上面的新草图从左到右分别是由与水平线夹角 4° 的直线、*R*12 的圆弧、*R*6 的圆弧及与右端点共点的 4 段线组成。每相邻的直线与圆弧以及圆弧与圆弧间均要相切连接。

图 4-38 所示为所有草图作完后的效果，注意图中的说明，并与前面作的图进行比较。

3. 组合投影

单击“曲线”工具条中的“组合投影”按钮，弹出“组合投影”对话框，单击选中图 4-38 中的草图曲线 *C*，单击鼠标中键，再选中图 4-38 中的曲线 *B*，单击鼠标中键，就生成了一条组合投影的曲线，此时，将图 4-38 中的曲线 *C*、曲线 *B* 隐藏。结果只剩下曲线 *A* 与刚才作的组合投影曲线了，效果如图 4-39 所示。

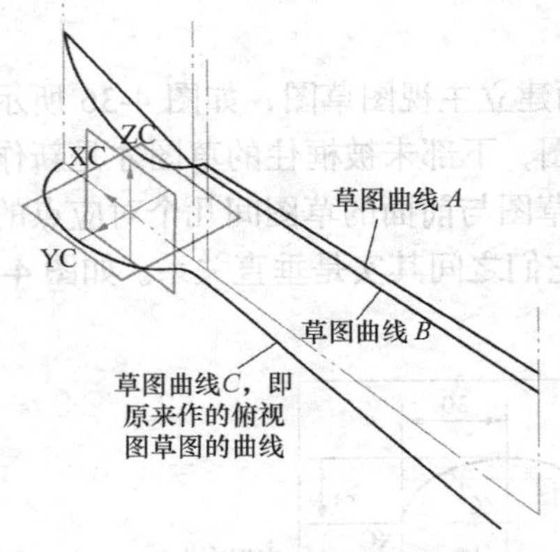

图 4-38　所有草图完成后的效果

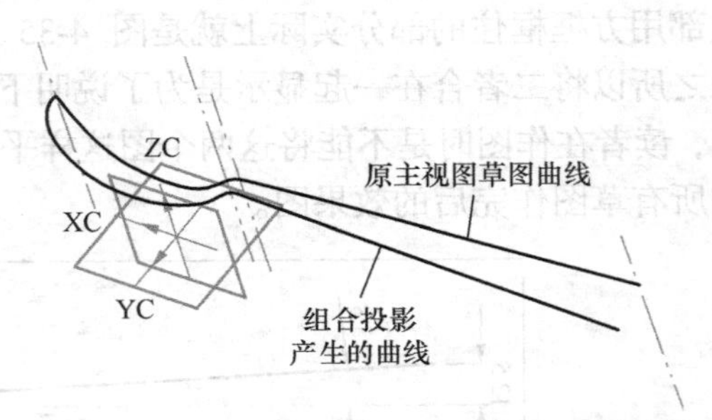

图 4-39　作组合投影并隐藏不必要的曲线后的结果

4. 镜像曲线

单击“曲线”工具条中的“镜像曲线”图标，弹出“镜像曲线”对话框，单击选中图 4-39 中组合投影后产生的曲线，单击鼠标中键，然后选中图 4-39 中的 *XC-ZC* 基准平面，再单击鼠标中键确定，则完成曲线的镜像。隐藏多余的曲线，结果如图 4-40 所示。

5. 作样条曲线

为了建立曲面，单击“曲线”工具条中的“艺术样条”图标，然后分别单击图 4-40 中的 3 条曲线的端点 *A*、*B*、*C*，最后单击鼠标中键，完成样条曲线的制作。

6. 作曲面

单击“曲面”工具条中的“扫掠”图标，弹出“扫掠”对话框，将“曲线规则”下拉框修改为“特征曲线”，然后单击选中上一步所作的样条线，单击鼠标中键两次；单击图 4-40 中的曲线 *A* 各段，单击鼠标中键，同样单击曲线 *B* 各段，单击鼠标中键，最后单击曲线 *C* 各段，单击鼠标中键确定，就完成了曲面的制作，结果如图 4-41 所示。

7. 加厚

单击“特征”工具条中的“加厚”图标，弹出“加厚”对话框，在对话框中“偏置 1”

处输入 0.5，“偏置 2”处输入 0，然后单击“确定”按钮，完成加厚操作，形成实体的汤匙。

将实体以外的内容全部隐藏起来，只剩下汤匙实体，结果如图 4-42 所示。

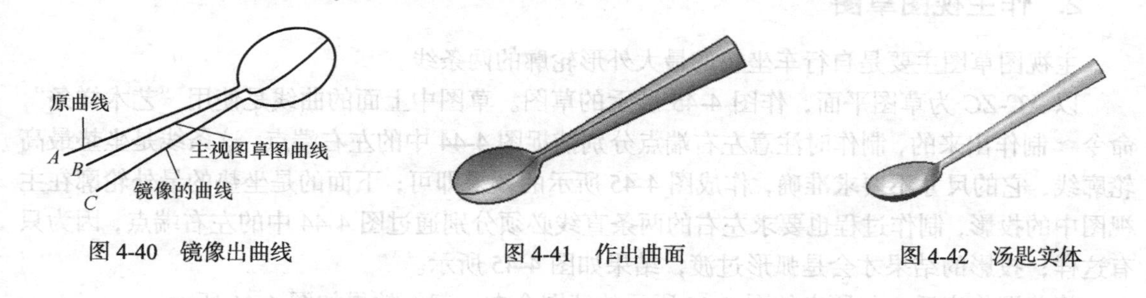

图 4-40 镜像出曲线　　图 4-41 作出曲面　　图 4-42 汤匙实体

8. 渲染处理

完成了上面的内容后，可以将汤匙赋予材料“铬”，然后进行渲染，得到图 4-34 所示的效果。渲染操作可参照前面的实例进行。

4.2.5 自行车坐垫的制作

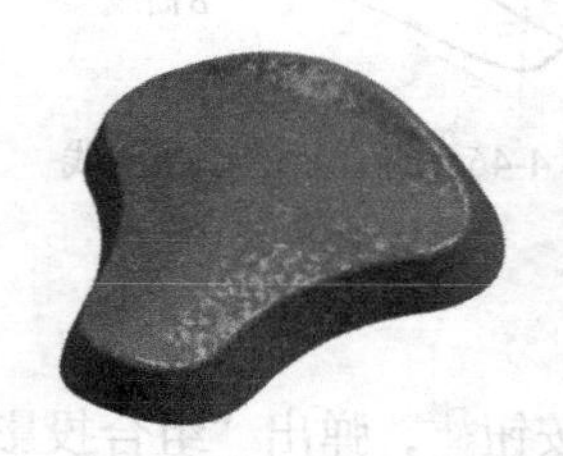

图 4-43 自行车坐垫的效果

自行车坐垫的效果如图 4-43 所示。

自行车坐垫是一个典型的曲面造型实例，用 UG 对其进行造型有其独特的优势。

分析：本例可以用投影法。作曲面的要点是要作出模型的线框模式，而线框模式则要从主、俯、前等视图分别加以描述，有时还要对产品的特征曲线进行描述。往往难度就集中在作这些视图上，初学者常常是看到曲面形状复杂，无从下手，这与操作思维不成熟、曲面作图较少及没有合适的作图方法有关。因此，对于复杂的造型，可以先分别作出不同视图的最外轮廓，并注意处理好各轮廓间的有机关联与交接点，并在适当时候对曲面进行适当的扩大与延伸，然后进行合理剪裁，最终产生所需要的结果。

下面详细说明其操作过程。

1. 作俯视图草图

启动 UG，并新建 zd-3d.prt 文件，以 *XC-YC* 平面为草图平面，并将草图命名为 FS，然后作图 4-44 所示的草图。

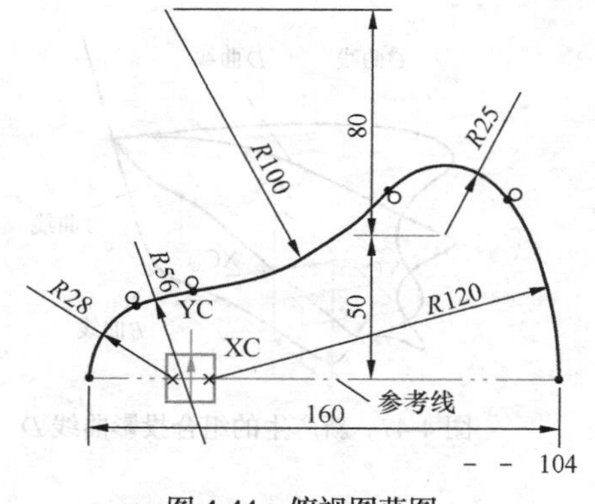

图 4-44 俯视图草图

在下面的作图过程中注意以下几点。

（1）圆弧 *R*28 与 *R*120 的圆心约束在参考线上，这是很重要的，因为如果不这样，今后作出的图可能有凹陷或凸出的情况出现，影响美观。

（2）圆弧间要两两相切，否则今后在作曲面时会碰到麻烦。

（3）参考线要约束成与 *XC* 轴共线，为后面作图提供方便。

上面的注意事项在曲面草图操作中均适用，读者可类推到其他曲面制作中。

2. 作主视图草图

主视图草图主要是自行车坐垫的最大外形轮廓的两条线。

以 *XC-ZC* 为草图平面，作图 4-45 所示的草图。草图中上面的曲线是使用“艺术样条”命令制作出来的，制作时注意左右端点分别捕捉图 4-44 中的左右端点，这条线是坐垫最高轮廓线，它的尺寸不要求准确，作成图 4-45 所示的效果即可；下面的是坐垫的最外轮廓在主视图中的投影，制作过程也要求左右的两条直线必须分别通过图 4-44 中的左右端点，因为只有这样，投影的结果才会是弧形过渡，结果如图 4-45 所示。

将草图作完后，与原来的图 4-44 所示的草图合在一起，效果如图 4-46 所示。

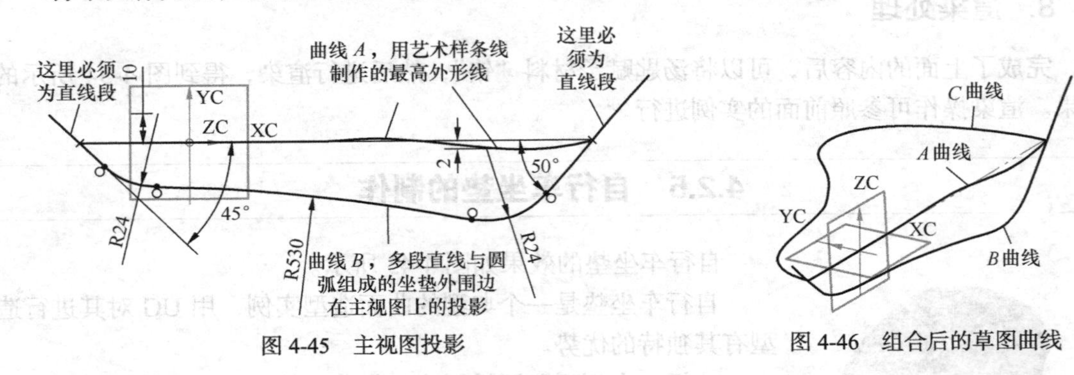

图 4-45　主视图投影　　图 4-46　组合后的草图曲线

3. 作坐垫外缘线

在作完上面的曲线后，单击“曲线”工具条中的“组合投影”按钮，弹出“组合投影”对话框，先单击图 4-46 中的 *C* 曲线，然后单击鼠标中键，再单击图 4-46 中的 *B* 曲线，单击鼠标中键确定，就会生成新的曲线 *D*，此时结果如图 4-47 所示。

单击“曲线”工具条中的“镜像曲线”按钮，然后单击刚才生成的 *D* 曲线，单击鼠标中键后选中图 4-47 中的 *XC-ZC* 基准平面，再单击鼠标中键，就生成了镜像曲线，完成镜像后，将图 4-47 中的曲线 *C*、曲线 *B* 及基准平面隐藏起来，以便于后面的操作，结果如图 4-48 所示。

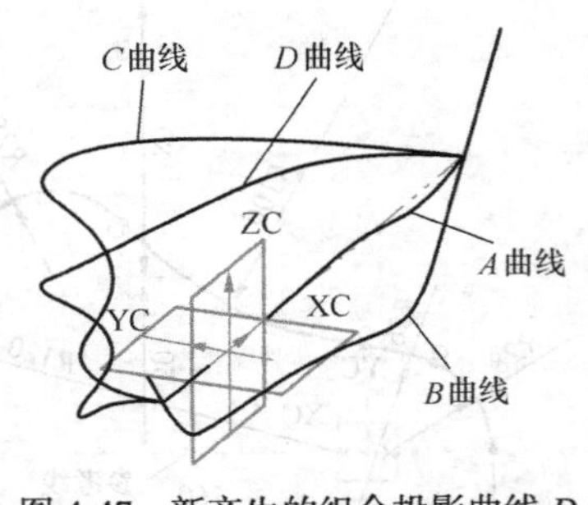

图 4-47　新产生的组合投影曲线 *D*

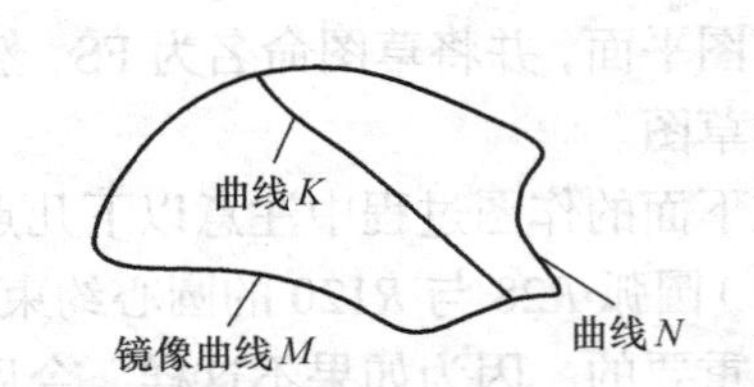

图 4-48　镜像并隐藏不必要的线与面后的结果

4. 作曲面

此时作成曲面的条件已经成熟了，但制作曲面的方法很多，如用“通过曲线网格”和

“扫掠”等均可，为了让读者尽可能多地掌握不同的操作方法与技巧，此处使用 UG 特有的“剖切曲面”命令来完成，剖切曲面有 20 种方法，这里用其中的一种方法来制作作为演示。

为了用“剖切曲面”命令，先作出两条曲线。单击“曲线”工具条上的“偏置曲线”图标，将“曲线规则”下拉框修改为“单条曲线”，在弹出的“偏置曲线”对话框中，将“类型”下拉框内容修改为“3D 轴向”，然后选中图 4-48 中的曲线 *K*，输入偏置距离为 5，并指定 *YC* 轴方向，最后单击鼠标中键确定，得到一条新曲线 *A*；以同样的方法作出一条偏置距离为 5 沿-*YC* 轴方向的新曲线 *B*，结果如图 4-49 所示。

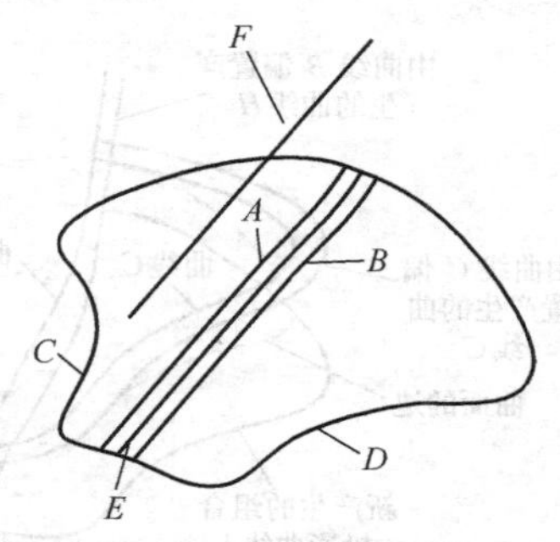

图 4-49　平移产生的新曲线 *A*、*B*

以 *XC-ZC* 平面为草图平面，作曲线 *F*，注意使曲线 *F* 的左右端点与图 4-49 中的曲线 *E* 的左右端点对齐，结果如图 4-49 所示。

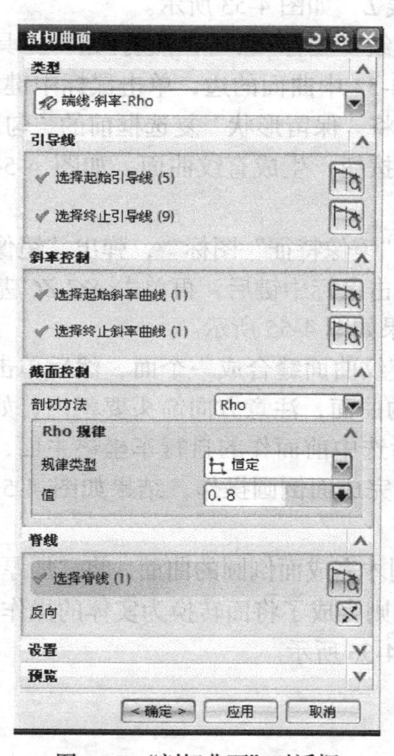

图 4-50　“剖切曲面”对话框

单击“曲面”工具条中的“剖切曲面”图标，弹出“剖切曲面”对话框，如图 4-50 所示。事实上，这里有 20 种操作曲面的方法，此处不多加叙述。将“选择条”工具条中的“曲线规则”下拉框修改为“相连曲线”，在弹出的“剖切曲面”对话框中，将“类型”下拉框内容修改为“端线-斜率-Rho”，先单击图 4-49 中的曲线 *C*（作为起始引导线），单击鼠标中键，再单击图 4-49 中的曲线 *D*（作为结束引导线），单击鼠标中键；接着单击图 4-49 中的曲线 *B*（作为起始引导线的斜率控制曲线），单击鼠标中键，再单击图 4-49 中的曲线 *A*（作为结束引导线的斜率控制曲线），单击鼠标中键；最后单击图 4-49 中的曲线 *F*（作为脊线），选定 Rho 规律类型为“恒定”，输入“Rho 规律”的值为 0.8，按鼠标中键确定后，完成曲面的制作，结果如图 4-51 所示。

5. 生成裙边与实体

将图 4-51 中不必要的曲线隐藏起来，将图 4-46 中的 *B* 曲线与 *C* 曲线显示出来，并单击“视图”工具条中的“静态线框”图标，以便将曲面显示成线框形式，结果如图 4-52 所示。

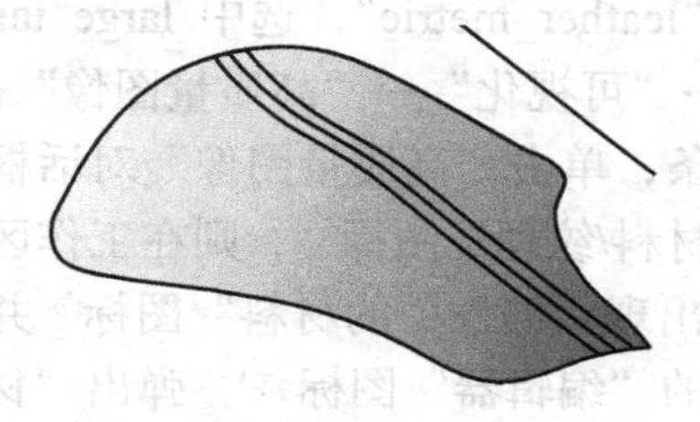
图 4-51　生成端线-斜率-Rho 曲面

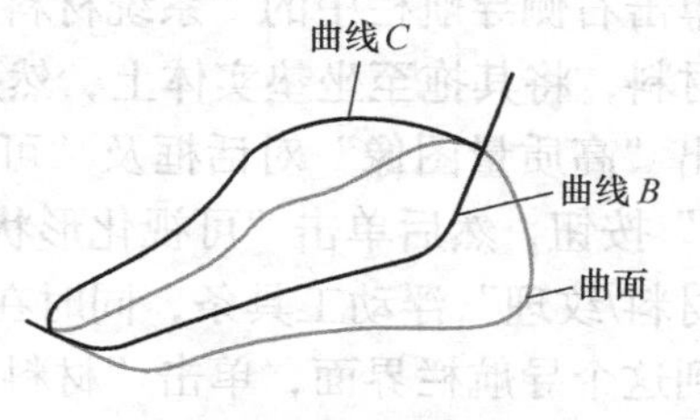

图 4-52　更新显示的结果

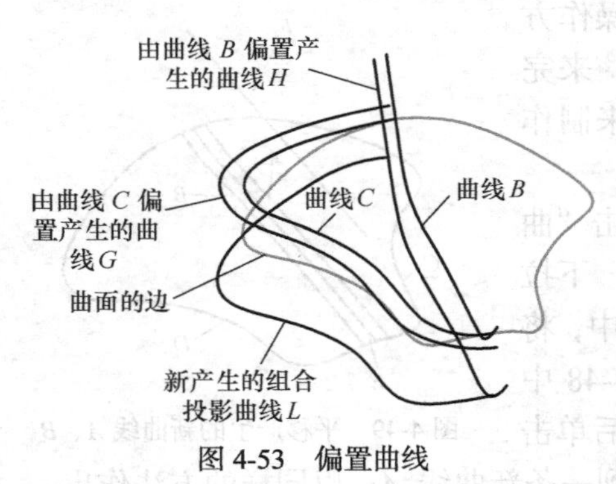

图 4-53 偏置曲线

右击图 4-52 中的曲线 C，在弹出的菜单中选择“可回滚编辑”，进入草图环境，将曲线 C 选中后，使用“偏置曲线”命令将曲线 C 向外偏置 10mm；同理，将曲线 B 向下偏置 25mm，结果如图 4-53 所示。

完成曲线偏置操作后，返回建模环境。对图 4-53 中的曲线 G 与曲线 H 进行组合投影，单击“曲线”工具条中的“组合投影”图标，单击选中曲线 G，单击鼠标中键，然后选中曲线 H，单击鼠标中键确定，将产生一个新的曲线 L，如图 4-53 所示。

完成组合投影操作后，单击“曲面”工具条中的“直纹”图标，将“选择条”工具条中的“曲线规则”下拉框修改为“相切曲线”，单击图 4-53 中曲面的边，单击鼠标中键，然后单击图 4-53 中的曲线 L，注意曲线箭头方向要相同，将“保留形状”复选框前的“勾”去掉，“对齐”下拉框修改为“弧长”，然后单击“确定”按钮，生成直纹曲面，如图 4-54 所示。

单击“特征”工具条上的“关联复制下拉菜单”下的“镜像特征”图标，弹出“镜像特征”对话框，单击选中图 4-54 中新生成的直纹曲面，单击鼠标中键后，再单击 *XC-ZC* 基准平面，最后单击鼠标中键确定，将生成镜像的曲面，结果如图 4-55 所示。

单击“特征”工具条中的“缝合”图标，将两个直纹曲面缝合成一个面，然后单击“特征”工具条中的“面倒圆”图标，先选中刚才缝合的曲面，注意方向箭头要朝内，如果不朝内，双击箭头即可改变方向，单击鼠标中键，然后选中前面作的自行车坐垫主面，注意箭头要朝下，其他为默认设置，单击“确定”按钮，完成面倒圆操作，结果如图 4-55 所示。

单击“特征”工具条中的“加厚”图标，然后单击刚才完成面倒圆的曲面，将“加厚”对话框中的“偏置 1”修改为 1，然后单击“确定”按钮，则完成了将面转换为实体的操作。现将除实体以外包括曲面在内的其他内容隐藏，结果如图 4-56 所示。

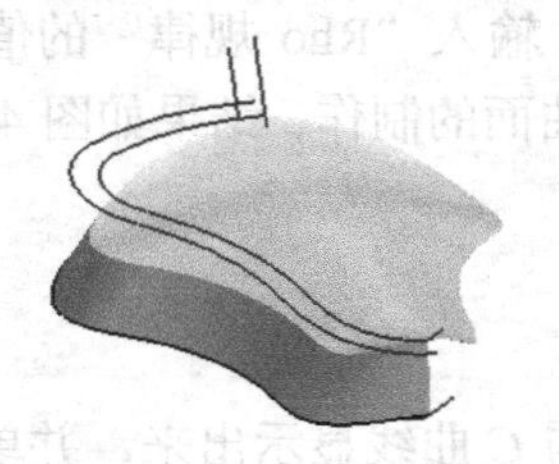
图 4-54 生成直线曲面图

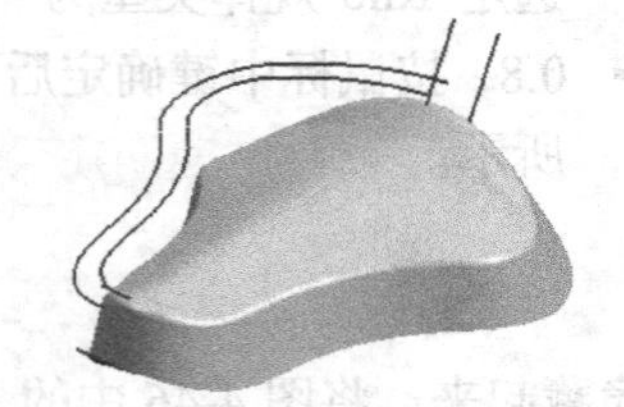
图 4-55 完成了面倒圆的曲面

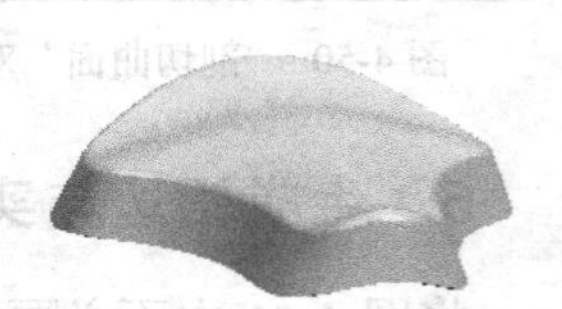
图 4-56 得到的实体模型

单击右侧导航栏中的“系统材料”图标，展开“leather_metric”，选中 large tan（皮革）材料，将其拖至坐垫实体上，然后单击“视图”→“可视化”→“高质量图像”命令，将弹出“高质量图像”对话框及“可视化形状”工具条，单击“高质量图像”对话框中的“确定”按钮，然后单击“可视化形状”工具条中的“材料/纹理”图标，则在工作区中出现“材料/纹理”浮动工具条，同时在右侧导航栏中将出现“部件中的材料”图标并自动切换到这个导航栏界面，单击“材料/纹理”工具条中的“编辑器”图标，弹出“材料编辑器”对话框，将对话框中的“凹凸”选项卡中的“类型”修改为“缠绕皮革”，并将比例扩大到 6～13 之间，然后单击“确定”按钮，接着单击“可视化形状”工具条中的“开始着色”按钮，结果如图 4-43 所示。完成着色后，可以单击“可视化形状”工具条中的“高质量图像”按钮，将弹出“高质量图像”对话框，单击其中的“保存”按钮对图像进行保存。

4.2.6　显示器后壳的制作

显示器类型很多，一般的显示器外壳虽然形状复杂，但造型还不是很难，方正科技显示器则是全曲线设计，是典型的复杂曲面造型，读者通过学习这种显示器造型，可以更加熟练地掌握曲面造型的有关知识。

制作后的效果如图 4-57 所示。

分析：本例造型形状复杂，可以使用投影法来制作。对于复杂的曲面造型，要点是要制作出模型的轮廓线架，而轮廓线架的制作，要从不同角度（主要是不同视图方向）来综合构造，作图时要先从不同方向进行审视，并选择其关键外形曲线作为轮廓线。作图时不要首先考虑细节如何作，而是首先考虑模型的主体结构，然后在主体结构上进行细化，使用叠加法来制作细节。

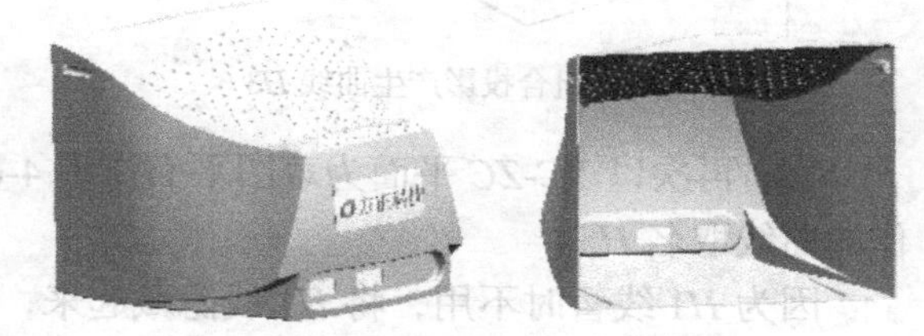

图 4-57　FZ770-KD 显示器效果

显示器后壳的制作过程如下。

（1）启动 UG 后，新建 xsq-3d.prt 文件，然后以 *YC-ZC* 平面为草图平面制作图 4-58 所示的草图。作此草图时注意，圆弧 *R*225 的圆心与左端点距离为 10，*R*75 的弧与左侧距离 336，总长 380，见图中标注。为便于操作，将由此草图产生的曲线称为 *H*1 线。

（2）作完上面的草图后，再以 *XC-YC* 平面为草图平面，作图 4-59 所示的草图。将由此产生的曲线称为 *H*2 线。圆弧 *R*330 的圆心在参考线 *A* 的延长线上，作参考线 *A*、*B* 时要分别捕捉到上一草图的两个端点。

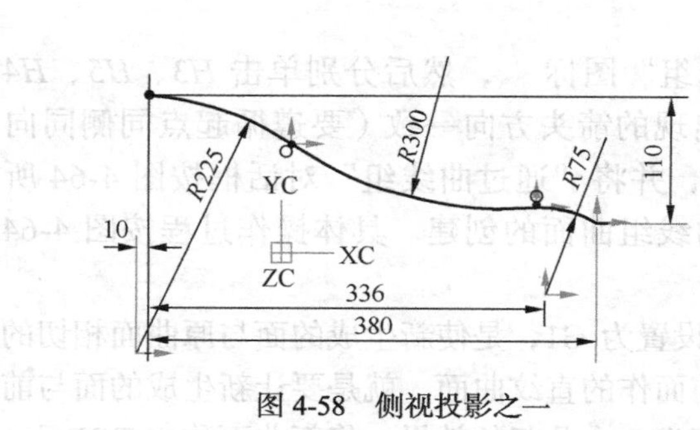

图 4-58　侧视投影之一

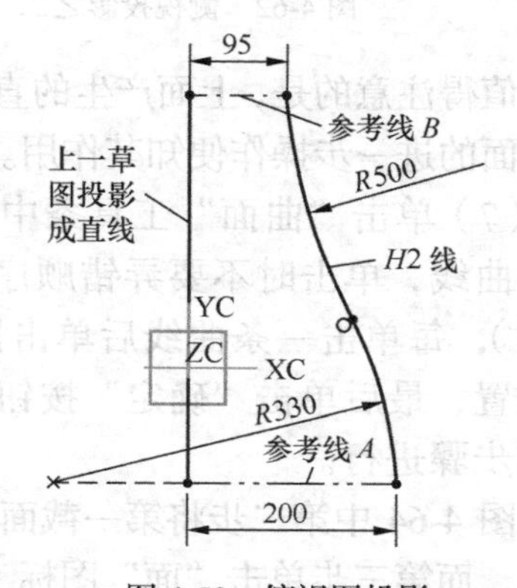

图 4-59　俯视图投影

（3）单击“曲线”工具条中的“组合投影”按钮，将弹出“组合投影”对话框，单击曲线 *H*1，单击鼠标中键，然后单击曲线 *H*2，单击鼠标中键确定，就产生了新的曲线 *H*3，如图 4-60 所示。

（4）单击“曲线”工具条中的“镜像曲线”按钮，单击曲线 *H*3，单击鼠标中键，然后单击选中图 4-60 中的 *YC-ZC* 基准平面，最后单击鼠标中键，就产生一条镜像的曲线，称之为 *H*4 线。

作到此时，因为 *H*2 线对下面操作作用不大，因此，可以将 *H*2 线隐藏，这样操作方便些，结果如图 4-61 所示。

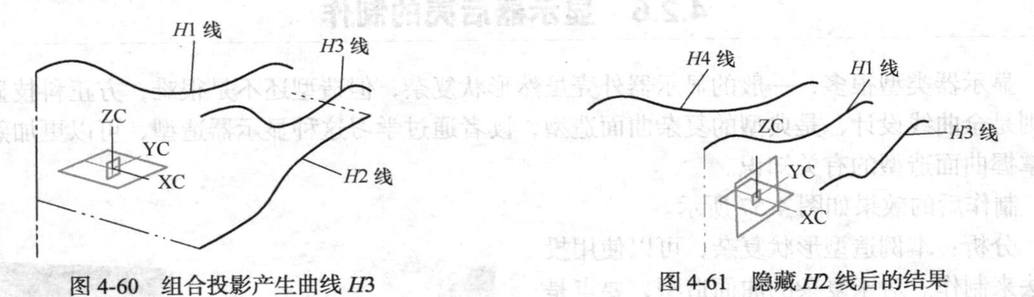

图 4-60　组合投影产生曲线 *H*3

图 4-61　隐藏 *H*2 线后的结果

（5）再次以 *YC-ZC* 平面为草图平面作图 4-62 所示的草图，注意与原来的 *H*1 线比较，新作的曲线取名 *H*5。

因为 *H*1 线暂时不用，将 *H*1 线隐藏起来，便于后面的操作。

（6）单击“曲面”工具条中的“直纹”图标，将弹出“直纹”对话框，单击曲线 *H*3，单击鼠标中键后，再单击曲线 *H*4，注意曲线箭头方向要相同，将“保留形状”复选框前的“钩”去掉，“对齐”下拉框修改为“弧长”，确定后，得到直纹曲面，如图 4-63 所示。

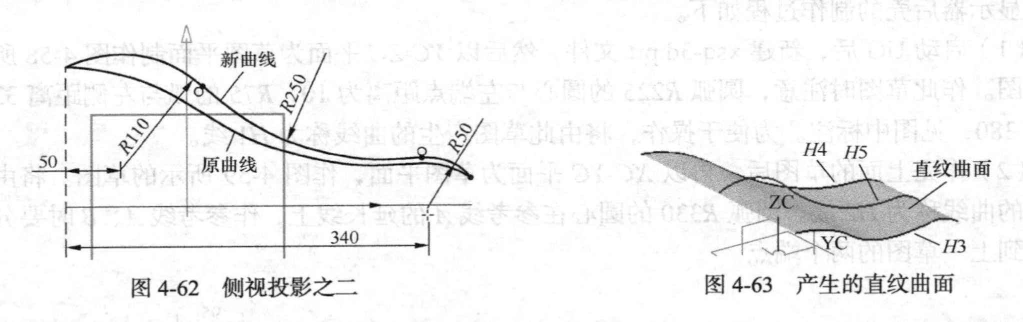

图 4-62　侧视投影之二

图 4-63　产生的直纹曲面

值得注意的是，上面产生的直纹曲面是为下面作显示器上表面而准备的，因此是辅助面，看下面的进一步操作便知其作用。

（7）单击“曲面”工具条中的“通过曲线组”图标，然后分别单击 *H*3、*H*5、*H*4 三条曲线，单击时不要弄错顺序，且要保证出现的箭头方向一致（要遵循起点同侧同向原则），每单击一条曲线后单击鼠标中键一次，并将“通过曲线组”对话框按图 4-64 所示设置，最后单击“确定”按钮，完成通过曲线组曲面的创建。具体操作过程按图 4-64 中的步骤进行。

图 4-64 中第二步将第一截面与最后截面均设置为 G1，是使新生成的面与原曲面相切的意思，而第三步单击“面”图标，然后选中前面作的直纹曲面，就是要让新生成的面与前面的直纹曲面相切。这个操作步骤能使新曲面产生一个凸起的效果。将新曲面称为 TOP 面，以后会用到，结果如图 4-65 所示。

（8）现在将 TOP 面及前面的直纹曲面均隐藏起来，以便于后面操作，右击曲面后单击弹出的快捷菜单中的“隐藏”命令，完成隐藏操作。

图 4-64 “通过曲线组”对话框

（9）以 *YC-ZC* 平面为草图平面，作图 4-66 所示的草图，作为另一曲线的基线，称其为 *H6*。

（10）以 *XC-YC* 平面为草图平面作图 4-67 所示的草图，称其曲线为 *H7*。注意 *H7* 与原来的曲线 *H2* 的下端点是共点的，且与 *H2* 相切。

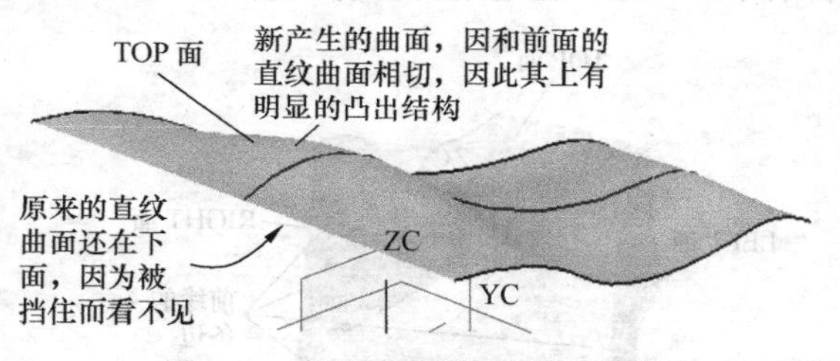

图 4-65 新生成的通过曲线组曲面

（11）以与步骤（3）类似的方法，用“组合投影”命令对曲线 *H6*、*H7* 进行组合投影，从而产生曲线 *H8*，然后将 *H6*、*H7* 隐藏起来，结果如图 4-68 所示。

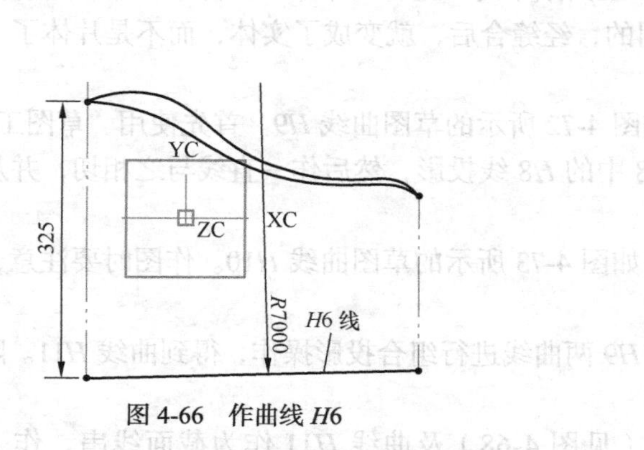

图 4-66 作曲线 *H6*

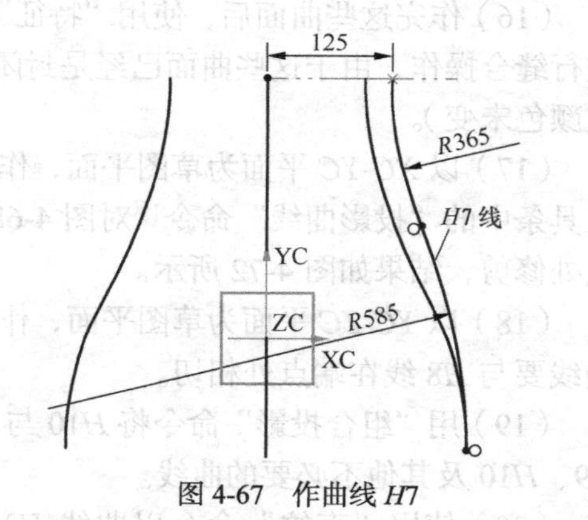

图 4-67 作曲线 *H7*

（12）以 *H3*、*H8* 为直纹曲面的两截面线串，作直纹曲面 RIGHT，并用 *YC-ZC* 平面为镜像面对刚才作的直纹曲面 RIGHT 进行镜像，得到另一个曲面 LEFT，结果如图 4-69 所示。

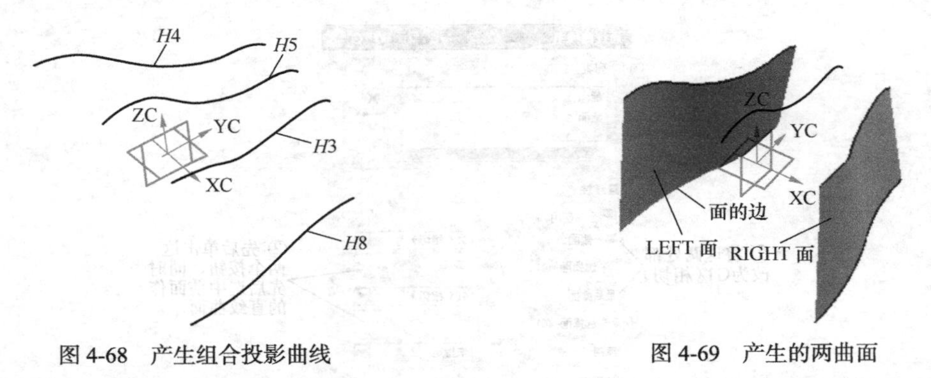

图 4-68 产生组合投影曲线　　图 4-69 产生的两曲面

（13）以上面的曲线 *H*8 及 LEFT 面的边（见图 4-69 标注）作直纹曲面，从而形成底面 BOTTOM。

（14）单击“实用工具”工具条上的“显示”图标，单击选中 TOP 面，然后单击鼠标中键确定，恢复显示 TOP 面，这样，就显示了刚才作的显示器外围的 4 个面，结果如图 4-70 所示。

（15）单击“曲面”工具条中的“通过曲线网格”图标，然后单击图 4-70 中前缘的 4 条边的左侧边后，单击鼠标中键，单击右侧边后单击鼠标中键两次，再单击上侧边后单击鼠标中键，单击下侧边后单击鼠标中键两次，就形成了前面的曲面 FRONT，同理，可得后面的曲面 BACK。经过这样操作后，显示器四周的曲面就都绘制好了，结果如图 4-71 所示。

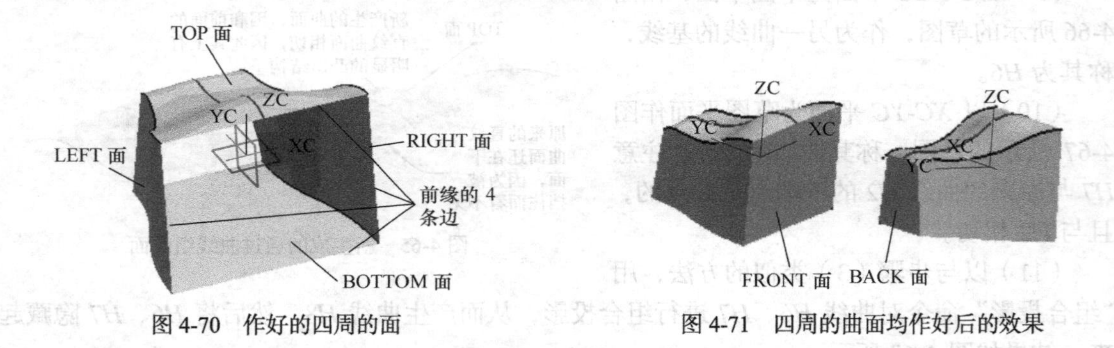

图 4-70 作好的四周的面　　图 4-71 四周的曲面均作好后的效果

（16）作完这些曲面后，使用“特征”工具条中的“缝合”命令，将显示器的所有曲面进行缝合操作，由于这些曲面已经是封闭的，经缝合后，就变成了实体，而不是片体了（不过颜色未变）。

（17）以 *XC-YC* 平面为草图平面，作图 4-72 所示的草图曲线 *H*9。首先使用“草图工具”工具条中的“投影曲线”命令对图 4-68 中的 *H*8 线投影，然后作一直线与之相切，并从切点处修剪，结果如图 4-72 所示。

（18）以 *YC-ZC* 平面为草图平面，作如图 4-73 所示的草图曲线 *H*10。作图时要注意，此曲线要与 *H*8 线在端点处相切。

（19）用“组合投影”命令将 *H*10 与 *H*9 两曲线进行组合投影操作，得到曲线 *H*11。隐藏 *H*9、*H*10 及其他不必要的曲线。

（20）使用“直纹”命令以曲线 *H*3（见图 4-68）及曲线 *H*11 作为截面线串，作一直纹曲面 *R*，然后再按前面的方法，以 *YC-ZC* 平面为镜像平面，对此曲面作镜像，得到另一曲面 *L*。

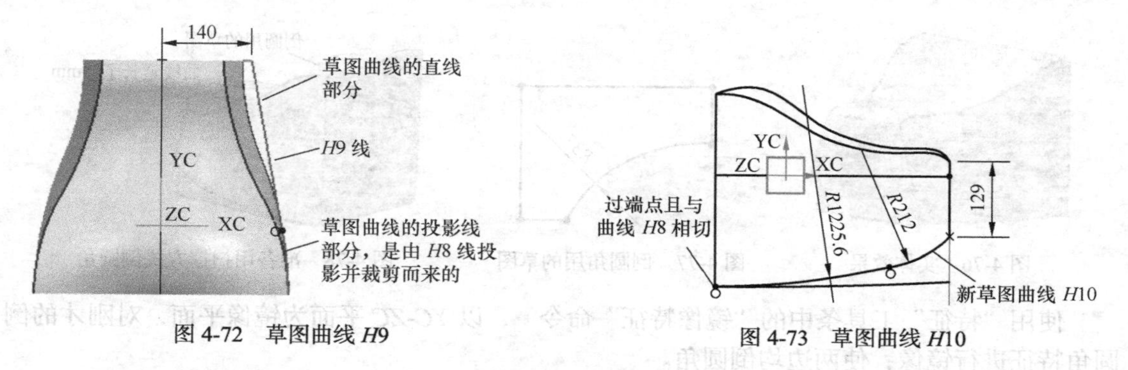

图 4-72　草图曲线 H9　　　图 4-73　草图曲线 H10

（21）隐藏第（16）步中用“缝合”命令作出来的实体，然后再次以 *YC-ZC* 平面为草图平面，作图 4-74 所示的草图。这个草图曲线是由片体的边及曲线 *H*3、*H*10 投影得来的封闭曲线，投影时将“曲线规则”下拉框修改为“单条曲线”，同时将“投影曲线”对话框上的“关联”勾选上。

（22）完成草图后，使用“特征”工具条中的“拉伸”图标，对上一步作的草图进行拉伸，在“拉伸”对话框中，将“开始”与“结束”处均设置为“贯通”，如图 4-75 所示。确定后，得到拉伸的实体。

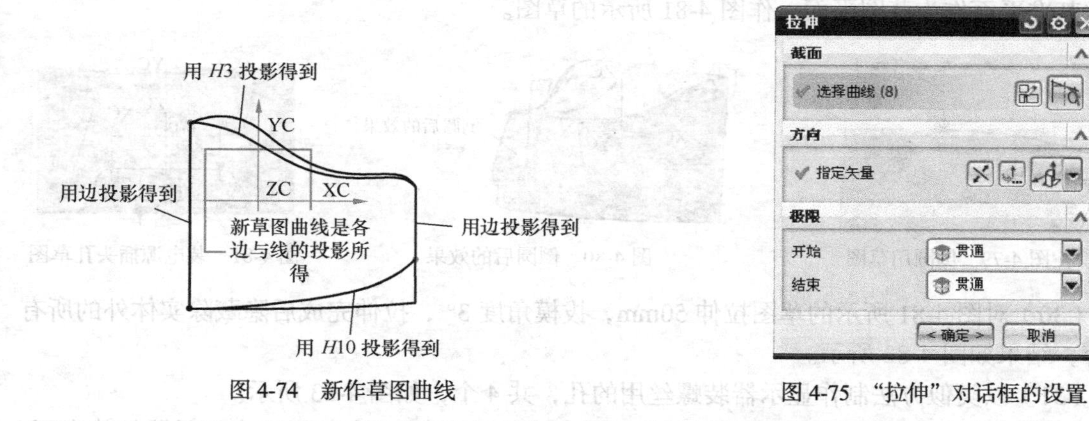

图 4-74　新作草图曲线　　　图 4-75 “拉伸”对话框的设置

（23）将第（16）步中缝合的实体显示出来，于是这个实体与刚才作的实体相互重叠，使用“特征”工具条中的“求和”命令，将刚才的两个实体合并成一个实体，然后将所有实体外的对象隐藏起来，结果如图 4-76 所示。

（24）以显示器的前面为草图平面，作如图 4-77 所示的草图，为显示器进行边倒圆做准备。

（25）显示倒圆角处的曲线 *H*3（显示器右上角），然后单击“编辑曲线”工具条中的“曲线长度”图标，或单击“编辑”→“曲线”→“长度”命令，弹出“曲线长度”对话框，然后单击 *H*3 曲线靠近显示器后背部的曲线段，将显示的数值文本框 全部 55.401 中的数值增加 10，则 *H*3 曲线被加长了 10mm，这样做是防止倒圆角时出现倒不完全的现象。结果如图 4-78 所示。

（26）单击“特征”工具条中的“沿导引线扫掠”图标，先选中图 4-78 中倒圆角用的草图，单击鼠标中键后，再选择图 4-77 中延长 10mm 后的 *H*3 曲线，选择“求差”布尔操作，选中显示器实体后单击鼠标中键，圆角就倒好了。

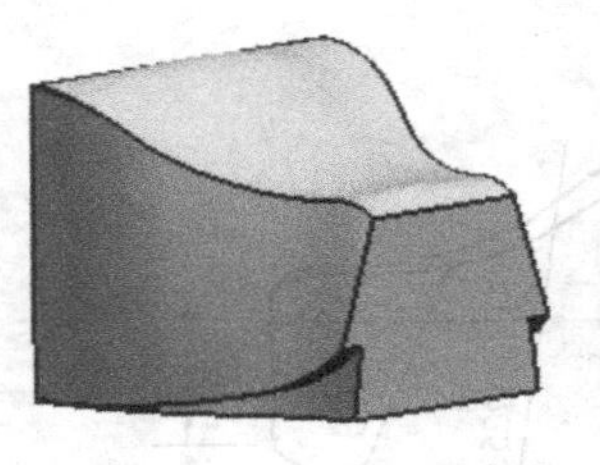

图 4-76　实体效果

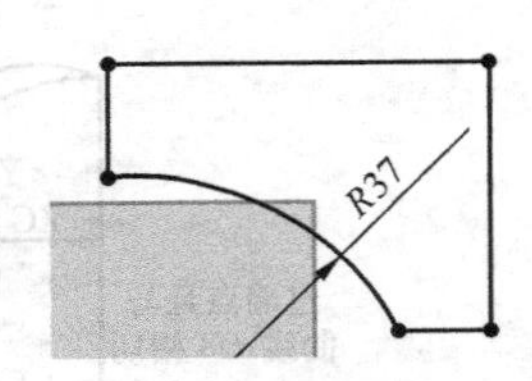

图 4-77　倒圆角用的草图

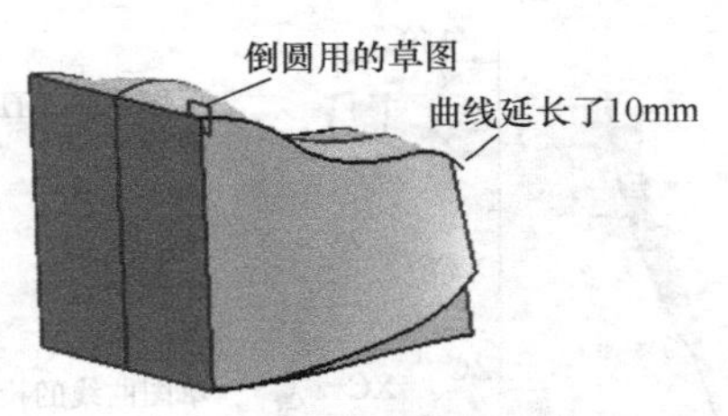

图 4-78　准备用扫掠方式倒圆角

使用“特征”工具条中的“镜像特征”命令，以 *YC-ZC* 平面为镜像平面，对刚才的倒圆角特征进行镜像，使两边均倒圆角。

（27）以 *YC-ZC* 平面为草图平面，作如图 4-79 所示的草图。注意，参考线 *B* 是显示器后背的中曲线，参考线 *A* 在参考线 *B* 的中点位置，*R*500 圆弧要与参考线 *B* 相切。

（28）使用“特征”工具条中的“回转”命令，对图 4-79 中的草图进行回转，以参考线 *A* 作为回转轴，并选择“求差”布尔操作，最终完成倒圆操作，结果如图 4-80 所示。

（29）使用“特征”工具条中“基准平面”命令，建立一个与显示器前端面的距离为 400 的基准平面，使基准平面处在显示器的尾部（如果方向不对，单击“反向”按钮），并以此基准平面作为草图平面，作图 4-81 所示的草图。

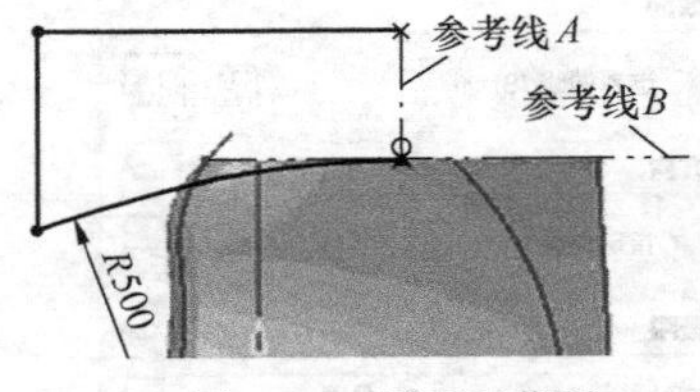

图 4-79　倒圆用草图

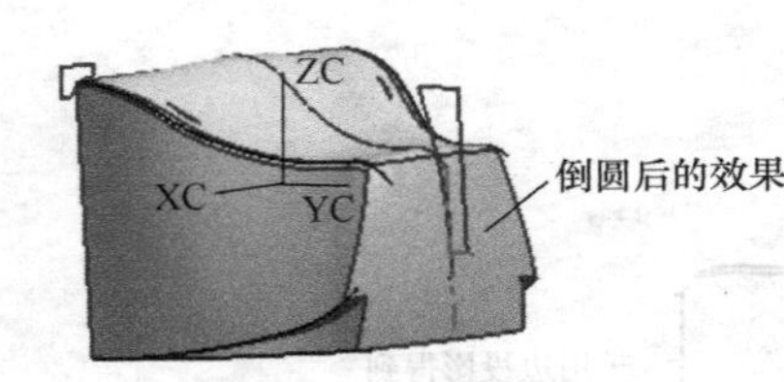

图 4-80　倒圆后的效果

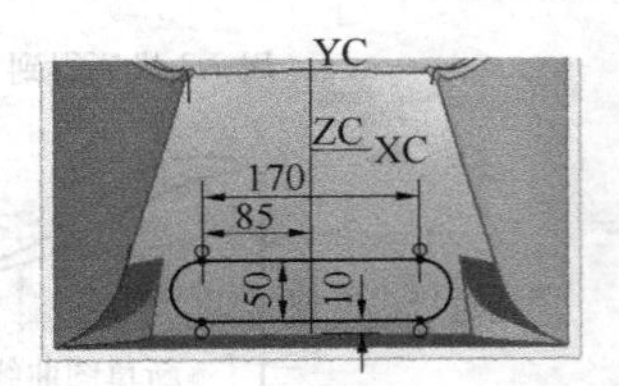

图 4-81　装电源插头孔草图

（30）对图 4-81 所示的草图拉伸 50mm，拔模角度 3°，拉伸完成后隐藏除实体外的所有内容，结果如图 4-82 所示。

（31）以类似方法制作显示器装螺丝用的孔，共 4 个，如图 4-83 所示。

（32）完成以上操作后，单击“特征”工具条中的“抽壳”图标，选中显示器的前表面，输入“厚度”值 2，单击鼠标中键确定，得到图 4-84 所示的结果。

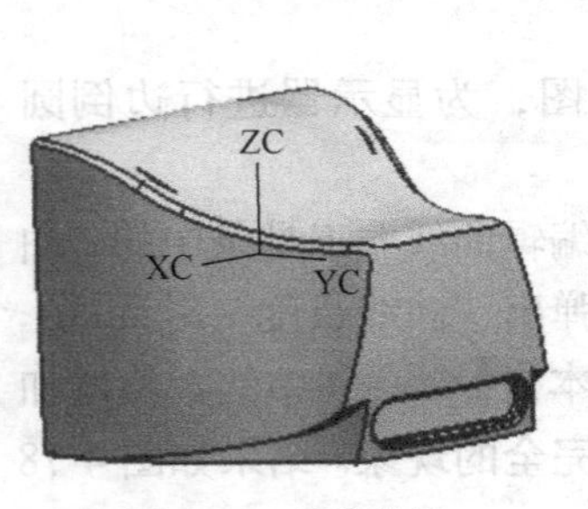

图 4-82　拉伸结果

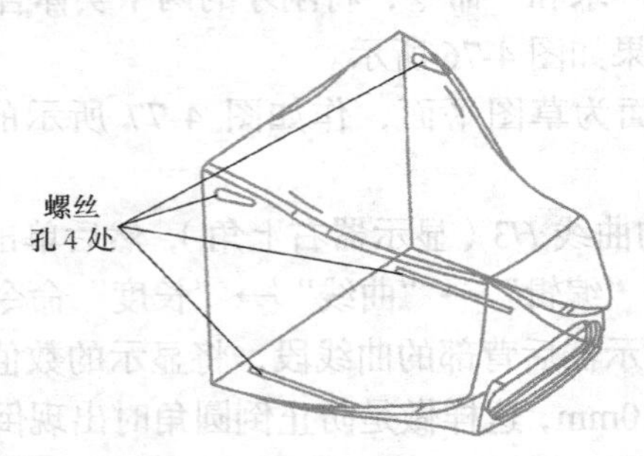

图 4-83　作出装螺丝用的 4 个孔

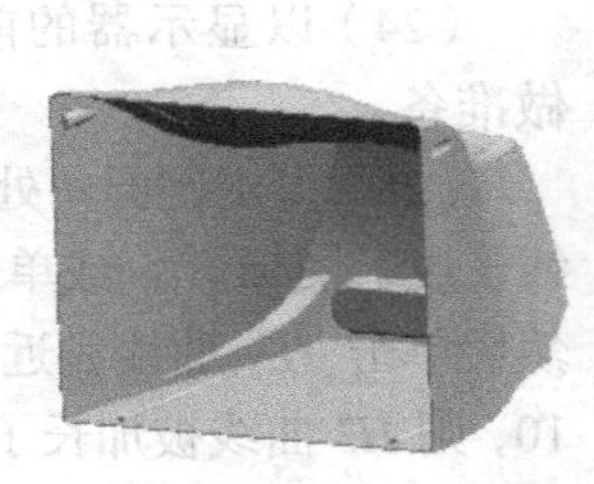

图 4-84　抽壳后的结果

（33）作散热孔。显示器上表面与两侧面均有散热孔，操作过程类似，以上表面的孔作示例，其余孔的操作过程不详述。

使用“基准平面”命令，建立一个与 XC-YC 平面的距离为 300 的基准平面，使基准平面处在显示器的上部，然后以此基准平面为草图平面作图 4-85 所示的草图。

由于草图中孔数多，没有标注尺寸，读者可以按两孔间距离为 10～15mm 制作，孔径为 4～6mm，作成类似形状即可。作草图时可借助“偏置曲线”命令、“镜像曲线”命令、“阵列曲线”命令等来进行。完成草图后，使用拉伸命令并求差成孔，然后隐藏不必要的草图，即可得到图 4-86 所示的效果。

（34）作显示器后面的标牌，其操作过程如下。

① 单击“特征”工具条中的“抽取体”图标，弹出“抽取体”对话框，如图 4-87 所示。单击选中显示器后面的曲面，并单击鼠标中键，就生成了一个曲面，为操作方便，将此抽取的面称为 *M* 面，此时，*M* 面与显示器后部的实体重叠，但颜色不同。

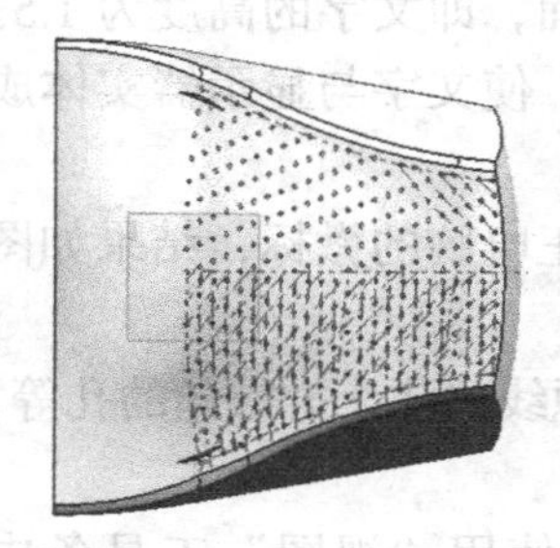

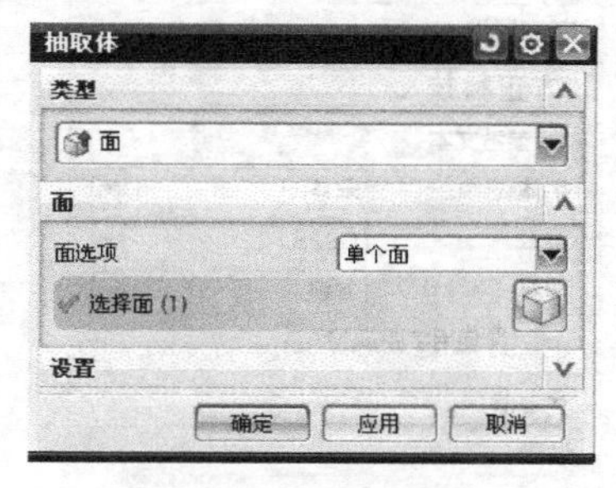

图 4-85　散热孔草图　　图 4-86　生成散热孔　　图 4-87　“抽取体”对话框

使用“实例几何体”命令将 *M* 面平移 1.5 复制一个面，使复制的面在左，称为 *L* 面，“实例几何体”对话框的内容设置如图 4-88 所示；同理平移 1.5 复制一个面，使复制的面在右，称为 *R* 面。

② 使用“特征”工具条中“基准平面”命令，建立一个与显示器前端面的距离为 420 的基准平面，使基准平面处在显示器的尾部（如果方向不对，单击“反向”按钮），并以此基准平面作为草图平面，作图 4-89 所示的草图。作草图时可先作一个中心在原点，长 100，宽 60 的矩形并倒四周圆角 R10，最后用“偏置曲线”命令向内偏置 2。

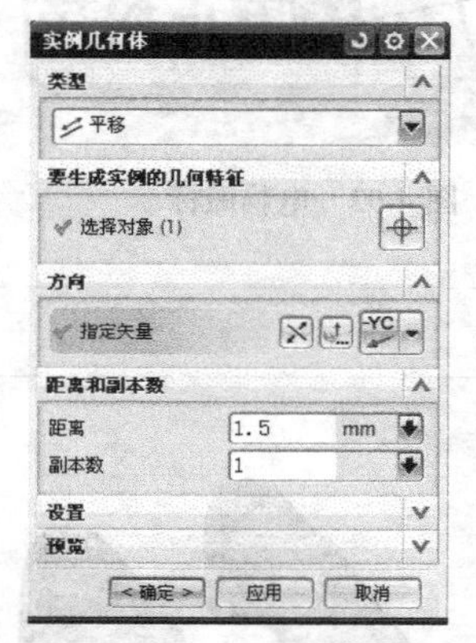

图 4-88　“实例几何体”对话框

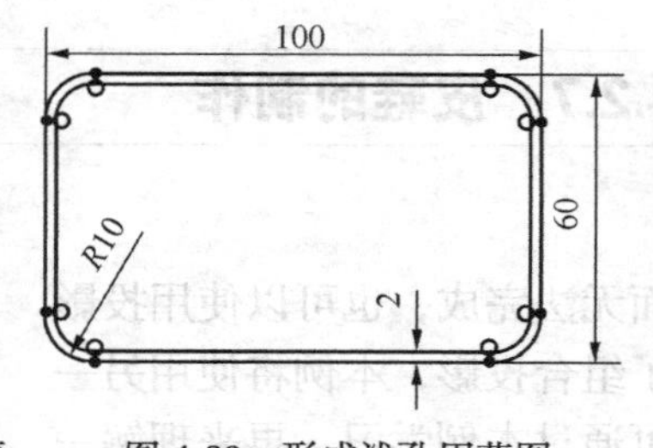

图 4-89　形成浅孔用草图

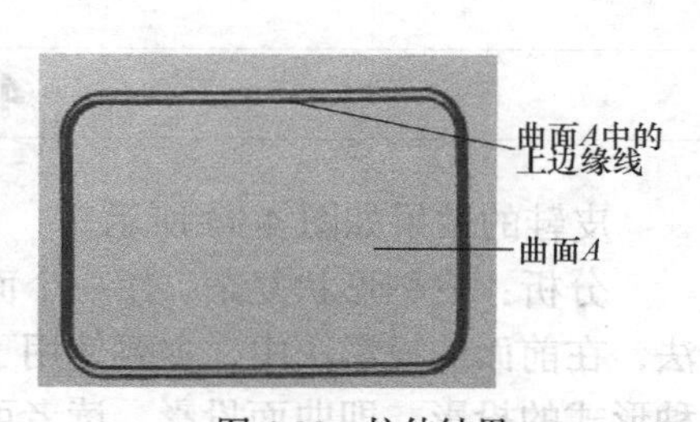

图 4-90　拉伸结果

③ 使用“拉伸”命令对图 4-89 所示的草图进行拉伸，在拉伸过程中，将“结束”修改为“直至延伸部分”，然后选中拉伸 *L* 面，并选择“求差”布尔操作，结果如图 4-90 所示。

图 4-91 “文本”对话框

④ 制作文字。单击“曲线”工具条中的“文本”图标A，打开图 4-91 所示的“文本”对话框，将“类型”修改为“面上”，然后单击选中图 4-90 所示的曲面 *A*，单击鼠标中键，单击选中图 4-90 所示的曲面 *A* 中的边缘线，选择“宋体”字体，输入“方正科技”4 个字，根据图 4-92 所示的文字说明进行调整，就得到所需的文字效果。

UG 的文字操作功能非常强大，读者可以试一下“曲线上”与“平面副”的文字功能，前面在作公章时用到过“曲线上”文字功能。

⑤ 将文字拉伸到前面作的 *R* 面，即文字的高度为 1.5。拉伸过程中使用“求和”布尔操作，使文字与显示器实体成为一个整体。

⑥ 与上面操作类似，制作方正电脑的徽标，结果如图 4-93 所示。

（35）制作其余的孔，如插电源线的孔，拧螺丝的孔等，读者可自行完成。

（36）隐藏不必要的内容，并使用“视图”工具条中的“着色”命令显示方式，保存文件，结果如图 4-57 所示。

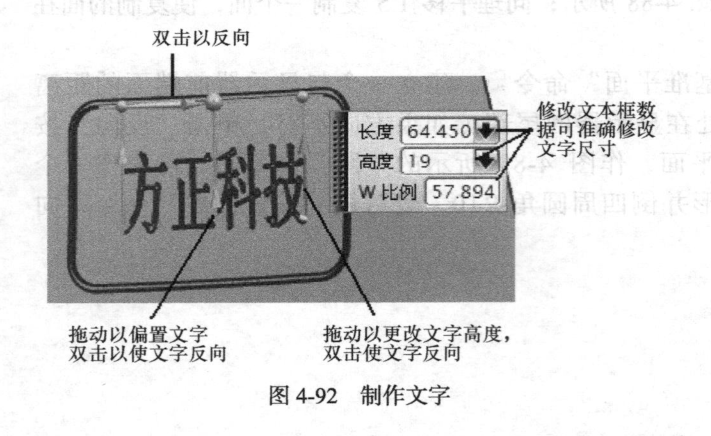

图 4-92 制作文字

图 4-93 电脑徽标

4.2.7 皮鞋的制作

皮鞋的效果如图 4-94 所示。

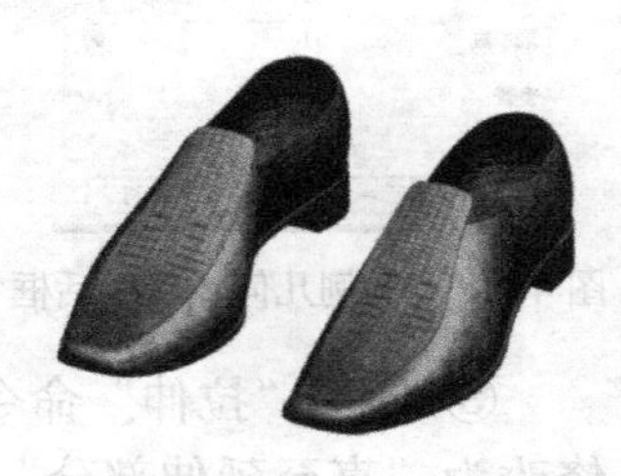

图 4-94 皮鞋的效果

分析：皮鞋形状复杂，用一个面无法完成，也可以使用投影法，在前面的投影法中，主要使用了组合投影，本例将使用另一种形式的投影，即曲面投影。读者可通过本例学习，再来理解一下投影的多种方法，并试着用这种曲面投影的方法对前面的例题进行重作。

下面详细讲解其制作过程。

1. 作鞋底草图

启动 UG，并新建 pixie-3d.prt 文件，然后以 *XC-YC* 平面为草图平面作图 4-95 所示的鞋底草图 A。

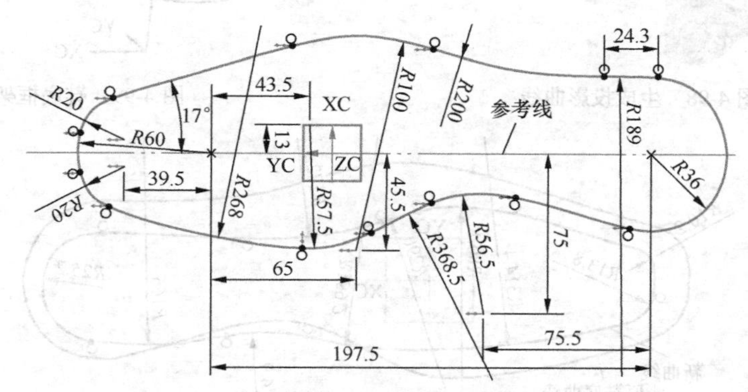

图 4-95　鞋底草图 A

上面的草图较为复杂，在作图时注意各相邻两弧及直线间要相切，参考线与 *YC* 轴共线，左端圆弧 *R*60 与右端圆弧 *R*36 的中心在参考线上。

2. 制作鞋底框架曲线

（1）上面的草图作完后，使用“特征”工具条中的“拉伸”命令，将图 4-95 中的草图曲线拉伸为片体，长度为 200，就得到图 4-96 所示的效果。

（2）以 *YC-ZC* 平面为草图平面作图 4-97 所示的草图。

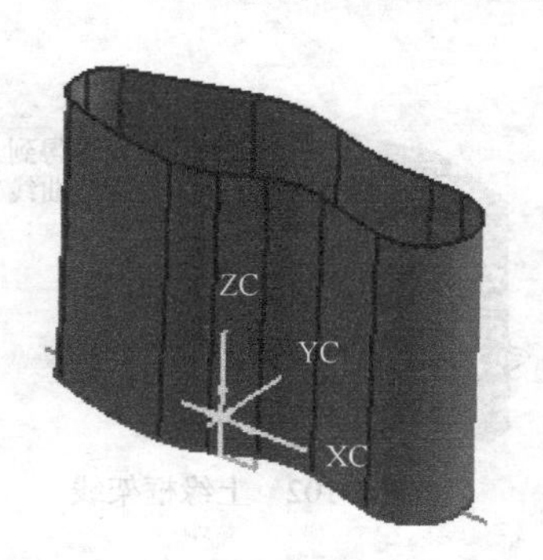

图 4-96　拉伸成片体

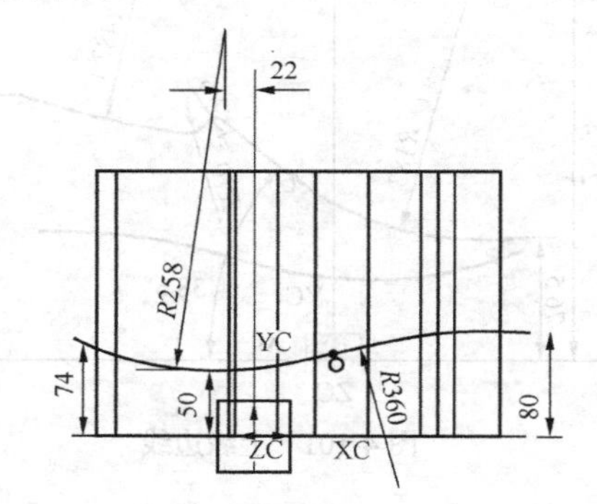

图 4-97　鞋底侧面视图草图

（3）单击“曲线”工具条中的“投影曲线”图标，再单击图 4-97 中的草图曲线，然后选中图 4-96 中的 *YC* 正向的曲面（共 7 个），将“投影方向”修改为沿矢量并指定为 *YC* 轴方向，最后单击“应用”按钮，就产生了投影曲线；同理，选中图 4-96 中的-*YC* 方向的曲面（共 8 个）进行投影得到余下的投影曲线（注意投影方向改为-*YC* 即可），结果如图 4-98 所示。

为了操作方便，把不必要的内容隐藏，使工作区中只剩鞋底框架，如图 4-99 所示。

3. 创建上缘框架曲线

其实这一步骤与前面的步骤操作相同，只是草图不同。

（1）以 *XC-YC* 平面为草图平面创建一个类似图 4-95 的草图，如图 4-100 所示。

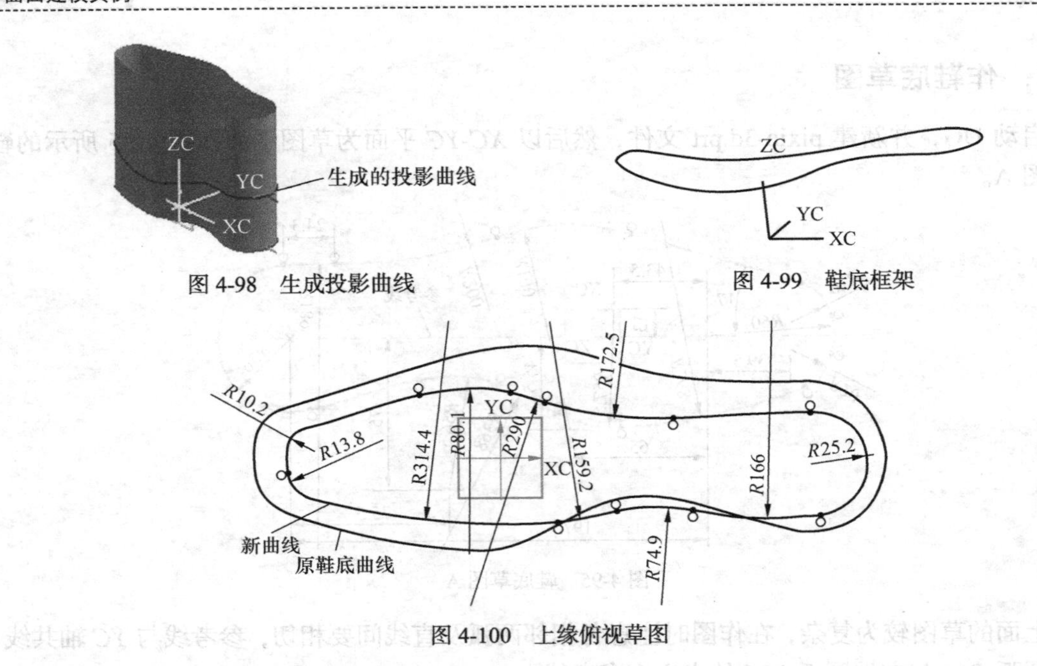

图 4-98　生成投影曲线

图 4-99　鞋底框架

图 4-100　上缘俯视草图

（2）将上面的草图拉伸成片体。

（3）再以 *YC-ZC* 为草图平面，作图 4-101 所示的草图，操作类似于步骤 2-（2）。

（4）将上面作的边线投影到拉伸的曲面上，得到上缘线框架，结果如图 4-102 所示。

（5）隐藏不必要的曲线，得到图 4-103 所示的皮鞋总框架线。

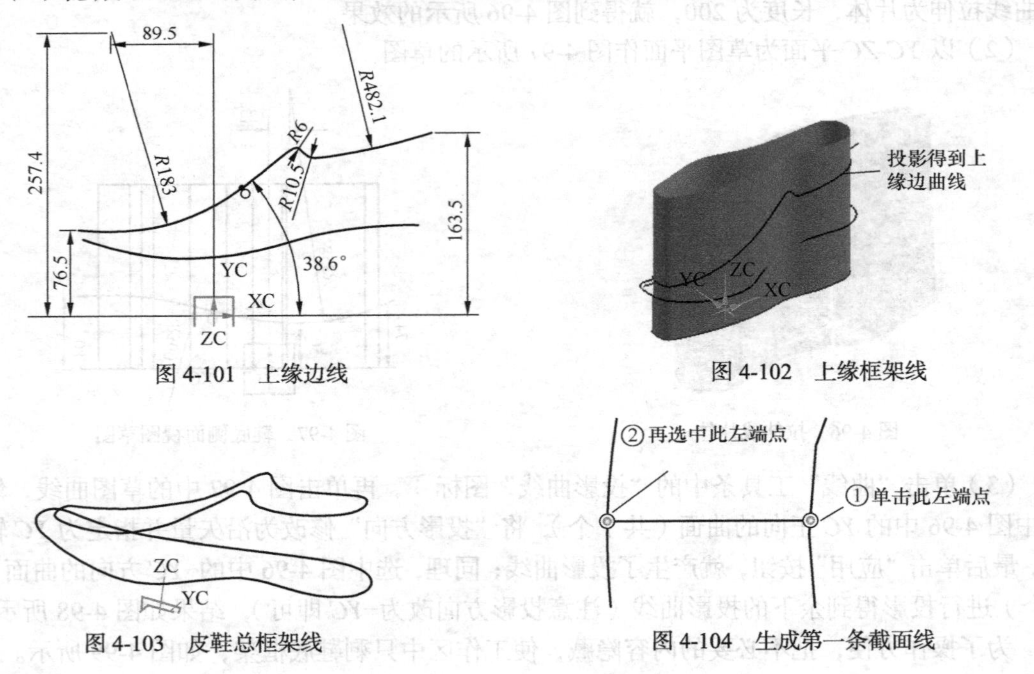

图 4-101　上缘边线

图 4-102　上缘框架线

图 4-103　皮鞋总框架线

图 4-104　生成第一条截面线

4. 创建截面线

单击“曲线”工具条中的“艺术样条”图标～，然后分别选择图 4-103 所示皮鞋上缘框架和鞋底框架的左端端点，确定后得到一条样条线，但它是直线，如图 4-104 所示。然后在工作区中右击鼠标，将弹出快捷菜单，单击“定向视图”→“前视图”命令，双击刚才作的曲线，在曲线中部的适当位置单击两次得到两个点，然后移动这两个点，使曲线弯曲成图 4-105 所示的样式。效果满意后单击鼠标中键确定，即可得到第一条曲线；用同样的方法，可以得到其他几条截面线，如图 4-106 所示。

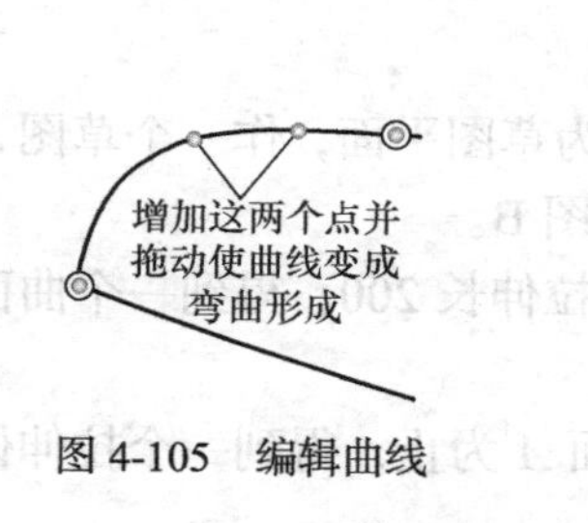

图 4-105　编辑曲线

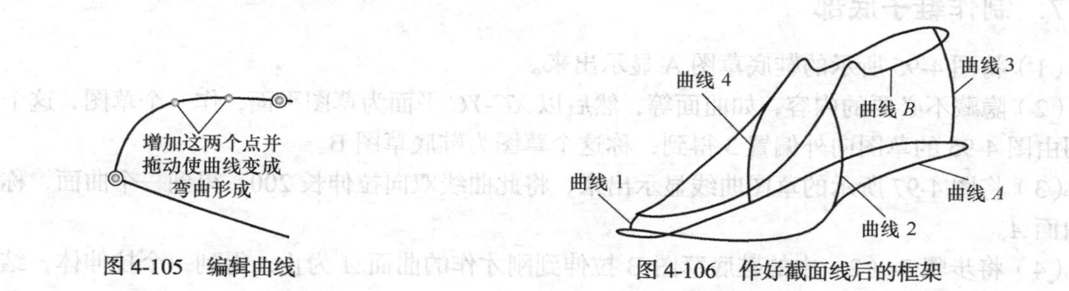

图 4-106　作好截面线后的框架

5. 作鞋子表面曲面

单击“曲面”工具条中的“通过曲线网格”图标，将“曲线规则”下拉框修改为“相连曲线”，单击图 4-106 中的曲线 *A*，单击鼠标中键，再单击曲线 *B*，单击鼠标中键两次；然后依次单击曲线 1～4，每单击一次曲线就要单击鼠标中键一次，最后再次单击曲线 1，并单击鼠标中键两次，就生成鞋子的四周表面，结果如图 4-107 所示。作曲面时，注意选择曲线时起点与方向要相同。

用步骤 4 中作截面线的方法，使用“艺术样条”命令作图 4-107 中的两条曲线。用这两条样条线加上曲面的边线来绘制一个鞋表面。

依照上面的方法，使用“通过曲线网格”命令作出鞋子的表面，结果如图 4-108 所示。

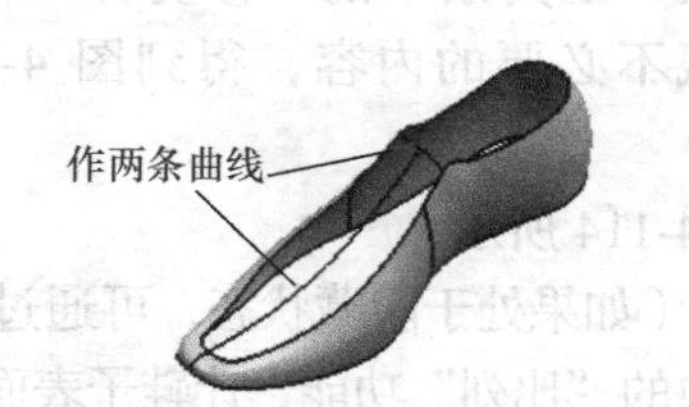

图 4-107　作好皮鞋四周面的效果

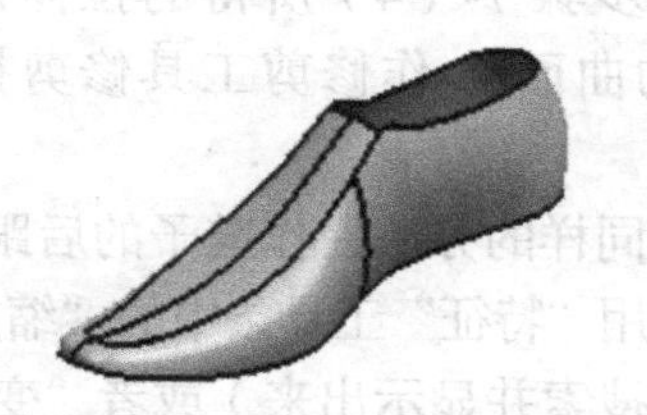

图 4-108　作出鞋子上表面

6. 得到鞋子实体并修剪实体

（1）单击“特征”工具条中的“加厚”图标，选中鞋子表面，并将“加厚”对话框中的“偏置 1”设置为 1，单击鼠标中键后，完成加厚操作；同样，加厚鞋子四周表面，结果如图 4-109 所示。

（2）以 *XC-ZC* 平面为草图平面制作如图 4-110 所示的草图，为对实体进行修剪做准备。

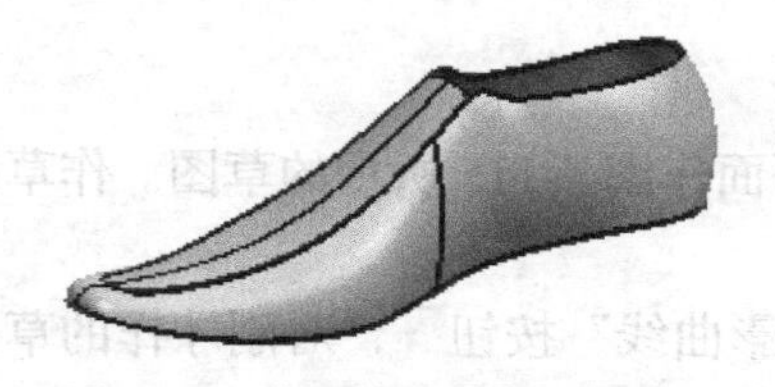

图 4-109　加厚成实体的鞋子表面

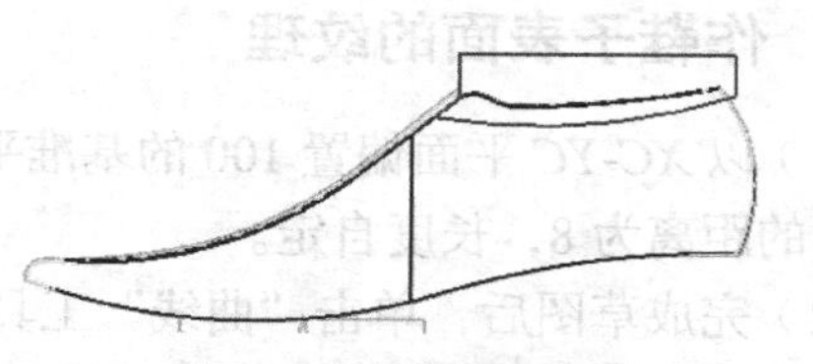

图 4-110　修剪用草图

使用“拉伸”命令进行双向拉伸，并在拉伸时使用“求差”布尔操作，结果将鞋子实体进行了修剪；同理对其他位置进行适当修剪，并对表面倒圆；隐藏不必要的内容后，效果如图 4-111 所示。

7. 制作鞋子底部

（1）将图 4-95 所示的鞋底草图 A 显示出来。

（2）隐藏不必要的内容，如曲面等，然后以 *XC-YC* 平面为草图平面，作一个草图，这个草图由图 4-95 的草图向外偏置 3 得到，称这个草图为鞋底草图 B。

（3）将图 4-97 所示的草图曲线显示出来，将此曲线双向拉伸长 200，得到一个曲面，称为曲面 *A*。

（4）将步骤 7-（2）中的鞋底草图 B 拉伸到刚才作的曲面 *A* 为止，得到一个拉伸体，结果如图 4-112 所示。

图 4-111　修剪后的实体

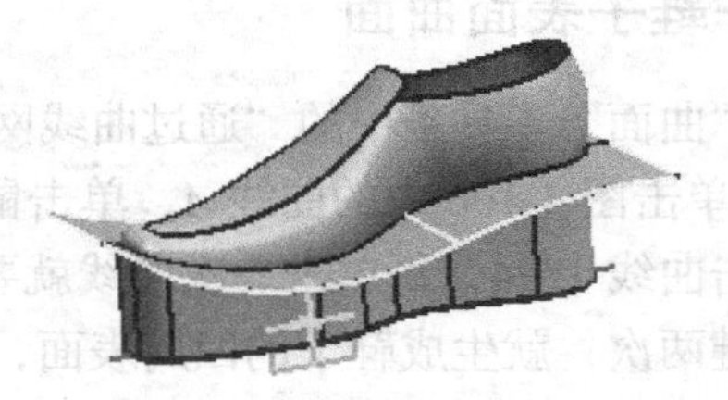

图 4-112　拉伸后的效果

（5）将步骤 7-（3）中的曲面使用“实例几何体”命令向下平移 5 进行复制得到另一个曲面，称之为曲面 *B*。

（6）对步骤 7-（4）所得的拉伸体使用“特征”工具条中的“修剪体”命令，以上面复制的曲面 *B* 作修剪工具修剪拉伸体，隐藏不必要的内容，得到图 4-113 所示的效果。

（7）以同样的方法，作鞋子的后跟，结果如图 4-114 所示。

（8）使用“特征”工具条中的“缩放体”命令（如果处于隐藏状态，可通过“命令查找器”命令搜索并显示出来）或者“变换”命令中的“比列”功能，让鞋子表面实体扩大到原来的 1.0005 倍，否则可能不能求和。

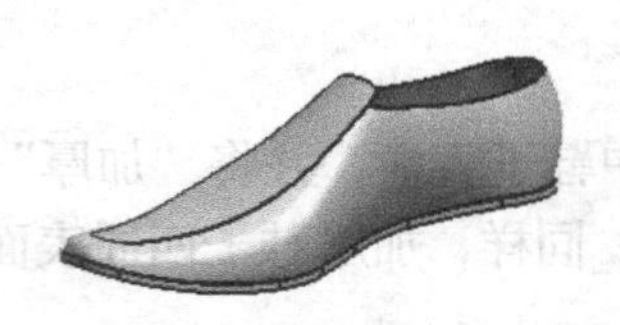

图 4-113　修剪后的鞋底

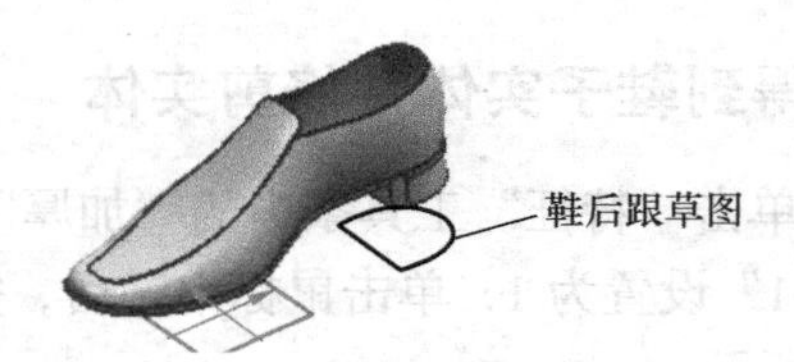

图 4-114　作了后跟的鞋子

8. 作鞋子表面的纹理

（1）以 *XC-YC* 平面偏置 100 的基准平面为草图平面作图 4-115 所示的草图。作草图时相邻线间的距离为 8，长度自定。

（2）完成草图后，单击“曲线”工具条中的“投影曲线”按钮，对刚才作的草图曲线进行投影，使曲线投影到鞋子的表面上，结果如图 4-116 所示。

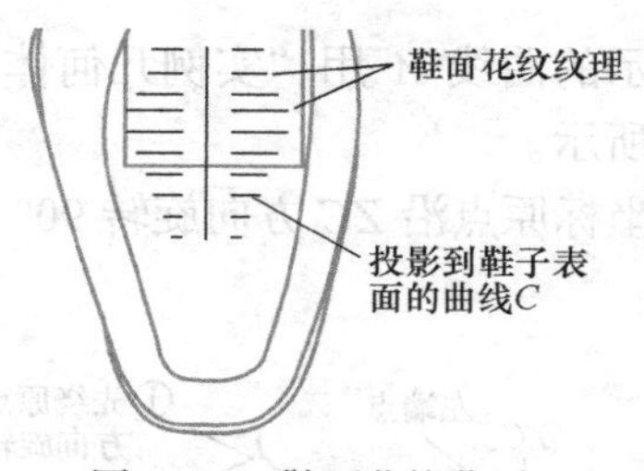

图 4-115　鞋面花纹草图

图 4-116　投影结果

（3）单击“曲面”工具条中的“剖切曲面”图标，弹出“剖切曲面”对话框，如图 4-50 所示，将“类型”下拉框内容修改为“圆”，单击图 4-115 所示的曲线 C（作为起始引导线），单击鼠标中键，然后单击曲线 C（作为脊线），其他设置默认，最后单击鼠标中键完成操作。使用“球”命令在剖切曲面左右两端各制作一个球，就完成了一条纹理的制作。

以同样的方法，对其他草图曲线进行操作，完成所有纹理的制作，结果如图 4-117 所示。

（4）以相同方法，对鞋子底部制作纹理，结果如图 4-118 所示。

图 4-117　纹理制作效果

图 4-118　完成底部纹理

（5）使用“特征”工具条中的“求和”命令将各实体合并成一个整体。

9. 后处理

完成上面的操作后，可以做如下几项工作。

（1）使用“镜像体”命令镜像出一只鞋子，使之成为一对鞋子。

（2）隐藏不必要的曲线，只保留实体模型。可以使用“隐藏”命令，也可以使用“移动至图层”命令进行隐藏。

（3）对模型进行赋材料，并进行渲染，得到较为艺术且逼真的效果。

本例可按前面的方法给鞋子赋予皮革材质，并进行渲染，结果如图 4-94 所示。

4.2.8　风扇叶片的制作

风扇叶片的效果如图 4-119 所示。

分析：本例也使用投影法，因风扇形状特殊，其外形投影不是通过投影命令来完成的，而是通过曲线的制作来得到外形的投影的。因此，本例是一种特殊的外形投影。

（1）启动 UG 并新建 fsy-3d.prt 文件，以 *XC-YC* 平面为草图平面，作图 4-120 所示的草图。

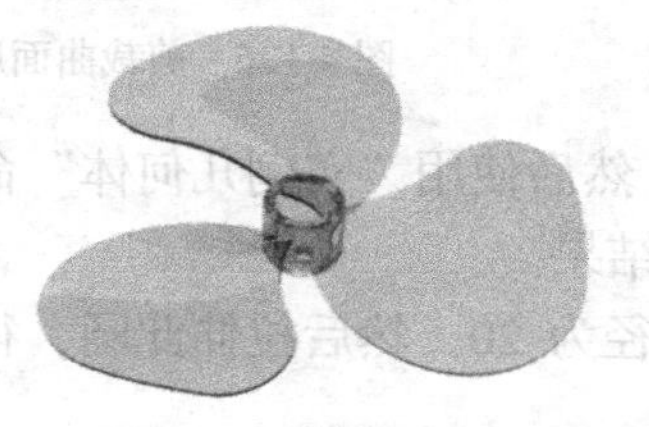

图 4-119　风扇叶片效果

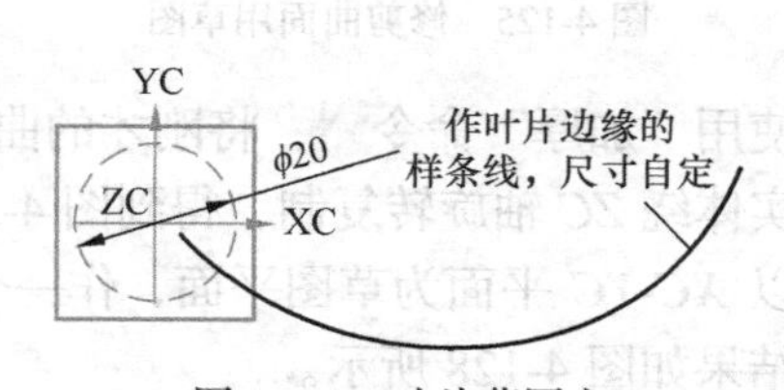

图 4-120　叶片草图之一

（2）完成草图后返回建模环境，将图 4-121 所示的曲线 *A* 用“实例几何体”命令在 *Z* 方向上平移 10 复制，得到曲线 *B*，结果如图 4-121 所示。

（3）将曲线 *B* 使用“实例几何体”命令使其绕坐标原点沿 *ZC* 方向旋转 90°，再绕左端点沿 *XC* 方向旋转 3°，结果如图 4-122 所示。

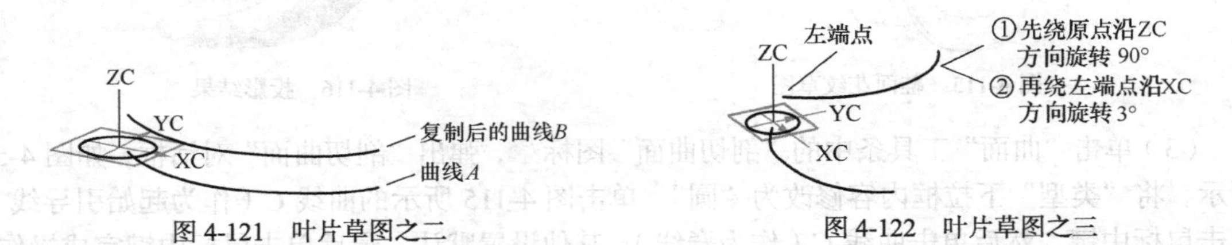

图 4-121　叶片草图之二　　图 4-122　叶片草图之三

（4）使用“艺术样条”命令制作两条样条线，分别将图 4-123 中的两条线的左侧端点与右侧端点连接成线，从而生成一个线框。

（5）先将 WCS 坐标旋转到以前的 *ZC* 轴朝上的状态，再使用“曲面”工具条中的“通过曲线网格”命令对上面的 4 条曲线作曲面，结果如图 4-124 所示。

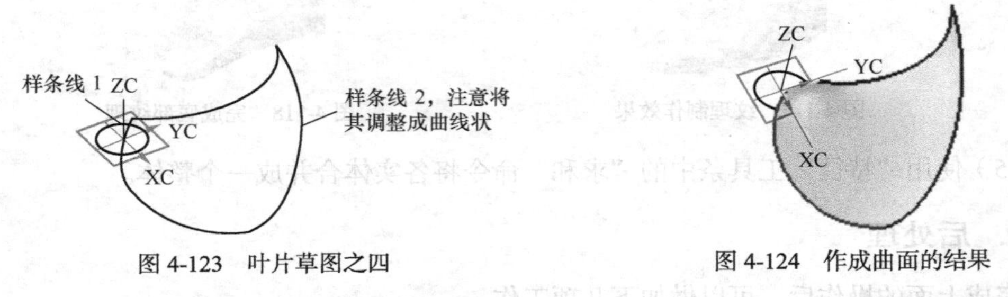

图 4-123　叶片草图之四　　图 4-124　作成曲面的结果

（6）对曲面进行修剪。先以 *XC-YC* 平面为草图平面，然后作如图 4-125 所示的草图。作图时显示“静态线框”模式，并使用“投影曲线”命令，投影曲线时，将“曲线规则”下拉框修改为“面的边”，然后单击图 4-124 所示的曲面即可。

（7）对上面的草图进行拉伸，选择“求交”布尔操作，即可将曲面的多余部分剪裁掉，结果如图 4-126 所示。

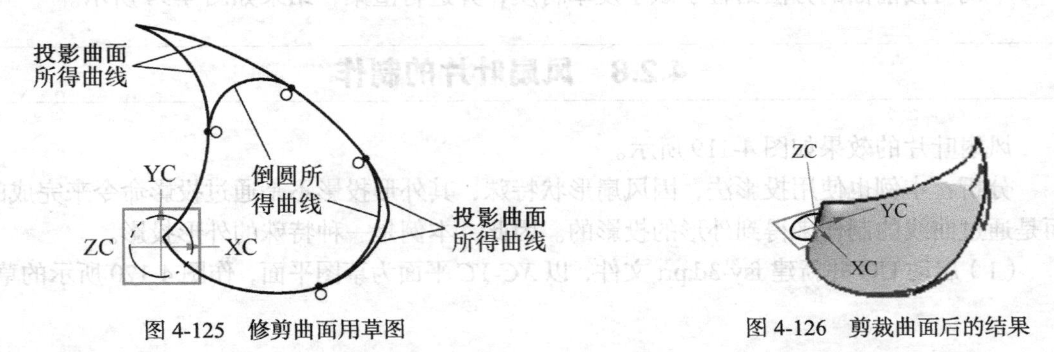

图 4-125　修剪曲面用草图　　图 4-126　剪裁曲面后的结果

（8）使用“加厚”命令，将刚才的曲面加厚 1，然后使用“实例几何体”命令，对加厚得到的实体绕 *ZC* 轴旋转复制，得到图 4-127 所示的结果。

（9）以 *XC-YC* 平面为草图平面，作一个圆，其直径为 20，然后拉伸此圆，得到扇子的轴部分，结果如图 4-128 所示。

（10）对上面的实体使用“求和”命令，将它们合并成一个整体，然后作出轴孔，并使用“边倒圆”和“倒斜角”命令对轴进行倒圆角和倒斜角操作，最后隐藏不必要的内容，结果如图 4-129 所示。

（11）进行后处理，使用塑料材料进行渲染，得到图 4-119 所示的最后效果。

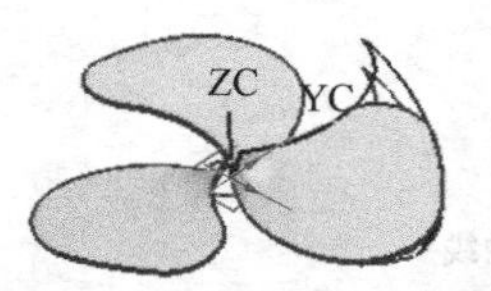

图 4-127 使用“实例几何体”命令旋转后得到的结果

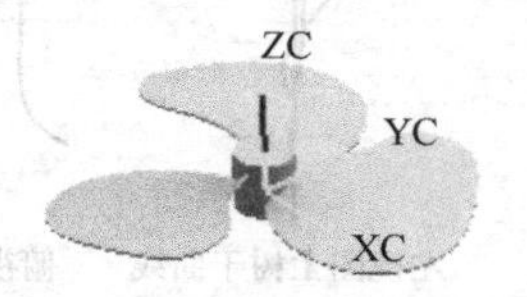

图 4-128 作出扇子的轴

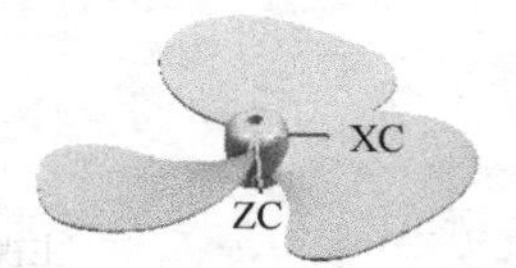

图 4-129 完成的扇子叶片

4.2.9 花的制作

分析：为了增强读者解决难度较大的问题的能力，从本例起，特选几例作为读者增加难度的练习题，其中花树就是第一例，后面还有几例，读者必须在练好前面的基本功的前提下才能做这些例题，否则可能效果不好，同时，从本例起，只讲操作的主要过程，不讲太过细节的内容。

图 4-130 不同角度的花树的效果图

花树的制作主要使用投影法，但投影比较复杂，使用了 3 个方向的投影，前面的投影一般是两个方向的投影，而树干等则用到 3 个方向的投影。因此，读者通过本例可以进一步理解投影法的真谛。

下面讲述其操作过程。

1. 制作树干

制作树干可以用多种方法，如使用“沿引导线扫掠”“扫掠”和“剖切曲面”等命令，但不管选择哪种方法，都要先制作引导线；为了让树干真实些，引导线应是三维的，也就是要从主、俯、左 3 个视图上均为曲线，因此，需要两次用到组合投影操作来完成一条曲线的创建，即第一次用两条曲线组合投影得到一中间曲线，然后再用中间曲线与第 3 条曲线组合投影得到最后的空间曲线。

启动 UG，并新建 hua.prt 文件，然后在主视图中作一树干的草图曲线，在左视图上作树干另一侧的草图曲线，在俯视图上作树干的第 3 个草图曲线，这些曲线效果如图 4-131 所示。

作完 3 个视图方向的树干的草图曲线后，就可以使用“曲线”工具条中的“组合投影”命令进行投影了，投影过程是先用主视图草图曲线与左视图草图曲线进行组合投影，得到一组中间曲线，然后用这组中间曲线与俯视图上的曲线进行投影，得到最后的树曲线，结果如图 4-132 所示。

使用“曲面”工具条中的“剖切曲面”命令来制作一剖切曲面作为树的主树干与树的枝干。以主树干为例，制作过程是单击“曲面”工具条中的“剖切曲面”图标，在弹出的

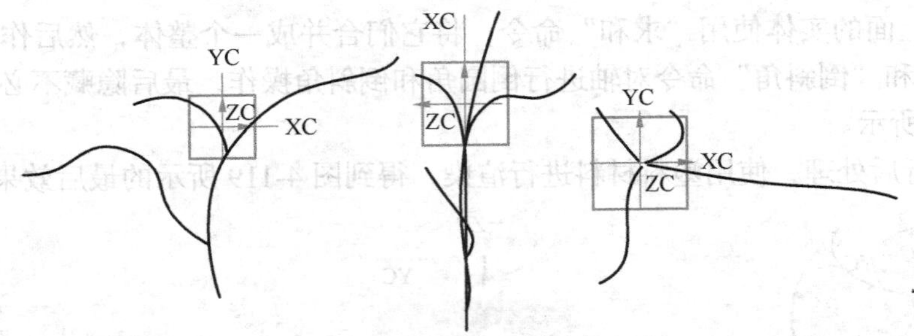

图 4-131 在不同视图上的树干的草图曲线

"剖切曲面"对话框中，将"类型"下拉框内容修改为"圆"，单击图 4-132 中的主干曲线（作为起始引导线），单击鼠标中键，再次单击主干曲线（作为脊线），将"规律类型"修改为"沿着脊线的值三次"，然后在主干的首尾及中间三点分别单击，并输入不同的半径规律值，以树根部值最大，树冠处最小，最后单击"确定"按钮，则树的主干就做好了。

以同样的方法完成支干的制作，最后完成的效果如图 4-133 所示。

用这种方法制作树枝虽然方便，但逼真性较差，读者可以尝试使用"沿引导线扫掠"和"扫掠"等方法来完成，可能更好，但操作稍微复杂些。在此不一一介绍。

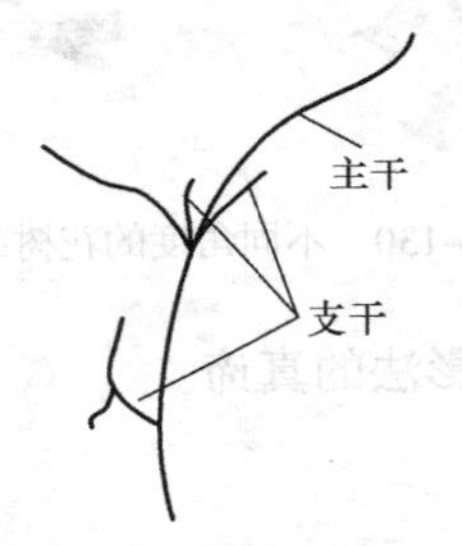

图 4-132 二次组合投影结果

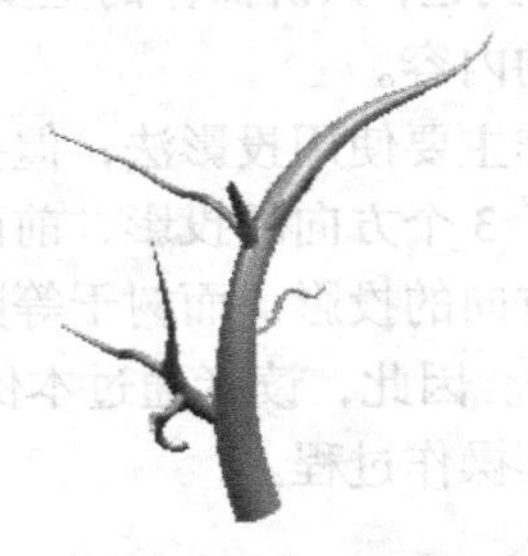

图 4-133 完成的树干

2. 完成花的制作与复制

单击"特征"工具条中的"基准平面"图标□，弹出"基准平面"对话框，将"类型"修改为"自动判断"，然后单击树干的末端，最后单击"确定"按钮，建立一个垂直于树干的基准平面 *A*。

单击"基准平面"图标□，在弹出的"基准平面"对话框中，输入偏置距离为 20，单击鼠标中键，就建立了一个与基准平面 *A* 相差 20 的基准平面 *B*，如图 4-134 所示。

以基准平面 *B* 为草图平面，作图 4-135 所示的草图。

完成上面的操作后，将 WCS 坐标移到花的草图的中心位置，并使 *ZC* 轴垂直于花的草图平面（即基准平面 *B*），再以 *XC-ZC* 平面为草图平面，作图 4-136 的草图。

将图 4-136 的侧面草图以图中的参考线为旋转中心轴，用"实例几何体"命令使侧面草图曲线绕参考线旋转复制 3 段，得到图 4-137 所示的效果。

以"曲面"工具条中的"扫掠"命令或"曲面"工具条中的"通过曲线网格"命令来完成曲面的制作，结果得到图 4-138 所示的实体。

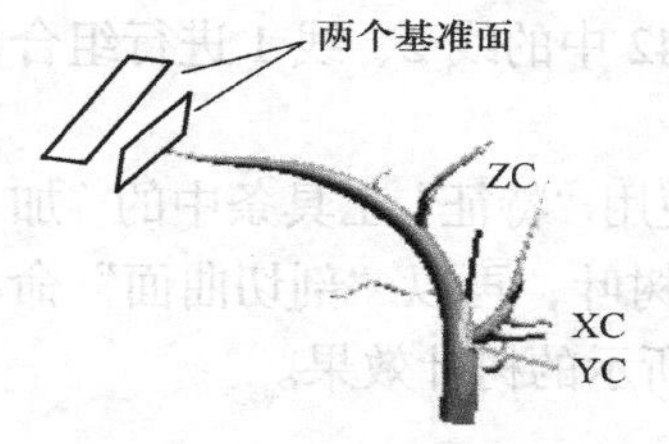

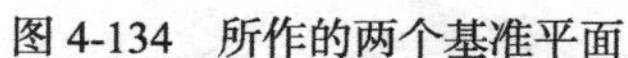
图 4-134　所作的两个基准平面

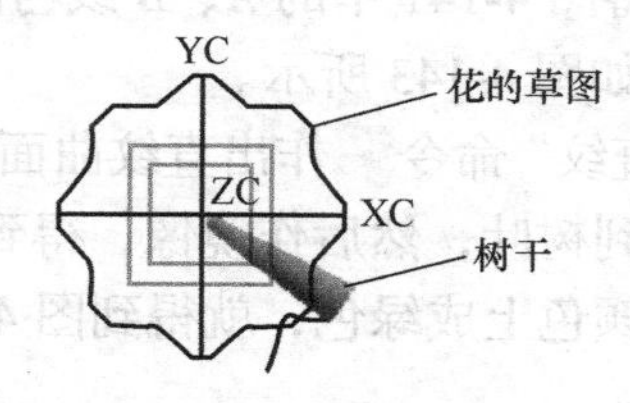

图 4-135　花的草图之一

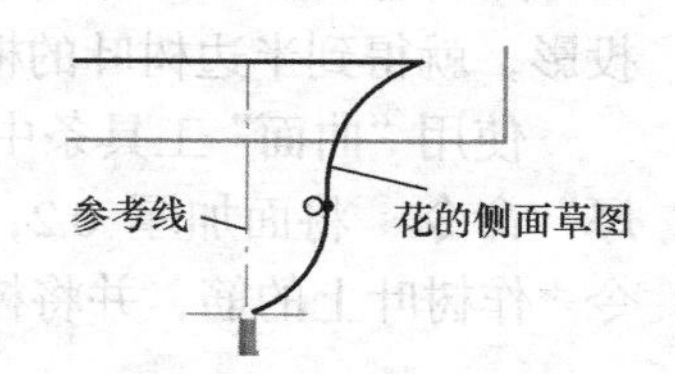

图 4-136　花的草图之二

使用“特征”工具条中的“缩放体”命令（如果处于隐藏状态，可通过“命令查找器”命令搜索并显示出来）或使用“变换”命令中的“比例”功能，复制一个是原来大小 0.95 倍的实体，操作过程是单击“标准”工具条中的“变换”按钮，选中图 4-138 中的实体，单击鼠标中键，在新对话框中单击“比例”按钮，弹出“点”对话框，选中图 4-135 草图曲线的中心，确定后，在新对话框中的“比例”文本框中输入 0.95，然后确定，在新对话框中单击“复制”按钮，得到一个比原来小的实体，但它与原实体重叠在一起，使用“求差”命令，将图 4-138 中的实体减去刚才用复制得到的实体，得到花朵的效果，如图 4-139 所示。

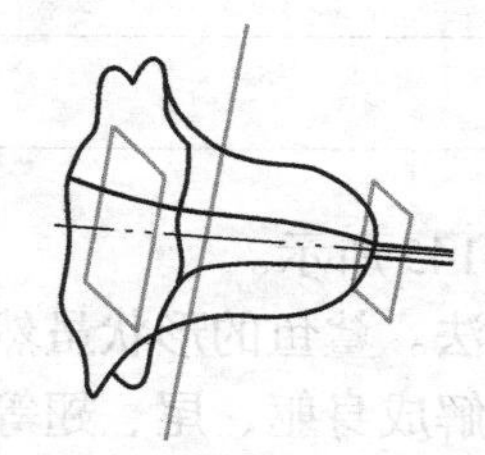

图 4-137　花框架的效果

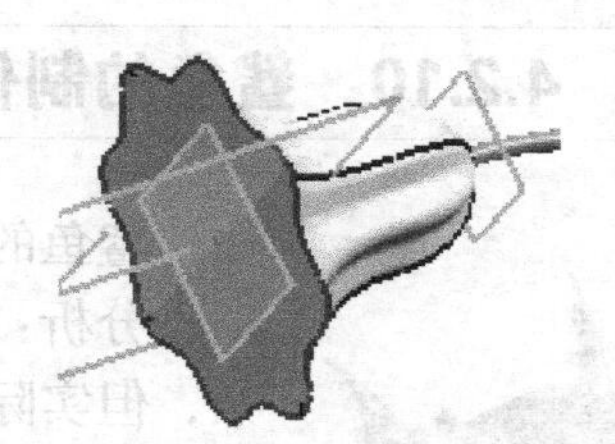

图 4-138　花的实体效果

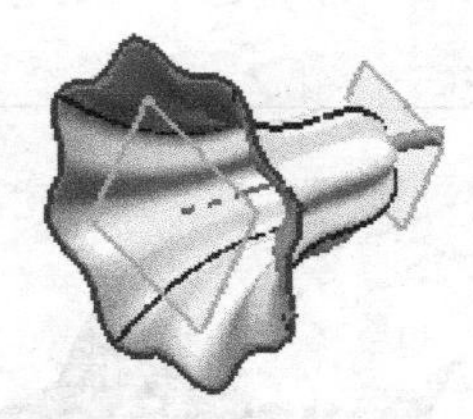

图 4-139　花朵效果

按 Ctrl+J 快捷键或单击“编辑”→“对象显示”命令，弹出“类选择”对话框，单击“类型过滤器”按钮，弹出“根据类型选择”对话框，单击“面”选项，确定后，返回到“类选择”对话框，选中花的部分面，然后给这些面赋予不同的颜色，以制作出不同颜色的花。

现在，可以用“变换”命令中的“比例”功能来改变花的大小，还可用“变换”命令中的“平移”与“旋转”功能来改变花的位置与方向，形成大小与方向及位置均不同的花，并用上面的方法改变花的颜色，结果如图 4-140 所示的多花效果。

图 4-140　经多种操作后的花朵效果

3. 树叶的制作

任选一基准平面作草图平面，作树叶的主视图的草图，如图 4-141 所示。然后在图 4-141 的垂直方向作另一个与之对应的左视图的草图，如图 4-142 所示。

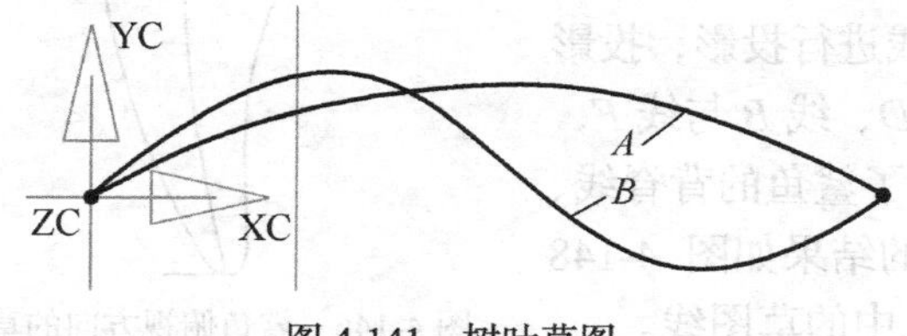

图 4-141　树叶草图

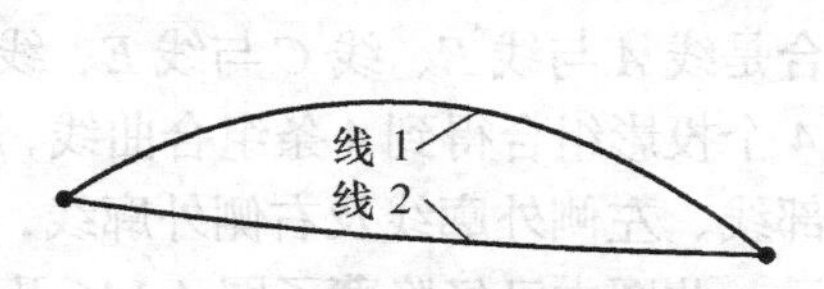

图 4-142　树叶另一侧视图的草图

用“组合投影”命令分别将图 4-141 中的 A、B 线与图 4-142 中的线 2、线 1 进行组合投影，就得到半边树叶的框架，如图 4-143 所示。

使用“曲面”工具条中的“直纹”命令作出直纹曲面，并使用“特征”工具条中的“加厚”命令将面加厚 0.2，即得到树叶，然后作镜像，得到整片树叶，再以“剖切曲面”命令作树叶上的筋，并将树叶的颜色上成绿色，就得到图 4-144 所示的树叶效果。

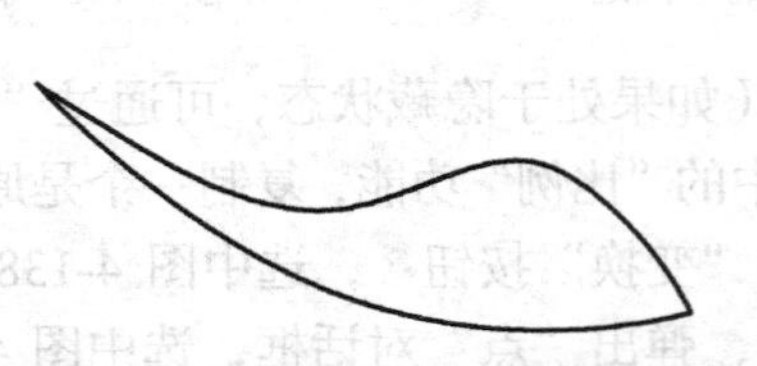
图 4-143　投影后的半边树叶框架效果

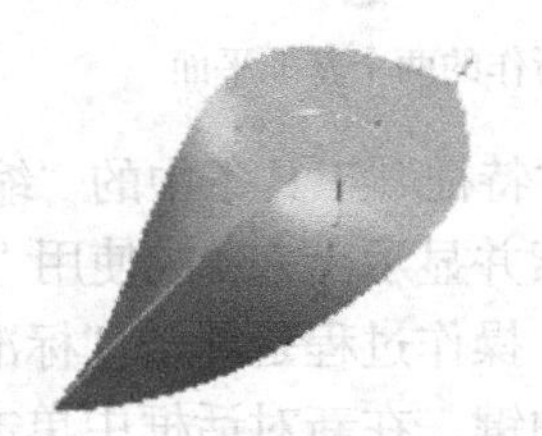
图 4-144　上色后的树叶效果

与作花的方法类似，使用“变换”命令中“比例、平移、旋转”等功能，即可得到所有树叶的效果，如图 4-130 所示。

4.2.10　鲨鱼的制作

鲨鱼的效果如图 4-145 所示。

图 4-145　鲨鱼不同方位的效果

分析：本例用投影法。鲨鱼的形状虽然复杂，但实际可以将其分解成身躯、尾、翅等部分再使用不同的方法来叠加，故是投影法与叠加法的结合。

另外，本例是用一个玩具鲨鱼作参考模型，这里在制作时不讲究尺寸的准确性，只讨论正确的制作过程。因此，读者在学习时，注意以掌握方法为主，尺寸可以自行标出，只要求作出的效果类似图 4-145 即可。

1. 制作鲨鱼身躯

（1）鲨鱼身躯可以使用投影法获得外形线架，在打开 UG 后，新建一个文件 sy.prt，然后进入草图环境，作图 4-146 所示的草图。在这个草图中，线 A、线 B、线 C 分别代表鲨鱼左侧、背脊、右侧的投影曲线。

（2）作鲨鱼身躯在主视图方向上的投影草图，结果如图 4-147 所示。注意这个草图与上一个草图的左右端点对齐。

（3）进行组合投影，使用“曲线”工具条中的“组合投影”命令，分别对图 4-146 及图 4-147 中的曲线进行投影，投影组合是线 A 与线 E、线 C 与线 E、线 B 与线 D、线 B 与线 F，这 4 个投影组合得到 4 条组合曲线，分别代表了鲨鱼的背脊线、腹部线、左侧外廓线及右侧外廓线，投影后的结果如图 4-148 所示，此图中已经隐藏了图 4-146 及图 4-147 中的草图线。

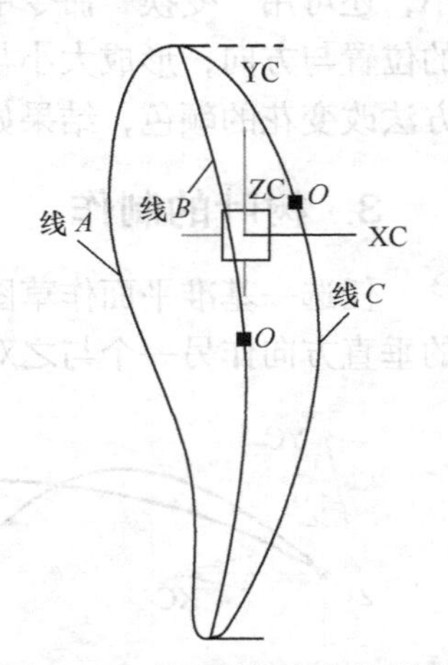

图 4-146　鲨鱼俯视方向的草图

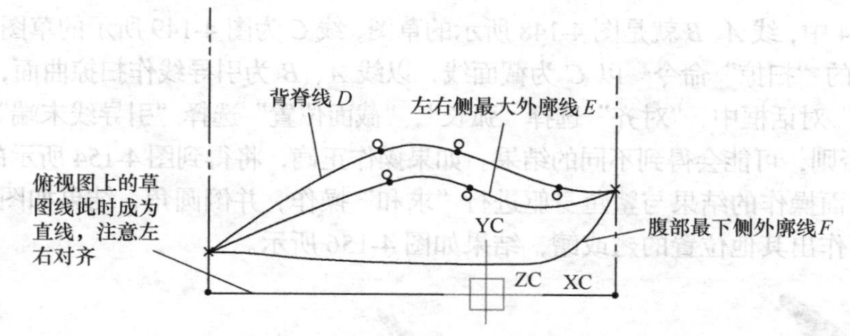

图 4-147　主视图方向的投影草图

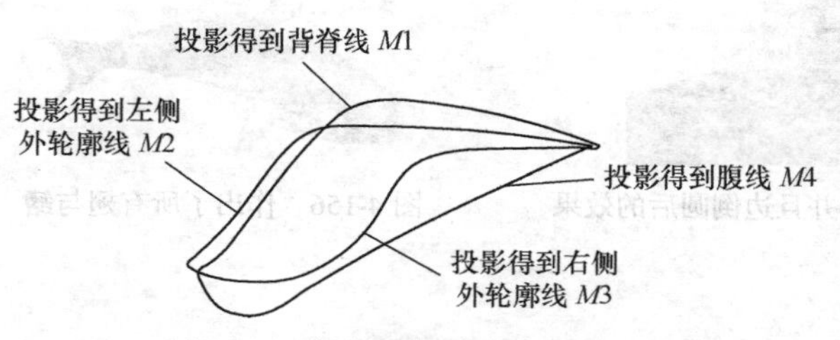

图 4-148　投影后得到鲨鱼的外形线

（4）使用“曲面”工具条中的“通过曲线组”命令，分别使用图 4-148 中的曲线 $M2$、$M1$、$M3$ 作曲面，再以 $M2$、$M4$、$M3$ 作曲面，结果得到鲨鱼的外形，如图 4-149 所示。作曲面时，在“通过曲线组”对话框中将“补片类型”选择为“单个”，将“保留形状”复选框前的“勾”去掉，然后将“对齐”修改为“弧长”，这些设置读者要做对，否则后面的操作可能会进行不下去，如后面的面倒圆可能不能完成。

（5）使用“特征”工具条中的“缝合”命令将两个曲面缝合成实体，然后使用“特征”工具条中的“面倒圆”命令进行面倒圆，得到鲨鱼的圆边，结果如图 4-150 所示。

图 4-149　作出两个曲面的效果

图 4-150　面倒圆后的效果

2. 制作翅

鲨鱼背脊上的鳍、左右的翅、尾等的制作类似，在此只作背鳍，其他部件可类似制作，只是要注意改变草图的方向与位置。

在背部作图 4-151 所示的草图，然后在垂直方向作另一草图，如图 4-152 所示。

作出上述两个草图的立体效果，如图 4-153 所示。

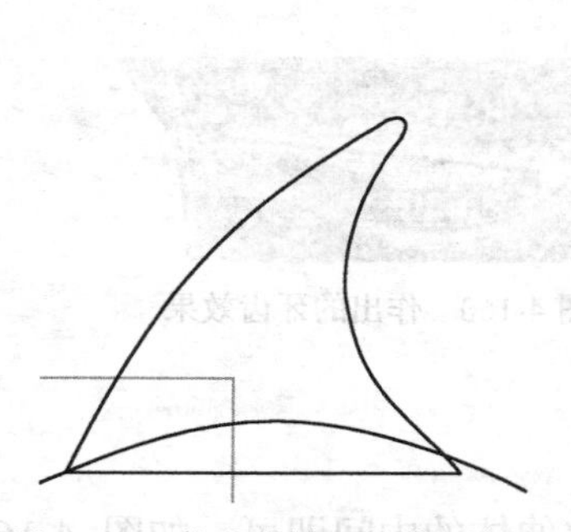

图 4-151　作出背鳍上的草图之一

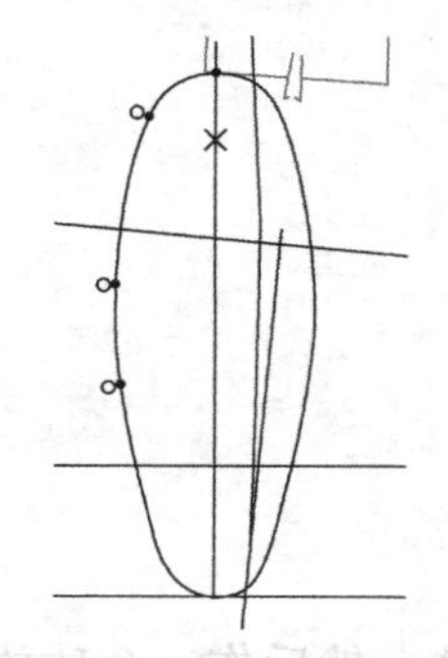

图 4-152　背鳍上的草图之二

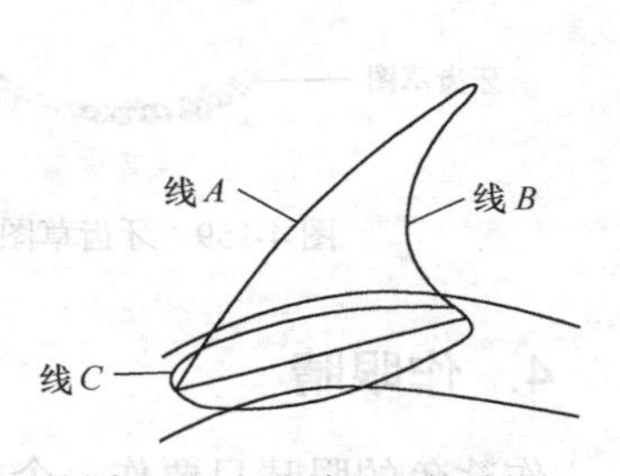

图 4-153　背鳍的立体效果

在图 4-154 中，线 A、B 就是图 4-148 所示的草图，线 C 为图 4-149 所示的草图。现在用“曲面”工具条中的“扫掠”命令以 C 为截面线，以线 A、B 为引导线作扫掠曲面，作面的过程中，在“扫掠”对话框中，“对齐”选择“弧长”，“截面位置”选择“引导线末端”，“缩放”选择“恒定”，否则，可能会得到不同的结果。如果操作正确，将得到图 4-154 所示的结果。

然后将上面操作的结果与鲨鱼身躯进行“求和”操作，并倒圆角，结果如图 4-155 所示。

类似地，作出其他位置的翅或鳍，结果如图 4-156 所示。

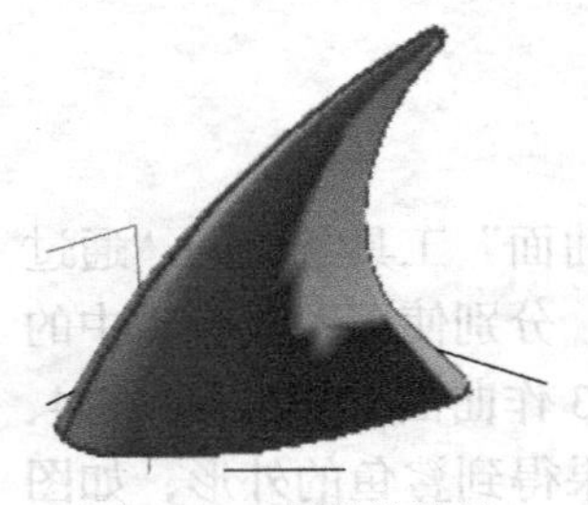
图 4-154　扫掠的结果

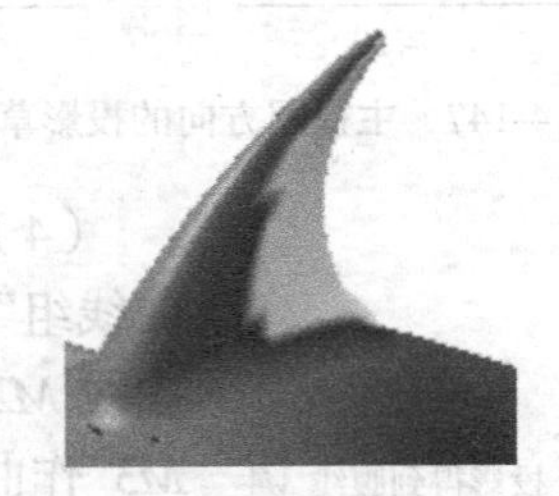
图 4-155　求和并且边倒圆后的效果

图 4-156　作出了所有翅与鳍

3. 作鲨鱼嘴

在鲨鱼的头部作图 4-157 所示的草图，作为鲨鱼嘴巴的拉伸草图。退出草图后，使用“拉伸”命令对嘴巴草图进行拉伸，并选择“求差”的布尔操作，最后对拉伸的边缘倒圆角，结果如图 4-158 所示。

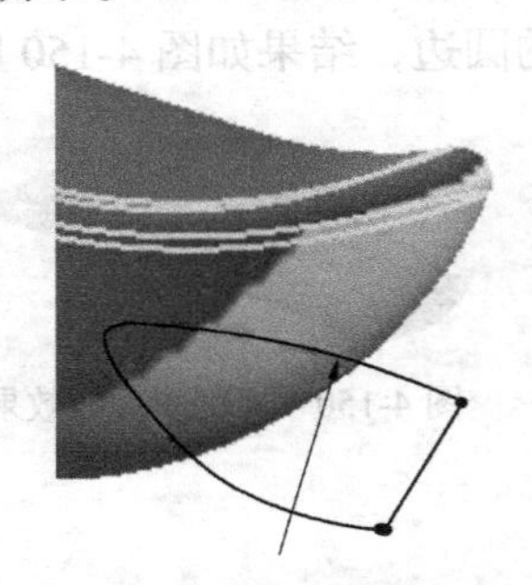
图 4-157　鲨鱼嘴巴草图

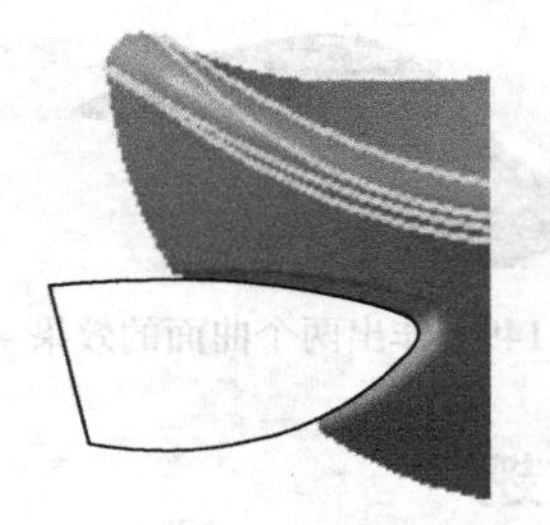
图 4-158　拉伸后的鲨鱼嘴巴

作出了嘴巴后，在嘴巴下部作牙齿草图，如图 4-159 所示。对牙齿草图进行拉伸，并倒圆角，就可以得到下边牙齿的效果；同样作上牙部分，两处的牙齿都作好后的效果如图 4-160 所示。

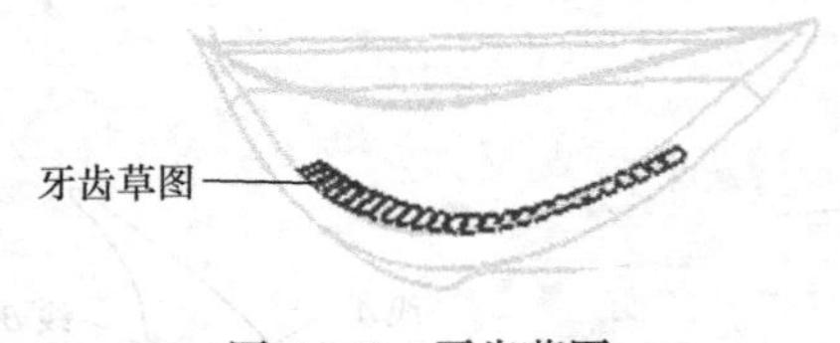

图 4-159　牙齿草图

图 4-160　作出的牙齿效果

4. 作眼睛

作鲨鱼的眼睛只要作一个拉伸体，然后作一个球放置于拉伸体的中间即可。如图 4-161

所示，在鲨鱼嘴巴上方的适当位置绘制一个圆形草图，然后拉伸，长度在 2～4 即可。对拉伸的圆柱体进行边倒圆操作，再绘制一个球放置于中间，结果如图 4-162 所示，同样作出另一个眼睛。

其他部位的制作就不再详细讲解了，读者可依照图示自行完成。

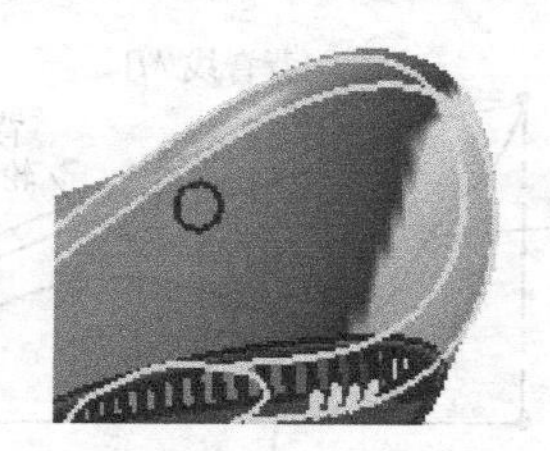

图 4-161　作出的眼睛草图

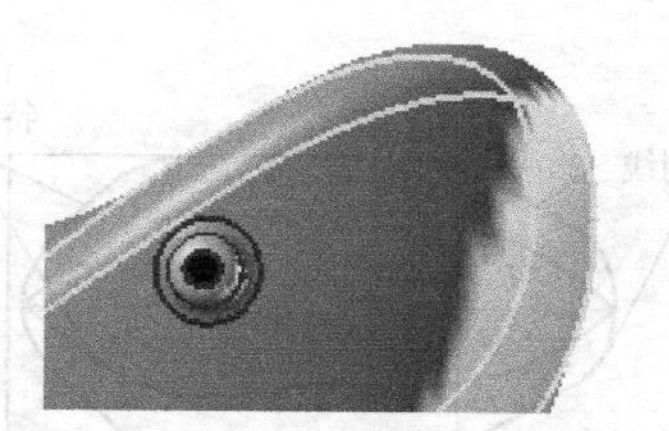

图 4-162　作出的一个眼睛

5. 着色处理

为了使鲨鱼的不同部位有不同的颜色，单击“编辑”→“对象显示”命令，将“选择条”工具条上的“类型过滤器”下拉框修改为“面”，单击选中要着色的面，可以多选，然后单击鼠标中键确定，弹出“编辑对象显示”对话框，单击“颜色”右侧的按钮，弹出“颜色”对话框，选中合适的颜色后，确定，这样就给选定的面修改了指定的颜色，同样，完成鲨鱼各部位的颜色设置，结果如图 4-145 所示。

4.2.11　玩具青蛙的制作

青蛙的制作效果如图 4-163 所示。

图 4-163　青蛙不同方位及渲染的效果

分析：本例是用一个玩具青蛙作参考模型来作三维效果的，部分部位不太逼真，主要供读者了解制作过程。可用投影法作出青蛙的身躯，其他部位可以用适当方法来制作，如腿可用扫掠等。

1. 制作青蛙身躯的轮廓

（1）作青蛙身躯在俯视图上的投影效果草图，作此草图时要注意，除了作出青蛙左右外侧的轮廓线外，还要作一条青蛙背部的特征轮廓线，原因是青蛙背部形状太复杂，如果只作左右轮廓是不能彻底表达清楚青蛙背部形状的，理论上多作线会更加准确，但增加作图难度。作出的效果如图 4-164 所示。

（2）作主视图方向的投影线，如图 4-165 所示。

（3）对图 4-164 及图 4-165 中作出的曲线进行组合投影，结果得到青蛙外形。投影方法是曲线 *A* 与 *M*3、曲线 *D* 与 *M*3，投影得到两条外侧轮廓线，曲线 *B* 与 *M*2、曲线 *C* 与 *M*2，投影得到两条背脊特征线，曲线 *M*1 不投影，直接作为青蛙的背脊轮廓线。隐藏不必要的线条后，结果如图 4-166 所示。

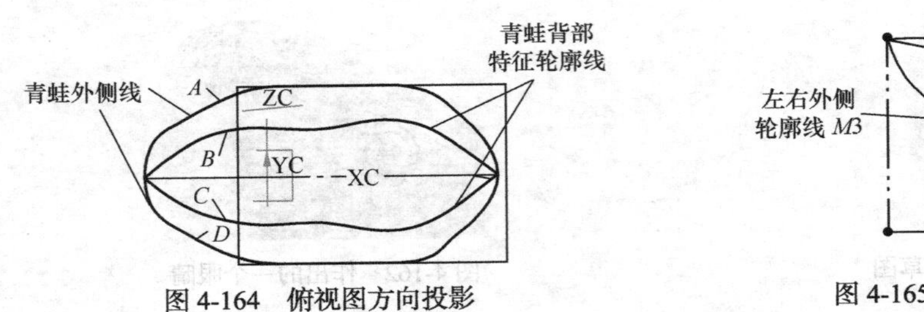

图 4-164　俯视图方向投影

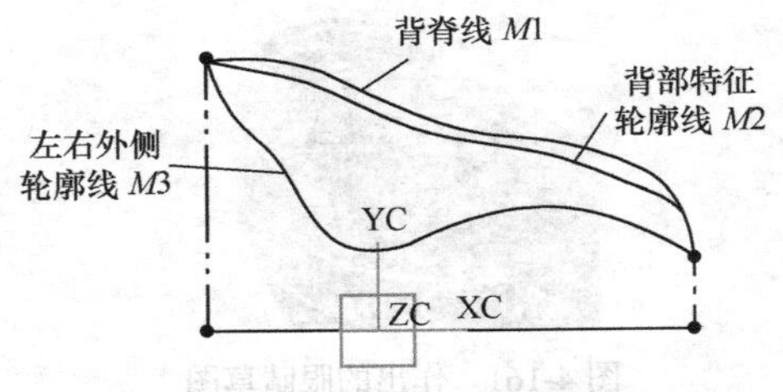

图 4-165　主视图方向轮廓线草图

（4）将图 4-166 中的 5 条投影线使用“曲面”工具条中的“通过曲线网格”命令来制作，当弹出“通过曲线网格”对话框时，分别选择图 4-166 中的青蛙嘴巴与尾部处的端点作为主曲线，然后分别按顺序单击图 4-166 中的 5 条投影线作为交叉曲线，确定后得到青蛙背部的轮廓片体，结果如图 4-167 所示。

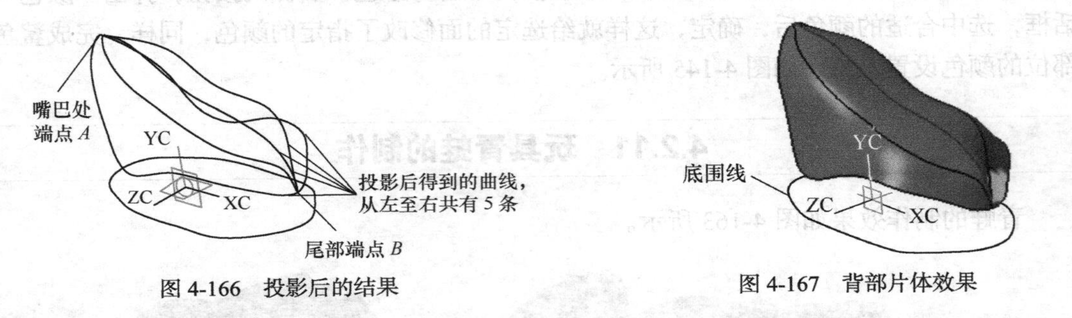

图 4-166　投影后的结果

图 4-167　背部片体效果

（5）对图 4-167 中的底围线进行拉伸，“开始”距离为 26，“结束”选取“直至选定对象”，拉伸效果如图 4-168 所示。

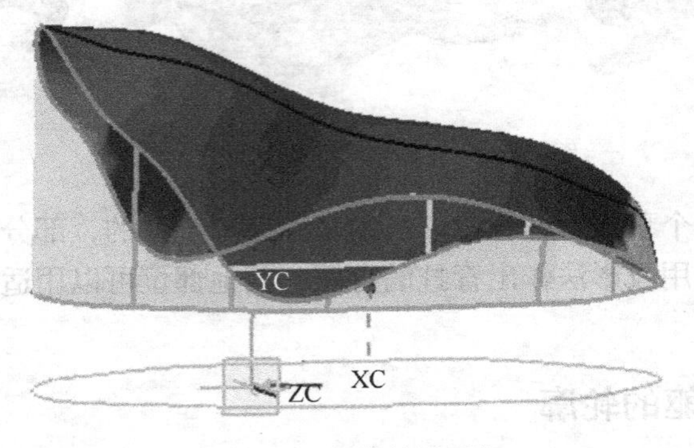

图 4-168　拉伸效果预览

由于是玩具模型，故可以用拉伸，其肚内还要装电子器件，如果是真实青蛙的效果，则肚子部分也要用投影法来制作，这一点读者应注意。

拉伸后隐藏不必要的内容，效果如图 4-169 所示。

（6）现在要作出青蛙的下巴来，故作图 4-170 所示的草图。这个草图是空间的，应分 3

次作成，读者可以自行摸索一下，看如何作最理想。作完上述草图后，使用“曲面”工具条中的“扫掠”命令作出一个扫掠曲面，然后用“特征”工具条中的“修剪体”命令对实体用刚才作的扫掠曲面进行修剪，结果如图 4-171 所示。

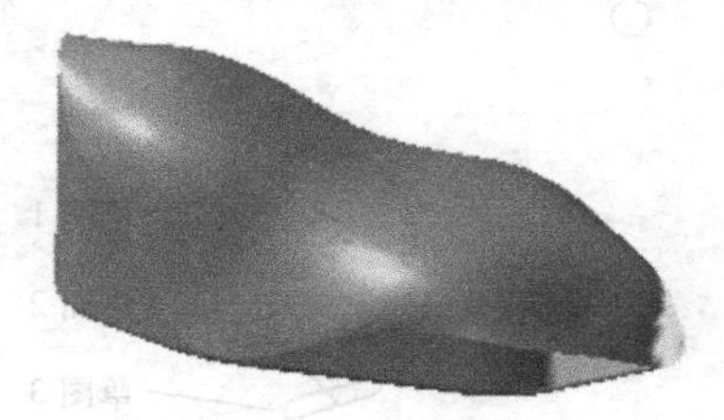
图 4-169　拉伸后的实体

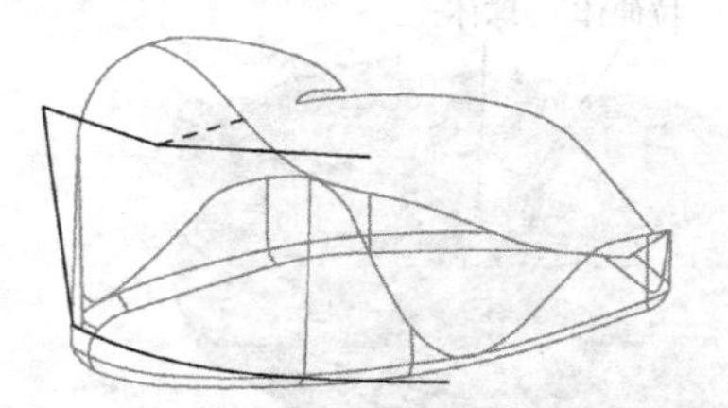
图 4-170　作下巴用的草图

（7）作一个嘴巴用的草图，如图 4-172 所示。将此草图拉伸，并选择“求差”布尔操作，结果得到青蛙嘴巴，如图 4-173 所示。

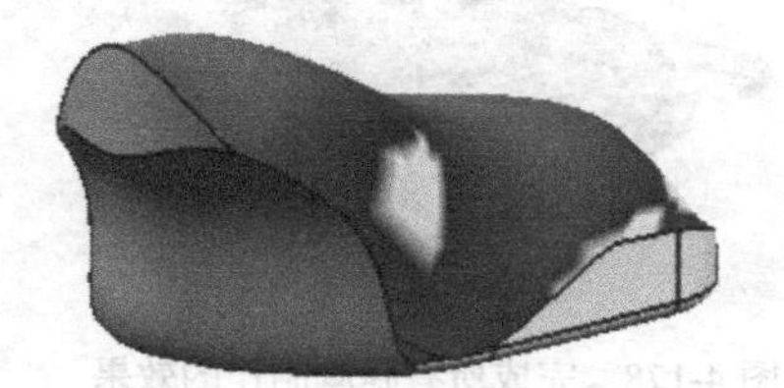
图 4-171　修剪体后的效果

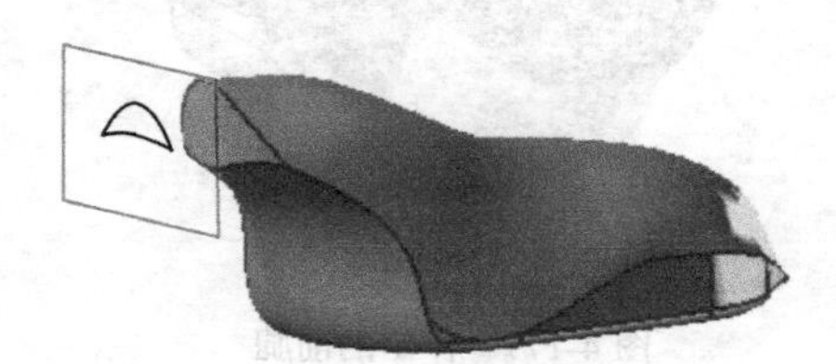
图 4-172　作嘴巴用的草图

在嘴巴中作一个球作为青蛙嘴中的食物，并对边进行倒圆角，如图 4-174 所示的效果。

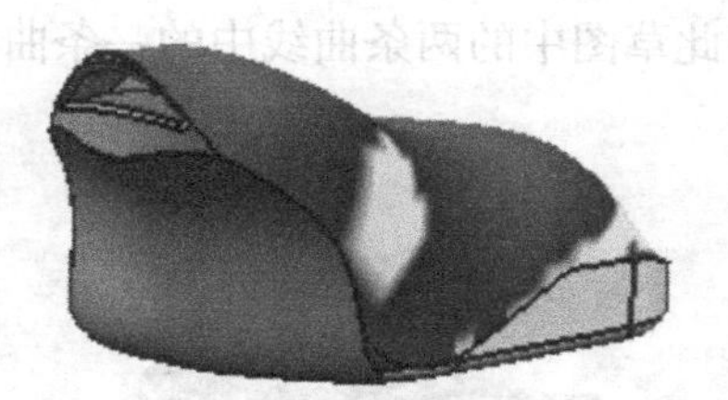
图 4-173　作出嘴巴

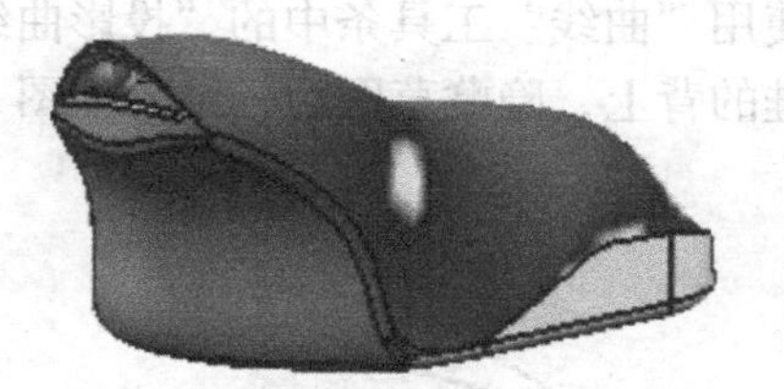
图 4-174　作出倒圆

2. 绘制青蛙眼睛

先在头上部的适当位置处作一个拉伸的双圆形草图，将其拉伸成圆管状，长为 2～3 即可，然后在其中作一个小球作为眼珠。操作结果如图 4-175 所示。

3. 绘制腿脚

各腿脚的制作类似，这里仅作一个作为示例，其余读者自行完成。

为了作青蛙的前腿，可以先作一条曲线 E，作为青蛙前腿弯曲的形状，然后在曲线 E 上作 3 个草图，用来形成前腿的形状，结果如图 4-176 所示。

使用“曲面”工具条中的“扫掠”命令，以 3 个草图为截面线，以图 4-176 中的曲线 E 为引导线，作扫掠曲面，得到前腿的实体，其效果如图 4-177 所示。

以类似的方法完成其他腿的制作，效果如图 4-178 所示。

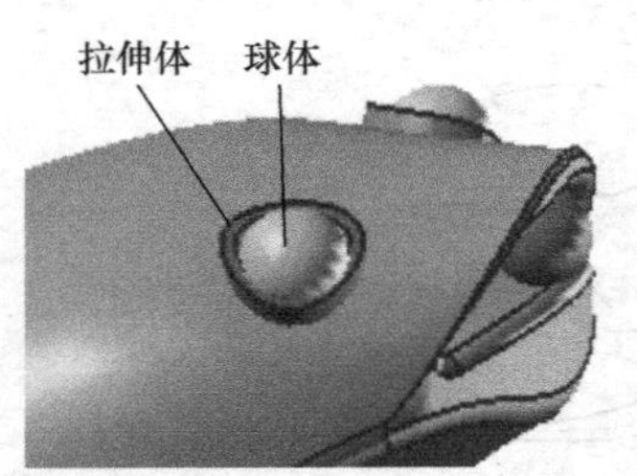

图 4-175　眼睛的制作

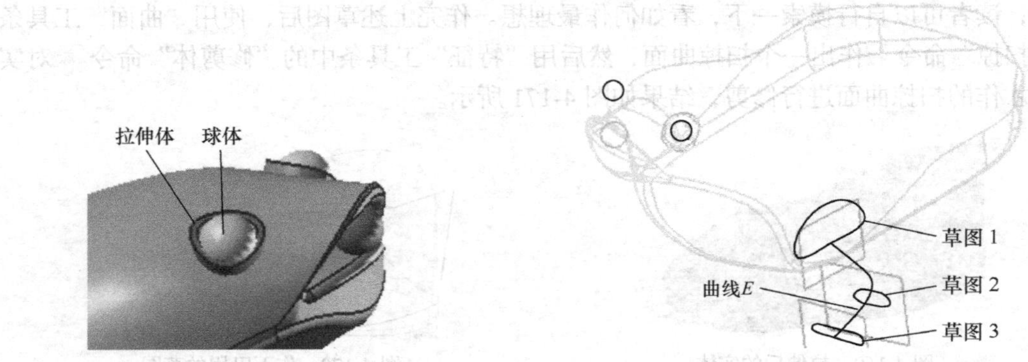

图 4-176　前腿的 3 个草图

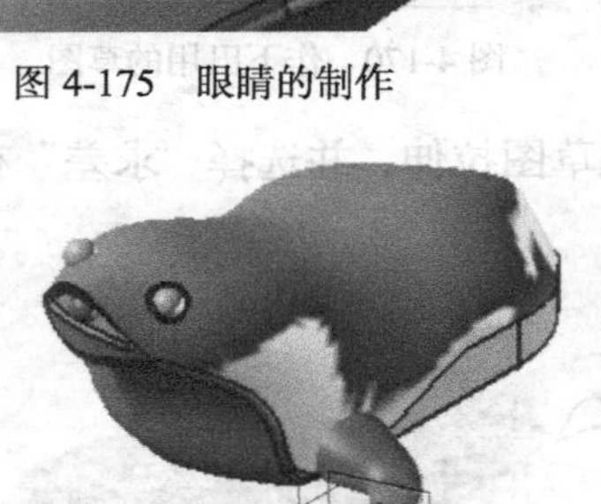

图 4-177　作出的前腿

图 4-178　完成所有腿脚制作的效果

4. 制作背上的筋条

在青蛙背上部的适当位置作一个草图，代表青蛙背上的筋条，如图 4-179 所示。

使用“曲线”工具条中的“投影曲线”命令将此草图中的两条曲线中的一条曲线投影到青蛙的背上，隐藏草图后，结果如图 4-180 所示。

图 4-179　作出筋条的草图

图 4-180　投影的效果

使用“曲面”工具条中的“剖切曲面”命令，“类型”选择“圆”，作一个圆形剖切曲面，并将此剖切曲面与青蛙身躯求差，结果就得到青蛙的一条筋，同样可作另一条筋，结果如图 4-181 所示。

图 4-181　作出的筋条效果

5. 后处理

做到这里，青蛙已经基本作成，使用“求和”命令将各部分求和，并对边缘进行“边倒圆”操作，然后按前面实例中的上色操作对青蛙上色，就可以得到最后的青蛙效果，如图 4-163 左图所示。

另外，还可以按本章实例 1 的方法进行渲染，可得青蛙的表皮效果，如图 4-163 右图所示。

4.2.12 电器外壳的制作

电器外壳的效果如图 4-182 所示。

分析：这种外壳形状特殊，按照前面的投影法来投影，得到了五边形曲面，因此，此例将向读者介绍五边形曲面的制作方法。

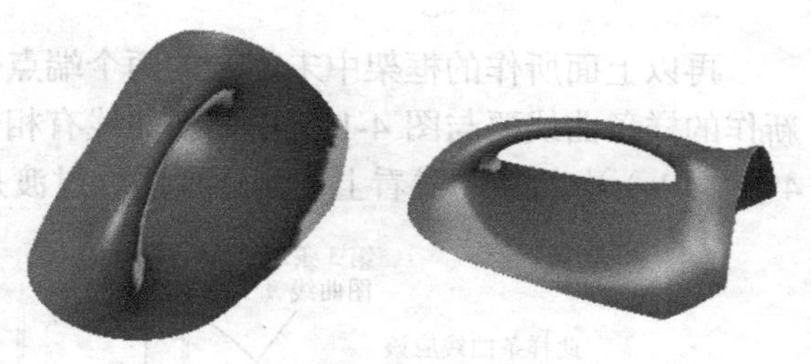

图 4-182 电器外壳的效果

电器外壳的操作过程如下。

先作图 4-183 所示的俯视图草图。

然后作主视图草图，如图 4-184 所示。注意将此草图中的各曲线打断为多段，以方便后面的操作。将图 4-183 与图 4-184 作完后的三维效果如图 4-185（a）所示。

使用“特征”工具条中的“基准轴”命令，建立一个通过图 4-185（a）中的曲线端点，且与 *XC* 方向一致的基准轴，如图 4-185（b）所示。

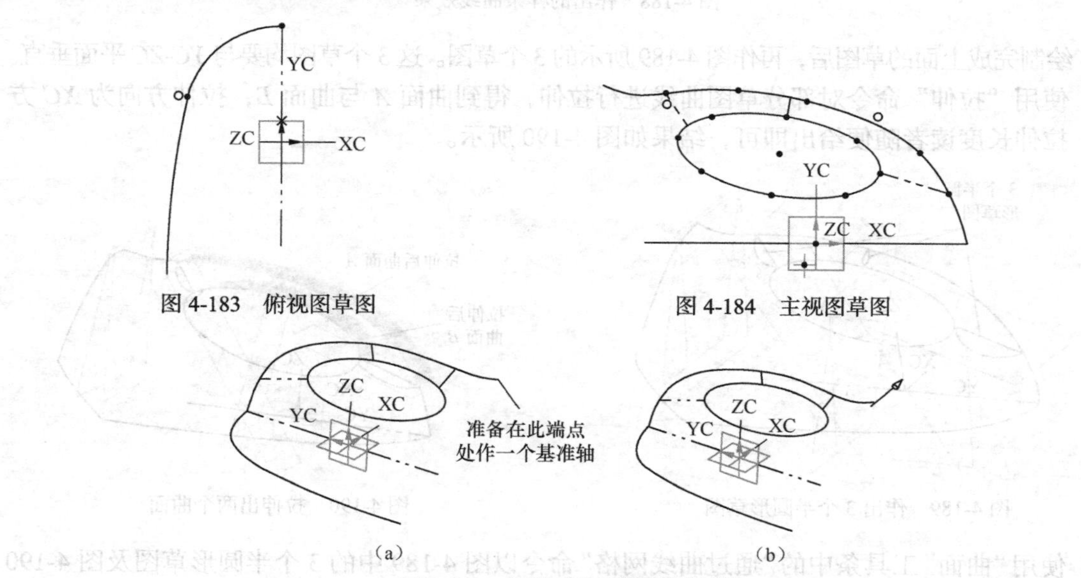

图 4-183 俯视图草图

图 4-184 主视图草图

图 4-185 作完两个草图后的效果

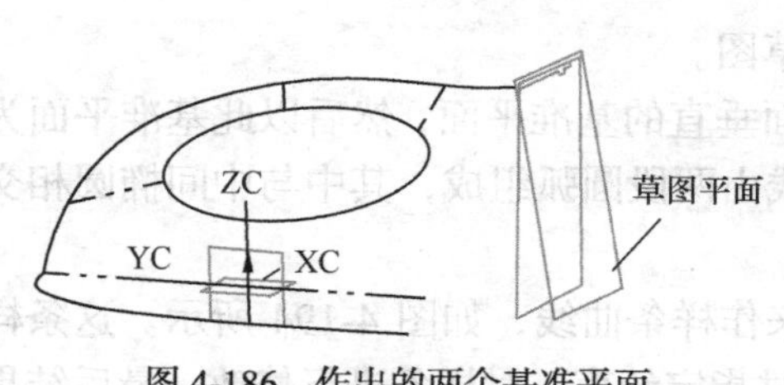

图 4-186 作出的两个基准平面

使用“特征”工具条中的“基准平面”命令，作一个通过刚才作的基准轴，同时又垂直于 *YC-ZC* 平面的基准平面；再作一个过上面的基准轴且与基准平面相差 10° 的基准平面，结果如图 4-186 所示。

以第二个基准平面为草图平面，作图 4-187 所示的草图。

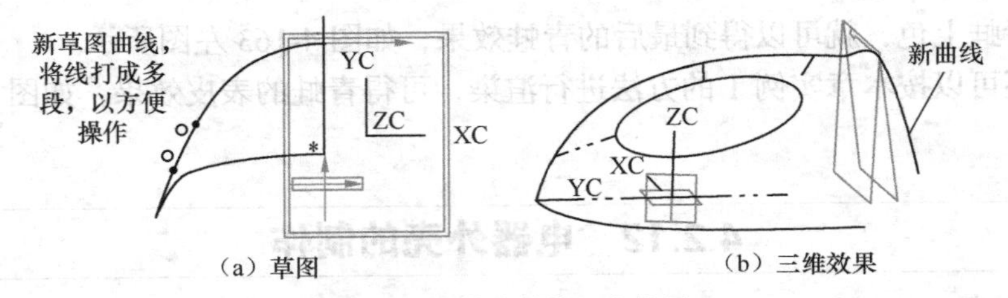

图 4-187　作出的第 3 个草图

再以上面所作的框架中未闭合的两个端点作一条样条曲线，以便使整个图形封闭，同时，新作的样条曲线要与图 4-187 中的新曲线有相似的弧度，当进入到前视图时，样条曲线与图 4-187（b）中的新曲线看上去是连续的，过渡是平缓的，效果如图 4-188 所示。

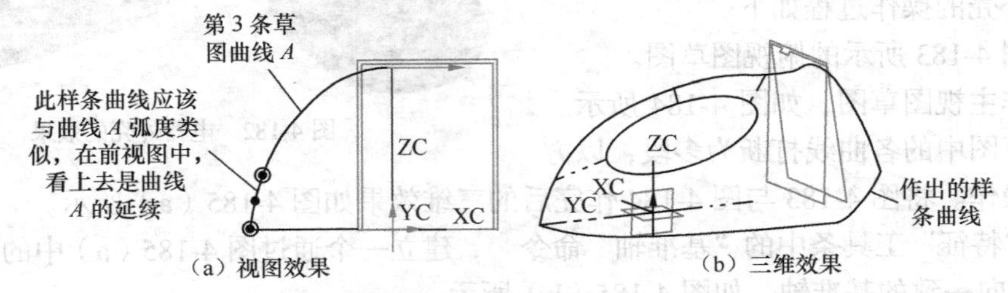

图 4-188　作出的样条曲线效果

绘制完成上面的草图后，再作图 4-189 所示的 3 个草图。这 3 个草图均要与 *YC-ZC* 平面垂直。

使用“拉伸”命令对部分草图曲线进行拉伸，得到曲面 *A* 与曲面 *B*，拉伸方向为 *XC* 方向，拉伸长度读者随便给出即可，结果如图 4-190 所示。

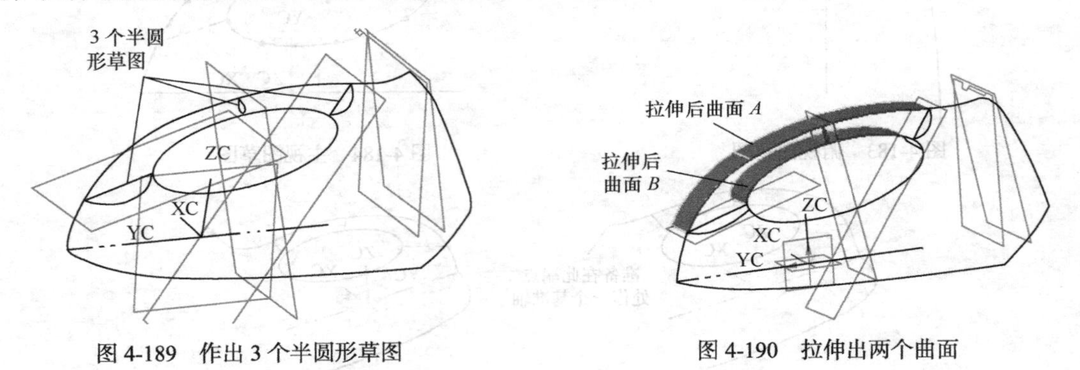

图 4-189　作出 3 个半圆形草图

图 4-190　拉伸出两个曲面

使用“曲面”工具条中的“通过曲线网格”命令以图 4-189 中的 3 个半圆形草图及图 4-190 中拉伸曲面的边作曲面，并使用连续性约束面，使新的曲面相切于曲面 *A* 与曲面 *B*，结果如图 4-191 所示。

以 *YC-ZC* 平面为草图平面，作图 4-192 所示的草图。

再作一个通过图 4-192 中的直线且与 *YC-ZC* 平面垂直的基准平面，然后以此基准平面为草图平面，作图 4-193 所示的草图。图中的草图曲线由两段圆弧组成，其中与中间椭圆相交的圆弧的中心要在 *YC-ZC* 平面内。

完成上面的曲线草图后，返回建模环境，接下来作样条曲线，如图 4-194 所示。这条样条曲线左右两端都要进行 G2（曲率）约束，并要通过指定约束，对样条进行修改，最后结果如图 4-194 所示。

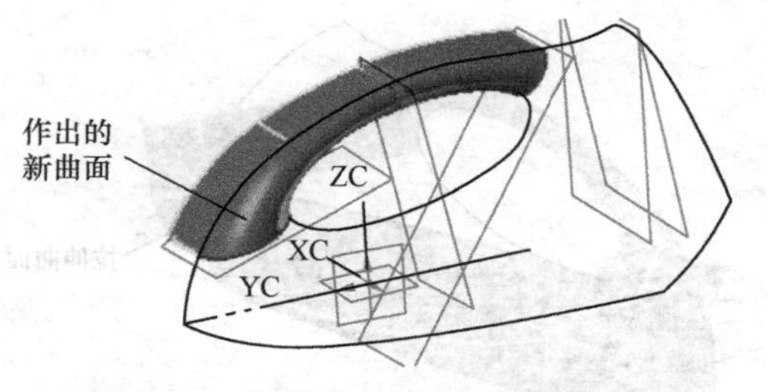

图 4-191　作出了“通过曲线网格”曲面

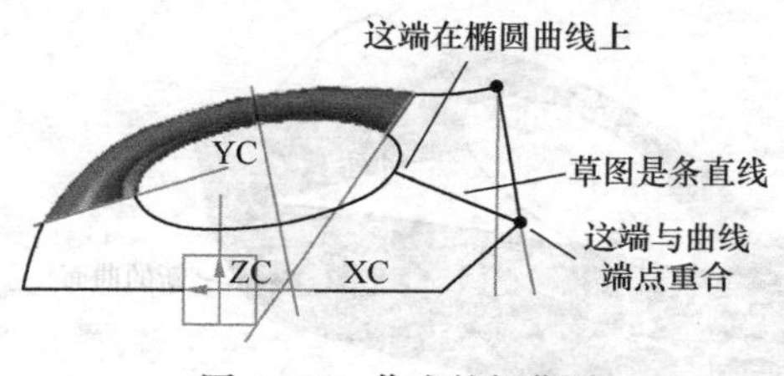

图 4-192　作出的新草图

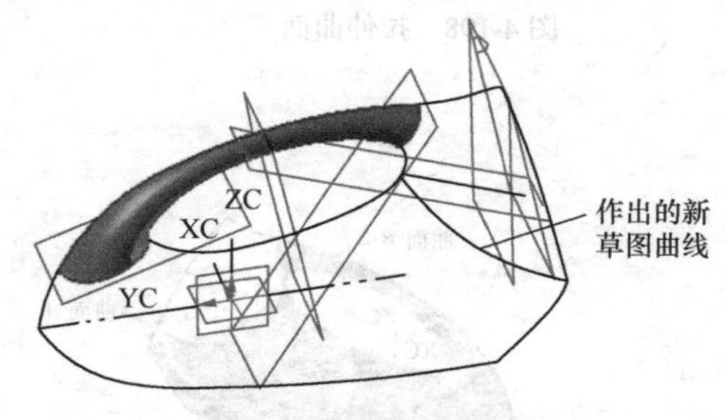

图 4-193　作出新的草图曲线

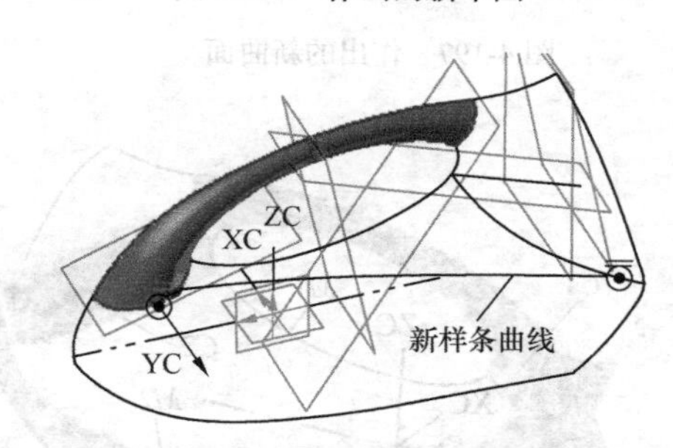

图 4-194　作出连接样条曲线

作两个分别通过刚才作的样条曲线左右两个端点的基准平面，再将与样条曲线两个端点相连的两条曲线拉伸成曲面，结果如图 4-195 所示。

单击“特征”工具条中的“分割面”图标，用图 4-195 中的两个基准平面分割拉伸面，将两个拉伸面分割成两部分。然后，以刚才分割面时的两根分割线作桥接曲线，将不需要的曲线与曲面隐藏，结果得到图 4-196 所示的桥接曲线（用“曲线”工具条中的“桥接曲线”命令，注意调整桥接曲线的曲度）。

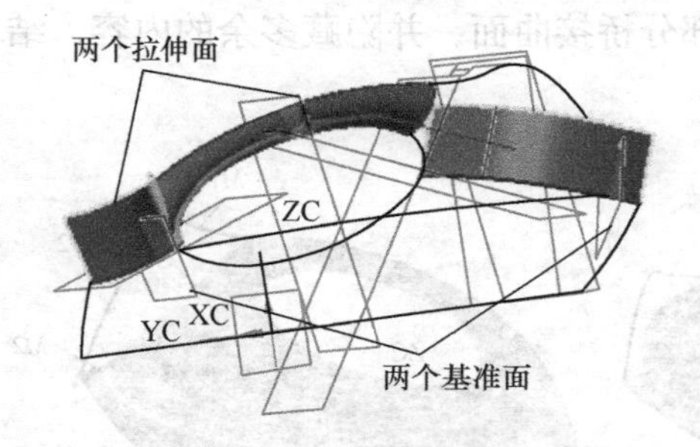

图 4-195　作出两个拉伸面与两个基准平面

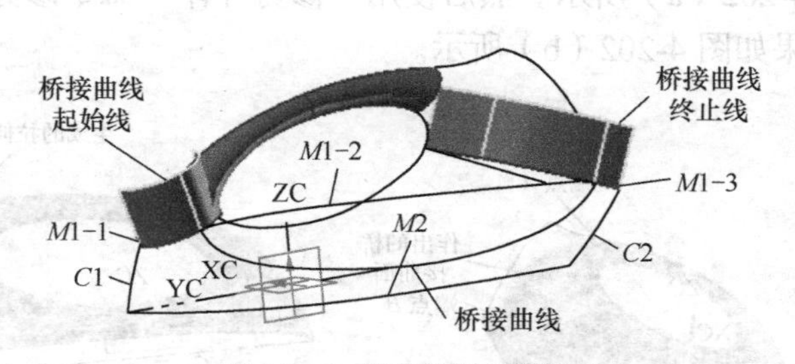

图 4-196　作出的桥接曲线

使用“通过曲线网格”命令以 *M*1-1、*M*1-2、*M*1-3 三段线为第一条主曲线，以 *M*2 作第二条主曲线，以 *C*1、*C*2 分别为第一、二条交叉曲线，得到一个曲面，结果如图 4-197 所示。

使用“拉伸”命令将图 4-196 中的桥接曲线拉伸成曲面，拉伸方向为–*XC* 方向，产生的面将与图 4-197 中的曲面相交，结果如图 4-198 所示。

使用“曲面”工具条中的“修剪片体”命令，将图 4-198 中的曲面 *A* 以拉伸曲面 *B* 修剪，隐藏图 4-198 中的拉伸曲面后，结果如图 4-199 所示。

先以图 4-199 中的 *M*1 线作拉伸曲面，然后以 *M*1、*M*2 作主曲线，以 *C*1、*C*2 作交叉曲线，作“通过曲线网格”的曲面，制作过程中使用连续性约束面，使得新的曲面相切于通过 *M*1 拉伸的曲面及图 4-198 中的曲面 *A*，结果如图 4-200 所示。

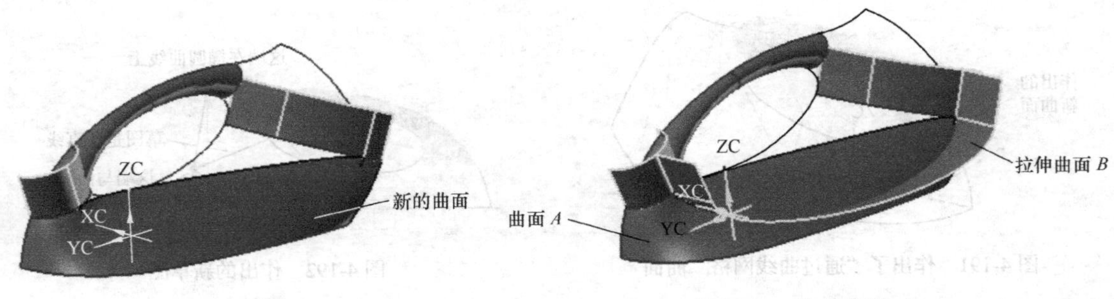

图 4-197　作出的新曲面

图 4-198　拉伸曲面

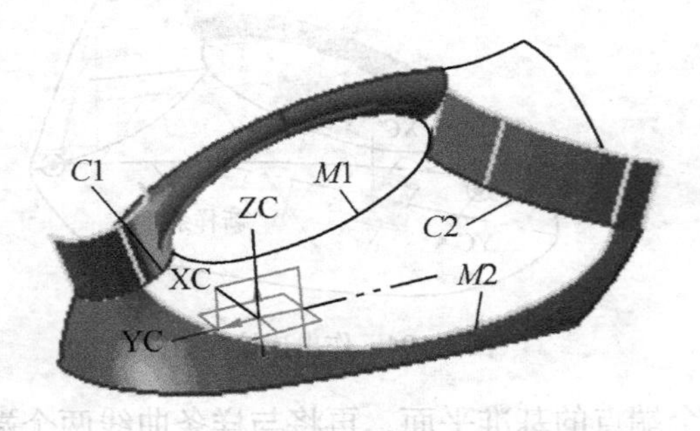

图 4-199　修剪结果

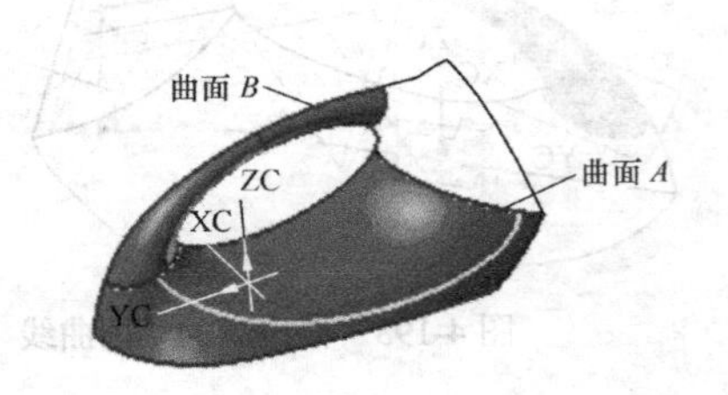

图 4-200　作出的新曲面

单击菜单“插入”→“细节特征”→“桥接”命令或单击“特征”工具条中的“桥接”按钮，然后分别单击图 4-200 中的曲面 *A* 与曲面 *B*，并且保证两个箭头方向相同、起点相似，然后单击“确定”按钮完成桥接曲面的创建，结果如图 4-201 所示。

以图 4-201 中的端点 *A* 与端点 *B* 作样条曲线，然后以此样条曲线作拉伸曲面，结果如图 4-202（a）所示。然后使用“修剪片体”命令修剪掉部分桥接曲面，并隐藏多余的内容，结果如图 4-202（b）所示。

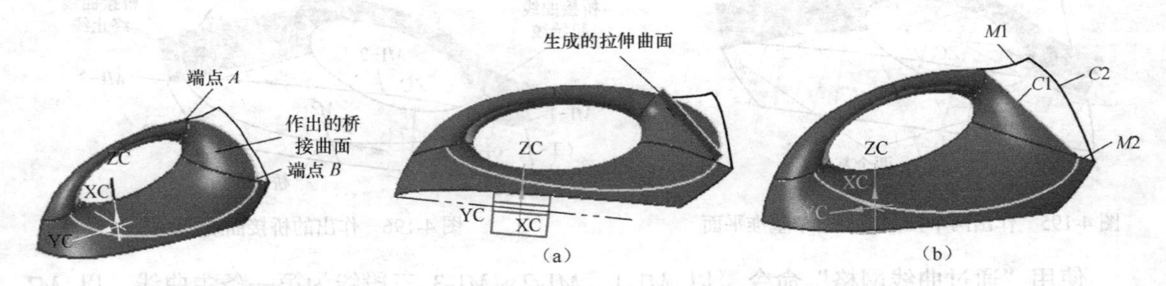

图 4-201　作出的桥接曲面

图 4-202　作出修剪效果

以图 4-202 右图中的 *M*1、*M*2 作主曲线，*C*1、*C*2 作交叉曲线，作“通过曲线网格”的曲面，并使曲面与桥接曲面相切，结果如图 4-203 所示。

将不必要的内容隐藏，然后将所有曲面缝合，使作出的曲面成为一个整体。之后，以 *YC-ZC* 平面作为镜像平面，镜像刚才缝合的曲面，然后再将镜像得到的曲面与刚才缝合的曲面进行缝合，最后使用“加厚”命令进行加厚片体，结果得到图 4-182 所示的最终曲面。

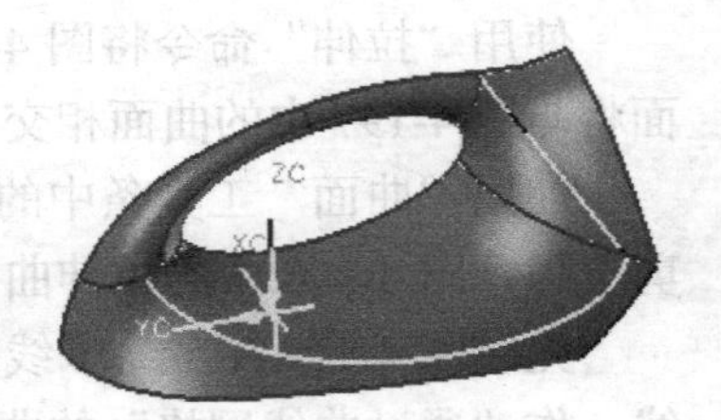

图 4-203　作出新的曲面效果

4.2.13 逆向造型法实例——机壳的制作

逆向造型又称为反求工程（Reverse Engineering），就是从实物样件获取产品数学模型的技术，实现物理模型的重构。简单地讲，就是通过某种方法获得实物的坐标数据，然后生成点、线，最后连接成面或体。最终得到实物在计算机中的三维模型。

在这个过程中，测量点的坐标是不可缺少的，目前常用三坐标测量机、三坐标划线机等来完成点云的采集，将采集到的点云输入到反求软件中，完成反求操作。反求软件的种类很多，非专业的如 UG、Pro/ENGINEER、CATIA、MasterCAM 等，而专业的软件有 Rapidform、Surfacer、CopyCAD、Trace 等。反求工程的主要操作步骤如下。

（1）取点。目前多利用三坐标测量机来完成取点工作，通过取点，收集大量实物的三维坐标值组，输入反求软件形成点集。

（2）连线。将取得的点以适合的方式连接成曲线，为进一步操作做准备。在 UG 中，有一个利用点云直接作成面的命令，叫做"从点云"，使用这个命令可以将一个不太复杂的点云直接转换成面，如果在操作时点云非常有规律且不复杂，可以考虑直接使用此命令来作面，从而省略连线这一步。不过，在实际操作中因物体往往太复杂，直接操作多不能如愿。

（3）构面。将得到的连线以某种方法作成曲面，如在 UG 中，可以通过"通过曲线组"和"通过曲线网格"等命令来完成这个过程。

（4）转体。将作出的曲面通过适当手段变成实体，在 UG 中，可以通过加厚、缝合成体等手段来得到实体。

这几个操作步骤在专业的或非专业的软件中都是类似的。

理解了有关逆向造型的概念后，下面来作一个简单的实例，以便能更好地理解。

图 4-204（a）所示为一个机壳零件，图 4-204（b）所示是对此零件进行扫描后的点云集。

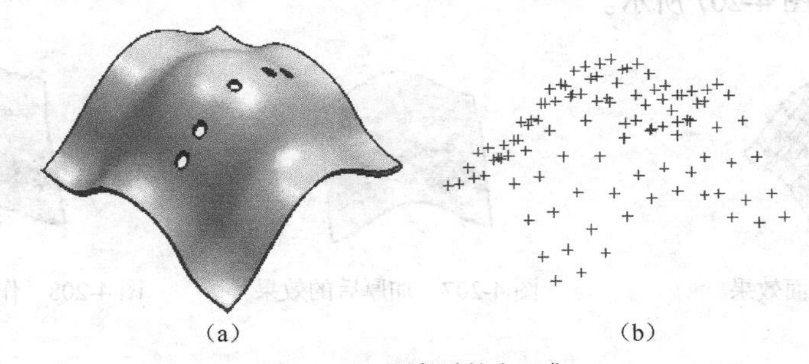

(a) (b)

图 4-204 机壳零件点云集

从三坐标测量机得到的点云是一个具有 X、Y、Z 3 个方向尺寸的集合，将其输入到电脑中，便得到一个点集，按照前面的操作步骤，来逆向求解原机壳零件的形状。

1. 取点

事实上，取点工作已经通过输入三坐标测量机的数据完成，如果测量的数值太多，可以将点减少些，具体可以根据零件的形状进行取舍。在这个图中，由于特意在测量时取了较大的间隔，因此，点数不多，如果零件复杂，可能点数会特别多，此时，更应对点进行适当的取舍。

2. 连线

连线工作一般使用“曲线”工具条中的“艺术样条”命令来完成，依次单击各点，按纵向和横向分别连线，得到多条曲线，取线时，将阶次设置为3次即可。图4-205所示从左到右是连线的过程。

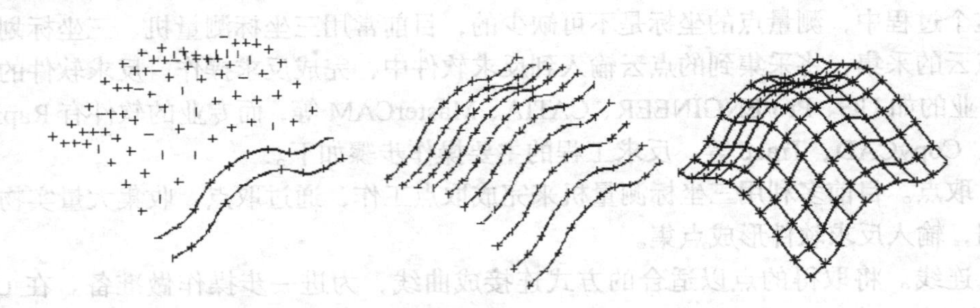

图4-205 连线过程

3. 构面

整个曲线均连接好以后，就可以使用多种方法来构面了，常用方法是使用“曲面”工具条中的“通过曲线网格”命令或“艺术曲面”命令来作复杂曲面，但也可以根据实际情况使用其他曲面命令来进行，这里使用最常用的“通过曲线网格”命令来完成建立曲面的过程。操作过程参见前面实例。建立曲面后的结果如图4-206所示。

4. 转体

使用“特征”工具条中的“加厚”命令对刚才作出的曲面进行加厚处理，并隐藏不必要的内容，结果如图4-207所示。

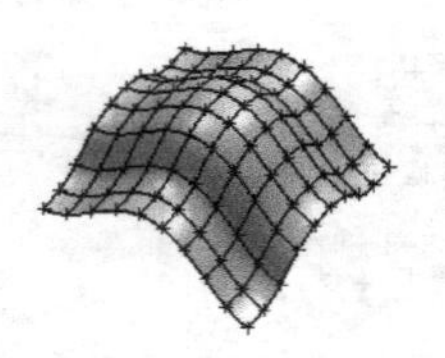

图4-206 构面效果

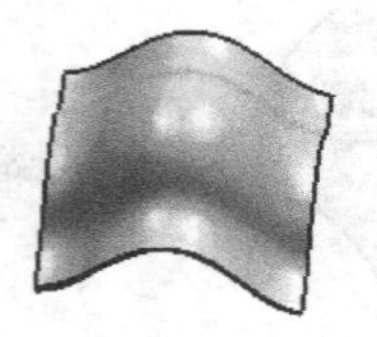

图4-207 加厚后的效果

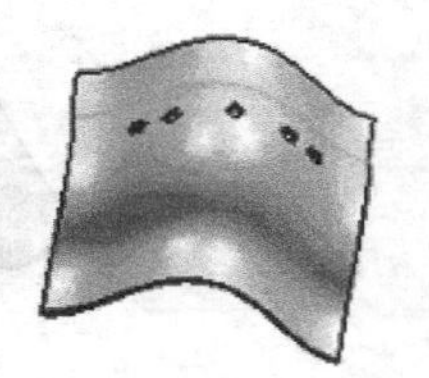

图4-208 作出小孔后的结果

5. 后处理

使用测量机测量时，由于扫描间隔距离较大，因此，有部分细节丢失，下面对其进行补充处理。通过图4-204可知，原机壳产品上有5个小孔，在作面时未能很好地反映出来，通过拉伸作出这些小孔，结果如图4-208所示。

可以将最后的结果与图4-204（a）所示的效果进行比较，从中可以看出产品已经逆向求出。

本实例所述为逆向造型，其实，对复杂的模型进行逆向造型是较困难的，本实例则相对简单，在此仅给读者理解反求工程起个抛砖引玉的作用，希望读者能通过此例掌握逆向造型的基本方法。

4.2.14 编辑曲面造型法实例——人脸面具的制作

图 4-209 所示为一人脸面具。其中左边为没有渲染的效果，右侧是进行渲染后的效果。

人脸面具的制作可以有多种方法，在这里使用编辑曲面造型的方法来制作，方法比较简单，读者易于接受。另外，由于是面具，因此，制作不一定要求很精确，所以造型以形似为主。如果要得到精确的造型，可以用其他方法来实现。

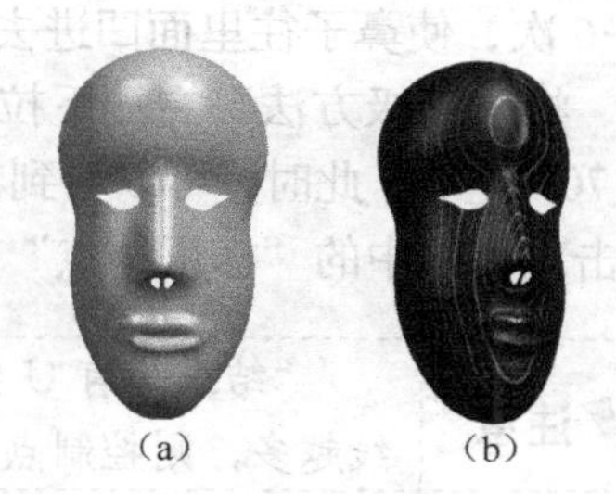

图 4-209 人脸面具

首先，按图 4-210 所示制作一个三维框架。

使用“曲面”工具条中的“通过曲线网格”命令，以点 1、曲线 3、点 2 作主曲线，以曲线 1、曲线 4、曲线 2 作为交叉曲线，作出曲面，结果如图 4-211 所示。

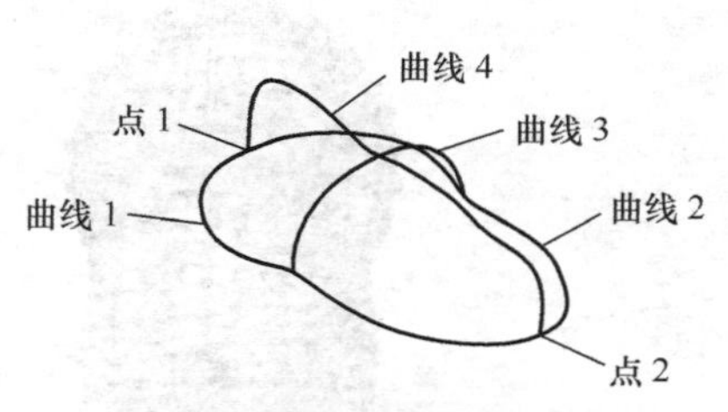

图 4-210 作出面具轮廓线

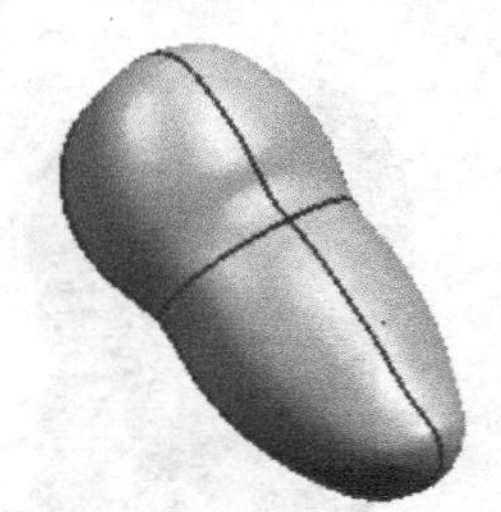
图 4-211 作出的曲面

单击“编辑曲面”工具条中的“X 成形”命令，弹出“X 成形”对话框，单击图 4-211 中的曲面，进入“X 成形”环境，此时，可以看到原来的曲面上布满了不均匀的控制点，如图 4-212 所示。

在“方法”一项中分别有移动、旋转、比例、平面化 4 种。切换到“移动”一栏，然后点选“WCS”单选按钮，单击“*ZC*”按钮，表示移动是在 ZC 方向上进行的，在“高级方法”右侧下拉框选择“按比例”，然后将“衰减比例”右侧的“凹的-凸的”滑动按钮根据需要进行适当调整，这样在移动点时，使其与周边的影响减少些。单击选中图 4-212 中的“鼻子第一点”，然后单击“X 成形”对话框中“微定位”下的“步进值”右侧的按钮一次，刚才选中的点上移了；再选中“鼻子第一点”往上的一个点，然后再单击“步进值”右侧的按钮一次；同理可选中直到鼻子根部的极点进行一样的操作，鼻子的形状如图 4-213 所示。

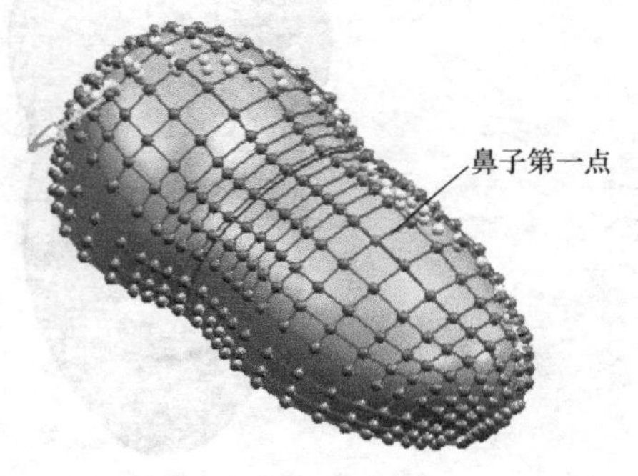

图 4-212 进入到“X 成形”环境

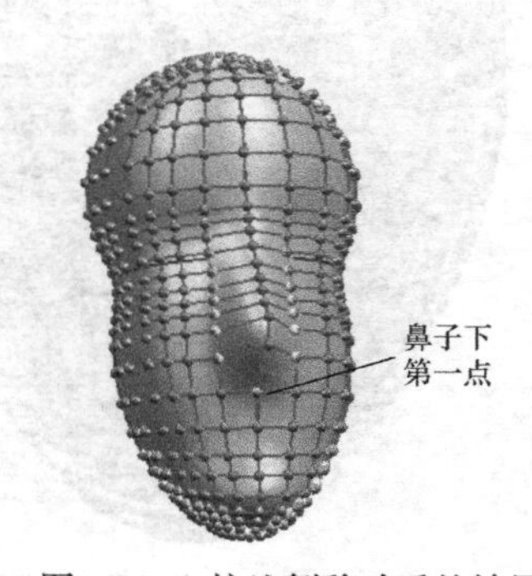

图 4-213 按比例移动后的效果

其他设置不变，现在单击“*YC*”图标，可按住 Shift 键不放单击原来选中的各点，以便取消这些点的选择；然后选中图 4-213 中“鼻子下第一点”，单击“步进值”右侧的按钮 4～6 次，使鼻子往里面凹进去一些，结果如图 4-214 所示。

将“高级方法”右侧下拉框修改为“插入结点”，然后拖动下方的滑动按钮，使其移动到 70%左右，此时，可以看到在曲面上“插入结点”的位置线移动到了图 4-214 所示的位置。单击对话框中的“插入结点”图标，完成一条 U 向结线的插入。

注意 “结线”有 U 向与 V 向之分，U、V 方向交点处产生一个控制点，即极点，结线越多，则控制点就越多，越能进行复杂细致的操作。

以同样的方法，在 U 向再插入适当数量的结线；同理，在 V 向也插入若干结线，这样做可以在下面要作嘴的地方产生更多控制点，便于作出嘴的形状。结果如图 4-215 所示。与图 4-213 对比可以看出，“插入结点”后多了许多控制点。

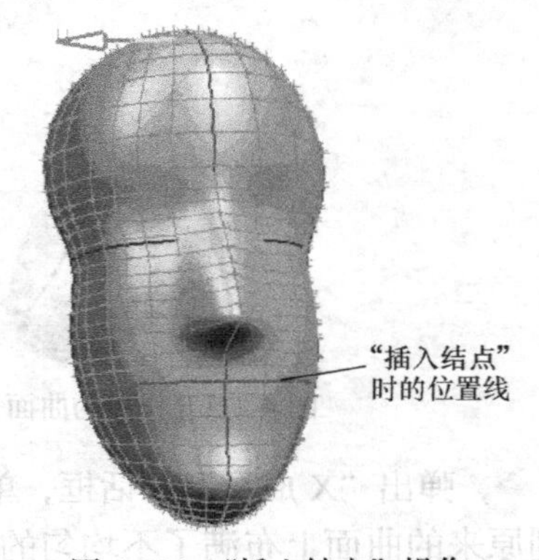

图 4-214 “插入结点”操作

图 4-215 完成“插入结点”后的效果

单击“移动”一栏下的“多边形”单选按钮，这种方式可以平移控制点，以便能作出嘴巴的效果。单击其中的一个控制点，其上会出现上下左右共 4 个箭头，单击其中一个箭头，然后按住鼠标左键朝箭头方向移动，结果可以看到控制点移动了；同样可以移动其他点，要仔细移动，以便形成嘴的形状，如图 4-216 所示。

完成后，得到嘴的大致形状。仿照前面制作鼻子效果的方法，对嘴附近的控制点进行细微调节，以便得到较好的效果，最后调节效果如图 4-217 所示。

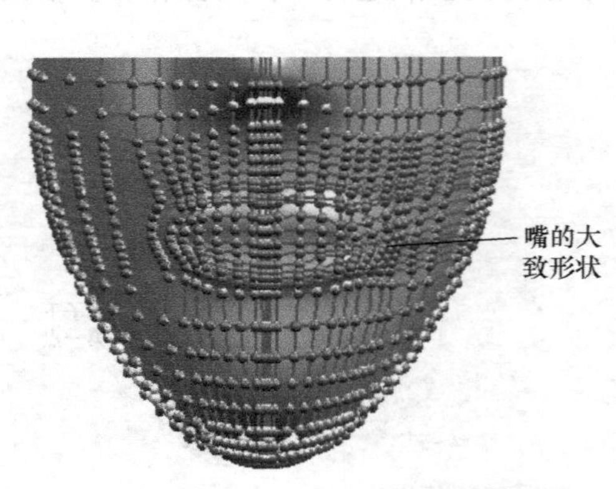

图 4-216 移动各点后得到嘴巴的大致形状

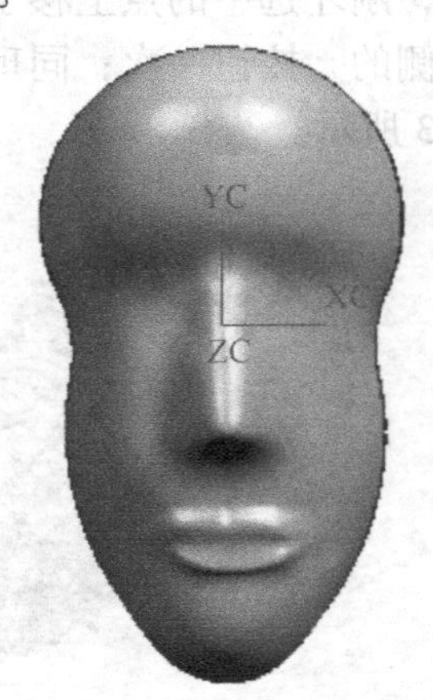

图 4-217 作出嘴巴的效果

最后，使用“拉伸”命令，挖出眼睛孔与鼻子孔，结果如图 4-209 所示。还可用前面讲到的渲染方法进行渲染，得到图 4-209（b）所示的效果。

这个面具做得还不够细致，如果有兴趣，可以在此基础上作出眉、耳等内容。

从上面的实例可以看出，自由曲面成型的原则是以某方法作出曲面，然后在此基础上使用“编辑曲面”工具条中的命令进行变形、变换等，直到得到需要的造型为止。本例中仅使用了其中功能最强大的“X 成形”命令，读者在学习过程中还可使用其他命令，如“使曲面变形”“变换曲面”“光顺极点”等其他命令。

小　结

本章通过众多实例，详细讲解了使用 UG 进行曲面造型的几种方法，其中，对投影法与截面法做了细致的讲解，原因是这种方法在实际工作中的应用较广；对另外两种造型方法各举一个实例进行了讲解。

本章总结了造型的方法，并用实例进行验证，读者应从中学会这些曲面造型的方法与技巧，并付诸实践。为了提高造型能力，读者可以深入挖掘生活中的产品进行造型。

练　习

注意　本章练习均要使用曲面功能才能完成，所有练习题尺寸自定，制作出效果即可。

1. 制作图 4-218 所示的足球。提示：先作一球，尺寸自定，然后作一六边形，并将此六边形在球上投影，然后多次旋转复制投影所得的六边形即可。其中六边形外接圆半径 r 与球的半径 R 的关系可以求出，$r≈0.44089687*R$。旋转时角度为 41.7965°，旋转轴通过球心，轴的方向是投影六边形的两对角线的方向。

2. 制作图 4-219 所示的碗。

图 4-218　足球效果

图 4-219　碗效果

3. 制作图 4-220 所示的玩具飞机上半身。

4. 制作图 4-221 所示的吹风机三维模型。

5. 制作图 4-222 中的复杂形体，这些玩偶与器具在生活中常见，读者最好找一个实物器具或玩偶来对照制作。

图 4-220　玩具飞机上半身

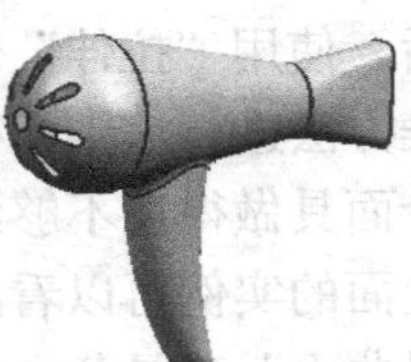

图 4-221　简易吹风机

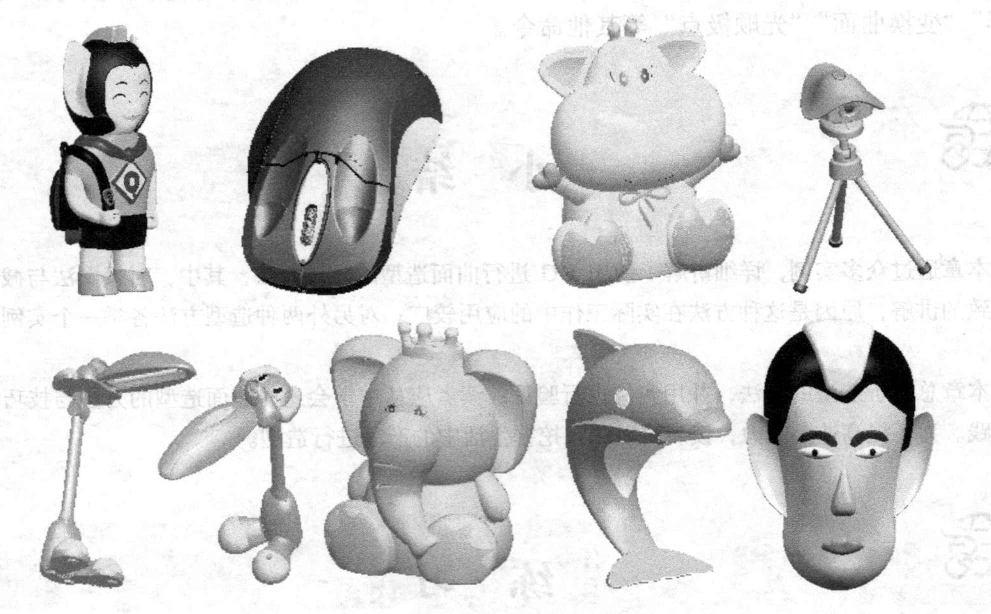

图 4-222　复杂形体练习

第5章 装配

一个完整的机器是由许多零件组成的，各零件间有运动与非运动的相互关系以及配合关系。本章将通过几个实例，介绍 UG 装配的技巧与注意事项。

UG 装配的作用介绍如下。

（1）为后续工程做准备。设计一个产品，有传统的设计思路与现代的设计思路之分，传统的设计思路是先作装配图，后拆零件图，然后是加工、检测、出产品，整个过程就是一条流水线，前面的没完成，后面的不能进行；现代设计采用的是并行模式，具有设计、加工、采购等同步交叉进行的特点，可谓多管齐下。在 UG 中，具体体现在制作零件的三维模型、装配、加工编程、工程图等均可同步交叉进行，因此，UG 的装配改变了传统的设计理念。

（2）作为工人装配机器的依据。工人通过看装配平面图与三维图，可以正确地安装与维护机器。UG 的爆炸图、剖切图等先进工具，可以让装配效果更加清晰地呈现在操作者面前。

（3）可以对机器进行干涉检查、静力学与动力学分析、配合件间隙的分析等。

（4）实现设计与装配组合，边设计边装配，边装配边设计，同时可以对已经设计完成的零部件进行编辑。

下面来分别介绍不同的装配类型。

5.1 普通装配

要进行普通装配，就得先将一个机器中的所有零件作成三维模型，并存储在一个目录下。由于 UG 的零件名称的扩展名均为.prt，在给装配取名时应加上一定的标记，或在装配图的后面加上-asm 来表示装配图，如 mymachine-asm.prt 中的-asm 就表示本图为 UG 装配图。在实际工作中，零件的名称最好是用零件的代号，或者是零件代号加上零件名称的英文缩写或汉语拼音表示，这样更方便工作。

当准备好了一个机器的所有三维模型后，就可以开始进行装配了，特别要注意，装配图与装配用的零件要在同一目录中。本教材配套的光盘中有几个装配实例用的完整装配模型，读者可用它作为练习用，以便节约时间。

一个机器可能是很复杂的，如果一次性将所有零件都装配上去可能是很困难的，同时也不便于今后的工作，因此正确的思路是先将机器分为几个功能部件，再装配每一个功能部件，并作出功能部件的部装图；然后将部装图装配成总装配图。这样既便于装配工作，又便于今后工人的实际安装以及设计分析等。

例如，要装配一部汽车，可以将动力系统、传动机构、车身、电气系统等分开成部件，大的部件，如传动机构又可分减速机构、转向机构等部件，如此将各部件分别进行装配，并作出这些装配的装配工程图，再将这些大部件装配在一起做成总装配，并作出总装配的工程图，这就是正确的方法。

本章中不会作很复杂的装配，仅用不同的实例来介绍装配的方法与技巧。

5.1.1　减速器的装配

减速器由小齿轮组件、大齿轮组件、箱体组件 3 大部件组成，因此，可以先对这 3 个组件进行部分装配，然后再将这 3 个部件装配成一个整体，再做其他处理，这样装配便于完整操作。同时，在作整个机器的各零件三维模型时，其零件标号也应是以部件为单位进行标注，如小齿轮组件以 01-开头，大齿轮组件以 02-开头，箱体部件以 03-开头，总装配以 00-开头。另外，对于装配后的三维模型，如果要转换成工程图，则在原图名后面加上-dwg 来进行区分，这样便于理解、区分、查找与操作。

1．安装小齿轮部件

启动 UG，并新建 01-00-asm.prt 文件，用来装配减速器中的小齿轮组件，因此，这是一个部装图，只装配减速器中的部分零件，为后续装配做准备。

进入 UG 的基本环境后，单击“开始”→“装配”命令或单击“应用模块”工具条中的“装配”图标，即可弹出“装配”工具条，进入装配环境。装配工具条一般放在屏幕的底部，功能按钮较多，其部分功能按钮显示效果如图 5-1 所示。

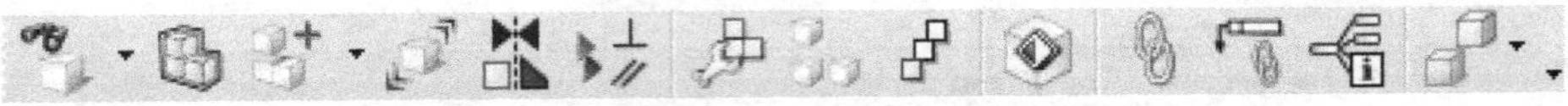

图 5-1　装配工具条

这些按钮的具体作用将在后面的实例中逐步介绍，不单独解释。

如果已经进入基本环境，则单击“添加组件”图标，弹出“添加组件”对话框，单击对话框中“打开”按钮，弹出“部件名”对话框，在其中修改目录到本书附带光盘的 UGFILE\5\5.1\5.1.1 目录下（读者可以修改到自己光盘的安装目录下），选择 02-02-zhou.prt 文件，它是一根轴，确定后，弹出“部件预览”窗口。

打开部件时，在“部件预览”窗口中或许看不到零件，这是因为在作零件的三维模型时，零件实体没有放在第一图层，系统默认安装零件要放在第一图层，此时将“添加组件”对话框中“设置”区中的“图层选项”改为“原先的”“工作”或“按指定的”即可预览。

当弹出“添加组件”对话框后，会看到对话框中的定位为“绝对原点”，这是装配第一个零件，今后进行其他零件的装配时需要将定位更改为“选择原点”“通过约束”或“移动”中的某一项，这几个不同选项代表了不同的定位方式，这里使用默认的“绝对原点”，单击“应用”按钮完成操作，这样就安装了第一个零件。其他的就以此为基础进行安装，第一个零件安装完成后的效果如图 5-2 所示。

此时，“添加组件”对话框应该没有关闭，再次单击“打开”按钮，选中文件“01-01-XCL.prt”，此为装配在刚才装入的轴上的齿轮，将“添加组件”对话框中“定位”设置为“通过约束”，单击“应用”按钮后，弹出“装配约束”对话框，如图 5-3 所示。

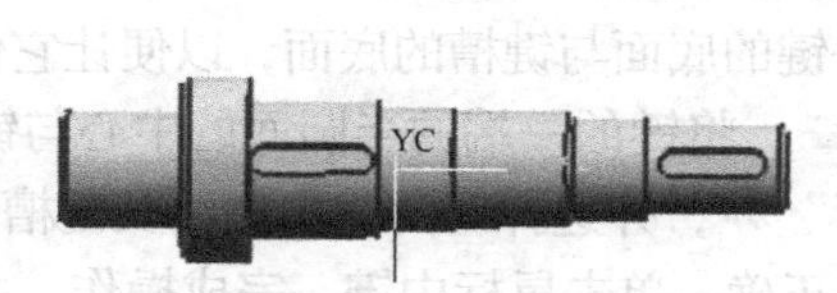

图 5-2 装配完第一个零件

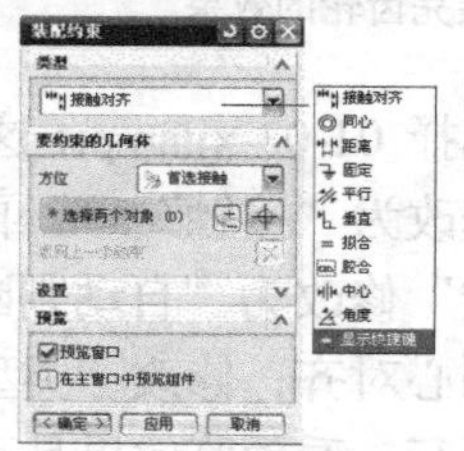

图 5-3 “装配约束”对话框

该对话框中的“类型”包括“接触对齐”“同心”“距离”“固定”“平行”“垂直”“拟合”“胶合”“中心”及“角度”等项，最后一项是用来更改对话框中显示模式为快捷键方式的。一般装配中，使用前两种类型就可以，有时也会用到其他选项。

单击第一种接触对齐类型，即“接触对齐”，将“方位”修改为“接触”，然后按图 5-4（a）所示进行操作。

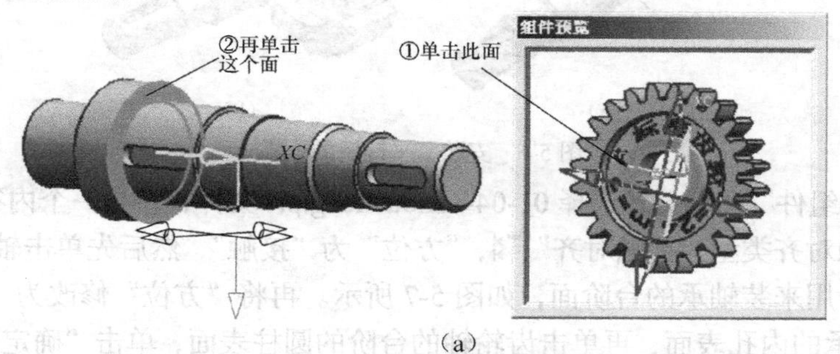

（a）

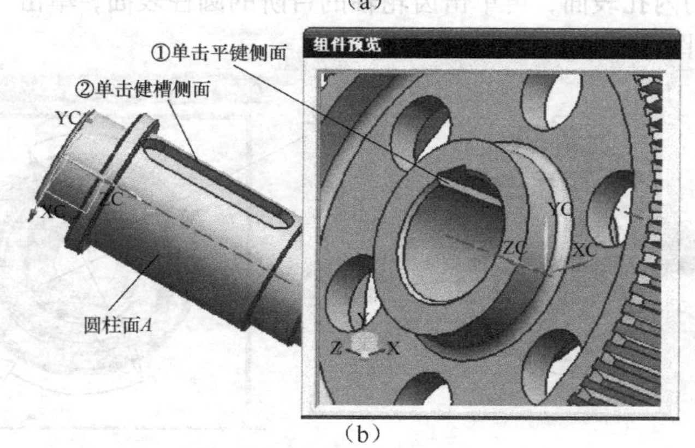

（b）

图 5-4 装配小齿轮的过程

将“方位”修改为“对齐”，然后按图 5-4（b）所示操作；第三次将“方位”修改为“自动判断中心/轴”，先单击齿轮孔内表面，再单击图 5-4（b）所示的“圆柱面 *A*”处，然后选中“装配约束”对话框中“预览”区中的“在主窗口中预览组件”复选框，就可以看到安装后的效果，如果效果不对，可以单击“反向”图标，如果正确，则直接单击“确定”按钮或鼠标中键，完成操作，结果如图 5-5 所示。

图 5-5 安装完齿轮的效果

在这个操作中，“接触”是指两个平面的面与面相对贴紧，这里是让齿轮端面与轴的轴肩端面贴紧；“对齐”则是两个面朝同一方向并立对齐，这里的作用是让齿轮与轴的键槽对齐；而“自动判断中心/轴”则是让两个圆柱面中心重合，这里作用是让齿轮的轴中心与轴的轴心线重合。

完成齿轮安装后，回到“添加组件”对话框处，单击“打开”按钮，选择 01-03-xjian.prt 这个平键零件，将对话框中“类型”设置为“接触对齐”；将“方位”修改为“接触”，再分别单击平键的底面与键槽的底面，以便让它们接触对齐，然后将“方位”修改为“自动判断中心/轴”，将键的一端的半圆面的中心与键槽一端的半圆面的中心同心对齐；修改“类型”为“平行”，并选择键的一个侧面及键槽的一个侧面，以便让它们平行，看预览效果是否正确，如果正确，单击鼠标中键，完成操作，关闭“添加组件”对话框后，右击前面装配的齿轮，单击弹出菜单中的“隐藏”命令，将齿轮隐藏，结果如图 5-6（a）所示。再按 Ctrl+Shift+U 快捷键，显示刚才隐藏的齿轮，结果如图 5-6（b）所示。

图 5-6 安装了平键后的效果

单击“添加组件”图标，选择 01-04-xzhoucheng.prt 文件，它是一个内径为 17 的轴承。单击第一种接触对齐类型“接触对齐”，“方位”为“接触”，然后先单击轴承的一个侧面，再单击轴的一个用来装轴承的台阶面，如图 5-7 所示。再将“方位”修改为“自动判断中心/轴”，先单击轴承的内孔表面，再单击齿轮轴的台阶的圆柱表面，单击“确定”按钮，完成轴承的安装，结果如图 5-8 所示。

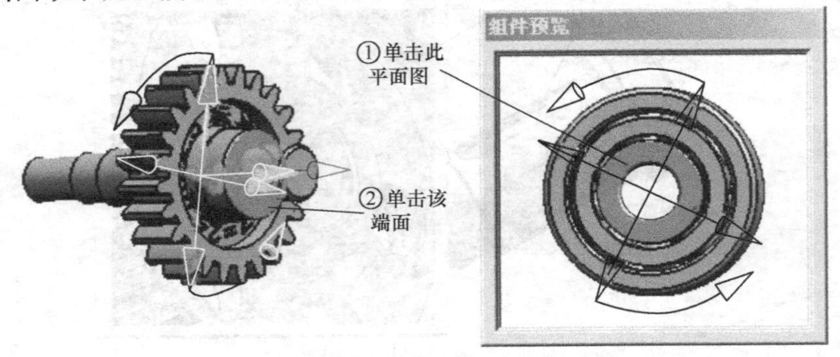

图 5-7 接触对齐安装过程

与此类似，再安装另一侧的轴承，结果如图 5-9 所示。

图 5-8　安装好的轴承

图 5-9　安装好两个轴承

下一步是安装平键 01-03-xjian.prt，其操作手法与上面类似，也是用了“接触对齐”的“方位”为“对齐”及“自动判断中心/轴”这两种操作，如果没能达到装配要求，还可以使用“平行”类型，其操作过程如图 5-10 所示。

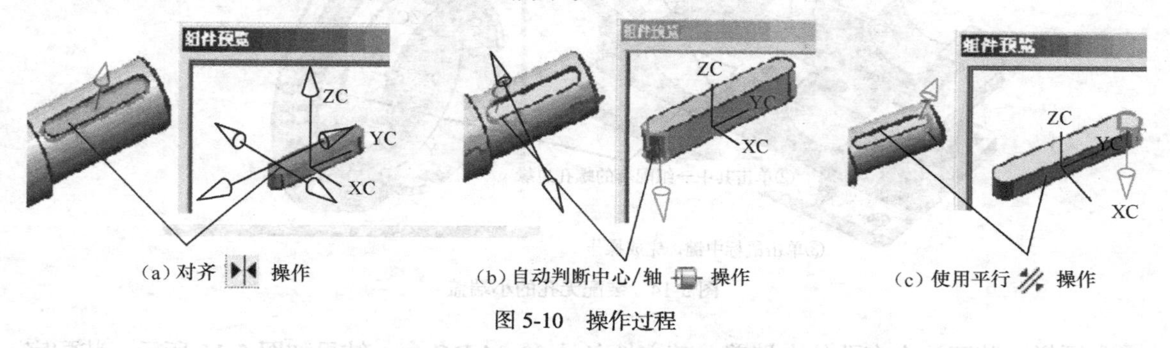

（a）对齐 操作　（b）自动判断中心/轴 操作　（c）使用平行 操作

图 5-10　操作过程

进行了上面的操作后，单击“确定”按钮，就可完成平键的装配，结果如图 5-11 所示。

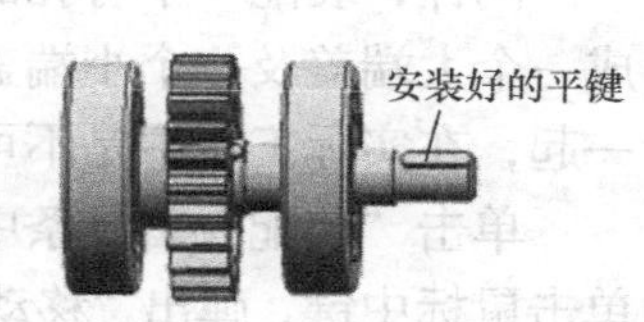

图 5-11　装配完平键

单击“标准”工具条中的“保存”按钮，将此部件装配图进行保存，就完成了一个部件的装配过程。

2. 安装大齿轮部件

用与上述操作类似的方法，建立 02-00-asm.prt 文件，来装配大齿轮组件，大齿轮组件共 5 个零件，装配顺序是一根轴、平键、左侧轴承、大齿轮、右侧轴承，结果如图 5-12 所示。

3. 安装机体组件

新建 03-00-asm.prt 零件，它是用来装配机壳所有零件的，操作过程多与上面的操作类似，但有些新知识，读者要注意学习。首先通过“添加组件”命令，将“定位”设置为“绝对原点”，加入机座底零件 03-01-xiangzhuo.prt，如图 5-13 所示。

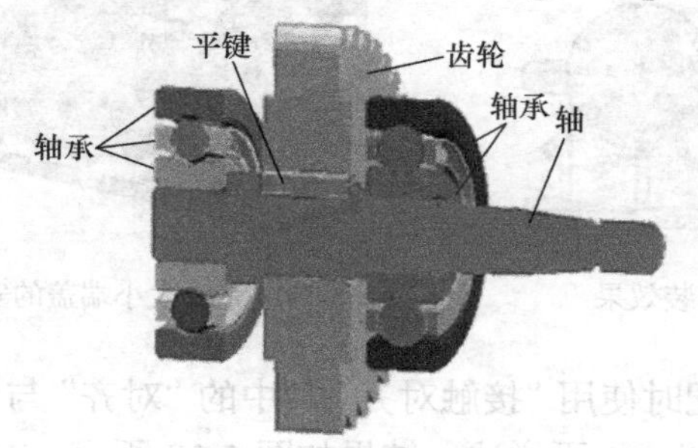

图 5-12　大齿轮组件

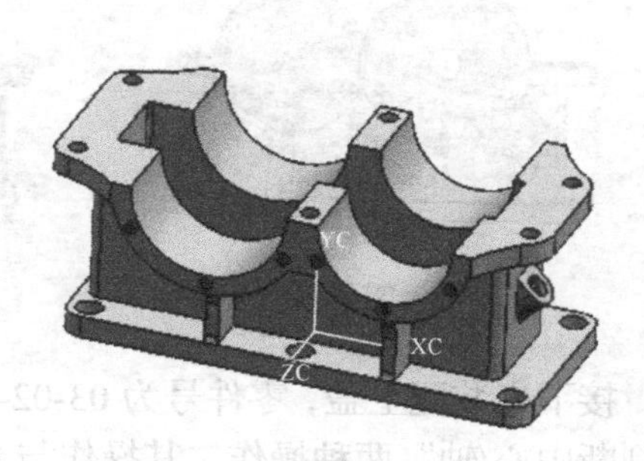

图 5-13　添加机座底

将“添加组件”对话框中的“定位”设置为“通过约束”，添加无孔小端盖的装配（图名为 03-04-XGwk.prt），在“装配约束”对话框中，“类型”使用“同心”◎，操作时，先进行图 5-14 所示的第一步操作，再选中“在主窗口中预览组件”复选框，看下效果是否正确，如果不正确，应该单击“反向”图标⊠，然后再将对话框中“在主窗口中预览组件”复选框的“钩”去掉，不显示预览效果，再进行图 5-14 所示的第二步的操作，最后单击鼠标中键完成操作。

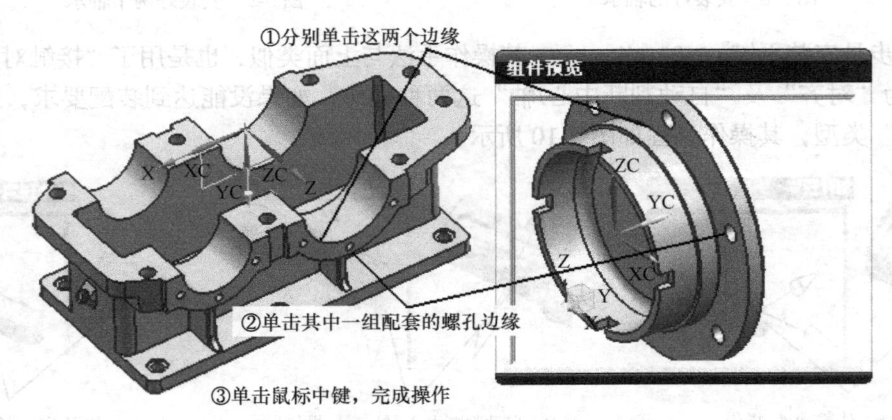

图 5-14　装配无孔的小端盖

同样，装配一个有孔的大端盖，其文件名是 03-04-DG.prt，结果如图 5-15 所示，装配完成一个大端盖及一个小端盖。从图 5-15 中可以看到，这次安装不好，有部分盖体交差重叠在一起，在实际工作中是不可能这样的，因此需要进行“移动组件”操作。

单击“装配”工具条中的“移动组件”图标，将弹出浮动工具条，选中大端盖，然后单击鼠标中键，弹出“移动组件”对话框，在“变换”一栏下“运动”右侧下拉框选“角度”，指定矢量选取大端盖的法线方向，指定轴点选取大端盖的外圆中心，并输入“角度”-60°，并单击“确定”按钮，完成移动组件操作，同理，对小端盖也做同样的操作，结果如图 5-16 所示。

用与上面相同的方法，可以完成另一侧的装配，不过要注意，装配端盖时，一个有孔、一个无孔，同时，一个无孔的小端盖与一个有孔的大端盖在一侧；另一侧正好相反，装配结果如图 5-17 所示。

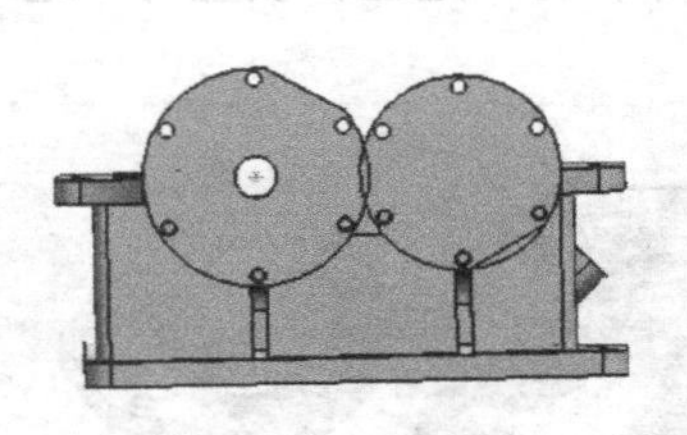

图 5-15　需要移动组件

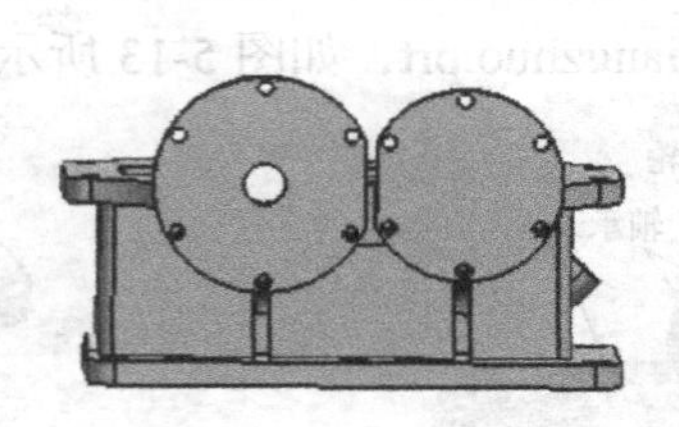

图 5-16　安装效果

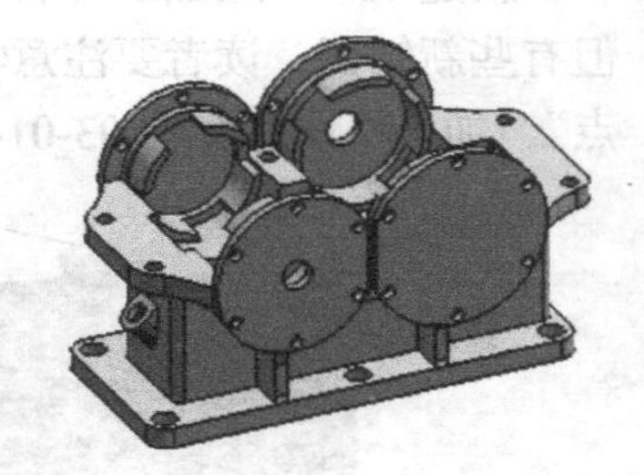

图 5-17　完成大小端盖的安装

接下来装配上盖，零件号为 03-02-gai.prt，装配时使用“接触对齐”中的“对齐”与“自动判断中心/轴”两种操作，其操作与上述操作类似，不再详述，结果如图 5-18 所示。

同样，用“同心”装配其中一侧的大端盖的一个螺栓，螺栓名称为 03-m6x20.prt，结果如图 5-19（a）所示。装配过程读者自己思考。

单击“装配”工具条中的“添加组件”右侧的▾按钮，在弹出的命令中单击“创建组件阵列”图标，弹出“类选择”对话框，单击选中刚才装配的螺栓，再单击鼠标中键，弹出“创建组件阵列”对话框，选中“圆形”单选按钮，表示要创建圆周阵列，然后单击“确定”按钮，再单击图 5-19（a）中的大端盖的外圆面，然后在“创建圆形阵列”对话框中的“总数”文本框中输入数字 6，在“角度”文本框中输入 360/6，单击“确定”按钮，完成阵列，结果如图 5-19（b）所示。

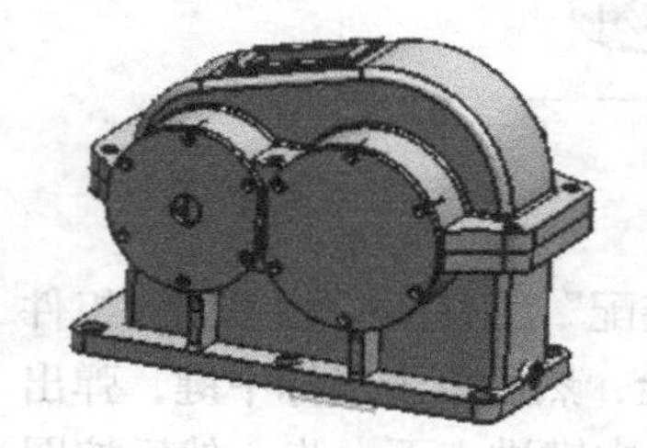

图 5-18　装配上盖

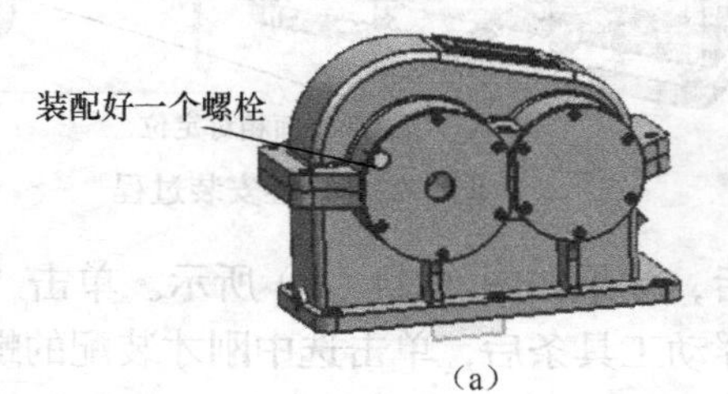

（a）

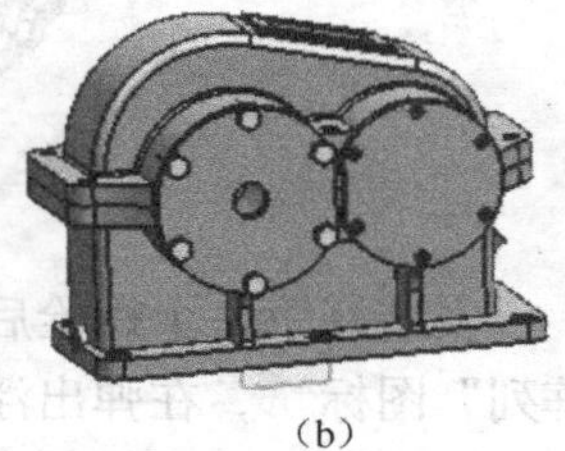

（b）

图 5-19　装配螺栓

同理，可以创建小端盖的螺栓装配，装配结果如图 5-20 所示。

装完大小端盖的螺栓后，使用镜像装配来完成另一侧共 12 个螺栓的装配，其过程是单击“装配”工具条中的“镜像装配”图标，将弹出“镜像装配向导”对话框，单击“下一步”按钮，然后选中刚才装配的所有 12 个螺栓，再单击“下一步”按钮，单击“创建基准平面”图标，弹出无名对话框，单击其中的 *XC-YC* 面，单击“确定”按钮，再单击鼠标中键 3 次，完成螺栓的镜像装配。结果两侧都装配上了螺栓，如图 5-21 所示。

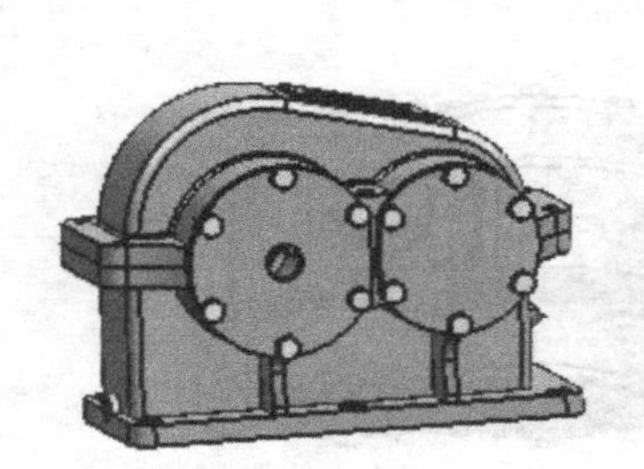

图 5-20　装配完一侧的 12 个螺栓

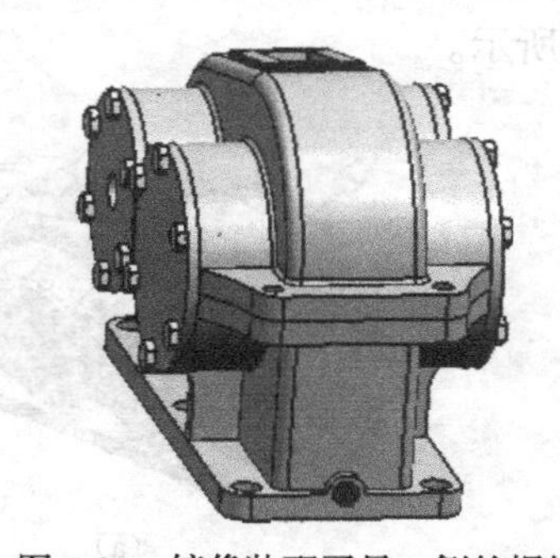

图 5-21　镜像装配了另一侧的螺栓

类似地，可以装配窥视窗（03-03- tsc.prt）、通气塞（03-07-TQS.prt）、排油螺栓 03-m8 × 20.prt、油标（03-06-YB.prt）等零件，结果如图 5-22 所示。

下面安装上下盖连接螺栓，共有 6 个，其中有 4 个较短，用长度为 M8 × 30 的螺栓；另有两个较长，用 M8 × 60 的长螺栓，安装时先安装一个短螺栓，再用阵列安装其余短螺栓，两个长螺栓可以一个一个地安装。

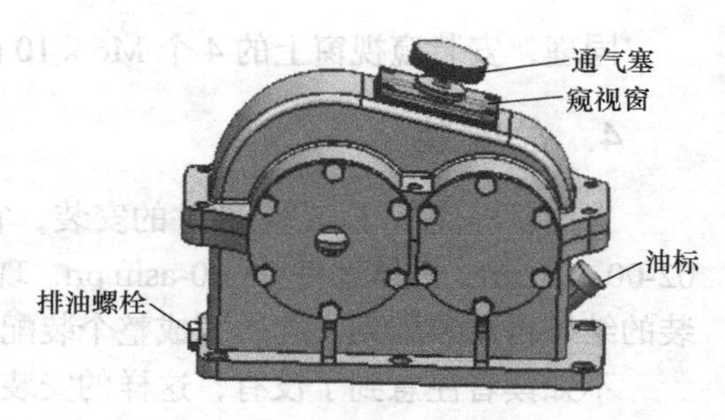

图 5-22　完成部分组件装配的结果

单击“装配”工具条中的“添加组件”图标，然后选择零件 03-m8 × 30.prt，按图 5-23 所示进行安装，装配约束也可以用“同心”类型，更为简单。

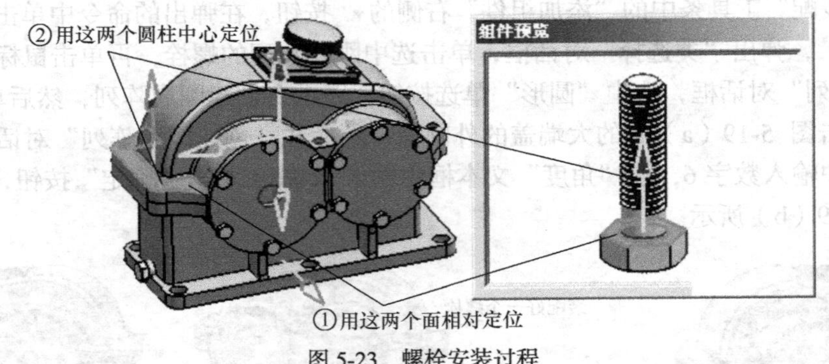

图 5-23　螺栓安装过程

安装好第一个螺栓后，效果如图 5-24（a）所示。单击“装配”工具条中的“创建组件阵列”图标，在弹出浮动工具条后，单击选中刚才装配的螺栓，然后单击鼠标中键，弹出“创建组件阵列”对话框，选中“线性”单选按钮，并单击鼠标中键进入下一步，然后按图 5-24（a）所示，分别单击有箭头的两个面，于是出现箭头，这两个方向分别表示矩形阵列的 *XC* 与 *YC* 方向，然后在“创建线性阵列”对话框中的“总数-*XC*”文本框中输入数字 2，表示在 *XC* 方向上有两个阵列，在“总数-YC”文本框中输入数字 2，表示在 *YC* 方向上也有两个阵列，然后在“偏置-*XC*”处单击按钮，在弹出菜单后，单击“测量”选项，然后出现测量浮动工具条，测量 *XC* 方向两个螺栓孔中心间的距离，如图 5-24（a）所示，测量后单击鼠标中键，就将 *XC* 方向的偏置数据填写好了。同样，测量 *YC* 方向的数据，操作完成后，单击鼠标中键完成阵列操作，可以看到装配完了 4 个螺栓，同理装配两个长螺栓，结果如图 5-24（b）所示。

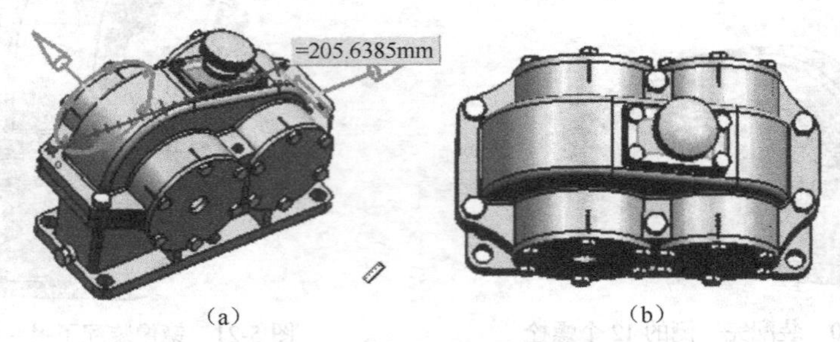

图 5-24　安装上下盖连接螺栓

同理，安装窥视窗上的 4 个 M6 × 10 的螺栓。安装结果如图 5-24（b）所示。

4. 总安装

上面已经完成了 3 个部件的安装，它们分别是小齿轮部件 01-00-asm.prt，大齿轮部件 02-00-asm.prt，机体部件 03-00-asm.prt。现在再新建一个总装部件 00-00-asm.prt，来将前面安装的结果再总装配到一起，完成整个装配过程。

不知读者注意到了没有，这样的安装过程正好是实际工作中常用的模式。给零件取的名是代号加零件名的拼音或拼音缩写，这样做一是便于辨认，二来同一个部件的零件在一起，再者，当作装配的工程图时，零件名与编号容易区别不同零件。总之，养成良好的操作习惯会事半功倍。下面讲解安装过程。

新建总装部件 00-00-asm.prt 后，首先添加刚才作的机体部件 03-00-asm.prt，结果如图 5-24（b）所示，单击选中上盖上面的所有零件，然后按 Ctrl+B 快捷键，将上盖及其上零件隐藏起来，以便进行下面的操作，结果如图 5-25（a）所示。然后，再添加小齿轮部件 01-00-asm.prt，添加时，首先使用“对齐”命令按图 5-25 所示进行对齐。使用“自动判断中心/轴”命令，使轴承的外圆面与机座上装轴承的半圆表面的中心对齐。单击“应用”与“确定”按钮，就可以完成安装，结果如图 5-25（b）所示。当然，在这里如果使用“同心”命令◎，其效率可能会更高，读者不妨用多种方式试一试。

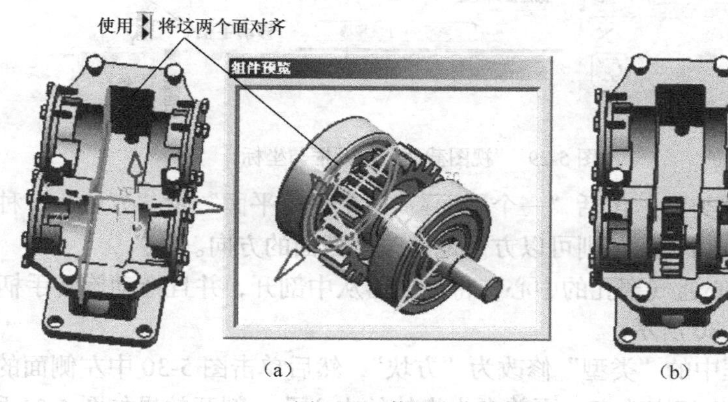

（a） （b）

图 5-25 装配小齿轮部件

同理，装配大齿轮部件 02-00-asm.prt，装配方法与装配小齿轮部件的一样，结果如图 5-26 所示。

如果读者仔细，一定注意到了一个问题，就是刚才装配的大齿轮与小齿轮的轮齿啮合不正确，两个相交的齿重叠在一起，这是不对的，两个啮合的齿应该是相切的，为此，可以使用“接触”命令⧓，先单击大齿轮上的一个齿表面，再单击小齿轮上一个相对的表面，如图 5-27 所示。

单击鼠标中键完成齿表面的相切操作，从而保证了两个齿轮啮合处的齿面是相切的。

单击“编辑”→“隐藏”→“显示部件中所有的”命令显示刚才隐藏的上盖零件，保存装配过程后就完成了所有的装配。最后效果如图 5-28 所示。

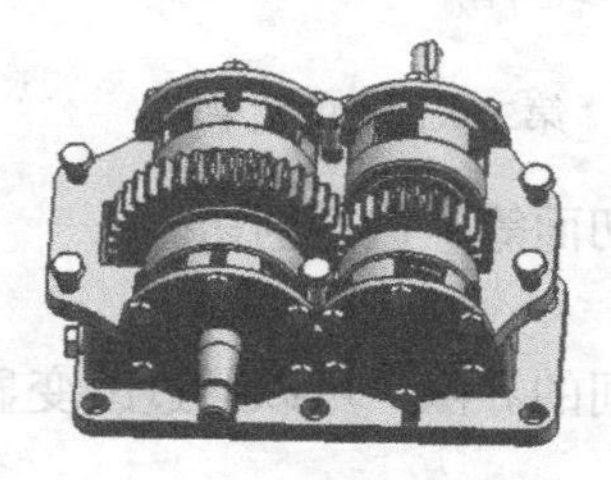

图 5-26 装配大齿轮部件

图 5-27 “相切”操作

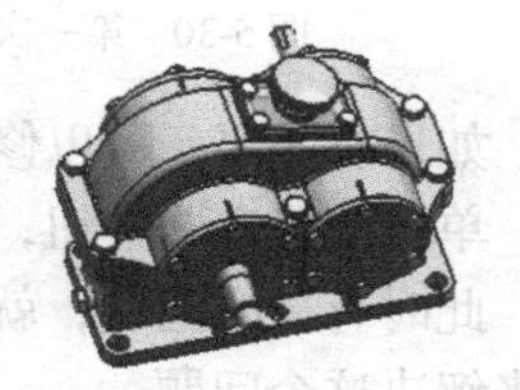

图 5-28 全部装配后的效果

5. 作剖面并修改可视化效果

如果装配的零件完成后想看内部结构，可以用剖面来解决。

单击“视图”→“截面”→“编辑工作截面”命令或按 Ctrl+H 快捷键，弹出“视图截面”对话框，并出现确定剖截面的坐标系，如图 5-29 所示。

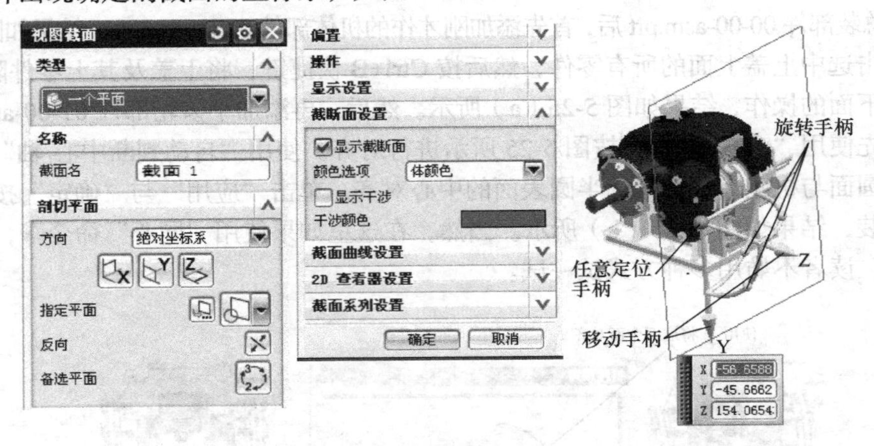

图 5-29 “视图截面”对话框与坐标

在该对话框中，“类型”包括“一个平面”“两个平行平面”及“方块”3 种，是用来设置截面的模式的。“剖切平面”则可以方便地修改剖截面的方向。

单击窥视面板中心通气塞孔的中心，将减速器从中剖开，并且拖动旋转手柄，沿 *X* 轴旋转 90°，结果如图 5-30 所示。

将图 5-29 对话框中的“类型”修改为“方块”，然后单击图 5-30 中左侧面的线框选中左侧面，结果坐标系发生相应改变，再单击小齿轮的中心孔，剖开效果如图 5-31 所示。

图 5-30 第一次剖开的效果

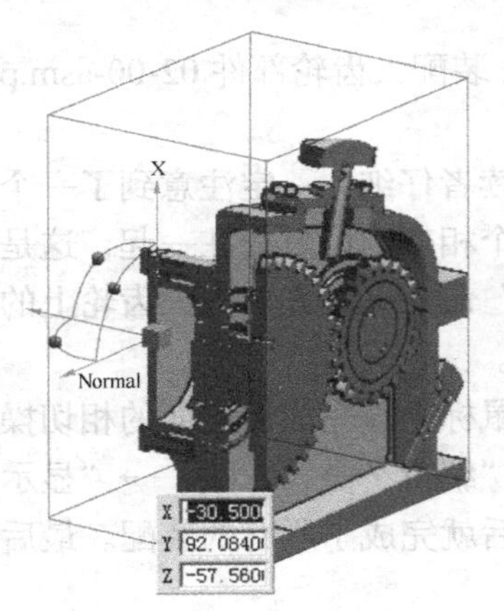

图 5-31 第二次剖开的效果

如果有必要，可以修改剖切类型为其他类型（如一个剖切面等）进行剖切。

单击“确定”按钮，完成剖切，结果如图 5-32 所示。

此时有一个问题，就是剖切面颜色相同，分不清各零件间的界限，可以通过改变显示模式来解决这个问题。

首先按 Ctrl+H 快捷键，弹出图 5-29 所示的“视图截面”对话框，在此对话框中的“截断面设置”一项中，“颜色选项”选择“体颜色”，选中“显示干涉”，确定后完成设置，此时会发现颜色变化了，但还是不能看清分界线。

其次单击“首选项”→“可视化”命令，在弹出的对话框中单击“颜色设置”面板，然后选中此面板中的“随机颜色显示”复选框，并选中“体”单选按钮。确定后，就可以分清零件间的分界线了，因为此时不同的实体有不同的颜色显示。结果如图 5-33 所示。

图 5-32　完成的剖切

图 5-33　不同实体有不同的颜色

如果不想看剖面的效果，只要单击“视图”→“操作”→“剖面切换”命令即可，它可以切换剖切的显示效果。

6. 作爆炸视图

上面的剖面能让人们看清装配后的内部结构，但不易看出装配关系，下面讲解爆炸视图，它可以很容易让人们看出装配关系。

单击“装配”工具条中的“爆炸视图”图标，弹出“爆炸视图”工具条，单击“爆炸视图”工具条中的“新建爆炸视图”图标或单击“装配”→“爆炸视图”→“创建爆炸视图”命令，弹出“爆炸视图”对话框，用来命名爆炸视图，在其中输入名称，确定后，爆炸工具条中的多个命令按钮被激活，结果如图 5-34 所示。

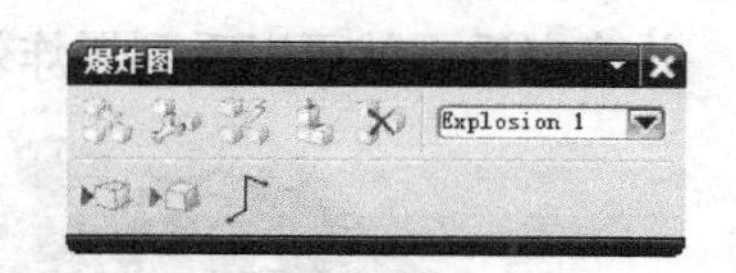

图 5-34　“爆炸图”工具条

单击“自动爆炸组件”图标，将弹出浮动工具条，选中要爆炸的零件后，单击鼠标中键确定，将弹出“爆炸距离”对话框，在其中输入要爆炸的距离，如 200，确定后，零件被炸开，效果如图 5-35 所示。

继续对上面的零件进行类似的爆炸，就可形成爆炸群。

也可以用“编辑爆炸视图”命令来完成炸开零件的操作，过程是单击“编辑爆炸视图”图标，弹出“编辑视图”对话框，然后选中要移动的对象，如在图 5-36 中选中了多个要爆炸的螺栓，单击鼠标中键确定后，出现移动坐标及手柄，如图 5-36 所示。

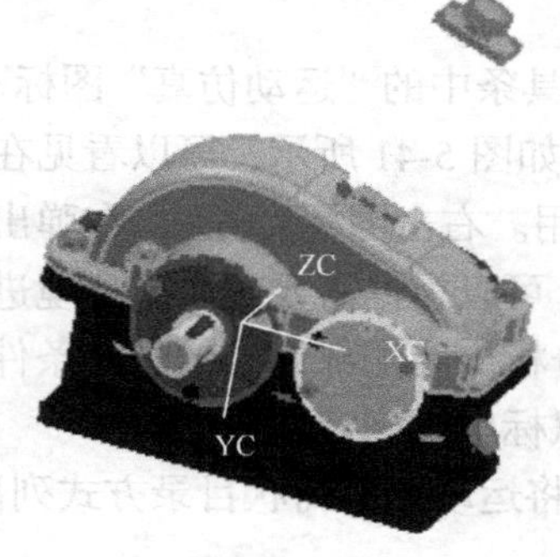

图 5-35　炸开的两个零件

图 5-36　编辑爆炸视图时出现手柄

移动这些手柄与箭头，可以旋转、平移这些零件，从而将这些零件炸开。继续以此方法将所有零件炸开，结果如图 5-37 所示。

如果爆炸后不易看出装配关系，可以制作爆炸追踪线，单击“追踪线”图标，弹出“追踪线”对话框，先选中一个要作追踪线的零件，然后单击与之对应的装配位置，确定后，就作好了一个追踪线，如图 5-38 所示。

图 5-37 不同方位的零件炸开后的效果

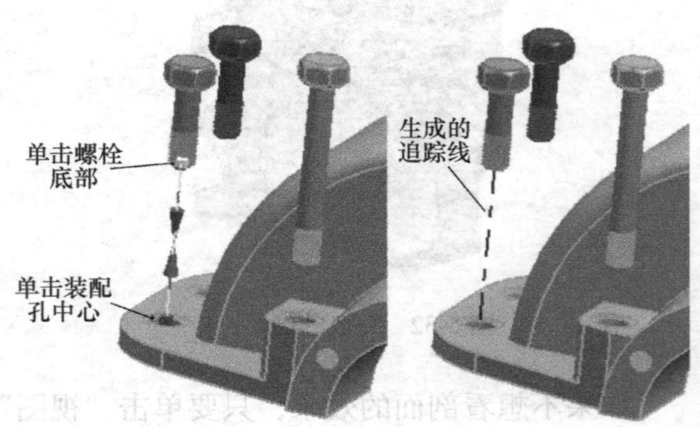

图 5-38 创建追踪线前后对比

有必要的话可以作出许多的追踪线。

如果不想看到爆炸效果，可以单击图 5-34 中“爆炸视图”工具条中爆炸名右侧的，然后选中“无爆炸”选项即可恢复到没有爆炸的效果，如图 5-39 所示。

值得注意的是，在制作爆炸效果时，剖面效果是可以同时进行的，如果按 Ctrl+H 快捷键并确定后，就可以看到爆炸效果时的剖面图，此时有部分内容将不可见了，如图 5-40 所示。

图 5-39 无爆炸的效果

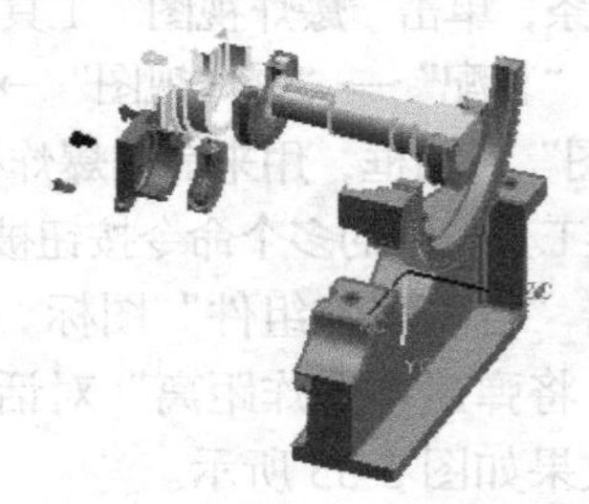

图 5-40 剖面状态下的爆炸图

7. 作运动仿真

上面的爆炸图可以指导安装机器，也可以作宣传及其他用途，而作运动仿真，则可以进行静、动力学分析等。作为入门，这里仅介绍初步知识。

单击“开始”→“运动仿真”命令或单击“应用模块”工具条中的“运动仿真”图标，确定后，单击右侧的“运动导航器”图标，将展开导航栏，如图 5-41 所示，可以看见在其下有一个运动仿真模型 jsq-asm，就是前面所作的装配图的引用。右击图标 jsq-zp，在弹出的快捷菜单中单击“新建仿真”选项，将弹出“环境”对话框，可以根据需要对仿真环境进行修改，这里使用默认设置，单击“确定”按钮，系统将自动分析出装配部件中的配对条件及运动副，并以报告的形式给出，当弹出对话框时，直接单击鼠标中键确定即可。

系统分析完后，如图 5-41 所示的内容发生改变，系统自动将运动副以树状目录方式列出，如图 5-42 所示。

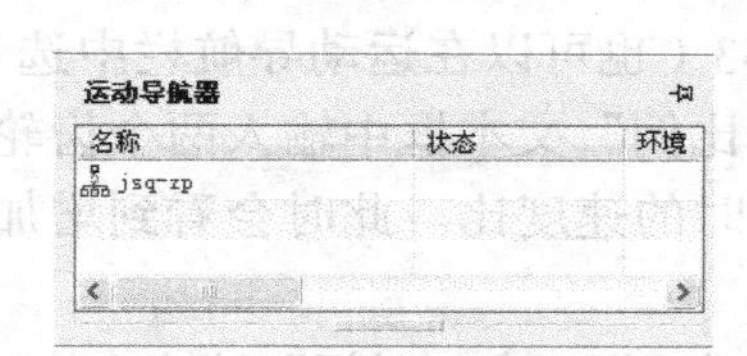

图 5-41 运动导航器

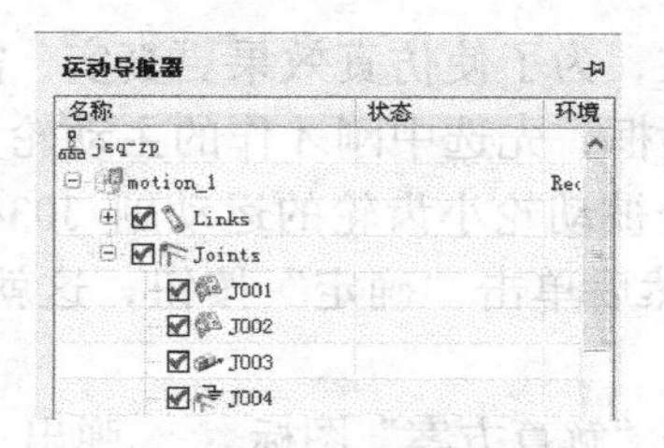

图 5-42 部分运动导航器中的内容

同时会发现在原装配模型上有许多运动副标记，如图 5-43 所示。

现在作齿轮的运动分析，因此，要先选中箱体的上盖及其上不运动的零件，将它们隐藏起来，效果如图 5-44 所示。

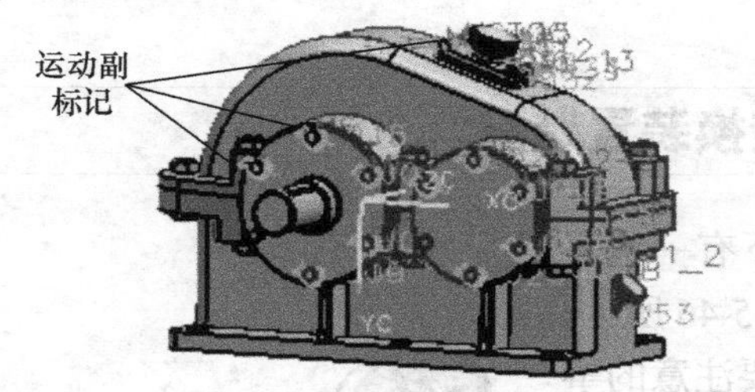

图 5-43 显示出来的运动副标记

图 5-44 隐藏不必要的部件后的效果

单击“运动副”图标，将弹出“运动副”对话框，如图 5-45 所示。

先在运动副“类型”处选择一种运动类型，这些类型有旋转、滑动、柱面、螺旋和万向节等，如图 5-45（a）所示，这里因为是齿轮，它将旋转，因此就用第一种类型“旋转副”，然后单击大齿轮，让大齿轮作为要建立运动副的连杆；单击“操作”区中的“指定原点”，然后选中大齿轮的轴心圆点，作为回转中心点；单击“操作”区中的“指定矢量”，选择大齿轮的端面圆的边缘，就会出现矢量，其方向与大齿轮轴的轴心线相同，然后单击“运动副”对话框中的“驱动”，进入驱动页面，将“旋转”处由原来的“无”改变为“恒定”，并在“初速度”栏输入 50，即此大齿轮在外力（即驱动）作用下，将以 50m/s^2 的加速度运动。注意名称处为 J033（不过读者操作时名称可能不同），说明这个运动副名为 J033，单击“确定”按钮，完成此运动副的创建。

在上面的操作中，运动驱动是用来给运动副增加动力的，以便后面的仿真，一个系统中一般只需要一个驱动，但最终要根据实际工作性质来决定。

以同样的方式对小齿轮作旋转副是 J034，但不要添加运动驱动。

图 5-45 “运动副”对话框

现在，为了使仿真效果更真实，需要作齿轮副，单击“齿轮副”图标，将弹出“齿轮”对话框，先选中刚才作的主动轮大齿轮副 J033（也可以在运动导航栏中选），然后选中另一个被动轮小齿轮的运动副 J034，在“显示比例”文本框中输入两个齿轮的齿数比 41/24，然后单击“确定”按钮，这就确定了仿真时的速度比。此时会看到增加了齿轮副标记。

单击“解算方案”图标，弹出“解算方案”对话框，在“时间”处输入加速过程所用的时间，这里输入 20，表示动画时间为 20s，然后在“步数”处输入 200，表示在 20s 内将有 200 帧图像生成。然后单击“确定”按钮，完成解算方案”的设置，再单击“求解”图标，系统开始计算，完成计算后，将弹出结果报告，同时“动画播放”按钮可用，单击其中的“播放”图标▶，可以看到仿真的动画效果。

5.1.2 运动转换装置装配

本书附带光盘的 UGFILE\5\5.1\5.1.2 目录下有一些零件，可以用来装配成一个运动转换装置，效果如图 5-46 所示。

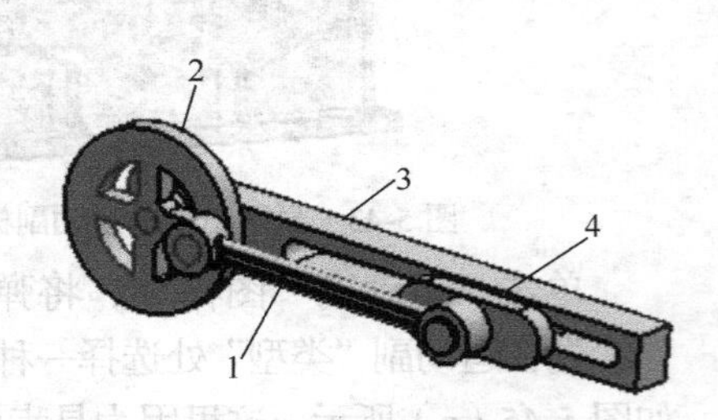

图 5-46 运动转换装置

1—连杆 2—偏心轮 3—基座 4—滑块

该机构虽然只有几个零件，但装配时有些要注意的事项，因此，特举此例。

新建装配文件 zhq-asm.prt，然后进入装配环境，单击“添加组件”图标，弹出“添加组件”对话框，单击“打开”图标，弹出“部件名”对话框，选中本书附带光盘中 move\one\目录下的 3.prt 零件，将“定位”修改为“绝对原点”，单击“应用”按钮完成第一个零件的装配。

单击“打开”按钮，装配 2.prt 零件，“定位”选择“通过约束”，使用“接触对齐”模式下的“接触”及“自动判断中心/轴”命令来完成装配，结果如图 5-47 所示。

单击“打开”按钮，装配 4.prt 零件，操作与上面类似，进行两次“接触”操作，操作过程如图 5-48 所示。

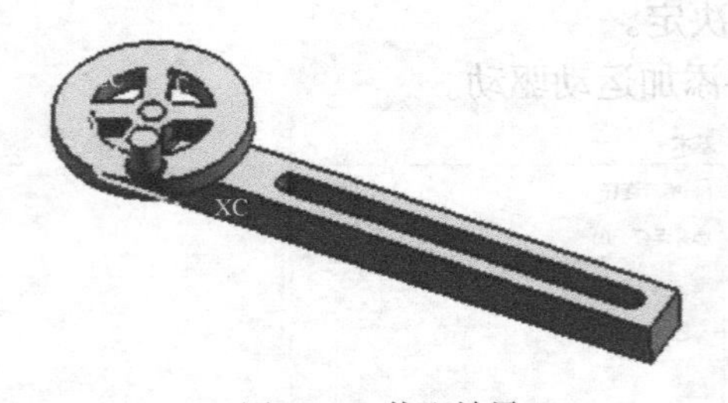

图 5-47 装配效果

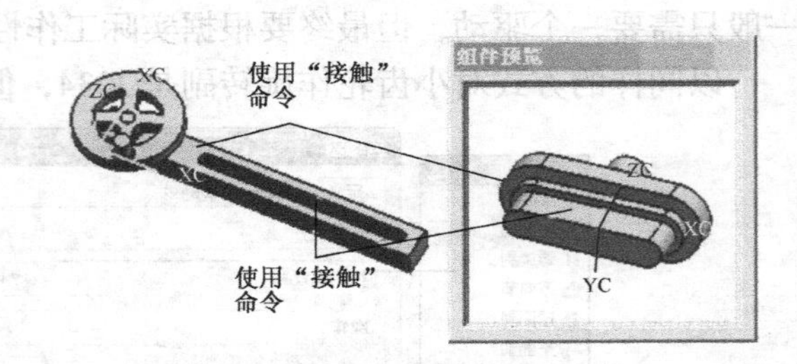

图 5-48 正确的操作

注意：在这里装配时，初学者极易犯一个错误，就是用“自动判断中心/轴”命令进行装配，结果使后面的装配难以进行，也不能进行运动仿真，其错误操作过程如图 5-49 所示。

通过图 5-48 所示的操作后，单击“装配约束”对话框中的“确定”按钮，结果如图 5-50 所示。

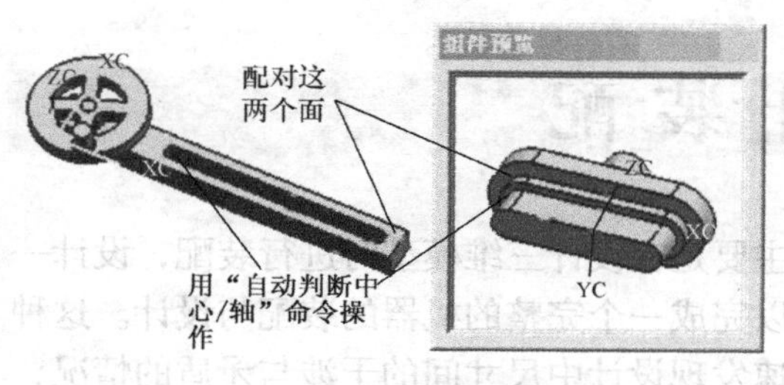

图 5-49　错误操作

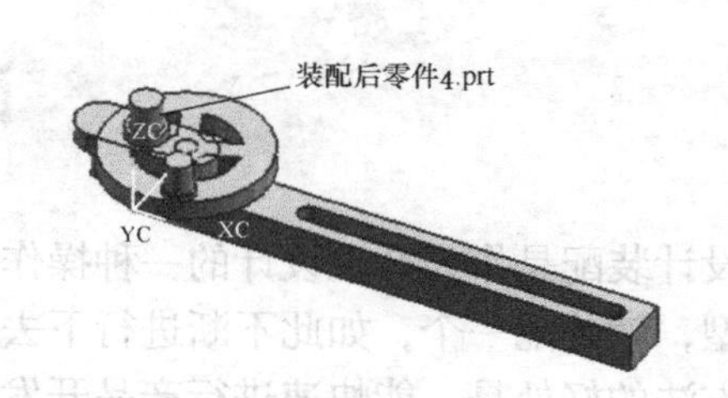

图 5-50　应用后结果位置不正确

此时，单击“装配约束”对话框中的“确定”按钮，完成装配，然后使用“移动组件”命令来修改组件位置。单击“移动组件”图标，单击组件 4.prt，然后单击鼠标中键确定，结果出现了移动手柄与坐标，如图 5-51（a）所示，按该图示操作后确定，就得到装配好的效果，如图 5-51（b）所示。

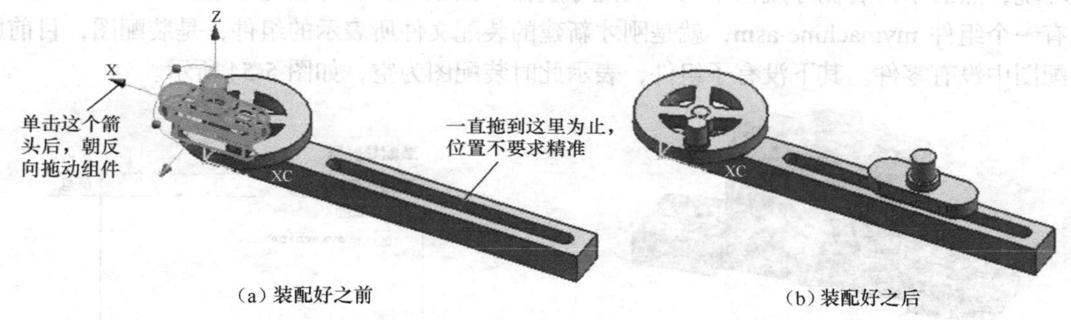

（a）装配好之前　（b）装配好之后

图 5-51　重定位操作

经过上面的操作后，就可装配好零件 4.prt，在这里注意，如果用图 5-49 所示的方法操作，就会将零件 3 固定在图 5-52 中的 *A* 处，后面要装配零件 1 就不能进行下去了，想想为什么。

再装配零件 1，用“接触”及“自动判断中心/轴”命令装配，结果如图 5-52 所示。

此时，可以继续用“自动判断中心/轴”命令对图 5-52 中的孔 *A* 与柱面 *B* 进行装配，最后的结果如图 5-46 所示。

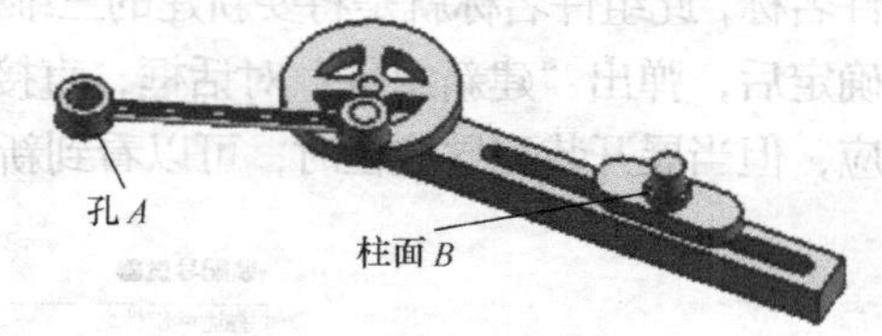

图 5-52　应用后的效果

注意　本例说明了有运动关系的部件间的装配，要求各运动件间的运动符合运动规律，如上面装配中就要保证零件 4 能在长方形孔中滑动，否则不能装配或影响后面的运动分析等。

单击“运动仿真”图标，建立仿真文件，按上例操作，给零件 2 加上恒定的加速度 $50m/s^2$，就可以作出运动仿真效果，注意设置动画时间为 10~20s，步数为 200~500 即可。

5.2 设计装配

设计装配是作为开发设计的一种操作方式，主要是在设计三维模型时进行装配，设计一个模型，就装配一个，如此不断进行下去，就可以完成一个完整的机器的装配与设计。这种设计方法的好处是，能快速进行产品开发，并快速发现设计中尺寸间的干涉与矛盾的情况，并及时纠正；能同时进行加工编程操作；能同时进行工程图制作；能对已经设计的部分进行各种分析，正因为如此，设计装配可以进行并行操作，加快工程进展。

下面以一个实例来说明操作过程，该实例能够帮助读者掌握设计装配的要点。

如图 5-53 所示的轴承座就是通过设计装配完成的。

启动 UG，并新建一个文件 mymachine-asm.prt，单击“开始”→“装配”命令，进入装配环境，然后单击右侧导航栏中的“装配导航器”按钮，展开装配导航栏，可以看到其中只有一个组件 mymachine-asm，就是刚才新建的装配文件所表示的组件，是装配图，目前此装配图中没有零件。其下没有子组件，表示此时装配图为空，如图 5-54 所示。

图 5-53　设计装配用例——轴承座

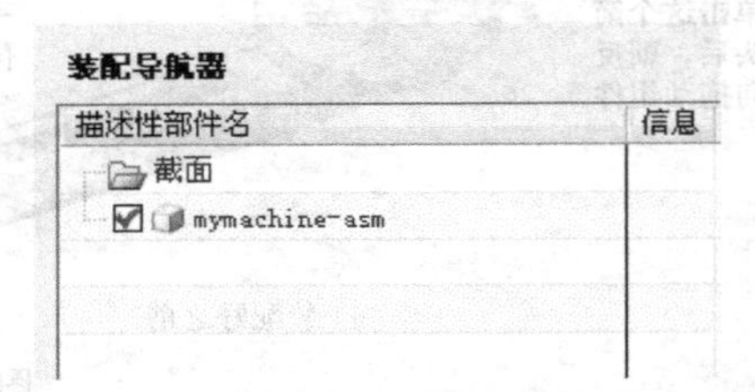

图 5-54　只有一个父组件的装配导航栏

单击装配工具条中的“新建组件”按钮，系统会弹出“新组件文件”对话框，输入新的组件名称，此组件名称就是将要新建的三维模型零件的名称，将第一个组件命名为 zhouchengzuo.prt，确定后，弹出“建新组件”对话框，直接单击“确定”按钮，结果屏幕上是空白的，没有什么反应，但当展开装配导航栏时，可以看到新加的文件已经存在，如图 5-55 所示。

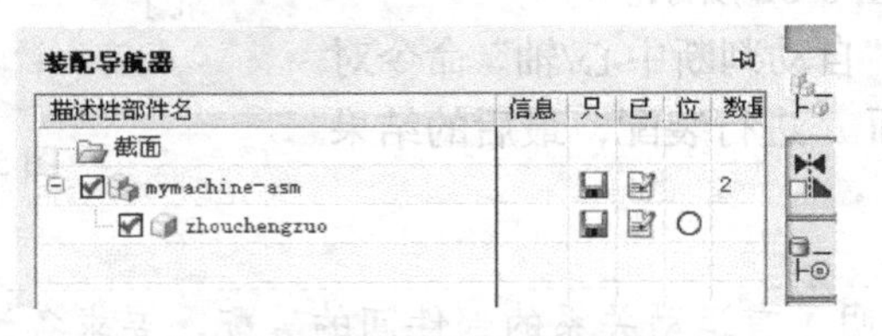

图 5-55　导航栏中新增了组件

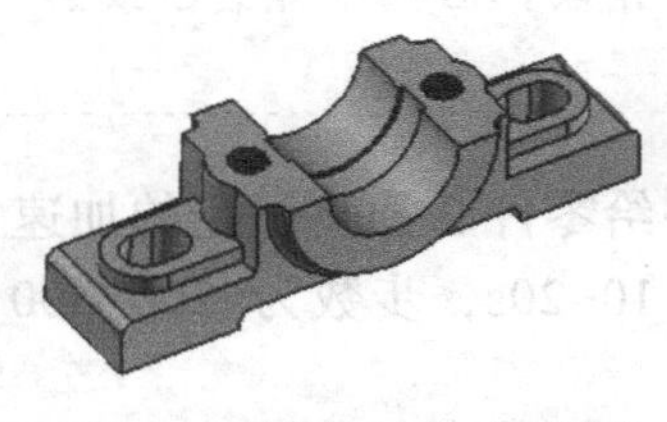

图 5-56　制作轴承座三维模型

此时的新组件还是个空的文件，没有三维模型，因此，在图 5-55 中新组件“zhouchengzuo”的图标上右击，当弹出快捷菜单时，单击其中的“设为工作部件”命令，或双击该图标，此时系统的操作即是对新组件的操作。单击“实用程序”工具条中的“建模”命令，进入建模环境，然后按照建模的方法（第 2 章、第 3 章、第 4 章讲的各种方法）建立一个三维模型，如图 5-56 所示即是建立的轴承座模型。

制作完成后，单击“文件”→“仅保存工作部件”命令，以便保存刚才制作的三维模型。展开装配导航栏，并用鼠标右击“mymachine-asm”的图标，然后单击弹出的快捷菜单中的“设为工作部件”命令，看上去没有什么反应，但此时已经将总装配组件 mymachine-asm 作为当前的工作部件了。如果此时再作一个新的组件，则新组件将是 mymachine-asm 的子组件。否则如果不将 mymachine-asm 转为工作部件，则新创建的组件将是前面创建的组件 zhouchengzuo 的子组件，因此进行转换工作部件的工作是很有必要的。

单击“装配”工具条中的“新建组件”按钮，和前面的操作一样，新建一个组件，当出现“输入文件名”对话框时，输入文件名（轴承盖）zhouchenggai.prt，然后展开装配导航栏，将“zhouchenggai”图标设置为工作部件，此时发现原来的零件“zhouchengzuo”的颜色变化了，可以单击导航栏中 zhouchengzuo.prt 前的“对钩”，使“zhouchengzuo”不显示，然后进入建模环境，新建一轴承盖零件，结果如图 5-57 所示。

展开装配导航栏，将 zhouchengzuo 图标前面的“对钩”去掉后，两个零件显示在一起。将 mymachine-asm 转换为工作部件，结果如图 5-58 所示。

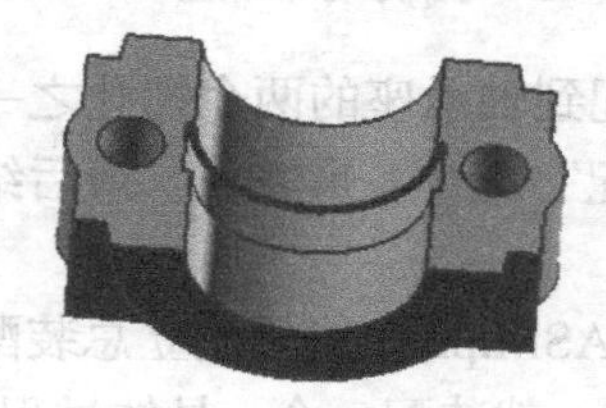

图 5-57 新制作的轴承盖零件

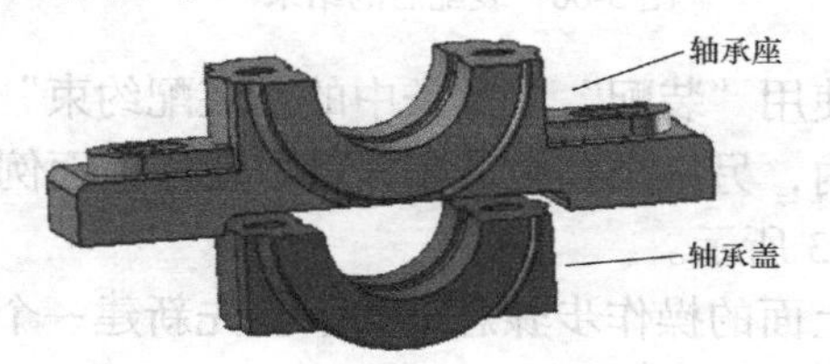

图 5-58 显示的结果

单击“装配”工具条中的“装配约束”图标，弹出图 5-3 所示的“装配约束”对话框，和前面普通装配一样，将上面的零件 zhouchenggai.prt 装配在零件 zhouchengzuo.prt 中。装配结果如图 5-60 所示。

在轴承座上，需要坚固螺栓，UG 重用库中提供了标准螺栓，也可以使用 UG 外挂提供的螺栓。使用 UG 提供的重用库功能加入一个标准螺栓，操作过程如下。

单击导航栏中的“重用库”图标，展开导航栏，单击“reuse examples”→“standard parts”→“GB”→“Bolt”→“Hex Head”命令，然后单击导航栏中的“成员选择”，可以看到其下面有螺栓图标，按住鼠标左键将其拖入绘图工作区中，就添加了一个零件，同时弹出“添加可重用组件”对话框，如图 5-59 所示。

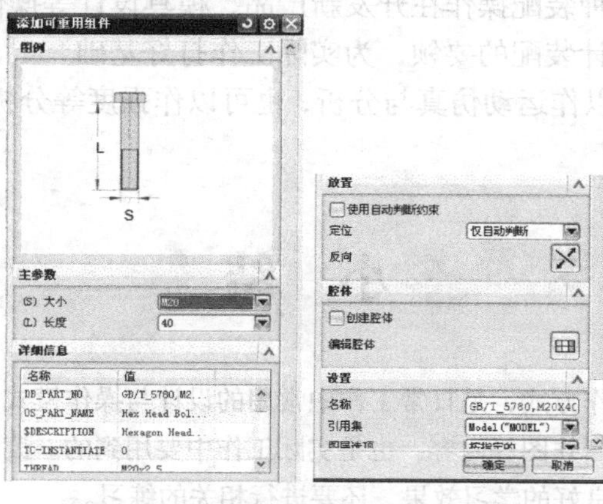

图 5-59 “添加可重用组件”对话框

修改“大小”为M20，表示螺栓公称直径为20，“长度”为80，然后单击鼠标中键完成添加螺栓操作，展开“装配导航器”，可以看到新增加了一个零件“Hex Head Bolt, Grade C, GB,M20×80”，右击该图标，单击弹出菜单中的“设为显示部件”，单击“文件”→“另存为”命令，此时，会出现“另存为”对话框及“信息”对话框，关闭“另存为”对话框，然后复制“信息”对话框中的文件名“Hex Head Bolt, Grade C, GB,M20×80”，再次单击“文件”→“另存为”命令，在“另存为”对话框中“文件名”处粘贴刚才复制的文件名，单击鼠标中键完成保存零件操作，这样，就完成了标准件的添加。结果如图5-61所示。

在添加标准件时，特别要注意上面的保存操作是使用“另存为”命令而不是“保存”命令，否则会将UG原模板中的文件破坏。

图 5-60　装配后的结果

图 5-61　导入了标准螺栓

使用“装配”工具条中的“装配约束”命令将螺栓装配到轴承座的两个螺孔之一的某个孔内，另一个孔中的螺栓可以使用前面例子中的“镜像装配”命令来完成。最后结果如图5-53所示。

上面的操作步骤总结如下。先新建一个总装配组件××-ASM.prt，然后建立总装配组件中的每一个零件，并且除第一个零件外，以后每建立一个零件，就装配一个，具体过程如下。

（1）总装配组件××-ASM设置为工作部件。

（2）用“新建组件”命令（图标为）建立新的组件，即装配图中的零件。

（3）将新组件设置为工作部件。

（4）使用建模命令中各种必要的命令来建立新组件的三维模型，这个过程与平时建立单独的三维模型没有区别。

（5）重新将总装配设置为工作部件。

（6）使用“装配约束”命令（图标为）将新建立的组件装配到总装图上。

按上述操作步骤反复进行（2）~（6），可实现装配与建模的交替操作，从而实现边建模边装配的设计装配过程。利用这种方法还可以完成对部件零件在装配时进行修改的操作。

这就是设计装配，这种装配操作在开发新产品、模具设计等操作中经常使用，希望读者通过这个简单实例掌握设计装配的要领，为实际工作打好基础。

设计装配完成后，可以作运动仿真与分析，也可以作强度等分析，就不在此一一讲解了。

小　结

本章介绍了两种装配操作方式，是日常工作中常用的设计与操作模式，同时在介绍装配的过程中还简要地介绍了运动仿真、爆炸图等内容，也是实际工作中要用到的。读者可以通过这些实例，掌握基本的操作规则，但要达到良好的学习效果，还要进行相关的练习。

练 习

1. 本书光盘中的 UGFILE\5\LX\FA 目录下有图 5-62 所示阀门的各零件（FA-01 ~ FA-07），按图 5-62 所示作装配图。

2. 本书光盘中的 UGFILE\5\LX\CQS 文件夹下有图 5-63 所示的差速器各零件，按图 5-63 所示装配此模型。

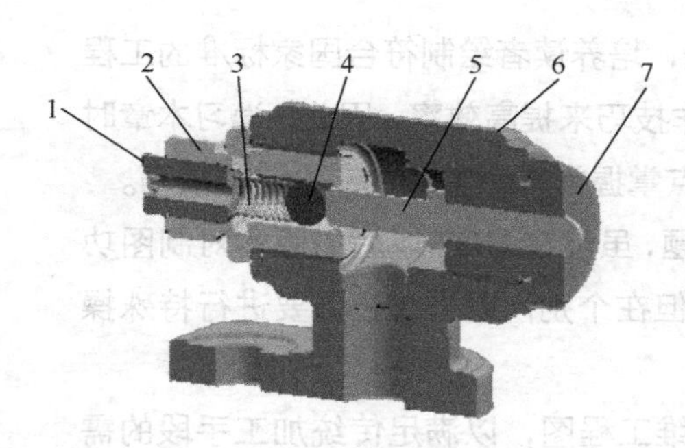

图 5-62　阀门装配效果图

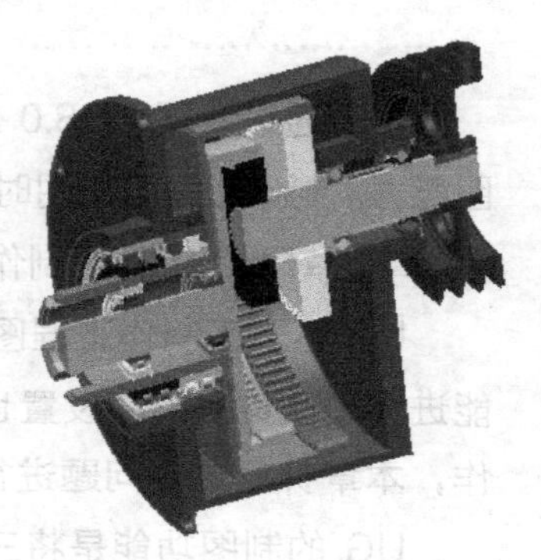

图 5-63　差速器

3. 本书光盘中的 UGFILE\5\LX\CLB 文件夹下有图 5-64 所示齿轮泵各零件，按图 5-64 所示装配齿轮泵模型。

4. 以设计装配的形式进行图 5-65 所示的赛车设计（本赛车由 130 多个零件组成，读者不妨自己找个生活中的用品或玩具赛车进行练习）。

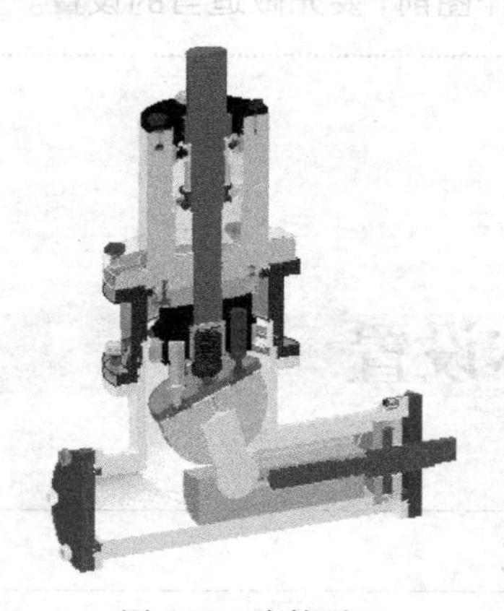

图 5-64　齿轮泵

图 5-65　以设计装配的形式完成的赛车

第6章 工程图

本章通过介绍 UG8.0 工程图的制作方法，培养读者绘制符合国家标准的工程图能力。制作 UG 工程图时可以利用一些操作技巧来提高效率，因此，学习本章时应在掌握好 UG 工程图制作方法的同时，重点掌握常用作图命令、方法与技巧。

UG 环境下制作工程图常会遇到一些问题，虽然在 UG7 以后的版本对制图功能进行了改进，制图设置也符合我国标准，但在个别问题上，还需要进行特殊操作，本章针对这些问题进行了详细介绍。

UG 的制图功能是将三维模型转换为二维工程图，以满足传统加工手段的需要。由于 UG 的工程图与三维模型是完全关联的，因此，修改三维模型，二维工程图会自动做相应的修改，这就保证了三维模型与二维图的一致性，减少了工程技术人员的劳动量，降低了错误率。值得注意的是，工程图只能引用三维模型数据，而不能通过修改工程图来达到修改相应的三维模型的数据的目的。

UG8.0 的工程图是符合我国最新制图标准的，在作图前，要先做适当的设置。

6.1 制图的基本设置

6.1.1 用户默认设置

启动 UG 后，单击“文件”→“实用工具”→“用户默认设置”命令，将弹出“用户默认设置”对话框，如图 6-1（a）所示，单击“制图”→“常规”命令，然后在右侧单击定制标准“Customize Standard”按钮，会弹出定制制图标准“Customize Drafting Standard”对话框，如图 6-1（b）所示。对话框的左侧是制图标准选项，有“常规”“注释”“剖切线”和“视图”等，右侧是对应的设置内容，读者可以逐一对每一项进行设置，使之符合我国制图标准即可，如修改图纸正交投影角为第一象限，默认为第三象限；将所有字体均改为 hzkfs。

完成设置后，可以单击其中的“Save as”按钮，输入自己的标准名称，如 GB（CHINA），将标准进行保存，然后回到图 6-1（a）所示的“用户默认设置”对话框，将“制图标准”修改为已保存的标准即可。经过这样设置，在重新启动 UG 后，就能方便地制作出符合我国标准的工程图。

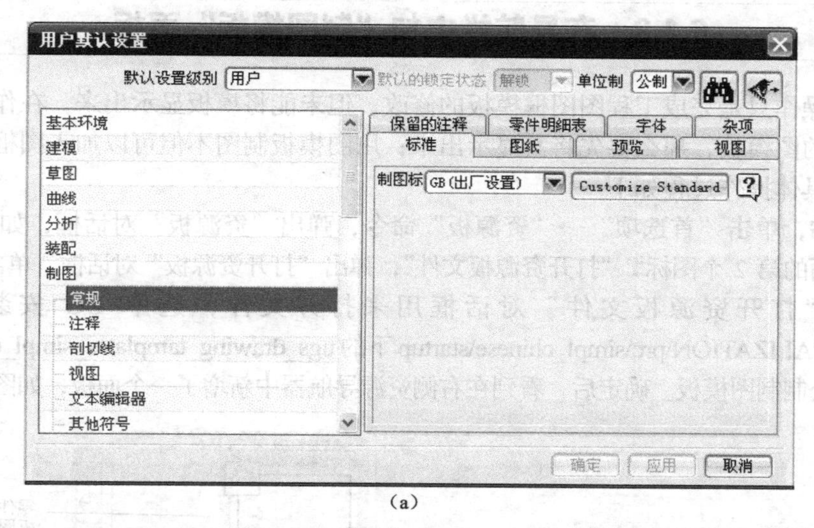

（a）

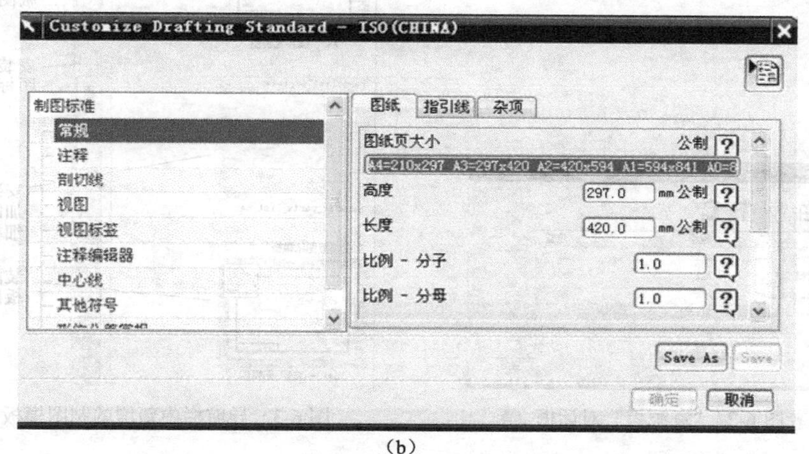

（b）

图 6-1 “默认设置”对话框

6.1.2 UG 工程图图框模板的修改

在 UG8.0 中，UG 安装目录下的 LOCALIZATION\prc\simpl_chinese\startup 文件夹中，有 A0-noviews-template.prt、A2-noviews-asm-template.prt 等 16 个 prt 文件。其中，带有-asm-标志的是装配图模板，没带这个标志的是零件图模板。但这些模板用起来不方便，为了解决这个问题，作者在附带光盘中的“UGEILE\UG 资料”文件夹中，加入了上述文件的修改后的模板并附带有安装与操作录像，增加了符合我国标准的装配图用的明细栏，读者只要按说明安装到原来 UG 安装目录下即可。当然，读者也可以自己制作模板。

另外，模具图纸也需要将该文件夹中的模板文件复制到模具制图对应的文件夹下，如塑料模具的装配图模板在目录 MOLDWIZARD\drafting\assembly_drawing\metric 下，而零件图模板则在 MOLDWIZARD\drafting\component_drawing\metric 文件夹中，覆盖原有文件即可制作符合国家标准的模具工程图。

完成上面的工作后，还要设置导航栏“制图模板”面板，以便能使用制图模板。

6.1.3 在导航栏中加“制图模板”面板

以上的操作只是完成工程图图框模板的修改，但未能将模板显示出来，在作图时，如果使用 UG 中的图模板，那么要先将其显示出来；用图模板制图不但可以加入图框，还能自定义标题栏，具体操作过程如下。

启动 UG，单击“首选项”→“资源板”命令，弹出“资源板”对话框，如图 6-2 所示。

单击上面的第 2 个图标“打开资源板文件”，弹出“打开资源板”对话框，单击“浏览”按钮，弹出“打开资源板文件”对话框用来打开文件，选中 UG 安装目录下的 html-filesLOCALIZATION\prc\simpl_chinese\startup 下的 ugs_drawing_tamplates_simpl_chinese.pax 文件，此即为公制制图模板。确定后，看到在右侧资源导航器中新增了一个面板，如图 6-3 所示。

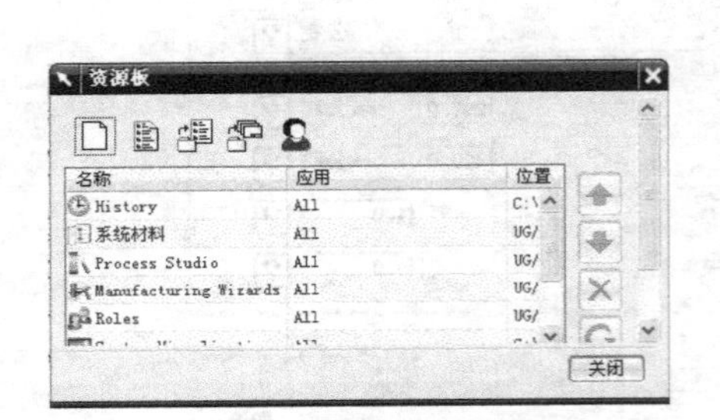

图 6-2 “资源板”对话框

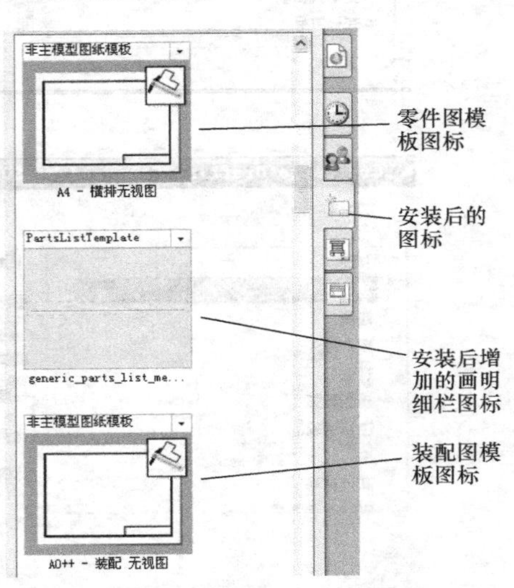

图 6-3 导航栏中新增的制图模板面板

在操作面板中，从 A0～A4 共有 5 种模板，分别是 A0～A4 中的 5 种图纸规格，使用时注意模板有装配图与零件图之分。当作好三维图，进入制图环境中时，只要单击其中一个模板图标即可。

6.1.4 定义重用库

UG8.0 中有重用库，包括二维图形库及三维标准件库，读者可以根据需要来添加自己的图形，重用库中的图形类似 AutoCAD 软件中的块，可反复使用，用它来定义一些常用符号，可以加快作图速度。如在 UG8.0 中要定义一个标注向视图方向的箭头（此处仅用来举例，其实 UG8.0 中有对应命令“方向箭头”命令），就可以右击右侧导航栏中“重用库”中的“2D Section Library”图标，然后单击弹出菜单中的“新建文件夹”，建立自己的库文件夹，如图 6-4（a）所示上面部分就是新建的文件夹，然后在绘图区中画一个箭头，右击“重用库”中刚才建立的文件夹，单击弹出菜单中的“定义可重用对象”，就弹出“可重用对象”对话框，如图 6-4（b）所示，修改“类型”为 2D 截面，框选刚才画的箭头，将“描述性名称”修改为“箭头”，单击“定义图像”图标，然后单击鼠标中键，完成操作，就可看到在重用库“成员选择”栏中出现了定义的箭头，如图 6-4（a）下面部分所示，然后按住鼠标左键拖动到绘图区就可以使用了。

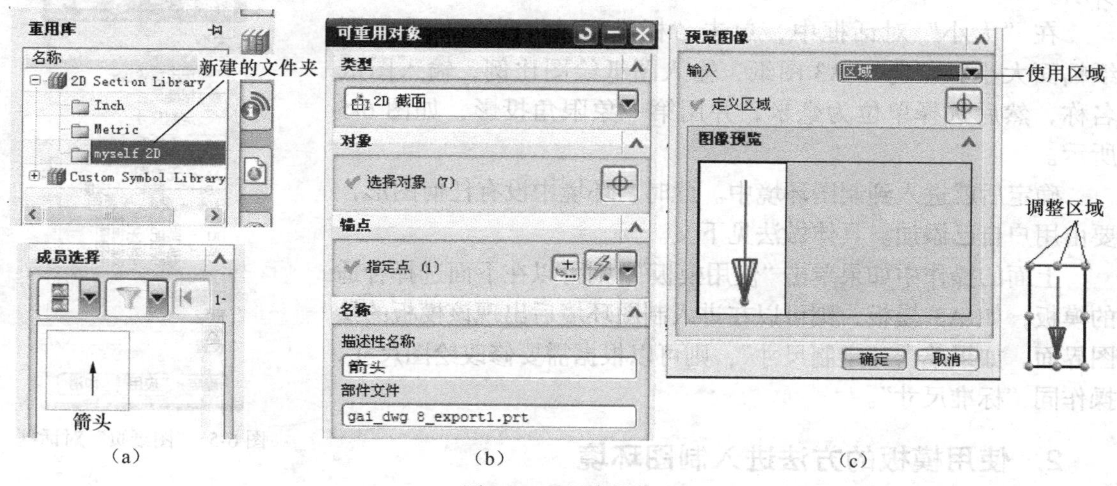

图 6-4　重用库操作

6.2　制图实例

UG 提供有各种各样的视图与剖面图，这些足以完成符合我国标准的制图操作的要求。UG 中制图的过程与步骤如下。

（1）制作或打开三维模型文件，如××-3d.prt，××是零件的名称，-3d 表示是三维模型文件。

（2）单击“起始”→“制图”命令或单击右侧导航栏中的制图模板进入制图环境，然后另存为××-dwg.prt，其中，××是零件的名称，-dwg 表示是工程图文件。

（3）如有必要，可对制图项目逐一进行设置，如对“注释”和“剖面线”等进行设置，一般情况下，这些内容已经设置好，有必要时可以修改。

（4）制作必要的三视图，包括剖面、局部放大、半剖、全剖、旋转剖等。

（5）标注尺寸、几何公差、粗糙度与技术要求。如果是装配图，还要加零件明细栏并标注零件序号。

（6）填写标题栏并保存文件。

6.2.1　进入 UG 制图环境的两种方法

进入制图环境可以有两种方法，即用模板与不用模板。

1. 不用模板的方法进入制图环境

启动 UG，打开或新建一个三维模型，然后单击“起始”→“制图”命令，进入制图环境，单击“图纸”工具条中的“新建图纸页”图标弹出“图纸页”对话框，如图 6-5 所示。

在“大小”对话框中，单击“标准尺寸”按钮，选择图纸幅面大小，如选择 A3 图纸，输入图纸绘图比例，输入图纸名称，然后选择单位为毫米，并用第一象限角投影，如图 6-5 所示。

确定后就进入到制图环境中。此时，环境中没有任何图形，要由用户自己添加。具体做法见下文。

上面的操作中如果单击“使用模板”，则可以在下面选择合适的模板，如 A3 模板，则可以在进入制图环境后出现该模板的绘图界面。如果单击“定制尺寸”，则可以根据需要修改绘图尺寸，操作同“标准尺寸”。

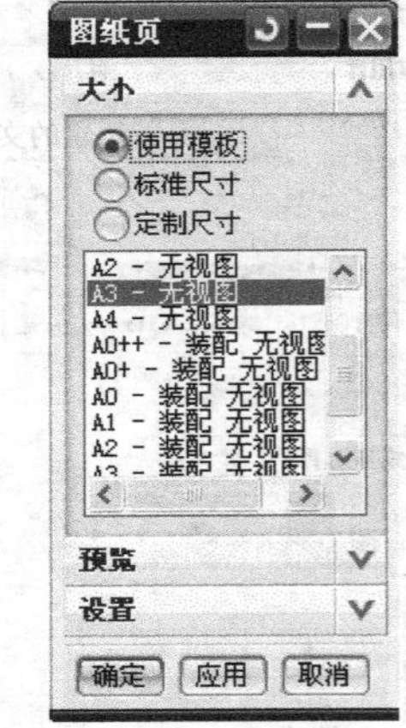

图 6-5 “图纸页”对话框

2. 使用模板的方法进入制图环境

启动 UG 并打开一个三维模型文件，然后单击右侧导航栏中的“制图模板”图标，将弹出“制图模板”栏，从中选择适合的图纸类型，如 A2 图纸，单击此模板，系统将自动进入制图环境，并生成一个三视图（主视、左视与俯视），如果在草图中标有尺寸与公差，则此时还会自动标上尺寸与公差。

使用模板的好处是进入制图环境速度快，模板中有图框、标题栏等，并有一定的自动绘图功能。但由于自动标注的尺寸比较零乱，因此，我们对此模板进行了修改，具体操作请参看本章 6.1.2 “UG 工程图图框模板的修改”部分。

6.2.2 工程图实例

实例 1 轴的工程图

启动 UG，并打开文件 gct-zhou-3d.prt，单击“起始”→“制图”命令，弹出“图纸页”对话框，选用 A3 图纸幅面，比例为 1∶1，单位用毫米，投影角为第一象限角投影，确定，进入制图环境。

如果已经在“文件”→“实用工具”→“用户默认设置”中作过设置，则这里的部分设置可能是不需要的，但注释等项目还是需要设置的；如果没有设置过，则需要进行设置，否则操作起来不方便。

单击“首选项”→“注释”命令，弹出“注释首选项”对话框，对“文字”“尺寸”“直线/箭头”和“剖面”等选项卡的内容进行设置，然后开始作图。以“文字”设置为例，对“文字”要设置为中文，系统中安装有 UG 专用的 38 种汉字，可以将文字设置为 chinesef_fs 字体，这是仿宋体字体；如果系统中没有安装专用汉字，则可设置为 chinesef 字体，将字的宽高比设置为 0.55，字的大小设置为 3.5 等。其他设置就不再详述，读者可以自行设置，使之符合我国工程制图标准；设置完成后单击“应用”按钮，使设置生效。

另外，还可对“首选项”菜单中的“视图”“剖切线”和“制图”等选项进行设置，这些都是与制图操作有关的项目，设置好后，作图才方便、快捷。

设置完成后，单击“文件”→“导入”→“部件”命令，弹出“导入部件”对话框，单击“确定”按钮后，将弹出“打开文件”对话框，选中光盘安装目录下“UG资料\UG工程图图框”文件夹中的dwg_a3_format.prt（此为作者提供的符合国家标准的图框与标题栏的文件，其中a3表示A3图纸幅面），确定两次后，就将工程图图框与标题栏加进来了。

单击“图纸布局”工具条中的“基本视图”图标，弹出“基本视图”对话框，将“模型视图”修改为“后视图”，在作图区的适当位置单击，则作出了一个视图，同时准备作下一个视图，结果如图6-6所示。

移到正左侧，当图6-6中箭头水平向左时单击，又作出一个视图，然后单击鼠标中键，完成操作，结果如图6-7所示。

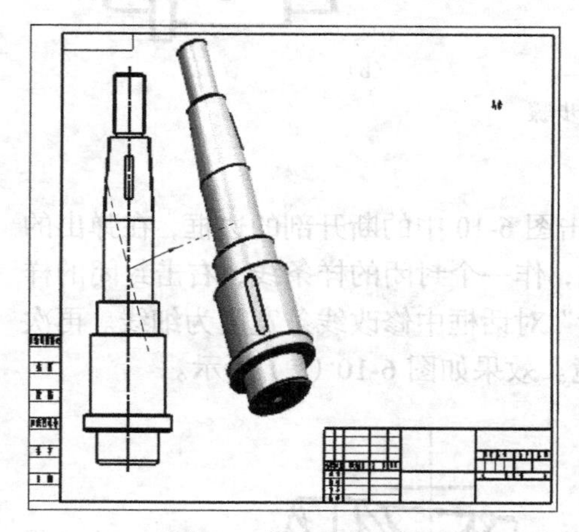

图6-6　作出的主视图

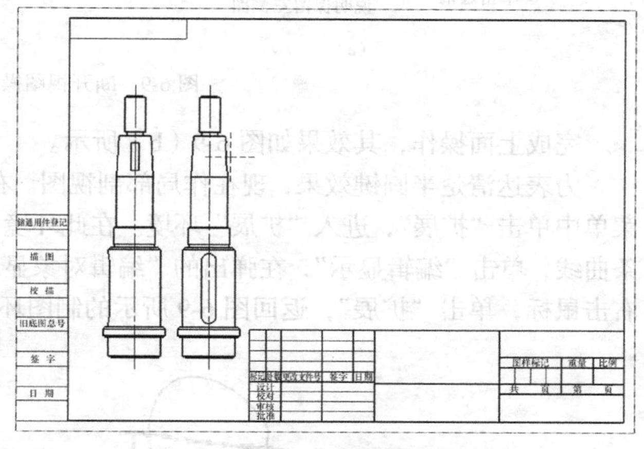

图6-7　作出两个视图后的效果

将鼠标指针移到刚才作的视图的周围，会出现一个红色的边框，双击，可弹出“视图样式”对话框，有“一般”“隐藏线”“可见线”和“光顺边”等11个选项卡，在“一般”选项卡中，将“角度”由0°修改为90°后确定，则主视图旋转了90°，如图6-8所示，移动主视图到适当位置，以便作其他视图。

同样，完成另一个图的旋转，适当移动作好的图，结果如图6-8所示。

单击“图纸布局”工具条中的“断开视图”按钮，弹出“断开视图”对话框，在对话框中“类型”处有两种类型可选，即常规和单侧。这里使用“单侧”，先单击图6-8

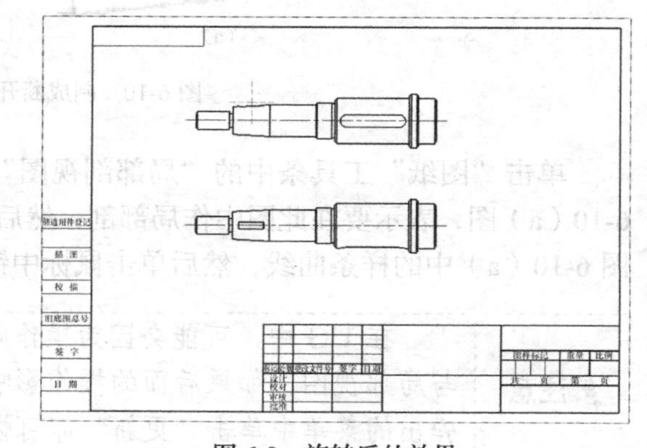

图6-8　旋转后的效果

中上面的视图，表明要对该视图进行断开视图操作，会出现一个箭头，注意，断开的方向是和箭头方向垂直的，即如果出现向右的箭头，断开就会是垂直方向的，否则是水平断开。如果方向不对，可以修改对话框中“方向”区中的方向。如果想要修改断开曲线的“样式”，可以在“设置”区中修改。常见的样式有简单、直线、管状、实心杆状等。然后单击“捕捉点”工具条中的“点在曲线上”按钮，按照图 6-9（a）所示的步骤进行操作。注意，图中箭头所指位置的点是操作时单击过的点，单击时按逆时针顺序单击取点。

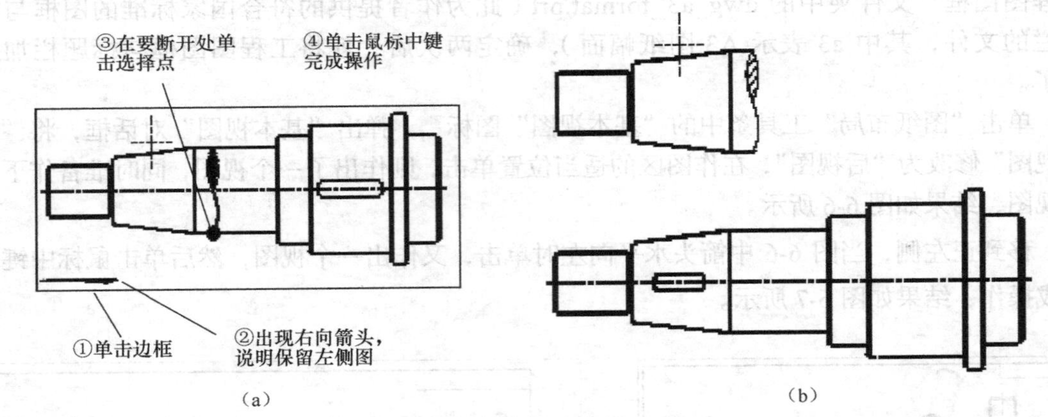

图 6-9 断开视图操作步骤

完成上面操作，其效果如图 6-9（b）所示。

为表达清楚半圆键效果，现在作局部剖视图。右击图 6-10 中的断开剖的边框，在弹出的菜单中单击“扩展”，进入“扩展”环境。在此环境中，作一个封闭的样条线，右击封闭的样条曲线，单击“编辑显示”，在弹出的“编辑对象显示”对话框中修改线条宽度为细线。再次右击鼠标，单击“扩展”，返回图 6-9 所示的制图环境。效果如图 6-10（a）所示。

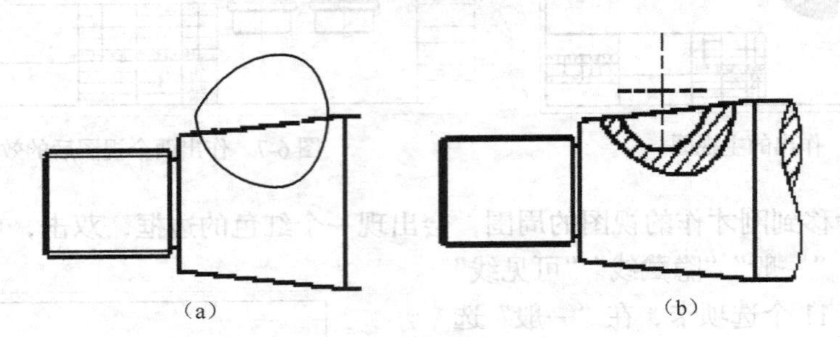

图 6-10 制成断开视图及局部剖操作

单击“图纸”工具条中的“局部剖视图”图标，弹出“局部剖”对话框，先单击图 6-10（a）图，表示要在此图中作局部剖，然后选中轴的任意圆心，单击鼠标中键后，再单击图 6-10（a）中的样条曲线，然后单击鼠标中键，完成操作，结果如图 6-10（b）所示。

注意	在 UG 中，可能会因为操作顺序而影响前面的操作，如上面的断开剖视图与局部视图。如果后面的操作影响前面的操作效果，只需要右击该图边框，在弹出的菜单中单击“更新”即可恢复显示效果。

单击“剖视图”图标，弹出“剖视图”浮动工具条，同时“捕捉点”工具条也可用，单击“中点”图标后，选择图6-11所示的键槽长边的中点并单击，然后往右拖动到适当位置单击，就作出了一个全剖图，如图6-11所示。

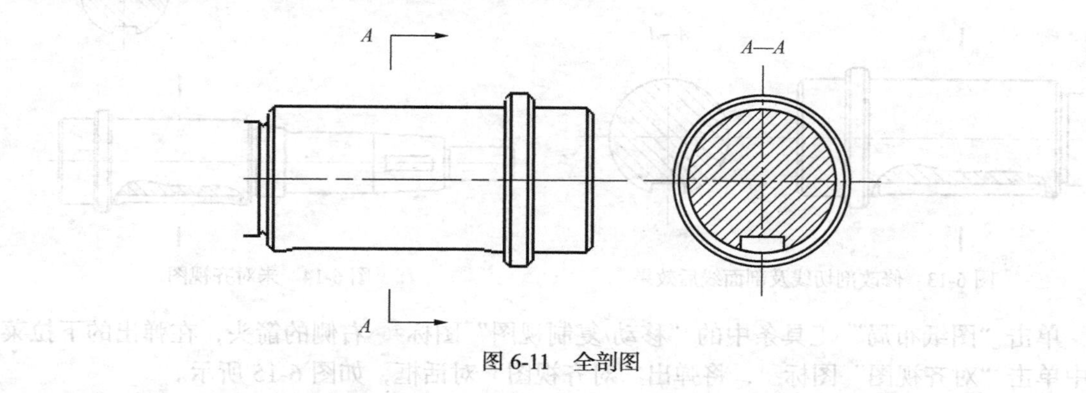

图6-11 全剖图

双击刚才作出的全剖图，弹出“视图样式”对话框，单击“截面线”选项卡，使之成为当前页面，去掉“背景”复选框前面的“钩”，确定，可以看到全剖图变成了剖面图，修改结果如图6-13右图所示。右击图6-11中的剖切线，单击“样式”，则弹出“截面线型”对话框，如图6-12所示。

按图6-12所示进行设置后，确定，就可以看到图6-11中的剖切线变成图6-13所示的样式了，视图标签没有了，右侧剖面图中的背景也没有了。与上面操作类似，作出平键的局部剖视图，结果如图6-13所示。

注意 在上面的修改中，没有将图6-12中箭头符号下的（A）、（B）、（C）右侧的3个值全修改为0而是修改为0.01或更小，这是因为系统不允许设置为0。

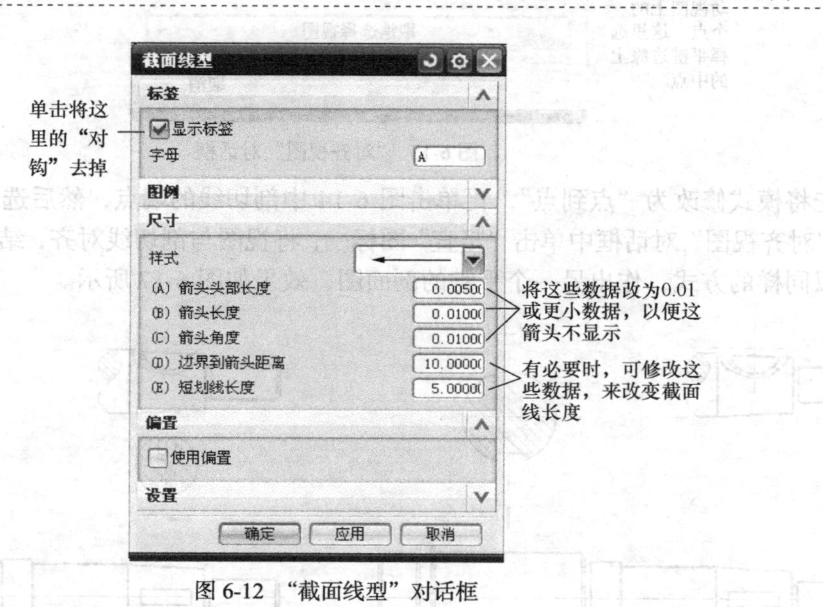

图6-12 “截面线型”对话框

将鼠标移到剖视图外围，发现有一个红色的边框，此时按住鼠标左键不放将剖视图拖到上方适当位置，如图6-14所示。

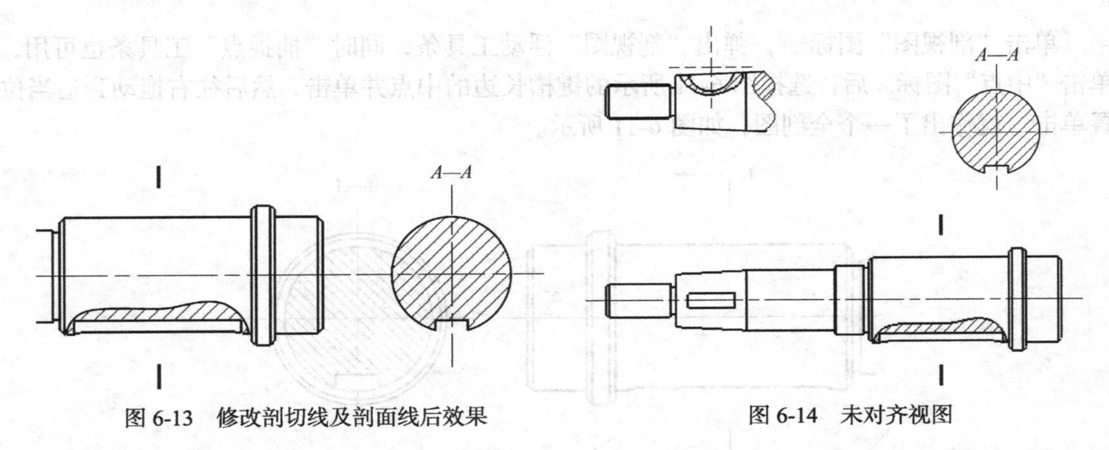

图 6-13 修改剖切线及剖面线后效果　　图 6-14 未对齐视图

单击“图纸布局”工具条中的“移动/复制视图”图标右侧的箭头，在弹出的下拉菜单中单击“对齐视图”图标，将弹出“对齐视图”对话框，如图 6-15 所示。

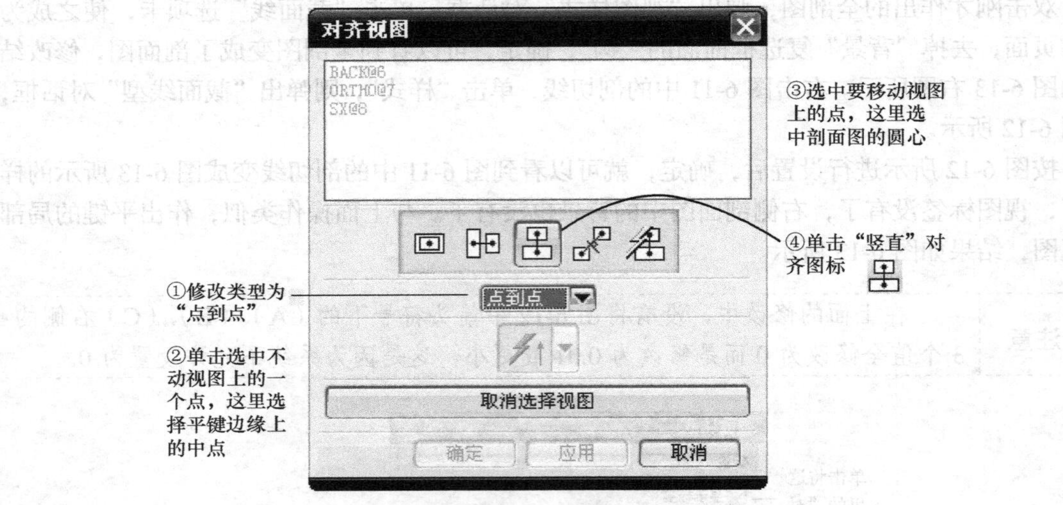

图 6-15 “对齐视图”对话框

先将模式修改为“点到点”，再单击图 6-14 中剖切线的端点，然后选中剖视图的圆心，再在“对齐视图”对话框中单击“竖直”图标，将视图与剖切线对齐，结果如图 6-16 所示。

以同样的方式，作出另一个平键的剖面图，效果如图 6-17 所示。

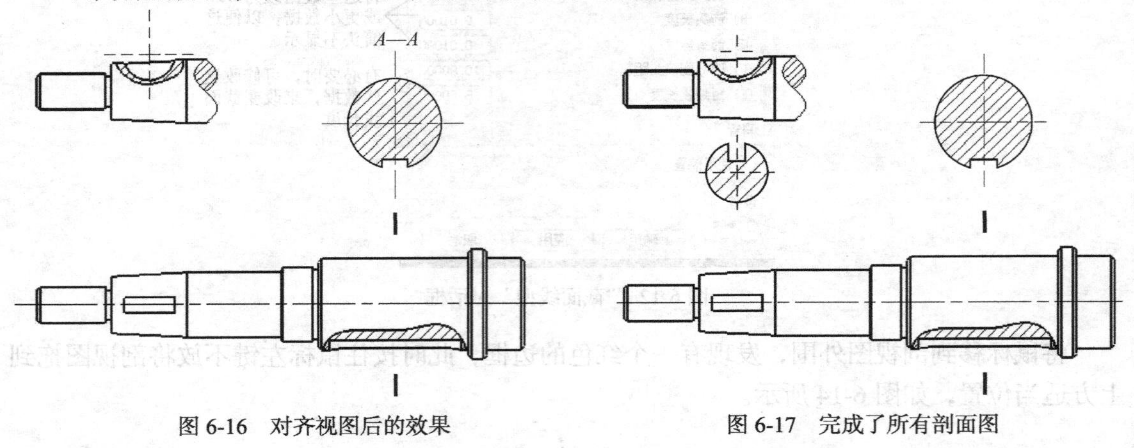

图 6-16 对齐视图后的效果　　图 6-17 完成了所有剖面图

右击主视图，在弹出的快捷菜单中单击“扩展”按钮使其前面出现“钩”号，进入扩展成员修改状态，在工具条上右击，调出“曲线”工具条，单击其中的“艺术样条”按钮～，选中“艺术样条”对话框中的“封闭的”复选框，然后在轴的左右两端作两条封闭的样条线，结果如图6-18所示。

> **注意** 作艺术样条线时，将阶次修改为5次或5次以上为好，否则，可能出现作局部剖时选不中样条线的情况。

选中刚才作的两条封闭的曲线，右击，在弹出的快捷菜单中单击“编辑显示”命令，将弹出“编辑显示”对话框，将对话框中的曲线宽度修改为“细线”，然后单击鼠标中键完成操作。

将鼠标移离视图范围，右击，在弹出的快捷菜单中将“扩展”前面的“对钩”去掉，则返回扩展前的状态，此时看到在原图中加了两条样条线。

单击“图纸布局”工具条中的“局部剖”图标，弹出“局部剖”对话框，先单击图6-18所示的主视图，表示要在主视图中作局部剖；同时系统弹出新的对话框，然后选中图6-18中左边的剖面图的圆心，表示剖面图将从圆心处剖开，此时看到有一个箭头，表示剖开的方向，如果方向不正确，可以对“剖面”对话框中的“方向矢量”进行修改；确定方向后，单击鼠标中键，再选择图6-18中左侧的样条线，单击鼠标中键确定后，则完成了局部剖的制作；同理完成另一个局部剖，结果如图6-19所示。

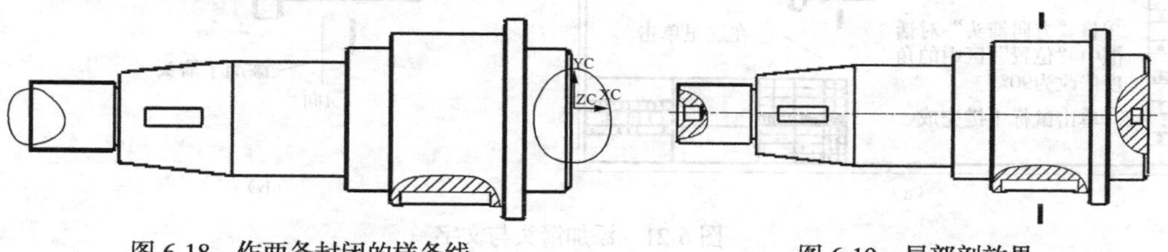

图6-18 作两条封闭的样条线　　　　图6-19 局部剖效果

平键的形状在图中未表达出来，可以使用向视图来表达。单击“基本视图”图标，作一个后视图，并且按前面作图方式将视图旋转90°，适当调整位置，结果如图6-20（a）所示。右击新加的视图，单击“边界”，弹出“视图边界”对话框，修改其中的“自动生成矩形”为“手工生成矩形”，然后在新加视图中的平键的左上角单击鼠标左键不放拖动到右下角，生成一个矩形，松开鼠标，可以看到原来的视图只保留了矩形之内的部分。结果如图6-20（b）所示。

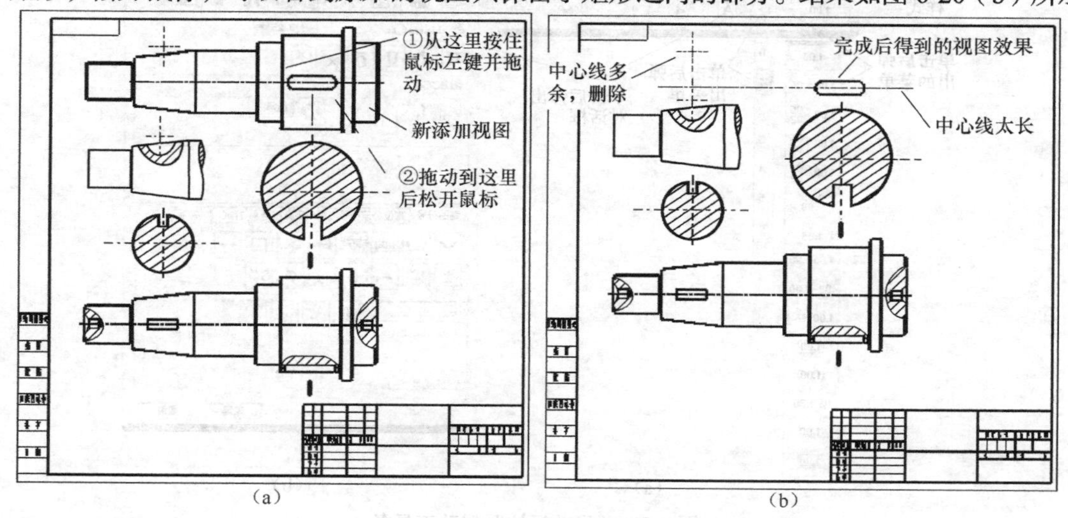

图6-20 制作向视图

制作完成后，看到有一个多余的中心线，可以选中后按键盘上的 Delete 键删除，而另外还有一个中心线太长，可以双击该中心线，弹出“3D 中心线”对话框，选中该对话框中设置区中的“单独设置延伸”复选框，看到原来的中心线两端都出现箭头，按住鼠标左键拖动这个箭头，以修改其长度，使中心线长度最佳，并移动向视图，结果如图 6-21（a）所示。

单击“方向箭头”图标，按图 6-21（a）图中操作步骤，完成箭头的创建。单击“注释”图标A，在弹出的“注释”对话框中“文本输入”区中输入“A 向”两字，然后在向视图上方单击完成文字操作，结果如图 6-21（b）所示。

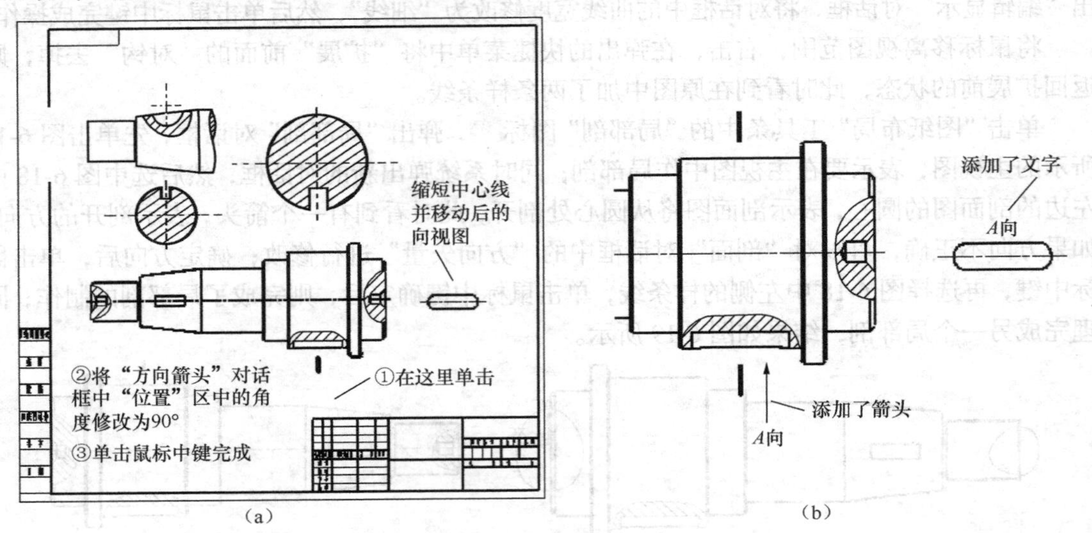

图 6-21　添加箭头与文字

工程图到此已经完成了视图的制作，开始标注尺寸，不论单击尺寸工具条中的哪一个尺寸标注命令，都会弹出类似图 6-22（a）所示的浮动工具条，但不同命令略有不同，且单击不同命令时会弹出不同的菜单或对话框。

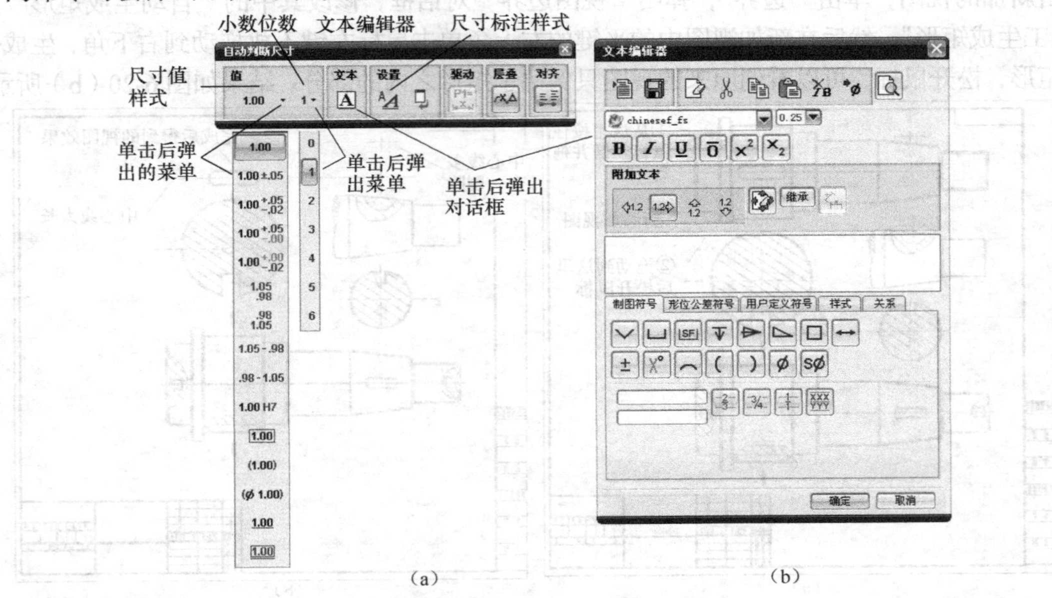

图 6-22　“尺寸标注”浮动工具条

若单击“修改尺寸样式”图标，将弹出“尺寸样式”对话框，可以修改样式；单击“尺寸小数位”按钮旁的可以修改保留的主尺寸的小数位数；单击“尺寸样式”旁的按钮可以修改尺寸的公差样式，即是否有公差等；单击“注释编辑器”图标可弹出“注释编辑器”对话框供增加各种标注符号，如M、ϕ、几何公差符号、分数、前缀与后缀等特殊符号。值得注意的是，这些修改应在标注前修改并确定后再标尺寸才起作用，否则修改无效。

单击“尺寸”工具条中的“自动判断”图标，然后单击要标注的尺寸的第一个界限线与第二个界限线，再在适当位置单击，尺寸就显示在最后单击的位置处。下面以标注轴右端的直径尺寸为例讲解其操作步骤。

单击“尺寸”工具条中的“自动判断”图标，再单击浮动工具条中的“注释编辑器”图标，将弹出“注释编辑器”对话框，先单击对话框中的“清除所有附加文本”图标以清除不必要的附加文本，然后单击“在前面”图标以便增加前缀，再单击对话框中输入$r字符，则在附加文本列表框中增加了一个符号ø，它表示在尺寸前面加上直径标记ø。同样地，可以增加后缀Ⓔ，单击“确定”按钮后，回到图6-22所示的状态，单击“公差样式”旁的，在弹出的下拉列表中选中“双向公差”，然后分别单击图6-23（a）中的*A*、*B*二线，再在右侧适当位置单击鼠标左键，就标出了尺寸。不过此时的公差为系统默认的+0.1与−0.1，双击公差值，弹出一个对话框，左边的下拉按钮显示数字3，表示公差保留3个小数位，右边的“上部的”右侧的数字表示上偏差，“下限”右侧的数字表示下偏差。修改并确定后，效果如图6-23（b）所示。

其余的尺寸标注还有“水平标注”、“竖直”、“平行”、“水平链”、“水平基准线”和“角度”等，其操作过程类似，就不一一举例了。

另一个较难的标注是图6-23中的中心孔。由于中心孔是有国家标准的，因此，其标注也不同，中心孔有很多种，不同的中心孔画法有所不同，可以查阅《机械设计手册》，在此不详述，下面仅标注一例给读者讲解。

单击“注释”图标，弹出“注释”对话框，在该对话框中的“输入文本”区域中输入2-GB/T 4459.5 A4/8.3，单击对话框中的图标，然后在图6-23（b）中的中心孔圆心处单击鼠标左键，在右侧适当位置单击鼠标左键，指引线及文字跟着鼠标的移动而移动，在适当位置单击左键，就完成了放置操作，结果如图6-23（c）所示。这样就完成了中心孔的标注。

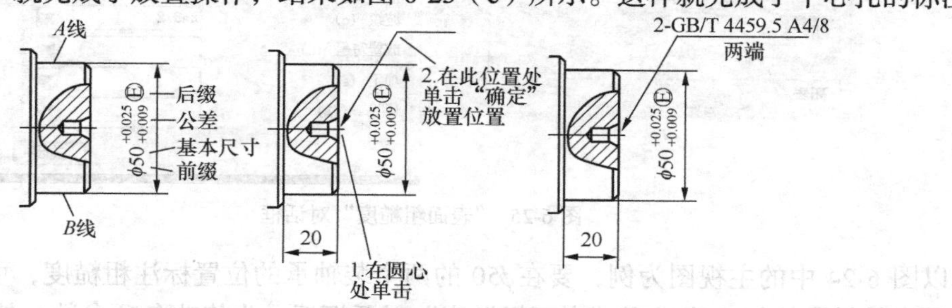

图6-23　尺寸及中心孔标注

完成尺寸标注后的效果如图6-29所示。

标注完尺寸后，可以标粗糙度及几何公差，单击“注释”工具条中的“表面粗糙度符号”图标，弹出“表面粗糙度符号”对话框，如图6-24所示。

选择合适的粗糙度符号，然后给出各项参数值，选择一种标注式样后，在图上要标粗糙度符号的位置单击就可标出粗糙度符号。

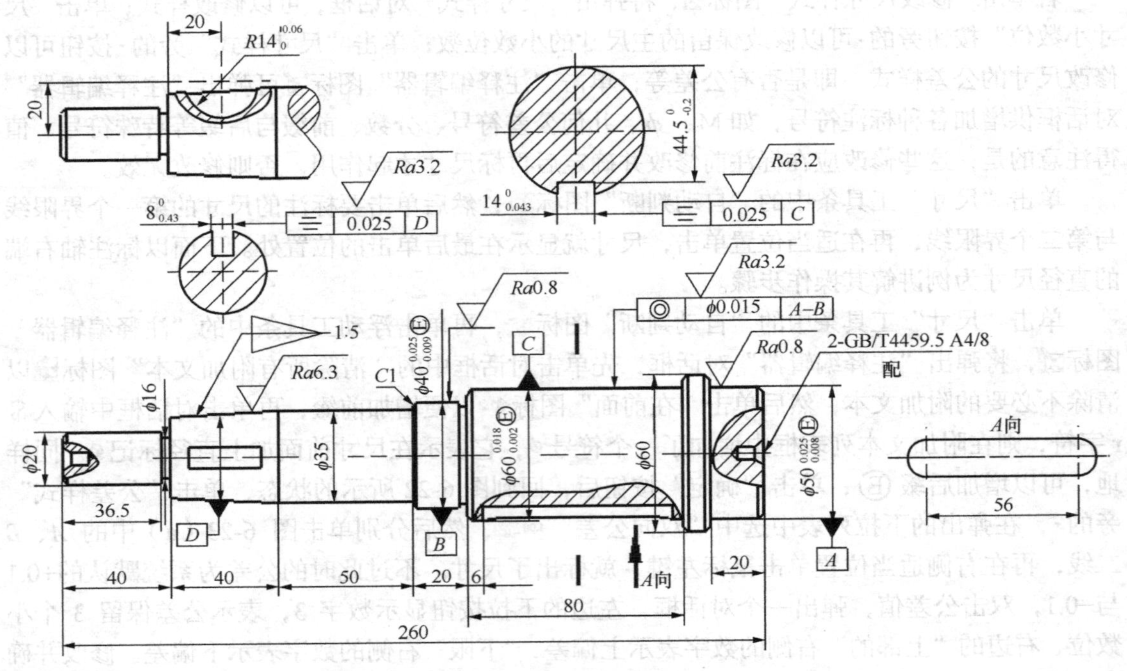

图 6-24　完成尺寸标注的效果

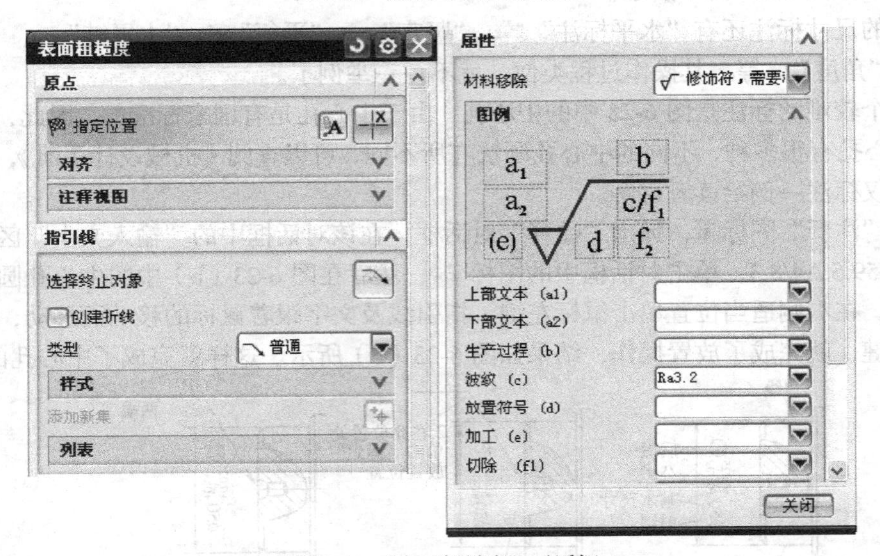

图 6-25　“表面粗糙度”对话框

以图 6-24 中的主视图为例，要在ϕ50 的两个装轴承的位置标注粗糙度，可以单击“表面粗糙度符号”按钮，当出现“表面粗糙度”对话框后，先修改各项参数，然后在图 6-24 中右侧的ϕ50 处的轴承位置单击，就标出了粗糙度符号，如图 6-26 所示。如果要将粗糙度符号旋转一个角度，可将图 6-25 所示的对话框中的“设置”面板展开，将其中的“旋转”角度修改为适当的角度，如图 6-26 中下面的粗糙度符号，就是垂直标注的；如果有必要，需要将文字反转过来，可以选中“反转文本”复选框。双击要修改的粗糙度符号可进行相关修改。

值得注意的是，标粗糙度时要根据零件不同位置的作用与性质来标相应的粗糙度值，不能随意指定数据，不然会增加加工难度与成本，有时甚至不能加工，这方面的知识请读者参阅相关标准。

其他位置处的粗糙度标注读者可自行完成。

在标注几何公差前，先进行基准符号标注。单击“基准特征符号”图标，弹出“基准特征符号”对话框，修改“类型”为基准，并单击“选择终止对象”，然后在图 6-27 所示的 50 尺寸处单击，得到基准符号，右击该基准符号，单击“样式”，弹出“注释样式”对话框，单击“直线/箭头”，将 H 值修改为 1，结果如图 6-27 所示。

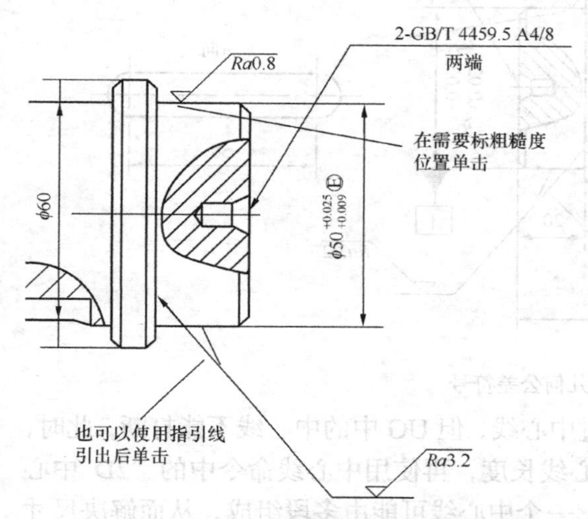

图 6-26　标注粗糙度符号的过程与效果

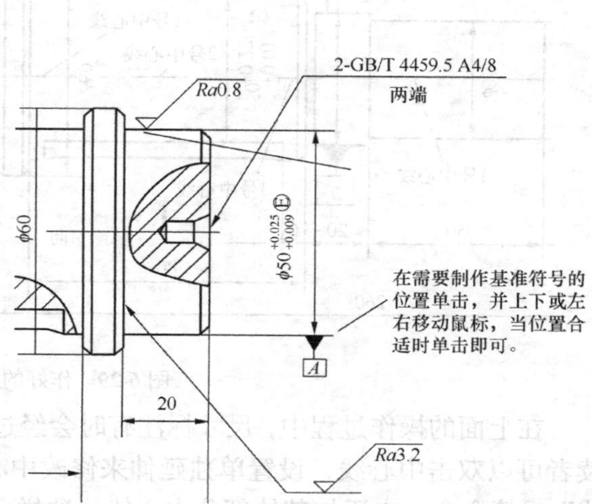

图 6-27　添加基准符号

现在标注几何公差。单击“注释”工具条中的“特征控制框”图标，将弹出“特征控制框”对话框，如图 6-28 所示。

从图 6-28 中可以看到，特征控制框的参数主要有“特性”用来进行几何公差符号设定，如圆度、圆柱度、平面度、位置度等；“公差”则设置公差数据；“基准”则指定位置公差的基准。当输入完成后，可展开“指引线”面板，单击“指引线位置”图标，然后在绘图区适当位置单击，则可从单击位置作出指引线，如果想要指引线有折线，可以选中“创建折线”复选框再来操作，按照上面操作后，可以制作出几何公差符号，如图 6-29 所示。

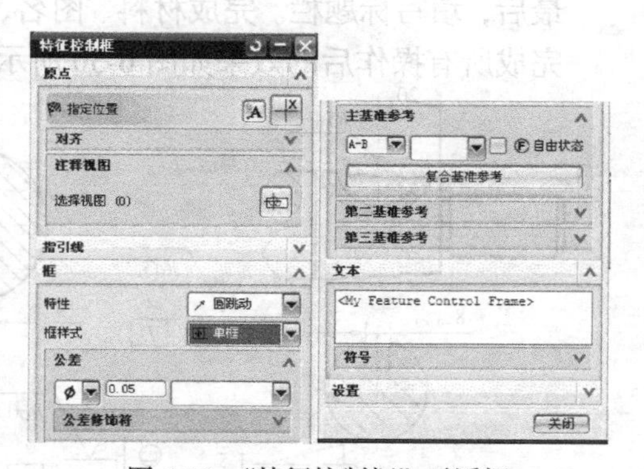

图 6-28　“特征控制框”对话框

与上面的操作类似，可以作出其他需要的几何公差标注。完成了几何公差标注后，要填写技术要求。技术要求包括对零件加工、保养、装配等方面的要求。技术要求可以使用“注释”命令来制作，也可使用“制图工具—GC 工具”工具条中的“技术要求库”命令图标来制作。

单击“注释”图标，将弹出“注释”对话框，在其中输入技术要求的内容，然后在合适位置单击完成技术要求的编辑。

如果使用“技术要求库”来制作技术要求，其操作过程是单击“技术要求库”图标，弹出“技术要求”对话框，在对话框中“技术要求库”区域中选择要添加的技术要求选项，然后单击对话框中的图标，就将选中的技术要求内容添加到了对话框中的“文本输入”区中，读者也可以在该区域中添加需要的文本，最后在绘图区中适当位置单击鼠标左键，就可以完成技术要求的建立，如图 6-30 所示。

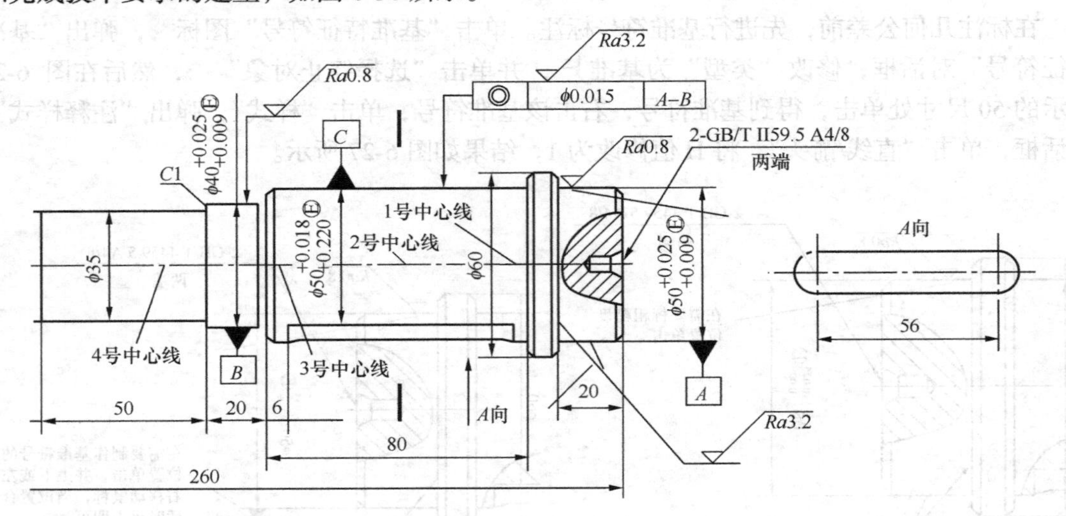

图 6-29　作好的几何公差符号

在上面的操作过程中，尺寸标注有时会经过中心线，但 UG 中的中心线不能打断，此时，读者可以双击中心线，设置单独延伸来修改中心线长度，再使用中心线命令中的“2D 中心线”等命令，来添加其他部分中心线，这样，一个中心线可能由多段组成，从而解决尺寸与中心线相互交叉的问题。图 6-29 所示的中心线就是由 1～3 号中心线共 3 段组成。

最后，填写标题栏。完成材料、图名、图样代号等内容的填写，完成标题栏的编辑操作。

完成所有操作后的效果如图 6-30 所示。

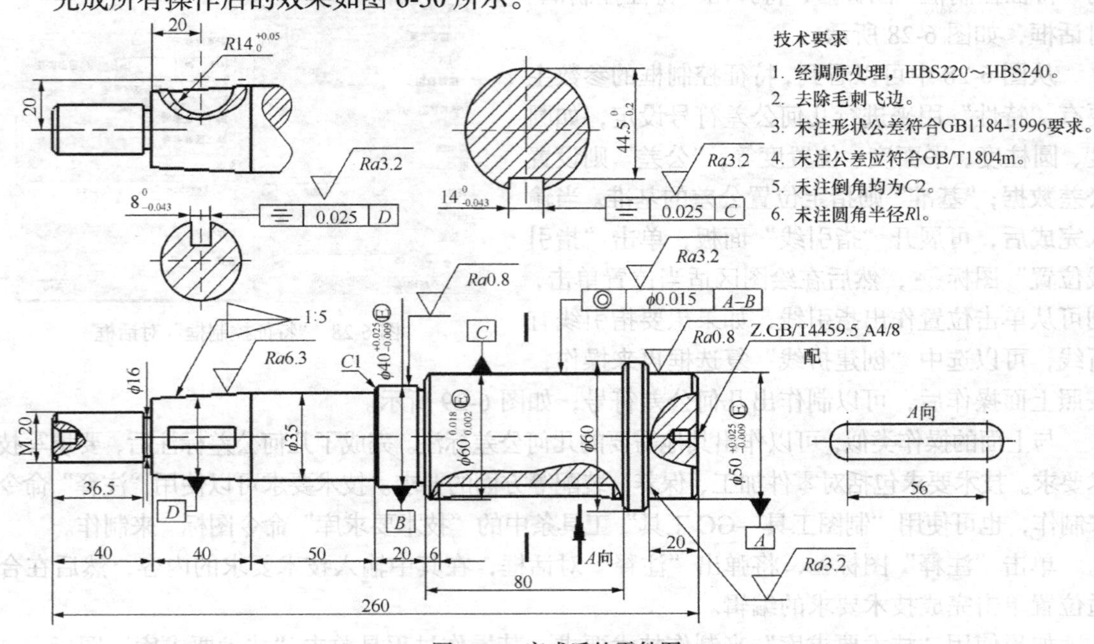

图 6-30　完成后的零件图

实例2　连杆工程图

图6-31所示为一个机器中的连杆，结构剖视图则需要旋转剖。

打开光盘中的UGFILE\6\6.2\6.2.2\lg.prt文件，单击导航栏右侧的“图纸模板”图标，展开导航栏，然后单击其中的A3模型，系统自动进入制图环境，按照上例所示方法制作主视图，结果如图6-32所示。

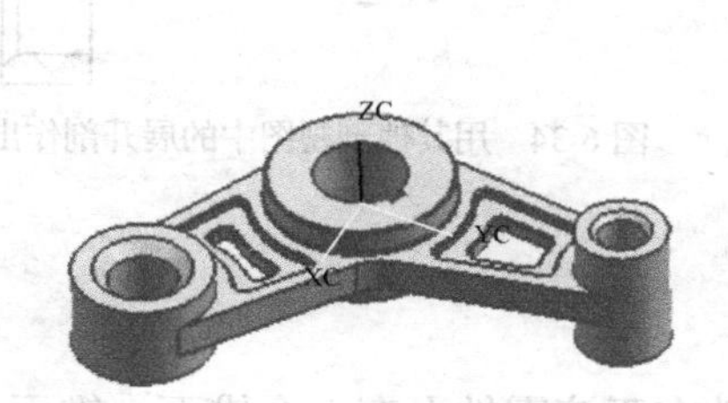

图6-31　连杆三维图

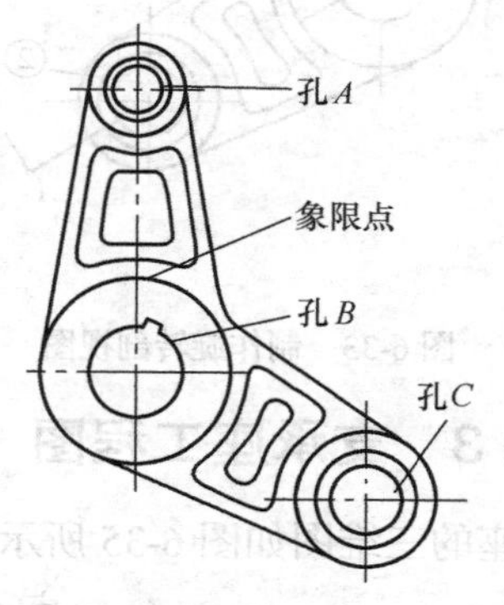

图6-32　制作出主视图

单击“图纸布局”工具条中的“旋转剖视图”图标，弹出浮动工具条，单击图6-32中作出的视图，浮动工具条内容发生改变，并出现可随鼠标移动的折叠式的剖切线，单击选中图6-32中孔*B*的圆心，表示以此孔中心作为旋转中心，然后单击图6-32中孔*C*的圆心，以便于确定第一条剖切线的位置，再单击图6-32中孔*B*中平键槽的边的中点，这样就确定了第二条剖切线的位置。此时可以往左右上下的某一方向移动鼠标，之后单击来完成旋转剖视图的操作，单击浮动工具条中的“添加段”图标，然后在上面的折断线上单击，可以看到折断线又被打断了，且动态可移动，此时，再单击“捕捉点”工具条中的“象限点”图标，以便能选中圆的象限点，然后单击孔*B*外围的大圆靠上边的象限点，如图6-32所示，剖视结束。将鼠标右移一定位置，单击鼠标左键，剖视图完成，如图6-33所示。

值得注意的是，与此操作类似的还有“剖视图”命令，也可以通过增加段来完成任务阶梯剖。上面的操作还可以用“其他视图”图标中的“展开剖”命令来完成，其操作过程如下。

（1）单击“其他视图”图标，弹出“其他剖视图”对话框，单击其中的“展开剖”图标，然后在图6-33所示的主视图上单击以便选中它。

（2）单击“其他剖视图”对话框中“自动判断的矢量”中的图标，然后在弹出的下拉列表框中选择*YC*选项，表示剖开方向与*YC*平行，然后单击此对话框中的应用按钮，结果又弹出一个“剖切线创建”的对话框。

（3）此时，依次单击图6-32中的孔*A*、*B*、*C*的圆心，然后单击鼠标中键来确定，再往右拖动到适当位置后单击鼠标左键完成操作，完成剖切，结果如图6-34所示。

值得注意的是，用“旋转剖”与“展开剖”作出的效果其实是不同的。另外，上面的操作展开剖的步骤适合于其他剖视图图中的“折叠剖”、“轴测图”中的“全剖/阶梯剖”及“轴测图”中的“半剖”等的操作，因为操作步骤类似。

完成以上内容之后标注尺寸、粗糙度及几何公差等。

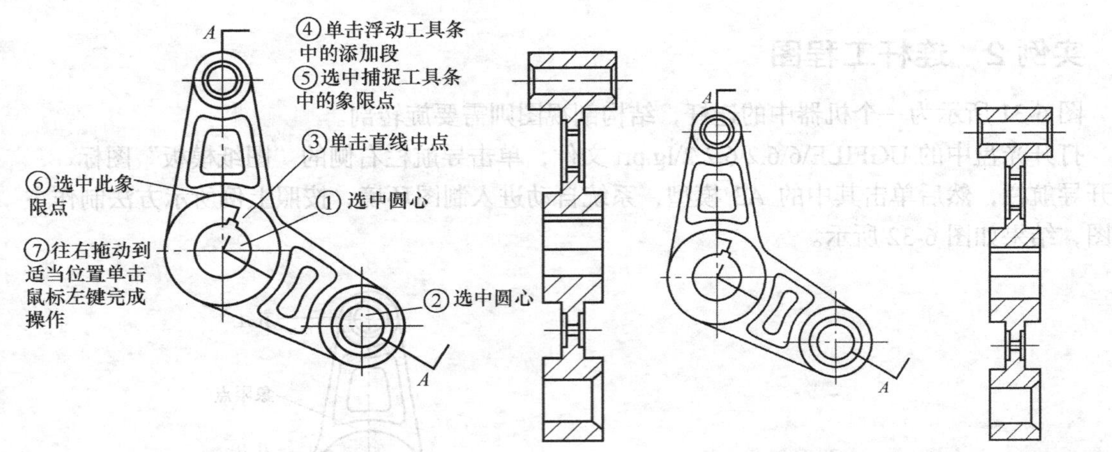

图 6-33　制作旋转剖视图　　　图 6-34　用其他剖视图中的展开剖作出的效果

实例 3　支承座工程图

支承座的三维图如图 6-35 所示。

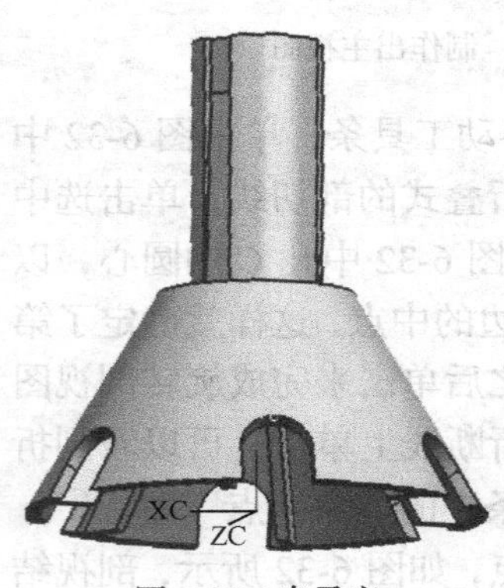

图 6-35　支承座

这个零件的特殊性在于该零件上有一个锥面，锥面上有一个与正交方向呈一定夹角（15°）的缺口，这样的缺口共 6 个，为了能反映此缺口的真实形状，需要作一个此缺口法面方向的局部视图。另外，进行旋转剖时会遇到问题，就是不易剖到缺口正中央，下面讲解如何解决这些问题。

先打开光盘安装目录下的 UGFILE\6\6.2\6.2.2\MZ.prt 零件，然后进入制图环境（用 A3 图纸），单击“图纸布局”工具条中的“基本视图”图标，弹出浮动工具条，单击浮动工具条中的“视图类型”下拉框旁的按钮后选择前视图，然后在图纸左侧适当位置单击完成一个主视图的制作，单击中键完成操作，结果如图 6-36 所示。

上面的视图有缺点，图中的筋与缺口均不在 90° 方位，因此，在作右视图时剖切不到任何一个特征（如筋或缺口）。为此，选中主视图后双击，弹出“视图样式”对话框，将“一般”选项卡中的“角度”设置为 90°，确定后，图旋转了一个角度，如图 6-37 所示。

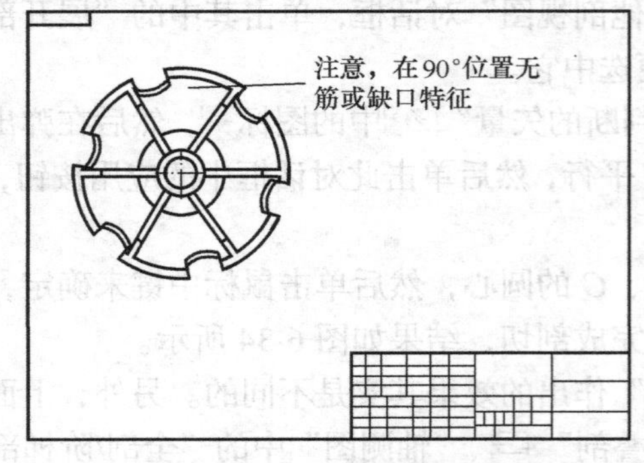

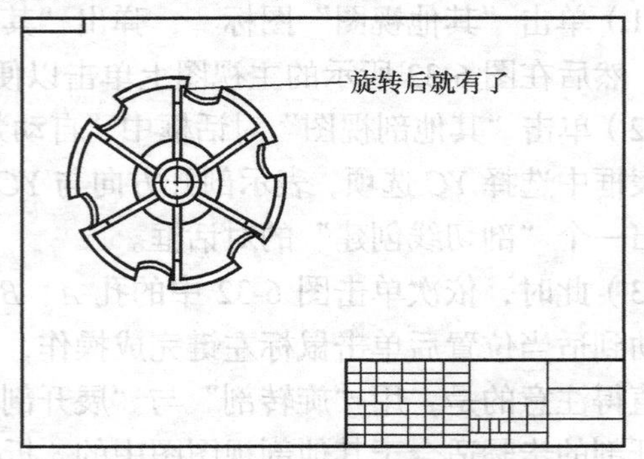

图 6-36　完成主视图的初步制作　　　图 6-37　对主视图旋转后效果

单击“旋转剖视图”图标来作一个旋转剖，想从一个缺口正中央处剖开，但发现很难剖到正中间，如果凭视觉会不准确，可先将鼠标放在视图上右击，并在弹出快捷菜单后单击

“展开成员视图”命令，进入展开成员状态，然后单击“曲线”工具条中的“基本曲线”按钮，弹出“基本曲线”对话框与“跟踪栏”工具条，单击“基本曲线”对话框中的“直线”图标，将“点方式”选择为“圆弧中心”，单击展开后的视图的圆弧，以便于选择圆心；然后在跟踪栏中的“长度”处输入150后按Enter键，在“角度”处输入255°后按Enter键，再在视图左下角单击完成直线的创建。

其实，也可以在进行上面选择“点方式”时直接用“自动判断的点”方式来直接选取缺口的边的中点，这样更方便。

完成上面的操作后，右击刚才作的直线后单击“编辑显示”图标，弹出“编辑对象显示”对话框，将其中的“线型”改为“点画线”，“线宽”设置为“细线”，单击鼠标中键确定，然后右击，单击“扩展”图标，返回图6-37所示的状态，此时有了缺口的中心线，如图6-38所示。

现在再来作旋转剖，单击“旋转剖视图”图标，先单击图6-38所示的视图，然后选择中间的圆心，再选中最大外圆上边缘处的象限点，再单击缺口中心线上的任意点，朝右移动鼠标就可以作出旋转剖，结果如图6-39所示。

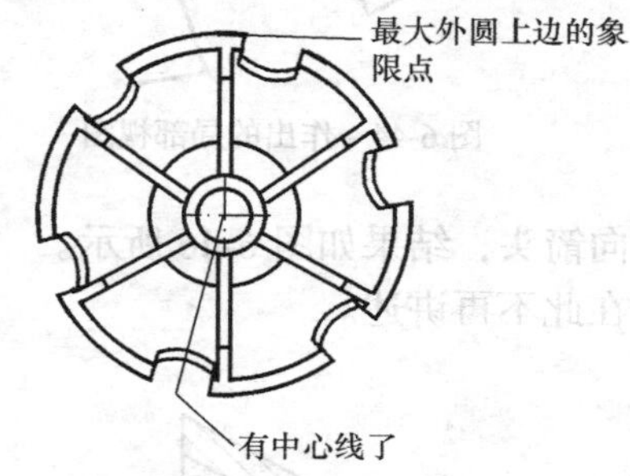

图6-38　作出了缺口的中心线

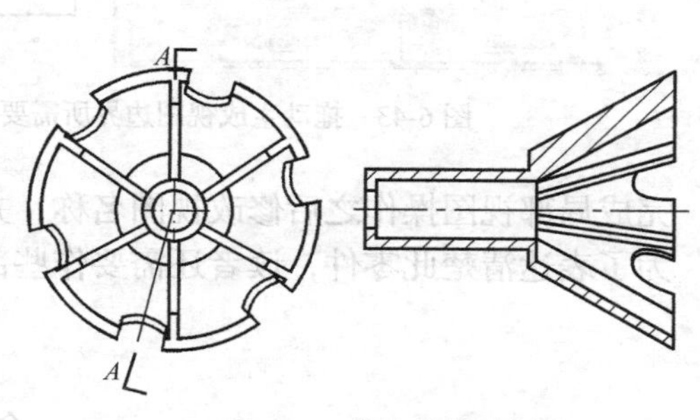

图6-39　作出的旋转剖

现在要作缺口的局部视图，关键是要让视线垂直于缺口，这样作出的视图才会反应缺口的真实形状，操作过程是如下。

单击“基本视图”图标，弹出“基本视图”对话框，单击“定向视图”图标，弹出“定向视图”窗口，如图6-40所示。

图6-40　定向视图窗口

按图6-41所示在定向视图预览窗口中选择直线与圆弧交接处的一条边，按鼠标中键确定后，发现有视图跟着鼠标移动，在适当位置单击完成操作，结果出现了另一个视图，其缺口是正视图，如图6-42所示。

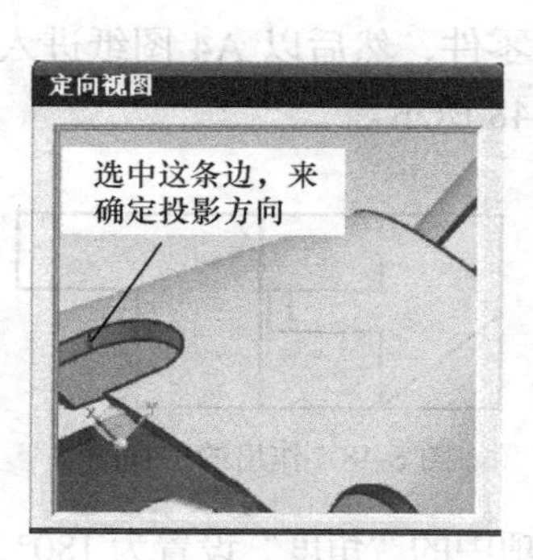

图6-41　选择3点

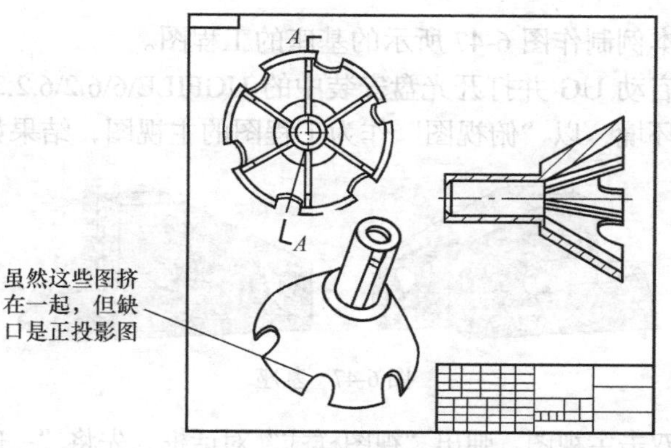

图6-42　作出了缺口的正投影图

单击“图纸”工具条中的“视图边界”按钮，弹出“视图边界”对话框，先单击图6-41中刚才作的视图，然后单击“视图边界”对话框中的下拉框，在弹出的选项中选择“手工生成矩形”选项，然后按图6-42所示在缺口处拖出一个矩形。

松手后，就形成了只被刚才所作矩形包围的局部视图，如图6-43所示。

上面的局部视图的特点是没有折线边，为此，右击进入“活动草图视图”环境，然后用“草图”工具条中的样条曲线作一曲线，连接图6-44中最左和最右位置后形成封闭图形，如图6-44所示。

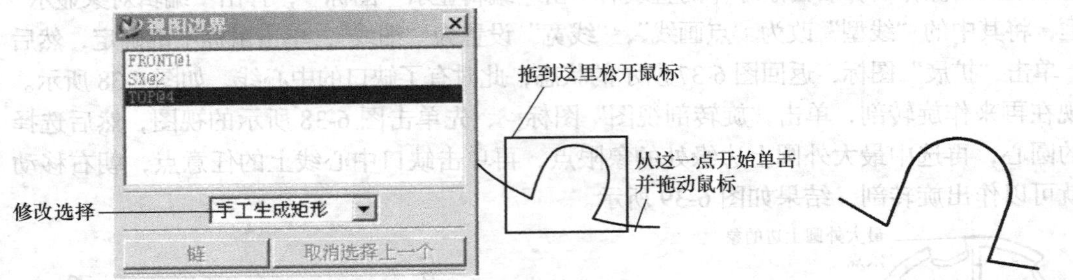

图6-43 拖动生成视图边界所需要的矩形

图6-44 作出的局部视图

完成局部视图操作之后修改视图名称，并加注视图方向箭头，结果如图6-46所示。为了表达清楚此零件，读者还需要作些剖面等视图，在此不再讲述。

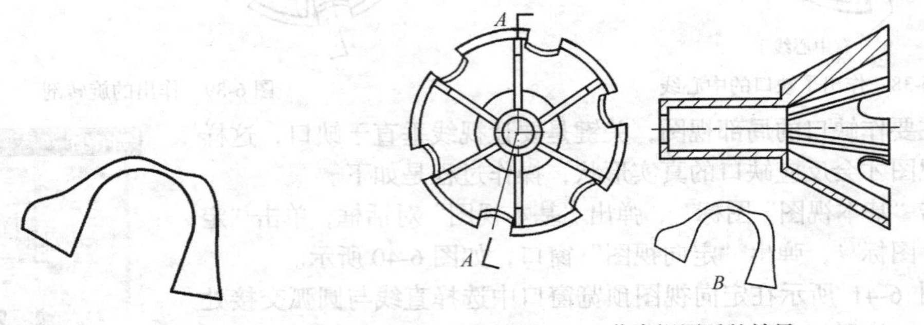

图6-45 加了边后的效果

图6-46 作完视图后的效果

实例4 基座工程图

本例制作图6-47所示的基座的工程图。

启动UG并打开光盘安装中的UGFILE\6\6.2\6.2.2\fl.prt零件，然后以A4图纸进入工程制图环境，以“俯视图”作为工程图的主视图，结果如图6-48所示。

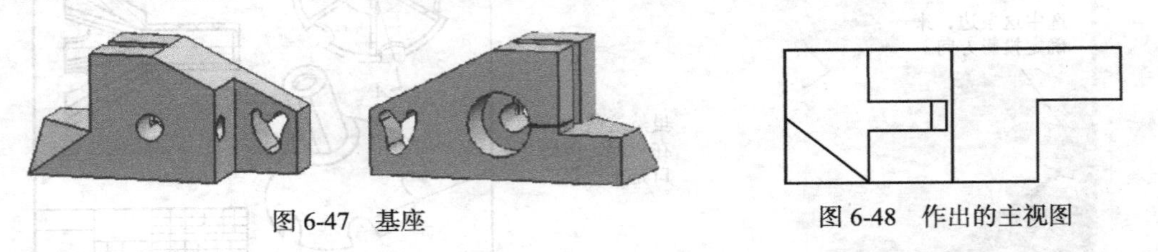

图6-47 基座

图6-48 作出的主视图

双击主视图，弹出“视图样式”对话框，先将“一般”选项中的“角度”设置为180°；再选择“隐藏线”选项卡，将原来的“隐藏线类型”由“不可见”修改为“虚线”，然后确定，结果显示了许多虚线，同时图形也旋转了 180°，如图 6-49 所示。

单击“图纸布局”工具条中的“剖视图”按钮，弹出浮动工具条，单击图 6-49 所示的主视图后，出现剖切线随鼠标指针移动，单击图中虚线圆的圆心，然后单击浮动工具条中的“增加段”按钮，再单击槽的中点，然后朝下拖动鼠标到适当位置单击左键，完成阶梯剖切，效果如图 6-50 所示。

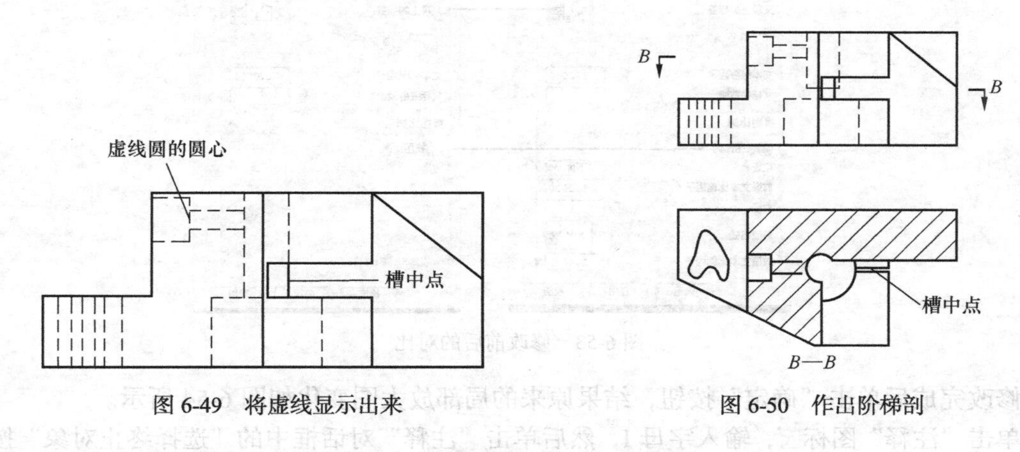

图 6-49 将虚线显示出来　　图 6-50 作出阶梯剖

同样，双击刚才作的剖切图，按前面的操作方法显示出虚线。

以“剖视图”命令再对主视图以其最大的虚线圆的中心作剖切位置，作一个左视方向的剖视图，并显示虚线，结果如图 6-51 所示。

单击“图纸布局”工具条中的“局部放大图”按钮，单击图 6-50 所示的槽的中点，作出一个圆，然后拖动鼠标向右，在适当位置单击完成局部放大图的制作，结果如图 6-52 所示。

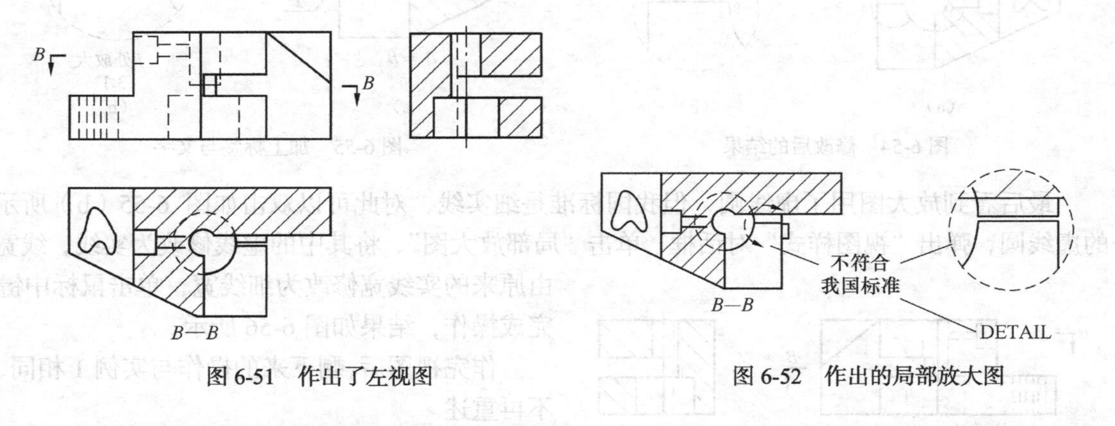

图 6-51 作出了左视图　　图 6-52 作出的局部放大图

读者可能在机器中会作出和上面一样的效果，但也可能不一样，这主要是看设置是否一样，如果没有改变 UG 的默认设置，就会和上面一样，这样的局部放大图有的地方不符合我国标准，下面来修改，以便符合我国标准。

双击图 6-51 中的标注字母 D，弹出“视图标签样式”对话框，对其进行修改，结果对比如图 6-52 所示。

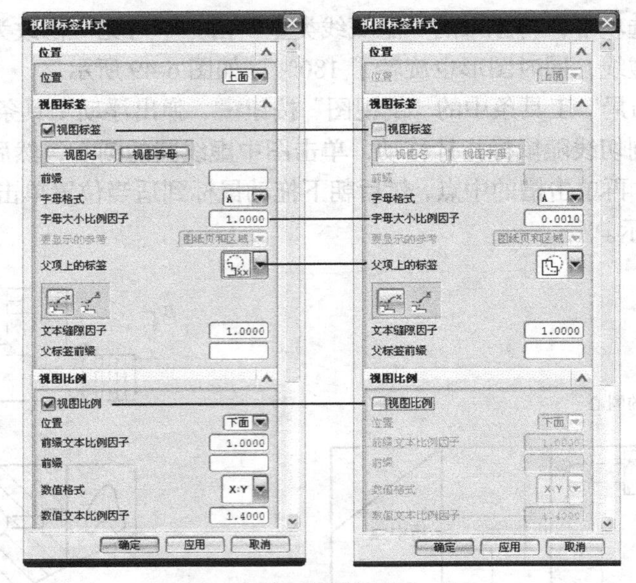

图 6-53 修改前后的对比

修改完成后单击“确定”按钮，结果原来的局部放大图变化如图 6-54 所示。

单击“注释”图标A，输入字母 I，然后单击“注释”对话框中的“选择终止对象”按钮，在图 6-54（a）所示的虚线圆周上适当位置单击，得到如图 6-55（b）所示的字母标识，同样，再在“注释”中输入“I 处放大”及图比等字样，将其放置到图 6-55（b）所示的放大图的下方。值得注意的是，这些修改也可在扩展成员环境中完成，可能有更佳的效果。

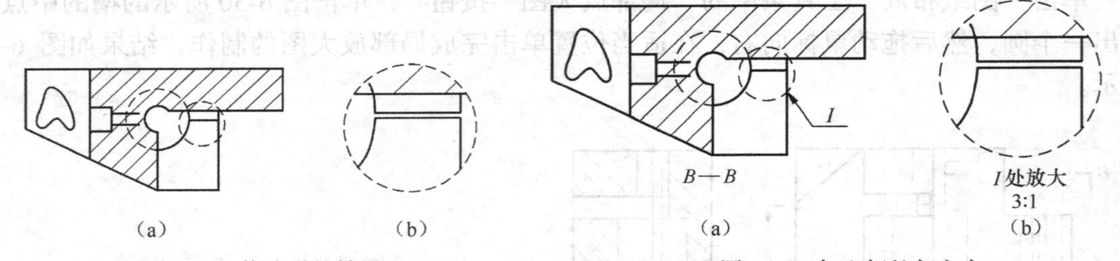

图 6-54 修改后的结果　　图 6-55 加上标签与文字

最后看到放大图用了虚线圆，但我国标准是细实线，对此可以双击如图 6-55（b）所示的虚线圆，弹出“视图样式”对话框，单击“局部放大图”，将其中的虚线修改为实线，线宽由原来的实线宽修改为细线宽，单击鼠标中键完成操作，结果如图 6-56 所示。

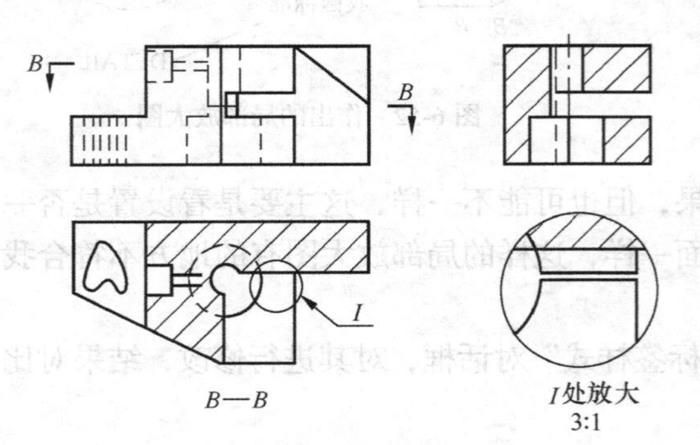

图 6-56 全部视图作完的效果

作完视图后，剩下来的操作与实例 1 相同，不再重述。

需要注意的是，在 UG 中，为了作出虚线，可以将要作出虚线的视图右击，在弹出的菜单中单击“活动草图视图”命令，使视图成为当前视图，然后使用“草图工具”中的作图命令制作各种需要的线条，再修改它们的线型及线宽，从而达到制作各种需要的曲线的目的。

实例 5　装配工程图

装配工程图的特点如下。

（1）用一组视图完整准确地表达出机器的工作原理，零件间的位置关系、装配关系、连接方式及重要零件的结构。

（2）标注机器或部件的规格、装配、检验、安装等必要的尺寸。

（3）书写技术要求，包括机器或部件的性能和装配、调试、试验、操作等所必须满足的条件与要求。

（4）给出零件标号，填写明细表、标题栏等。

当然，进行装配工程图操作时也与零件工程图有细微区别，下面以一个实例来说明。

图 6-56 所示为某型机器中一个阀部件的装配图的最后效果。

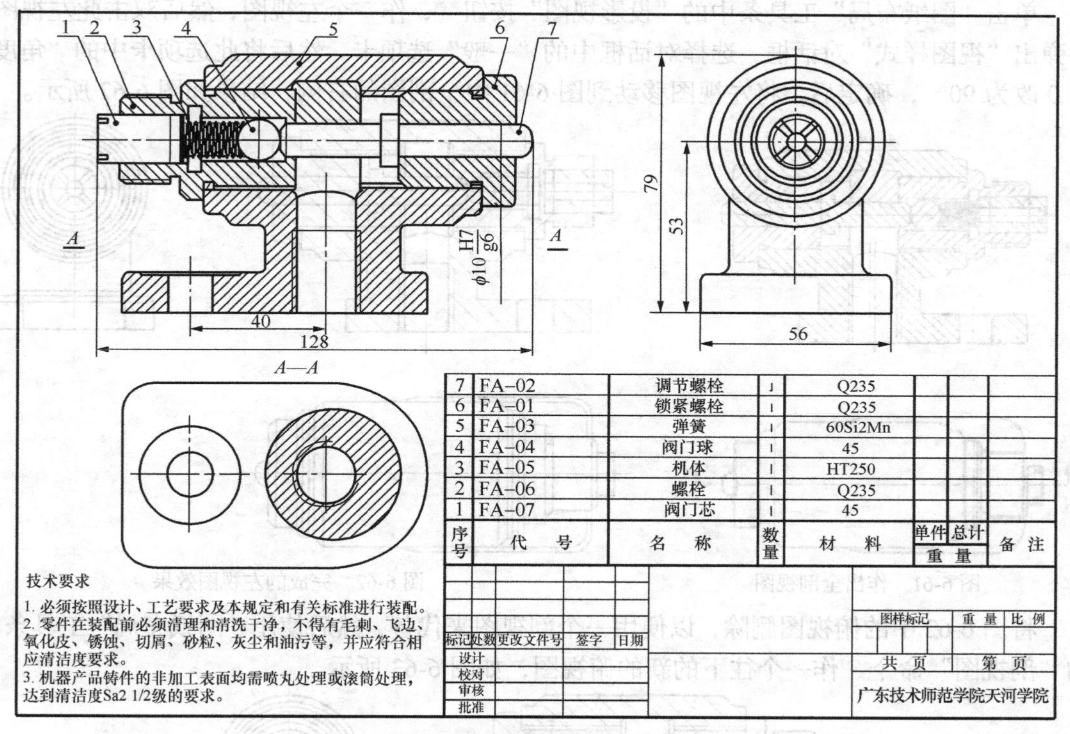

图 6-57　阀部件装配工程图

打开光盘中 UGFILE\6\6.2\6.2.2\FA 文件夹下的 FA-ZP.prt 文件，如图 6-58 所示。

单击右侧导航栏中的“图纸模板”图标□，展开导航栏，然后单击其中“A3-装配无视图”，如图 6-59 所示。

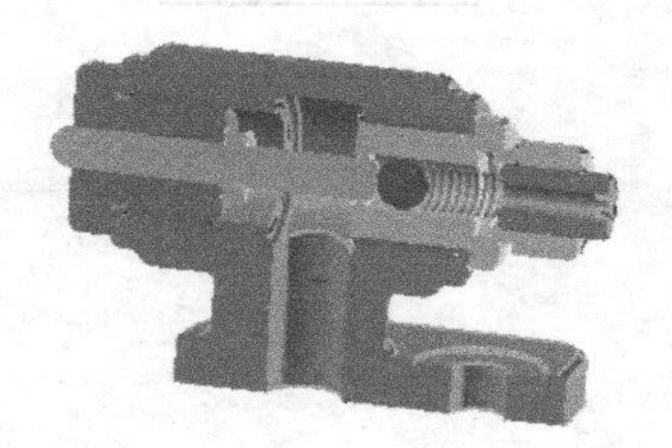

图 6-58　阀门装配

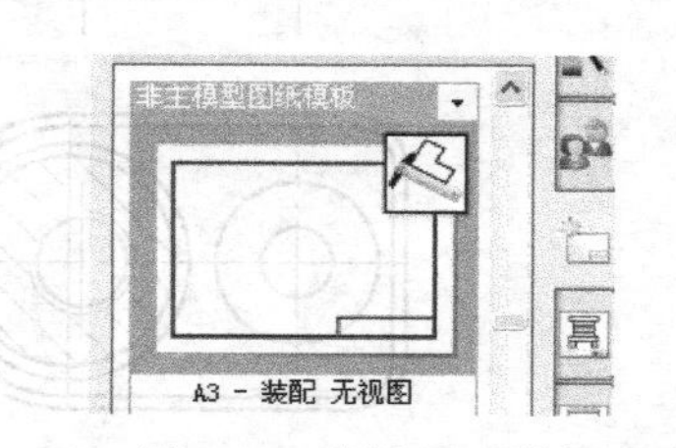

图 6-59　选择 A3 图纸

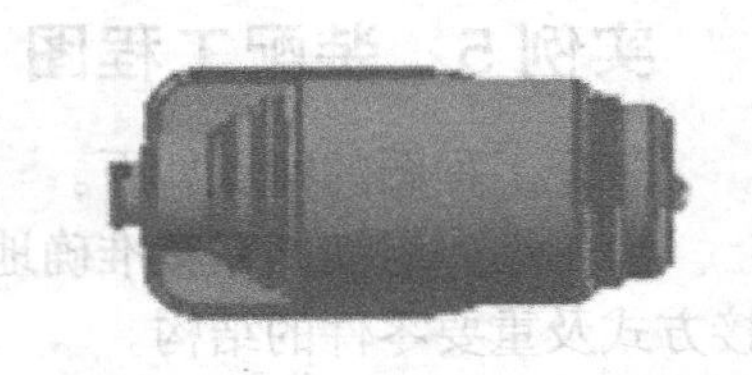
图 6-60　在图纸下方作出一个视图

进入制图环境，单击“基本视图”图标，将弹出制图浮动工具条，将浮动工具条中的“视图类型”改为“俯视图”，然后在图纸下方作一个视图，结果如图 6-60 所示。

单击“图纸布局”工具条中的“剖视图”图标，然后作出图 6-60 中视图的全剖效果图，结果如图 6-61 所示。

如果剖面线方向都相同，可以双击修改角度，也可修改剖面线的间距。也可以双击图 6-61 中的全剖视图，弹出“视图样式”对话框，选择对话框中的“剖面”选项卡，然后选中此选项卡中的“装配剖面线”复选框，再选中“将剖面线角度限制在+/−45°”复选框，确定后，可以看到不同零件的剖面线的方向均符合我国制图标准，如果剖面线正确，可以右击不正确的剖面线，并单击“隐藏”将其隐去，然后使用“剖面线”命令来增加新的剖面线。

单击“图纸布局”工具条中的“投影视图”按钮，作一个左视图，然后双击此左视图，将弹出“视图样式”对话框，选择对话框中的“一般”选项卡，然后将此选项卡中的“角度”由 0 改为 90°，确定后，将左视图移动到图 6-61 中全剖图的右侧，结果如图 6-62 所示。

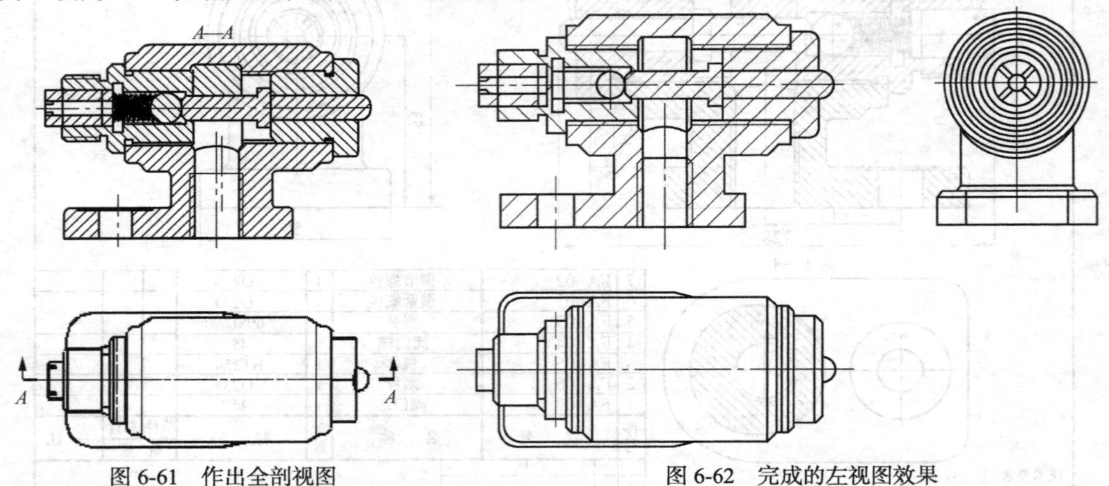

图 6-61　作出全剖视图　　图 6-62　完成的左视图效果

将图 6-62 中的俯视图删除，以使用一个剖视图来代替，然后使用“图纸布局”工具条中的“剖视图”命令作一个往下的新的俯视图，如图 6-63 所示。

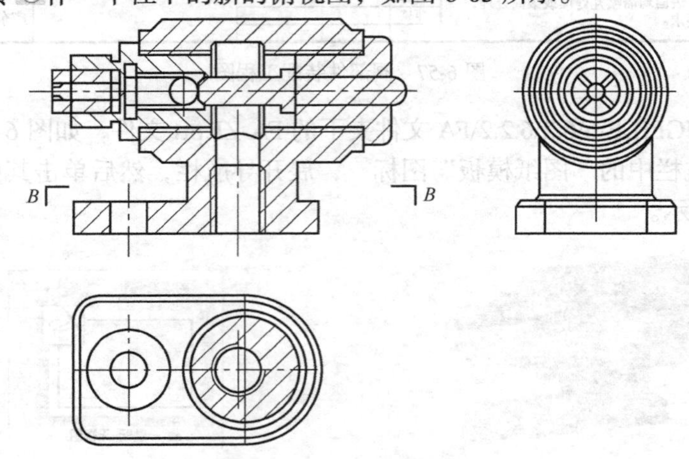

图 6-63　作出新俯视图

在图 6-63 中，主视图的零部件，比如中间的阀门球、阀门芯等零件都可以不剖开，但在前面做全剖时都剖开了，此时，可以使用“视图中的剖切”命令将这些零件变成非剖切的效果。作出所有必要视图后的结果如图 6-64 所示。

给装配图标注必要的尺寸，这些尺寸主要包括机器或部件的规格、装配、检验和安装时所需要的尺寸，对于配合部件，需要标注公差代号。

尺寸标注完成后，其效果如图 6-64 所示。

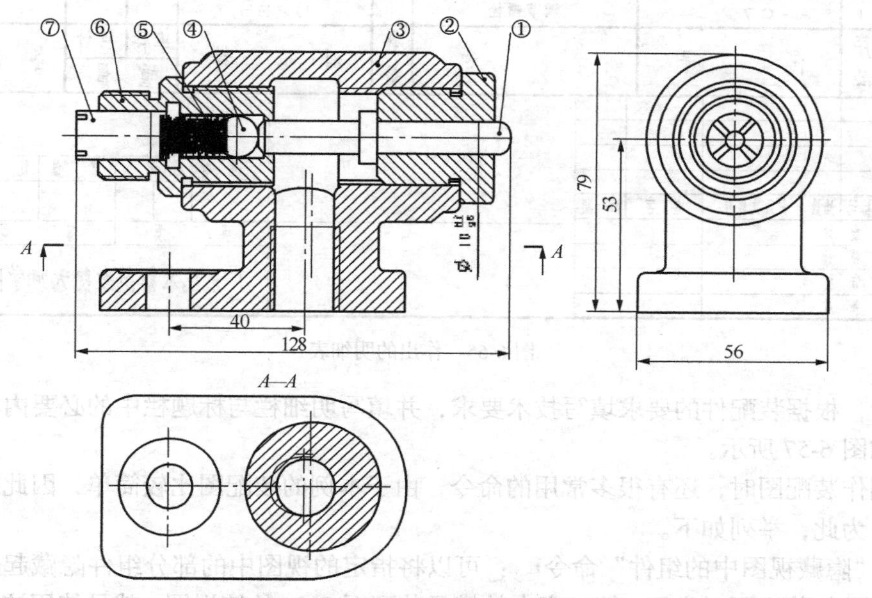

图 6-64　作出尺寸标注及零件标号的效果

尺寸标注完成后，首先将“首选项”→“注释”中的“直线/箭头”选项卡中的左箭头修改为“•—”，然后单击右侧导航栏中的“图纸模板”中的“图纸模板”图标，在各种模板中有一个图标是一根水平线，单击此图标，线会随鼠标移动，将线的右侧与标题栏右上角对齐后单击，就可以得到“零件明细表”，效果如图 6-65 所示，然后双击各零件名称处添加中文名称及其他明细栏内容。

单击“自动零件标号”图标，将弹出浮动工具条，此时单击已作出的零件明细表，再单击图 6-64 中的主视图，单击鼠标中键确定，结果系统自动标出了所有零件标号。如果在操作时没有标出所有零件标号，可能是因为装配工程图较复杂，所有零件没能在同一个视图中显示出来，此时只需要在其他视图中进行同样的操作，即可将剩下的零件标号标出来。如果还有少数零件标号无法标出，可以使用“制图注释”工具条中的“ID 符号”命令来标注。

单击“装配序号排序”命令，弹出“装配序号排序”对话框，选中其中一个序号，单击鼠标中键，可以完成序号的自动排序，同时看到明细栏中的序号也自动进行了排序。不过，如果序号很多，会看到明细表中的序号不完全符合我们的习惯。可以选中零件明细表中最左边的一列，右击，弹出快捷菜单，单击快捷菜单中的“插入”→“左边的列”命令，插入 1 列，在新加的列中输入新的零件标号的顺序，然后选择整个零件明细表右击，在弹出的快捷菜单中单击“排序”，在弹出的对话框中将第一列打上钩，然后单击“确定”按钮，就可以将零件标号进行重新排列。结果如图 6-64 所示。完成序号排列后，可以双击表中各单元格，以填写相应的数据。

完成操作后的零件明细表如图 6-65 所示。

序号	代号	名称	数量	材料	单件重量	总计重量	备注
7	FA-01	阀门螺母	1	Q235			
6	FA-02	阀芯	1	45			
5	FA-03	阀体	1	HT250			
4	FA-04	钢球	1	45			
3	FA-05	弹簧	1	60Si2Mn			
2	FA_06	锁紧螺母	1	Q235			
1	FA-07	调节螺栓	1	Q235			

标记 处数 更改文件号 签字 日期
设计
校对
审核
批准
图样标记 重量 比例
共 页 第 页
广东技术师范学院天河学院

图 6-65 作出的明细表

最后，根据装配件的要求填写技术要求，并填写明细栏与标题栏中的必要内容，完成的装配图如图 6-57 所示。

在制作装配图时，还有很多常用的命令，由于本例的装配图比较简单，因此没有用到这些命令，为此，举列如下。

（1）“隐藏视图中的组件”命令：可以将指定的视图中的部分组件隐藏起来，这在制作类似模具的装配图时常用。第 7 章中的模具装配图 7-67 的俯视图，就是使用该命令隐藏了定模板等零件后的效果。

（2）“显示视图中的组件”命令：与上面的“隐藏视图中的组件”命令作用相反。

（3）“曲线编辑”命令：重要的编辑命令，可以对视图中的不需要的曲线进行擦除、编辑其线型线宽等属性及恢复擦除的曲线。通过该命令，可以方便地去掉视图中不需要的曲线；而利用前面介绍过的将视图转变为“活动草图视图”功能，可以方便地增加需要的曲线，因此，通过“曲线编辑”与“活动草图视图”功能完全可以很方便地实现对视图的任意修改。

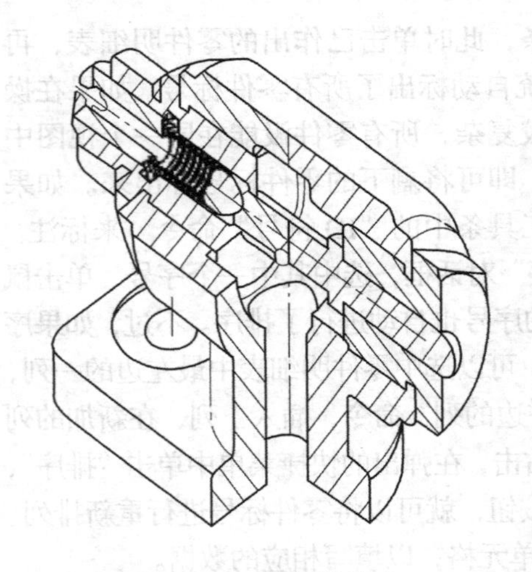

图 6-66 三维剖视效果

（4）“局部剖切”命令：该命令用来完成局部剖切视图的建立，是 UG8 新增加的命令。免去了过去没有该命令时，需要进行全剖后再使用“视图边界”命令来修剪的麻烦，从而加快了作图速度。

（5）“曲线剖”命令：完成沿曲线的剖切视图，也是 UG8 中新增命令。

（6）“剖面线”命令：用来给封闭环境填充剖面线，此命令有“边界曲线”及“区域中的点”两种模式，后者类似 AutoCAD 中的填充命令。如果操作不成功，说明四周连线没有封闭。有时看上去封闭了，但操作还是不成功，则可以使用“草图工具”中的各作曲线的命令沿边界制作一圈，然后再使用此命令进行填充即可。

（7）可以利用“局部剖切”命令制作三维效果的剖切图，如图 6-66 所示，读者可以自己试试。

小 结

本章讲解了工程图的制作，重点介绍了工程图的操作技巧与特殊处理方法。虽然实例不多，但覆盖的制图命令范围广，所用到的制图方法全。因此，读者在学习过程中要注意学懂每一个实例中的每一种技巧与方法。

本章内容对后面进行模具设计时作工程图也是适用的。

练 习

1. 作工程图时，如何作螺纹标注与进行尺寸修改？如何作各种特殊视图，如剖面、局部剖等。
2. 制作教材光盘中 UGFILE\6\LX 文件夹中如图 6-67 所示的三维零件图相应的工程图（一般难度的工程图）。
3. 教材光盘中 UGFILE\6\LX 文件夹中图 6-68 所示的零件的三维图的工程图。

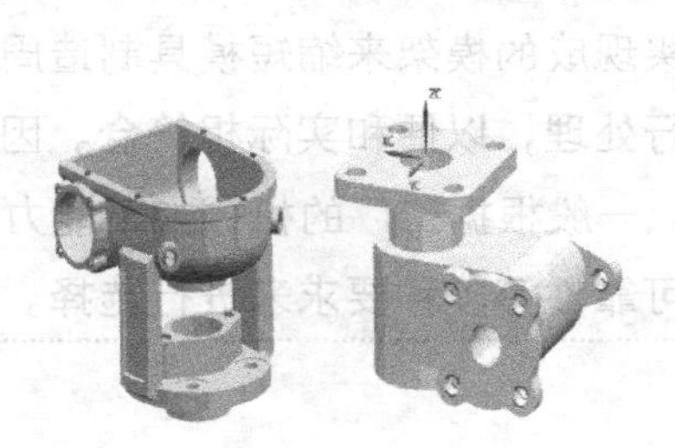

图 6-67　练习用图 1

图 6-68　练习用图 2

4. 教材光盘中 UGFILE\6\LX 文件夹有图 6-69 所示的三维装配效果及所有对应零件，请作装配工程图。

图 6-69　练习用图 3

5. 将第 3 章中各装配图实例作成装配工程图。
6. 在 UGFILE\6\LX 文件夹下还提供了其他 UG 源之件，请完成其他工程图制作。

第7章 模具设计

本章以塑料模具设计过程为对象，主要讲解采用 UG 注塑模具设计模块实现模具分模的过程和基本步骤及模具组件设计。

模具设计的难点包括注塑模具的分模和模架的修改。

UG 提供了非常方便的模具设计技术，主要包括塑料模具设计与级进模具设计两大模块。其他模具设计包括泡沫塑料模具、压铸模具、挤出模具等也可通过 UG 的建模功能完成。

UG 软件只是一种设计工具，可以在设计时提供强大支持，带来诸多方便，但能否设计出好的产品及如何设计，主要还是在于读者具备的模具设计专业知识。

在现代模具设计过程中，模具的模架是由专门的模架加工厂家制作的，是有国家标准的，一般的模具厂可以通过购买现成的模架来缩短模具制造周期，但购买的模架需要根据不同的模具结构进行处理，以便和实际相符合。因此，模架的设计实际上是一个选择模架的过程，一般根据工厂的机械加工能力，并考虑到加工的工艺性、经济性、安全性和可靠性等多种要求来进行选择。

7.1 塑料模具设计

7.1.1 分模方法

在 UG 分模中，主要包括自动分模与手工分模两种方法。

自动分模就是使用 UG 的自动分模功能来完成分模过程，主要使用“注塑模向导”工具栏中的命令来完成。

手工法分模就是利用 UG 的实体建模操作的各项命令，包括实体、曲面、布尔运算等命令来完成分模过程。

在分模时，不管是使用手工法还是使用自动法，其目的都是要分出型芯与型腔两大部分，因此，两种方法都是可行的，同时，在用自动法分模时，也可能要借鉴手工法分模的特点来协助分模。

7.1.2 模具设计步骤

在 UG 中，模具设计过程大体上与工具条中的按钮顺序相同。下面介绍模具设计的操作步骤及操作时的注意事项。

（1）准备好零件图，制作或装载零件。零件图要求准确无误，要进行核对。

（2）多模腔设计。根据零件的不同，确定是否使用一模多腔设计，当多件不同的产品在一个模具中一次成型时，如配套的上下盖一次成型，则要进行多模腔设计；如果是一模出几个同样的产品，则进行布局处理。

（3）确定模具坐标系。模具坐标系是在模具设计中的参考，一般要使其对中，以方便操作。另外，为了操作简单，一般以 Z 轴正方向作为模具坐标的正方向，且 Z 轴正方向指向定模一侧，多数情况下，定模侧为型腔，但根据塑料模具的具体情况，定模侧也可以是型芯。

（4）确定收缩率。材料不同，收缩率不同，UG 中给出了常用材料的收缩率，用户可以选用；如果 UG 中没有给出材料的收缩率则可以通过查模具设计手册得到，然后存入 UG 材料表中。在 UG 中可以在装入零件时设定收缩率，也可以在确定模具坐标系后确定。

（5）设计工件。工件是 UG 中用来制作上下模的一个虚拟材料块，或称坯料，这个坯料可以抽取出上下模型芯与型腔，因此其大小应比塑件本身略大些，以包容下整个塑件。

（6）分型。分型是模具设计的一个难点，是将坯料分成型芯与型腔的过程，分型有时习惯称为分模。在 UG 中分模可以利用其自带分模工具条中的工具完成，也可以用 UG 中的造型工具完成，因此，分模操作灵活多变。

（7）添加模架与标准件。模架可以根据模具的大小与类型进行选择，标准件也要根据需要来选取，标准件包括推杆、定位圈、流道、浇口套、浇注系统、冷却系统、导柱导套、侧抽芯机构、镶块等。

（8）制作电极。电极是用来作为型腔加工的电火花加工的工具极，UG 通过提供的电极命令，可以轻松地设计模具所需要的电极，为加工提供方便。

（9）剪裁标准件与腔体。前面制作的标准件或其他零件虽然存在，但它们与其配套的零件间可能是相交的，必须将多余材料去除，剪裁标准件与腔体就是用来完成这个工作的。

（10）给出材料清单。模具中用到的零件数量多且材料多样，UG 给出了自动列材料清单的功能。

（11）产生零件图与装配图。

虽然说模具设计过程大体上相同，但在进行具体模具设计时，还是会对上面的操作步骤进行取舍，有时还会增加一些特殊操作。

7.2 模具设计全过程操作示例

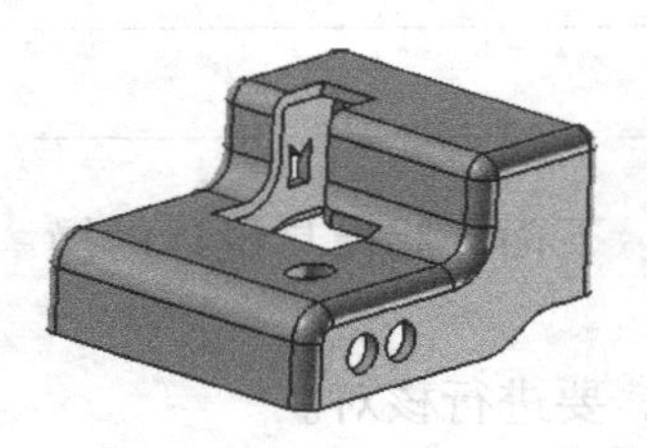

图 7-1 电器盒上盖

由于UG模具设计的步骤是基本相同的，因此，下面以一个简单示例，使读者对上述设计步骤有个初步的认识，同时掌握整个设计过程。

图 7-1 所示是要进行模具设计的实际零件，零件名为电器盒上盖。这个零件的形状不太复杂，但有侧孔，因此，需要进行侧抽芯。

7.2.1 装载零件并设定材料及收缩率

启动UG，右击工具条，在弹出快捷菜单后，单击“应用”命令，工具条中将增加“应用”工具条，单击其中的“注塑模向导”图标，进入注塑模具设计环境，并弹出“注塑模向导”工具条，然后单击工具条中的“初始化项目”图标，选中本书附带光盘安装目录中的 UGFILE\7\7.2\dqg.prt 文件，单击“打开”按钮，弹出“初始化项目”对话框，将“路径”修改为“ug-file\mz\dqg\”，其中，dqg文件夹是在默认目录下新建立的文件夹，其目的是存放后面操作过程中形成的大量文件，如图 7-2 所示是项目初始化的效果图，单击“确定”按钮完成初始化操作。

在该对话框中，单击“设置”按钮后，设置单位为毫米。操作时，读者也可以单击“浏览”按钮，在要存放的目的磁盘上建立 dqg 文件夹。值得注意的是，路径中不能含有中文，否则不能正常工作。部件材料可以在下拉框中选择，这里选择ABS。材料的收缩率是系统自动给出的，但读者可以对收缩率进行修改；如果材料不能在图 7-2 中的下拉框中找到，可以单击“设置”处的“编辑材料数据库”图标自行添加材料，系统将打开 Excel，并列出若干材料，可以在其后按照相应格式增加材料种类，以充实数据库。

操作完成后单击“确定”按钮，系统将进行初始化操作，完成后将以“可见”的方式（即线框模式）显示被加入的零件，如图 7-3 所示。

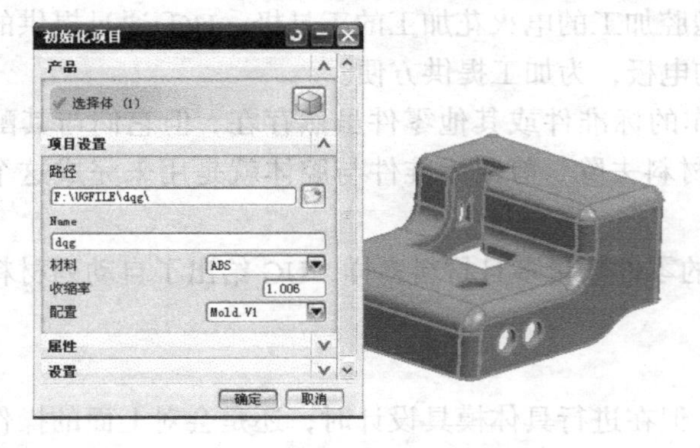

图 7-2 “初始化项目”对话框

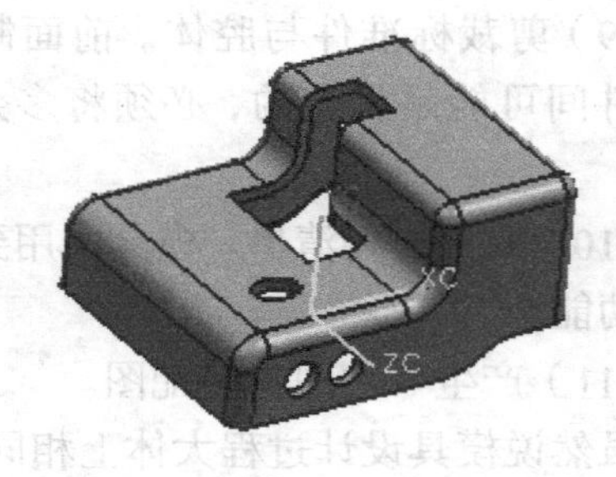

图 7-3 加载并初始化后的零件

7.2.2 确定模具坐标系

本示例只有一个塑胶件，因此不进行多模腔设计，直接进行模具坐标系的确定。因为多腔模设计一般是供同一模具生产多个不同产品时进行模具切换用的，如生产一个产品时有多个不同形状的塑胶件，想在同一模具中作出，此时，就会在同一个模具中设计出不同产品的型芯与型腔，这样做主要是为了节省开模费用、减少注塑机数量、提高注塑加工效率。此时需要在模型间切换。

单击“模具向导”工具条中的“模具 CSYS”图标，弹出“模具 CSYS”对话框，如图 7-4 所示。

在确定模具坐标系时，可以使用 UG 菜单中的“格式”菜单中“WCS”下级菜单中的所有命令来改变坐标系的位置与方向，最后的结果应该是 *Z* 轴朝着开模的方向，且 *ZC* 正向指向定模一侧，这一点要特别注意；坐标原点最好在产品中心或者附近，坐标的 *XY* 平面应与主分型面在一个平面内。

本次设计由于坐标系的 *ZC* 方向不在开模方向上，如图 7-3 所示 *ZC* 方向，因此，双击系统坐标系，使其进入编辑状态，然后旋转坐标轴，使 *ZC* 指向开模方向，结果如图 7-5 所示。图中调整后的方向是使型芯在动模一侧，型腔在定模一侧，读者应注意模具取向。

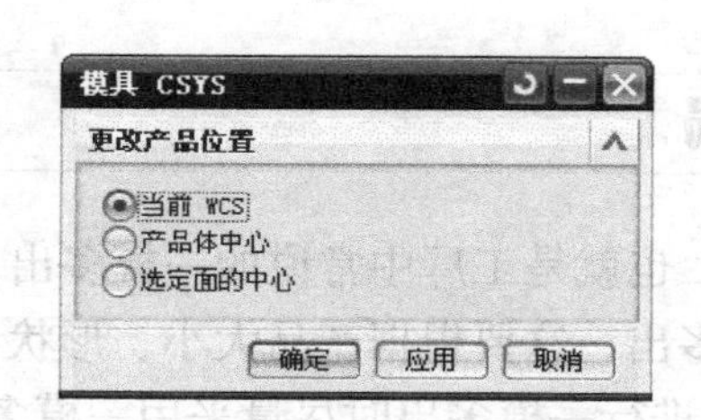

图 7-4 “模具 CSYS”对话框

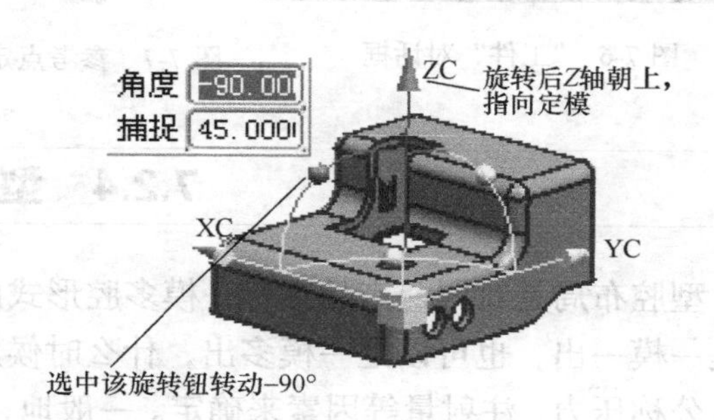

图 7-5 旋转的坐标系

设置好开模方向后，先单击鼠标中键，直接使用“模具 CSYS”对话框中的默认设置，如图 7-4 所示，单击“确定”按钮，完成坐标系的设定。

7.2.3 设置收缩率及设计工件

由于前面已经设置了材料，系统同时给出了“收缩率”，因此，这里不需要单击“收缩率”按钮来进行收缩率的设置。如果前面项目初始化时没有给出材料，则需要使用“收缩率”按钮，此时会弹出“缩放体”对话框，在对话框中已给出“比例因子”，读者可以根据塑料性质，选择“类型”中的“常规”“轴对称”和“均匀”3 种方式中的“均匀”，然后单击“确定”按钮完成收缩率的设置。

所谓工件，就是用来制作型芯型腔的毛坯料模型，其形状与大小可以根据实际产品进行设定，也可以使用软件自动设定，根据塑料模具设计知识可知，毛坯在半径方向要比实际零件在半径方向上大 10 以上。

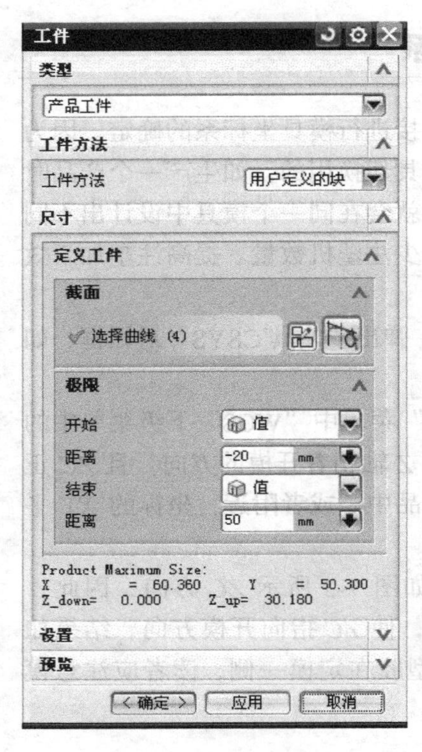

图 7-6 “工件”对话框

单击“模具向导”工具条中的“工件”图标，弹出“工件”对话框，如图 7-6 所示。

在图 7-6 中，在“类型”处选择一种类型，一般情况下是“产品工件”；在“工件方法”处选择一种方法，一般选择“用户定义块”。完成这些选择后，如果直接单击“确定”按钮，系统会自动给出一个工件；如果单击“绘制截面”图标，可以根据产品情况，绘制不同形状的草图来设置工件，单击“确定”按钮直接完成工件的设置，结果得到图 7-7 所示效果。修改显示模式为“静态线框”时，效果如图 7-8 所示，可以看到工件中包容了原来的零件。

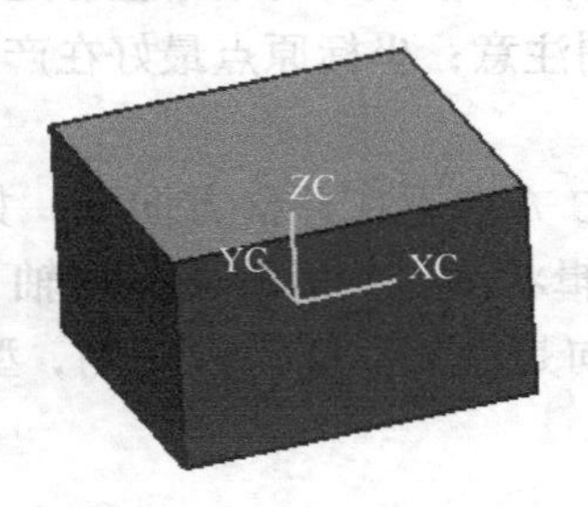

图 7-7 参考点定位的工件尺寸

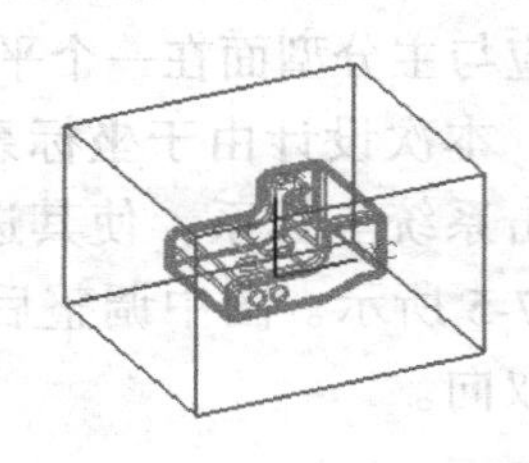

图 7-8 设置完成后的工件

7.2.4 型腔布局

型腔布局是对同一产品进行一模多腔形式的设定，也就是工厂中常说的一模多出，可以是一模一出，也可以是一模多出，什么时候用一模多出，这要根据产品大小、形状、注塑机公称压力、注射量等因素来确定。一般地，当能够进行一模多出时尽量采用一模多出，这样可以提高生产效率，但开模费用会增加。本例暂用一模一腔，操作过程比较简单，具体如下。

单击“注塑模向导”工具条上的“型腔布局”图标，弹出“型腔布局”对话框，如图 7-9 所示。

布局形式有 4 种，如图 7-10 所示。操作过程是在“布局类型”下拉菜单中单击“矩形”，然后选中“平衡”或“线性”单选按钮，就可得到“矩形-平衡”和“矩形-线性”两种布局；如果在“布局类型”下拉菜单中单击“圆的”就可以得到“圆的-径向”和“圆的-恒定的”两种布局。

第一种布局最多可以布局 2 个或 4 个零件，其他几种可以布局多个，具体选择由设计者根据模具的结构与尺寸、产品形状、是否有侧抽芯等因素来决定，可以参考塑料模具设计的有关教材来确定。

在“编辑布局”区中，可以使用“插入型腔”命令来修改型腔的四周圆角类型及圆角大小；也可以使用“变换”命令来自行按需要布局；也可以使用“移除”命令×来移除错误的布局项目。

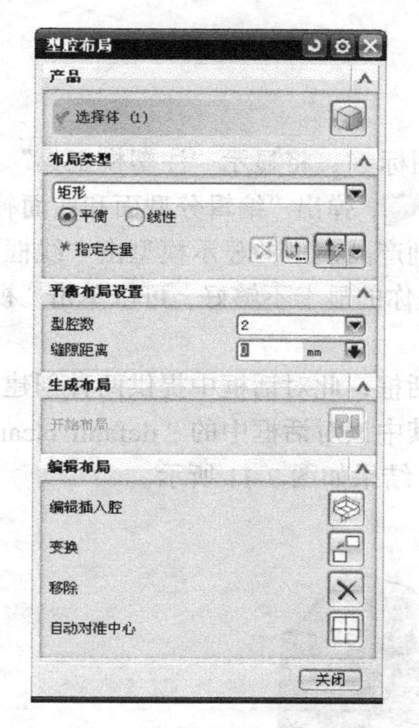

图 7-9 “型腔布局”对话框

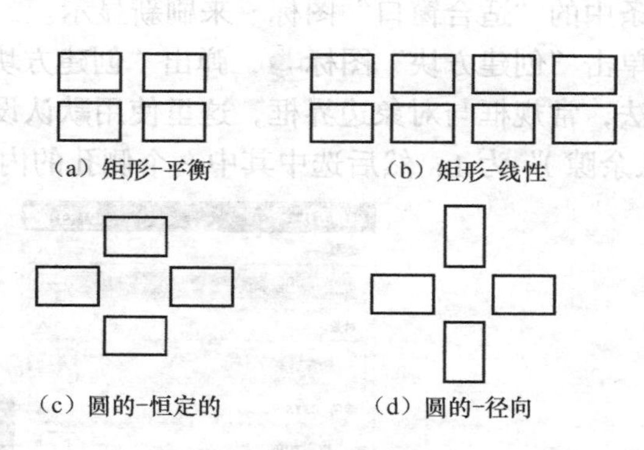

图 7-10 4 种布局

本示例选择“矩形-线性”方式，并使 X 和 Y 向型腔数均为 1，其余用默认参数，然后单击图 7-9 中的“自动对准中心”图标，完成型腔布局操作，单击“关闭”按钮退出操作。

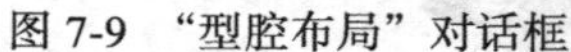

注意　进行此次操作后好像没有反应，因为产品中心与模具中心已经重合。

7.2.5 创建方块与分型

创建方块的目的是为了进行侧抽芯时填补孔洞，或填补复杂模具的特殊部位，便于以后侧抽芯操作或其他特殊操作。UG 的“注塑模工具”工具条中有专门的创建方块的命令。

所谓方块，就是创建一个特定的长方体或其他形体来封堵侧孔或特殊部位，以便进行侧抽芯、分模。当分模完成后，方块通过超级链接，将成为侧抽芯机构、模具型芯或型腔中的一部分。

方块可以使用 UG 的各种造型命令来建立，如拉伸、旋转、扫掠等。有的模具要用到的方块可能非常复杂，使用系统提供的“创建方块”命令制作的方块可能并不合理或操作不方便，此时，需要使用建模命令与方法来完成方块的建立。

方块建立后，需要使用“实体补片”命令来完成实体补片操作。

分模（或称分型）是模具设计的重点与难点，一个模具最重要的部分和最灵活的部分就是分模，模具设计中除分模是千变万化的，还有就是模架的修改也是随着模具结构不同而不同，而其余的操作步骤基本相同，因此，要想做好模具设计，重点要学会分模。分模就是分出型芯与型腔两个部件。分模时需要一个特殊的曲面，以便通过该曲面将工件分成型芯与型腔，常将这个面称为分型面。基本操作如下。

1. 创建方块

单击“注塑模向导”工具条中的“注塑模工具”图标，将显示“注塑模工具”工具条，单击该工具条中的“编辑分型面和曲面补片”图标，弹出“编辑分型面和曲面补片”对话框，单击“取消”按钮，通过这个操作，可以看到产品模型的显示模型由“线框”模型修改为“着色”模型。如果操作后效果不佳，可能是你的显卡不够好，可以单击“视图”工具条中的“适合窗口”图标来刷新显示。

单击“创建方块”图标，弹出“创建方块”对话框，此对话框中提供两种创建方块的方法，常规框与对象边界框，这里使用默认设置，其中该对话框中的“default clearance（默认余隙）”为1，然后选中其中一个侧孔的内表面，结果如图7-11所示。

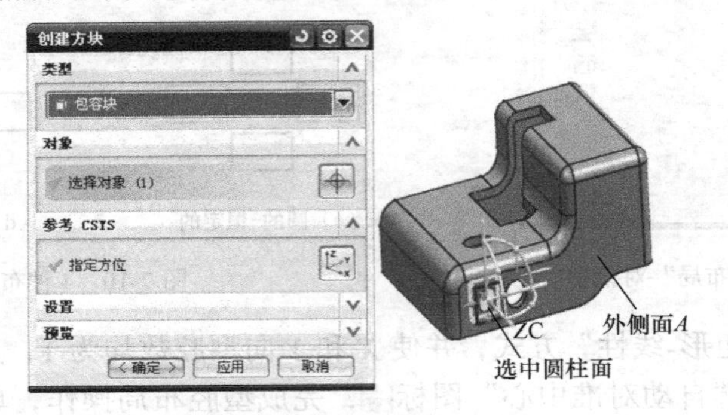

图7-11 创建方块

单击鼠标中键确定后，就创建了一个长方体方块，并且将侧孔填充覆盖，单击“注塑模工具”工具条中的“分割实体”图标，弹出“分割实体”对话框，先将该对话框中的“类型”修改为“修剪”，然后选中刚才创建的方块，单击图7-11中的外侧面A，再单击鼠标中键，就会看到方块被修剪了；再以同样的方法修剪方块的另一面；然后选择刚才创建的方块的孔的内表面，再单击鼠标中键，就可以将孔修剪成圆柱形的柱体，结果如图7-12所示。

以同样的方式完成所有侧孔的方块的创建，并进行修剪。

> **注意** 修剪方块时，如果使用上面的方法操作有困难，可以先单击“建模”按钮，进入建模环境，使用“求差”命令进行修剪。求差时，先选择方块，然后再选择产品模型，并选中“求差”对话框中的“保留工具体”复选框。确定后就可以进行修剪了。

图7-13所示是所有的侧孔均进行修补后的效果。

单击“注塑模工具”工具条中的“实体补片”图标，然后选中各方块，再单击“确定”按钮，就可以看到所有方块已经与产品同色，可见方块已经将侧孔补好，结果如图7-14所示。

2. 曲面补片

上面创建方块是针对侧孔的，但实际产品中有与开模方向一致的孔，此时，为了保证分模的正常进行，要进行补片。所谓补片，就是用一个曲面将这些孔封闭起来，今后分型时就以这个面作为分模面的一部分，可以将模具分隔成型芯与型腔两部分。

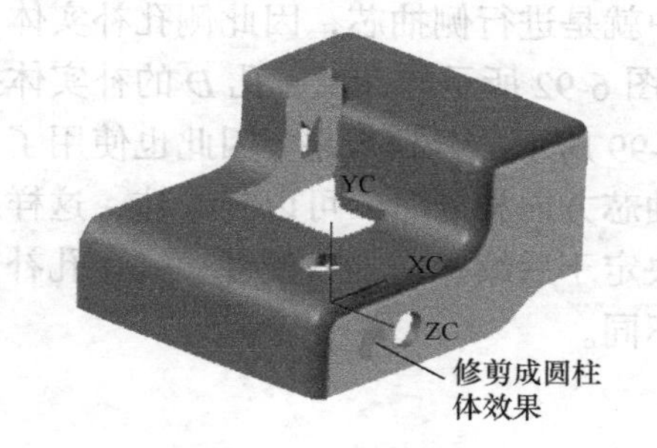

图 7-12　修剪后的方块

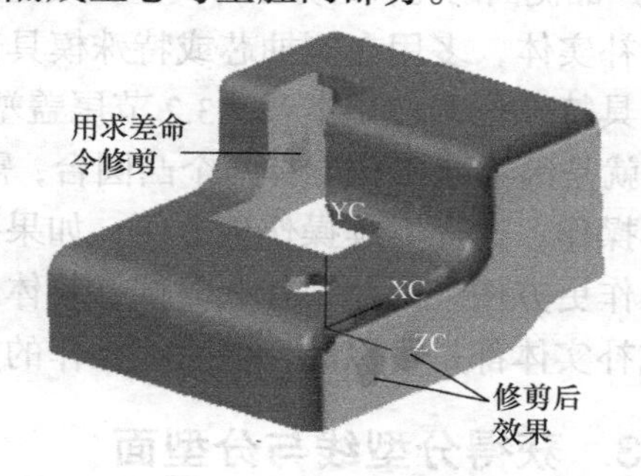

图 7-13　修补后的 3 个侧孔

UG 中提供了多种专用的补片方法，如“边缘补片” 可以通过引导搜索对较复杂的边界面进行补片；“扩大曲面补片” 可以通过曲面扩大，然后保留部分曲面，从而进行补片。当以上方法不能满足用户要求时，UG 允许使用制作曲面的任何方法来制作一个曲面，将孔补好，补好后使用“编辑分型面和曲面补片”命令 将自己作的面转换成补片体即可。

单击“注塑模工具”工具条中的“分型”图标，会弹出图 7-15 所示的“模具分型工具”工具条及“分型导航器”面板。

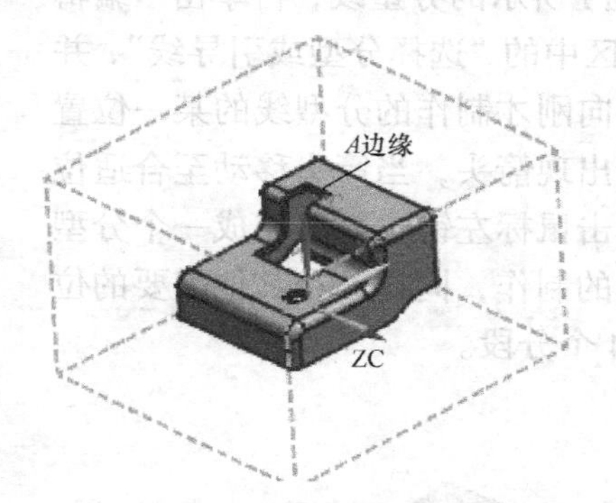

图 7-14　补实体后侧孔看不见了

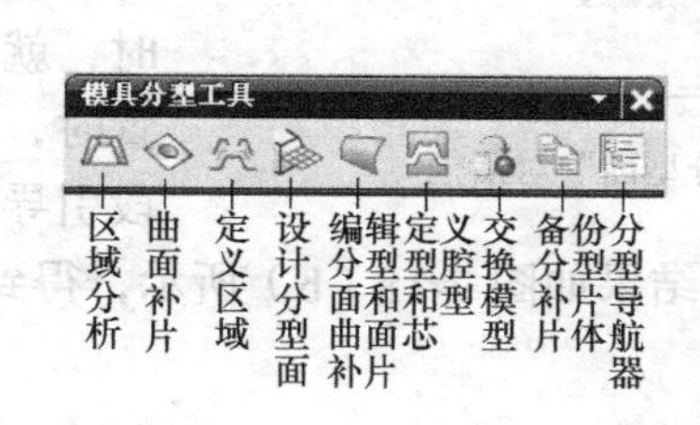

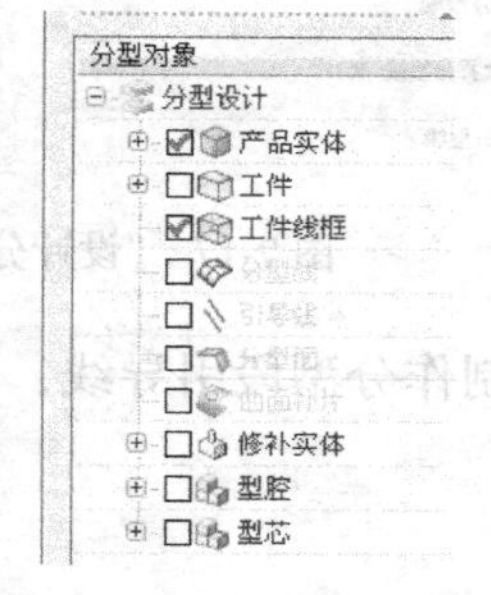

图 7-15　“模具分型工具”工具条及“分型导航器”面板

单击该工具条中的“区域分析”图标，弹出“MPV 初始化”对话框，由于前面已经设置了模具方向，因此，这里直接单击鼠标中键，弹出“塑料部件验证”对话框，并有部分边缘被系统自动选中，单击“塑料部件验证”对话框的“设置区域颜色”，结果图 7-14 所示零件不同部分显示不同颜色。单击“取消”按钮完成操作。

单击“曲面补片”按钮，弹出“边缘修补”对话框，如果有需要，读者可以将“类型”修改为“面”或“体”，这里使用默认选项。然后选中图 7-14 所示的“*A* 边缘”，会看到 L 型孔所有边被自动选中，单击“应用”按钮，完成该孔的补片；同理，完成圆孔的补片。结果如图 7-16 所示。

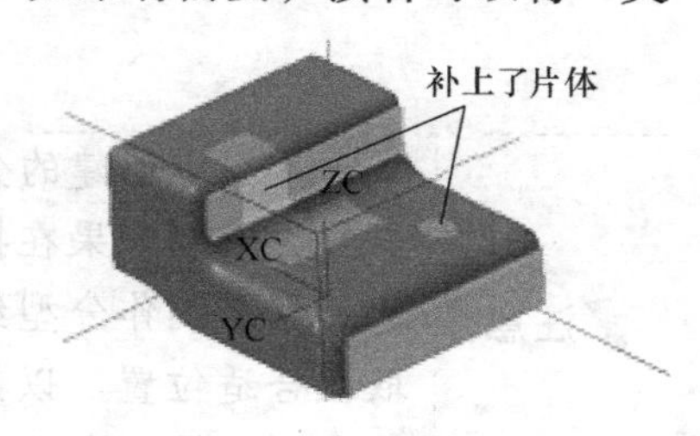

图 7-16　补片效果

补片的目的是要使型芯与型腔分开，系统根据分型面将产品分成型芯侧与型腔侧，如果不补片，由于穿孔的存在，系统无法分辨出两个侧面的交界面，因此分型将失败。那么是不是所有孔都要补片？补是要补的，但形式可能不同，如果是产品侧面的孔，与分型方向垂直或呈某一角度，则此孔需要侧抽芯，此时多做成方块。

补实体，多用在侧抽芯或特殊模具部位，本例中就是进行侧抽芯，因此侧孔补实体，或模具特殊位置，见本章 7.3.2 节尾盖塑胶件分模中图 6-92 所示的孔 C、孔 D 的补实体操作，就是因为此二孔上有两个凸圆台，需要得到图 7-99 所示的分模效果，因此也使用了补实体操作，这样后续操作更方便；如果孔的法向与抽芯方向相同时，可以补片体，这样后续操作更方便。因此，什么时候补片体或实体主要决定于后续操作的方便性，一个孔补片体或补实体都是可以的，但后续操作的方便程序会不同。

3. 获得分型线与分型面

单击图 7-15 所示的“模具分型工具”工具条的“设计分型面”图标，弹出“设计分型面”对话框，如图 7-17 所示。

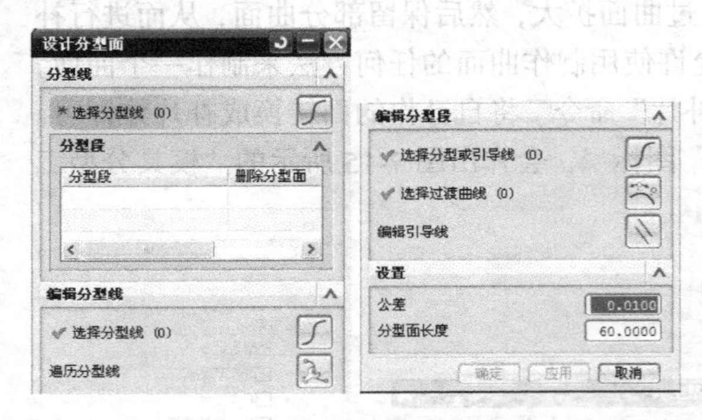

图 7-17 “设计分型面”对话框

单击“编辑分型线”区中的“选择分型线”，然后单击图 7-16 中零件的下边缘任意条边，可以看到预览的分型线效果，如果分型线是正确的，单击“应用”按钮，就得到图 7-18（a）所示的分型线，再单击“编辑分型段”区中的“选择分型或引导线”，并将鼠标移向刚才制作的分型线的某一位置时，就会出现箭头，当箭头移动至合适位置时，单击鼠标左键，就可完成一个分型段引导线的制作，同样，在其他需要的位置制作分型段引导线，结果如图 7-18（b）所示，得到 4 个分段。

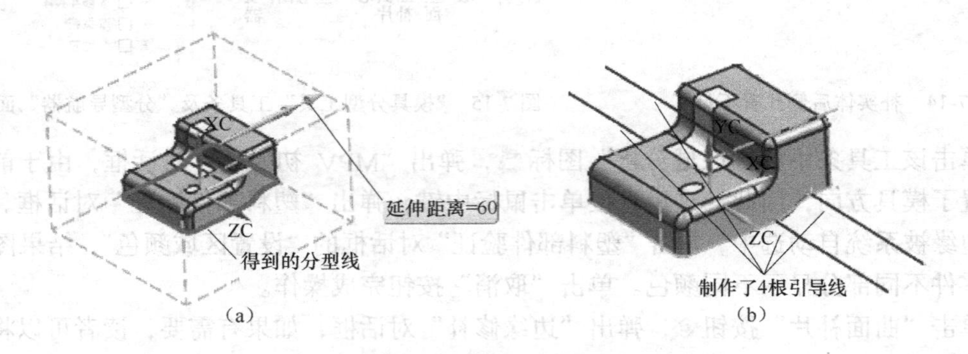

图 7-18 制作分型线及引导线

注意 本例中创建的分型线是空间曲线，因此需要对分型线进行分段，即制作引导线；但如果在操作时所得分型线是一个平面图形，则可直接制作分型面而不需要制作分型线。一般地，如果分型线是空间曲线，分型段的制作位置取在合适位置，以使分出来的各段均是平面曲线为基本条件，即两分型段间的分型线是一个平面曲线而非空间曲线。

当分型引导线制作完成后，单击“设计分型面”对话框中的“应用”按钮，此时，系统自动选中“分段 1”，并使对应分段的分型线高亮度显示，如图 7-19（a）所示，此时，“设计分型面”对话框中的“创建分型面”区中的图标变化为图 7-19（b）所示，提供了“拉伸”“扫掠”“有界平面”“扩大的曲面”及“条带曲面”等制作分型面的方法。由于该段分型线是一段与开模方向垂直的平面曲线，因此，可以使用“有界平面”来制作，这样比较方便，因此，单击“有界平面”图标，看到在原高亮显示的分型线处显示了一个平面，其中有拖动球，用鼠标左键按住拖动，可以改变平面大小，使平面大过工件框架即可，结果如图 7-19（c）所示。

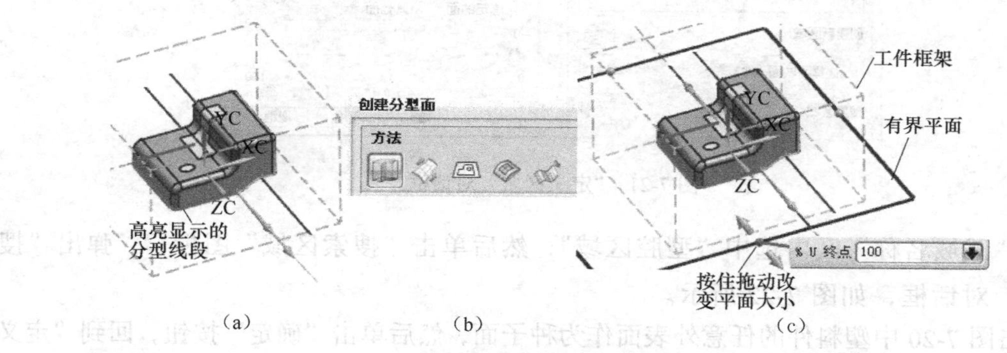

图 7-19　创建分型面过程

单击“应用”按钮，弹出“查看修剪片体”对话框，如果平面方向正确，直接单击“确定”按钮完成该段分型面制作，否则，单击“翻转修剪的片体”按钮，以便改变分型面的方向。结果得到图 7-20（a）所示的部分分型面，同时，系统自动选中另一段相邻的分型线，由于该段分型线所在平面平行于开模方向，因此，使用“扫掠”更方便，单击“扫掠”图标，然后单击“应用”图标，就完成了另一部分分型面的制作，如图 7-20（b）所示。类似地，完成其他部分分型面的制作，结果如图 7-20（c）所示。操作完成后关闭“设计分型面”对话框。

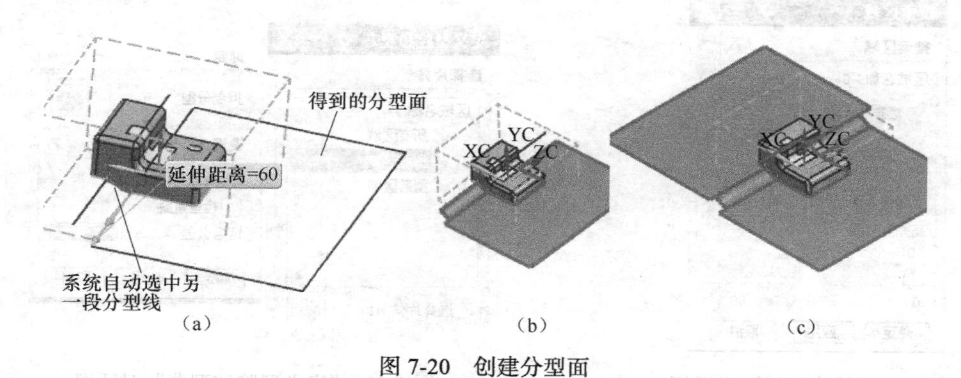

图 7-20　创建分型面

4. 创建区域

完成分型线与分型面的制作后定义区域。定义区域实际上就是通过对零件内外表面及分型面的复制，从而获得一个复杂的曲面，以形成型芯区与型腔区的操作过程，在后面创建型芯与型腔时，利用这两个区将工件剖分成型芯实体与型腔实体。

单击“模具分型工具”工具条中的“定义区域”图标，弹出“定义区域”对话框，如图 7-21 所示。

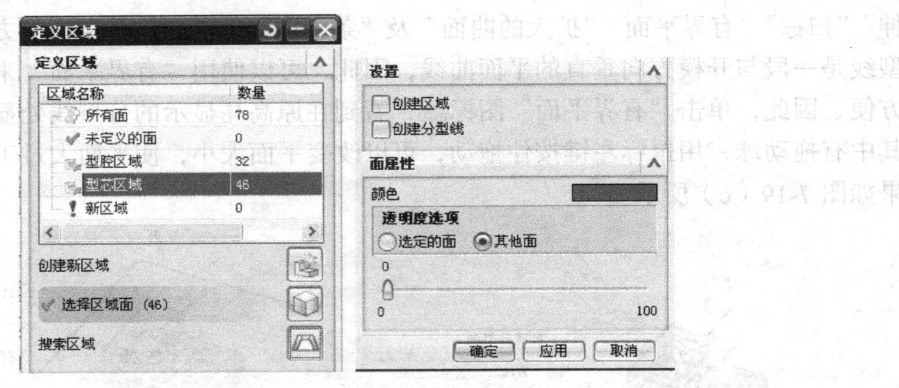

图 7-21 “定义区域”对话框

在“区域名称”区内选中“型腔区域”，然后单击“搜索区域”图标，弹出“搜索区域”对话框，如图 7-22 所示。

单击图 7-20 中塑料件的任意外表面作为种子面，然后单击“确定”按钮，回到“定义区域”对话框，此时已经看到“型腔区域”后面的数字由原来的 0 变成了 32，说明已经完成了型腔区域的抽取；同样，完成型芯区域的抽取，注意在选择种子面时选择塑料件的任意内表面即可。完成两个区域抽取后，单击“定义区域”对话框中的“设置”处的“创建区域”复选框，再单击“确定”按钮完成整个操作。

5. 创建型芯与型腔

区域抽取完成后创建型芯与型腔，单击“创建型芯与型腔”图标，弹出图 7-23 所示的“定义型腔和型芯”对话框。

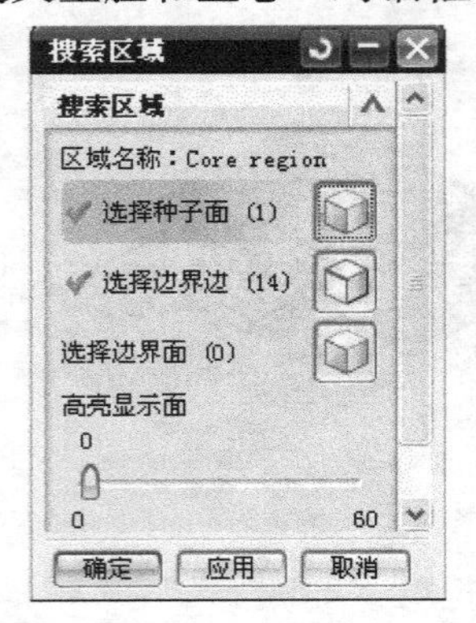

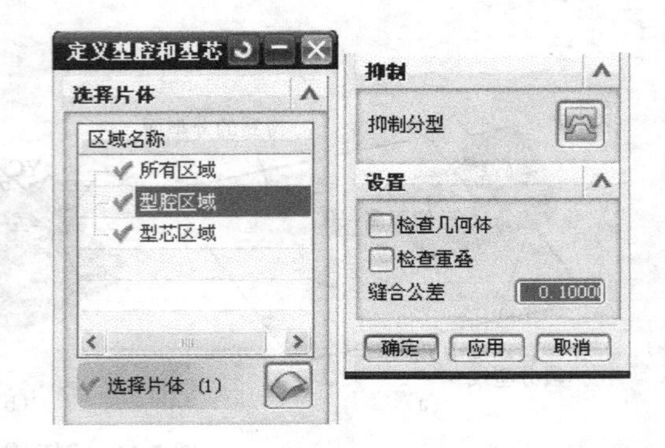

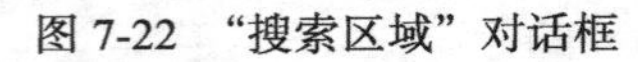
图 7-22 “搜索区域”对话框

图 7-23 “定义型腔和型芯”对话框

按住 Ctrl 键后，单击选中“型腔区域”与“型芯区域”，单击“确定”按钮，系统弹出“查看分模结果”对话框，并预显示型腔结果，如图 7-24 所示。

单击“查看分模结果”对话框中的“确定”按钮，型腔即作好了，系统会继续出现图 7-24 所示的“查看分模结果”对话框，并有图 7-25 所示预览效果。单击“确定”按钮，就完成了型芯与型腔的创建。

图 7-24　型腔分型后的结果

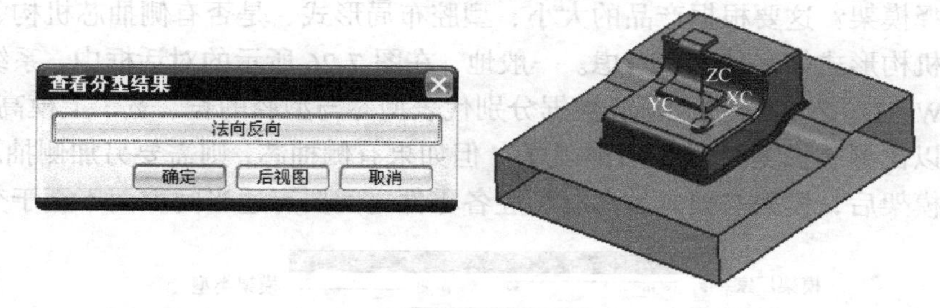

图 7-25　创建的型芯

通过 1～5 几个步骤，已经完成了型芯与型腔的创建，准备下一步骤的操作。

注意

如果是第一次分型，可能会发现刚才创建型芯与型腔时看到了创建的型芯与型腔，但创建完成后反而不见了，其实，单击“窗口”菜单中的“dqh_core_013.prt”，就可以看到完成的型芯，同样，单击“dqh_cavity_011.prt”可以看到型腔。这里，dqh 代表了项目名称，core、cavity 分别表示型芯与型腔，而后面的数字是序号，读者在操作时，序号可能与这里的不同。在这里顺便说明一下，在 UG 模具设计中，不同零件的命名意义如下。

（1）命名分为左中右 3 段，两段间用间隔号隔开，左边的代表项目名，如上面的 dqh；中间的代表零件类型，如上面的 core、cavity 分别表示型芯与型腔；右边的是序号。

（2）UG 分模中，几个主要的零件类型为：core 代表型芯，cavity 表示型腔，prod 代表型芯型腔组件，cool 代表冷却系统，fill 代表浇注系统，layout 代表布局，top 代表整个模具系统。加了模架后还有些代号，后面再介绍。

（3）保存分模结果，单击“文件”→“全部保存”命令，这样才能对模具文件进行完整的保存；打开模具时，要用“注塑模向导”工具条中的“项目初始化”命令，打开含有 top 的文件，如上面的模具应打开 dqh_top_000.prt 文件，这样就可以打开所有文件，以继续进行后续操作或修改操作。

7.2.6 添加模架与标准件

1. 加模架

单击“模具向导”工具条中的“模架”图标，弹出“模架设计”对话框，如图 7-26 所示。

对话框中，目录下拉列表框中列出了提供模架的厂家，而旁边的“类型”则列出了该厂不同类型的模架。在UG自带的模架中，多以国外模架为主，读者可以安装国产模架，如龙记模架，安装后显示LKM开头的模架即是龙记模架；厂家右侧是产品类型；中左部位列出型号规格，中右位置则给出布局信息，在下面位置给出模板形式与尺寸。不同厂家的型号规格是不相同的，一般代表模板（型腔板与型芯板）长与宽或长与宽代码。如DME的2025代表模具宽196mm，长246mm。代码与数据关系是：模具宽度=前两位代码×10−4，模具长度=后两位代码×10−4。又如HASCO_E则直接给出宽与长的乘积形式196×246。而如果是国产龙记模架，则模具长度=前两位代码×10，模具宽度=后两位代码×10。

如何选择模架？这要根据产品的大小、型腔布局形式、是否有侧抽芯机构、有没有镶块以及推出机构形式等多种因素考虑。一般地，在图7-26所示的对话框中，系统列出了工件的信息，W、L、Z_up及Z_down数据分别代表型芯与型腔的长、宽、上模高与下模高。模架大小也以比型芯长宽大100～150为宜，但如果有侧抽芯，则需要另加侧抽芯宽度，主要是看装上模架后，模架与模具型芯、型腔各零件之间要有适当间隙而不至于交叉重叠。

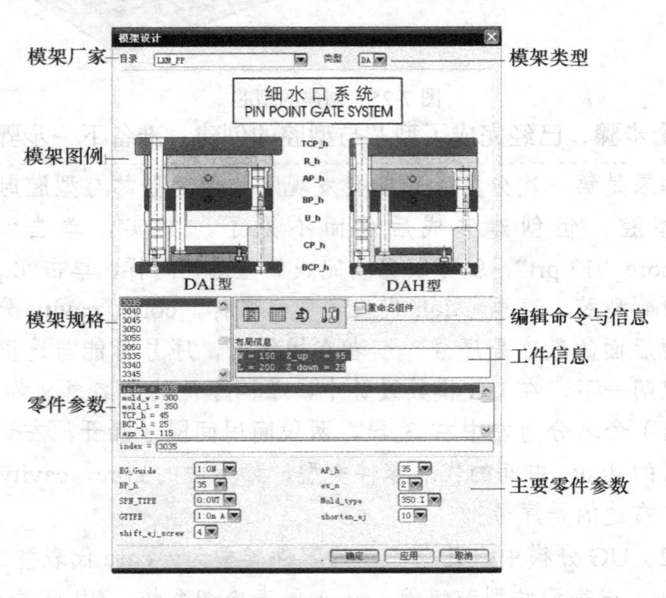

图7-26 “模架设计”对话框

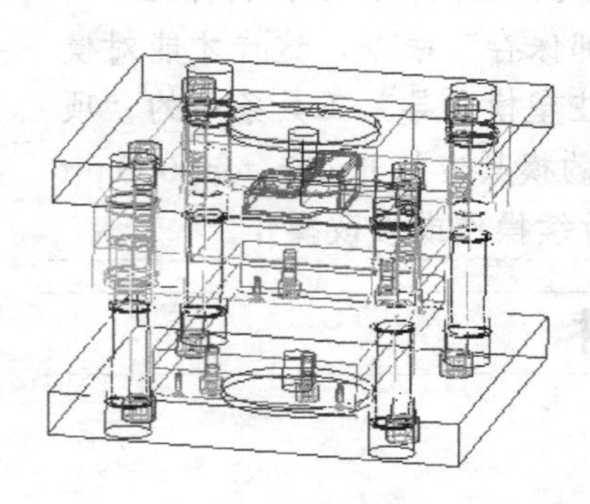

图7-27 安装模架后的效果

此处零件选择模具型芯与型腔的宽×长×高的尺寸为110×150×80（55+25），尺寸不大，但需要侧抽芯，选择时，模架尺寸应适当大于工件尺寸，以各部件间不发生干涉为宜，如本例可以选择HASCO_E型的196×296的模架。选择完成后单击“应用”按钮，注意不要单击“确定”按钮，因为还要修改。安装模架后的效果如图7-27所示。

在安装模架后，右击鼠标，在弹出的快捷菜单中单击“视图方向”→“前视图”命令，使视图成为前视图，单击“模架设计”中的“编辑组件”图标，弹出“编辑模架组件”对话框，如图7-28所示。

用鼠标单击要修改的标准件（如推杆），则图 7-28 所示的“编辑模架组件”对话框中会自动发生相应的改变。选择“尺寸”选项卡，如图 7-29 所示，可以修改每个细节尺寸参数。

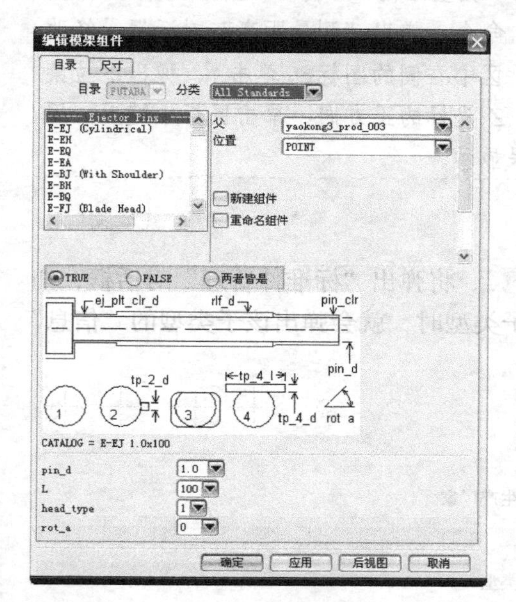

图 7-28 “编辑模架组件”对话框

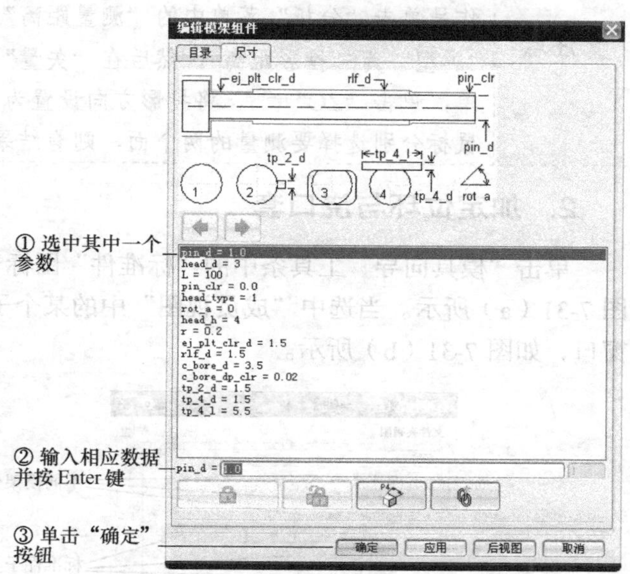

图 7-29 “编辑模架组件”对话框中的“尺寸”选项卡

在图 7-26 所示的对话框中的参数分为两个区，其中“主要零件参数区”都是由下拉框组成的，单击其中一个下拉框，可以修改其中的参数，例如，选中 AP_h 右侧的下拉框，可以将原来的数据 35 修改成 55，则原来的型腔板厚度修改为 55，其他零件的修改类似。而“零件参数”区的修改，可以先选择参数区中的参数，如 TCP_h，当选中后，在下面的编辑框中输入相应的参数，然后单击 Enter 键，再单击“应用”按钮，就可以修改 TCP_h 参数。该区其他参数的修改与此相似。修改前后的效果图如图 7-30 所示。

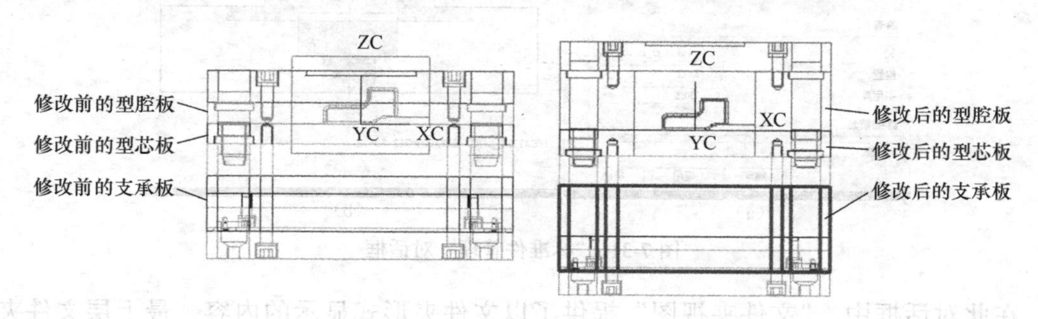

图 7-30 修改前后对比

修改完成后，单击“取消”按钮，回到图 7-26 所示的“模架设计”对话框中，单击“取消”按钮，完成模架的选择。

但是，经过上面的操作后，完成的模架与工件的方向不正确，因为此时的方向不便于放置左右两侧的侧抽芯机构，为了改变方向，再次单击“模架”图标，进入模架环境，单击图 7-26 中的“旋转模架”图标，可以将模架旋转 90°，再次单击“取消”按钮后，完成模架的安装。

注意	在上面的操作中，如果不知道工件的某些尺寸，可以用“分析”菜单中的“测量距离”命令或“实用工具”工具条中的“测量距离”命令进行分析。具体操作是单击“分析”菜单中的“测量距离”命令，弹出“测量距离”对话框，修改“类型”为“投影距离”，然后在“矢量”区中右侧的图标单击，弹出下拉菜单，单击“ZC”，将投影方向设置为 Z 坐标的正方向，单击鼠标中键后，用鼠标分别选择要测量的两个面，则有结果显示。

2. 加定位环与浇口套

单击“模具向导”工具条中的“标准件”图标，将弹出“标准件管理”对话框，如图 7-31（a）所示。当选中“成员视图”中的某个子类型时，就会弹出该子类型的“信息”窗口，如图 7-31（b）所示。

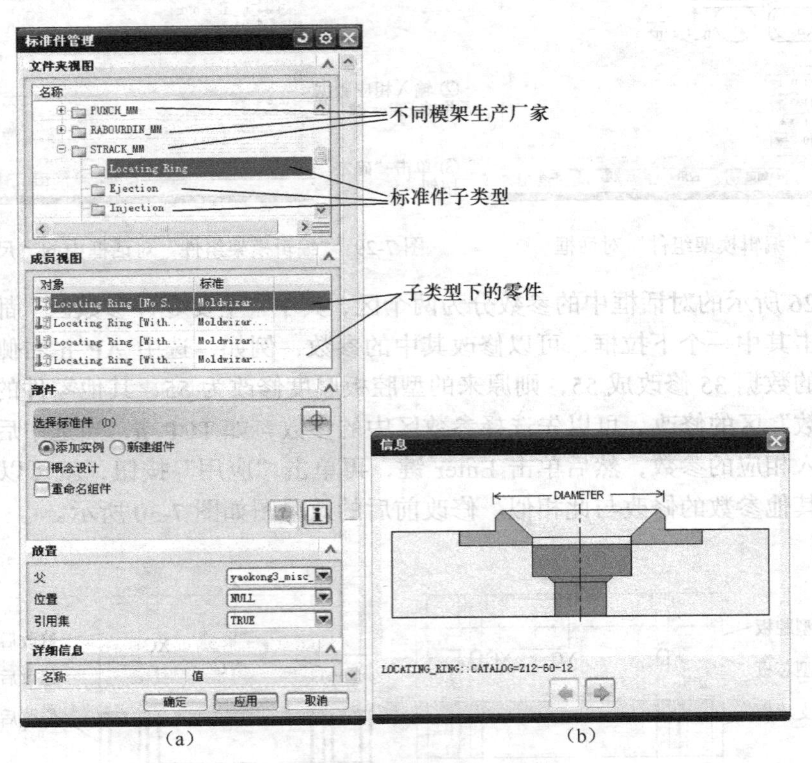

（a）　　（b）

图 7-31 “标准件管理”对话框

在此对话框中，“文件夹视图”提供了以文件夹形式显示的内容，最上层文件夹表示不同标准件厂家，如“HASCO_MM，MEUSBURGER_DEUTSCH”等；双击其中的一个，如“MEUSBURGER_DEUTSCH”，则展开该文件夹的下级文件夹，是该厂家不同类型的标准件，如选中其中之一，如 Zentrierflansch，则可在“成员视图”区中显示该类型的所有标准件，如选择其中之一的 E1365 零件，可显示该零件的信息，如图 7-31（b）所示。

在这些标准件中，多以英文表示，为方便阅读，特给出部分标准件的中英文对照，具体如下。

injection 浇注件（如浇口套、定位环等）、locating ring 定位环、sprue bushing 浇口套、ejection 推出部件、ejector pin 推杆、ejector sleeve assy 推管机构、return pin 复位杆、ejector misc 推出部件杂件（如导向套等）、ejector rod 顶出杆、support pillar 支柱、stop pin 止动销、dowel 定位销、guides 导套、leader pin 导杆、guides pin 导杆、slide 滑动机构、cooling fitting 冷却部件。

因为前面加的模架是 HASCO_E 的，因此，这里选择 HASCO_MM 作为对应，在定位环（locating ring）处选择 K100A 型，然后单击对话框中的“应用”按钮。

在浇注件（injection）处选择浇口套（sprue bushing[z50，z51，z511，z512]），选择“尺寸”选项卡，将 HEAD_DIA（头部直径）改为 36，使之与前面加的定位环的 HOLE_DIA 尺寸对应一致，然后单击“应用”按钮，则一个浇口套就加好了。

3. 加推杆

在“标准件管理”对话框中选择直推杆 ejector pin（straight），然后单击“应用”按钮，则弹出“点”对话框，确定要加推杆的点的位置，一般以坐标的方式输入坐标值，图 7-32 所示即是其中的一个坐标值，各个坐标值分别为（27，21）、（−27，21）、（−27，−21）、（27，−21）、（0，21）、（0，−21）。

按照上面的方法获得了 6 个点，当然可以多加几个点，这要根据推出时的情况确定，如塑料材料、塑件大小等。

若出错，可以修改位置，单击图 7-31 所示的“标准件管理”对话框中的目录，进入“目录”选项卡，往下拖动右侧的滚动条，看到有一排命令按钮，结构如图 7-33 所示。

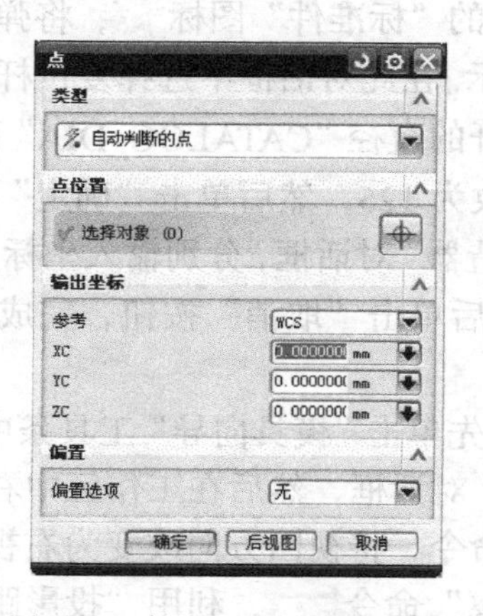

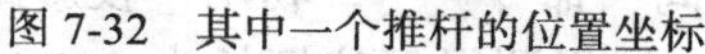

图 7-32　其中一个推杆的位置坐标

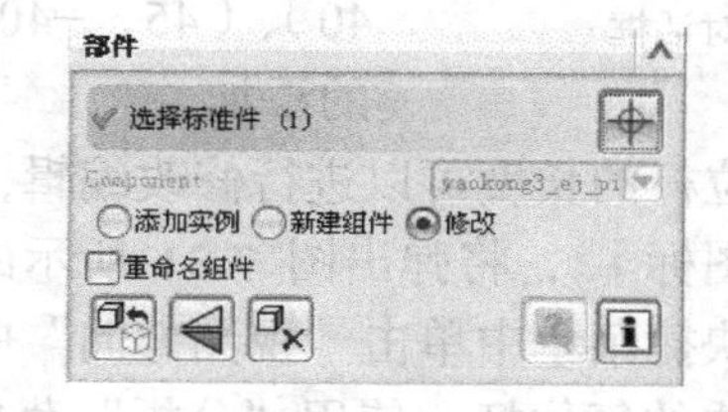

图 7-33　“标准件管理”对话框中的部分内容

单击“重定位”图标，弹出“组件移动”对话框，同时，可以用鼠标选择刚才作过和需要重定位的标准件，发现有坐标系附于选择的标准件上，可以按住这个坐标的 *X*、*Y* 轴拖动标准件，也可旋转标准件，如果要准确无误的数据，可以先单击坐标的某轴的箭头，如 *X* 轴，此时，图 7-33 所示的对话框会改变，增加了“距离”文本框，“距离”文本框中输入正负数据，再单击“应用”按钮，可以实现精确移动；与此类似，可以移动 *Y* 坐标，或旋转。

根据上面的方法得到若干个点后，单击“点”对话框中的“取消”按钮，回到图 7-31

所示的“标准件管理”对话框中，选择“尺寸”选项卡，将 CATALOG_LENGTH 的值改为160，然后单击“确定”按钮，可以看到增加了6根推杆，如图7-35所示。

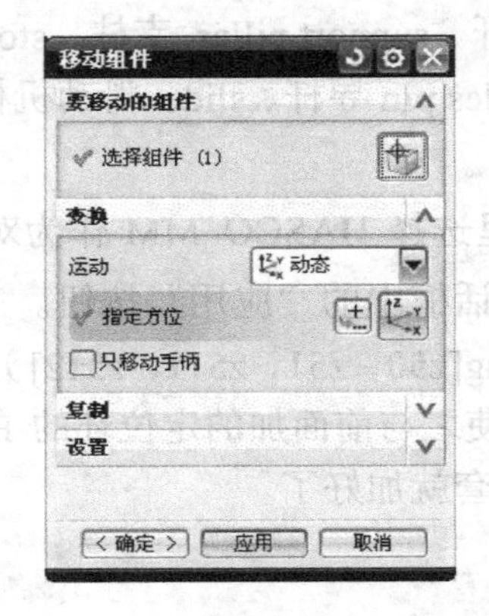

图7-34 “移动组件”对话框

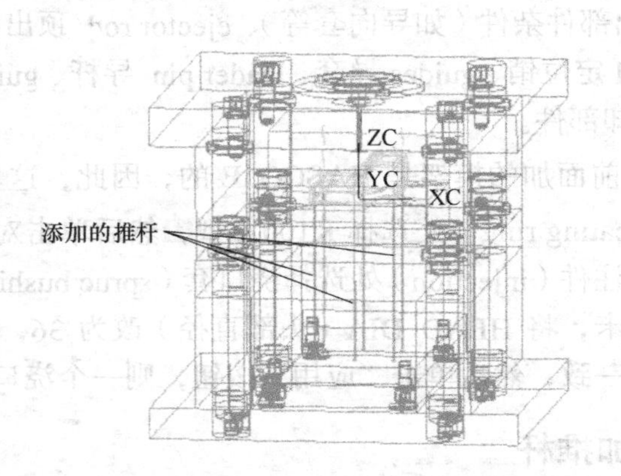

图7-35 加上推杆后的情况

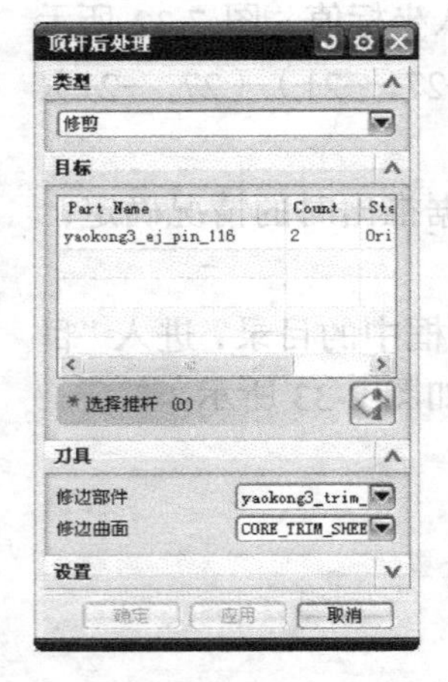

图7-36 “顶杆后处理”对话框

很明显，新加的推杆太长了，因此需要修剪。单击“模具向导”工具条中的“顶杆”图标，弹出“顶杆后处理”对话框，如图7-36所示。

按默认设置，选中刚才作的6根推杆，然后单击“确定”按钮，则所有推杆被自动修剪。修剪后的结果如图7-35所示。

4. 加复位杆

单击“模具向导”工具条中的“标准件”图标，将弹出“标准件管理”对话框，如图7-31所示。在此对话框中选择复位杆(return pin)；在对话框的下部，将复位杆的直径“CATALOG_DIA”改为5，长度“CATALOG_LENGTH”改为125，然后单击“确定”按钮，与上面的操作类似，出现“点构造器”对话框，分别输入坐标为(45，40)、(45，−40)的两个点，然后单击“取消”按钮，完成复位杆的添加。

复位杆的长度可以进行修改编辑，使之符合要求，先单击“模具向导”工具条中的“标准件”图标，将弹出图7-31所示的“标准件管理”对话框，然后在工作区中右击，在弹出的快捷菜单中单击“视图方向”中的“右视图”命令，将视图方向改变为右视图，单击要修改的复位杆，使用“分析”菜单中的“测量距离”命令，利用“投影距离”对 *Z* 轴方向的复位杆的下部与分型面间的距离进行分析，结果测得复位杆长为117.025mm，如图7-37(b)所示。

关闭分析距离，回到“标准件管理”对话框，选择“标准件管理”对话框中的“详细信息”区，修改CATALOG_LENGTH为117.025，然后单击“应用”按钮，系统将原来的复位杆的长度修改为规定的值。

与这个操作方法相同，可以加左端另外的两根复位杆，这两根复位杆的位置是(−45，−40)、(−45，40)，修剪长度为112，如图7-37(a)所示。

读者可能会问，4根复位杆为何要作两次添加，而不一次完成？这是因为系统在加一次标准件时，就把同时添加的对象作为修改的整体，即修改其中一个，另一个也会被修改成完全相同的效果。因此，如果同时加 4 根复位杆长度或端面形状不同，就不能同时添加，而要分成多次添加，并分别进行修剪。前面讲到的推杆的操作也有同样问题，在进行后处理时会将不同长度、端部形状不同的顶杆修改成同一长度及形状的顶杆，因此，推杆、复位杆等用到"顶杆后处理"命令 时，就要注意分别处理。

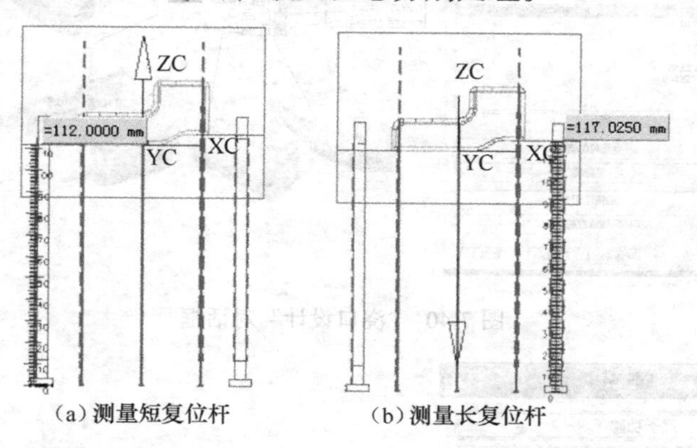

（a）测量短复位杆　　（b）测量长复位杆

图 7-37　测量复位杆的长度

完成添加所有复位杆后的效果如图 7-38 所示。

5. 加浇口

为了操作方便，先单击"窗口"→dqh_top_000.prt 命令，进入到系统总成环境，然后单击"着色"图标，进入"着色"模式，再使用"编辑"→"隐藏"→"隐藏"命令，将不必要的部件隐藏，只剩下图 7-39 所示的部件。

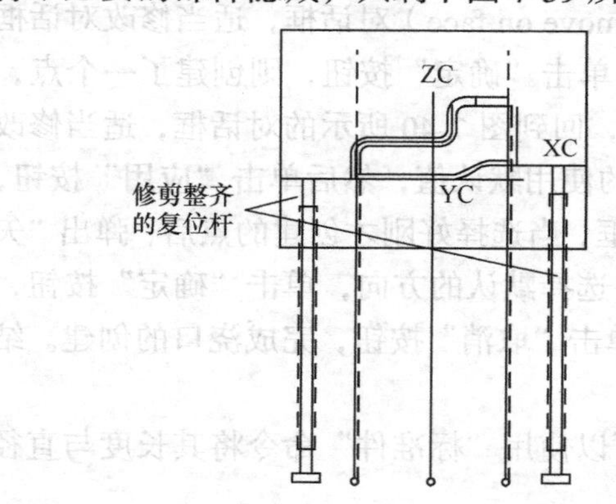

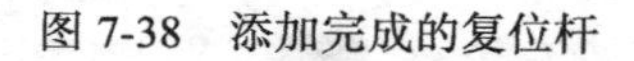

图 7-38　添加完成的复位杆

图 7-39　隐藏部件后准备加浇口

单击"模具向导"工具条中的"浇口库"图标，弹出"浇口设计"对话框，如图 7-40 所示。

在"浇口设计"对话框中的"类型"下拉列表框中列出了各种浇口类型，如图 7-40 所示。

这里选择"潜伏浇口"（tunnel）选项，然后单击图 7-40 中的"浇口点表示"按钮，弹出"浇口点"对话框，如图 7-41 所示，单击"点在面上"按钮，弹出"面选择"对话框，选择浇口位置上的一个面，如图 7-42 所示。

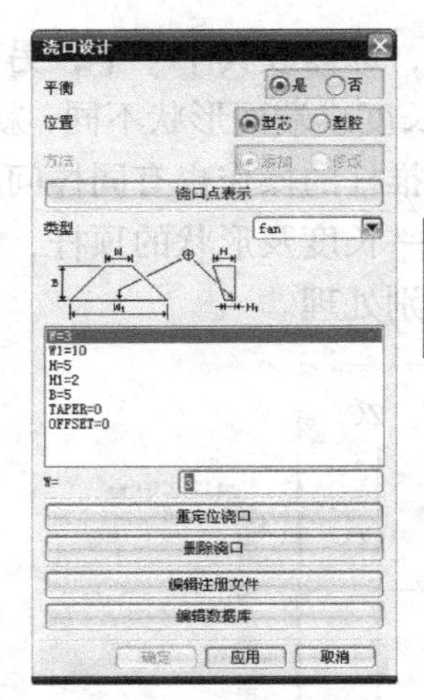

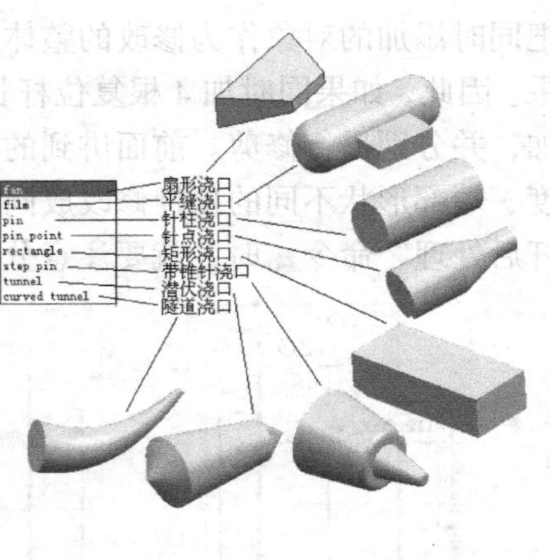

图 7-40 “浇口设计”对话框

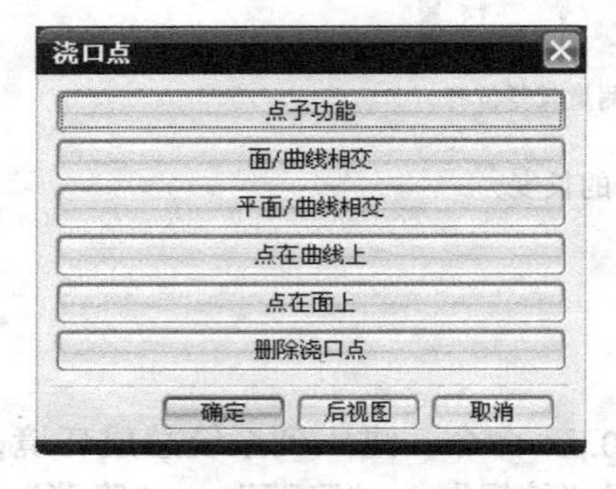

图 7-41 浇口点对话框

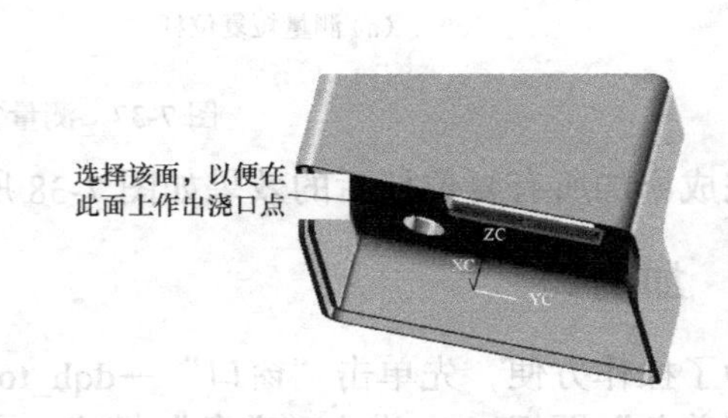

图 7-42 选择合适的面

当面选择好后则弹出“点在面上移动”（point move on face）对话框，适当修改对话框中 *YC* 方向的值，将原来的 *YC* 方向值减去 1.075，单击“确定”按钮，则创建了一个点，同时又回到“浇口点”对话框，单击“后退”按钮，回到图 7-40 所示的对话框，适当修改浇口参数，将对话框中的 HD 修改为 7.035，其余的使用默认值，然后单击“应用”按钮，系统要求选择一个点，同时弹出“点构造器”对话框，当选择好刚才创建的点后，弹出“矢量构成”对话框，这是要求用户给出浇口的方向，选择默认的方向，单击“确定”按钮，则浇口创建成功，并回到图 7-41 所示的对话框，单击“取消”按钮，完成浇口的创建。结果如图 7-43 所示。

浇口创建完成后，发现浇口套长度不合理，可以使用“标准件”命令将其长度与直径大小修改到合理的值。最后结果如图 7-44 所示。

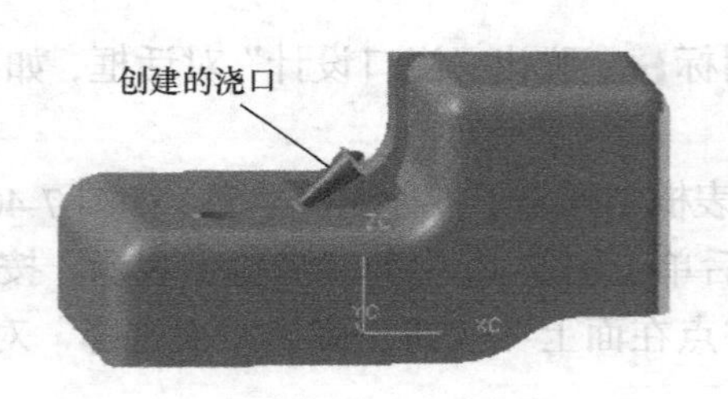

图 7-43 创建好的浇口

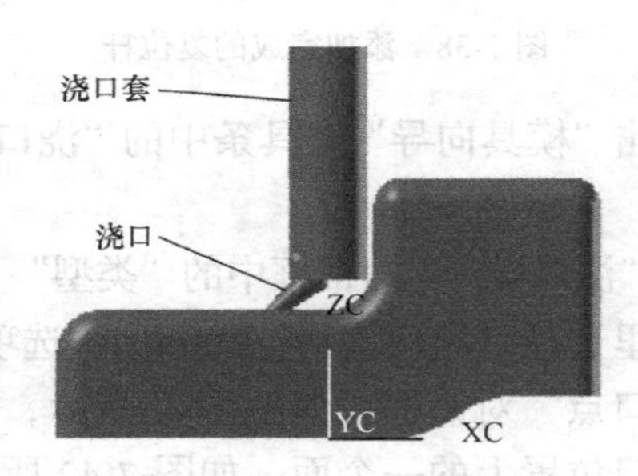

图 7-44 完成浇口套修改的效果

6. 加侧抽芯机构

为了操作方便，将大部分零件隐藏起来，仅剩下型芯，结果如图 7-45 所示。

图 7-45　仅剩下型芯准备作侧抽芯机构

单击“实用工具”工具条中的“图层的设置”按钮，将第 25 层设置为“可选的”，因为这一层是 UG 默认的存放方块的图层，设置完成后，发现显示了前面做的方块，它们将成为侧型芯，如图 7-46 所示。

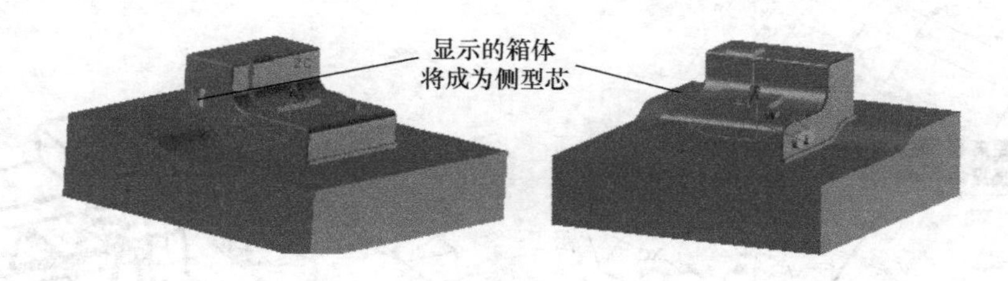

图 7-46　显示出来的侧型芯块

单击“注塑模向导”工具条中的“滑块和顶料装置”按钮，将弹出“滑块和浮升销设计”对话框，如图 7-47（a）所示。

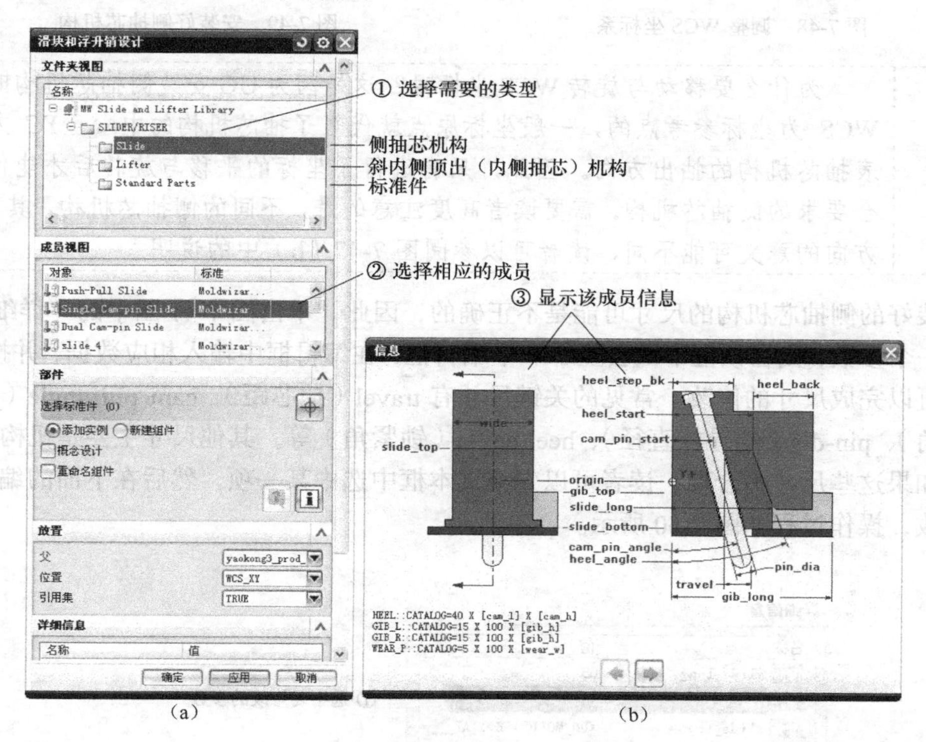

图 7-47　“滑块和浮升销设计”对话框

单击“文件夹视图”中的一种类型，如侧抽芯机构 Slide，然后在“成员视图”中单击第二种成员 Single Cam-pin Slide（单斜杆侧抽芯机构），则显示图 7-47（b）所示的成员信息对话框，完成操作后，双击 WCS 坐标系，然后单击 *XC* 坐标轴前的箭头，出现输入数据文本框，在“距离”文本框中输入-15并按Enter键，再单击*ZC*箭头，在“距离”文本框中输入5并按Enter键，然后单击YC轴箭头，结果坐标系被调整到图7-48所示的位置（注意将系统以“静态线框”模式显示）。

然后将WCS的YC轴反向，即将WCS绕ZC轴旋转180°，再单击鼠标中键确定，此时又回到了图7-47所示对话框的状态，单击“应用”按钮，就可以发现系统开始安装侧滑块机构了。安装完成的效果如图7-49所示。

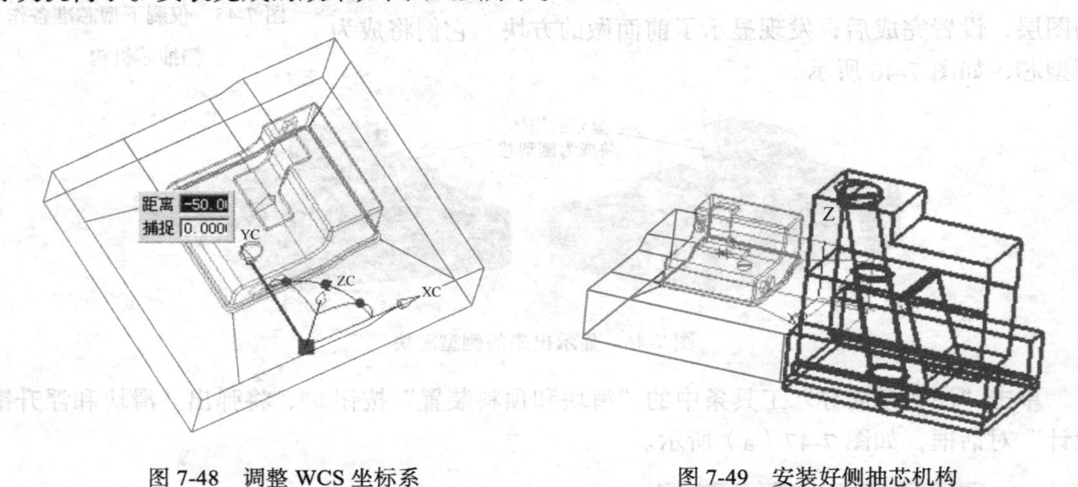

图7-48 调整WCS坐标系　　图7-49 安装好侧抽芯机构

注意

为什么要移动与旋转WCS坐标呢？这是因为UG安装侧抽芯机构时是以WCS为坐标参考点的，一般坐标原点就代表了抽芯机构的中心，*YC*方向代表抽芯机构的抽出方向。因此，只有进行了坐标的平移与旋转后才能作出符合要求的侧抽芯机构。需要读者高度注意的是，不同的侧抽芯机构，其*YC*正方向的意义可能不同，读者可以参阅图7-47（b）中的说明。

安装好的侧抽芯机构的尺寸可能是不正确的，因此，单击图7-47图中的“详细信息”区中的一个参数，则在该框下面会显示一个编辑框，在编辑框中输入相应数据，并按Enter键，就可以完成尺寸的修改。常见的关键尺寸有travel（抽芯距）、cam pin angle（斜导柱的倾斜角）、pin-dia（斜导柱直径）、heel-angle（锁紧角）等，其他尺寸主要是机构的结构尺寸。如果这些尺寸不合理，读者可以先在文本框中选中某一项，然后在下面的编辑框中进行修改，操作过程如图7-50所示。

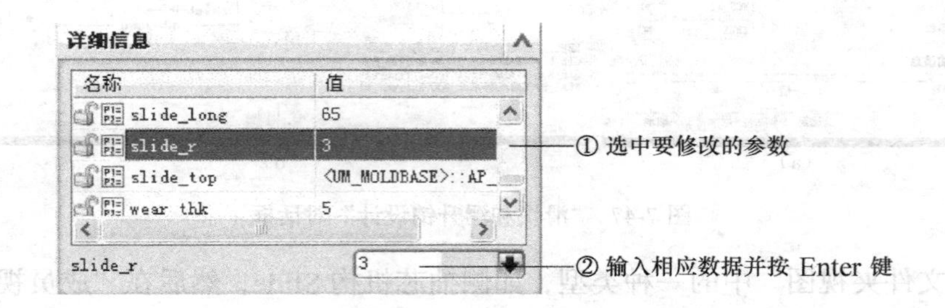

图7-50 修改滑动机构

修改完成后，双击如图 7-51 所示的侧抽芯机构中的滑动体，以便将其设置为工作部件。然后，单击“起始”→“装配”命令，以便显示装配工具条，然后单击装配工具条中的“WAVE 几何链接器”按钮，将弹出“WAVE 几何链接器”对话框，将“类型”修改为“体”，单击分模时制作的方块，如图 7-51 所示。确定后，完成链接过程，让方块成为滑动体的一部分。

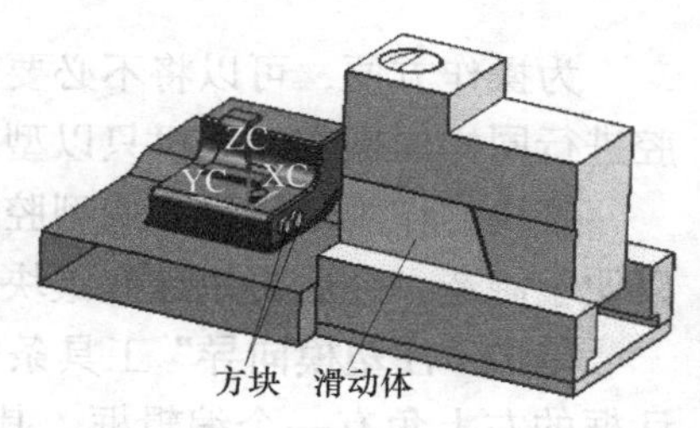

图 7-51　选中要链接的几何体

单击“拉伸”按钮，将弹出“拉伸”对话框，将“选择条”工具条中的内容改为“面的边”，然后选中图 7-51 中左侧的两个圆柱形方块的右端面，并将“拉伸”对话框中的“结束”修改为“直至延伸部分”后选中图 7-51 中右侧滑动体的左端面，结果如图 7-52 所示。

将布尔运算修改为“求和”，并选中滑动块。确定后，可以看到拉伸的效果，如图 7-53 所示。

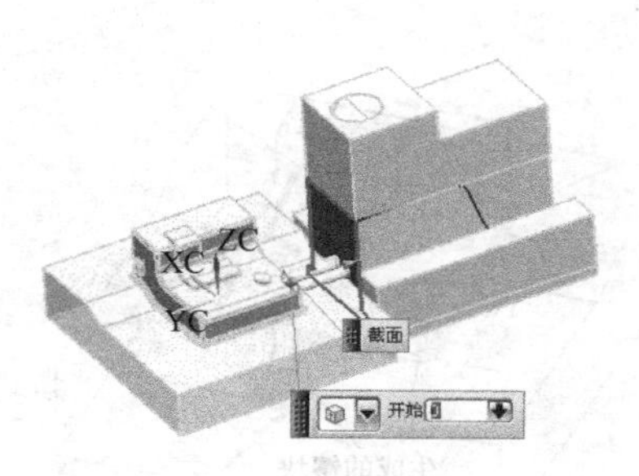

图 7-52　拉伸操作

图 7-53　拉伸效果

单击“求和”按钮，将图 7-53 中拉伸的圆柱与圆柱形方块求和，使它们成为一个整体。这样，就使原来的方块成为侧抽芯机构的侧型芯了。隐藏其他部件，可以看到侧抽芯机构滑块的形状变成图 7-54 所示的样式了。

同样地，读者可以作出另一侧的侧抽芯机构，如图 7-55 所示。

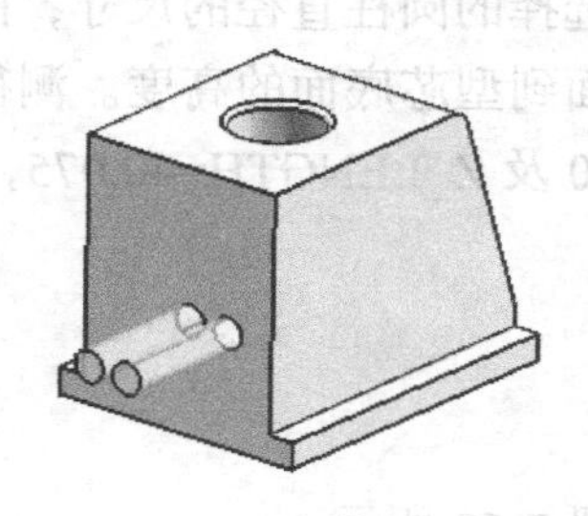
图 7-54　侧型芯与侧滑动块合在一起

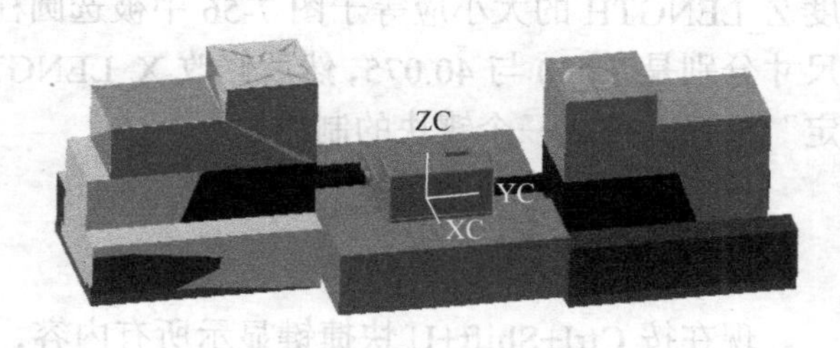

图 7-55　完成两侧抽芯机构后的效果

总结：侧抽芯机构的制作不难，步骤如下。

（1）定位，即修改 WCS，值得注意的是，不同类型的侧抽芯机构其 WCS 的修改有所不同，*YC* 方向也可能不同。

（2）单击“应用”按钮完成侧抽芯机构的安装。

（3）修改安装后的侧抽芯机构的尺寸。

（4）链接侧型芯。

7. 添加镶块

为操作方便，可以将不必要的部件隐藏，只留下型芯部件（当然也可根据需要，对型腔进行同样的操作，这里只以型芯为例进行介绍）。

镶块的作用是将型芯或型腔中复杂的、不便于直接加工的内容作成一个单独的零件，以便于制造，今后再用这些镶块组成型芯或型腔整体。

单击“注塑模向导”工具条中的“镶块”按钮，弹出“镶块设计”对话框，在此对话框的左上角有一个编辑框，其中有两项内容，CAVITY_SUB_INSERT 及 CORE_SUB_INSERT，分别代表在型腔侧与型芯侧建立镶块，这里选择型芯侧 CORE_SUB_INSERT，然后，将左下角处的“SHAPE（形状）”修改为“ROUND（圆形的）”，将“FOOT（定位台阶）”修改为“开”，单击“应用”按钮，弹出“点构造器”对话框，单击“圆弧中心/椭圆中心/球心”按钮后，单击图 7-56 所示的圆形凸台的中心，选择完成后，系统自动生成了镶块，结果如图 7-57 所示。

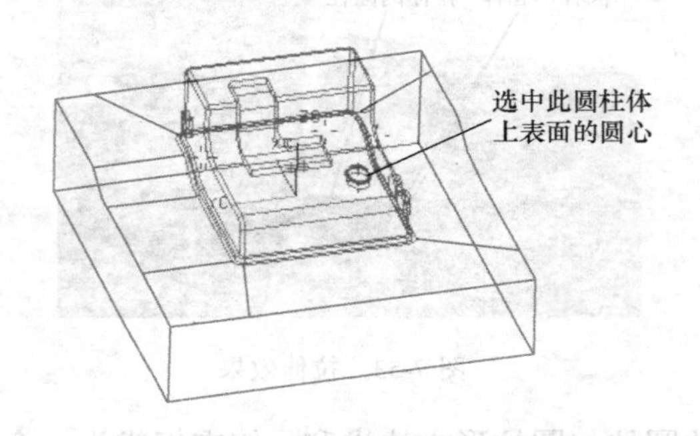

图 7-56　选择圆心

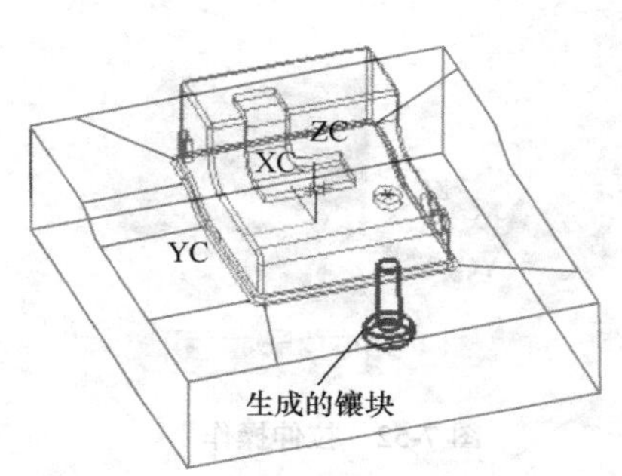

图 7-57　生成的镶块

单击“后退”按钮，返回前面出现的“镶块设计”对话框，选择该对话框中的“尺寸”选项卡，进入尺寸修改状态，可以用“分析”工具条中的“距离”命令分析镶块小端尺寸 X_LENGTH 的大小，它的大小应等于图 7-56 中被选择的圆柱直径的尺寸，而镶块高度 Z_LENGTH 的大小应等于图 7-56 中被选圆柱的上表面到型芯底面的高度。测得它们的尺寸分别是 7.030 与 40.075，然后修改 X_LENGTH= 7.030 及 Z_LENGTH=40.075，单击“确定”按钮，完成一个镶块的制作。

8. 添加冷却系统

现在按 Ctrl+Shift+U 快捷键显示所有内容，结果如图 7-58 所示。

为了保证模具有较高的工作效率及生产质量，对模具添加温度调节系统是很有必要的，本模具使用的是注射成型，大部分情况下是添加冷却管路，下面就来为此模具添加冷却系统。

单击“注塑模向导”工具条中的“模具冷却工具”按钮，弹出“模具冷却工具”工具条，如图 7-59（a）所示，单击其中的“冷却标准件库”按钮，弹出“冷却组件设计”对话框，如图 7-59（b）所示，选中其中的一种类型后，可以看到图 7-59（c）所示的信息窗口。

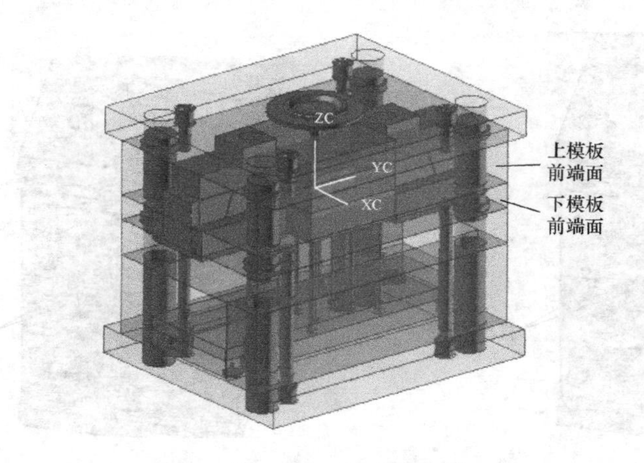

图 7-58 主要模具结构

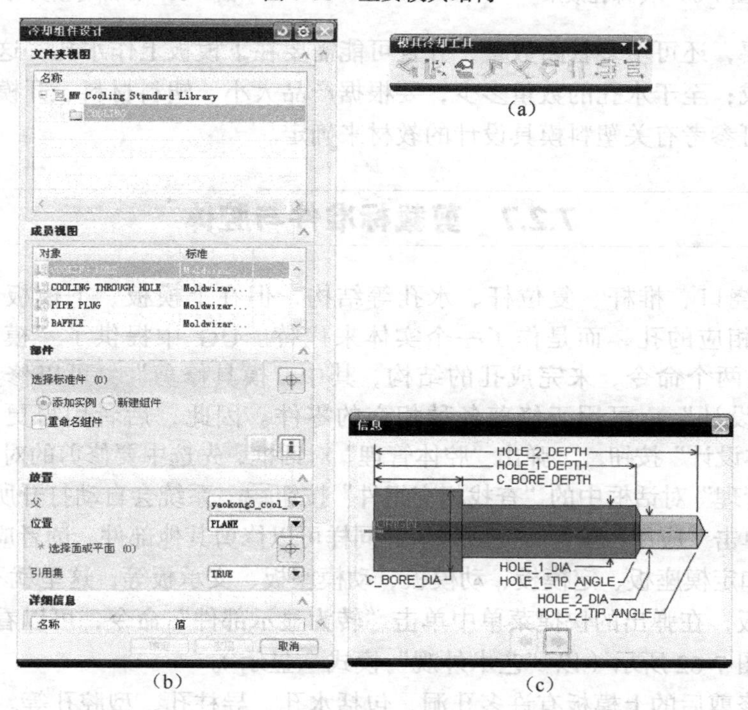

(a)

(b)

(c)

图 7-59 “模具冷却工具”工具条及“冷却组件设计”对话框

在此对话框中，在“成员视图”区中单击冷却孔管接头 COOLING HOLE，其余内容不更改，然后单击选中型芯固定板的一个侧面，表示要在此侧面上开孔制作水孔，再单击“应用”按钮，系统弹出“点”对话框，要求确定打孔位置，修改坐标位置，单击“确定”按钮完成一个孔操作，同样可以完成多个孔操作，完成后，单击“取消”按钮，回到“冷却组件设计”对话，此时可能参数不正确，可以修改“详细信息”区中的各数据，以改变包括孔的直径、长度等参数，如将孔长尺寸 HOLE-1-DEPTH 修改为 150，然后单击“应用”按钮，完成孔的加长，其他参数请读者对照此法进行。完成后的孔如图 7-60 所示。

同样，选择图 7-59（b）中的“冷却组件设计”对话框中的类型 CONNECTOR PLUG（管接头），然后单击“应用”按钮，可以看到系统自动加好了两个接头，如图 7-61 所示。

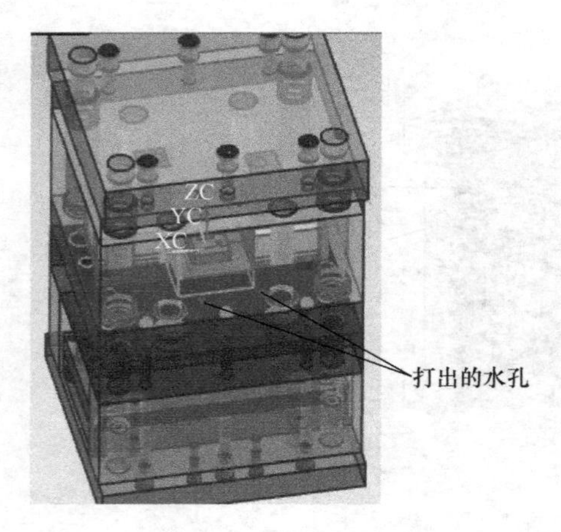

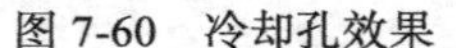

图 7-60　冷却孔效果

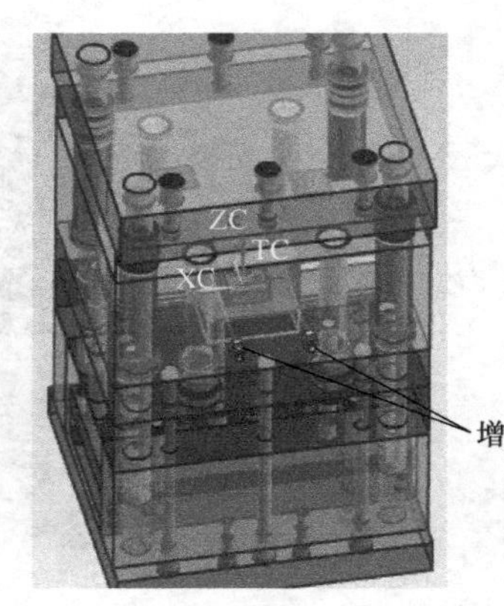

图 7-61　添加管接头的效果

如果有必要，还可增多管路数量，并且可能需要在下模板上作水孔，这里不再详述，读者可仿此完成；至于水孔的数量多少，要根据产品大小、塑料材料、开模时间等多种因素决定，读者可参考有关塑料模具设计的教材来确定。

7.2.7　剪裁标准件与腔体

虽然作了浇口、推杆、复位杆、水孔等结构，但在上模板、下模板、型芯、型腔等零件上没有相应的孔，而是作了一个实体来代替。UG 中提供了“模具修剪”与“腔体设计”两个命令，来完成孔的结构，其中“模具修剪”可以修剪如推杆等零件，而“腔体设计”可用于修剪各种相交的零件。因此，后者用得更多。

单击“腔体设计”按钮，弹出“腔体管理”对话框，先选中要修剪的对象，如上模板，再单击“腔体管理”对话框中的“查找相交组件”按钮，系统会自动打开所有与上模板相交的零部件，单击“应用”按钮，完成修剪；同样可以修剪其他部件，读者应对所有有关部件进行修剪，如定模座板、定模板、动模板、动模座板、支承板等，这里就不一一操作了。

右击上模板，在弹出的快捷菜单中单击“转为显示部件”命令，可以看到上模板修剪后的结果，如图 7-62 所示（以“艺术外观”模式显示）。

可以看到修剪后的上模板有许多孔洞，包括水孔、导柱孔、型腔孔等。

读者可以单击“窗口”命令，选择不同的显示内容。现在返回显示系统总成的 TOP 模式，可以看到完成的注塑模具，如图 7-63 所示。

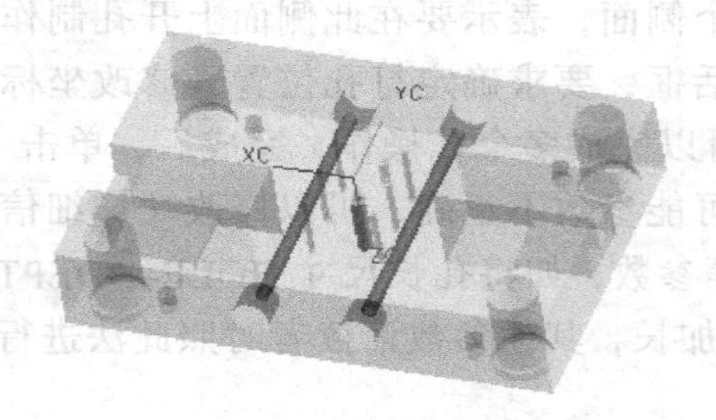

图 7-62　修剪后的上模板

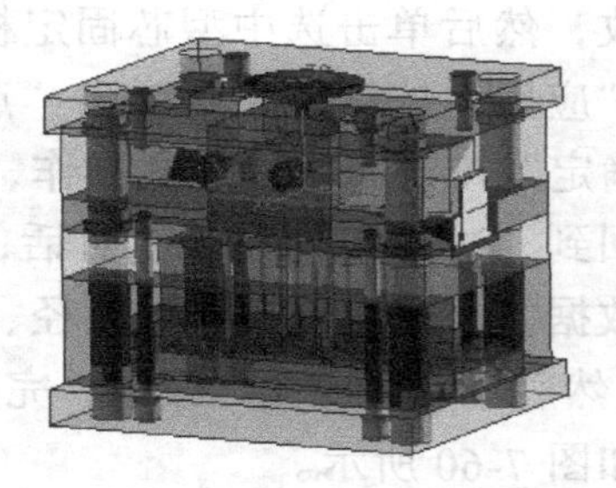

图 7-63　注塑模具的装配图

最后，单击“文件”→“全部保存”命令，保存模具的所有内容。

7.2.8 给出材料清单

注塑模具材料清单可以用 UG 提供的“物料清单”命令▦来完成。单击“物料清单”按钮▦，弹出“BOM 记录编辑”对话框，如图 7-64 所示。

可以选中其中的一个零件（即图 7-64 中的一行），然后单击“编辑装箱尺寸”按钮来修改装箱尺寸，也可以修改其他数据，然后单击“导出 Excel”按钮，将结果导出到 Excel 中，如图 7-65 所示。

值得一提的是，导出的材料均为国外型号，读者可以查找有关资料进行转换，另外，有许多供应商，也可以提供相应的模架及资料，读者可以将这些模架安装后用这些模架来作，使其更符合我国标准，以方便加工与制造。

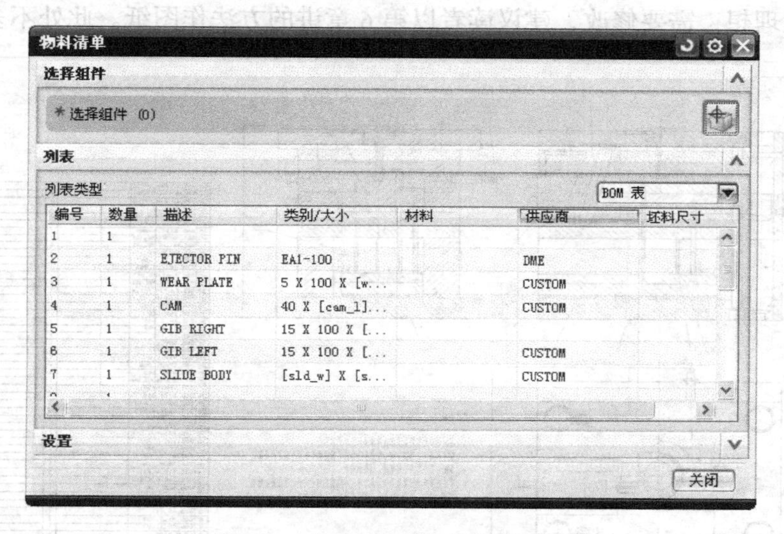

图 7-64 “BOM 记录编辑”对话框

Microsoft Excel - met.xls

	A	B	C	D	
1	NO	QTY	DESCRIPTION	CATALOG_SIZE	MATERIAL
2	CALLOUT		DESCRIPTION	CATALOG	MATERIAL
3	1	1			
4	2	1		CORE SUBINSERT ROUND	P20
5	3	4	RETURN PIN	Z40x5	COLD WOR
6	4	2	CAM PIN	15(dia) X 113.06	CAM PIN
7	5	2	WEAR PLATE	5 X 100 X 69.95	LAM
8	6	2	CAM	40 X 90 X 75	S-7
9	7	4	GIB LEFT	15 X 100 X 19.75	A-2
10	8	2	SLIDE BODY	50 X 50 X 65	H-13
11	9	6	EJECTOR PIN	Z40 / 4x160	COLD WOR
12	10	1	LOCATING RING	K100 / 60x8	STEEL
13	11	1	DOWEL PIN	4x10	STD
14	12	1	SPRUE BUSHING	Z511 / 9x22 / 2.5 / 15.5	STD

MOLDWIZARD_BOM_TEMPLATE / Merge_Catalog

图 7-65 导出的 BOM 清单

7.2.9 零件图与装配图的制作

虽然 UG 提供了制作装配图纸与零件图纸的功能，但作者认为不太符合我国标准，因此，在创建图纸前，建议读者以第 6 章中作工程图的方法来创建装配图与零件图。这里只做简单的介绍。

单击“装配图纸”按钮，将弹出“创建/编辑模具图纸”对话框，在“图纸”选项卡中选择单位和图纸模板等，在“可见性”选项卡中确定显示内容，在“视图”选项卡中确定视图，确定后就可以创建装配图。如果觉得这样的图不符合自己的要求，也可以进入制图环境自己来创建装配图。图 7-66 所示的即是创建的装配图，显然此图需要修改，读者可自行完成。

同样，可以利用 UG 提供的“组件图纸”命令来创建组件图纸，但和装配图一样，有时也不是很理想，需要修改，建议读者以第 6 章讲的方法作图纸。此处不多解释。

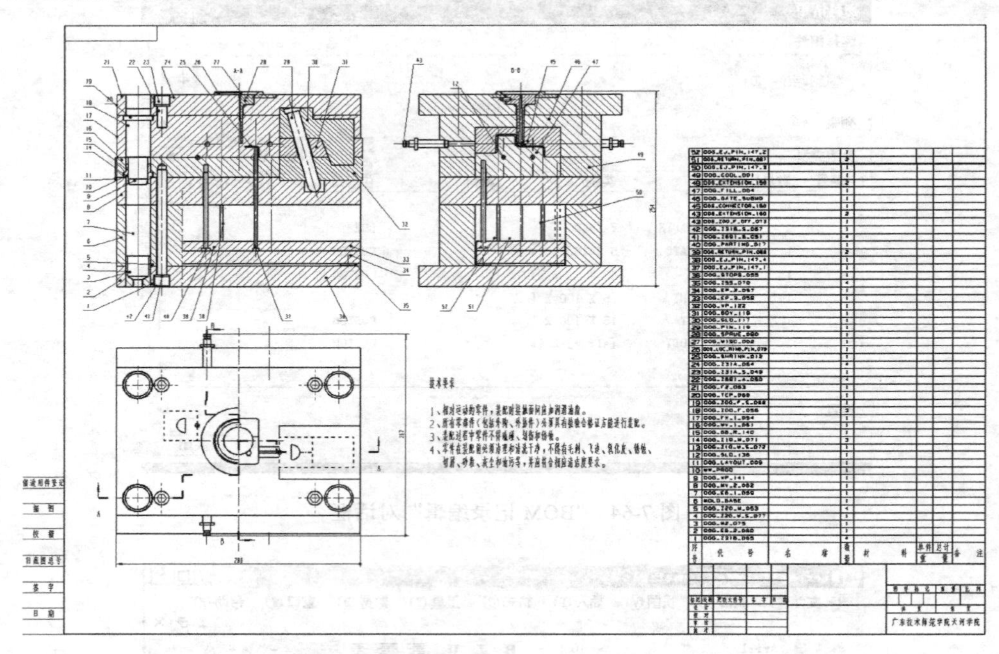

图 7-66 装配图

7.3 分模详细实例

前面已经讲过，注塑模具的设计过程是类似的，但分模却是千差万别的，因此，分模成为模具设计的一个重点与难点，本节通过对几个典型实例的讲解帮助读者获得更加丰富的分模知识，从而应对实际工作中千变万化的分模操作。

本节中前面 3 例是向导分模的典型实例，最后一例为手工分模的实例，读者应注意分析二者的区别。

本节实例力求从不同角度来让读者理解分模的操作，因此，虽然实例不多，但每一个实例都是一种全新的分析设计思路。

7.3.1 风扇叶分模

风扇叶片如图 7-67 所示。本例也是前面第 4 章的实例，因为有代表性，故选作分模实例。

风扇叶片的分模方法是要自己制作分型面，使用系统提供的分型工具是难以完成分模操作的，因此，本例是另一种复杂的分模实例。

图 7-67 风扇叶片

1. 初始化操作

启动 UG，单击“注塑模向导”工具条中的“项目初始化”命令，打开光盘安装目录下“UGFILE\7\7.3\7.3.1”文件夹中的 FSY.prt 零件，给出材料，然后修改模具坐标，使 *ZC* 为开模方向，并将 WCS 原点放置在风扇叶片上表面的圆心处，结果如图 7-68 所示。

使用“工件”命令按默认值给出工件，并使用“型腔布局”命令进行线性 1×1 的布局，然后单击“注塑模工具”图标，弹出“注塑模工具”工具条，单击“编辑分型面和曲面补片”命令，然后单击“取消”按钮，结果如图 7-69 所示。

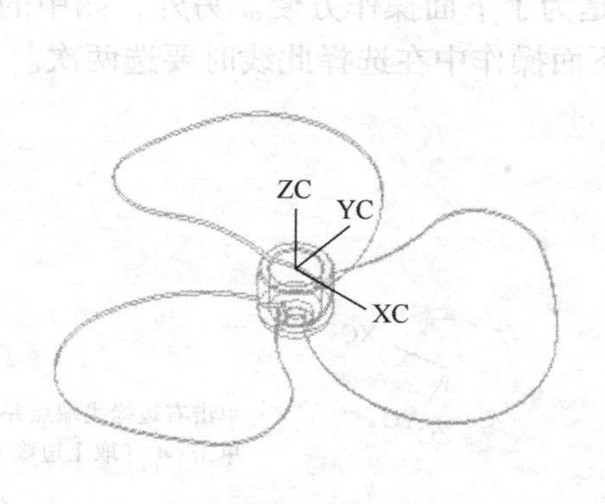

图 7-68 调整 WCS

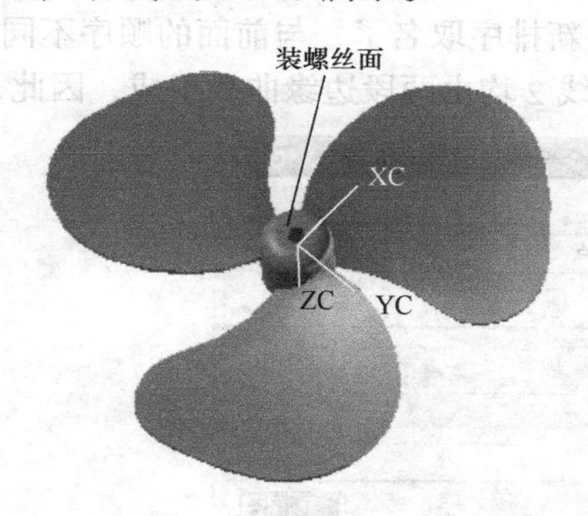

图 7-69 进入分模状态

2. 表面补片

单击“注塑模工具”工具条中的“边缘修补”按钮，弹出“边缘修补”对话框，展开“遍历环”中的“设置”，将该区中的“按面的颜色遍历”前的“勾”去掉，选择图 7-69 所示的装螺丝面，然后单击鼠标中键，则将装螺丝面上的孔补好，结果如图 7-70 所示。

3. 创建分型面

单击“应用程序”工具条中的“建模”命令，进入建模环境，然后使用“曲线”工具条中的“样条”命令，建立图7-71所示的第一条样条曲线，为了看得清楚，特意将图放大，因此只能看到叶片的一部分。

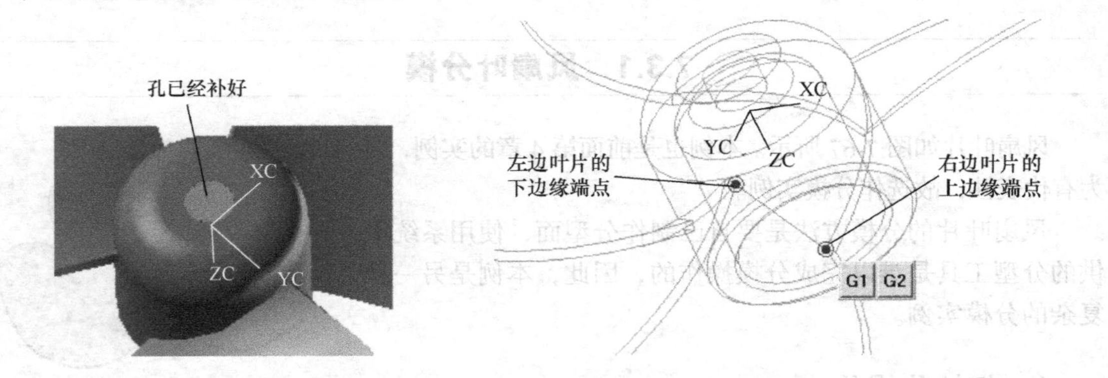

图7-70 补好孔的效果　　图7-71 制作第1条样条线

再作另一条样条曲线，在作图时，和图7-71所示的操作一样，先在左边叶片处单击下边缘的端点，再单击按钮，以便让曲线与边缘线相切；然后单击右边叶片上边缘的端点，再单击按钮，结果得到图7-72所示的曲线。

作第3条样条线，如图7-73所示。

作第4条样条线，按图7-74所示的操作过程进行操作。

按第4条样条线的制作方法再作几条样条线，结果如图7-75所示。注意，图中把所有样条线重新排序取名了，与前面的顺序不同，是为了下面操作方便。另外，图中的边缘线1与边缘线2均由两段边缘曲线组成，因此，下面操作中在选择此线时要选两次。

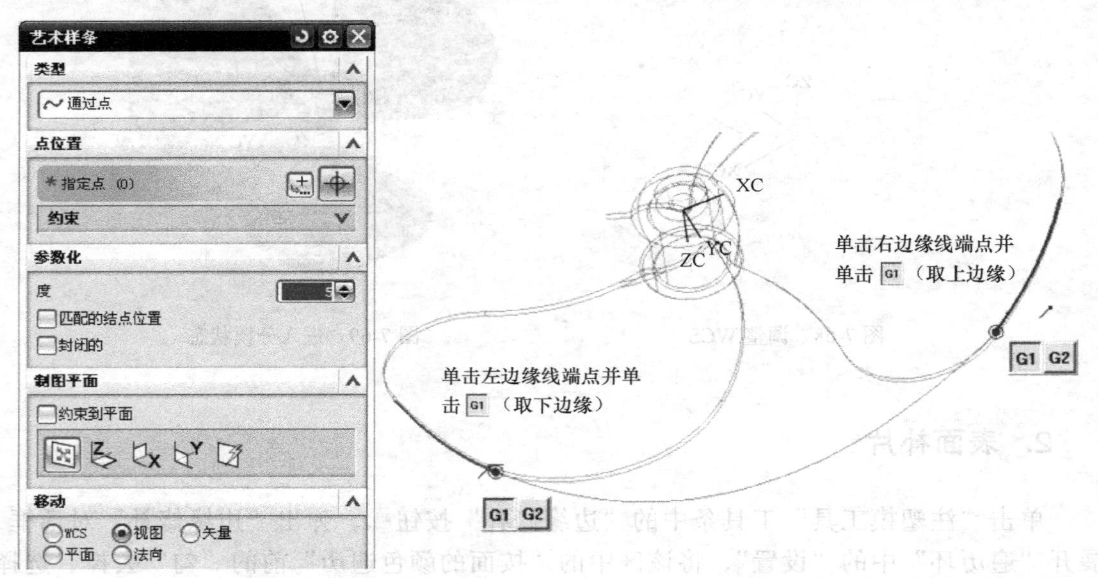

图7-72 作第2条样条线

单击“曲面”工具条中的“通过曲线网格”按钮，弹出“通过曲线网格”对话框，先选择边缘线1，然后单击鼠标中键，再选择样条线2，单击鼠标中键，再选择边缘线3，单击鼠标中键两次，然后选择线1、线3、线4、线5、线6，每选择一条，单击鼠标中键一次，最后再单击鼠标中键一次，完成通过曲线网格的面的制作，以着色模式显示结果，如图 7-76 所示。

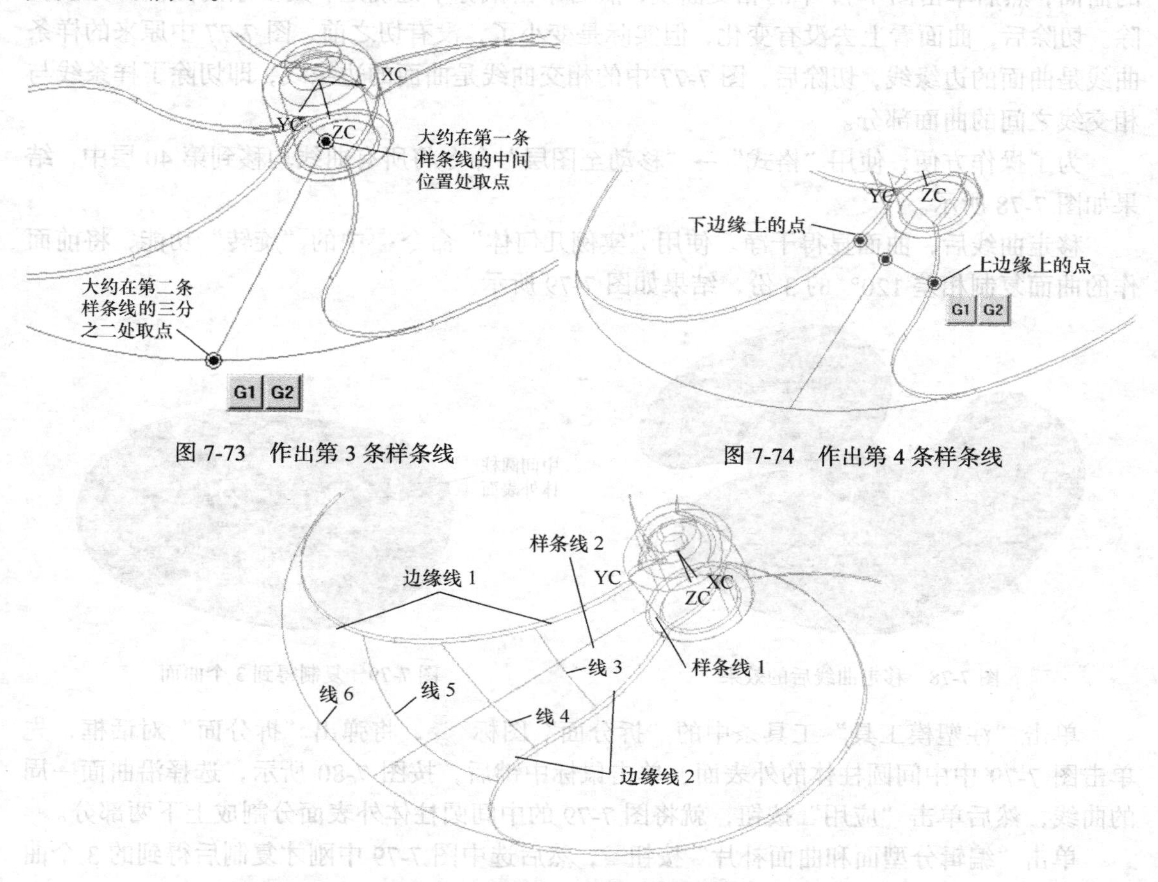

图 7-73 作出第 3 条样条线

图 7-74 作出第 4 条样条线

图 7-75 作完所有样条线后的效果

由于在作第一条样条线时，实际上是一条近似的直线，而此直线将会穿过风扇中间的圆柱面，因此，要将多余的曲面剪裁掉。为此，先单击“曲线”工具条中的“相交曲线”按钮，弹出“相交曲线”对话框后，先单击刚才作的曲面，单击鼠标中键，然后单击中间圆柱体的外表面，结果得到一条曲线，如图 7-77 所示。

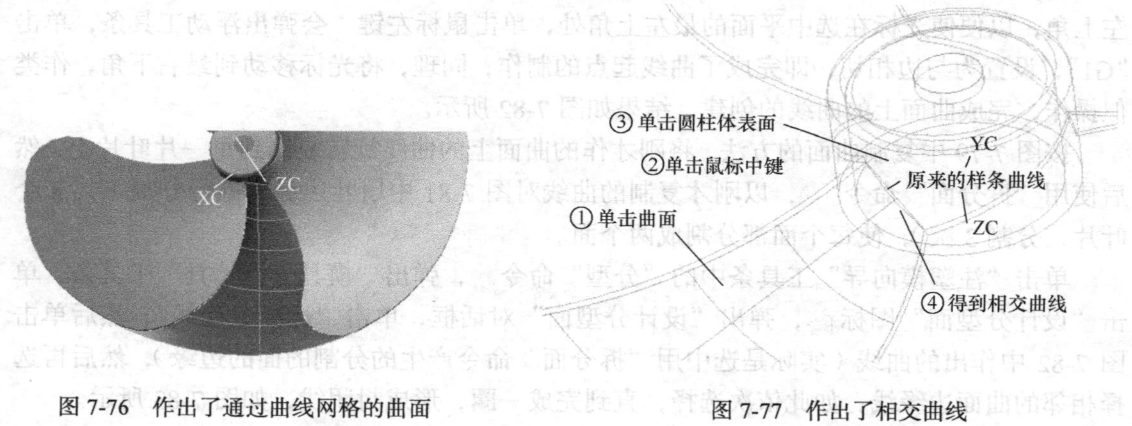

图 7-76 作出了通过曲线网格的曲面

图 7-77 作出了相交曲线

单击“曲面”工具条中的“修剪的片体”图标，再单击图7-76所示的通过曲线网格的曲面，然后单击图7-77中的相交曲线，然后单击鼠标中键确定，则多余的曲面部分被切除。切除后，曲面看上去没有变化，但实际是变小了，没有切之前，图7-77中原来的样条曲线是曲面的边缘线，切除后，图7-77中的相交曲线是曲面的边缘线，即切除了样条线与相交线之间的曲面部分。

为了操作方便，使用“格式”→“移动至图层”命令将所有曲线均移到第40层中，结果如图7-78所示。

移走曲线后，曲面显得干净。使用“实例几何体”命令中的“旋转”功能，将前面作的曲面复制相差120° 的3份，结果如图7-79所示。

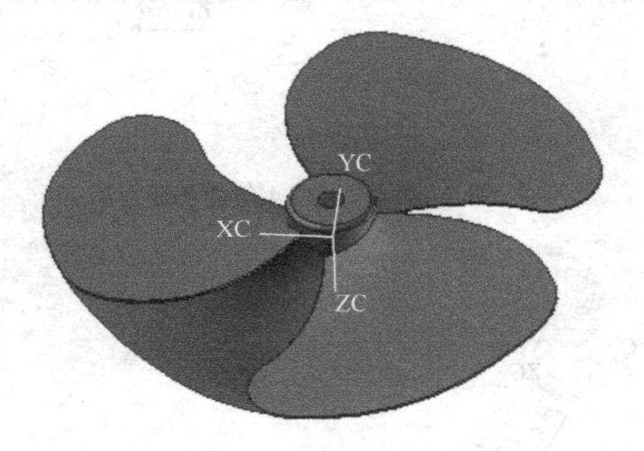

图7-78 移走曲线后的效果

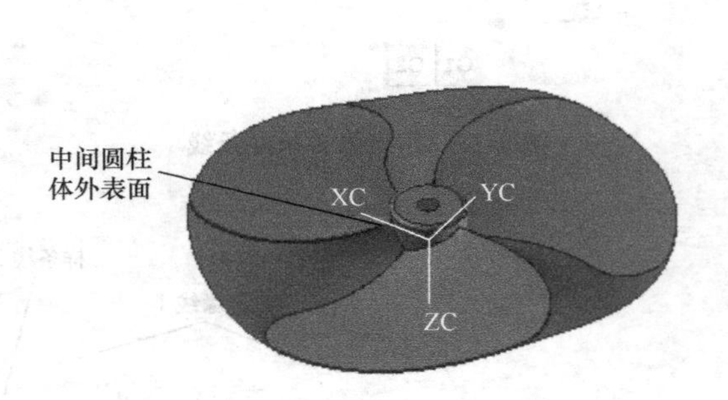

图7-79 复制得到3个曲面

单击“注塑模工具”工具条中的“拆分面”图标，将弹出“拆分面”对话框，先单击图7-79中中间圆柱体的外表面，单击鼠标中键后，按图7-80所示，选择沿曲面一周的曲线，然后单击“应用”按钮，就将图7-79的中间圆柱体外表面分割成上下两部分。

单击“编辑分型面和曲面补片”按钮，然后选中图7-79中刚才复制后得到的3个曲面，确定后，可以看到这些面的颜色发生变化，说明它们已经转换成为补片体了。

下面要解决的问题是将叶片侧面沿厚度方向进行分割，如图7-81所示。叶片厚度方向的面需要从中间分割开，因为今后的分型面将经过这些面的中间。

为了分割这个面，单击“曲线”工具条中“曲面上的曲线”图标，将弹出“曲面上的曲线”对话框，先选中图7-81中指出的要分割的面，此时，仔细观察会发现，当移动鼠标指针时，有一个较小的红色十字形光标在刚才选中的面上移动，此时，将鼠标指针移到左上角，以便使光标在选中平面的最左上角处，单击鼠标左键，会弹出浮动工具条，单击“G1”，设置为与边相切，即完成了曲线起点的制作；同理，将光标移动到最右下角，作类似操作，完成曲面上的曲线的创建，结果如图7-82所示。

按图7-79中复制曲面的方法，将刚才作的曲面上的曲线旋转复制到每一片叶片上，然后使用“拆分面”命令，以刚才复制的曲线对图7-81中扇叶边缘面进行分割（共3个叶片，分割3次），使每个面都分割成两个面。

单击“注塑模向导”工具条中的“分型”命令，弹出“模具分型工具”工具条，单击“设计分型面”图标，弹出“设计分型面”对话框，单击“选择分型线”，然后单击图7-82中作出的曲线（实际是选中用“拆分面”命令产生的分割的面的边缘），然后再选择相邻的曲面边缘线，如此依次选择，直到完成一圈，形成封闭线，如图7-83所示。

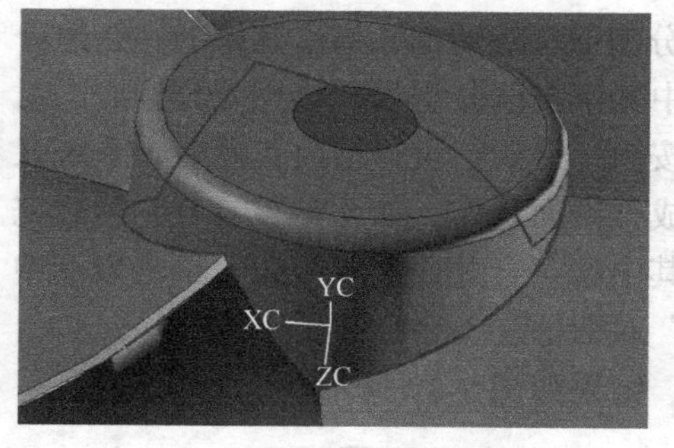

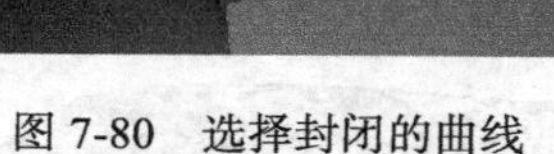

图 7-80　选择封闭的曲线

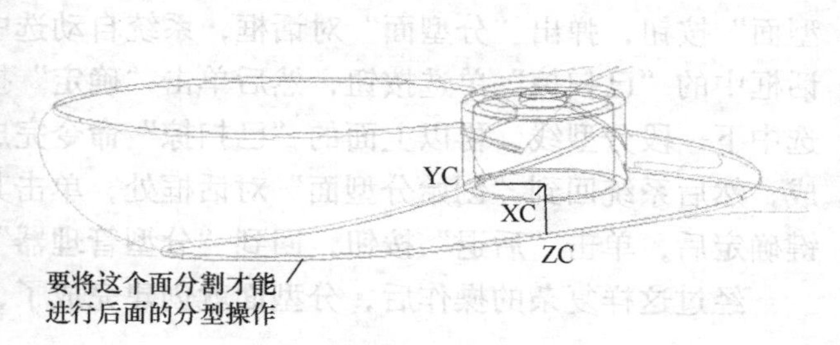

图 7-81　叶片厚度方向的面需要分割

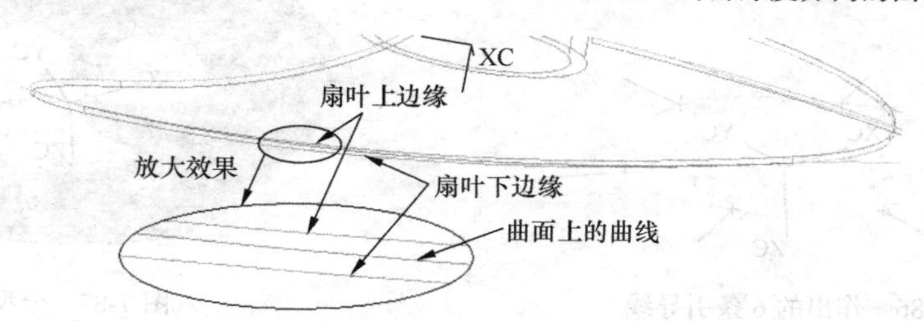

图 7-82　在曲面上作出的曲线

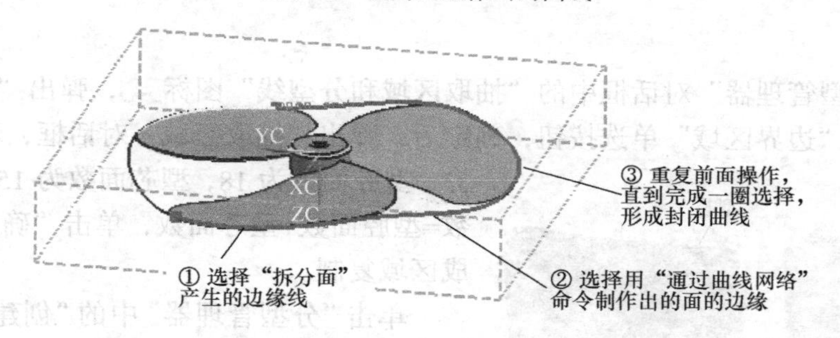

图 7-83　作分型线的过程

不要理会弹出的对话框，按图 7-83 所示的第三步，继续单击另一叶片的边缘线，系统又会自动选中另一个片体的边缘，如此，直到完成一个封闭的环，便得到了分型线，结果如图 7-84 所示。

单击“创建/编辑分型段”图标，弹出“分型段”对话框，将鼠标移到图 7-84 所示的分型线上的一段时，会出现两个箭头，一个蓝色的箭头，一个红色的箭头，移动鼠标指针，让箭头朝外，如图 7-85 所示。

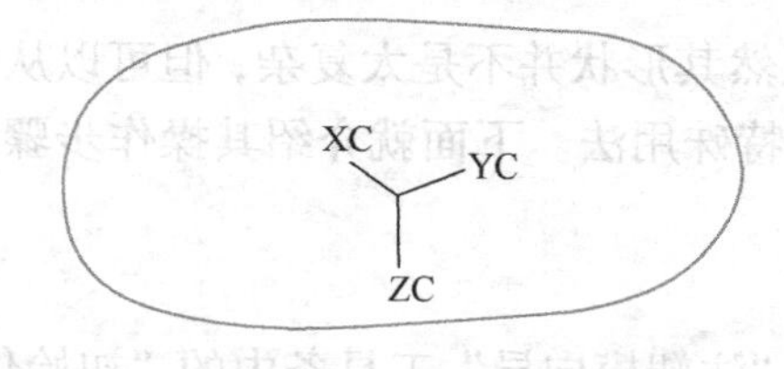

图 7-84　完成的分型线

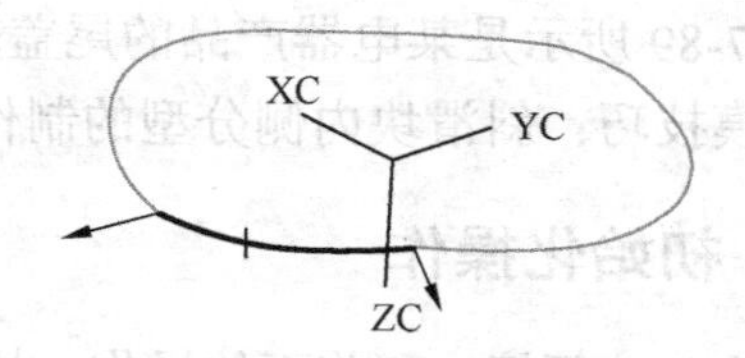

图 7-85　确定分型引导线的箭头方向

单击鼠标左键，得到一条分型引导线，如此，作对称的 6 条引导线即可，如图 7-86 所示。

单击“创建/编辑分型面”图标，弹出“创建分型面”对话框，单击其中的“创建分型面”按钮，弹出“分型面”对话框，系统自动选中其中一段分型线，选择“分型面”对话框中的“已扫掠”单选按钮，然后单击“确定”按钮，得到一段分型面；同时，系统又选中下一段分型线，再以上面的“已扫掠”命令完成分型面制作，如此重复，直到最后完成，然后系统回到“创始分型面”对话框处，单击其中的“合并曲面”按钮，单击鼠标中键确定后，单击“后退”按钮，回到“分型管理器”对话框。

经过这样复杂的操作后，分型面就创建完成了，结果如图 7-87 所示。

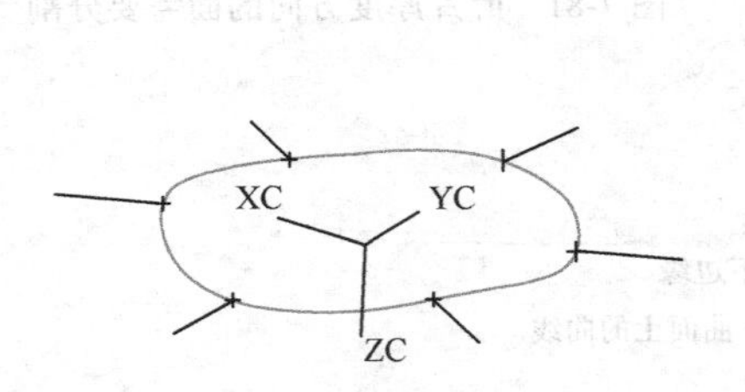

图 7-86 作出的 6 条引导线

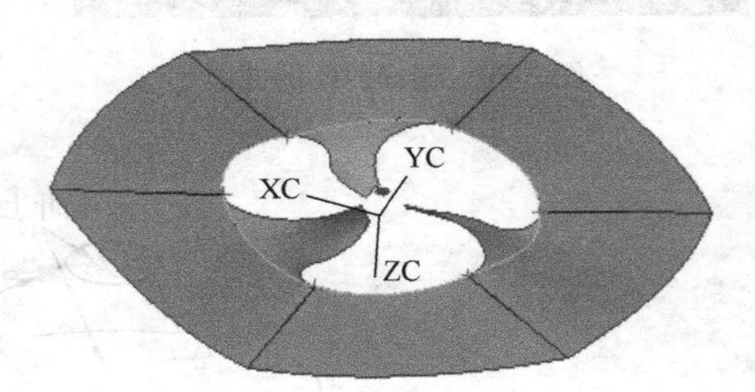

图 7-87 分型面

4. 分型

单击“分型管理器”对话框中的“抽取区域和分型线”图标，弹出“区域和直线”对话框，选中“边界区域”单选按钮，确定后，弹出“抽取区域”对话框，看到总面数为 33，型腔面数为 18，型芯面数为 15，因此，总面数=型腔面数+型芯面数，单击“确定”按钮，完成区域复制。

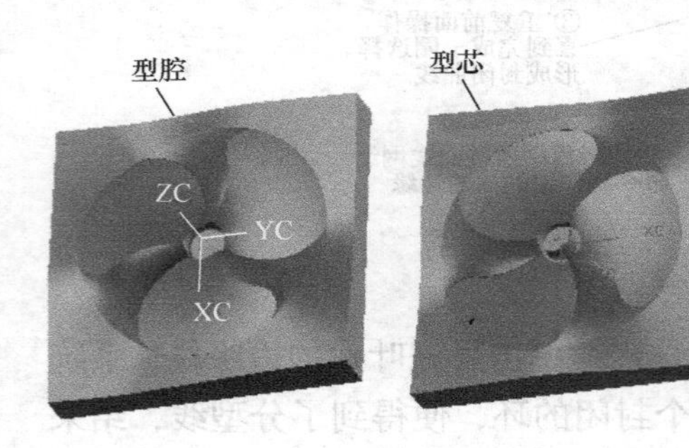

图 7-88 创建完成的型腔与型芯

单击“分型管理器”中的“创建型腔和型芯”图标，弹出“型腔和型芯”对话框，单击对话框中的“自动创建型腔型芯”按钮，系统自动完成型腔与型芯的创建，结果如图 7-88 所示。

为保证加工，读者应该对分出的型腔与型芯做必要的处理，在此不多介绍。

7.3.2 尾盖塑胶件分模

图 7-89 所示是某电器产品的尾盖塑胶件，虽然其形状并不是太复杂，但可以从中学会两种分模技巧：斜滑块内侧分型的制作及方块的特殊用法。下面就介绍其操作步骤。

1. 初始化操作

进入 UG 环境，和前面的操作一样，先单击“注塑模向导”工具条中的“初始化项目”按钮，打开光盘安装目录下 UGFILE\7\7.3\7.3.2 文件夹中的 wg.prt 零件，给出材料，然后修改模具坐标，使 *ZC* 为开模方向，并将 WCS 原点放置在模具的中间适当处，结果如图 7-90 所示。

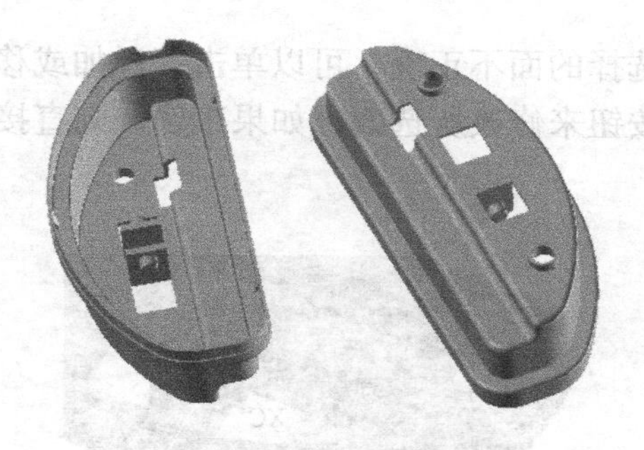
图 7-89 尾盖塑胶件

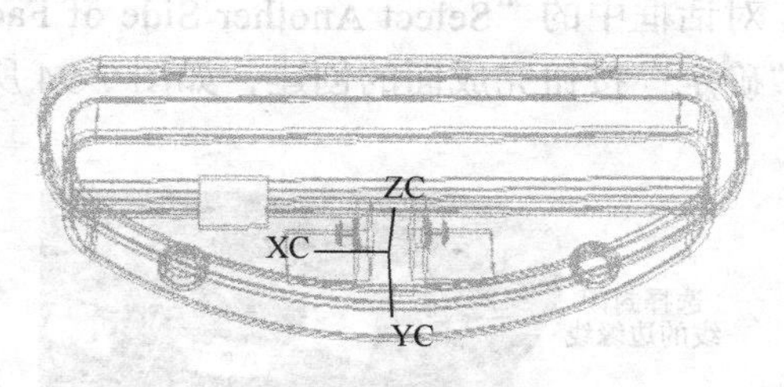

图 7-90 调整 WCS 后的结果

使用“工件”命令按默认值给出工件，并使用“型腔布局”命令进行线性 1×1 的布局，然后单击“注塑模工具”图标，弹出“注塑模工具”工具条，单击 Existing Surface 按钮，然后单击“取消”按钮，结果如图 7-91 所示。

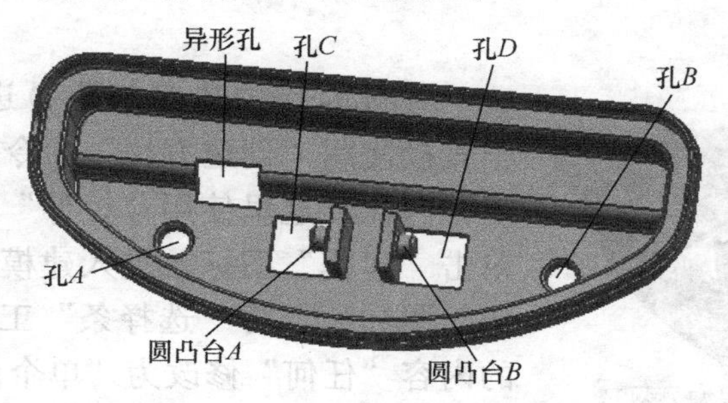

图 7-91 进入分模环境

2. 补片

在图 7-91 中，孔 *A*、孔 *B*、异形孔需要补片，因为它们是在开模方向上的孔，孔 *C*、孔 *D* 也要补片，但上方有个横向的圆柱体阻止了分模，因此，直接补片将无法分模，为此，可以使用一种操作技巧，就是将此孔以方块来代替补片，而且其方块的操作不使用“注塑模工具”工具条中的“创建方块”命令来完成，而是使用“拉伸”命令来完成。读者要注意操作过程。

因为孔 *A*、孔 *B* 这两个孔的正反面均有倒圆角，因此，不宜使用表面补片 Surface Patch 命令来完成补片，而是使用边补片“Edge Patch”命令来完成，单击“Edge Patch”命令，将弹出“开始引导搜索”对话框，取消选中“按面的颜色引导搜索”复选框，然后单击孔 *A* 的边缘，单击鼠标中键确定，完成补片，结果如图 7-92 所示。

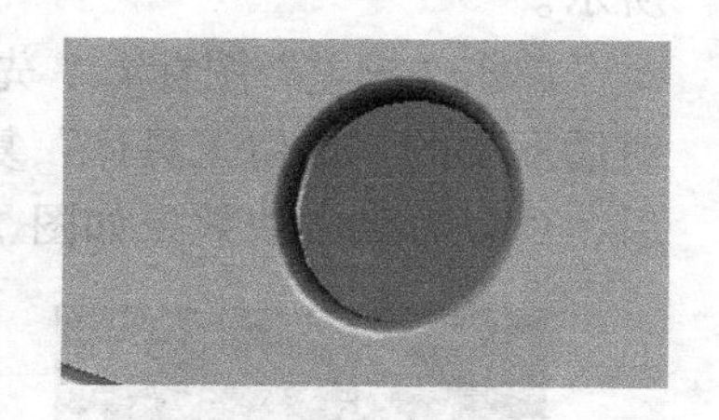
图 7-92 孔 *A* 补片的结果

同理，可以对孔 *B* 进行补片。

对图 7-91 中的异形孔进行补片，单击“Edge Patch”图标，出现“开始引导搜索”对话框，先任意选择异形孔的一条边，此时出现“曲线/边选择”对话框，同时系统自动选择下一条边，如果系统选择的边是正确的，则单击“接受”按钮，否则，单击“下一个路径”按钮，如果不小心操作错误，则单击“向后引导搜索”按钮，如此，完成孔的边缘的选择，结果如图 7-93 所示。

全部选择完成后，弹出“添加或移除面”对话框，同时，系统会自动选择一个表面，表示创建的补片体与此面连接，如果确定系统所选择的面不正确，可以单击“添加或移除面”对话框中的“Select Another Side of Faces”按钮来修改所选面，如果正确，则直接单击“确定”按钮完成面的创建，如图 7-94 所示。

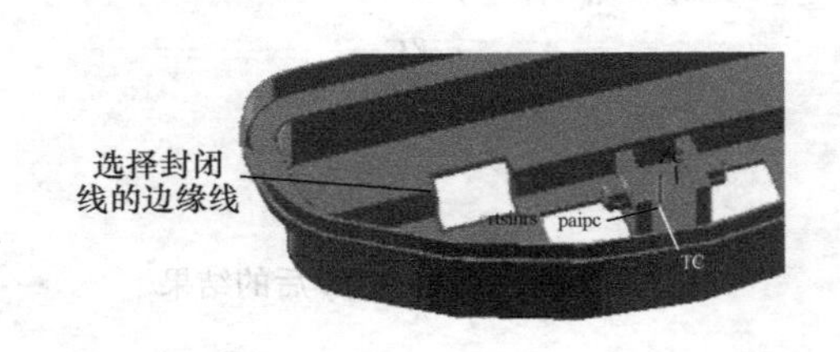

图 7-93　选择边缘线

图 7-94　完成面的创建

3. 创建方块

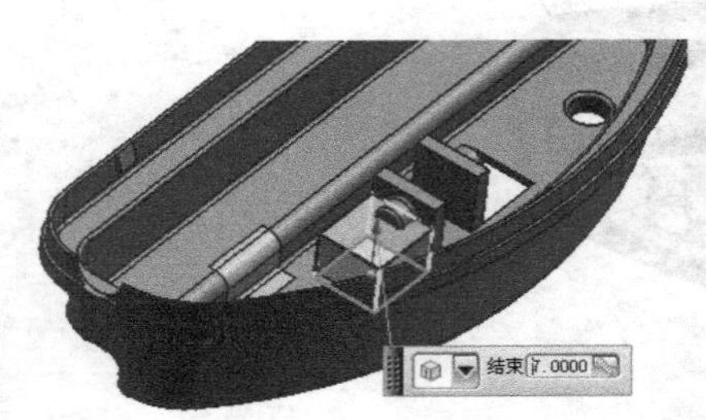

图 7-95　选择拉伸边缘

对图 7-91 中孔 *C* 与孔 *D* 进行创建方块操作，由于直接使用“创建方块”命令不能确定方块的长度，因此，这里使用“拉伸”命令来完成。为此，单击“建模”图标进入建模环境，然后单击“拉伸”图标，将“选择条”工具条中曲线规则栏中的内容“任何”修改为“单个曲线”，然后选中孔 *C* 的底面边缘线，如图 7-95 所示。

选择好拉伸的边缘后，“拉伸”对话框中的“开始”值为 0，而“结束”值为多少不知道，因此，单击“结束”右侧的图标，弹出下拉菜单，单击“测量”按钮，弹出“测量距离”对话框，将“矢量”设置为 *ZC* 轴。单击鼠标中键后，分别选择圆凸台 A 的圆心及孔 *C* 的一条拉伸边，就可以得到测量结果，如图 7-96 所示。

单击鼠标中键，将测量的结果 7 自动输入到“拉伸”对话框中的“结束”处，然后单击“确定”按钮，完成拉伸，结果，创建的拉伸体包裹了圆柱体的一半，如图 7-97 所示。

单击“求差”图标，先选中刚才创建的拉伸体，然后选中塑胶产品，再选中“求差”对话框中的“保留工具体”复选框，然后单击鼠标中键，完成方块的操作，隐藏塑胶产品后，可以看到方块效果如图 7-98 所示。

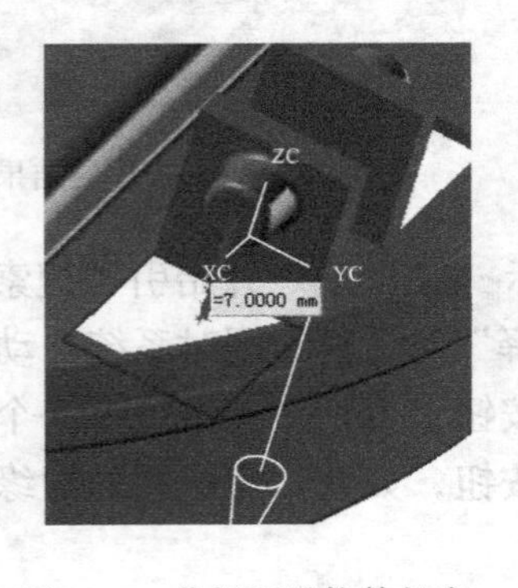

图 7-96　分析测量拉伸长度

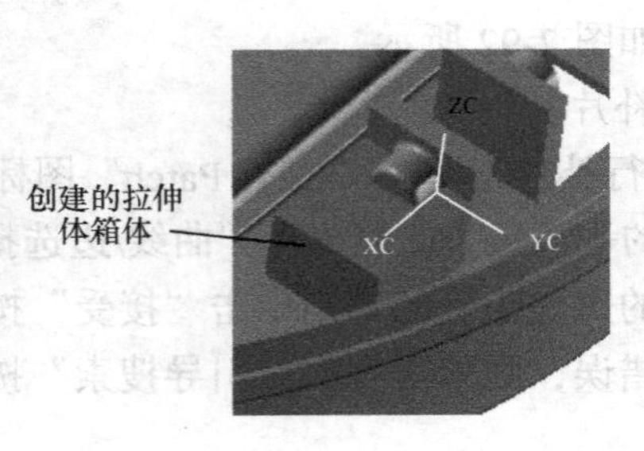

图 7-97　创建的拉伸体方块

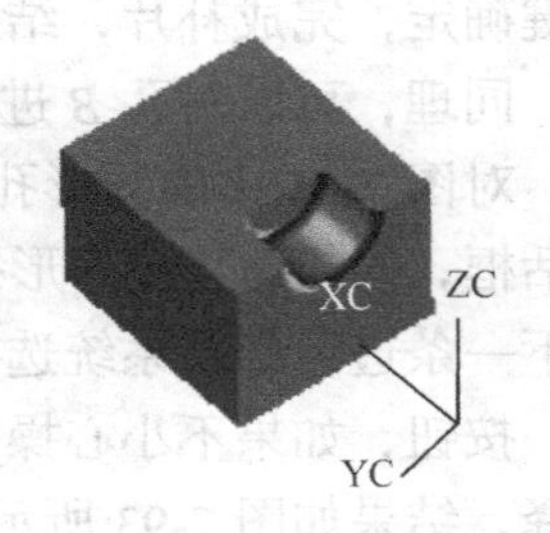

图 7-98　求差后的箱体

单击“补实体”图标，在弹出“选择目标”对话框后，先选中产品塑胶件，然后选中刚才创建的方块，单击“确定”按钮，完成补实体操作，结果如图 7-99 所示。

同样，对另一个孔 *D* 进行同样的处理，完成孔的修补，结果如图 7-100 所示。

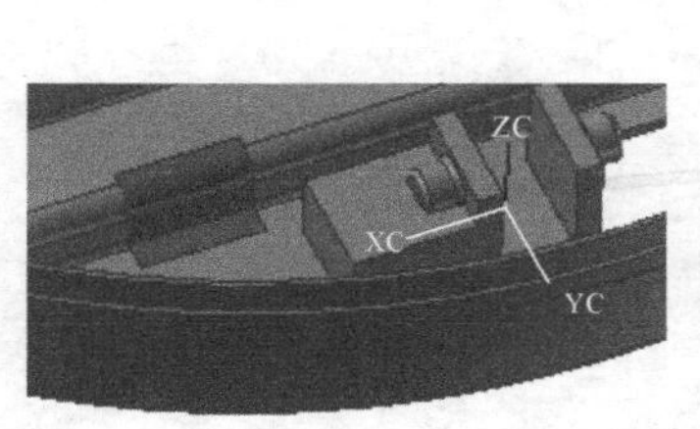

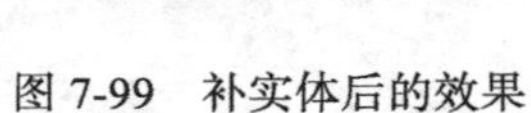

图 7-99　补实体后的效果

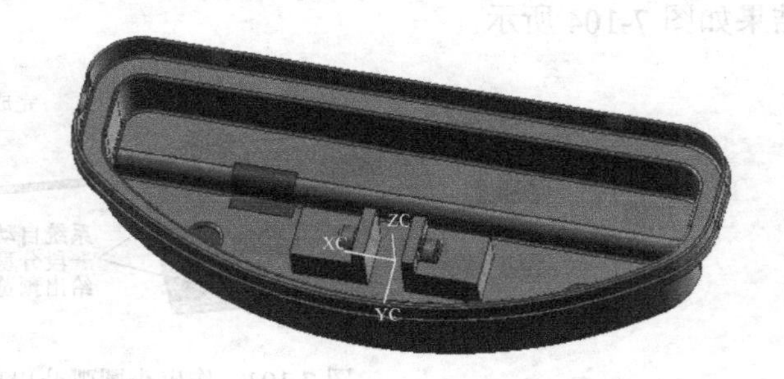

图 7-100　补完所有孔

本次创建方块是使用了“拉伸”命令来完成的。其实，读者要注意的是，在 UG 中，方块可以使用读者在第 1 章～第 4 章学过的所有造型命令来制作，这和前面的补片体可以使用所有曲面造型命令来制作是一样的，因此，在碰到复杂的问题时，不要只局限于“注塑模工具”工具条中的几个命令。并且，读者也可以看到，创建的方块不但可以作为侧抽芯，也可以将刚才创建的方块作为型芯或型腔的一部分。

4. 创建分型线与分型面

单击“注塑模向导”工具条中的“分型”按钮，弹出“分型管理器”对话框，单击其中的“编辑分型线”图标，弹出“分型线”对话框，单击其中的“搜索环”按钮，弹出“开始引导搜索”对话框，去掉“按面的颜色引导搜索”复选框前的“钩”，然后选中最大外形轮廓线进行搜索，搜索结果如图 7-101 所示。

搜索完毕，得到的分型线上有一个小的圆弧凸出部分，直接作分型面将有困难，因此，单击“分型管理器”对话框中的“定义\编辑分型段”图标，在圆弧凸出部分作出两条分型引导线，如图 7-102 所示。

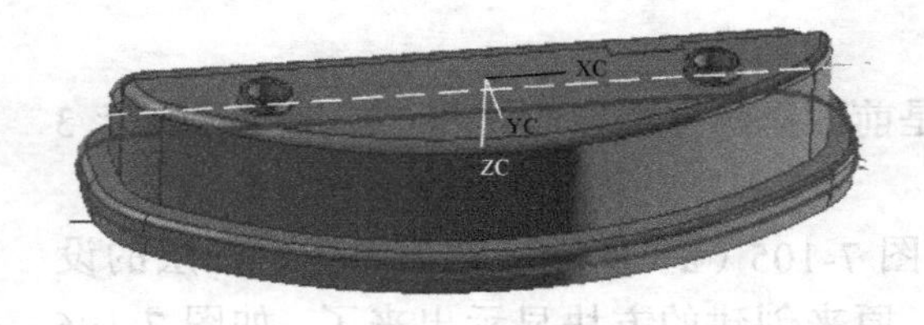

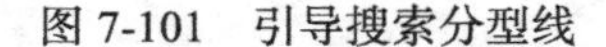

图 7-101　引导搜索分型线

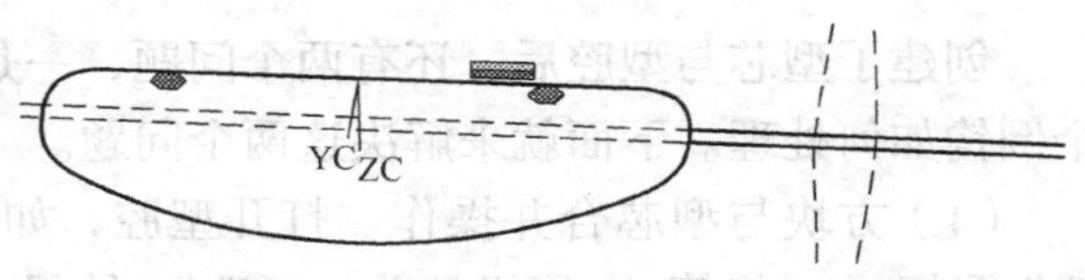

图 7-102　作出两条分型引导线

单击“创建/编辑分型面”图标，弹出“创建分型面”对话框，单击“创建分型面”按钮，系统将自动选中小圆弧的凸出部分，并弹出“分型面”对话框，单击其中的“已扫掠”按钮，单击鼠标中键确定，完成一小段分型面的制作，如图 7-103 所示。

如图 7-103 所示，系统会自动选中另一段分型线，并给出分型面的预览效果，此时，单击“分型线”对话框中的“有界平面”按钮，并拖动“分型线”对话框中的百分比移动按钮到200左右，然后确定，将弹出“查看剪切片体”对话框，如果分型面的方向正确，就直接单击“确定”按钮，否则，就单击“翻转修剪的片体”按钮，完成后回到“创建分型面”对话框，单击对话框中的“合并曲面”按钮，单击“确定”按钮完成分型面的制作，结果如图7-104所示。

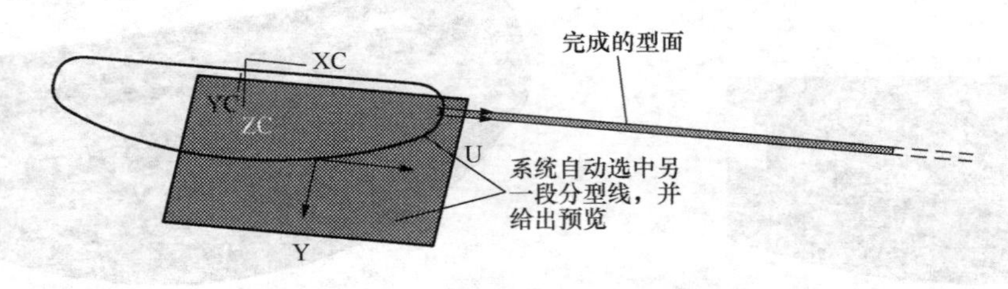

图7-103　作出小圆弧凸出部分的分型面

5. 分型

单击“分型管理器”对话框中的“抽取区域和分型线”图标，使用“边界区域”完成区域的抽取，然后使用“创建型腔和型芯”命令，使用“自动创建型腔型芯”完成分模操作，得到型芯和型腔，如图7-105所示。

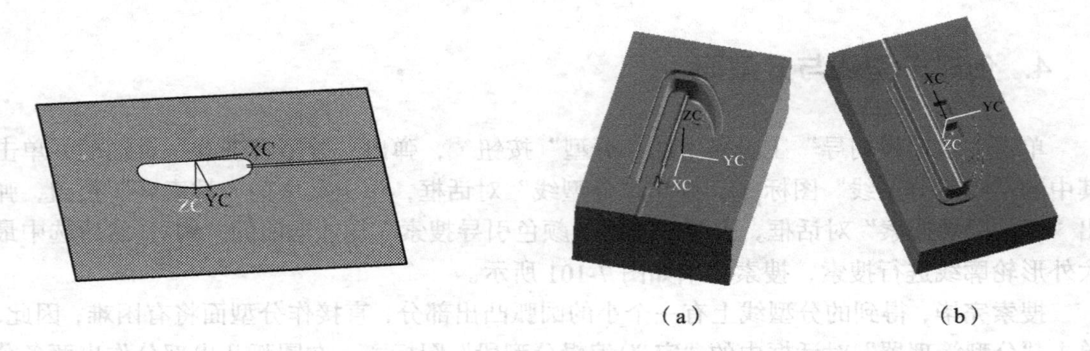

图7-104　作好的分型面　　图7-105　创建的型芯与型腔

6. 后处理

创建了型芯与型腔后，还有两个问题，一是前面作的方块如何处理；二是型芯中有3个倒钩如何处理。下面就来解决这两个问题。

（1）方块与型芯合并操作。打开型腔，如图7-105（a）所示。然后单击“图层的设置”图标，将第25层设置为“可选”，结果，原来创建的方块显示出来了，如图7-106所示。

单击“求和”按钮，先选中型腔，然后选中刚才显示的两个方块，确定后，就将两个方块作成了型腔的一部分，这样，上下模的相应处相合并后，就能形成图7-106中的孔*D*中的柱体了，如图7-107所示。

（2）创建斜滑块的内侧分型机。打开型芯，以静态线框模式显示，结果如图7-108所示。发现在型芯中有3处倒钩，这是塑胶件上的凸出部分，用来进行上下盖互锁的。

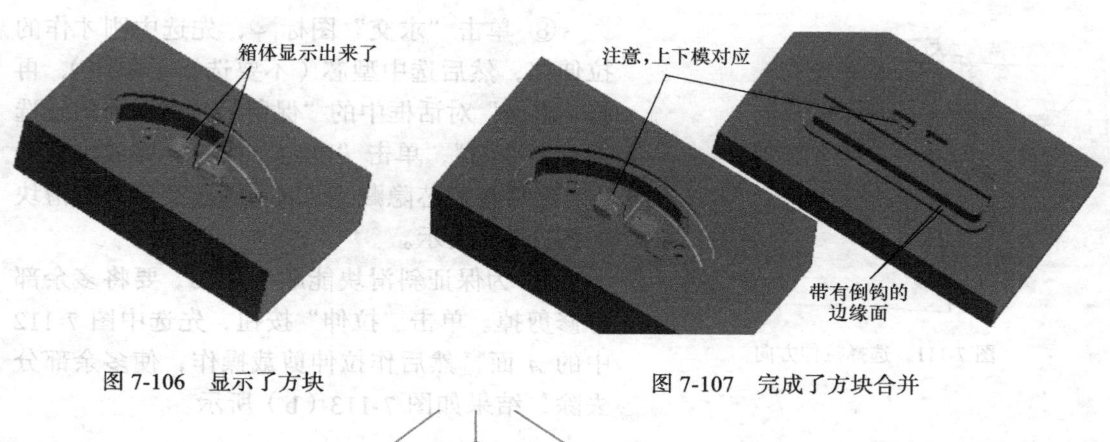

图 7-106　显示了方块　　图 7-107　完成了方块合并

图 7-108　型芯中有 3 处倒钩

现在，要将倒钩作成斜滑块，形成内侧分型机构，可以按如下步骤进行操作。

① 单击“文件”→“全部保存”命令，以便保存所有刚才建立的文件，其中包括型芯与型腔等零件。

② 单击“文件”→“关闭”→“所有部件”命令，将所有文件全部关闭。

③ 单击“文件”菜单中的“打开”命令，打开刚才创建的型芯文件。

④ 先单击“草图”命令，以图 7-108 中右侧端面作草图面，作一条与垂直方向呈 85° 的直线作为草图线，这条线将作为下一步拉伸时的方向线，结果如图 7-109 所示。

⑤ 单击“拉伸”命令，以图 7-108 中的台阶面作为草图面，作拉伸草图，草图要作在倒钩处，草图形状为一矩形，其宽度与倒钩等宽，长度约为 7mm，如图 7-110 所示。

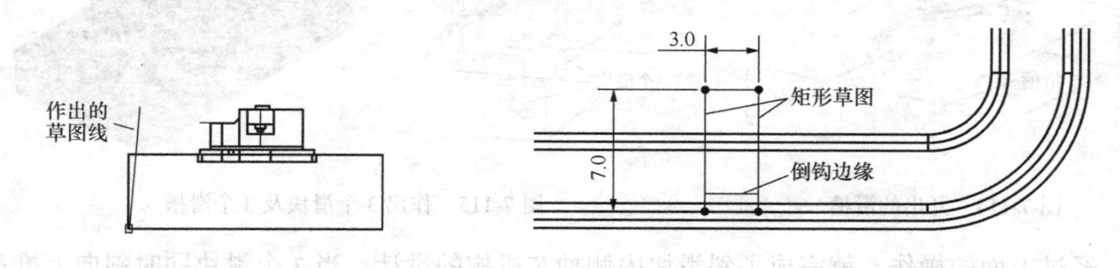

图 7-109　拉伸方向曲线　　图 7-110　作出的拉伸用的草图

⑥ 单击“拉伸”对话框中的拉伸方向按钮“自动判断的矢量”，然后选中图 7-109 中作的拉伸方向曲线，其操作结果如图 7-111 所示。

⑦ 在“拉伸”对话框中，取拉伸长度的“结束”处为“直至被延伸”，然后选中型芯的底部，确定，完成拉伸操作，得到一个拉伸体。

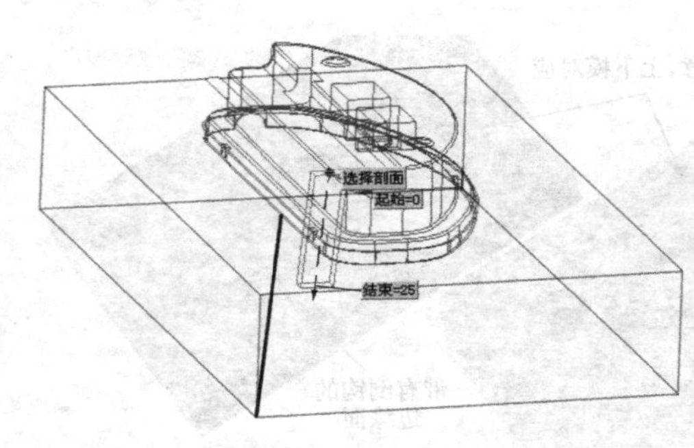

图 7-111 选择拉伸方向

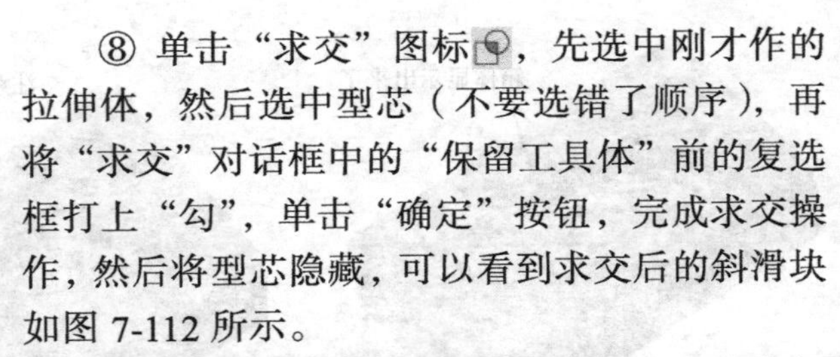

⑧ 单击“求交”图标，先选中刚才作的拉伸体，然后选中型芯（不要选错了顺序），再将“求交”对话框中的“保留工具体”前的复选框打上“勾”，单击“确定”按钮，完成求交操作，然后将型芯隐藏，可以看到求交后的斜滑块如图 7-112 所示。

⑨ 为保证斜滑块能顺利滑动，要将多余部分修剪掉。单击“拉伸”按钮，先选中图 7-112 中的 *A* 面，然后作拉伸剪裁操作，使多余部分去除，结果如图 7-113（b）所示。

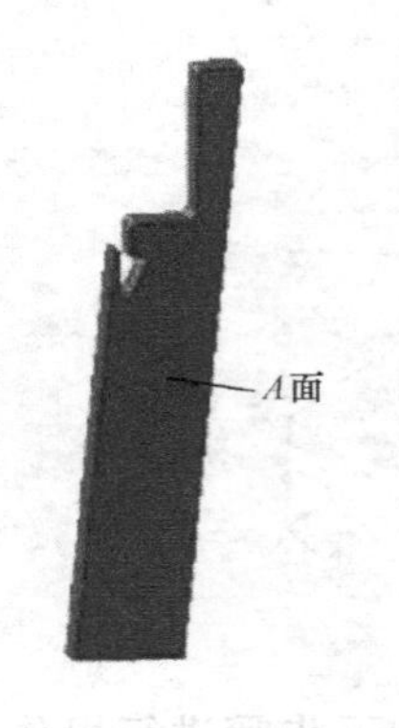

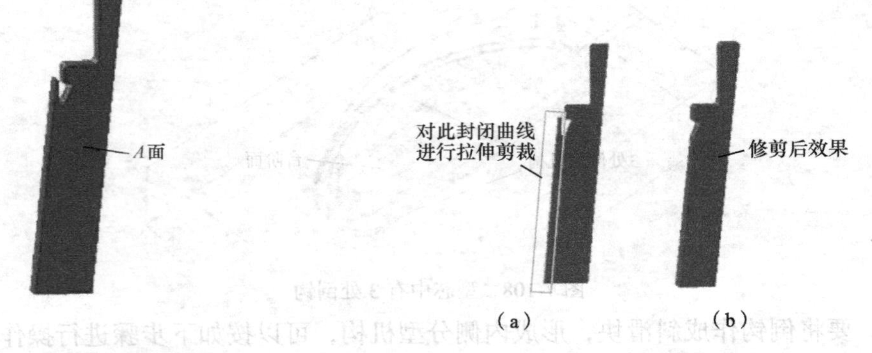

图 7-112 求交后得到的斜滑块

图 7-113 修平整后的面

⑩ 经过修平后的滑块就是斜滑块，用推杆推动此滑块就可以取出塑胶件。但此时的型芯并没有发生变化，为此，取消对型芯的隐藏，然后，单击“求差”图标，当出现“求差”对话框后，先选中塑胶件，然后选中图 7-113 中的斜滑块，再选中“保留工具体”复选框，确定后，就将型芯开出了一个滑槽，结果如图 7-114 所示。

⑪ 以同样的方法开出其他几个滑槽，结果如图 7-115 所示，并保留上面作的这些滑块。

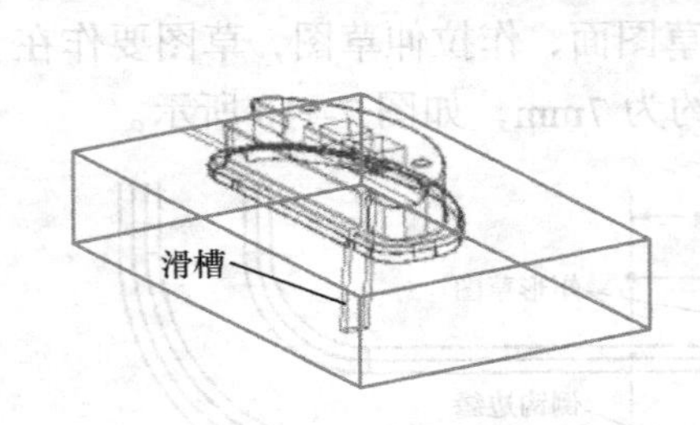

图 7-114 开出的滑槽

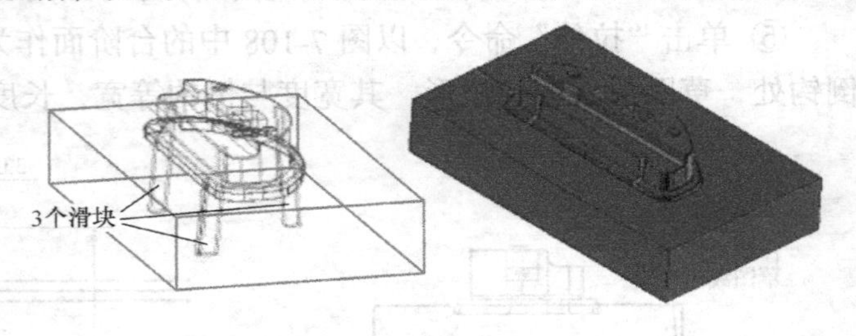

图 7-115 作出 3 个滑块及 3 个滑槽

经过上面的操作，就完成了斜滑块内侧抽芯机构的设计，当 3 个滑块同时斜向上推动时，就可以在将塑胶件顶出的同时进行脱模。

保存全部内容。完成分模操作。至于后面的其他操作，如加模架、浇口等可按 7.1 节操作完成。

总结：当型芯或型腔过于复杂需要分解才能加工时，读者可以使用本例中滑块的制作技巧。

7.3.3 固定板分模

图 7-116 所示为固定板三维图，该塑料板的分模也是有一些特点：如果直接使用 UG“注塑模工具”栏中的命令，不易分模。因此，最好是建立分模面。

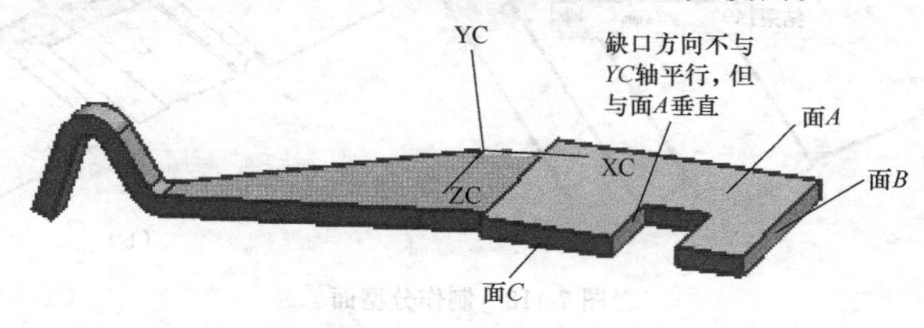

图 7-116　固定板

1. 初始化操作

启动 UG 后，对该零件进行项目初始化，结果如图 7-117（a）所示。显然，模具坐标不正确，单击“注塑模向导”工具条中的“模具 CSYS”，双击坐标，出现图 7-117（a）所示的效果时，单击 *Z* 轴箭头，然后单击图中的面 *A*，此时，*Z* 轴箭头就与该面垂直了；同理，让 *Y* 坐标与 *B* 面垂直，结果如图 7-117（b）所示。然后单击坐标的任意移动块 *O*，并单击边 *L* 的中点，坐标就移动到了 *L* 边的中点处，再单击 *X* 轴坐标的箭头，输入数据-30 并按 Enter 键，结果坐标平移到图 7-117（c）所示位置，完成了坐标设定。

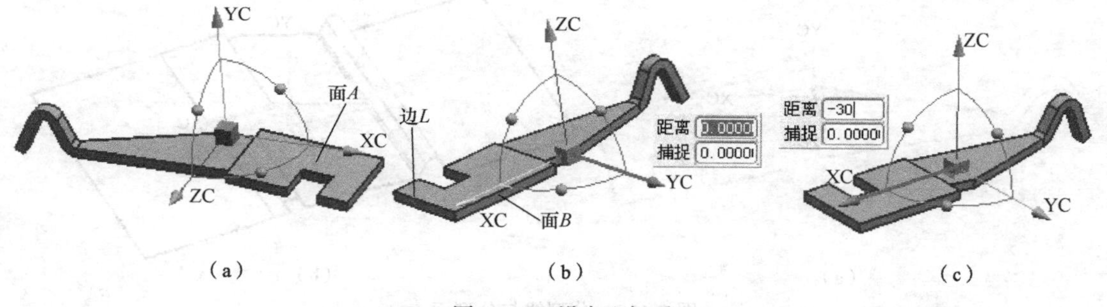

图 7-117　设定坐标系

这样做的目的就是要将图 7-116 中的缺口方向设置成开模方向，这样模具比较简单。

与前面实例一样，请读者完成收缩率、工件及布局操作，并进入模具工具环境，单击“现有曲面”图标，当弹出对话框后，单击“取消”按钮，让对象显示为着色模式，结果与图 7-116 所示类似，让系统进入建模状态，使用“拉伸”命令，对其中一侧的边缘进行拉伸，效果如图 7-118（a）所示。同理，拉伸其他各边，得到图 7-118（b）所示的面。注意在拉伸时，各拉伸面方向与图 7-116 中的面 *B* 或面 *C* 垂直，并且拉伸时先拉伸前面两侧，再拉伸左右边，拉伸左右边时选择前面拉伸的边一起进行拉伸。

使用“特征操作”工具条中的“缝合”命令对刚才拉伸的面进行缝合操作，使之成为一个面，该面将成为分型面。

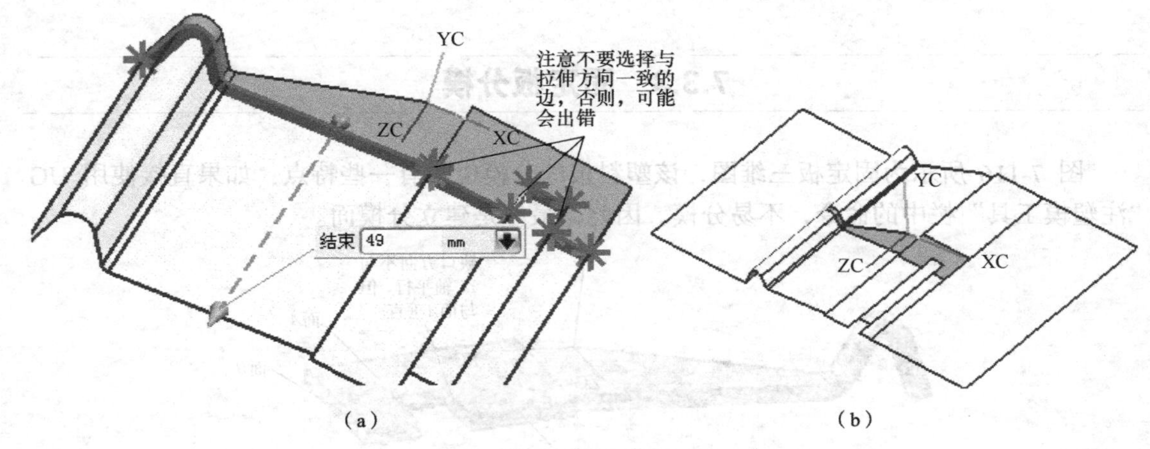

（a）　（b）

图 7-118　制作分型面

2. 创建分型面

单击“注塑模向导”工具条中的“分型”图标，弹出“分型管理器”对话框，单击其中的“编辑分型线”图标，弹出“分型线”对话框，请读者使用“遍历环”功能完成分型线创建，结果如图 7-119（a）所示，注意在遍历环时，选择刚才拉伸面的边缘进行。然后单击“分型管理器”对话框中的“创建/编辑分型面”图标，在弹出“创建分型面”对话框时，选择“添加现有曲面”命令，选择上面缝合的曲面，单击鼠标中键多次完成操作。在操作时，可能出现看不到前面制作的缝合曲面的情况，此时，只要将第一图层显示出来就可以看到。结果如图 7-119（b）所示。

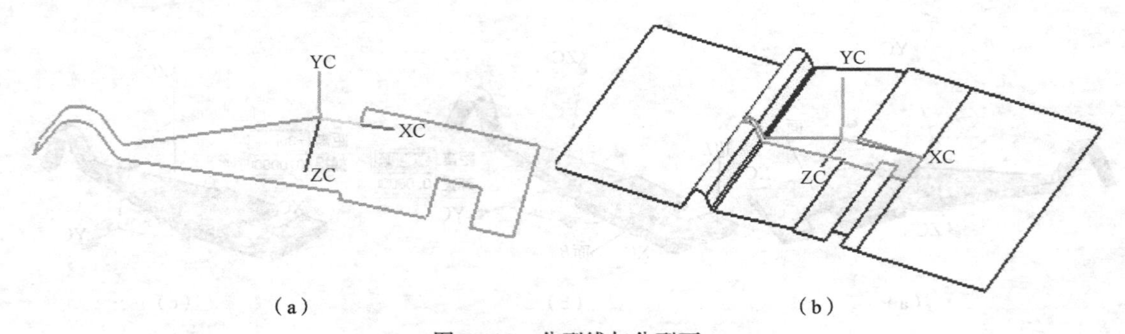

（a）　（b）

图 7-119　分型线与分型面

在进行这一步操作时，有人说操作完和没有操作前效果一样，是的，表面上看操作前后缝合面没有变化，但本质变了，在进行创建分型面操作之前，该面是一个普通的缝合曲面，不是分型面，但操作后，该面就成为了分型面，不是普通的缝合面了，因此，这个操作过程是不可缺少的。

3. 分模

单击“分型管理器”对话框中的“抽取区域与分型线”按钮，分别抽取型芯与型腔的区域，最后，使用“分型管理器”对话框中的“创建型腔与型芯”命令，完成型腔与型芯的创建，结果如图 7-120 所示。

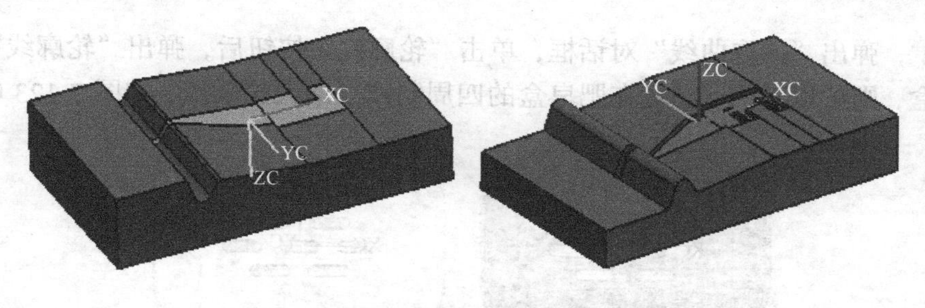

图 7-120　创建的型腔与型芯

7.3.4　肥皂盒分模

图 7-121 所示是一种肥皂盒，其特点是该盒沿着盒子的四边是一条空间曲线，因此，其难点是如何找到最大外形。

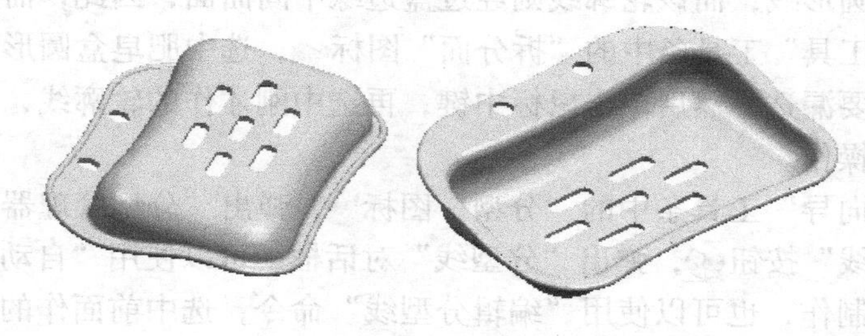

图 7-121　肥皂盒

1. 初始化操作

新建项目，并对其进行初始化工作：设置模具坐标、收缩率、工件及布局，其中，模具坐标要将 *XY* 面设置在图 7-122（a）所示的平面内。

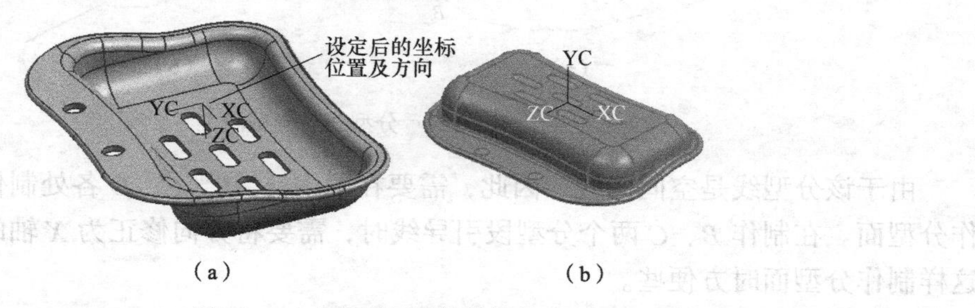

（a）　　　　（b）

图 7-122　坐标设置及补片效果

使用“注塑模工具”工具条中的“曲面补片”命令完成对各孔的补片，效果如图 7-122（b）所示。

2. 制作分型线

进入建模状态，在绘图区空白处右击鼠标，弹出快捷菜单，单击“定向视图”→“后视图”命令，肥皂盒如图 7-123（a）所示。然后，单击“曲线”工具条中的“抽取曲线”按钮，弹出“抽取曲线”对话框，单击“轮廓线”按钮后，弹出“轮廓线”对话框，单击肥皂盒，则可以看到，已经在肥皂盒的四周制作了最大轮廓线，如图 7-123（b）所示。

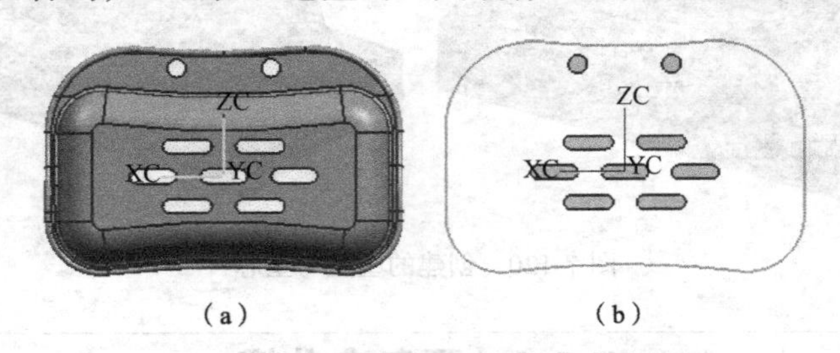

图 7-123　定向为后视图并做出轮廓线

如图 7-123（b）所示是在制作出了最大轮廓线后，隐藏了肥皂盒实体，以便能看清楚轮廓线，该轮廓线为空间曲线，反映了肥皂盒的最大外形，因此，可以用来制作分型线。

肥皂盒边缘是圆形线，而该轮廓线则经过盒边缘中间曲面，因此，需要对该面进行分割，单击“注塑模工具”工具条中的“拆分面”图标，选中肥皂盒圆形边缘，注意要选中所有段的面，不要漏选，然后单击鼠标中键，再选中刚才作的轮廓线，单击“应用”按钮，完成面的分割操作。

单击“注塑模向导”工具条中的“分型”图标，弹出“分型管理器”对话框，单击其中的“编辑分型线”按钮，弹出“分型线”对话框，可以使用“自动搜索分型线”命令来完成分型线的制作，也可以使用“编辑分型线”命令，选中前面作的最大轮廓曲线，以便使其变成分型线，结果得到分型线如图 7-124（a）所示。

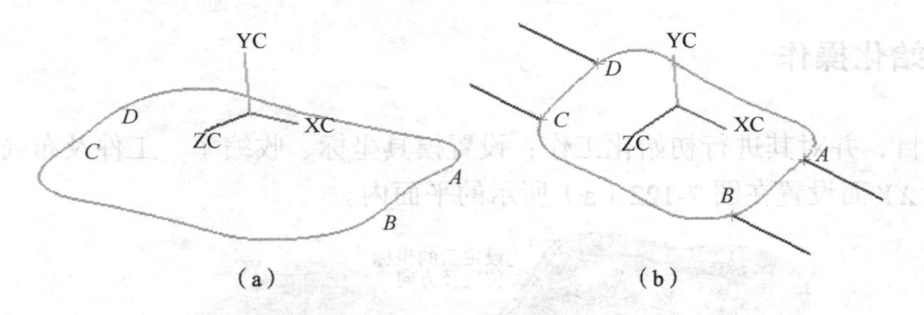

图 7-124　分型线与分型段

由于该分型线是空间曲线，因此，需要在图中 *A*、*B*、*C*、*D* 各处制作分型线，然后制作分型面。在制作 *B*、*C* 两个分型段引导线时，需要将方向修正为 *X* 轴的正反两个方向，这样制作分型面时方便些。

3. 制作分型面及分模

使用“分型管理器”对话框中的“创建/编辑分型面”命令进行分型面的创建，结果如图 7-125（a）所示。然后进行“抽取区域与分型线”，最后完成分模，结果如图 7-125（b）、图 7-125（c）所示。

在 UG 中进行分模，最大的难点是取得合理的分型线及分型面，但分型面与分型线的获得需要根据具体问题进行具体操作，没有统一的方法与格式，但下面的这些方法可供参考。

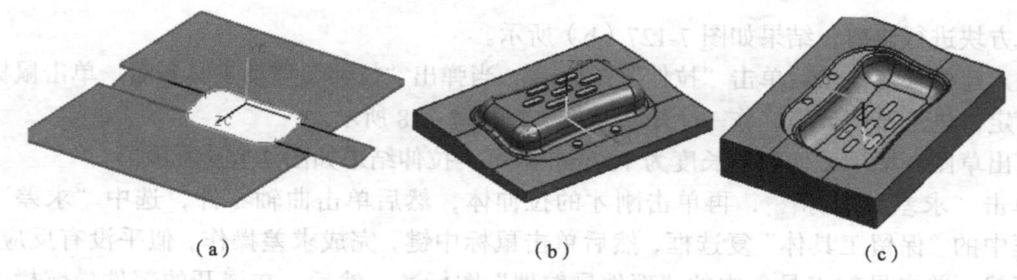

图 7-125　分模效果

（1）在产品表面有孔时，如果孔所在面与 *XY* 面夹角不大或平行时，使用补片体较方便，但有时也需要使用方块，然后通过超级链接完成模具分模；如果孔面基本上或完全垂直于 *XY* 面，可能需要侧抽芯，则使用方块较方便，也可通过补片体来完成，不过操作起来麻烦些。

（2）分型面或分型线通过工件上某曲面中间时，需要从分型线或分型面处将工件曲面分割，否则不能得到正确的区域。

（3）分型面可以使用曲面造型的各种命令来自己制作，也可以使用“分型”工具条中的命令来建立。

（4）分型线一般情况下是通过搜索或遍历来得到的，但也可以将现有曲线通过“编辑分型线”操作来转变为分型线，操作时看何种方式更方便即可。

（5）分型线如果是平面曲线，可以直接制作分型面；但如果是空间曲线，则需要进行分段，即创建引导线，创建引导线的原则是将引导线分成若干段后，每一段分型线均为平面曲线即可，当然，该平面曲线所在平面若垂直于 *XY* 面，则多用“扫掠”来完成分型面的创建；如果所在平面平行于 *XY* 面，则使用“有界平面”来完成分型面的创建；当然，如果方便，也可使用系统提供的其他方法，但笔者认为这样做更简便。

7.3.5　曲轴手工分模

下面是一个曲轴，在多数情况下，曲轴类零件是通过铸造而来的，这里只是作为一个分模的特例来进行讲解，目的是让读者认识手工分模操作。

其实，手工分模这种方法也可以在自动分模中作为借鉴，如在作侧抽芯机构、特殊复杂结构等的混合抽芯方式中。下面以图 7-126 所示曲轴为例进行说明。

按前面的方法进入注塑模环境，通过项目初始化打开曲轴零件（光盘 MZ 目录中的 qz.prt 零件），并进行这些初步操作：初始化、收缩、模具坐标系、布局。然后将各中心孔、键槽等均以方块补上，结果如图 7-127（a）所示。

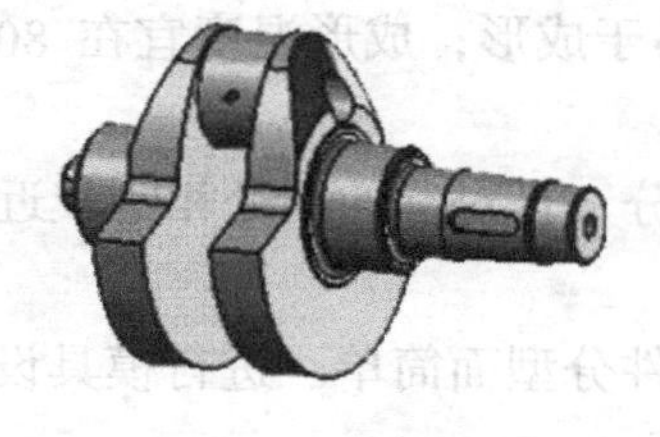

图 7-126　曲轴零件

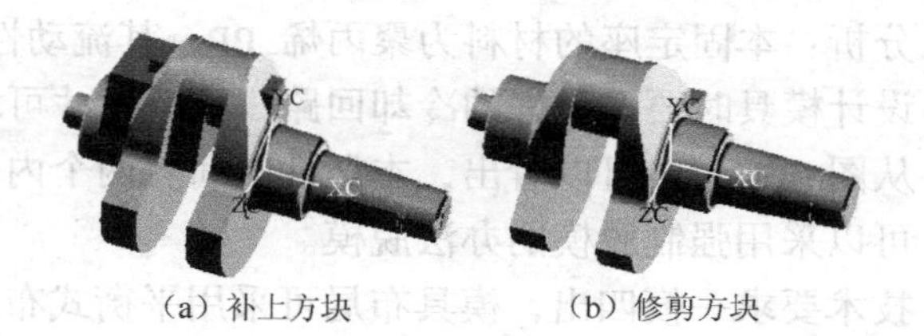

（a）补上方块　（b）修剪方块

图 7-127　效果图

对方块进行修剪，结果如图 7-127（b）所示。

进入建模环境，然后单击“拉伸”图标，当弹出“拉伸”浮动工具条时，单击鼠标中键确定，进入草图环境，作一个矩形草图，如图 7-128 所示。

退出草图环境后，使拉伸长度为 100mm 即可，拉伸结果如图 7-129 所示。

单击“求差”图标，再单击刚才的拉伸体，然后单击曲轴零件，选中“求差”对话框中的“保留工具体”复选框，然后单击鼠标中键，完成求差操作，似乎没有反应，其实不然，单击导航工具条中的“部件导航器”图标，然后，在展开的部件导航栏中取消选择 UM-PROD-BODY 复选框，从而隐藏曲轴，结果如图 7-130 所示。可见，型芯已经作好了。

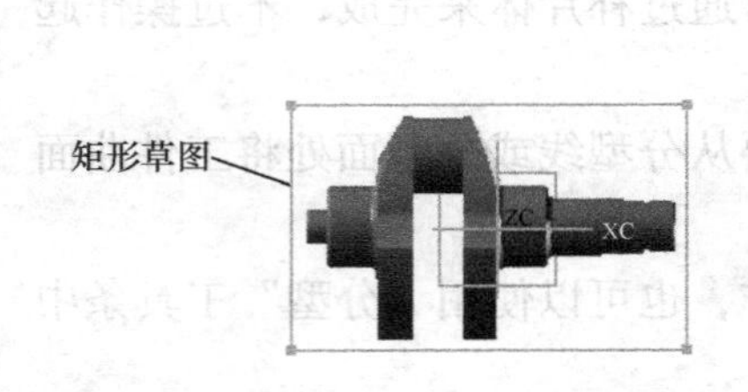

图 7-128 矩形草图

图 7-129 拉伸结果

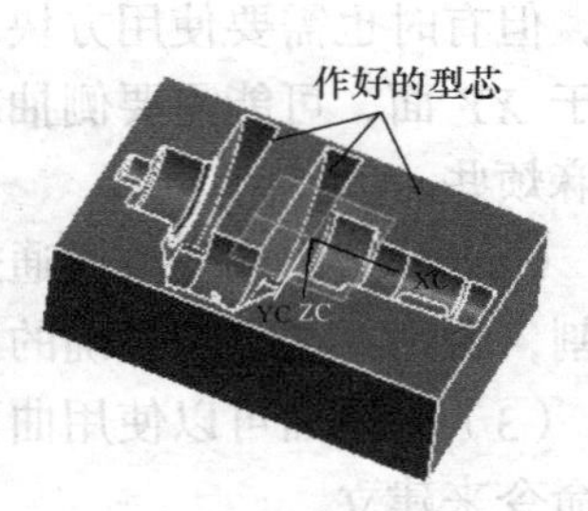

图 7-130 制作的型芯

同样，可以作出型腔。由于零件是对称的，型腔形状与图 7-130 类似，只是方向相反而已。现在，使用“移动至图层”命令将型芯移至第 7 层，将型腔移动至第 8 层，这是 UG 默认的图层。完成了型芯与型腔的制作后，就可以对曲轴进行初始化，并加装模架、模具标准件等，其操作与前面介绍的模具操作部分是类似的，在此就不详述了。

这个简单的实例说明，在 UG 中，可以通过手工的方式进行分模，像曲轴这样的零件，如果以自动分模的方式来分模，反而将更加复杂。因此，根据零件的实际情况进行手工分模或自动分模的选择是必要的，希望读者在实践中慢慢理解并掌握。

7.4 综合练习

本节作为分模的总结，以图 7-131 所示的固定座塑件为例介绍一个完整的模具设计的操作步骤，以便让读者对 UG 塑料模的设计有一个完整的认识。对于前面叙述过的操作步骤，这里仅做简化叙述，重点讲解新知识。

分析：本固定座的材料为聚丙烯 PP，其流动性好，易于成形；成形温度宜在 80℃左右。设计模具时要有较好的冷却回路，浇口尺寸可取小些。

从图 7-131 中可以看出，本塑件中间有两个内凹的部分，且对称的两处相距较近，因此，可以采用强制脱模的办法脱模。

技术要求一模四出，模具布局可采用平衡式布局；塑件分型面简单。进行模具设计时要重点处理好强制脱模。

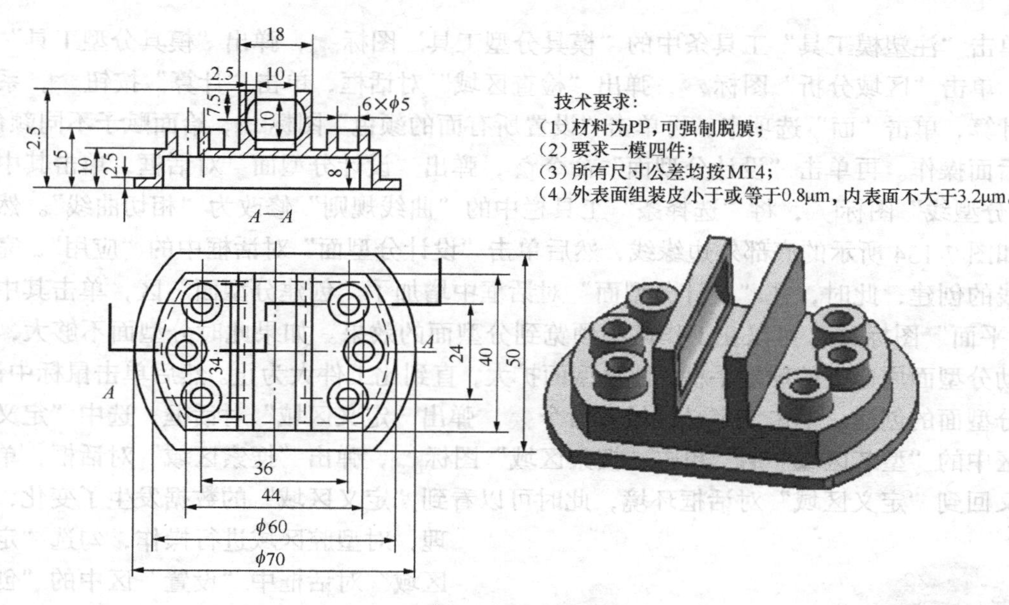

图 7-131 固定座

7.4.1 项目初始化及分模

启动 UG，单击“注塑模向导”工具条中的“初始化项目”图标，弹出“初始化项目”对话框，给出项目路径及项目名称，确定后，完成项目初始化操作；单击“模具 CSYS”图标，弹出“模具 CSYS”对话框，双击 WCS 坐标系，修改 *ZC* 方向，使其指向定模方向，结果如图 7-132 所示。

单击“工件”图标，弹出“工件尺寸”对话框，以默认尺寸作出工件。单击“型腔布局”图标，弹出“型腔布局”对话框，布局使用“矩形”和“平衡”，型腔数使用 4，以便作出一模四腔。单击“开始布局”按钮，系统进行布局，然后单击“自动对准中心”图标，再单击“确定”完成布局，结果如图 7-133 所示。

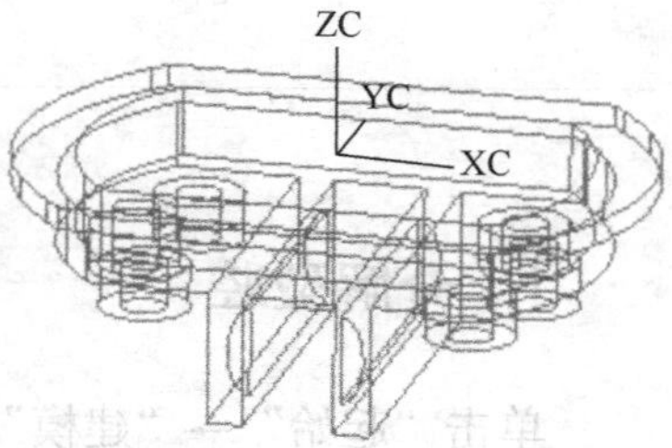

图 7-132 修改后的 WCS 坐标系

单击“注塑模工具”命令，弹出“注塑模工具”工具条，单击“注塑模工具”工具条中的“Existing Surface”命令，弹出“选择片体”对话框，单击“取消”；单击“Edge Patch”命令，弹出“开始引导搜索”对话框，将塑件中的两个穿孔完成补片，如图 7-134 所示。

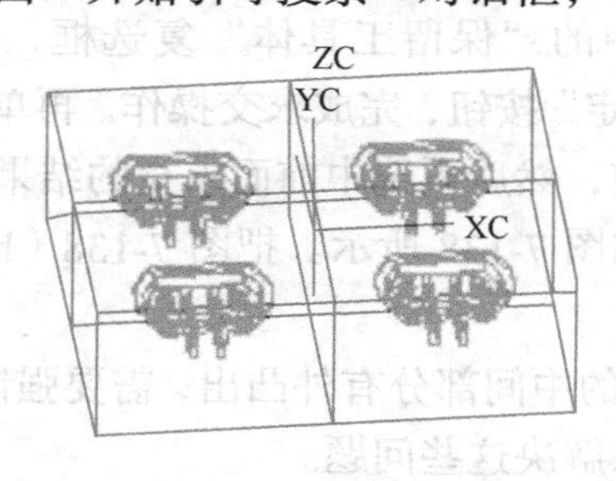

图 7-133 布局效果

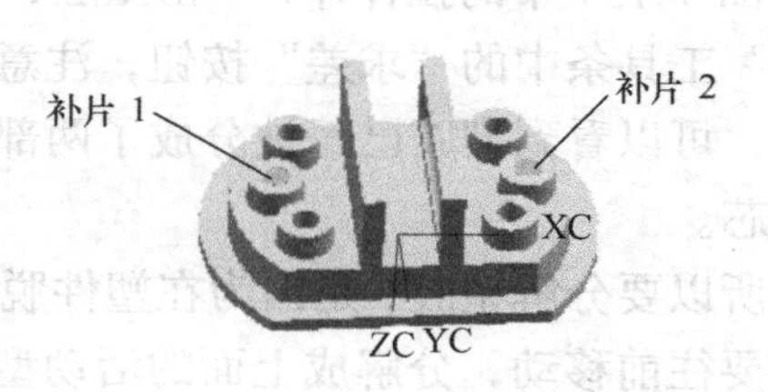

图 7-134 边补片的效果

单击“注塑模工具”工具条中的“模具分型工具”图标，弹出“模具分型工具”工具条，单击“区域分析”图标，弹出“检查区域”对话框，单击“计算”按钮，系统开始计算，单击“面”选项卡，再单击“设置所有面的颜色”图标，给面赋予不同颜色，便于后面操作。再单击“设计分型面”命令，弹出“设计分型面”对话框，单击其中的“编辑分型线”图标，将“选择条”工具栏中的“曲线规则”修改为“相切曲线”。然后选择如图7-134所示的底部外边缘线，然后单击“设计分型面”对话框中的“应用”，完成分型线的创建，此时，在“设计分型面”对话框中增加了“创建分型面”区，单击其中的“有界平面”图标，可以在工作区中预览到分型面的效果。如果此时分型面不够大，可以拖动分型面周边上的球形手柄，使分型面扩大，直到比工件大为止。然后单击鼠标中键，完成分型面的创建。单击“定义区域”命令，弹出“定义区域”对话框，选中“定义区域”区中的“型芯区域”后，单击“搜索区域”图标，弹出“搜索区域”对话框，单击确定又回到“定义区域”对话框环境，此时可以看到“定义区域”的数据发生了变化，同理，对型腔区域进行操作，勾选“定义区域”对话框中“设置”区中的“创建区域”复选框，再单击“确定”按钮，完成区域的抽取。

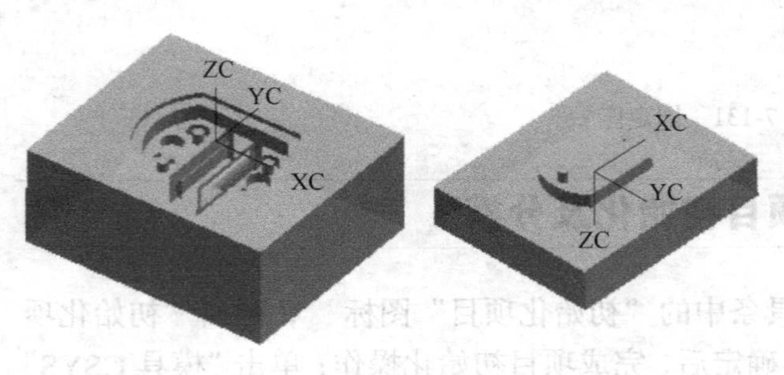

图7-135　创建的型芯与型腔

单击“定义型腔和型芯”图标，弹出“定义型腔和型芯”对话框，单击“所有区域”，再单击“确定”按钮，完成型芯与型腔的创建，结果如图7-135所示。

7.4.2　修改型腔

1. 分解型腔

单击“起始”→“建模”命令，进入建模环境，单击“成形特征”工具条中的“拉伸”按钮，选择如图7-135（a）所示的型腔的上表面作为拉伸草图面，作一个矩形草图，如图7-136所示。

完成草图后，拉伸80长，结果如图7-137所示。单击“特征操作”工具条中的“求交”图标，弹出“求交”对话框，选中对话框中的“保留工具体”复选框，然后首先选中图7-137中的拉伸体，单击型腔，再单击“确定”按钮，完成求交操作。再单击“特征操作”工具条中的“求差”按钮，注意先选中型腔，然后再选中前面求交的结果零件，确定后，可以看到型腔已经被分成了两部分，结果如图7-138所示。把图7-138（b）称为活动型芯。

之所以要分解型腔，是因为在塑件脱模时，型腔的中间部分有外凸出，需要强制脱模，因此，要往前移动，分解成上面的活动型芯后才可以解决这些问题。

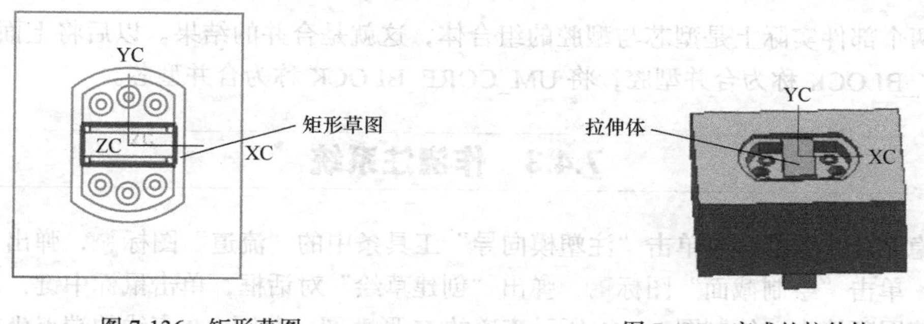

图 7-136　矩形草图　　　　图 7-137　完成的拉伸体

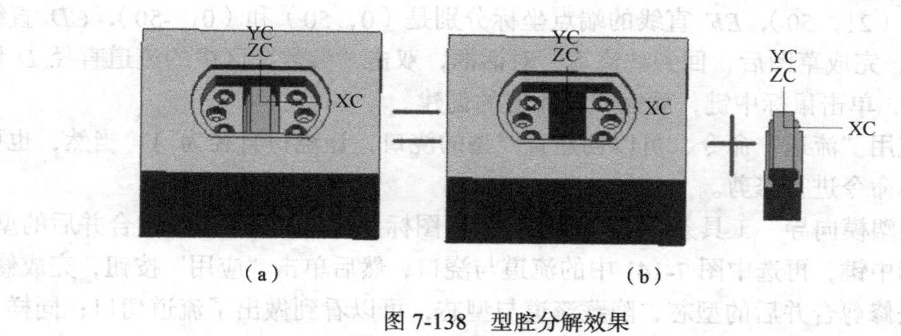

图 7-138　型腔分解效果

2. 合并

单击“窗口”→ZHSL-TOP-000.prt 选项，显示模具总体结构。先在装配导航栏中右击 ZHSL-TOP-000 图标，再单击弹出的快捷菜单中的“转为工作部件”命令（注：如果没有“转为工作部件”菜单命令，说明此部件已经是工作部件了，则不需要此步操作）；单击“装配”工具条中的“WAVE 几何链接器”图标，弹出“WAVE 几何链接器”对话框，单击其中的“体”图标，分别将 4 个型腔板及 4 个型芯板进行链接，然后使用“特征操作”工具条中的“求和”命令将 4 个型腔板及 4 个型芯板求和，此时打开右侧的“部件导航器”，从中可以看到只有两个实体，如图 7-139 所示。

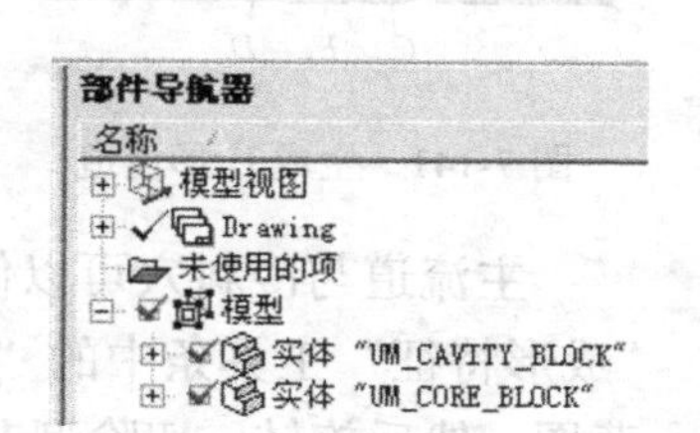

图 7-139　“部件导航器”中的实体

一个是 UM_CAVITY_BLOCK，表示是型腔链接并求和以后的结果；另一个是 UM_CORE_BLOCK，代表型芯链接并求和后的结果。可以将图 7-139 中选项前面的“钩”去掉，然后将屏幕上的所有内容都隐藏起来，再单击图中显示“钩”复选框让“钩”显示出来，此时屏幕上仅显示 UM_CAVITY_BLOCK 及 UM_CORE_BLOCK 两个部件，结果如图 7-140 所示。

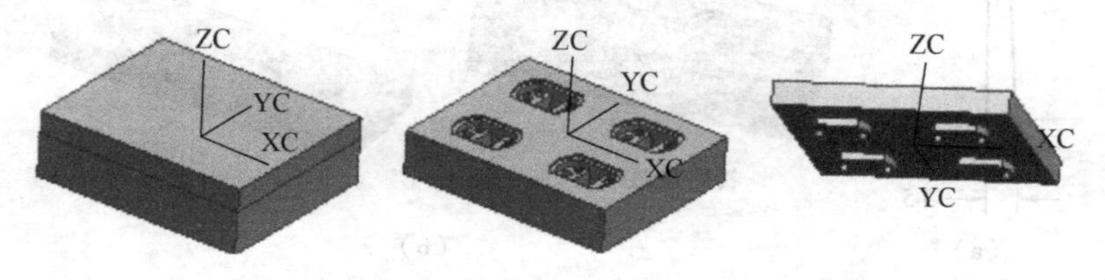

图 7-140　组合及分解后的 UM_CAVITY_BLOCK 与 UM_CORE_BLOCK 两个部件

这两个部件实际上是型芯与型腔的组合体，这就是合并的结果。以后将上面的 UM_CAVITY_BLOCK 称为合并型腔，将 UM_CORE_BLOCK 称为合并型芯。

7.4.3 作浇注系统

先隐藏合并型芯，再单击“注塑模向导”工具条中的“流道”图标，弹出“流道”对话框，单击“绘制截面”图标，弹出“创建草绘”对话框，单击鼠标中键，以默认方式进入草图环境中，绘制图 7-141 所示流道的 H 形草图，草图 *AB* 直线的端点坐标分别是（-21，50）和（21，50），*EF* 直线的端点坐标分别是（0，50）和（0，-50），*CD* 直线与 *AB* 直线对称，完成草图后，回到“流道”对话框，双击“参数”区中的流道直径 *D* 值，修改其值为 5，单击鼠标中键，就完成了流道的创建。

同样，使用“流道”命令，可以创建直线型的浇口，让浇口直径为 1，当然，也可以使用“拉伸”命令进行修剪。

单击“注塑模向导”工具条中的“型腔设计”图标，选中图 7-141 中合并后的型腔，然后单击鼠标中键，再选中图 7-141 中的流道与浇口，然后单击“应用”按钮，完成修剪，以同样的方法修剪合并后的型芯，隐藏流道与型芯，可以看到做出了流道切口；同样，可以完成型芯的切口，如图 7-142 所示，图中右侧是浇口放大图。

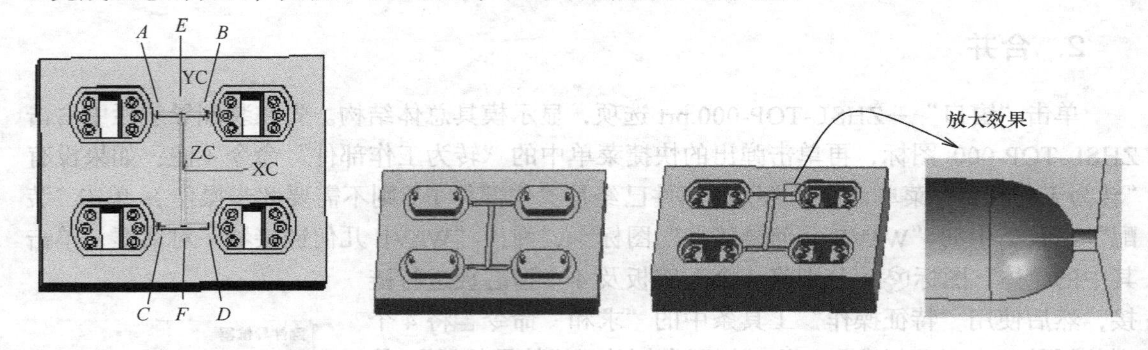

图 7-141　生成 H 形流道　　　　图 7-142　作出了浇口与流道

主流道与冷料穴可以使用“旋转”命令来完成，显示合并型芯与合并型腔，然后单击“成形特征”工具条中的“旋转”图标，以 *XC-ZC* 为草图平面，作图 7-143（a）所示的草图。然后旋转，切除型芯与型腔，类似地，可以作出冷料穴切口，最后得到图 7-143（b）所示的效果。

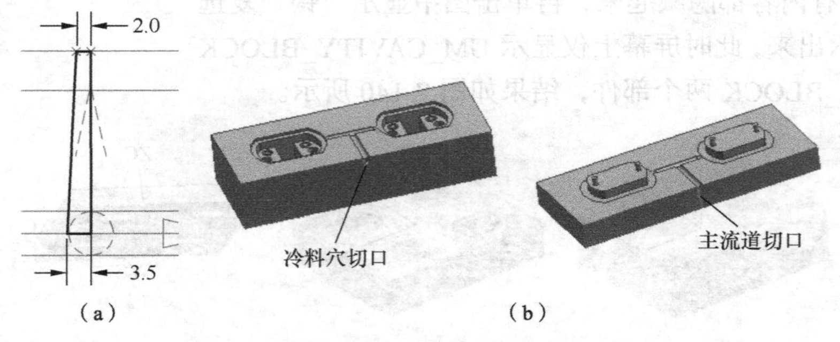

（a）　　　　（b）

图 7-143　主流道与冷料穴切口

7.4.4 加模架

单击“注塑模向导”工具条中的“模架”图标，弹出“模架设计”对话框，将“目录”修改为FUTABA-FG，将TYPE修改为GC，选择3335型模架，并将A板厚度AP-H修改为35，将B板厚度BP-H修改为50，将C板厚度CP-H修改为110，单击“确定”按钮，完成模架的安装，结果如图7-144所示。

单击“注塑模向导”工具条中的“标准件”图标，弹出“标准件管理”对话框，将目录修改为FUTABA-MM，然后在下面的列表框中单击Locating Ring（定位环）选项，将对话框下部的TYPE修改为M-LRB。选择“尺寸”选项卡，将定位环外径DIAMETER修改为100，环的内径HOLE-THRU-DIA修改为50，将环的固定螺栓的间距BOLT-CIRCLE修改为80，其余使用默认值，单击“应用”按钮，完成定位环的添加。

选择“目录”选项卡，单击Sprue Bushing按钮来添加浇口套，与上面的操作一样，选择“尺寸”选项卡，修改浇口套大端外径HEAD- DIA为50，以便与上面的定位环配套，小端外径CATALOG-DIA为16，单击“应用”按钮完成浇口套的制作。

激活“标准件管理”对话框，单击Springs按钮来添加复位杆弹簧，将类型设置为ROUND（圆形），弹簧外径DIAMETER修改为35，长度CATALOG-LENGTH修改为80，将弹簧内径INNER-DIA修改为28，并设置显示类型为DETAILET，TRUE，确定后，系统要求选择放置弹簧的表面，这里选择推杆固定板上表面，然后再以4根复位杆中心作为弹簧定位中心，作出弹簧。经以上操作，得到图7-145所示的效果。

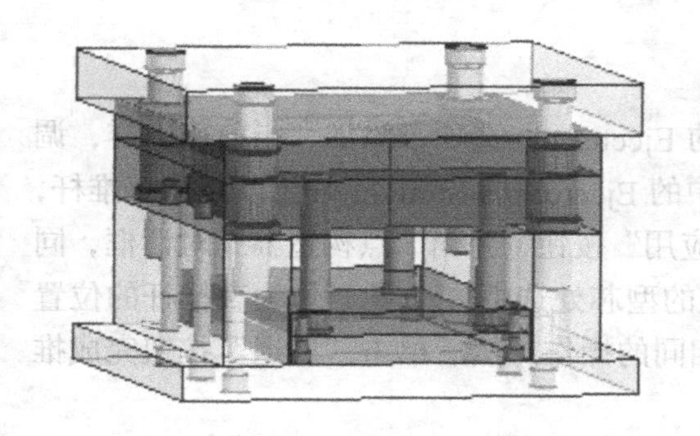

图7-144 安装后的模架

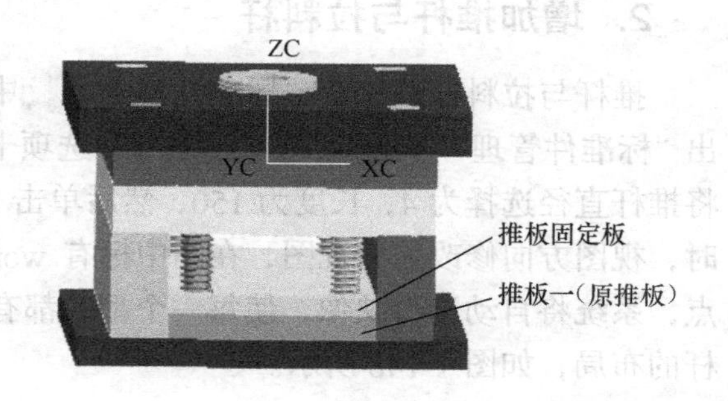

图7-145 装配模架后的效果

7.4.5 处理二次推出机构

此模具需要二次推出，因此，需要在原有推板下面再增加一块推板，其中，原来的推板称为推板一，其作用是进行二次推出；而新增加的推板称为推板二，其作用是进行第一次推出。

第一次推出时，推板一与推板二共同向前，将塑件推出一段比产品高度大5mm左右的距离，此时，产品将夹在推出的活动型芯上，活动型芯如图7-138（b）所示；然后推板二停止前进，因此活动型芯也停止前进，推板一继续前进，再前进一段比产品高度大5mm左右的距离，从而将产品强行推离活动型芯。

由上面的分析知，需要作新的推板及附属机构，下面介绍其操作过程。

1. 重定位原有推出机构

操作前，单击“起始”→“装配”命令调出“装配”工具条。同时，在装配导航器中，展开含有“_moldbase_mm_”（即模架总装）的目录，然后将含有“_movehelf_”（即动模总装）部分设置为工作部件，如图7-146（a）所示。然后单击图7-145中所示的推板固定板，再单击“装配”→“组件位置”→“显示和隐藏约束”命令，弹出“显示和隐藏约束”对话框，在“设置”区中，单击选择“连接到组件”按钮，然后单击鼠标中键完成操作，则其他组件自动隐藏了，只剩下刚才选中的“推板固定板”，同时显示了该板与组件间的约束，如图7-146（a）所示。现在将鼠标指针移动到约束位置处，停顿几秒钟，当鼠标指针右下角出现省略号符号时，单击鼠标左键，会弹出“快速拾取”对话框，如图7-146（b）所示，单击选择第3项“距离”项，或者直接双击图7-146（a）中所示的“距离”约束标记，会弹出“装配约束”对话框，单击“启动公式编辑器”图标，弹出下拉菜单，单击其中的“=公式…”项，弹出表达式对话框，在原“公式”后面添加“+20”，如图7-146（c）所示，单击鼠标中键完成修改，然后按Ctrl+Shift+U组合键取消隐藏，就可以看到刚才的推板固定板上移了20mm，同理，可以移动图7-145中的“原推板”，上移后效果如图7-147（a）所示。

重定位后，有些零件的长度要改变，如复位杆长度要减去上移的距离20mm，弹簧长度在装入时已经考虑了上移因素，不必修改。修改复位杆长度可以在进入建模环境后，双击4根复位杆中的一根，然后在弹出的“参数编辑”对话框中，单击“特征对话框”按钮，弹出“编辑参数”对话框，将“高度”的公式由L-H修改为L-H-20即可，这时会看到复位杆变短了，结果如图7-147（b）所示。

2. 增加推杆与拉料杆

推杆与拉料杆可以用“标准件”命令中的Ejector pin选项来添加，与前面一样，调出“标准件管理”对话框，单击“目录”选项卡中的Ejector pin Straight按钮以添加直推杆，将推杆直径选择为4，长度为150，然后单击“应用”按钮，弹出“点构造器”对话框，同时，视图方向修改为俯视图，在图中标有work的型芯处选中4个圆心作为直推杆的位置点，系统将自动进行映像，使每一个型芯都有相同的操作，然后单击“后退”按钮完成推杆的布局，如图7-148所示。

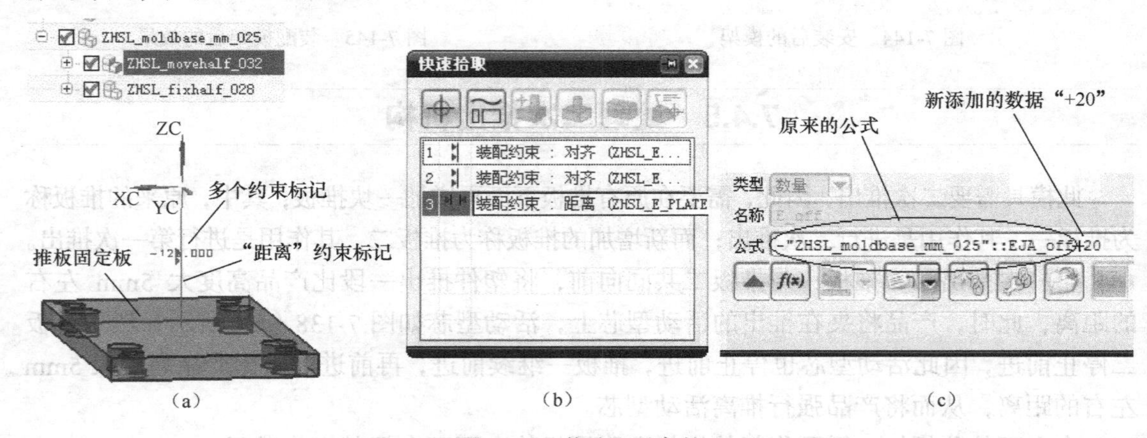

图7-146 修改配对条件

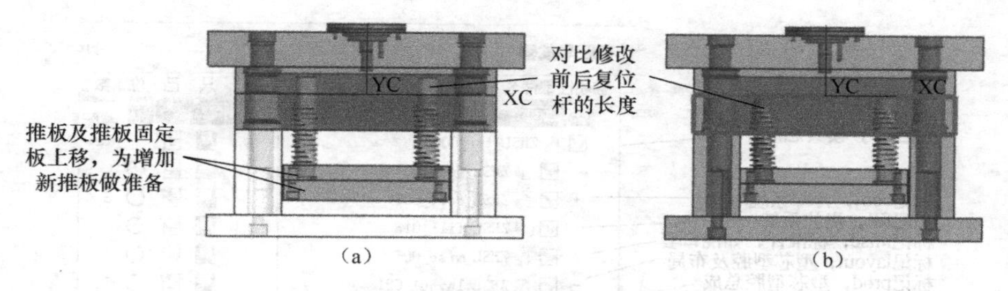

图 7-147　重定位推出系统

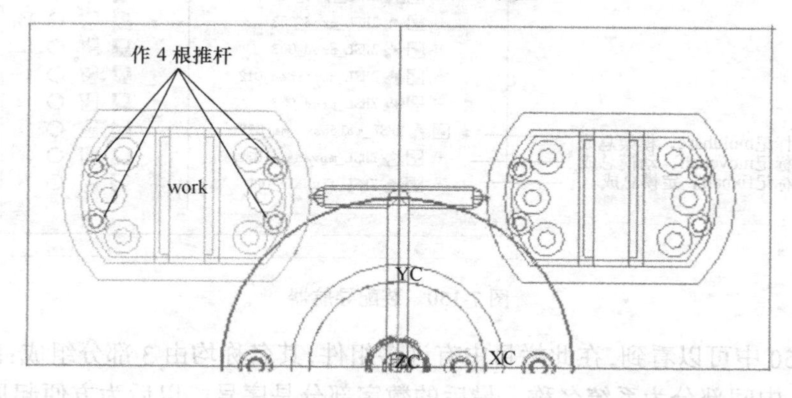

图 7-148　定位推杆

单击“注塑模向导”工具条中的“顶杆后处理”命令，将弹出“顶杆后处理”对话框，单击选中刚才带有 work 字样位置处的 4 根推杆，然后单击鼠标中键完成推杆的修剪，再使用“腔体”命令，对合并型芯进行修剪，使刚才作的推杆切出切口来。

添加完推杆后，在工作区空白处右击，在弹出的快捷菜单中单击“定向视图”命令，再单击“前视图”命令，可以看到，刚才添加的推杆的下端没有在推杆固定板与推板一之间，而是在推板一的中间，这是不合理的，因此，选中图 7-148 中带有 work 字样处的 4 根推杆，单击鼠标右键，在弹出的快捷菜单中单击“重定位”命令，弹出“重定位组件”对话框，单击该对话框中的“平移”图标，弹出“变换”对话框，将此对话框中的 DZ 修改为 20，然后单击鼠标中键多次，完成推杆的重定位操作，结果使推杆底部平面准确地定位在推杆一与推杆固定板之间。同时，可以看到，推杆长度会比重定位前变短些，前面进行的修剪操作有效。图 7-149 所示是重定位前后的结果对照。

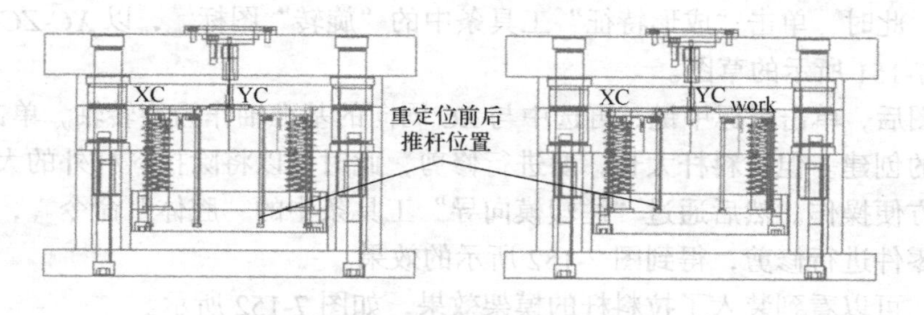

图 7-149　重定位推杆前后的对照

为了增加拉料杆，可以在装配模式中完成新推杆的创建。单击右侧的“装配导航器”图标，展开装配导航器栏目，如图 7-150 所示。

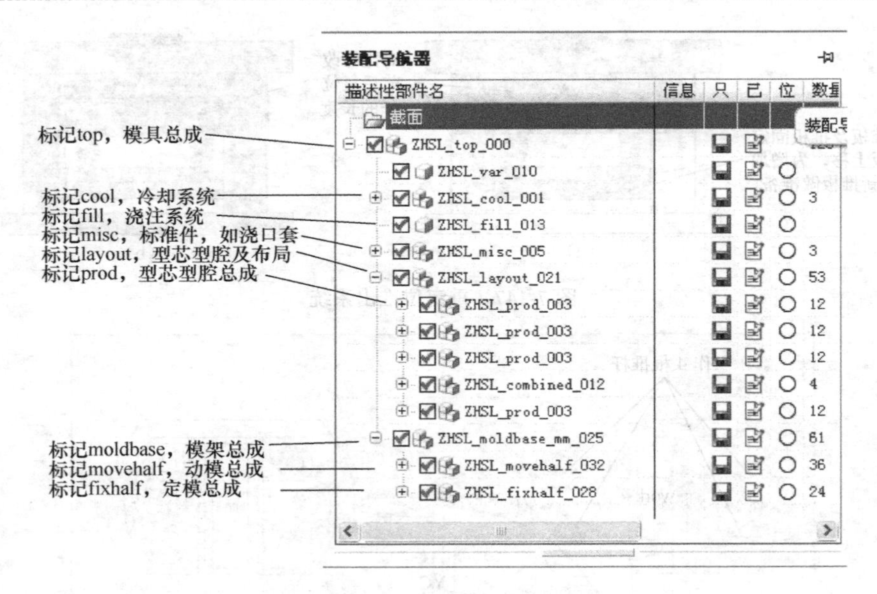

图 7-150　装配导航器

从图 7-150 中可以看到，在此栏目中有许多组件，其名称均由 3 部分组成：前面的 ZHSL 为项目名称，中间部分为系统名称，最后的数字部分是序号。以后为方便起见，我们只说中间部分，如 ZHSL_top_000，只说 top。

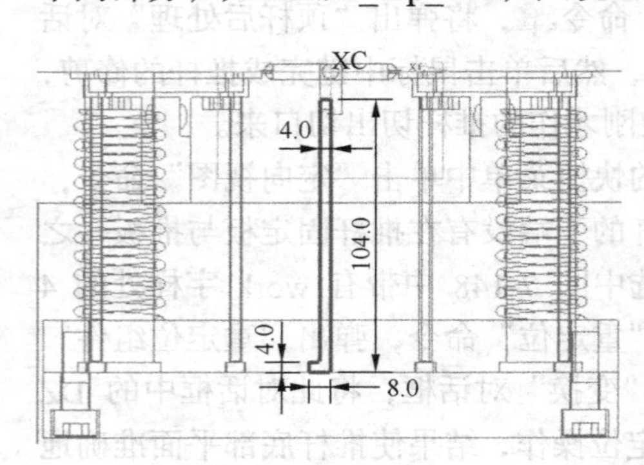

图 7-151　拉料杆草图

右击 movehalf 动模组件，单击“转换为工作部件”命令，将动模组件转换为工作部件，然后单击“装配”工具条中的“创建新的组件”图标，弹出浮动工具条，单击鼠标中键，弹出“选择部件名”对话框，在“文件名”右侧输入要创建的零件的文件名，这里输入拉料杆的拼音缩写 LLG，然后单击鼠标中键完成创建新组件的操作再次打开装配导航器，可以发现在动模部件图标 ZHSL_movehalf_027 的下级树目录中添加了 LLG 图标。右击该图标，再将其转换为工作部件，可以看到其他部件的颜色变暗了，说明现在只有 LLG 是工作部件，可以使用前面的各种造型方法来创建 LLG 零件的三维模型了。此时，单击“成形特征”工具条中的“旋转”图标，以 *XC-ZC* 面作为草图平面，作图 7-151 所示的草图。

退出草图后，单击鼠标中键，再选中与 *ZC* 同向的基准轴作为旋转轴，单击鼠标中键，完成拉料杆的创建。但拉料杆太长，要进行修剪，此时可以将除拉料杆外的大部分零件隐藏起来，以方便操作。然后通过“注塑模向导”工具条中的“腔体”命令，以前面制作冷料穴时的零件进行修剪，得到图 7-152 所示的效果。

操作后，可以看到装入了拉料杆的模架效果，如图 7-152 所示。

3. 加另一块推板

与前面增加拉料杆的操作一样，先将动模部件设置为工作部件，然后单击“装配”工具条中的“创建新的组件”图标，按鼠标中键确定，输入部件名称为TB2，单击鼠标中键后，将装配导航器中的新组件TB2设置成工作部件，然后与平时创建零件一样，创建一个拉伸板，其操作过程如下。

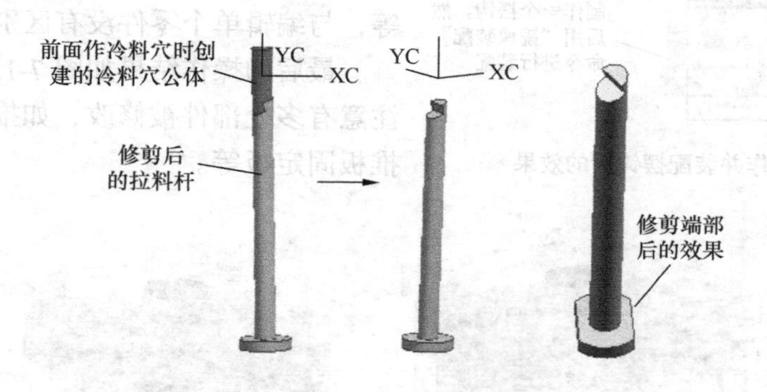

图 7-152　修剪后的拉料杆

单击“成形特征”工具条中的“拉伸”图标后，弹出“拉伸”对话框，单击鼠标中键，出现浮动工具条，单击“基准平面”图标，弹出“基准平面”对话框，单击其中的*XC-YC*图标，然后在其下的“偏置”文本框中输入100，确定，进入草图环境，先以静态线框模式显示，可以看到模架中原来的推板，测量得其长与宽分别是350与210。现在，在草图环境中作一个与原推板等宽，但总长度为50的矩形，并在矩形正中央作一个直径为45的圆，完成草图，将拉伸距离设置为20，单击鼠标中键完成拉伸操作，得到第二块推板，称其为推板二。结果如图7-153（a）所示。

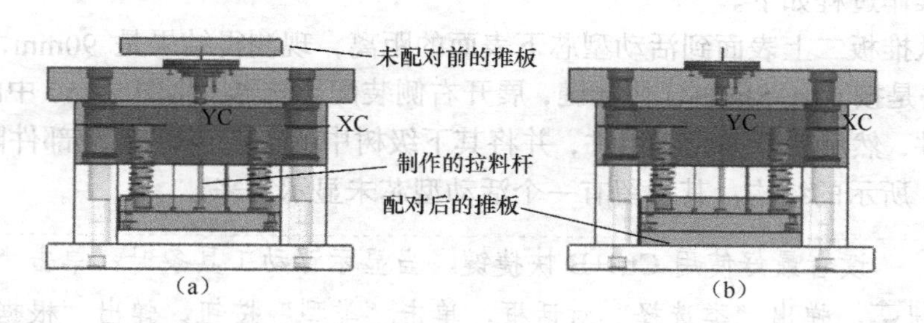

图 7-153　增加新推板及拉料杆的效果

将动模架设置为工作部件，使用“装配”工具条中的“配对组件”命令将新作的拉伸板定位到原来的推板一与动模座板之间，结果如图7-153（b）所示。

4. 增加摆钩、拉簧、销等

现在可以增加摆钩了，操作过程与前面增加推板二类似。不过使用*YC-ZC*面作为草图面，拉伸时使用对称距离，摆钩总厚度为15mm即可。然后使用“装配”工具条中的“镜像装配”命令来完成摆钩的对称装配，结果如图7-154所示。

以类似的方法制作拉簧，以及摆钩的固定销，并对推板二（零件TB2）进行修改，以便能安装摆钩及摆钩固定销、拉簧等零件。

同时，读者可以对与摆钩相关的部件进行编辑，以便能装下摆钩，并装入拉簧、销等

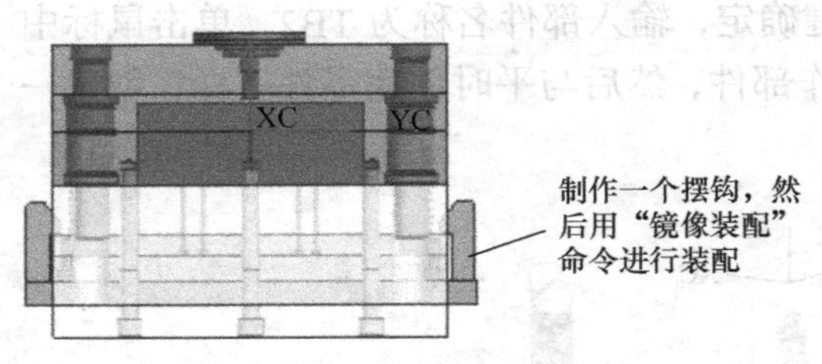

图 7-154　制作并装配摆钩后的效果

零件，操作时只需右击要修改的部件，在弹出的快捷菜单中单击“转换为工作部件”命令即可对其进行任意修改，如打孔、拉伸加减材料等，与编辑单个零件没有区别。

最后的操作结果如图 7-155 所示，在图中，注意有多处部件被修改，如推板一、推板二、推板固定板等。

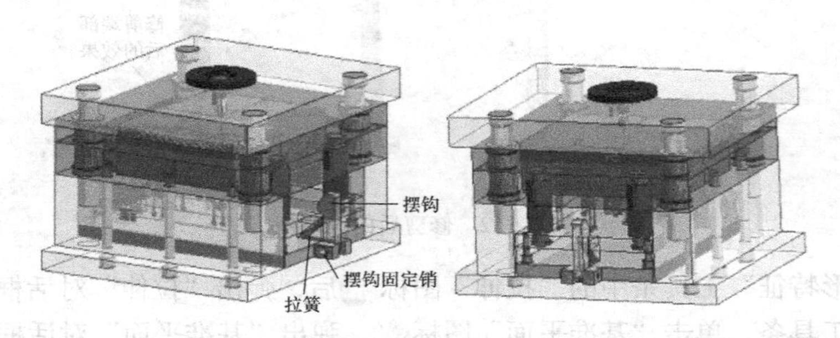

图 7-155　完成后的摆钩及相关组件

5. 修改活动型芯

推板二要与图 7-138 中的活动型芯相连接，因此，可以在活动型芯与推板二间增加一个连接用的固定方柱，也可将活动型芯拉长些，直到与推板二上表面相接触。下面采用第二种方法。操作过程如下。

先测量从推板二上表面到活动型芯下表面的距离，现测得结果是 90mm，然后显示活动型芯，方法是按 Ctrl+Shift+U 快捷键，展开右侧装配导航器，将图 7-150 中的 top 组件设置为工作部件，然后展开 layout 组件，并将其下级树中的 prod 中的部分部件隐藏，只剩下图 7-156（a）所示的结构，其中留有一个活动型芯未显示出来。

注意：读者最好使用 Ctrl+B 快捷键，当显示浮动工具条时，单击“类选择”按钮，弹出“类选择”对话框，单击“类型”按钮，弹出“根据类型选择”对话框，单击“实体”按钮，这样可以只选择实体类型，再来选择要隐藏的内容。

右击活动型芯，使其转换为工作部件，再使用“成形特征”工具条中的“拉伸”命令，当弹出“拉伸”对话框及“选择意图”工具条时，将“选择意图”工具条中的内容修改为“面的边”，然后单击活动型芯的底面，拉伸 90mm 长，并使用“求和”命令，将拉伸的方形柱体与原来的活动型芯求和，成为一个整体，然后将其他几个型芯显示出来，结果如图 7-156（b）所示。

6. 增加活动型芯固定螺栓

加长后的活动型芯要与推板二固定，可以使用多个螺栓固定，为保证定位精度，可以增加锥销等零件定位。

先隐藏动模底座板，将推板二转换为工作部件，并在其上拉伸裁出 8 个孔，孔深 10mm，孔径为 15mm，然后利用“标准件”命令找到 SHCS 类型的螺栓，添加 8 个螺栓，结果如图 7-157 所示。

当然，可以用其他方法来处理，只要合适均可以考虑采用。

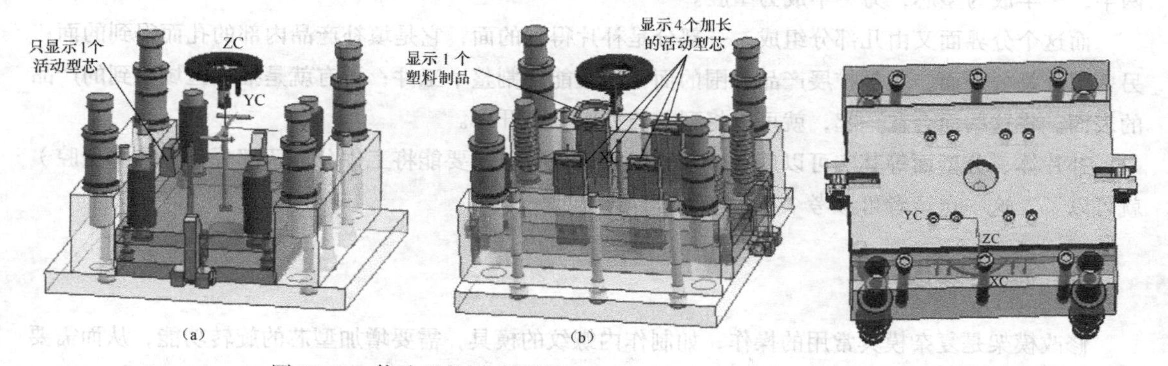

图 7-156　修改后的活动型芯　　图 7-157　增加螺栓固定活动型芯

7.4.6　后处理

模具设计还包括冷却设计，即增加冷却系统的配件，如打水孔，安装管接头等；型腔设计，对模具上各相交部件进行处理，以使相交的部分去除，如推杆装在推板与推板固定板之间，这就要使推板固定板上有孔以便能让推杆定位，型腔设计就是打出这些孔来；开排气槽，排气槽不是所有模具都要开，但要开槽时可以将型腔转换为工作部件，以拉伸命令剪裁即可；工程图，工程图包括装配图与零件图，虽然 UG 中有自动作图功能，但不太符合要求，读者可以考虑按第 6 章的方法制作；报表，主要有零件及材料清单等。

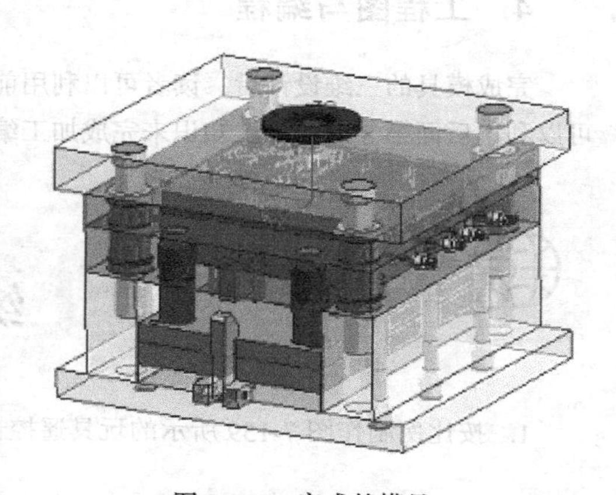

图 7-158　完成的模具

最后完成的结果如图 7-158 所示。

小　结

本章通过多个实例讲解了以下知识。

1. 塑料模具的设计过程

本章第一节与最后一节均介绍了模具的整个设计步骤，虽然这两节内容不同，但读者通过这两个实例，可以学会完整的模具设计过程。

2. 分模

分模的目的是为了获得型芯与型腔，要将工件以一个特殊的面（即分型面）作为分界面来分成两半，一半成为型芯，另一半成为型腔。

而这个分界面又由几部分组成，一部分是补片得到的面，它是填补产品内部的孔而得到的面；另一部分是分型面，它是扩展产品外围的面，以便能切割整个工件；再有就是抽取区域得到的产品的表面。将这些面合在一起，就可以将型芯与型腔分隔开来。

补片体、分型面等其实可以用一个任意的面来代替，只要能将工件分成两部分（型芯与型腔）就可以了，这一点读者可参考 7.2 节的分模实例。

3. 模架修改

修改模架是复杂模具常用的操作，如制作内螺纹的模具，需要增加型芯的旋转功能，从而需要增加齿轮等零件，开模机构复杂，就需要修改。本章通过对模架的简单修改，演示了模架可以通过装配导航器来修改这一过程，根据实际需要，读者可以增加零件、减少零件、重新定位或装配零件；也可以对已经存在的零件进行编辑。读者可以在最后一节中看到这些实例。

4. 工程图与编程

完成模具的三维设计后，读者可以利用前面所学工程图这一章的知识来完成工程图的制作，也可以利用后面第 8 章的加工知识来完成加工编程。

练　习

1. 按比例制作图 7-159 所示的玩具遥控器外壳模型，然后对其进行分模。

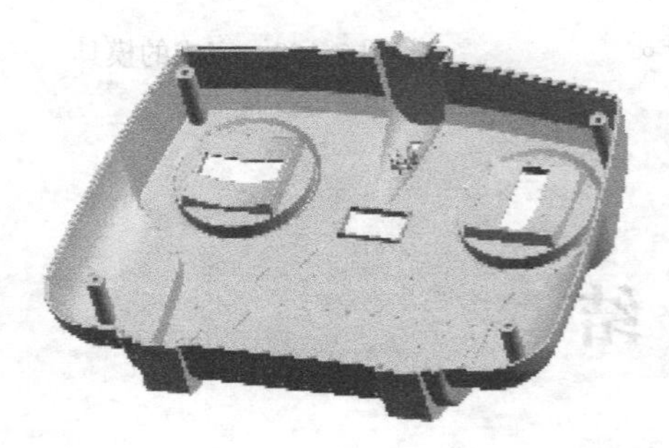

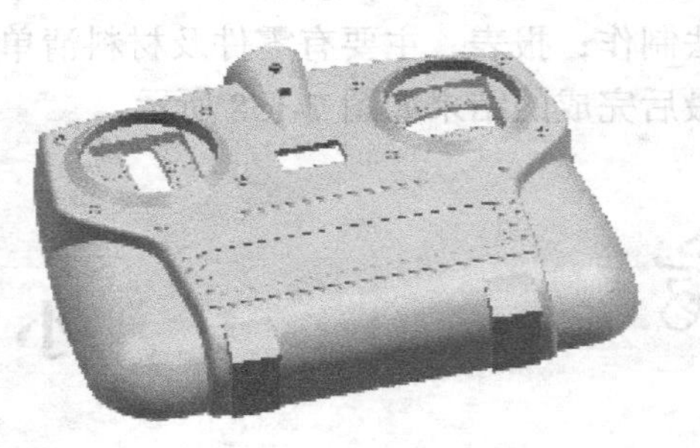

图 7-159　玩具遥控器外壳

2. 对图 7-160 所示的模型进行分模，其实际零件在本书附带光盘安装目录下。

> 注意：在这些分模实例中，部分实例分模有难度。

3. 对本章各实例进行分模练习。

图 7-160　练习用图

第8章 加 工

本章主要介绍 UG8.0 的数控加工、加工模拟仿真及程序后处理，通过本章学习，读者可以了解 UG 的 CAM 加工模块功能，实现零件的自动编程全过程。

UG 环境下数控加工自动编程的基本设置，数控加工方法的选择。

数控加工是利用记录在媒体上的数字信息对专用机床实施控制，从而使其自动完成规定加工任务的技术，数控加工需要有生产计划、工艺过程、数控编程作为辅助。

数控编程是计算机辅助制造（CAM）的关键，主要包括人工编程与计算机自动编程两种方式，UG 中加工模块可以实现计算机自动编程。

8.1 加工基础知识

UG 的数控加工功能非常强大，它的加工能力涉及铣削加工、车削加工、点位加工、线切割加工等。其中铣削加工又根据加工时主轴轴线的方向相对于工件是否可变而分为固定轴铣与可变轴铣。根据加工表面是平面还是轮廓，可以分为平面铣与轮廓铣，铣削加工的分类如图 8-1 所示。

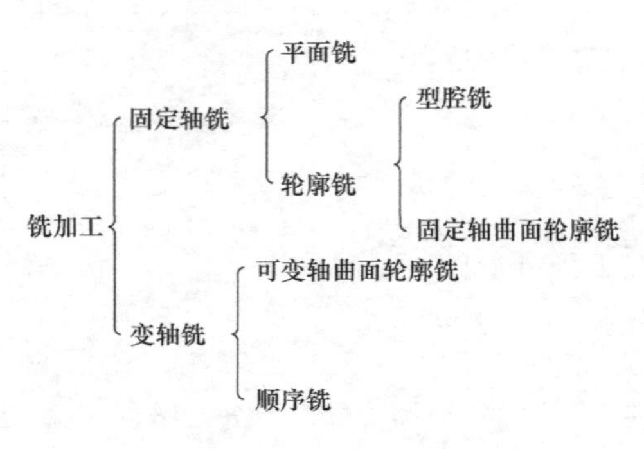

图 8-1 铣削加工分类

UG的车削加工分为粗车、精车、车槽、车螺纹、钻孔等类型。点位加工模块用于生成钻、扩、镗、铰、攻螺纹等孔加工的刀具路径。线切割加工分为两轴加工和四轴加工两种类型。

数控加工可分为如下几个步骤。

（1）建立或打开零件图。UG 可以在自身的环境中建立三维零件图或平面图，或者与其他软件的接口，采用其他作图软件，如 Pro/E 等软件获得三维模型来作为加工用模型。

（2）分析与制订加工工艺。通过工艺分析，可以明确在数控加工中应该完成的工作任务。

（3）生成刀具轨迹。通过 UG 编程操作，最后生成刀具轨迹。

（4）进行后置处理。通过 UG 编程操作编出的程序是与特定机床无关的刀具位置源文件，要转换成特定机床能使用的数控程序，还要进行特定转换，这就是所谓的后置处理(Post processing)。

（5）获得工艺文件。

在这个操作过程中，生成刀具轨迹是用 UG 的 CAM 功能来完成的，这个过程又需要经过如下几个过程。

① 创建程序组。

② 创建刀具组。

③ 创建几何组。

④ 创建加工方法。

⑤ 创建操作。

数控加工过程如图 8-2 所示。

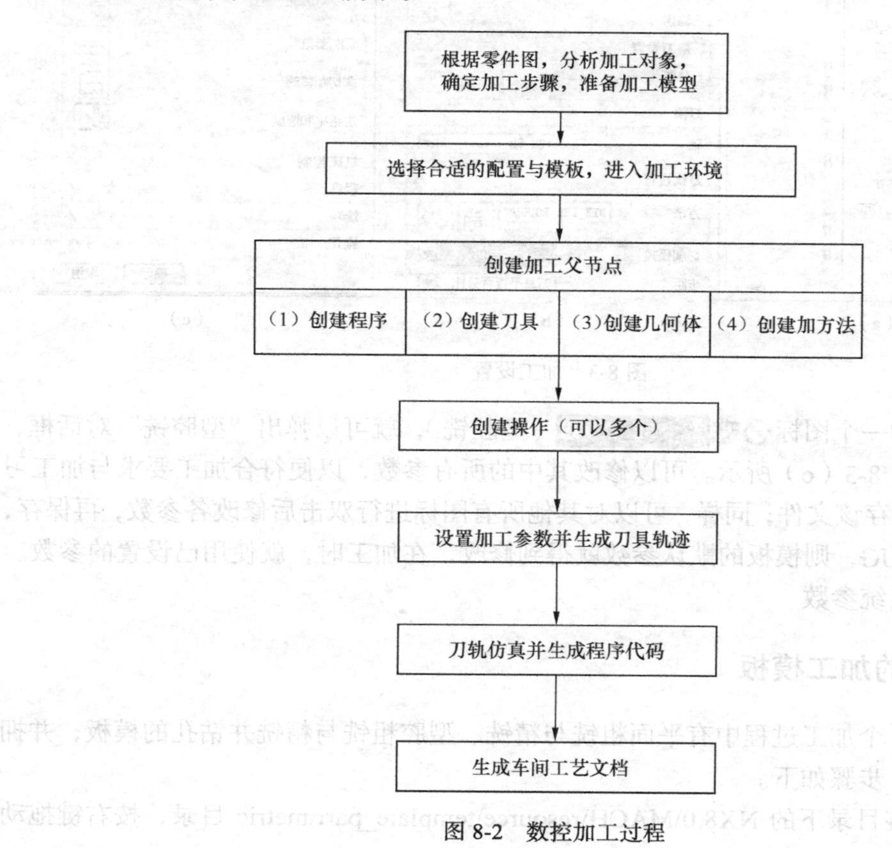

图 8-2　数控加工过程

8.2 加工设置

依据零件的工艺分析，进行符合零件加工实际需要的设置可以提高工作效率。下面介绍 UG 加工过程中的基本设置。

1. 默认参数的设置

在 UG 加工模块中，有许多默认参数，对于不同用户来说，这些参数可能是需要修改的，如何修改？可以先打开 UG 安装目录下的 NX8.0\MACH\resource\template_part\metric 目录，看到许多 UG 模块零件，打开其中一个文件 die_sequences.prt，单击“起始”→“加工…”，进入加工环境，然后单击“工序导航器”图标，展开该导航栏，可以看到图 8-3（a）所示有许多图标，如 ZZ_PRE_ROUGH（型腔铣）、ZZ_ROUGH_FLOWCUT（单刀路清根铣）等，不同图标代表一种不同的加工模板及程序。只需要进行双击，在弹出对话框中修改相关参数并保存即可。

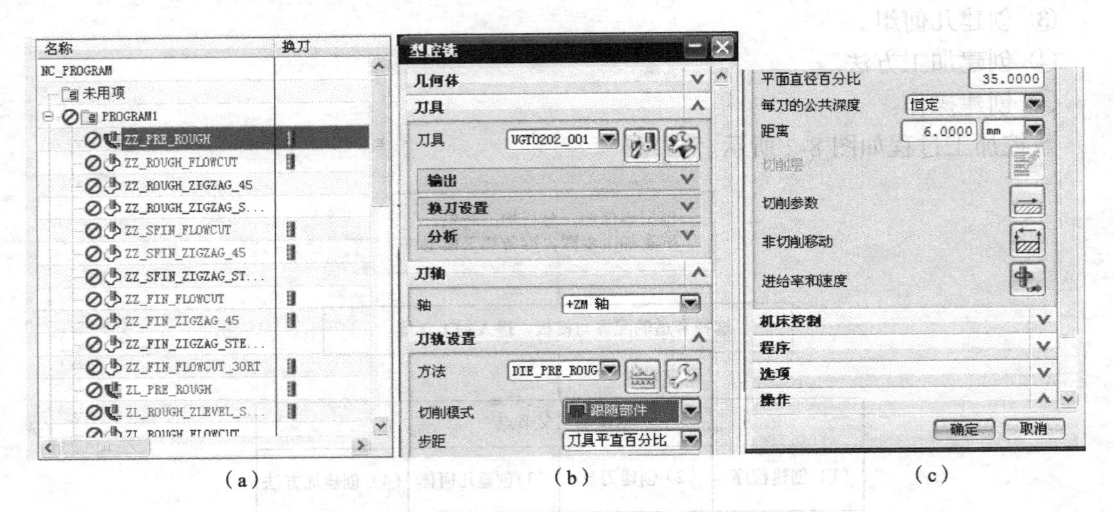

图 8-3　加工设置

现双击其中的一个图标 ZZ_PRE_ROUGH（型腔铣），就可以弹出“型腔铣”对话框，如图 8-3（b）、图 8-3（c）所示。可以修改其中的所有参数，以便符合加工要求与加工习惯，修改完成后保存该文件；同样，可以对其他所有图标进行双击后修改各参数，再保存，最后，重新启动 UG，则模板的默认参数就得到修改，在加工时，就使用已设置的参数。一般不建议修改系统参数。

2. 建立新的加工模板

如想要建立一个加工过程中有平面粗铣与精铣、型腔粗铣与精铣并钻孔的模板，并拥有新的参数设置，步骤如下。

打开 UG 安装目录下的 NX8.0\MACH\resource\template_part\metric 目录，按右键拖动

一个图标，如 mill_planar.prt 文件图标，松开右键后，在弹出菜单中单击“复制到当前位置”，在文件夹中会增加“复件 mill_planar.prt”文件，将文件更名为 MySelfCAM.prt，并将该文件属性中的“只读”属性去掉，以便能修改，使用 UG 打开该文件，并在“工序导航器”中，将所有加工图标选中后按右键删除（参见图 8-3（a）中的各图标），然后，单击“插入”工具条中的“创建刀具”图标，弹出“创建刀具”对话框，单击“face mill”图标，再修改刀具名称，单击“确定”按钮后，弹出“铣刀参数”对话框，在该对话框中修改各刀具参数，如刀具尺寸等，确定后，就完成了一把铣刀的创建。此时，在“工序导航器”中空白处右击鼠标，单击“机床视图”，就可以看到创建的刀具。同理，根据实际加工需要，创建几把不同的刀具（最好是根据在工作中最常用的刀具来确定）。当所有刀具创建完成后，选中所有刀具，右击，在弹出的菜单中单击“对象”→“模板设置”，弹出“模板设置”对话框，选中“如果创建了父项则创建”复选框，单击“确定”按钮，就完成了刀具的加载设置。

刀具创建好后，可以创建操作，单击“插入”工具条中的”创建工序”图标，根据上面的假设，先创建一个平面粗铣、一个平面精铣、一个型腔粗铣、一个型腔精铣及一个钻孔加工，注意在创建各加工方法时，要修改其中的参数，使其符合自己的加工要求与习惯，然后保存该模板，就完成了新模板的创建。

打开 UG 安装目录下的 NX8.0\MACH\resource\template_set 文件夹下的 cam_general.opt 文件（也可以使用其他模块的设置文件），该文件是 CAM 的通用加工模块的设置文件，用记事本打开该文件，结果如图 8-4（a）所示。

```
${UGII_CAM_TEMPLATE_PART_ENGLISH_DIR}mill_planar.prt
${UGII_CAM_TEMPLATE_PART_ENGLISH_DIR}mill_contour.prt
${UGII_CAM_TEMPLATE_PART_ENGLISH_DIR}mill_multi-axis.prt
${UGII_CAM_TEMPLATE_PART_ENGLISH_DIR}mill_multi_blade.prt
${UGII_CAM_TEMPLATE_PART_ENGLISH_DIR}drill.prt
${UGII_CAM_TEMPLATE_PART_ENGLISH_DIR}hole_making.prt
${UGII_CAM_TEMPLATE_PART_ENGLISH_DIR}turning.prt
${UGII_CAM_TEMPLATE_PART_ENGLISH_DIR}wire_edm.prt
${UGII_CAM_TEMPLATE_PART_ENGLISH_DIR}probing.prt
${UGII_CAM_TEMPLATE_PART_ENGLISH_DIR}solid_tool.prt
${UGII_CAM_TEMPLATE_PART_ENGLISH_DIR}machining_knowledge.prt
##
${UGII_CAM_TEMPLATE_PART_METRIC_DIR}mill_planar.prt
${UGII_CAM_TEMPLATE_PART_METRIC_DIR}mill_contour.prt
${UGII_CAM_TEMPLATE_PART_METRIC_DIR}mill_multi-axis.prt
${UGII_CAM_TEMPLATE_PART_METRIC_DIR}mill_multi_blade.prt
${UGII_CAM_TEMPLATE_PART_METRIC_DIR}drill.prt
${UGII_CAM_TEMPLATE_PART_METRIC_DIR}hole_making.prt
${UGII_CAM_TEMPLATE_PART_METRIC_DIR}turning.prt
${UGII_CAM_TEMPLATE_PART_METRIC_DIR}wire_edm.prt
${UGII_CAM_TEMPLATE_PART_METRIC_DIR}probing.prt
${UGII_CAM_TEMPLATE_PART_METRIC_DIR}solid_tool.prt
${UGII_CAM_TEMPLATE_PART_METRIC_DIR}machining_knowledge.prt
```

（a）

```
${UGII_CAM_TEMPLATE_PART_ENGLISH_DIR}mill_planar.prt
${UGII_CAM_TEMPLATE_PART_ENGLISH_DIR}mill_contour.prt
${UGII_CAM_TEMPLATE_PART_ENGLISH_DIR}mill_multi-axis.prt
${UGII_CAM_TEMPLATE_PART_ENGLISH_DIR}mill_multi_blade.prt
${UGII_CAM_TEMPLATE_PART_ENGLISH_DIR}drill.prt
${UGII_CAM_TEMPLATE_PART_ENGLISH_DIR}hole_making.prt
${UGII_CAM_TEMPLATE_PART_ENGLISH_DIR}turning.prt
${UGII_CAM_TEMPLATE_PART_ENGLISH_DIR}wire_edm.prt
${UGII_CAM_TEMPLATE_PART_ENGLISH_DIR}probing.prt
${UGII_CAM_TEMPLATE_PART_ENGLISH_DIR}solid_tool.prt
${UGII_CAM_TEMPLATE_PART_ENGLISH_DIR}machining_knowledge.pr
##
${UGII_CAM_TEMPLATE_PART_METRIC_DIR}MySelfCAM.prt
${UGII_CAM_TEMPLATE_PART_METRIC_DIR}mill_planar.prt
${UGII_CAM_TEMPLATE_PART_METRIC_DIR}mill_contour.prt
${UGII_CAM_TEMPLATE_PART_METRIC_DIR}mill_multi-axis.prt
${UGII_CAM_TEMPLATE_PART_METRIC_DIR}mill_multi_blade.prt
${UGII_CAM_TEMPLATE_PART_METRIC_DIR}drill.prt
${UGII_CAM_TEMPLATE_PART_METRIC_DIR}hole_making.prt
${UGII_CAM_TEMPLATE_PART_METRIC_DIR}turning.prt
${UGII_CAM_TEMPLATE_PART_METRIC_DIR}wire_edm.prt
${UGII_CAM_TEMPLATE_PART_METRIC_DIR}probing.prt
${UGII_CAM_TEMPLATE_PART_METRIC_DIR}solid_tool.prt
${UGII_CAM_TEMPLATE_PART_METRIC_DIR}machining_knowledge.prt
```

（b）

图 8-4　修改设置文件

在这些文件中，##上面的内容是英文模板设置，##下面的是中文模板设置，为了将新创建的模板加进来，以便进入加工环境时能看到新的加工模板，并进行初始化，可以将其中一行复制，如复制第一行

${UGII_CAM_TEMPLATE_PART_METRIC_DIR}mill_planar.prt 并将最后的内容 mill_planar.prt 修改为自己的文件名 MySelfCAM.prt，即${UGII_CAM_TEMPLATE_PART_METRIC_DIR}MySelfCAM.prt 结果添加如图 8-4（b）所示选中的那一行，保存该文件，然后打开一个要加工的零件，在项目初始化时，就可以在单击“起始”→“加工…”时弹出的“加工环境”对话框中看到该模板，如图 8-5（a）所示。

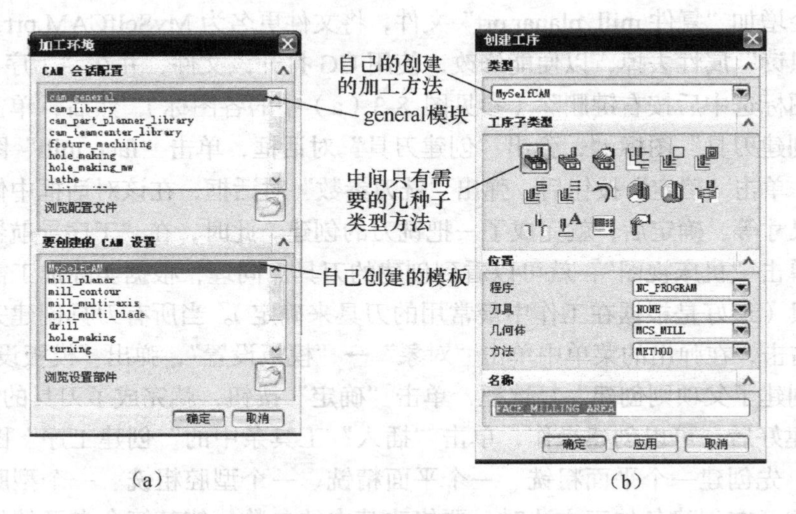

图 8-5 启动时显示自己创建的模板

当使用新的模板初始化后，单击”创建工序”时，可以看到图 8-5（b）所示的”创建工序”对话框，显示新模板的几种加工方法。

8.3 加工辅助操作

打开一个待加工的零件，如打开光盘中附带的文件 one.prt，进入加工环境后，首先会弹出“加工环境”对话框，如图 8-5（a）所示。在此对话框中，上面是“CAM 会话配置”，这里列出了不同的加工模板，而下面的“要创建的 CAM 设置”则是与上面的模板所对应的多个加工模板文件。如选择 cam_general，则下面显示了 11 个模板文件。它们表示了不同的加工方法，如平面铣 mill_planar、轮廓铣 mill_contour，在图 8-5 中的“要创建的 CAM 设置”处，从上到下分别是平面铣、轮廓铣、多轴铣、叶片加工、钻、孔加工、车削加工、线切割加工等。

平面铣适合于要加工的底面与侧面垂直的面；而轮廓铣则适合于底面与侧面不垂直的面，包括侧面与底面的加工。

在“CAM 会话配置”处选择 cam_general，在“要创建的 CAM 设置”处选择 mill_planar。单击“初始化”按钮进入加工环境。

单击“分析”→“NC 助理”命令，弹出“NC 助理”对话框，如图 8-6（a）、图 8-6（b）所示。

该工具的作用是分析待加工的零件，如分析图层，即分析一个零件的不同面之间的高度关系，分析圆角大小，分析拐角及拔模角等内容。

在该对话框中，将“分析类型”选择为“层”，然后单击“应用”按钮，可以看到零件上不同高度处的面的颜色不同，同一颜色的平面其高度相同；同理，如果修改成圆角、拐角或拔模角等选项，会有不同的显示。在“结果”区选中“退出时保存面颜色”复选框，则可以在关闭该对话框后，还保存颜色，便于今后加工时进行面的选择。图 8-6（c）是使用不同情况选项时的分析结果。

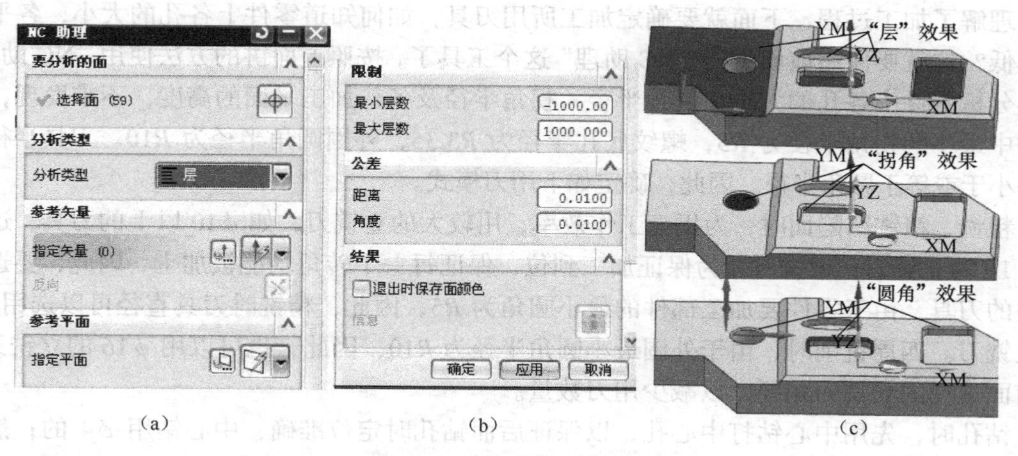

图 8-6 NC 助理及操作效果

8.4 加工实例及相关概念

8.4.1 平面加工实例

下面以图 8-7 所示底座板零件为例简述完整的加工过程。

1. 分析

在生产过程中，加工工艺卡是加工操作的重要文件，操作者要了解工艺过程，并明白自己的加工任务。工艺卡由技术部门制订，以文件形式下发给加工部门。工艺卡的内容包括加工的步骤、每一步骤所用的工装夹具、定位方法、所用机床、机床刀具、本步骤加工图等诸多内容，由于零件加工工艺卡制作较麻烦，因此，一般不太复杂的加工也可以使用加工过程卡，过程卡则简单许多，主要包括加工顺序、加工内容、加工方式、机床、刀具、留余量等项目。因此，过程卡是不能少的。

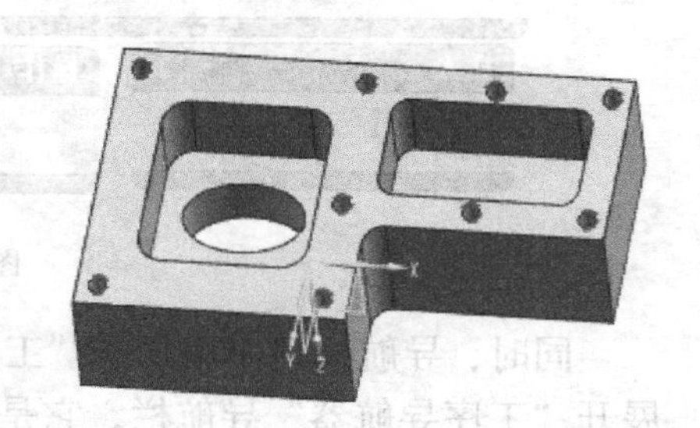

图 8-7 底座板零件

对于以上零件，其加工工艺流程大体上是，准备毛坯（下料）→划线→加工底面作为基准面→加工四周外围平面→加工上表平面→加工中间各凹陷面（粗精铣）→加工螺纹孔（钻孔、攻丝）。

现在假设从加工四周外围平面这道工序开始加工，即零件底面已经加工完成，我们来完成后面的各操作，且在编程时，假设不考虑装夹方法（实际工作中需要考虑装夹），这样做主要是便于一次性编程。

理解了加工过程，下面就要确定加工所用刀具，如何知道零件上各孔的大小，各平面的高低？这就要使用前面讲的“NC 助理”这个工具了，按照上面讲的方法使用“NC 助理”工具分析零件中各孔的大小，圆角半径，拐角半径及各待加工平面的高度，不难发现，此零件中最小的拐角半径为 *R*5，螺纹底孔半径为 *R*3.35，外围圆角半径为 *R*10。刀具半径应该略小于或等于圆角半径。因此，确定如下用刀模式。

粗铣、精铣凹陷面时，为提高工作效率，用较大的立铣刀，如 ϕ10 以上的刀具，这里用 ϕ16 的立铣刀；精铣时，为保证加工到位，保证每一个转角均能被加工，因此，要选择合适的刀具，由于零件要加工部件的最小圆角为 *R*5，因此，精铣时刀具直径可以选用 ϕ8 的立铣刀。四周铣削时，由于外围最小圆角半径为 *R*10，因此，也可以用 ϕ16 的立铣刀，与前面选择的立铣刀相同，以减少用刀数量。

钻孔时，先用中心钻打中心孔，以保证后面钻孔时定位准确，中心钻用 ϕ4 的；然后再钻螺纹的底孔 ϕ6.7，用 ϕ6.7 的麻花钻即可；最后，用 M8 的丝锥攻丝。

2. 编程过程

打开本书附带光盘安装目录下 UGFILE\8\8.4\8.4.1 文件夹中的 jp-00-01.prt 文件。单击“起始”→“加工”命令，弹出“加工环境”对话框，如图 8-5（a）所示。

平面铣适合于要加工的底面与侧面垂直的面；而轮廓铣则适合于底面与侧面不垂直的面，包括侧面与底面的加工。

在图 8-5（a）所示的对话框中，将“CAM 会话配置”设置为 cam_general，而“要创建的 CAM 设置”设置为 mill_planar，然后单击“初始化”按钮，进入加工环境，弹出了“创建加工”等多个工具条，如图 8-8 所示。

图 8-8　加工环境中的工具条

同时，导航栏目中增加了“工序导航器”图标，如图 8-9 所示。单击此图标，可以展开“工序导航器”导航栏，它是操作管理的重要工具。

初始化后，可以先准备一个毛坯，首先，将“实用工具”工具条中的“工作图层” 1 由第 1 层改为第 2 层（在其中输入 2 后按 Enter 键），然后回到建模环境下，用“拉伸”命令建立一个毛坯几何体，并且将毛坯设置为半透明状态，如图 8-10 所示。

其实，也可以用建模方式建立一个毛坯体。加工时，有时可能需要使用复杂的毛坯，则需要用建模的方法来获得。

完成了这些操作后，可以进行编程操作。

（1）创建程序。单击“加工创建”工具条中的“创建程序”按钮，弹出“创建程序”对话框，如图 8-11 所示。

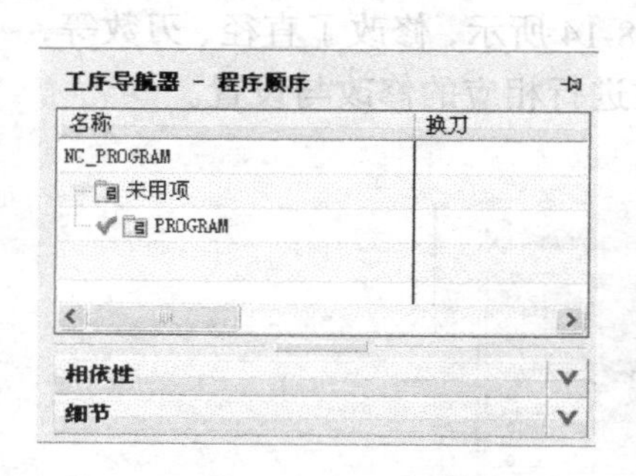

图 8-9　工序导航器

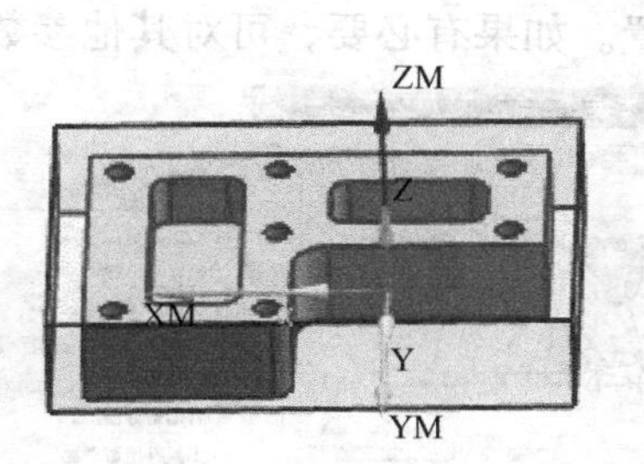

图 8-10　生成了毛坯长方体

图 8-11　“创建程序”对话框

在此对话框中，“类型”处可以根据要进行的加工内容进行修改。由于要加工的零件是凹陷的面，其四周也需要加工，因此，选择 mill_planar，“父级组”使用默认值，而名称可以根据零件取名，这里用 EXE-1 为名称。确定后，就完成了程序的创建。

单击右则导航栏中的“工序导航器”图标，展开“工序导航器”导航栏，在空白处右击，当弹出快捷菜单后，单击“程序顺序视图”，可以看到图 8-12 所示的效果，其中的 EXE-1 就是刚才创建的程序。

（2）创建刀具。单击“加工创建”工具条中的“创建刀具”按钮，或者在图 8-12 所示的导航栏中先选中 EXE-1 图标，然后右击，在弹出的快捷菜单中单击“插入”→“刀具”命令，都可以弹出“创建刀具”对话框，如图 8-13 所示。

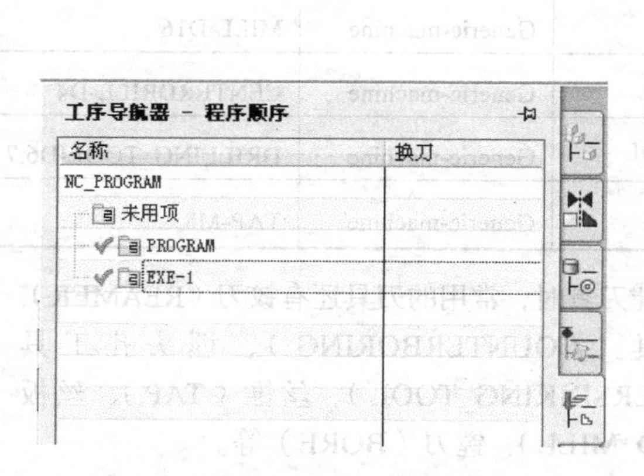

图 8-12　创建的程序

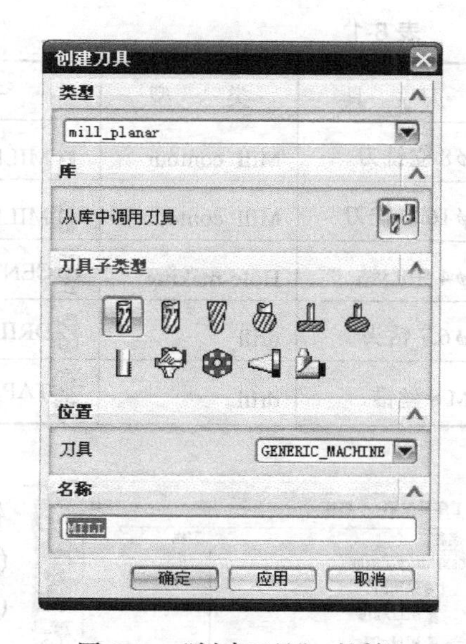

图 8-13　“创建刀具”对话框

在此对话框中，类型的选择与前面一样，在图 8-13 中，子类型中有多种刀具类型，第一排从左到右分别是立铣刀、球头铣刀、盘形铣刀、T 形铣刀（盘状）、豉状铣刀、套丝工具；第二排是用户自定义铣刀、鸡心夹头、刀架、刀柄。

先单击子类型中的“立铣刀”图标，然后在名称处输入 MILL-D16，其中，名称后面的 D16 表示刀具直径为 ϕ16。确定后，弹出图 8-14 所示的对话框。

在这个对话框中，可以对其中的参数进行修改，如图 8-14 所示，修改了直径、刃数等，可以根据实际刀具进行设置。如果有必要，可对其他参数进行相应的修改与设置。

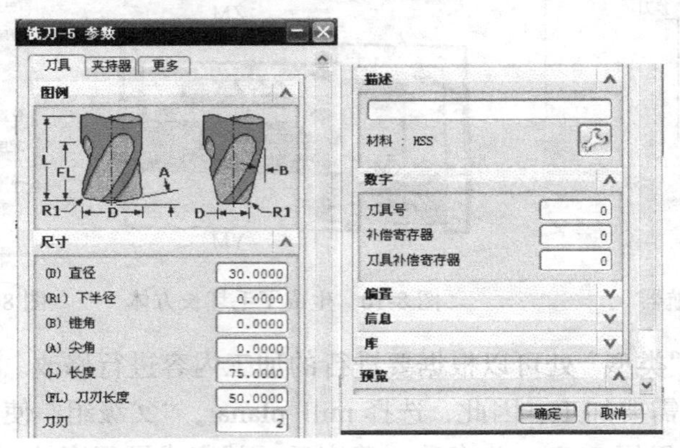

图 8-14 参数设置

设置好后，单击鼠标中键完成刀具的设置，此时，展开操作导航栏，在空白处右击后，在弹出的快捷菜单中单击“机床视图”命令就可以看到刚才创建的刀具了。

下面可以以与上面相同的方法进行其他刀具的创建，这些刀具分别是 ϕ8 立铣刀、ϕ4 中心钻、ϕ6.7 钻头和 M8 丝锥。

要修改的选项列表见表 8-1。

表 8-1 创建刀具表

刀 具	类 型	子 类 型	父 组 级	名 称
ϕ8 立铣刀	Mill_contour	MILL	Generic-machine	MILL-D8
ϕ16 立铣刀	Mill_contour	MILL	Generic-machine	MILL-D16
ϕ4 中心钻	Hole-making	CENTERDRILL	Generic-machine	CENTERDRILL-D4
ϕ6.7 钻头	drill	DRILLING_TOOL	Generic-machine	DRILLING_TOOL-D6.7
M 8 丝锥	drill	TAP	Generic-machine	TAP-M8

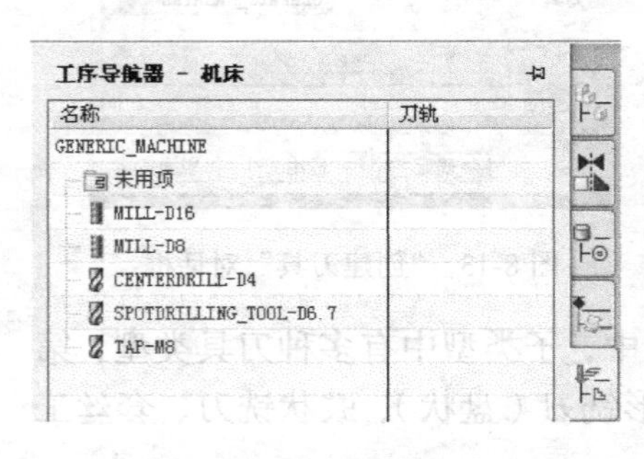

图 8-15 创建的所有刀具

在创建刀具时，常用的刀具还有铰刀（REAMER）、镗孔工具（COUNTERBORING）、埋头孔工具（COUNTERSINKING_TOOL）、丝锥（TAP）、丝板（THREAD_MILL）、镗刀（BORE）等。

按照表 8-1 完成刀具创建后，展开操作导航栏可以看到创建的刀具，如图 8-15 所示。

（3）创建几何体。几何体分为多种，如毛坯几何体、部件、MCS 坐标等，根据需要，一个程序中可以创建多个几何体，不同的加工部件可能用不同的几何体，如在粗加工时，用毛坯；在精加工时用部件；在改变加工方向时，用 MCS 坐标等。

现在，单击“创建几何体”图标，弹出“创建几何体”对话框，将“类型”修改为“mill_planar”，结果如图 8-16 所示。单击其中的“WORKPICE”图标，并单击鼠标中键后，弹出“工件”对话框，如图 8-16 所示。单击“选择或编辑部件几何体”图标，再单击选中要加工的零件；再单击“选择或编辑毛坯几何体”图标，弹出“毛坯几何体”对话框，如果已经制作了毛坯，可以单击选中毛坯几何体，如果没有制作毛坯，也可以使用“类型”中的其他方法，如“部件的偏置”“包容块”和“部件轮廓”等方法来指定毛坯几何体。这里选择前面作的长方体作为毛坯体，再确定，又回到图 8-16 所示的“工件”对话框。

注意	从上面毛坯几何体的制作方法看，可以自己制作毛坯，也可以使用系统提供的方法来得到毛坯。

单击“材料”按钮来修改工件材料，弹出“搜索结果”对话框，在其中选择某种材料，如选择 4140 ALLOY STEEL（合金钢 4140），然后确定，返回到图 8-16 左图所示的对话框，单击“确定”按钮，完成几何体“WORKPICE_1”的创建。

注意	这些钢材是国外牌号，可以使用手册对照。为方便读者，列出部分材料的中文名称，如 CARBON STEEL（碳素钢）、ALLOY STEEL（合金钢）、STAINLESS STEEL（不锈钢）、HS STEEL（高速钢）、TOOL STEEL（工具钢）、ALLUMINUM（铝合金）、COPPER（铜）。

（4）创建操作。创建操作目的是对不同的工序部位做不同的加工编程操作，因此，创建操作是要根据不同的部位来进行的。以本例来说，加工凹陷面是一种操作，钻孔是一种操作，攻丝是一种操作等。

① 创建粗加工操作。单击右侧导航栏中的“工序导航器”图标，展开“工序导航器”导航栏，在空白处右击，在弹出的快捷菜单中单击“程序顺序视图”，右击前面创建的程序名 EXE-1，在弹出的快捷菜单中单击“插入”→“操作”命令，弹出”创建工序”对话框，如图 8-17 所示。

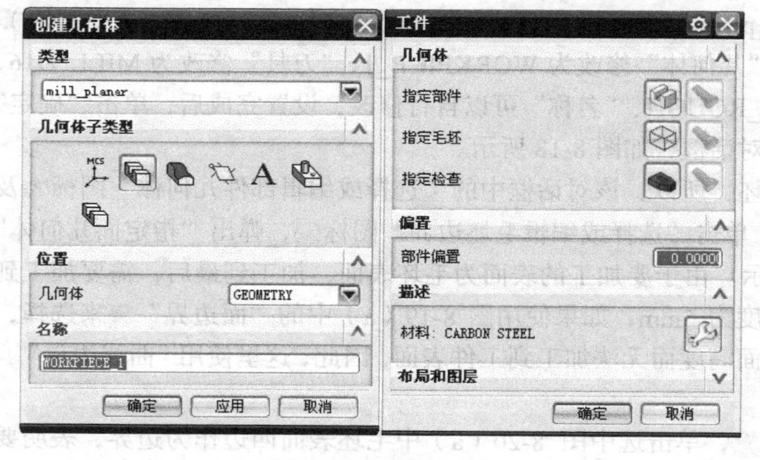

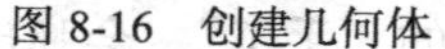
图 8-16 创建几何体

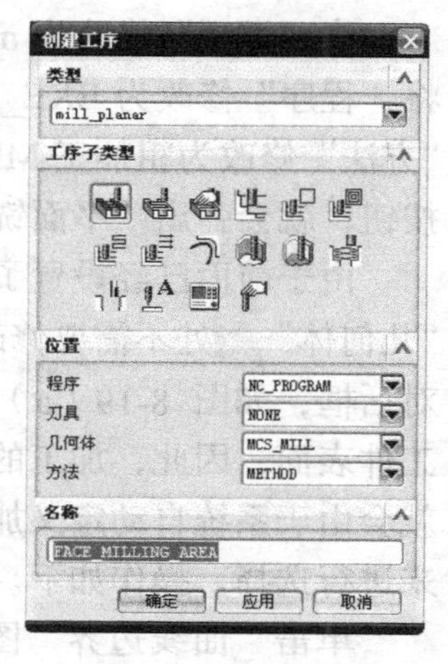

图 8-17 “创建工序”对话框

子类型列表见表 8-2。

表 8-2　　平面铣图标说明

图标与英文标志	加工名称	备　注
FACE_MILLING_AREA	区域面铣	粗精加工用，用来铣削一个大的面中的孔、槽等，是平面铣的重要操作方式。重点掌握
FACE_MILLING	面铣	对表面进行粗精加工。是重要加工方式。重点掌握
FACE_MILLING_MANUAL	手动面铣	粗加工用
PLANAR_MILL	平面铣	对零件四周粗加工用，重点掌握
PLANAR_PROFILE	平面轮廓铣	仅加工轮廓，精加工操作
ROUGH_FOLLOW	跟随轮廓粗铣	
ROUGH_ZIGZAG	往复粗铣	
ROUGH_ZIG	单向粗铣	
CLEANUP_CORNERS	清理拐角	
FINISH_WALLS	精铣侧壁	
FINISH_FLOOR	精铣底面	
Hole_MILLING	孔加工	
THREAD_MILLING	螺纹铣	
PLANAR_TEXT	平面文本铣	
MILL_CONTROL	铣削控制	
MILL_USER	铣削用户	

将“类型”修改为 mill_planar，然后将“子类型”修改为 PLANAR-MILL（平面铣），将“程序”修改为 EXE_1、“几何体”修改为 WORKPICE_1、“刀具”修改为 MILL_D16、“方法”修改为粗加工 MILL_ROUGH、“名称”可以自行修改，设置完成后，单击“确定”按钮，就会弹出“平面铣”对话框，如图 8-18 所示。

由于前面已经设置了毛坯，所以，该对话框中的“选择或编辑部件几何体”图标及“几何体”处不需要修改，单击“选择或编辑毛坯边界”图标，弹出“指定面几何体”对话框，如图 8-19（a）所示。由于要加工的表面为毛坯表面，加工到最后，需要加工到工件表面，因此，加工的深度为 5mm，如果使用图 8-19（a）中的“面边界”来选择，就会由于系统自动定义加工面高度而无法加工到工件表面，因此，这里使用“曲线边界”来进行选择。操作如下。

单击“曲线边界”图标，单击选中图 8-20（a）中毛坯表面四边作为边界，表明要加工的范围；然后单击图 8-19（a）中“平面”处的“手工”，会弹出“平面”对话框，如

图 8-19（b）所示，将其中的“类型”修改为“自动判断”，然后选中图 8-20（a）中工件上表面上的一个孔的圆心，单击鼠标中键两次，回到“平面铣”对话框中，单击其中“指定面边界”右侧的“显示”图标，可以看到选择的平面结果如图 8-20（b）所示。

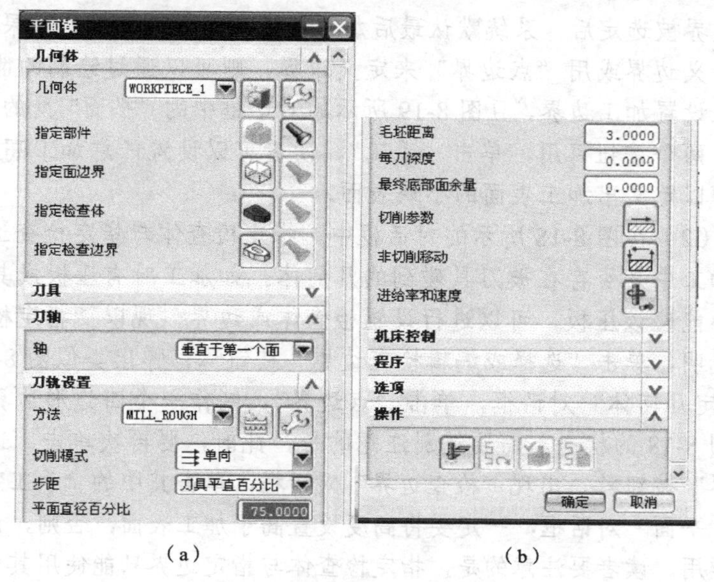

（a）　　　　（b）

图 8-18 “平面铣”对话框

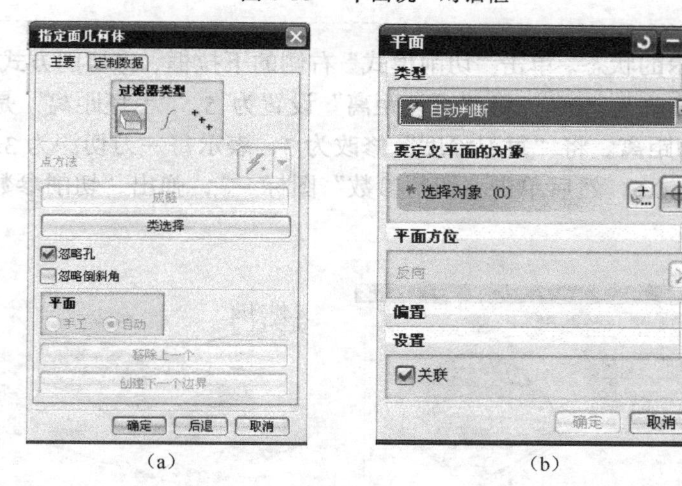

（a）　　　　（b）

图 8-19 “面几何体”对话框

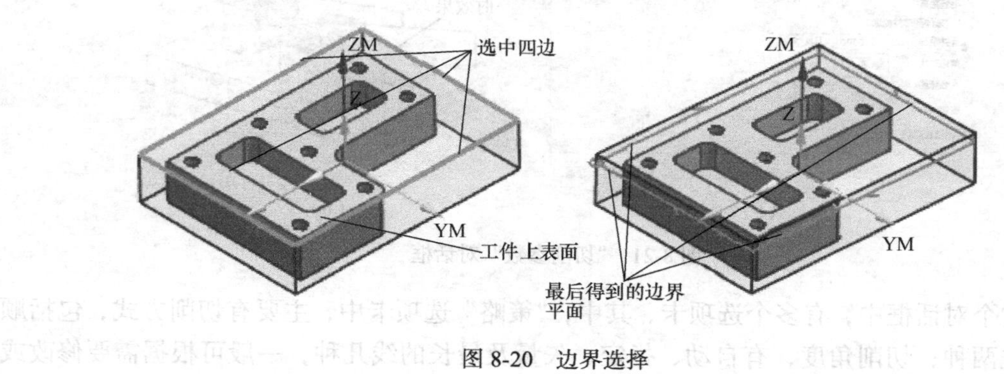

图 8-20 边界选择

注意

（1）在此对话框中，有“面边界”“曲线边界”及“点边界”3种选择边界的方式。一般地，使用“面边界”的方式选择边界时，要求面一定是水平的，如果平面不是水平的，哪怕只有极小的倾斜角，系统也会报错；另外，面边界被选定后，系统默认最后加工高度即为该面高度。如果用“曲线边界”来定义边界或用“点边界”来定义边界，则可以通过绘制的曲线或零件的边线来设置加工边界，且图8-19所示的对话框中的“平面”处的“手工”与“自动”两个按钮可用，单击“手工”，读者可以设置任意加工高度。“点边界”还可以定义出加工表面的小块表面。

（2）在图8-18所示的对话框中，指定检查体与指定检查边界的作用是检查加工中是否存在被刀具碰到的几何体。如加工时有压板或其他工具等，刀具不能碰该压板，可以进行设置检查体或边界。现以“指定检查边界”为例来说明，单击“选择或编辑检查边界”按钮，弹出类似图8-19（a）所示的“指定几何体”对话框，单击“点边界”，制作一个四边形边界，确定后，回到图8-18的状态，需要特别注意的是，此时，要再次单击“选择或编辑检查边界”按钮，出现“检查边界”对话框，单击其中的“手工”单选按钮，出现“平面”对话框，一定要将高度设置高于加工表面，否则，设置的边界就不起作用。读者要注意的是，指定检查体与指定边界只能使用其中之一，二者是互斥的。

回到图8-18所示的状态。单击“切削模式”右侧的下拉框，将切削方式修改为“往复”；将“百分比”修改为60%；将“毛坯距离”设置为5，“毛坯距离”是指毛坯表面到最后加工表面之间的距离。将“每刀深度”修改为3，表示每一刀切深为3mm；将“最终底部面余量”设置为0.5，然后单击“切削参数”图标，弹出“切削参数”对话框，如图8-21（a）所示。

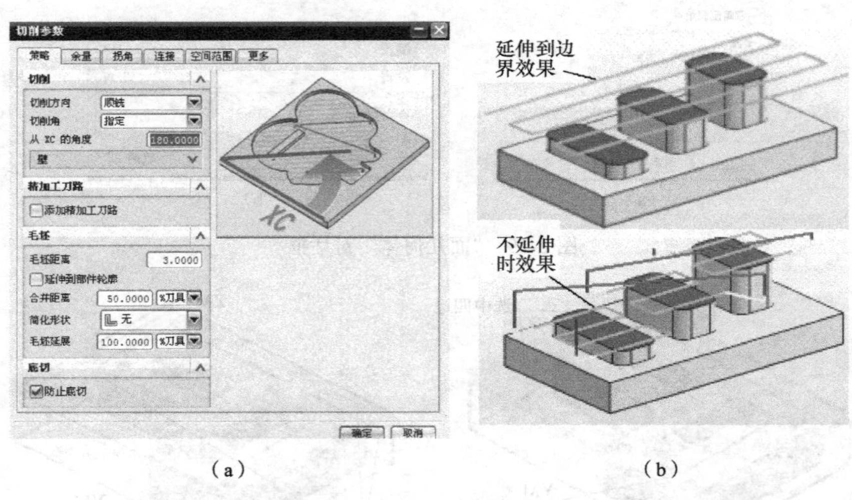

（a）（b）

图8-21 “切削参数”对话框

在这个对话框中，有多个选项卡，其中，“策略”选项卡中，主要有切削方式，包括顺铣和逆铣两种；切削角度，有自动、指定、矢量及最长的线几种，一般可根据需要修改或使用默认值；在精加工选项组中，主要是选择是否需要增加精加工刀路；在毛坯选项组中，毛坯距离是指毛坯与加工表面间距离；“延伸到部件轮廓”则可以改变加工时的刀路的长短，如果选中该项，则加工会一直延伸到产品边界处，如果产品中间平面有间断，则不需考虑这种间断。效果如图 8-21（b）所示。

选择“余量”选项卡，然后将“壁余量”改为 0.5，单击“确定”按钮完成操作，返回图 8-18 所示的对话框。

单击“非切削移动”图标，弹出“非切削移动”对话框，该对话框类似图 8-21 所示对话框，这里有较复杂的设置，如进刀与退刀的类型、倾角、安全距离等参数；另外，在此对话框中，有“传递/快速”选项卡，其中有“安全距离”设置，在“安全设置选项”中有“使用继承的”“自动平面”“平面”“圆柱”“点”“包容块”和“球”等多个选项，读者在设置时可根据实际情况选择，一般可设置为“包容块”或“自动平面”等，需要注意的是，这个项没有设置时，在生成刀具路径时可能会弹出一个“安全几何体传递方法已请求，但未指定任何安全几何体”的警告对话框，因此，必须设置完该选项才能生成刀具路径。我们在这里也设置成“包容块”，其余参数使用默认值。单击“确定”按钮后，又回到图 8-18 所示状态。单击“进给率和速度”图标，弹出“进给率和速度”对话框，如图 8-22（a）所示。

修改表面速度、每齿进给及主轴速度等，如图 8-22（a）所示。完成设置后，又回到图 8-18 所示的对话框。对于其他参数，可根据加工需要进行设置。完成所有设置后，单击“生成”图标，系统将自动生成加工程序代码并显示加工路径，如图 8-22（b）所示。此时，单击“确认”图标，可以弹出“可视化刀轨轨迹”对话框，单击“3D 动态”选项卡，然后单击“播放”图标，可以看到仿真加工的效果，如图 8-22（b）所示。

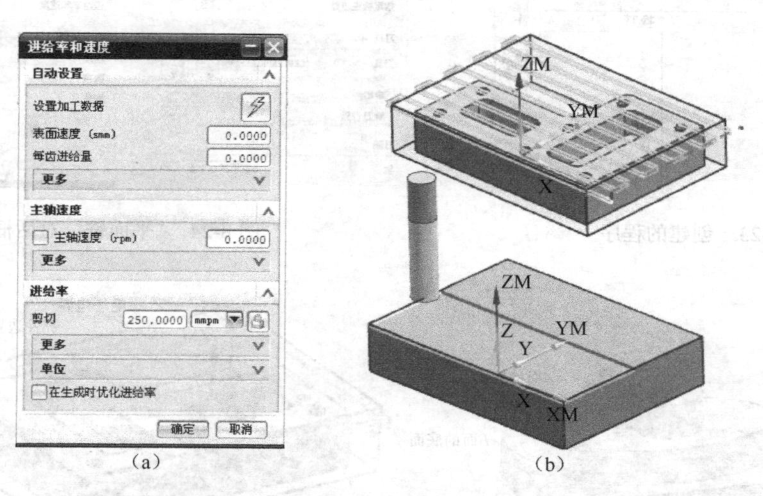

图 8-22 “进给率和速度”对话框及仿真效果

播放完成后，单击鼠标中键确定两次，保存程序。打开操作导航栏，在空白处右击，在弹出的快捷菜单中单击“程序顺序视图”命令，可以看到刚才创建的程序，如图 8-23 所示。

② 创建精加工操作。上面的程序完成的是对上平面的粗加工操作，以同样的方式，还要对上平面进行精加工，创建操作的过程都是类似的，只是在出现图 8-17 时，将“方法”

修改为 MILL_FINISH，其余操作一样，这里不再重述，读者可自行完成操作。

③ 创建四周加工程序。零件四周有多余的毛坯，需要进行加工，由于我们假设的毛坯是一个长方体，因此，有较多的余量需要削除。

单击“创建工序”图标，弹出“创建工序”对话框，单击“FACE MILL”（平面铣），将“程序”设置为 EXE-1，“刀具”设置为 MILL-D16，“几何体”设置为 WORKPICE-1，“方法”设置为 MILL-ROUGH，单击“确定”按钮后，弹出图 8-24 所示“平面铣”对话框。

可以看到，该对话框和前面的图 8-18 中的“平面铣”对话框类似，但这里在“几何体”组内“几何体”按钮，用来指定毛坯；“指定部件”按钮，用来确定要加工的边界，是零件即产品模型边界；“指定面边界”按钮和前面作用一样用来确定毛坯的最大边界，往往由“指定部件边界”与“指定毛坯边界”组成的区域是要加工的区域。根据需要，有时也可以不设置“指定毛坯边界”；另外，在这里还有一项“指定底面”，是确定最后加工的底平面，刀具会加工到该面，图 8-25（a）说明了底面的概念，要加工面为 *A* 时，底面即“*A* 面的底面”。由部件边界、毛坯边界及底面 3 项组成的空间是需要去除材料的区域。图 8-25（b）所示是各边界值。

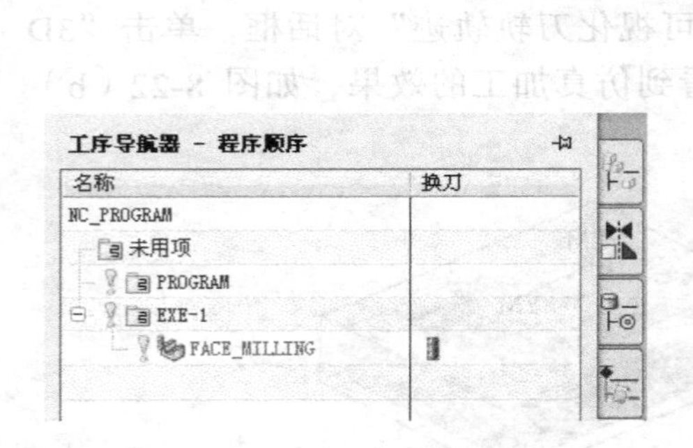

图 8-23 创建的程序

图 8-24 “平面铣”对话框

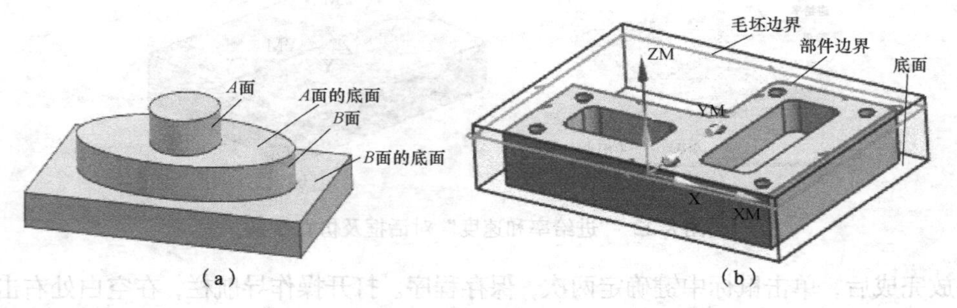

图 8-25 边界设置

单击“编辑或选择部件边界”图标，弹出“几何边界”对话框，在该对话框中，模式有“曲线/边”“边界”“面”和“点”4 种选项，其实是对应图 8-18（a）中的 3 种边界选择方式的。这里使用“面”，先选中“忽略孔”，然后直接选择图 8-25 中的部件上表面，单击鼠标中键，完成选择，回到图 8-24 所示效果。

类似地，指定毛坯边界，不过，在弹出“几何边界”对话框时，使用模式为“曲线/边”，先选择毛坯的上表面的四边（参考前面操作），然后在对话框中“平面”右侧下拉框中选择“用户定义”（默认为“自动”），一样会弹出“平面”对话框，选择产品模型的上表面的一个孔的圆心，然后单击鼠标中键 3 次回到图 8-24 所示状态。最后选择“底面”为产品底面。单击各个“显示”图标，结果如图 8-25（b）所示。

单击图 8-24 对话框中的“切削层”图标，弹出“切削层”对话框，将“类型”修改为“恒定”，将“每刀深度”区中的“公共”值修改为 6，表示一次加工深度为 6mm，然后单击鼠标中键完成设置，再将“步距”修改为 30%。其余操作和前面面铣类似，请参照前面操作进行，不再重复说明。完成设置后，单击“生成”按钮，就可得到图 8-26（a）所示的刀路效果，单击“确定”图标，进行“3D 动态”仿真，得到图 8-26（b）所示的效果。

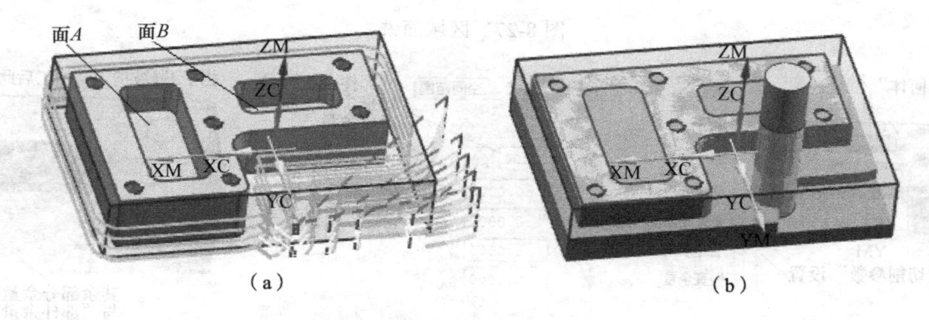

图 8-26　对四周进行加工

④ 创建四周壁的精加工操作。单击“创建工序”按钮，弹出“创建工序”对话框，单击“PLANAR_PROFILE”（平面轮廓铣），将“程序”设置为 EXE-1，“刀具”设置为 MILL-D16，“几何体”设置为 WORKPICE-1，“方法”设置为“MILL-FINISH”，单击“确定”按钮后，会弹出类似图 8-24 所示的“平面轮廓铣”对话框，设置其中的“每刀深度”为 8，其余设置过程与前面操作一致，但这次不需要设置“指定毛坯边界”这一项，因为平面轮廓铣只是对四周壁进行精加工，只进行最后一刀加工。完成设置后生成程序即可。

⑤ 创建中间孔的粗精加工操作。与前面操作类似，在单击“创建工序”按钮并弹出“创建工序”对话框，单击“FACE_MILLING_AREA”（区域面铣），将“程序”设置为 EXE-1，“刀具”设置为 MILL-D8，“几何体”设置为 WORKPICE-1，“方法”设置为“MILL-ROUGH”，单击“确定”按钮后，弹出图 8-27 所示“面铣削区域”对话框。

在这个对话框中，“指定切削区域”用来指定要加工的范围，这里指定为图 8-26（a）中的面 *A* 与面 *B* 即可。而“指定壁几何体”则是用来对加工面四周壁进行设置的，如果不进行这项设置，则在加工时，四周余量是一样的，如果是精加工，则四周余量为零；但如果只指定某一侧或几个侧的壁进行，则可单独对这些指定的壁进行余量设置，具体设置指定壁的余量可以通过“切削参数”来设置。如图 8-28（a）所示，是“指定壁几何体”为壁 *A*，在“切削参数”中“余量”选项卡内设置“壁余量”为 0，加工后效果如图 8-28（b）所示。

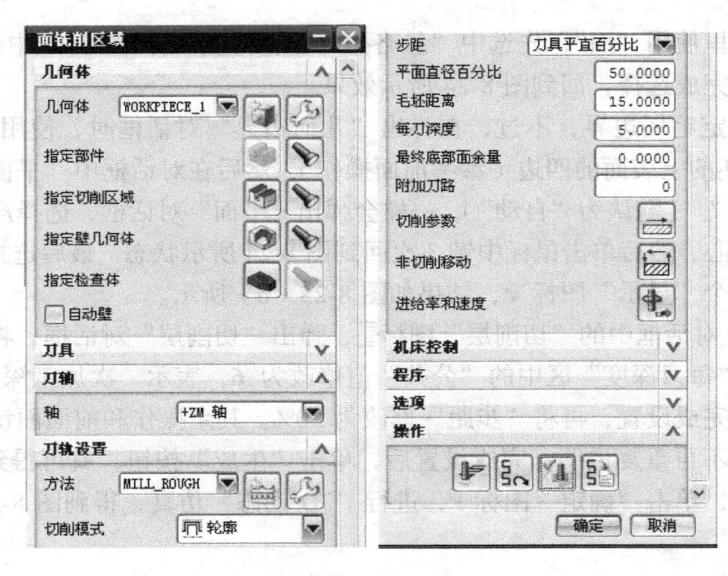

图 8-27 区域面铣

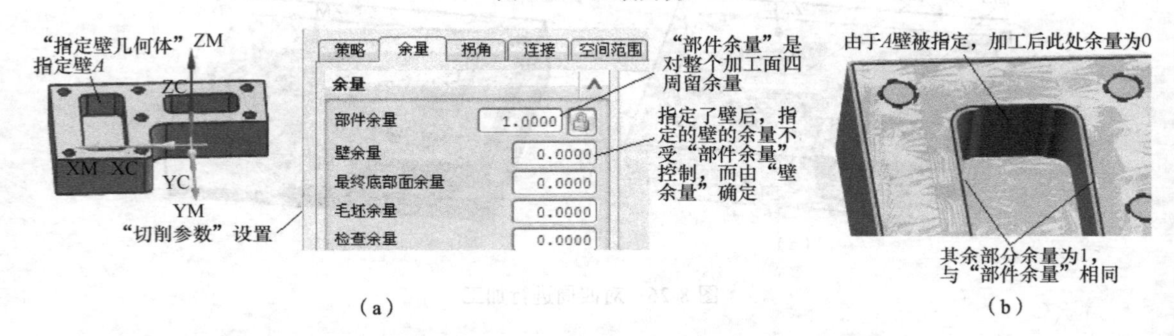

（a） （b）

图 8-28 指定壁几何体

由上面分析可以看出，一旦使用了"指定壁几何体"这项，则被指定的壁的余量将由"切削参数"对话框中的"壁余量"确定，而未指定的部分的壁余量则由"部件余量"来确定。

本例加工时不需要指定壁，因此，四周余量将由部件余量来确定。还需要指出的是，在"切削模式"中，这里设置为 跟随部件，可以将加工面的底面全铣到，如果要进行最后壁的加工，可以使用 轮廓。其余设置与前面类似，请读者完成。生成的刀路如图 8-29 所示，进行"2D 动态"仿真的效果如图 8-29（b）所示。

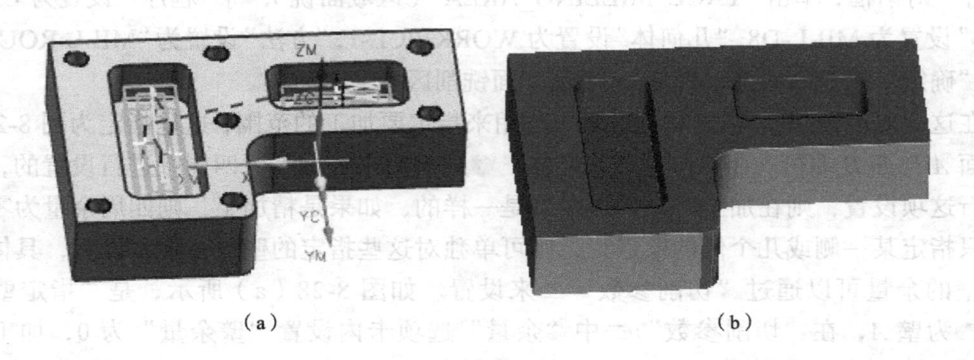

（a） （b）

图 8-29 刀轨及仿真效果

同样地，读者可以完成精加工操作。

⑥ 创建中心钻点位加工操作。按前面类似的做法，创建一个新的操作，用来完成中心钻的加工，操作过程与上面的操作类似，下面说明其过程。

当出现图 8-17 所示的对话框时，将类型、子类型及其他参数修改为图 8-30（a）所示的参数。

在这个对话框中，由于将“类型”修改为 drill，故子类型有改变，这些子类型的意义见表 8-3。

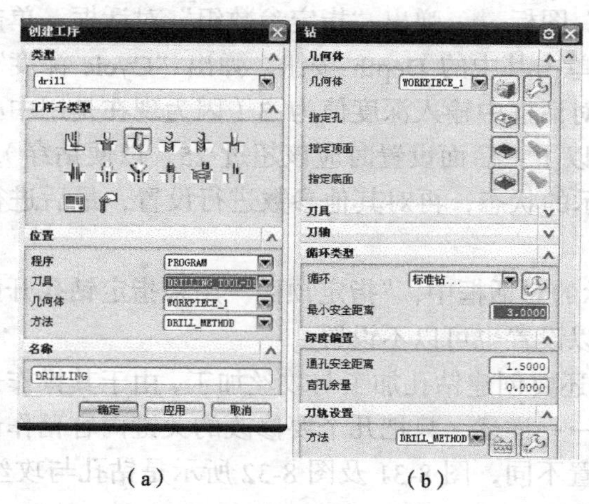

图 8-30 钻孔加工设置

表 8-3 点位加工图标说明

图标与英文标志	加工名称	备注
SPOT_FACING	扩孔	
SPOT_DRILLING	中心钻	
DRILLING	普通钻	
PECK_DRILLING	啄钻	加工方式似啄木鸟捕食而得名
BREAKCHIP_DRILLING	断屑钻	加工时铁屑被撕碎
BORING	镗孔	
REAMING	铰孔	
COUNTERBORING	沉孔、沉孔锪平	
COUNTERSINKING	倒角沉孔	
TAPPING	攻丝	
THREAD_MILLING	铣螺纹	
MILL_CONTROL	铣削控制	
MILL_USER	自定义参数加工	

单击鼠标中键或单击“确定”按钮后，会出现“钻”对话框，该对话框上部内容如图8-30（b）所示。

在这个对话框中，单击“孔”图标后，会弹出“点到点几何体”对话框，单击“选择”按钮，又弹出无名对话框，单击其中的“一般点”按钮，出现“点构造器”对话框，单击“圆弧中心/椭圆中心/球心”图标，然后逐一选中零件中要加工的 7 个螺纹孔的中心，注意选择顺序即是后面的加工顺序。

选择完成后，多次单击“确定”按钮，回到图 8-30（b）所示的状态，再单击“标准钻”右侧的“编辑参数”图标，弹出“指定参数组”对话框，单击“确定”按钮，出现“Cycle 参数”对话框，单击其中的 Depth 按钮，弹出“Cycle 深度”对话框，单击“刀尖深度”按钮，然后在新对话框中输入深度值为 3（因为现在是用中心钻钻出定位孔，一般只需要钻 3～5mm 就可以了，后面设置时应该超过 25，以便钻穿），单击两次“确定”按钮返回图 8-30（b）所示的状态，再对其他参数进行设置，最后进行生成，可得中心钻进行点钻的加工刀路。

在图 8-30（b）所示的对话框中，“指定顶面”用来指定钻孔开始的表面，“指定底面”则是孔底的参考面，可以设置也可以不设置。

⑦ 其他操作。现在还要创建钻孔加工与攻丝加工，由于其操作过程与上面的中心钻加工过程类似，因此，不一一详述，只把几个要修改的关键内容稍作说明。

第一是类型参数设置不同，图 8-31 及图 8-32 所示是钻孔与攻丝加工时的参数设置。

图 8-31 “定心钻”对话框　　　　图 8-32 钻孔与攻丝设置比较

另一个不同是钻孔深度取“刀肩深度”，其值为 26mm，而攻丝深度为“到底面”，其他操作大体类似，读者可自行完成。

完成所有操作后，在工序导航器的导航栏内右击，在弹出的快捷菜单中单击“程序顺序视图”命令，可以看到有 5 种操作的程序段，按住 Ctrl 或 Shift 键，选中所有程序，然后单击“加工操作”工具条中的“确定刀轨”图标，将打开“可视化刀轨轨迹”对话框，单击“3D 动态”按钮，然后单击“播放”图标，可以看到三维效果的加工模拟。

完成模拟后，仍然选中刚才做的程序，然后单击“加工操作”工具条中的“后处理”

图标，弹出“后处理”对话框，在“可用机床”列表框中选中一个机床型号，如MILL-3-AXIS，然后在输出文件名处给出程序输出的路径与文件名，然后确定，完成程序的输出，同理可以输出CLSF文件等。

最后，单击“车间文档”图标，弹出“加工部件报告”对话框，在此对话框中，有多种可用模板，且这些模板又分为TEXT格式或HTML格式，其中，TEXT格式是纯文本，而HTML格式可以有图片等内容，但要在浏览器中才能打开。这些模板输出的内容为车间常用文件，如刀具表、过程卡等内容。读者可以根据需要进行一个或多个文件的输出。

8.4.2 平面加工补充

从前面的平面加工过程可以看到，平面加工种类很多（参见表8-2），初学者看了后会感觉有难度，其实，UG的铣加工程序不难，原因是不同铣削加工间有一定的操作类似性，规则如下。

从“平面铣”PLANAR_MILL开始，直到“精铣底面”FINISH_FLOOR为止，这8种加工方法的操作是非常类似的；而“区域面铣”“面铣”和“手动面铣”等加工方法也是类似的。因此学习时可以认真掌握“平面铣”及“面铣”这两个代表，就很容易理解其他加工方法了。下面的操作过程中用到了“平面铣”及“面铣”命令，请读者注意其操作。

首先回顾一下“平面铣”对话框，如图8-33所示。

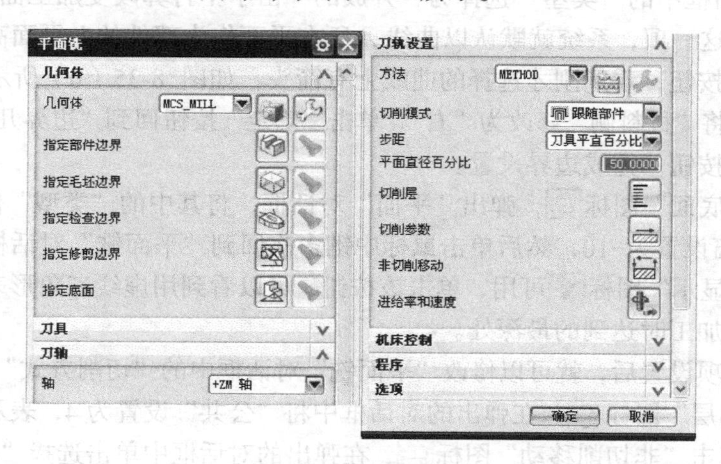

图8-33 “平面铣”对话框

在此对话框中，一般情况下可以这样设定，如果加工材料的外圈，即加工材料四周，也就是设置时材料在内侧，就需要定义“指定毛坯边界”，如果加工材料内圈，即加工孔的四周，也就是设置时材料在外侧，就可以不定义“指定毛坯边界”，而“指定部件边界”及“指定底面”这两项，就一定需要设置。下面重点解释这些设置。

“指定部件边界”就是指定要加工的区域或范围，确定要加工的平面高度。这里的部件，就是加工后最后得到的成型零件，部件边界是加工刀具的极限，不能超过但可无限接近这个边界，越接近，说明加工效果越好，如果超过这个边界，就是对产品造成过切。单击“指定部件边界”图标后，会弹出“边界几何体”对话框，如图8-34（a）所示。

此对话框中的“模式”有“曲线/边”“边界”“面”和“点”4种方式。“曲线/边”是通过选择合适的面或边来确定加工的区域，这些曲线或边可以是三维模型的边，也可以是读者任作的曲线。如果是自己制作的任意曲线，则可用此进行任意平面曲线的加工，因此，在这种模式下，可以不制作三维模型来完成平面加工。为了让读者理解这种加工，我们在UG环境下建立图8-34（b）所示的两根曲线，以曲线*A*作为边界，设置过程是将图8-34（a）所示“边界几何体”对话框中的“模式”修改为“曲线/边”，对话框变成了“创建边界”对话框，如图8-35（a）所示。

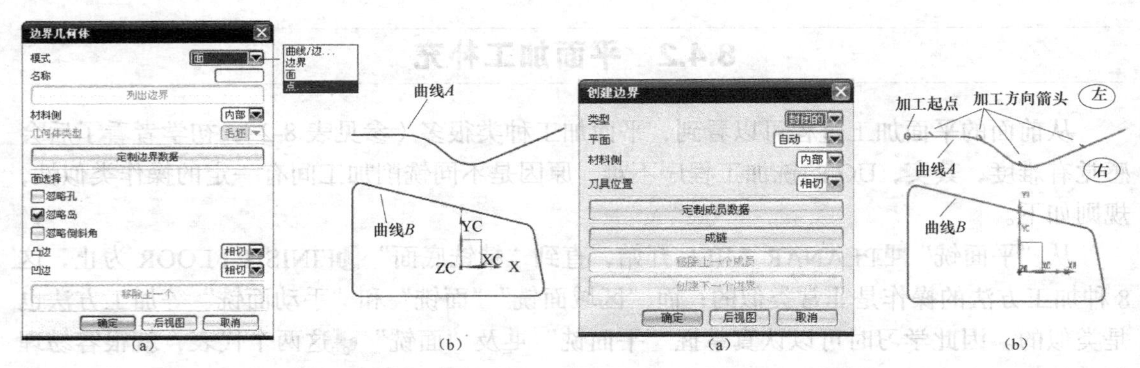

图8-34　边界设置　　　　图8-35　加工方向

单击选择曲线*A*（使用相切曲线选择模式），因为给出的曲线*A*不是封闭的，因此，将“创建边界”对话框中的“类型”选择为“开放的”由于不打算改变加工面的高度，因此，不修改“平面”这一项，系统就默认以曲线*A*所在平面作为部件的上平面高度，单击“创建下一个边界”按钮，看到刚才选择的曲线上有箭头，如图8-35（b）所示，根据箭头方向及加工起点，将“材料侧”修改为“右”，单击“确定”按钮回到“边界几何体”对话框，再单击“确定”按钮，完成边界设置。

单击“指定底面”图标，弹出“平面”对话框，将其中的“类型”修改为“*XC-YC*平面”，并将距离设置为-10，然后单击鼠标中键多次回到“平面铣”对话框，此时“指定底面”右侧的“显示”图标可用，单击该按钮，可以看到用虚线三角形表示的底面。这个底面高度就是加工时达到的最深处。

完成上面两项设置后，就可以修改“平面铣”对话框中的“切削方式”为“轮廓加工”，单击“切削层”图标，在弹出的对话框中将“公共”设置为4，表示每次加工的深度为4mm，再单击“非切削移动”图标，在弹出的对话框中单击选择“转移/快速”页，将“安全设置选项”修改为“自动平面”，然后单击“生成”图标，就可以生成刀具路径，适当旋转图8-35（b），可以看到图8-36（a）所示生成的加工刀轨效果，左上图是未旋转时效果，左下图是旋转后效果。

值得注意的是，不封闭的曲线虽然可以生成刀轨，但只能使用“轮廓加工”这种方式，因此，只能加工一刀而不能由外往里进行分层加工。如果要进行由外往里加工，则需要使用辅助曲线或三维模型。

上面讲解的是开放式曲线加工，封闭曲线加工编程和上面类似，不过在设置参数时要注意，如果是加工封闭曲线外围，则只能使用“轮廓加工”，而加工封闭曲线内侧，则不限于这种加工，可以使用其他模式。

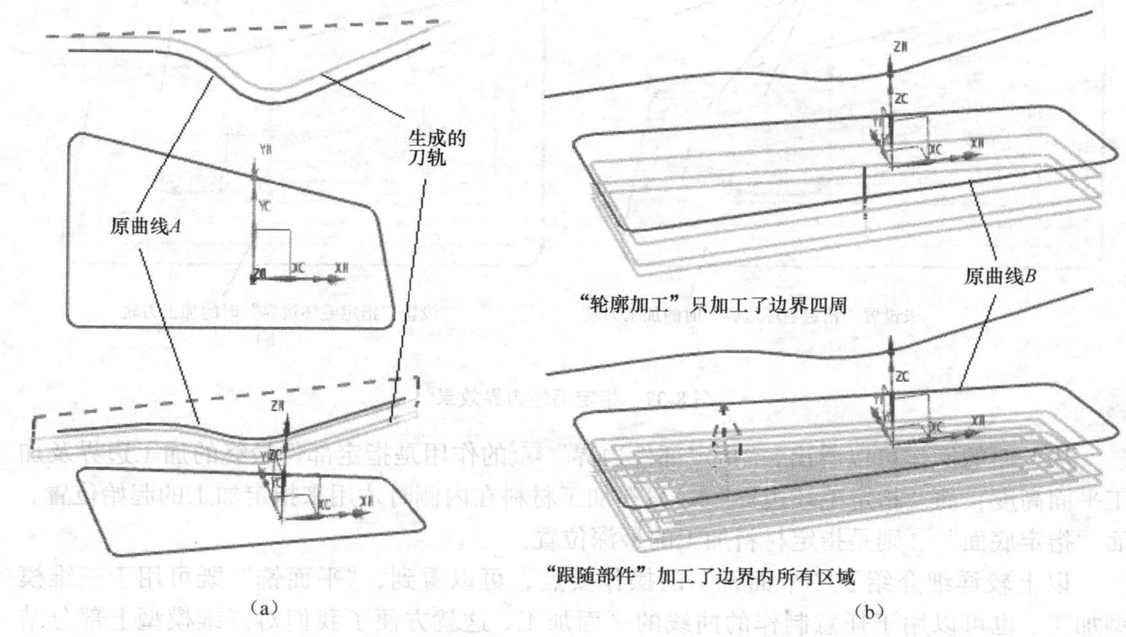

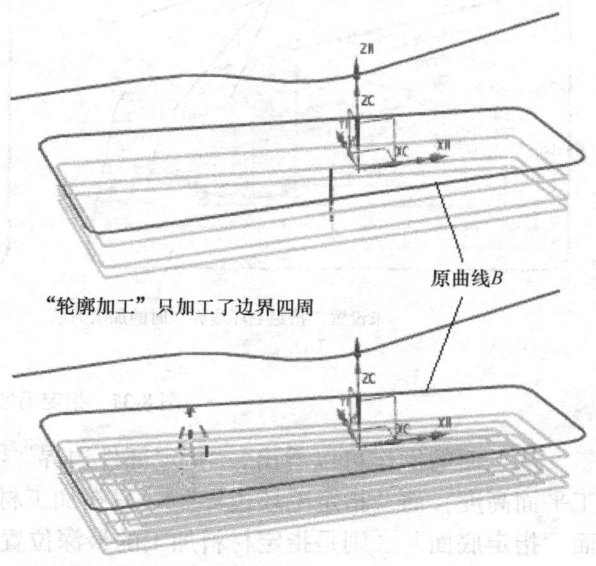

图 8-36 曲线加工

现在以与上面类似的方法对曲线 B 操作，将“创建边界”对话框中的“类型”修改为“曲线/边”，单击对话框中的“成链”按钮后，选择上面曲线 B 中任意两根相邻的曲线，则系统自动选择了整个曲线 B，再将“材料侧”修改为“外部”，其他参数和上面的设置一样，再单击“生成”按钮，就可以得到图 8-36（b）上图所示效果，如果将“切削模式”修改为“跟随部件”，再生成，则效果如图 8-36（b）下图所示。

当然，读者可以在加工曲线 B 时，将“材料侧”设置为“内部”，则这时只能使用“轮廓加工”模式了，用其他模式则会不正确。

上面介绍了部件选择时使用“曲线/边”模式的情况，如果使用“边界”，则只能选择三维模型的边或者曲面的边，因此，这种模式只在三维模型中适用；“面”则可以选择任作的面或三维图形的面；而“点”则可以在操作的平面上任意作点，系统自动围成边界。这些内容下文有介绍，在此不讲。

“指定毛坯边界”是在设置材料为“内部”时才需要设置，其设置过程与上面的“指定部件边界”类似，请读者注意掌握。

“指定检查边界”和“指定修剪边界”作用类似，操作过程类似，是用来定义一个不加工的区域的，如加工零件时，在零件上压了压板，为了防止刀具不碰到，就给压板留出一个区域，此时可以定义这两个选项，加工刀轨将不经过这个区域。以上面曲线 B 的加工为例（材料侧为“外部”时），单击“指定检查边界”图标，弹出“边界几何体”对话框，将“模式”修改为“点”，将视图修改为“俯视图”，作图 8-37（a）所示的任意 4 个点，单击“确定”按钮，系统会自动连接成封闭图形，再单击“确定”按钮完成设置，然后生成刀轨，结果如图 8-37（b）所示，可以看到刀轨效果已经避开了刚才给定的区域。

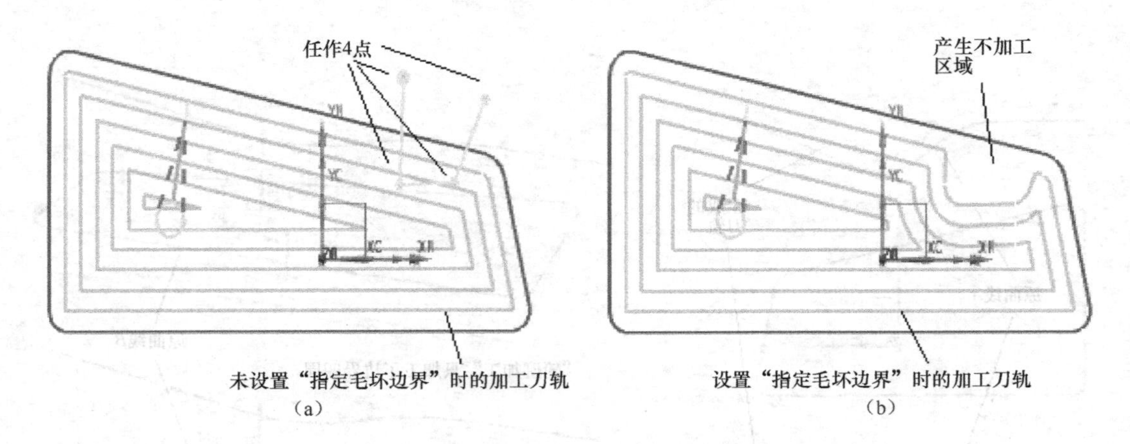

图 8-37　指定毛坯边界效果

从上面的操作可以看出，“指定部件边界”的作用是指定部件最终的加工边界及加工平面高度，而“指定毛坯边界”只在加工材料在内侧时才用来指定加工的起始位置，而“指定底面”则是指定材料加工的最深位置。

以上较详细介绍了“平面铣”的操作要点，可以看到，“平面铣”既可用于三维模型加工，也可以用于任意制作的曲线的平面加工，这就方便了我们对三维模型上部分结构的加工要求，有利于灵活加工三维模型的任意平面结构。而掌握了“平面铣”，则其他由“平面铣”演变而来的如“平面轮廓铣”“跟随轮廓粗铣”和“往复粗铣”等的操作就不难掌握了。

下面介绍“区域面铣”、“面铣”及“手动面铣”这 3 种操作，可以认为，这 3 种加工方法的操作基本类似，都是以“面铣”为基础派生而来的，因此，我们重点掌握“面铣”操作为主。

单击“面铣”按钮，弹出“面铣”对话框，如图 8-38 所示。

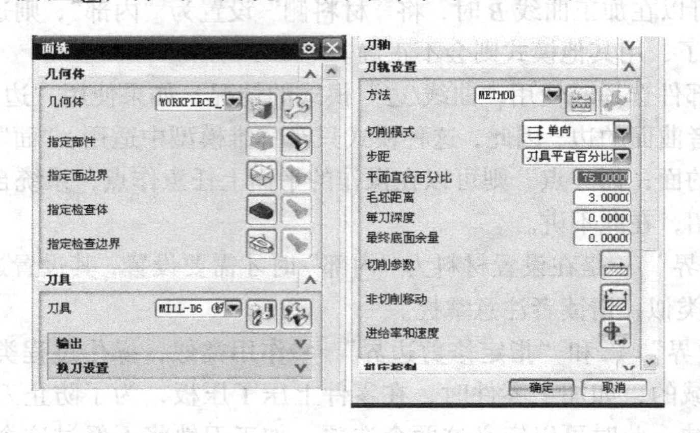

图 8-38　面铣

在“面铣”对话框中，指定部件的操作很简单，有两种情况，一是指定“几何体”，由于几何体已经包括部件，因此，如果指定了几何体，就可以不指定部件了；二是没有指定几何体，此时可以单击“指定部件”图标，会弹出“部件几何体”对话框，可以选择一个三维模型作为部件；“指定面边界”用来指定要加工的区域边界及高度，单击该按钮后弹出图 8-39（a）所示“指定面几何体”对话框。有 3 种确定边界的方法：“面边界”、“曲线边界”及“点边界”，面边界可以选择三维模型的表面，由于是平面加工，因此，一定要选择平面而不能选择曲面；“曲线边界”则可以选择三维模型上的边；而“点边界”则可以选择三维模型上的某些点来创建边界。

为了让读者理解“面铣”命令的操作，现以本书光盘中的 UGFILE\8\8.4\8.4.2\JG-02.prt 文件（见图 8-39（b））的零件进行加工，加工时，打开该文件，进入加工环境，设置刀具直径为 30 的立铣刀，单击“创建工序”图标，在弹出的“创建工序”对话框中单击“面铣”图标，弹出图 8-38 所示的对话框，再单击“指定部件”图标，弹出“指定面几何体”对话框，如图 8-39（a）所示，单击“点边界”图标，然后单击选择部件上的 4 个角点（见图 8-39（b）），再单击“指定面几何体”对话框中的“平面”区中的“手工”单选按钮，弹出“平面”对话框，单击部件的上平面，然后修改“平面”对话框中的偏置区中的距离为 5，单击鼠标中键两次，就回到“平面铣”对话框处，单击“指定面边界”右侧的“显示”图标，就可以看到刚才确定的边界效果，如图 8-39（c）所示。

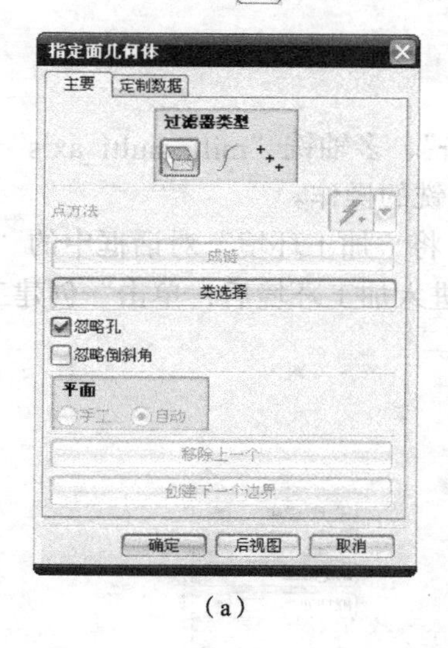

（a）

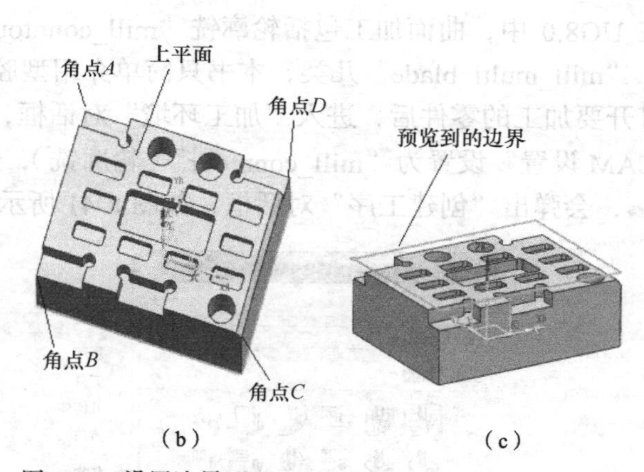

（b）　　　　（c）

图 8-39　设置边界

完成了这个设置，就可以进行加工了，由于设置的边界比部件上表面高出 5mm，因此，加工时，系统只加工到这个指定的边界高度，修改“平面铣”对话框中的“刀轨设置”区中的“毛坯距离”为 15（该距离表示需要加工的深为 15mm），“每刀深度”为 5（该尺寸＝“毛坯距离”/加工次数），单击“生成”按钮，就可得到图 8-40（a）所示的刀轨效果。

单击“确认”图标，弹出“刀轨可视化”对话框，单击其中的“3D 动态”页，将“动画速度”跟踪条调慢到 3～4，然后单击“播放”图标，会弹出“No blank”（没有毛坯）对话框，单击“确定”按钮后，弹出“毛坯几何体”对话框，将类型修改为“部件轮廓”，将“毛坯几何体”对话框中的“ZM+”修改为 20 并按 Enter 键，结果如图 8-40（b）所示，单击“确定”，看到仿真效果如图 8-40（c）所示。

上面对平面加工进行了叙述，其中有些细节操作与后面的相关内容相似，因此，读者可以前后借鉴。

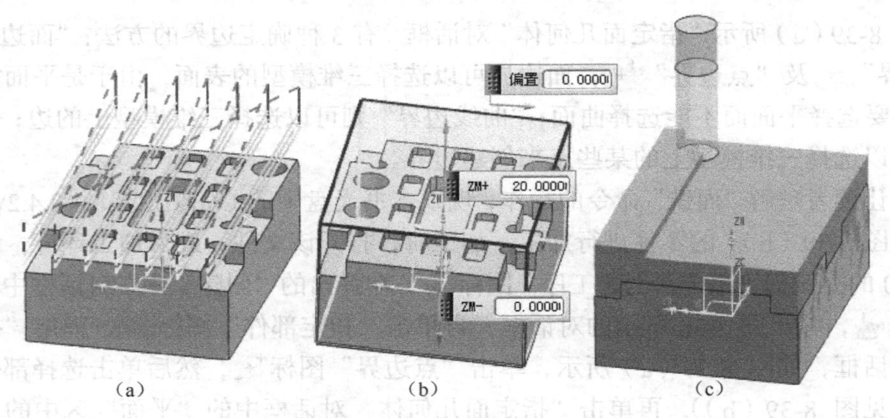

(a) (b) (c)

图 8-40 加工刀轨与仿真

8.4.3 曲面加工概述

1. 概述

在 UG8.0 中，曲面加工包括轮廓铣“mill_conntour”、多轴铣“mill_multi_axis”及叶片加工“mill_multi_blade”几类，本书只简单介绍型腔铣的操作。

打开要加工的零件后，进入“加工环境”对话框，将“加工环境”对话框中的“要创建的 CAM 设置”设置为“mill_conntour”（轮廓铣），进入加工环境后，单击”创建工序”图标，会弹出“创建工序”对话框，如图 8-41 所示。

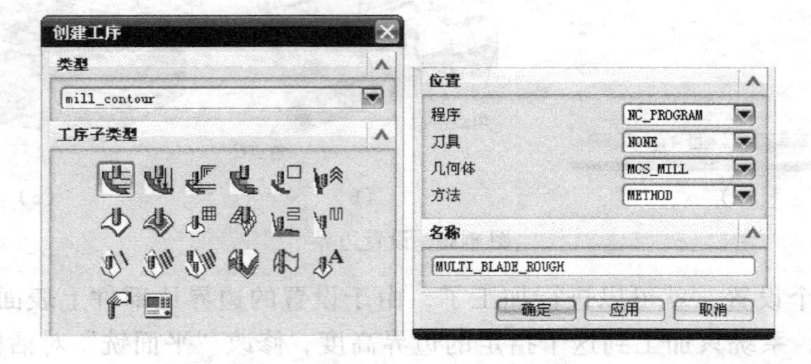

图 8-41 “创建工序”对话框

其中的“工序子类型”有很多种，具体见表 8-4。

表 8-4 型腔铣图标说明

图标与英文标志	加 工 名 称	备 注
CAVITY_MILL	型腔铣	铣底部
PLUNGE_MILLING	插铣	铣底部
CORNER_ROUGH	拐角粗加工	
REST_MILLING	残余铣（剩余铣）	

续表

图标与英文标志	加 工 名 称	备　　注
ZLEVEL_PROFILE	等高轮廓铣	铣床壁，特别是非陡壁
ZLEVEL_CORNER	等高拐角铣	
FIXED_CONTOUR	固定轮廓铣	
CONTOUR_AREA	轮廓区域铣	
CONTOUR_SURFACE_AREA	表面轮廓区域铣	
STREAMLINE	曲面流线加工	
CONTOUR_AREA_NON_STEEP	非陡峭轮廓区域加工	
CONTOUR_AREA_DIR_STEEP	陡峭轮廓区域方向加工	
FLOWCUT_SINGLE	单刀路清根铣	
FLOWCUT_MULTIPLE	多刀路清根铣	
FLOWCUT_REF_TOOL	清根参考铣	
SOLID_ PROFILE _3D	固体轮廓 3D 加工	
PROFILE_3D	轮廓 3D 加工	
CONTOUR_TEXT	轮廓文本加工	
MILL_USER	用户自定义	
MILL_CONTROL	铣削控制	

为便于理解，先单击“型腔铣”图标，弹出“型腔铣”对话框，如图 8-42 所示。

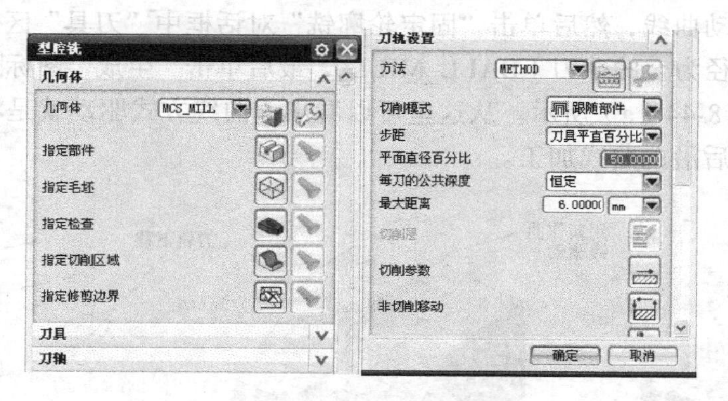

图 8-42 “型腔铣”对话框

所有型腔铣加工方法都有类似图 8-42 所示的“几何体”设置，但只有“型腔铣”等前 4 项加工方法在几何体的选择上有毛坯的选择这一项，而后面其他所有加工都没有毛坯选择这一项，并且，在后面各种加工中，有部分加工没有“指定修剪边界”这一项。

“指定部件”与“指定毛坯”这两项只能指定三维模型，如果在前面的操作中，已经定义了几何体，这两项就可以不操作了。在所有加工方法中，“指定切削区域”都是需要的，用来指定要加工的曲面区域。有关“几何体”区部分的操作，可以参见前面平面铣的操作。

2. 驱动方式

在图 8-41 所示“工序子类型”第二行图标及第三行的“清根参考铣”等操作，都有一个重要项“驱动方法”，单击该区的下拉按钮，弹出图 8-43（a）所示的驱动方法。

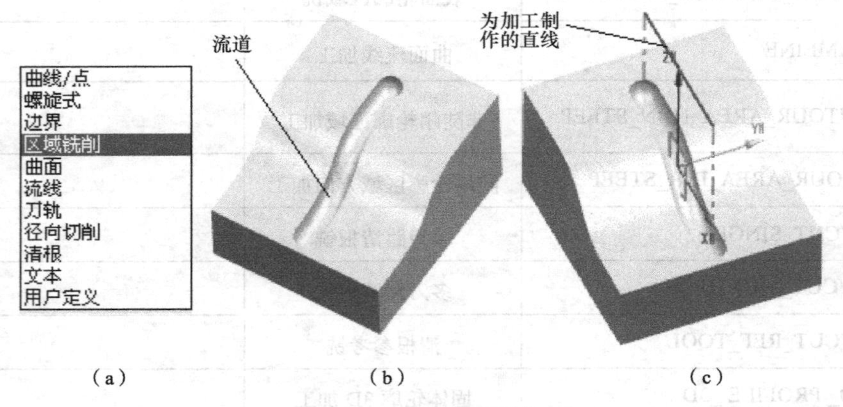

图 8-43　驱动方式操作

（1）“曲线/点”驱动方式。“曲线/点”驱动方式用来加工由点或线引导的驱动，典型代表就是加工注塑模具中的流道，如图 8-43（b）所示。为了说明这种驱动方式，先使用草图命令制作图 8-43（c）所示的草图，现在以“固定轮廓铣”为例，进入“固定轮廓铣”对话框后，将“指定切削区域”指定为图 8-43（b）所示的流道槽曲面，将“指定部件”设置为图 8-43（b）所示的实体零件，将“驱动方法”设置为“曲线/点”，单击“方法”右侧的“编辑”图标，弹出“驱动几何体”对话框，单击选择图 8-43 所示的直线作为驱动曲线，然后单击“固定轮廓铣”对话框中“刀具”区的“新建”图标，新建一把直径为 8 的球刀（BALL_MILL），最后单击“生成”图标，完成刀轨的生成，效果如图 8-44（a）所示。从这里可以看出，曲线方式驱动就是将曲线投影到要加工的面上，然后沿此曲线加工。

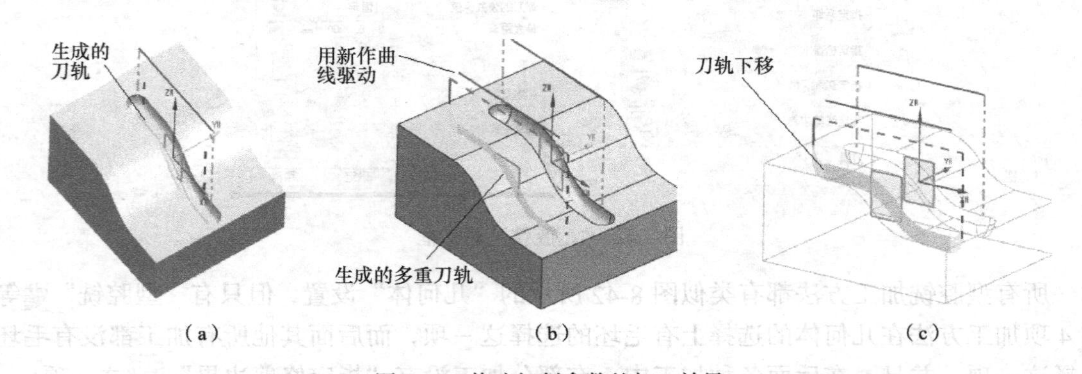

图 8-44　修改切削参数的加工效果

如果按图 8-43（c）所示的引导直线再横移一段距离后，制作另一直线，再与上面设置一样，但将驱动曲线设置为新作的曲线，然后再单击“固定轮廓铣”对话框中的“切削参数”图标，会弹出“切削参数”对话框，单击“多刀路”，将“部件余量偏置”设置为 4（与前面设置的刀具半径相同），选择“多重深度切削”的步进方法为“增量”，设置“增量”值为 0.5，然后生成，得到图 8-44（b）所示效果的刀轨。如果将“切削参数”对话框中“余量”页中的“部件余量”设置为-4（与前面刀具半径相同），可以看到刀轨下移了 4mm，如果不将加工件设置为透明状态，就看不见这些刀轨，现设置为线框模式显示，可以看到效果如图 8-44（c）所示。这种设置方式可以加工三维模型中没有挖出流道，但实际要加工流道的情况。

（2）“螺旋式”驱动方式。“螺旋式”驱动方式可用于加工圆形的曲面，如图 8-45（a）所示的零件，就可以使用此方法，还是以“固定轮廓铣”为例进行解释，其他设置与前面各例类似，以下只讲关键内容，将“驱动方法”设置为“螺旋式”或单击“编辑”图标，弹出“螺旋式驱动方法”对话框，使用一种合适的取点方法取一个螺旋线的中心点，这里选择图 8-45（a）中的顶圆的圆心，然后设置“最大螺旋半径”为 120，再设置“步距”为适当值，这里用默认值，完成设置后，生成刀轨，结果如图 8-45（b）所示。同样，读者可以对“切削参数”进行设置。

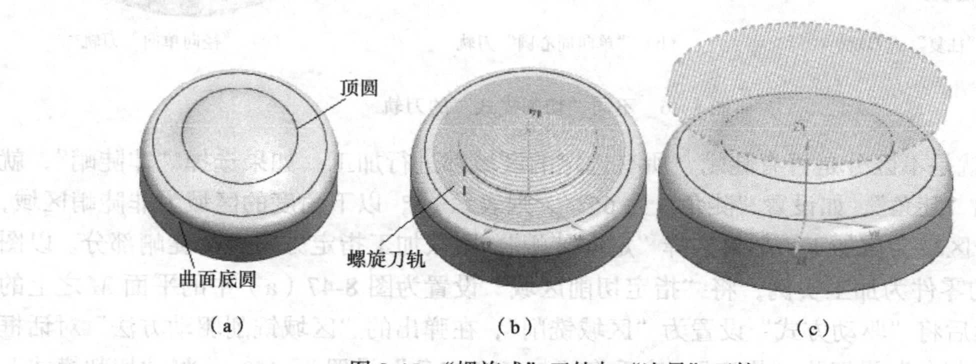

图 8-45 “螺旋式”刀轨与“边界”刀轨

（3）“边界”驱动方式。“边界”驱动方式是以选择的面、线、边、点组成的边界，然后将此边界按一定的加工路径形成一个平面的路径，再将此平面路径投影到部件表面而形成刀轨，当然此边界可以是任意的，这里还以图 8-45 所示的零件为例进行说明。将“驱动方法”修改为“边界”，弹出“边界驱动方法”对话框，单击“指定驱动几何体”图标，弹出“边界几何体”对话框，该对话框操作与平面铣中操作一样，不做介绍，选择图 8-45（a）中的“曲面底圆”作为边界，并且将“创建边界”对话框中的“平面”修改为“用户定义”，然后选择“*XC-ZC*”平面，“偏置”为 80，单击鼠标中键两次，回到“边界驱动方法”对话框处，单击“预览”区中的“显示”图标，可以看到图 8-45（c）所示的平面驱动刀轨，再单击鼠标中键，回到“固定轮廓铣”对话框中，单击“生成”按钮后，就可以得到由上面平面投影到部件上的刀轨，如图 8-46（a）所示。

这里在“边界驱动方法”对话框中使用了系统默认的“往复”切削模式，如果“切削模式”不同，刀轨就不同，修改为“单向同心圆”◎及“径向单向”✳两种模式后，生成的效果如图 8-46（b）、（c）所示。不同的加工对象在使用不同的“切削模式”时，其加工效果与效率是不同的，读者注意进行适当选择。

（4）“区域铣削”驱动方式。“区域铣削”是对选定的区域进行加工，是最常用的方法。进入该铣削方法后，会弹出“区域铣削驱动方法”对话框，该对话框与前面的“边界”方法对话框下半部分是类似的，主要是对话框上半部分不同，区域铣削中只有“陡峭空间范围”这样一个特殊区，其中有 3 种方法：“无”“非陡峭”及“定向陡峭”。

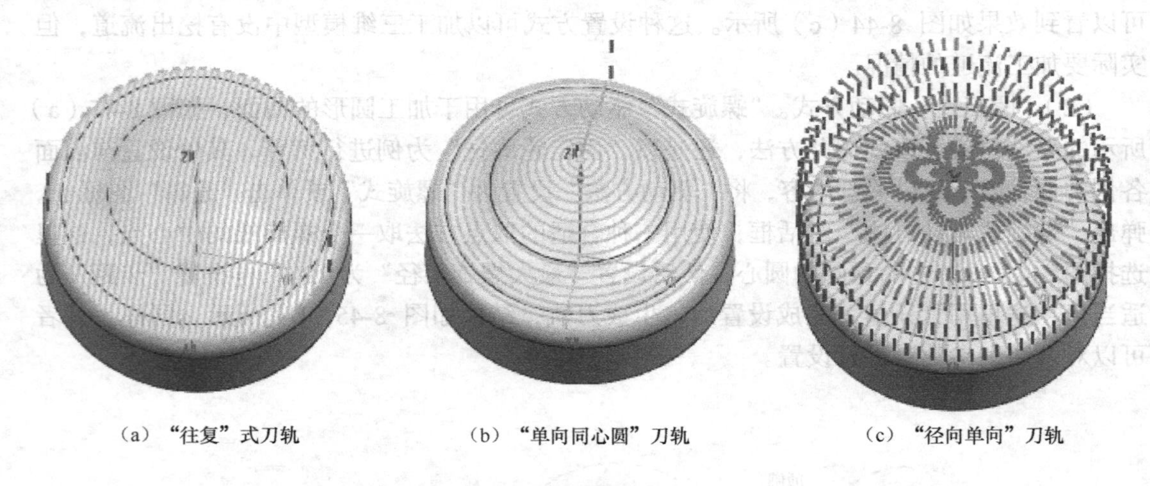

（a）“往复”式刀轨　（b）“单向同心圆”刀轨　（c）“径向单向”刀轨

图 8-46　不同“切削模式”的刀轨

“无”就是不区分是否有陡峭，所有选定的区域都进行加工；如果选择“非陡峭”，就会要求给出“陡角”，如设置“陡角”为 65°，则表示 65°以下角度的区域为非陡峭区域，因此，这个区域会被加工；如果选择“定向陡峭”，则只加工指定方向上的陡峭部分。以图 8-47 所示的零件为加工实例，将“指定切削区域”设置为图 8-47（a）中的平面 *M* 之上的所有面，然后将“驱动方式”设置为“区域铣削”，在弹出的“区域铣削驱动方法”对话框中，将“切削角”设置为“指定”，然后将“与 *XC* 夹角”设置为 45°，将“切削模式”分别设置为“无”“非陡峭” 及“定向陡峭”3 种情况后进行生成，结果刀轨效果如图 8-47 所示。

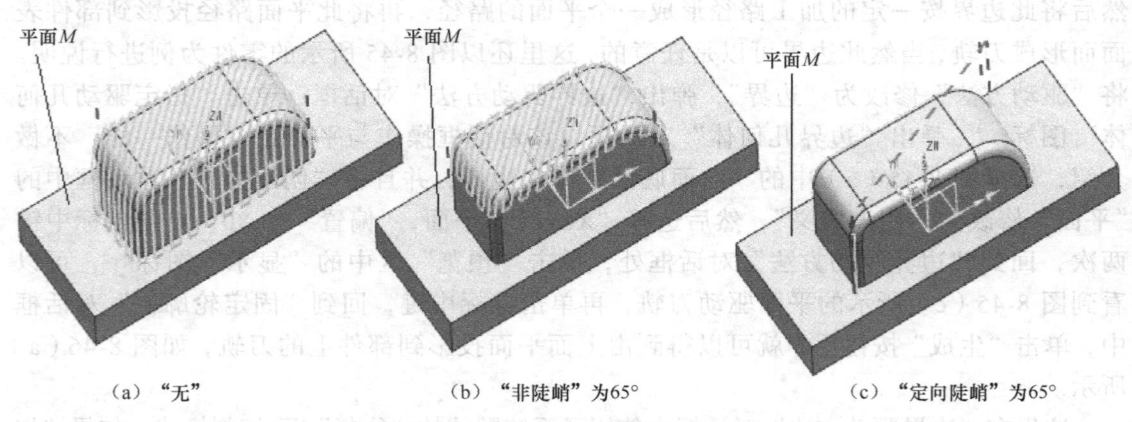

（a）“无”　（b）“非陡峭”为65°　（c）“定向陡峭”为65°

图 8-47　“区域铣削”不同设置效果

（5）“曲面”驱动方式。“曲面”驱动方式是通过选择 U、V 方向相同的曲面来进行加工，适合加工各种边倒圆的圆角部分，因为这种圆角使用等高加工或区域铣都不能形成较好效果，而用“曲面”区域驱动较合适。现在将图 8-47 所示的零件的操作修改成“曲面”驱动模式，会弹出“曲面区域驱动方法”对话框，单击“指定驱动几何体”图标，弹出“驱动几何体”对话框，单击选择图 8-48（a）所示的倒圆面 A，再单击 B，则会弹出警告对话框，要求修改“首选项”→“选择”命令所弹出的“选择首选项”对话框中的“成链”公差，其公差大小决定了 U、V 方向的误差量，其值可以大于 1，如修改为 5，然后再选择 A、B、C 三段倒圆曲面，就可以成功选中。读者可以修改“切削模式”及“步距”，这里的“步距”有“数量”及“残余高度”两种，“数量”是指步距数多少，数值越大则加工刀轨越密，默认是 10，而“残余高度”是指加工的两刀之间，刀具加工后剩余的高度值，当然，这个值越小，加工越光、越精确，这里使用默认值；可以单击“切削方向”图标，会弹出一个无名对话框，然后可以在图 8-48（a）所示中选择一个加工的走刀方向，选择的方向不同，可以有不同的走刀路径，这里使用默认方向；选择完成后，回到“曲面区域驱动方法”对话框处，单击“驱动设置”区中的“显示接触点”图标，可看到接触效果，如图 8-48（b）所示，完成操作后，回到“固定轮廓铣”对话框，单击“生成”按钮，得到的刀轨如图 8-48（c）所示。

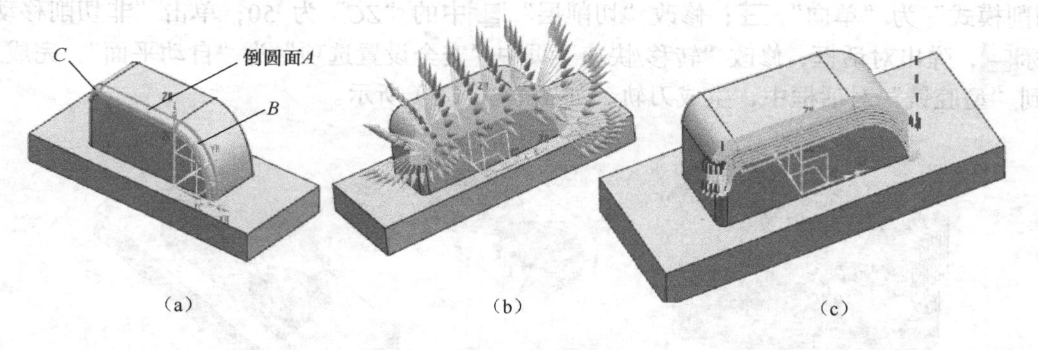

图 8-48 “曲面”区域驱动方法

（6）“流线”驱动方式。这种驱动方式是 UG8.0 中最新添加的，适合加工流线型曲面，如图 8-49 所示的曲面加工最为合理，当然，图 8-48 所示的零件一样可以加工。

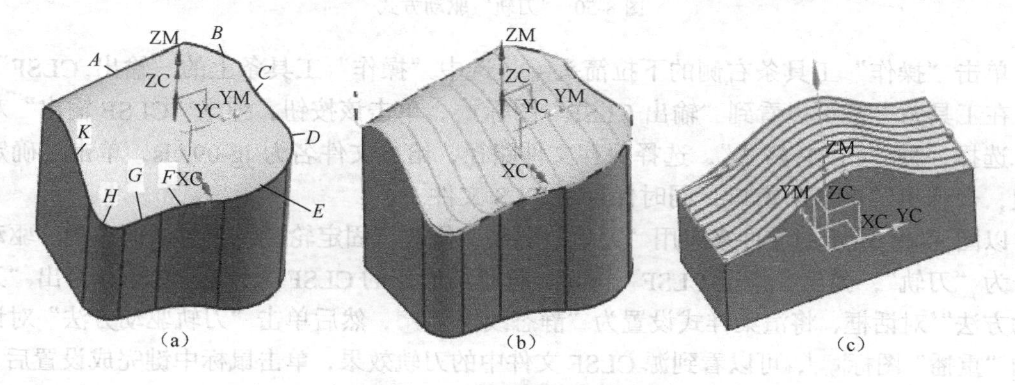

图 8-49 “流线”驱动方式

操作时，设置完“几何体”区的参数后，将“驱动方法”设置为“流线”，弹出“流线驱动方法”对话框，在“流曲线”区中，使用“单条曲线”的选择方式选择图 8-49（a）中的曲线 *A*、*B*，然后单击鼠标中键，完成第一条曲线选择，再单击 *E*、*F*、*G* 三段曲线作为第二条曲线，再单击“交叉曲线”区中的“选择曲线”后，用上面相同方法选择曲线 *E*、*K* 作第一条交叉曲线，选择曲线 *C*、*D* 作为第二条交叉曲线，完成后，可以对“驱动设置”区的参数进行设置，最后回到“固定轮廓铣”对话框中完成“生成”操作，得到图 8-49（b）所示的效果。

同样，可以设置图 8-49（c）所示零件的流线驱动加工刀轨。

在上面的操作过程中，可以不选择交叉曲线，但对图 8-49 所示的周边不规则的曲面不设置交叉曲线，会引起部分区域不能加工到。因此，如果周边形状规则，可以不设置交叉曲线。

（7）“刀轨”驱动方式。这种驱动是以以前加工过的某个刀轨作为现在要加工部件的刀轨的驱动模式，如以前为加工某产品已生成了一个刀轨，现在有一个复杂的零件要加工，用其他方法生成刀轨比较困难或刀轨复杂，就可以用这个已经加工好了的刀轨向现在要加工的部件表面投影，形成新零件的加工刀轨。

为了进行演示，将图 8-49（c）所示的零件使用“型腔铣”来生成一个刀轨，操作过程是进入型腔铣加工模式，在弹出的“型腔铣”对话框中，指定部件及切削区域后，修改“切削模式”为“单向”；修改“切削层”中的“*ZC*”为 50；单击“非切削移动”图标，弹出对话框，修改“转移/快速”页中“安全设置选项”为“自动平面”，完成后，回到“型腔铣”对话框中，生成刀轨，如图 8-50（a）所示。

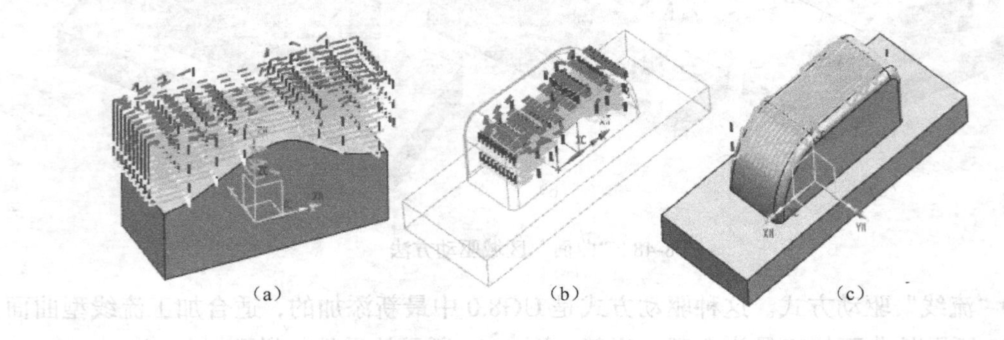

(a)　　(b)　　(c)

图 8-50　“刀轨”驱动方式

单击“操作”工具条右侧的下拉箭头，选中“操作”工具条上的“输出 CLSF”命令，在工具条上就可以看到“输出 CLSF”图标，单击该按钮，弹出“CLSF 输出”对话框，选择一种“CLSF 格式”，选择保存文件路径，给出文件名为 jg-09.cls，单击“确定”按钮，会弹出“信息”窗口，同时保存了 CLS 文件。

以图 8-48 所示的零件来应用“刀轨”驱动，修改“固定轮廓铣”对话框中的“驱动方法”为“刀轨”，弹出“指定 CLSF”窗口，选择前面作的 CLSF 文件 jg-09.cls，弹出“刀轨驱动方法”对话框，将渲染样式设置为“静态线框”，然后单击“刀轨驱动方法”对话框中的“重播”图标，可以看到源 CLSF 文件中的刀轨效果，单击鼠标中键完成设置后，回到“固定轮廓铣”对话框中，单击“生成”按钮完成操作，得到刀轨效果如图 8-50（c）

所示。从这个效果可以看出，这个刀轨其实是前面 CLSF 源文件刀轨投影到现在零件表面形成的刀轨。

（8）“径向切削”驱动方式。这种驱动方式就是可以选择一个开放的或封闭的曲线，然后系统以此曲线两侧完成一定区域的加工，这种驱动方式特别适合有台阶的角落的加工，如图 8-51 交线 *B* 处的加工。

以图 8-50（c）所示零件为例进行说明，当“驱动方法”修改为“径向切削”时，会弹出“径向切削驱动方法”对话框，单击“选择驱动几何体”图标，弹出“临时边界”对话框，将其中的“类型”修改为“开放的”，再单击图 8-51（a）中的边线 *A*，将渲染样式设置为“静态线框”，单击鼠标中键，回到“径向切削驱动方法”对话框，就可以看到驱动的曲线，如图 8-51（a）所示。在图中可以看到驱动线上有起点及加工移动的方向箭头，相对这个箭头及起点位置，“径向切削驱动方法”对话框中有相应的选项“材料侧的条带”及“另一侧的条带”，分别将它们修改为 80 及 40，然后单击“预览”区中的“显示”图标，就可看到刀轨的效果如图 8-51（b）所示，完成后，单击“生成”按钮，得到的最终刀轨如图 8-51（c）所示。

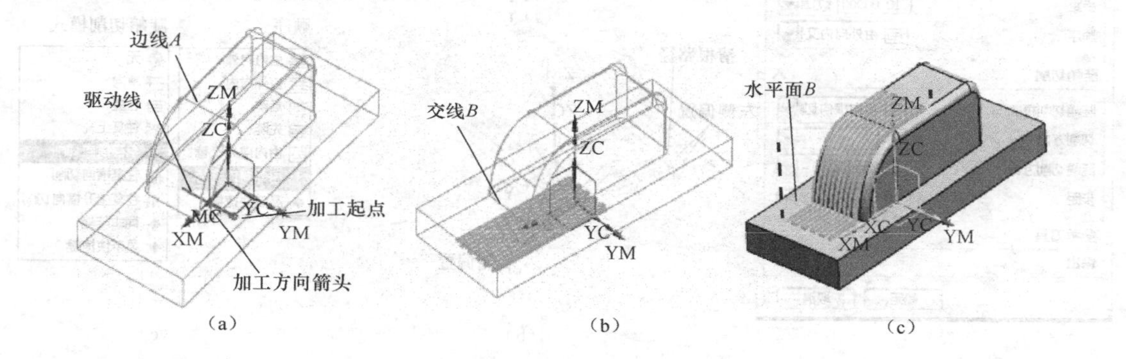

图 8-51 “径向切削”驱动方式

在本实例中，注意在选择“指定切削区域”时，除了选择前面实例中选择的凸台所有面以外，还要选择图 8-51 中的面 *B*。在“径向切削”驱动中，“径向切削驱动方法”对话框中“刀轨方向”可以让走刀方向发生相反改变。其他参数与前面操作一样。

（9）“清根”驱动方式。“清根”驱动方式主要用来完成平面与曲面或者曲面间圆角间的清根加工，系统能自动算出清根半径大小，还是以上面的实体为例，其设置也一样，只是将“驱动方法”修改为“清根”，此时会弹出“清根驱动方法”对话框，如图 8-52（a）所示。

在这个对话框中，“最大凹度”表示在这个角度范围内，都属于加工的范围。如图中 179°，就是表示在这个范围内的曲面都是要加工的面；“最小切削长度”表示小于此长度就不加工，不产生刀路，否则就会加工，默认不加工的区域是比刀具半径小，因此无法加工；“连接距离”则是指两相邻的不加工区域之间的距离如果在给定的值之内，就忽略不计，将这两个区域间的范围作为加工区。

“清根类型”有“单刀路”，这种类型的清根操作是只产生一条刀路，适合一刀能完成清根的情况，如刀具半径与清根的半径正好相同，此时刀轨效果如图 8-52（b）上图所示。

“多刀路”就是可以沿着清根的路径往其两侧偏置一定距离，在这个距离内都进行加工，因而形成多条刀轨，这个距离由“步距”及“每侧步距数”两个参数决定，图 8-52（b）下图所示为设置“步距”为刀具直径 50%，“每侧步距数”为 2 时的效果，可以看到，产生了 5 条刀轨，中间的刀轨是清根路径，两侧是偏置刀轨。

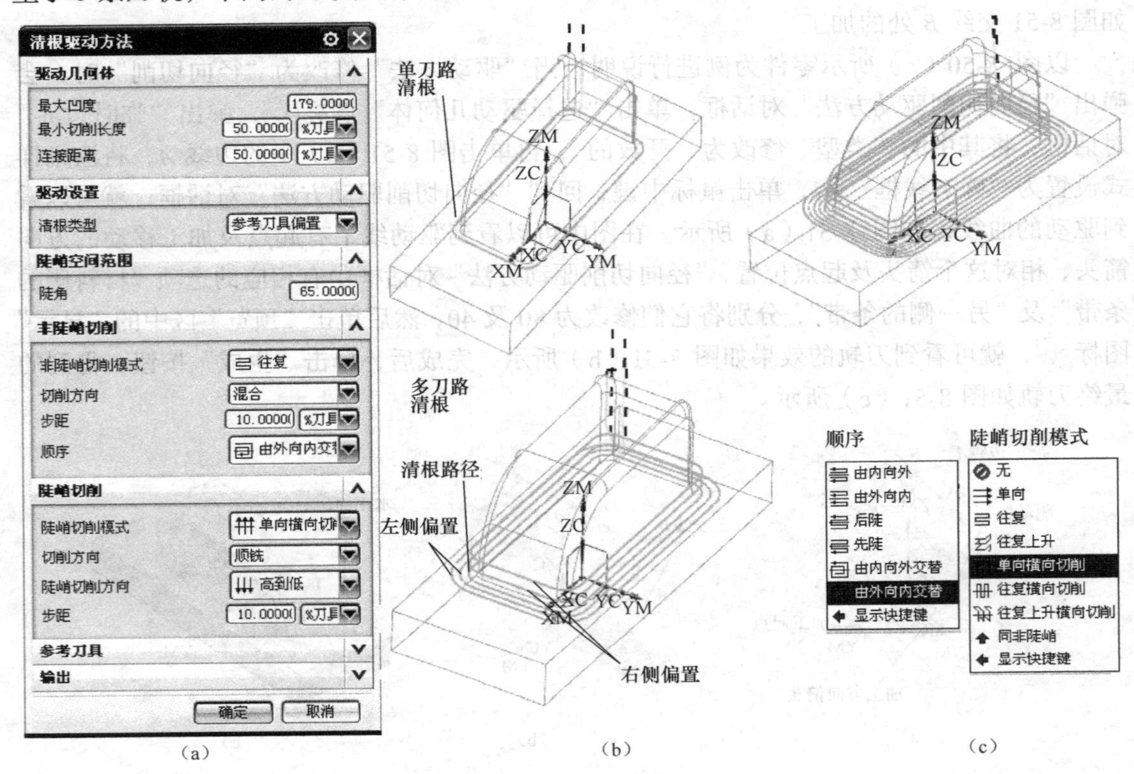

图 8-52 “清根”驱动方式

“参考刀具偏置”这种方法是指在加工图 8-52（b）所示零件时，使用“清根”加工之前加工这些面所使用的刀具，如前面在加工这些曲面时使用了 *R*5 的刀，即直径为 10 的刀，系统则以此刀为参照，自动计算出要进行清根加工的范围，从而定出加工区域大小，在这种方法中，“参考刀具”区中的“参考刀具直径”及“重叠距离”可以设置。如此处“参考刀具直径”设置为 40（参考刀具直径一定要大于当前加工的刀具直径，这里当前刀具是 10）；“重叠距离”是指以前加工所达到的边界与现在要进行清根的边界重叠的距离，这里设置为 0，然后生成，就可看到刀轨效果如图 8-52（c）上图所示。

在上面的“多刀路”及“参考刀具偏置”中，都有“非陡峭切削”区中的“顺序”设置及“陡峭切削”区中的“陡峭切削模式”的设置，如图 8-52（c）下图所示。这些设置和图示效果相同，读者可以自行设置再模拟加工，看看其刀轨效果。

（10）“文本”驱动方式。这种驱动主要用来在材料上挖出一些文字标志，如在产品上刻字。

还是用前面的实例，先单击“插入”→“注释”命令，弹出“注释”对话框，在对话框中的“设置”区中单击“样式”图标，弹出“样式”对话框，将其中的“字符大小”设置为 20，文字类型设置为“chinesef_fs”，单击“确定”按钮回到“注释”对话框，在文本输入区中输入文字“崛起”两个字或读者喜欢的字，文字随鼠标的移动而移动，选中“选择条”工具条中的“面上的点”图标，然后在部件表面中间单击，完成注释文字的添加，如图 8-53（a）所示。

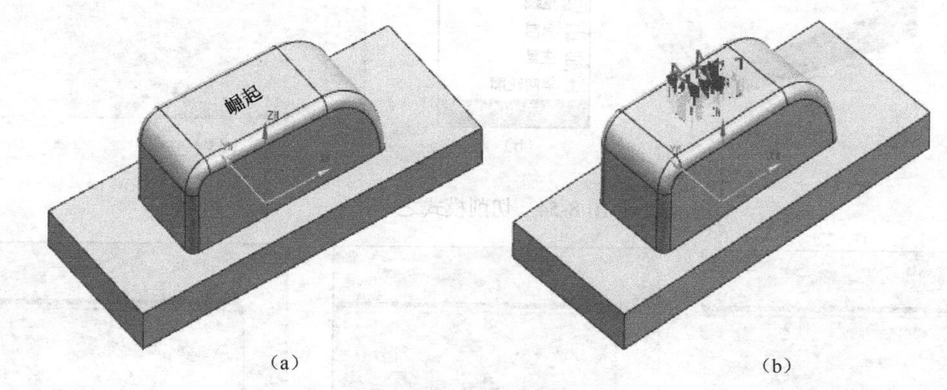

（a） （b）

图 8-53 “文本”驱动方式

进入“固定轮廓铣”对话框，按前面操作完成“指定部件”及“指定切削区域”设置，将“驱动方法”修改为“文本”，弹出“文本驱动方法”对话框，单击“确定”按钮，又回到“固定轮廓铣”对话框，可以看到“几何体”区增加了“指定制图文本”图标，单击，弹出“文本几何体”对话框，选择刚才做的注释文本，单击鼠标中键完成操作，回到“固定轮廓铣”对话框。单击“生成”按钮完成操作，可以看到刀轨如图 8-53（b）所示。

3. 切削方式

在“轮廓铣”（mill_conntour）加工中，不管何种加工方式，都有“切削模式”的设置问题，下面对常用切削模式进行解释。

打开图 8-54（a）所示的零件，进入“轮廓铣”（mill_conntour）加工中，创建一把直径为 10 的球刀，然后“创建工序”，在弹出的对话框中选择子工序类型为“CAVITY_MILL”（型腔铣），弹出“型腔铣”对话框，将“指定部件”设置为图 8-54 所示零件，“指定切削区域”设置为“面 *A*”，并包括四周的倒圆面，单击“非切削移动”图标，在弹出的对话框中修改“转移/快速”页中的“安全设置选项”为“自动平面”，确定后，回到“型腔铣”对话框，单击“切削层”图标，在弹出的“切削层”对话框中，将“*ZC*”设置为 50，确定后，再回到“型腔铣”对话框，单击“切削模式”下拉框，弹出图 8-54（b）所示的切削模式列表，下面详细介绍这些切削模式。

先使用“跟随部件”模式，这种模式的刀轨形状与加工区域的形状关联，这里用的零件加工区域类似 L 形，因此，其刀轨也是 L 形的，单击“生成”图标后，看到图 8-54（c）所示的刀轨效果。这种刀轨抬刀次数少，不容易出现吃全刀（即整个刀具均切入材料中）的情况，具有受力均匀，加工效率高的特点，适合一般粗加工，是最常用的加工方式之一。

“跟随周边”这种模式的刀轨形状与部件形状关联，这里的部件形状是四方形的，因此，刀轨也是四方形的。这种刀轨具有刀轨线路均匀、抬刀次数少（加工效率高）等优点，但可能出现第一刀走全刀的情况，使第一刀受力大，受力不均匀，对机床刚度要求高，适合传统模式机床粗加工，也是常用加工方式之一。刀轨如图 8-55（a）所示。

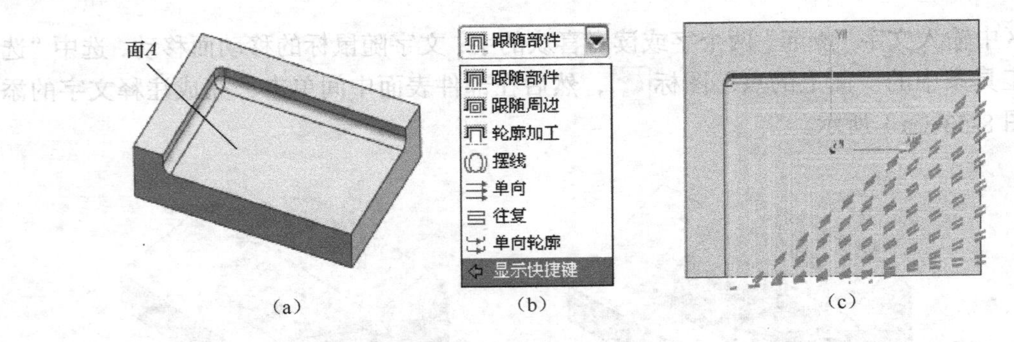

（a）（b）（c）

图 8-54 切削模式之一

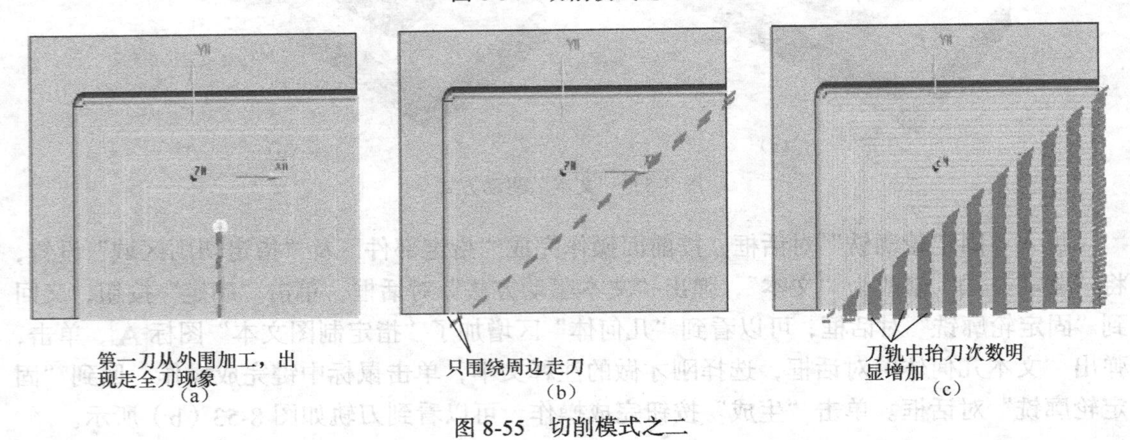

（a）（b）（c）

图 8-55 切削模式之二

“轮廓加工”模式，这种刀轨只在零件四周走一圈，适合终加工或精加工。这种方式可以使用“等高轮廓铣”来替代，读者在实际使用时，可根据需要选择合适的加工方式。其刀轨效果如图 8-55（b）所示。

“摆线”模式，这种刀轨适合高速加工，刀路能自动保证不会出现走全刀的情况，因此加工阻力均匀，但这种方式可能出现抬刀次数较多，不同形状的产品，刀轨形式也会不同，再生成的刀轨如图 8-55（c）所示。

“单向”模式，这种刀轨是朝一个方向进刀，完成一次进刀后，抬刀退回来，再进刀，反复进行，加工时，可能会走全刀，且在有的零件加工时刀具可能会在端部留下刀间波峰没有加工，UG8.0 对这种加工刀路进行了修改，效果变好，但加工时，抬刀次数多。图 8-56（a）所示是仿真加工效果。

为了消除这种刀路可能产生的端部出现刀间波峰的情况，可以对“切削参数”进行修改。在“切削参数”对话框的“壁”区中，“壁清理”有“在起点”与“在终点”两种方式，“在起点”就是在起刀之前对四周加工一圈，以便让四周完成清壁加工；“在终点”就是先走各单向刀路，完成单向刀路后再给四周加工一圈。很明显，由于“在起点”这种模式是在加工前先清壁，因此会出现走全刀的情况，实际中很少用；而“在终点”则是加工完一层后，再清壁，因此不会出现走全刀的情况，是常用的方式。

“往复”模式，这种刀轨具有刀路清晰，机床受力均匀，抬刀次数相对较少的优点，铣削时，刀具来回反复走刀，也会出现刀间波峰，可以按上面操作一样进行“壁清理”设置，加工效果如图 8-56（b）所示。

“单向轮廓”模式，是每加工一刀，就自动清壁一次，同样可能会有吃全刀的情况，这种加工效果如图 8-56（c）所示。

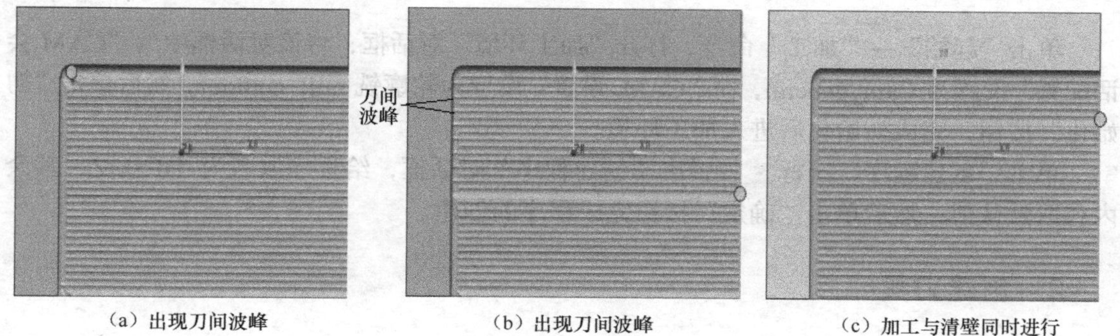

（a）出现刀间波峰　（b）出现刀间波峰　（c）加工与清壁同时进行

图 8-56　切削模式之三

以上介绍了常用的切削模式，其实在这些模式中，以“跟随部件”“跟随周边”“单向”及“往复”这几种最常用，可用于粗精加工。

8.4.4　风扇叶模具加工

图 8-57 所示是风扇叶片的下模图。

分析：风扇叶片下模中间有个圆柱形凸出部位，其与四周有一个宽度为 1mm 的圆形凹槽，如图 8-57 左图中放大部分，这么小的凹槽，其深度较大（18mm），如果直接用铣床来铣是无法完成的，如果作专用刀具进行钻铣，也难以保证其精度与粗糙度的要求，因此，最好是将这一部分作成镶块，经车床车削加工得到圆柱形镶块，然后从后面打入下模中，实际效果如图 8-58 所示。

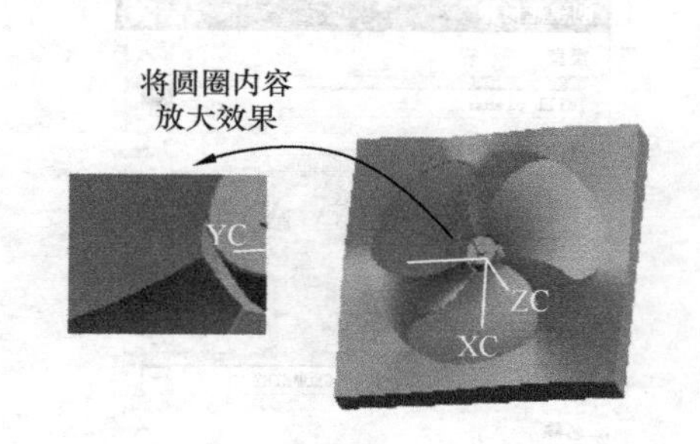

图 8-57　风扇叶片下模

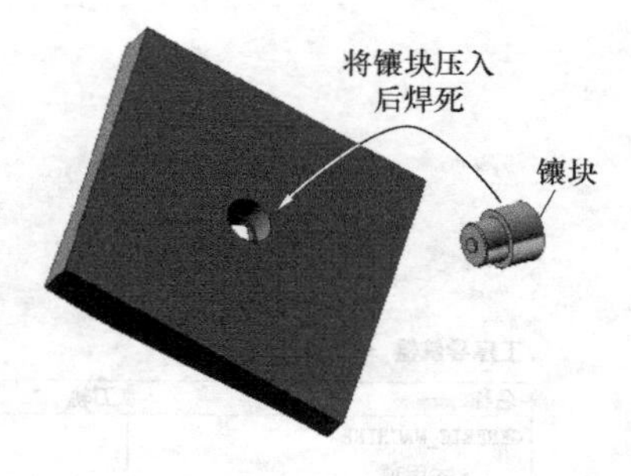

图 8-58　将下模分解后的效果

经过这样分解后，可以很容易地作出镶块，并且减轻了风扇叶片下模的加工难度，即可以只加工图 8-59 所示的内容。

假设已经作出了图 8-60 所示的毛坯，然后在此毛坯基础上加工出图 8-59 所示的效果，具体加工操作过程如下。

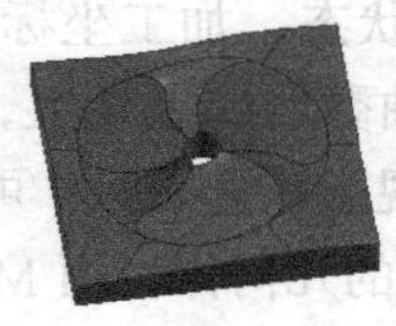

图 8-59　分解后的用于数控机床加工的下模部分

图 8-60　毛坯效果

1. 创建程序

单击“起始”→“加工”命令，打开“加工环境”对话框，将该对话框中的“CAM会话配置”设置为Cam_general，而“CAM 设置”设置为轮廓铣mill_contour，然后单击“初始化”按钮，完成初始化后进入加工环境。

单击“创建程序”图标，弹出“创建程序”对话框，给程序取名为DFSMZ，其余内容取默认值，然后单击“确定”按钮完成程序的创建。

2. 创建刀具

加工本零件时，可以先粗加工，然后精加工，遵循先粗后精的加工原则；为了确定加工的各处平面、圆角半径等，使用NC助理来进行分析，粗加工时用$\phi 10$的立铣刀，精加工时用$\phi 3$的球头铣刀，清角用$\phi 3$的立铣刀。

单击“创建刀具”图标，选择“类型”为mill_contour，“子类型”为立铣刀，并在名称后面加上“-”号，然后再加上刀具直径，单击“确定”按钮，弹出图8-13所示的对话框，设置各参数后，完成一把刀具的创建，用同样的方法创建其他刀具，全部刀具创建完成后，可以在操作导航栏的机床视图中看到所创建的刀具，如图8-61所示。

3. 创建几何体

这个要加工的零件是分模而来的零件，在加工时，需要创建加工坐标系，单击“创建几何体”按钮，弹出图8-62所示的对话框。

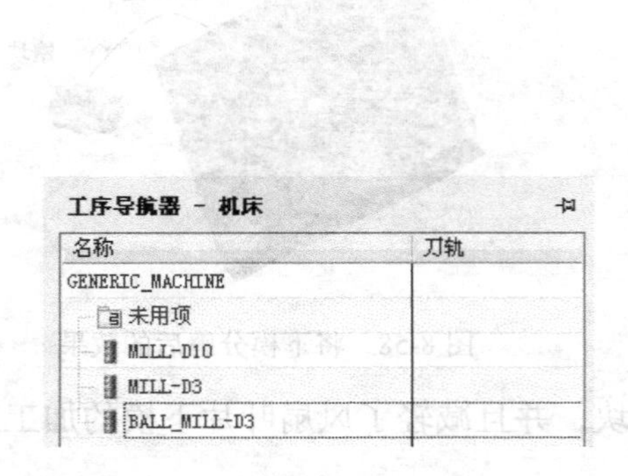

图8-61 创建的刀具

图8-62 “创建几何体”对话框

按图8-62所示设置，确定后，弹出“MCS”对话框，单击“CSYS对话框”图标，弹出“CSYS”对话框，可以看到加工坐标系处于激活状态，加工坐标上显示3个球形手柄及箭头手柄，双击*ZM*箭头，将加工坐标系的*ZM*轴翻旋转上朝上，如图8-63所示。

单击“确定”按钮后，在操作导航栏中以“几何体视图”显示时，可以看到刚才创建的几何体，如图8-64所示。其中，MY-MCS是刚才创建的几何体，而MCS-MILL是原有的几何体。如果使用MCS-MILL来进行加工，会使加工反向。

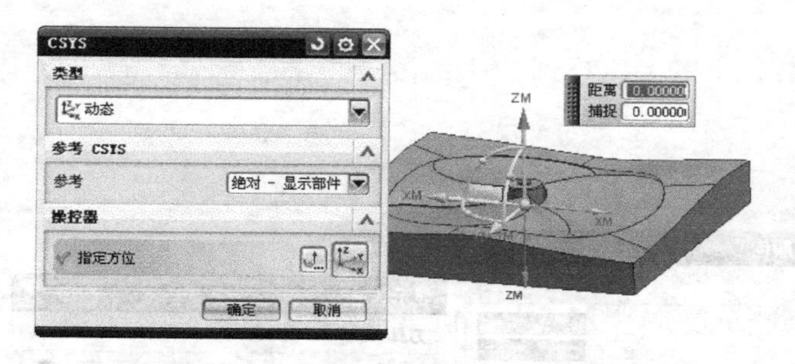

图 8-63 “MCS”对话框及加工坐标设置

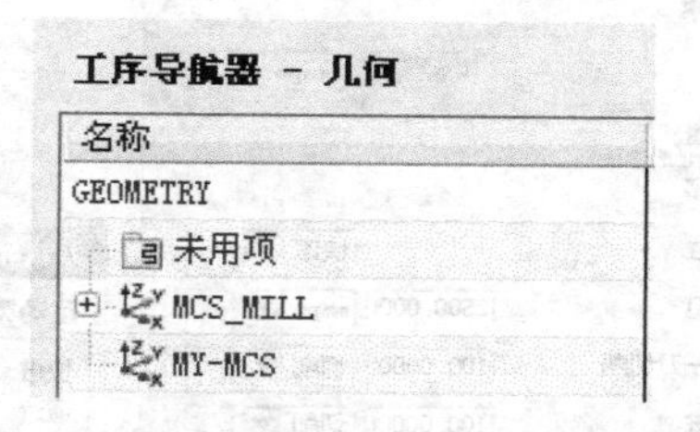

图 8-64 新创建的几何体“MY-MCS”

4. 创建方法

在 UG 加工中，创建方法这一步不是必须的，但有时因加工的需要，可能需要创建方法，如精加工时要留余量或有其他必要的设置。如果不创建方法，系统已经提供了多种默认方法，读者也可以选择。

单击“创建方法”图标，弹出“创建方法”对话框，如图 8-65 所示。

单击第 4 个按钮精加工 MOLD-FINISH-HSM，并在名称前面加上“MY-”，然后单击“确定”按钮，弹出“模具精加工 HSM”对话框，如图 8-66 所示。

图 8-65 “创建方法”对话框

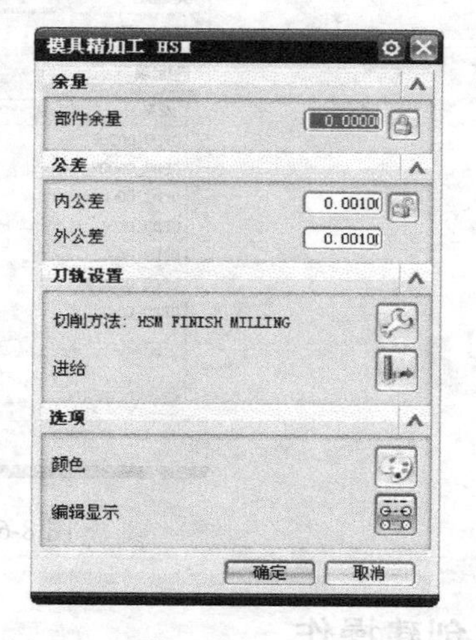

图 8-66 “模具精加工 HSM”对话框

在图 8-66 所示的对话框中，图标是用来修改加工切削方法的，图标是用来修改进给参数，单击可以弹出“进给”对话框，读者可以修改这些参数；图标是用来修改加工轨迹的颜色的，单击可以弹出“刀轨显示颜色”对话框；图标是用来修改刀轨显示选项的，单击可以弹出“显示选项”对话框，单击这 3 个按钮将得到图 8-67 所示的 3 个对话框。

单击“切削方式”按钮，可以弹出图 8-68 所示的“搜索结果”对话框。

在此对话框中搜索出了多种切削方法。读者可以选择其中之一。现在，将图 8-66 所示对话框中的“部件余量”修改为 0.2 作为精加工的余量，这便于以后进行电火花加工。其余的参数不修改，直接单击鼠标中键，完成方法的创建。

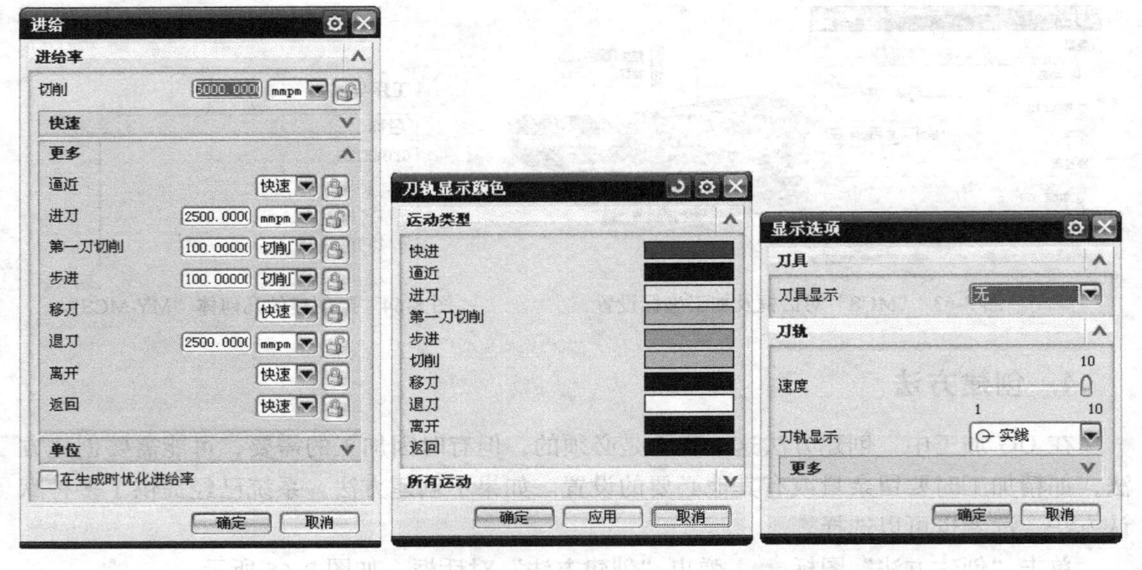

图 8-67 3 个对话框

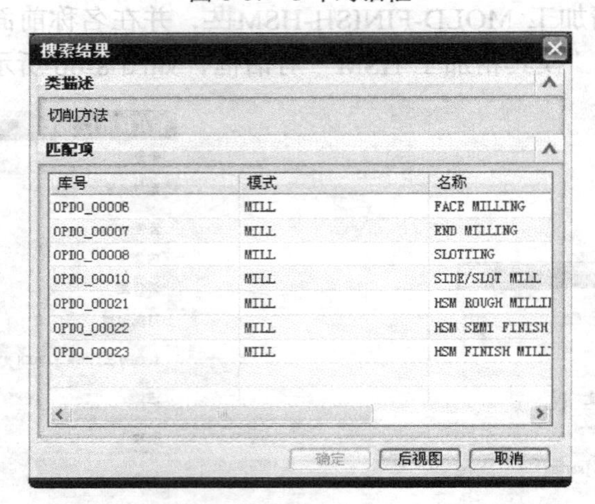

图 8-68 “搜索结果”对话框

5. 创建操作

下面开始创建操作。单击”创建工序”图标，弹出”创建工序”对话框，进行设置，结果如图 8-69 所示。

注意下面的设置，这里选择的加工子类型为“轮廓区域铣”CONTOUR_AREA，单击鼠标中键后，弹出“轮廓区域”对话框，如图 8-70 所示。先单击“选择或编辑部件”图标，在弹出“工件几何体”对话框后，单击选中加工工件，然后确定，又回到图 8-70 所示的状态；直接使用默认的各项参数，单击“生成”图标，完成刀轨的建立，结果得到图 8-71 所示的刀轨。单击“确认”图标，以“3D-动态”方式仿真铣削效果，如图 8-72 所示。

单击鼠标中键，完成粗加工操作的创建。为了让加工更加精细，再创建精加工操作，创建过程与前面操作类似，单击“创建工序”按钮后，出现图 8-69 所示对话框，进行如下的设置。

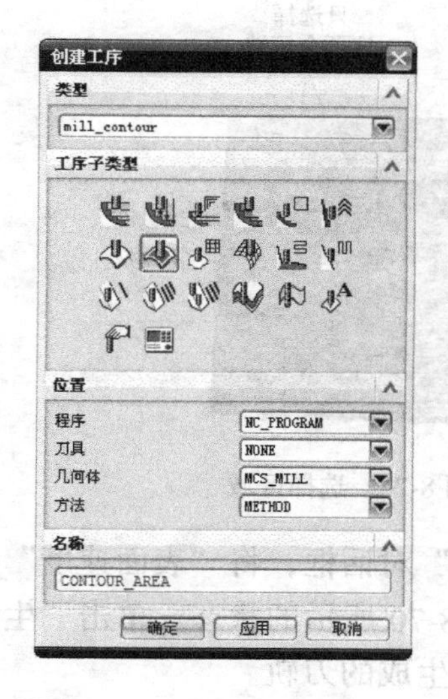

图 8-69 “创建工序”对话框及其设置

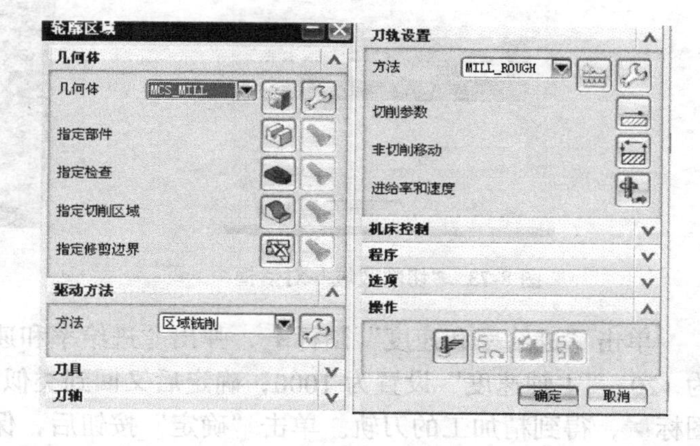

图 8-70 “轮廓区域”对话框

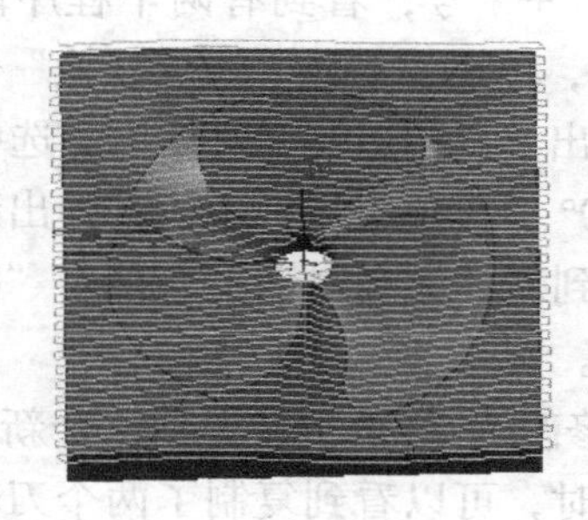

图 8-71 生成的刀轨

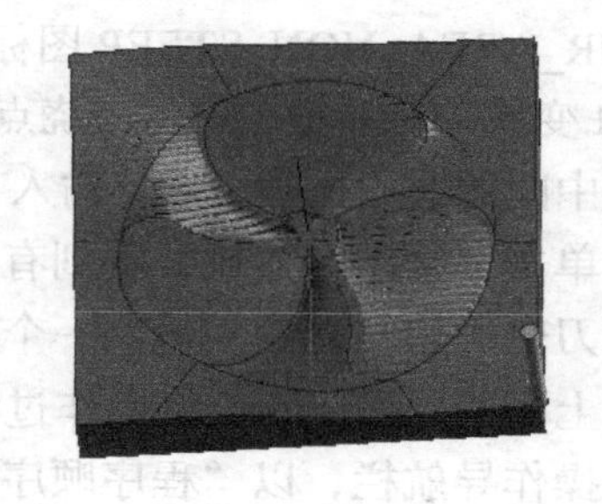

图 8-72 模拟铣削效果

类型：mill_contour

子类型：CONTOUR_AREA_NON_STEEP

程序：DFSMZ

刀具：BALL-MILL-D3

几何体：MY-MCS

方法：MY-MOLD-FINISH-HSM

名称：CONTOUR_AREA_DIR_STEEP

确定后，弹出图 8-70 所示的对话框。

先单击“选择或编辑部件”图标，在弹出新对话框后，选择加工零件，确定后返回到类似图 8-70 所示状态；单击“选择或编辑区域”图标，将弹出“切削区域”对话框，如图 8-73 所示，选择要加工的区域，参考图 8-74 所示区域选择。

单击“确定”按钮后，回到类似图 8-70 所示状态，单击“区域切削”右侧的“编辑”图标，将弹出“区域切削驱动方法”对话框，将该对话框中的“切削模式”修改为单向；将平面直径百分比修改为 30，然后单击“确定”按钮回到类似图 8-70 所示的状态。

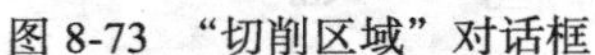

图 8-73 “切削区域”对话框

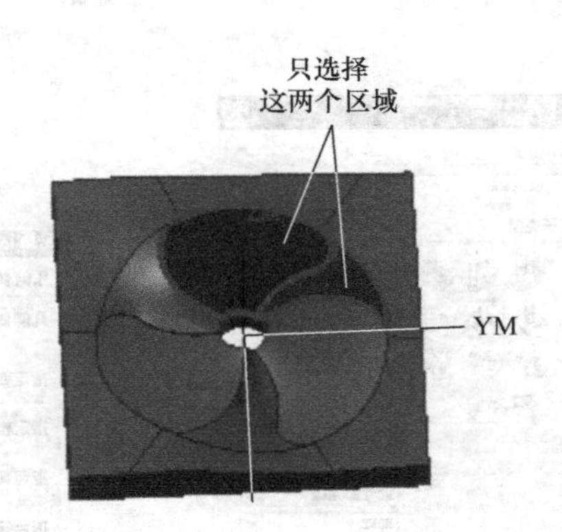

图 8-74 选择区域

单击“进给率和速度”图标，弹出“进给率和速度”对话框，将“表面速度”修改为 120，“主轴速度”设置为 1000，确定后又回到类似图 8-70 所示的状态。单击“生成”图标，得到精加工的刀轨。单击“确定”按钮后，保存生成的刀轨。

展开“工序导航器”导航栏，在空白处右击，在弹出的快捷菜单中单击“程序顺序视图”命令，在打开的对话框中单击 DFSMZ 前面的“+”号，看到有两个程序段。右击 CONTOUR_AREA_NON_STEEP 图标，弹出快捷菜单，单击“对象”→“变换”命令，弹出“CAM 变换”对话框，单击“绕点旋转”按钮，弹出“点构造器”对话框，选中图 8-74 所示工件中间的圆心，确定后，输入“角度”值为 120°，再单击鼠标中键，弹出新的无名对话框，单击“复制”按钮，看到有刀轨生成，并得到新的无名对话框，单击“确定”按钮，完成刀轨的旋转复制，得到一个新的精加工刀轨。

重复上面的操作，不过将操作过程中的“角度”修改为 240°，又得到一个新刀轨。此时，展开操作导航栏，以“程序顺序视图”方式显示时，可以看到复制了两个刀轨。

为了精加工四周表面，还和上面一样，在“工序导航器”导航栏中，右击 CONTOUR_AREA_NON_STEEP 图标，单击“复制”按钮，然后右击 DFSMZ，单击“粘贴”按钮，结果在导航栏中又增加了一个程序段。双击此新的程序段，弹出与图 8-70 类似的对话框，单击“切削区域”图标，在弹出的对话框中单击列表区中的图标，将原来选择的区域删除，然后重新选择图 8-75 所示区域。

返回后，单击“生成”按钮，完成刀轨的创建。单击鼠标中键，保存程序。

依照上面的操作，完成多路径清根铣 FLOWCUT_MULTIPLE 操作的创建，使用的刀具为 MILL-D3，精铣。

完成后进行仿真铣削，效果如图 8-76 所示。

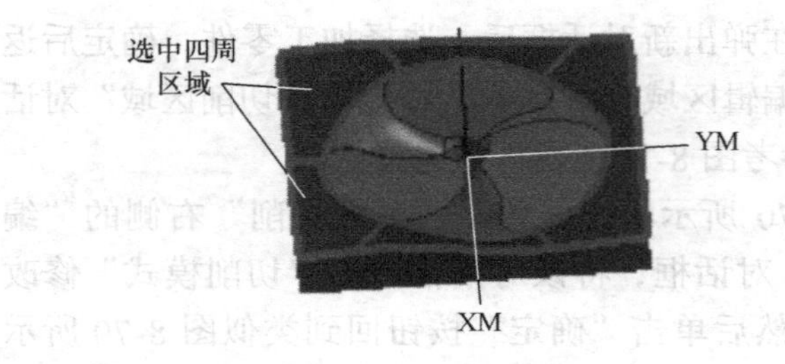

图 8-75 选中四周区域

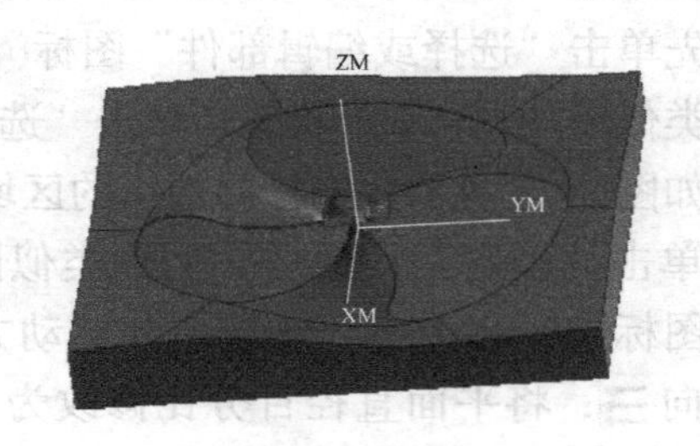

图 8-76 完成加工的效果

加工过程中由于留有余量 0.2，作为电火花加工的余量，因此，上面的效果图中没有加工到位。

最后，读者可以选中所有程序段，进行后处理，前面已有介绍，这里不再详述。

8.4.5 雪糕杯型芯加工

对图 8-77 所示的型芯部件进行加工编程。操作过程如下。

启动 UG，打开图 8-77 所示的零件。单击“起始”→“加工”命令，当弹出“加工环境”对话框时，在“CAM 会话配置”下拉列表框中选择 cam_general，在“CAM 配置”下拉列表框中选择轮廓铣 mill_contour，然后单击“初始化”按钮，进入加工环境。

图 8-77 型芯部件

单击“创建程序”图标，弹出“创建程序”对话框，将“类型”设置为 mill_contour，将“名称”修改为 EX3，然后单击“确定”按钮完成创建程序操作。

单击“创建刀具”按钮，弹出“创建刀具”对话框，将“类型”设置为 mill_contour，创建立铣刀 MILL，直径为 15mm；创建球刀 BALL_MILL 两把，直径分别为 6mm 及 3mm，创建过程可参见实例 1。

单击“创建几何体”按钮，弹出“创建几何体”对话框，将“类型”设置为 mill_contour，由于本次打开的零件的坐标系的 *ZC* 轴方向不与加工方向垂直，因此，创建一个 MCS，单击“创建几何体”对话框中的 MCS 图标，然后单击“确定”按钮，将弹出“MCS”对话框，将加工坐标 *ZM* 修改成如图 8-78（a）所示方向。

再次创建几何体，这次创建一个“WORKPIECE”，将“创建几何体”对话框中的“几何体”设置为前面创建的 MCS，将“名称”修改为 MYWORKPICE，单击“确定”按钮后，进入新的对话框中，将“指定部件”设置为图 8-77 的零件，再单击“指定毛坯”图标，然后在弹出的“毛坯几何体”对话框中将“类型”修改为“包容块”，再将除“–*ZC*”不修改外，其他方向的增量都修改为 5，然后确定，完成后得到的毛坯效果如图 8-78（b）所示。

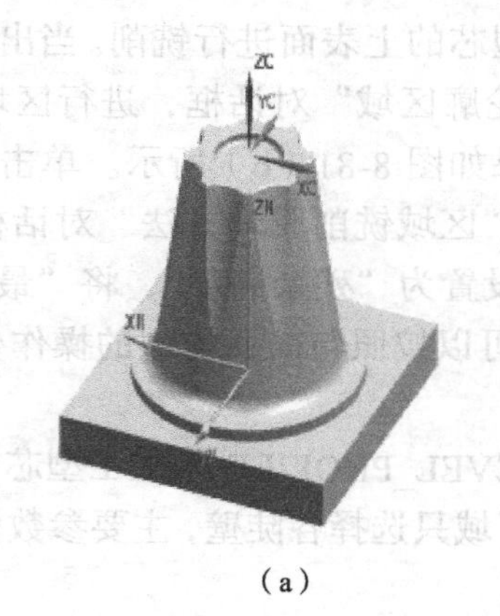

（a）

（b）

图 8-78 几何体设置

下面介绍加工步骤。

1. 设置粗加工

单击“创建工序”按钮，弹出“创建工序”对话框，如图 8-79 所示，单击“子类型”中的型芯铣 CAVITY_MILL，然后做如图 8-79 所示的设置。

单击“确定”按钮，弹出“型腔铣”对话框，由于已经设置了“WORKPICE”，因此，在弹出的对话框中“指定部件”与“指定毛坯”两项不可用，但其“显示”则可用。与前面的操作类似，设置“加工区域”为所有表面，并对“切削”和“进给率”进行设置，设置过程参照前面各例，注意留工件余量为 1mm。完成设置后，单击“生成”图标，最后，生成刀轨，单击“确认”图标，弹出“可视化刀轨轨迹”对话框，单击 3D 选项，然后单击“播放”图标，系统开始模拟加工，加工过程及完成后的效果分别如图 8-80 所示。

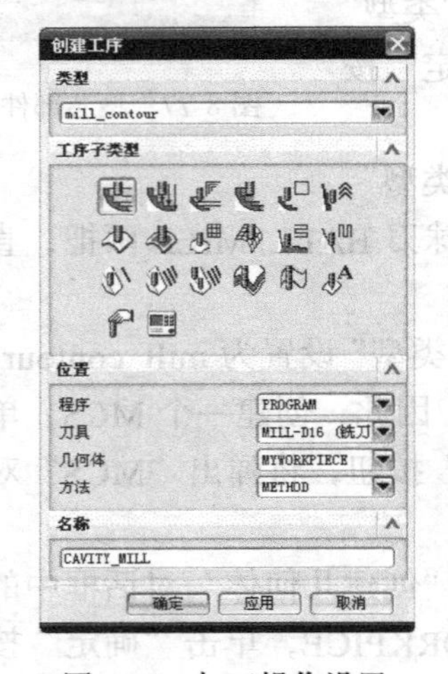

图 8-79　加工操作设置

图 8-80　加工效果

2. 设置精加工

为了减少加工的空刀，使用下面几种方法来进行精加工。

（1）使用轮廓区域铣 CONTOUR_AREA 对型芯的上表面进行铣削。当出现图 8-81（a）所示的对话框时，单击“确定”按钮，弹出“轮廓区域”对话框，进行区域设置时选择型芯的上部表面，不要选择陡坡部分，选择结果如图 8-81（b）所示。单击“轮廓区域”对话框中的“驱动方法”区中的图标，弹出“区域铣削驱动方法”对话框，将“切削模式”设置为“单向同心圆”◎，将“步距”设置为“残余高度”，将“最大残余高度”设置为 0.05，其余按默认设置，完成设置后，可以按照与前面类似的操作生成刀轨及仿真加工。

（2）使用适合于陡坡加工的等高轮廓铣 ZLEVEL_PROFILE 来加工型芯侧壁，具有效率高、质量好的效果。其设置与前面类似。注意区域只选择各陡壁，主要参数设置如图 8-82 所示。

完成这些设置后，可以进行联合仿真加工，编译最后的程序。如图 8-83 所示是最后的加工结果。

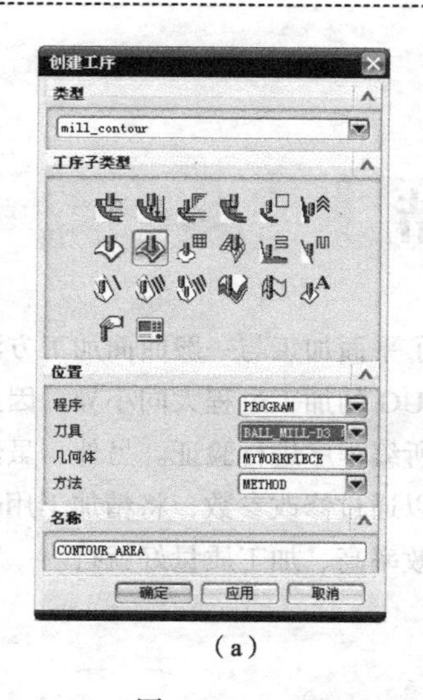

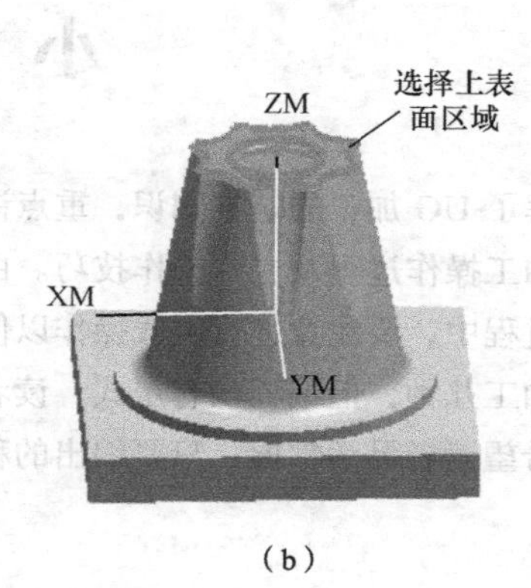

（a）　　　　　　　　（b）

图 8-81　CONTOUR_AREA 操作参数设置与区域选择

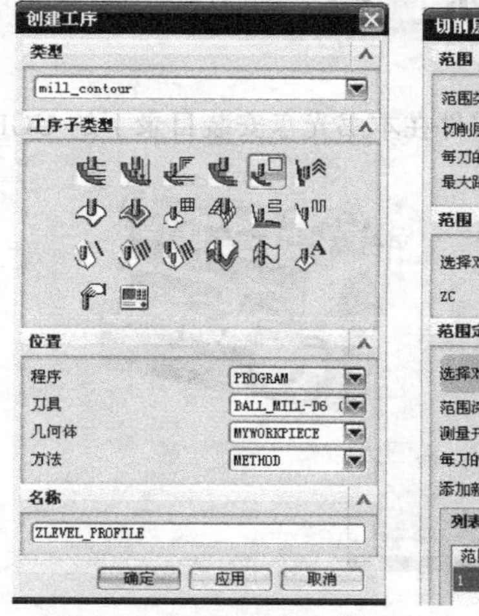

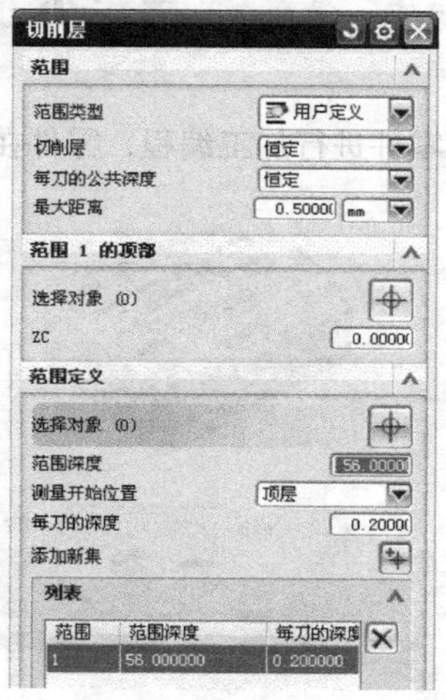

图 8-82　“等高轮廓铣”加工参数设置

单击“后处理”图标，弹出“后处理”对话框，选择三轴铣 MILL-3-AXIS，确定后输出程序，结果信息如图 8-84 所示。

图 8-83　最后的加工结果

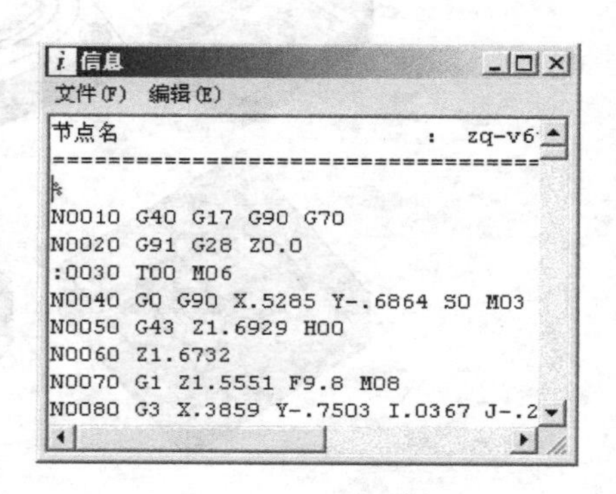

图 8-84　结果信息

小 结

本章简要讲解了UG加工的基本知识，重点讲解了平面加工与一般曲面加工方法，并以多个实例说明了常用的加工操作过程及主要操作技巧。由于UG的加工过程大同小异，因此，未举太多实例。读者在操作过程中，要注意进行实践操作以便对所编程序进行验证。另外，虽然UG在编程时有粗、半精及精加工几种，但编程没有定式，读者可以通过修改参数，将精加工用作粗加工，同时也用作精加工。希望读者灵活掌握，只要编出的程序效率高、加工质量好就行。

练 习

1. 对图8-85所示零件进行加工编程，零件在本书光盘安装目录下的UGFILE\8\LX文件夹中。

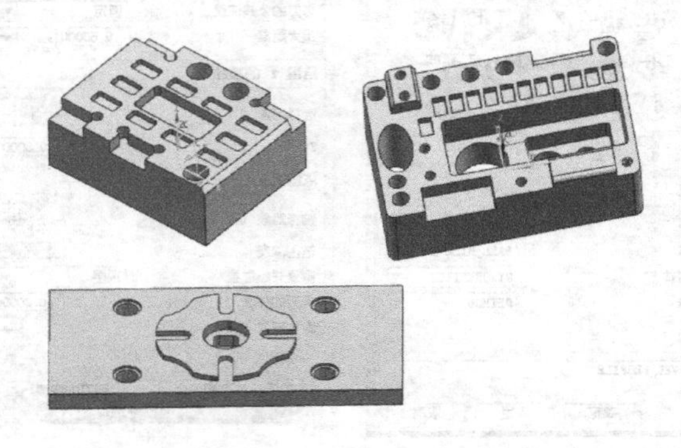

图8-85 练习题1用图

2. 对图8-86所示的零件进行加工编程，零件在本书光盘安装目录下的UGFILE\8\LX文件夹中。

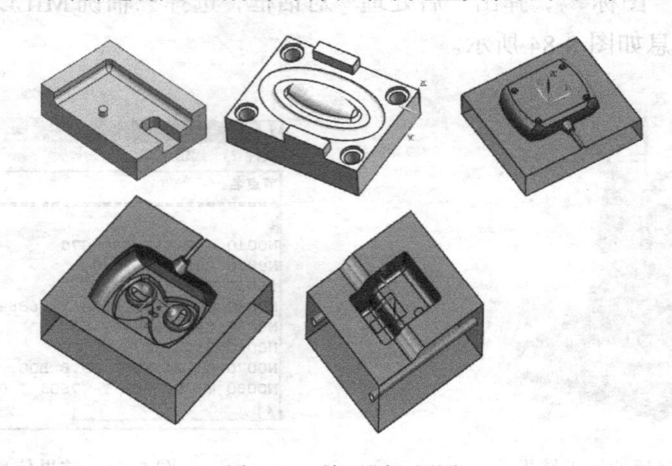

图8-86 练习题2用图